유 형 + 내 신

고

쟁이

수학 개념과 원리를 꿰뚫는
내신 대비 집중 훈련서

유형 + 내신
고쟁이

류형수	연제한샘학원
모란	매씨아영수학원
문서현	명품수학
문은진	우리들학원
박대성	키움수학교습소
박서현	선재학원
박성찬	프라임학원
박연주	연주수학
박재용	해운대 영수전문 와이스터디
배철우	하단종로학원
서평승	신의학원
손희옥	손선생사고력수학학원
송민정	송샘수학
송유림	하이매쓰수학
심정영	서문단과학원
심혜정	명품수학
안찬종	더에듀기장학원
여지윤	수딴's 수학학원
오인혜	하단초등학교 방과후 수학교실
오창희	폴인수학학원
우화영	명지국제해법수학과외 (공부방)
원옥영	괴정스타삼성영수학원
유소영	파플수학
윤서현	이제스트
윤희정	하이매쓰수학
이경덕	수딴's 수학학원
이경수	경:수학
이연희	오른수학
이영웅	전문과외
이은련	더플러스수학교습소
이정동	국제수학원
이정화	가야 수학의 힘
이종민	전문과외
이지한	확실한수학학원
이지영	렛츠스터디공부방
이지훈	한수연하이매쓰
이하영	뉴런학습코칭센터
이환광	현광수학학원
이효정	이효정 고등/입시/대학수학
임소정	폴인수학학원
장인숙	더베스트학원
장정화	하이원수학
장혜선	자하연학원
전경훈	이츠매쓰
전완재	강앤전 수학학원
전우성	이안단과학원
정원미	효림학원
정은주	전문과외
정의진	남천다수인
정희정	정쌤수학
조민자	삼환공부방고등부
조우영	위드유수학학원
조은영	MIT수학아카데미
조훈	캔필학원
채송화	채송화수학
최수정	이루다 수학
최웅경	Be수학학원
최정현	더쎈수학학원
최준승	남천다수인학원
한주환	과사람학원(해운센터)
허윤정	올림수학전문학원
허재화	프리메수학
황보미	전문과외

황성필	대치명인학원
황인재	마스터 플랜 수학학원
황진영	전문과외
황하남	수학의봄날학원

인천

강옥수	수학의 온도
강원우	수학을탑하다
고준호	유베스트학원
곽경은	쭌에듀학원
구서영	시크릿아카데미학원
기미나	기쌤수학
기혜선	체리온탑수학영어학원
김교희	홍수학최영어학원
김국련	용현G1230학원
김남신	S수학과학학원
김도영	태풍학원
김미희	희수학
김보경	오아수학 공부방
김세윤	강화펜타스학원
김유미	꼼꼼수학교습소
김윤호	종로학원하늘교육 동춘학원
김응수	케이엠수학교습소
김재웅	감성수학 송도점
김재현	예스에이블
김준	쭌에듀학원
김진완	성일올림학원
김현정	무결수학학원
김현호	온풀이 수학 1관 학원
김혜영	전문과외
김혜지	중앙에이플러스학원
김효선	코다에듀
나원균	공부방
남덕우	Fun수학클리닉
노기성	노기성개인과외교습
문성진	청라페르마
문초롱	인천자유자재학원
박소이	다빈치창의수학교습소
박용석	절대학원
박은주	NGU math
박재섭	구월SKY수학과학전문학원
박정아	인천자유자재학원
박정우	이지앤강영어수학학원
박찬수	뉴파인
박창수	온풀이 1관 수학 학원
박지문	제일고등학교
박한민	감탄교육
박해석	비상영수학원
박효성	지코스수학학원
변은경	델타수학
서대원	구름주전자
서미란	파이데이아학원
석동방	송도GLA학원
석호열	인천 숭덕여자고등학교
손선진	송도일품수학과학전문학원
손영훈	개리함수학
송대익	청라 ATOZ수학과학학원
송세진	부평페르마수학학원
신진수	강화펜타스학원
신현준	전문과외
안예원	에엄수학
안혜림	U2M 올림피아드 교육

엄진웅	서인천고등학교
오상원	불로종로엠학원
오선아	시나브로수학
오정민	갈루아수학
오지연	오지연수학학원
오현석	삼산고등학교
왕건일	토모수학학원
유미선	전문과외
유상현	프라임 수학학원
유성규	현수학전문학원
유연준	두드림클래스
유진희	지니수학
이경희	드림수학
이달주	문일여자고등학교
이미선	전문과외
이선미	이수수학
이승주	명신여자고등학교
이애희	부평해법수학교실
이영수	위니드수학학원 부개캠퍼스
이원재	이루다 교육학원
이은영	캠퍼스수학
이재섭	903 ACADEMY
이충열	루원로드맵수학학원
이필규	신현엠베스트
이혜경	이혜경고등수학학원
이혜선	(씨크릿)우리공부
이호자	전문과외
임지원	전문과외
장혜림	와풀수학
장효근	유레카수학학원
전우진	인사이트수학학원
정대웅	와이드수학
정운휘	연수김샘수학
정교윤	온풀이 수학 1관 학원
정은영	밀턴학원
조민관	서이학원
조민기	더배움보습학원 조쓰매쓰
조윤주	동암수학놀이터
조준호	인명여자고등학교
조현숙	부일클래스
지경일	팁탑학원
진샘	시크릿아카데미
채선영	전문과외
채수현	밀턴수학
최경수	코다에듀학원
최덕호	엠스퀘어 수학교습소
최문경	영웅아카데미
최민환	PTM영어수학전문학원
최수현	수학의길수학교습소
최정운	강화펜타스학원
최지인	이공고등영수전문학원
최진	절대학원
최진아	엘리트학원
추승형	무결학원
한영진	라야스케이브
한예슬	웅진스마트 중등센터
허진선	공부방 (수학나무)
현미선	써니수학
현진명	에임학원
홍미양	연세 영어 수학
홍은영	홍이수학교습소
홍종우	인명여자고등학교
홍창우	인성여자고등학교

황면식	늘품과학수학학원

대구

강민영	선재수학
고민정	전문과외
곽미선	좀다른수학
곽병무	다원MDS학원
구정모	대구여자상업고등학교
구현태	나인쌤 수학전문학원
권기현	이렇게좋은수학교습소
권보경	수%수학
김갑철	계성고등학교
김동영	통쾌한수학
김득환	차수학 사월보성점
김미소	에스엠과학수학학원
김미정	일등수학
김수영	봉덕김샘수학학원
김수진	지니수학
김영진	더퍼스트 김진학원
김용운	조성애세움영어수학
김재홍	경일여자중학교
김종희	킨수학학원
김지연	찐수학공부방
김지연	전문과외
김지은	성화여자고등학교
김진욱	정화여자고등학교
김창섭	섭수학과학학원
김채영	믿음수학학원
김태진	구정남수학전문학원
김태환	로고스 수학학원(침산점)
김해은	한상철수학과학학원
김혜빈	정직한 선생들
김혜빈	학남고등학교
류지혜	도이엔수학학원
문소연	장선생수학학원
문윤정	능인고등학교
문철회	송원학원
민병문	엠플수학 학원
박경득	파란수학
박도희	샤인수학
박민정	빡쎈수학교습소
박산성	Venn 수학
박선희	전문과외
박옥기	매쓰플랜수학학원
박원철	경원고등학교
박정욱	연세스카이(SKY)수학학원
박준	전문과외
박준혁	Pnk수학교습소
박태호	프라임수학교습소
박현주	Math 플래너
방소연	나인쌤수학학원
백상민	매천필즈수학학원
백태민	수% 수학
백현식	바른입시학원
서경도	보승수학study
성웅경	더빡쎈수학학원
신수진	폴리아수학학원
신현영	수학신 수학교습소
양강일	양쌤수학과학학원
양은실	제니스클래스
오세운	IP수학과학
오지은	엠프로수학

유화진	진수학
윤기호	샤인수학학원
윤서영	대구 대륜고등학교
윤선하	윤쌤수학
윤준희	전문과외
이규철	좋은수학
이나경	대구 지성학원
이남희	이남희수학
이명희	잇츠생각수학
이상범	전문과외
이우승	이우승수학전문학원
이은주	전문과외
이인호	본수비수학교습소
이일균	수학의달인수학교습소
이지교	이쌤수학
이지민	아이플러스 수학
이진욱	시지이룸수학학원
이태형	가토수학과학학원
이한조	닥터엠에스 수학과학학원
임신옥	KS수학학원
임유진	박진수학
장두영	가토수학과학학원
장세완	장선생수학학원
장현정	전문과외
전수민	전문과외
전지영	전지영수학
정동근	빡쎈수학학원
정민호	스테듀입시학원
정은숙	페르마학원
정재현	율사학원
조필재	샤인수학학원
주기헌	경원고등학교
진국령	업앤탑수학과학학원
최대진	엠프로수학학원
최시연	이롬수학교습소
최재영	세르파수학교습소
최현정	MQ멘토수학
최현희	다온스터디
하태호	하이퍼수학학원
황가영	루나수학
황지현	위드제스트수학학원

광주

강민결	전문과외
강승완	첨단시매쓰수학학원
고민정	레벨업 수학공부방
공민지	전문과외
기유식	기유식수학학원
김국진	김국진짜학원
김국철	필즈수학학원
김귀순	광명1203수학과외교실
김대균	김대균수학학원
김미경	임팩트수학학원
김미라	막강수학영어전문학원
김성문	창평고등학교
김수홍	김수홍수학학원
김원진	메이블수학전문학원
김은석	만문제수학전문학원
김재광	디투엠영수전문보습학원
김종민	하이퍼수학
김태성	일곡 손수진 과학&수학 전문학원
나혜경	고수학학원

류창암	멘토영수학원
문여림	열림수학전문학원
문정연	전문과외
박상현	EZ수학
박충현	본수학과학전문학원
변석주	153유클리드수학전문학원
빈선욱	빈선욱수학전문학원
손광일	송원고등학교
손영준	페르마 수학학원
송광혜	두란노학원
송슬기	538수학 학원
송승용	송승용수학학원
신서영	신쌤수학전문학원
신예준	JS영수영재학원
안기운	이지수학학원
양귀제	광주 양선생수학전문학원
양동식	A+수리수학원
오지영	광주수학날개
윤정숙	R=V+D(알브이디학원)
윤현미	더조은영어수학학원
이강우	대치공감학원
이상혁	류영종시그마유수학전문학원
이승열	루트원수학학원
이요한	제일수학학원
이윤희	공부방
이주헌	리얼매쓰수학전문학원
이창헌	알파수학학원
이채언	알파수학학원
이채원	고수학 학원
이헌기	보문고등학교
임태관	매쓰멘토수학전문학원
장민경	장민경플랜수학학원
장성태	장성태수학학원
장영진	새움수학전문학원
정다원	광주인성고등학교
정다희	다희쌤수학
정미연	차수학더큰영어학원
정원섭	수리수학학원
정태규	가우스수학전문학원
정형진	BMA영수학원
정희원	현수학
조용남	조선생수학전문학원
조은주	조은수학교습소
조일양	서안수학
조현진	조현진수학학원
조형서	전문과외
천소현	SDL영수학원
천지선	한수위 수학 전문 학원
최선미	혜다학원
최성호	광주동신여자고등학교
최승원	최승원수학학원
최지웅	매쓰피아
최호영	본수학과학전문학원

대전

강유식	연세제일학원
강은옥	쎈수학영어공부방
강홍규	최강학원
강희규	종로학원 하늘교육
고지훈	지적공감학원
고현석	고구려학원
김근아	닥터매쓰205
김기범	경일학원
김기평	둔산필즈학원
김복응	더브레인코어 학원
김상진	일인주의 입시학원
김수현	생각하는황소
김승환	청운학원
김옥자	대전구봉중학교
김지현	파스칼 대덕학원
김진	발상의전환 수학전문학원
김태형	청명대입학원
김하은	고려바움수학학원
김한빛	한빛수학
김홍철	토브수학교습소
나효명	열린아카데미
류재원	대전 양영학원
박병휘	양영학원
박세훈	생각의 힘 수학학원
박연실	빅마마수학
배용제	엘엔케이한울학원
배지후	해마특목학원
서동원	수학의 중심학원
서영준	힐탑학원
선진규	로하스학원
손일형	손일형수학
송규성	하이클래스학원
송정은	바른수학전문교실
양상규	생각의힘수학학원
우현석	EBS수학우수학원
유준호	더브레인코어학원
윤석주	윤석주수학전문학원
이규영	쉐마수학학원
이선희	매쓰인메이 학원
이수진	대전관저중학교
이일녕	양영학원
이지훈	이지훈 수학과학
인승열	리드인수학나무수학교습소
임병수	모티브에듀학원
장용훈	프라임수학
장현상	진명학원
전하윤	전문과외
정서인	안녕,수학
조민건	브레인뱅크
조용호	오르고 수학학원
조충현	로하스학원
조태제	대전티제이(TJ)수학전문학원
차영진	연세언더우드수학
최지영	둔산마스터학원
홍진국	와이즈만 대덕테크노센터
황성필	일인주의학원
황은실	대전 모티브에듀학원

울산

강규리	퍼스트클래스수학전문학원
고영준	비엠더블유수학전문학원
공경민	삼산영재영수학원
권상수	호크마수학전문학원
권희선	국과수단과학원
김경문	와이즈만 영재교육
김민정	전문과외
김봉조	퍼스트클래스 수학영어전문학원
김성현	전문과외
김수영	학명수학학원
김영배	김쌤수학과학학원
김용선	FX수학전문학원
김제득	퍼스트클래스수학전문학원
김현조	깊은생각수학
나순현	물푸레수학교습소
문준호	파워영수학원
문호영	울산 pmp영어수학전문학원
박민식	위더스수학전문학원
박원기	에듀프레소종합학원
박정임	에임하이학원
박혜민	강한수학전문학원
배성문	더프라임수학학원
서예람	해법멘토영어수학학원
성수경	위룰수학영어전문학원
안지환	에스티에스교육학원
오종민	수학공작소학원
유지대	유지대수학학원
이명섭	퍼센트수학 전문학원
이하나	꿈꾸는 고래 학원
정운용	울산옥동멘토수학영어학원
최규종	울산 뉴토모수학전문학원
최영희	재미진최쌤수학
최이영	한양수학학원
한창희	한선생&최선생studyclass
허다민	김쌤수학과학학원

세종

강태원	원수학
권현수	권현수 수학전문학원
김수경	김수경 수학교실
김양수	도담고등학교
김영웅	새롬고등학교
김재현	세종국제고등학교
김혜림	너희가 꽃이다
김홍주	도담고등학교
박지연	리얼매쓰
송조아	프롬수학
오현지	오쌤수학
윤여민	전문과외
이경미	매쓰 히어로
이민호	세종과학예술영재학교
이정환	세종과학예술영재학교
이지희	보람고등학교
이태호	상상이상학원
임희석	최선수학학원
장은지	비앤피공부방
장준영	백년대계입시학원
허욱	전문과외

경기

강덕영	김샘학원
강민석	연세나로학원
강민정	한진홈스쿨
강민지	필업단과전문학원
강상욱	교일학원
강서연	수학의 아침
강성천	이강학원
강수정	노마드 수학학원
강영미	쌤과통하는학원
강예슬	수학의품격
강유정	참좋은 보습학원
강정희	쓱싹쌤 과외
강춘기	마테마타 수학학원 후곡캠퍼스
강태희	파주 한민고등학교
강현우	11페이지수학전문학원
강혜경	메릭스해법수학교습소
경지현	화서탑이지수학학원
고동국	고동국수학학원
고명지	고쌤수학
고민지	최강영수학원
고상준	엠제이준수학학원
고안나	기찬에듀기찬수학
고은우	다원교육
고정림	고수학 학원
고지윤	고수학전문학원
고효정	최고다학원
곽도영	퇴계원고등학교
구태우	여주비상에듀기숙학원
권민선	이든샘학원
권민희	이든샘학원
권세욱	하피수학학원
권소연	한빛에듀
권소영	이자경고등학교
권은주	나만수학
권정현	LMPS수학학원
권지우	수학앤마루
금상원	광명 리케이온
김건우	전문과외
김경래	수학공장
김경민	평촌 바른길수학학원
김경진	경진수학학원
김경호	호수학
김경훈	전문과외
김경희	유레카수학 교습소
김규철	콕수학오드리영어보습학원
김기영	NK 인피니트 영수 전문 학원
김남운	산본파스칼학원
김도완	프라매쓰 수학 학원
김도윤	유투엠 풍무본원
김동수	낙생고등학교
김동수	김동수 학원
김동은	전문과외
김동현	JK영어수학전문학원
김동현	수학의 아침 수내 특목자사관
김명길	엔터스카이입시학원
김명철	팽성참좋은보습학원
김미경	최상위권수학교습소
김미미	수학놀이터
김미선	예일영수학원
김미옥	알프 수학교실
김민경	더원수학
김민경	경화여자중학교
김민정	김민정 입시연구소
김민정	어울림수학
김민정	독한수학학원
김바른	판다교육
김병욱	청평 한샘 학원
김보경	필수학원
김복순	금빛영수전문학원
김복현	시온고등학교
김상오	리더포스학원
김상윤	막강한수학학원
김새로미	입실론수학학원
김서영	다인수학교습소
김석원	김석원수학학원
김선옥	수학n진쌤
김선정	수공감학원
김선혜	수학의 아침 영재관
김성민	아라매쓰학원
김성은	블랙박스수학과학전문학원
김성진	수학의아침
김성현	제일학원
김세준	SMC수학
김소영	예스셈올림피아드
김소희	멘토해법수학
김수지	독한수학학원
김수진	동탄2대림수학
김순호	더원매쓰수학학원
김승현	대치매쓰포유 동탄캠퍼스
김신행	꿈의발걸음영수학원
김영남	갓매쓰학원
김영빈	이든학원
김영식	수학대가
김영아	브레인캐슬 수학공부방
김영옥	서원고등학교
김영준	청솔수학
김옥기	더(the) 바른수학학원
김용대	입시코드학원
김용덕	매쓰토리수학제2관학원
김용환	마타수학 수지
김용희	솔로몬 학원
김원철	수학의 아침 중등영재관
김유성	SG청운학원
김유진	씨드학원
김윤경	구리국빈학원
김윤재	이투스신영통학원
김은선	오길수학전문학원
김은영	칸영수학원
김은정	플레이매쓰
김은지	탑브레인수학과학학원
김은향	최강엠베스트
김이철	이칠이수학학원
김재영	공부방
김정현	수학의아침
김정환	필립스아카데미-Math센터
김정훈	센텀수학학원
김종균	케이수학학원
김종남	제너스학원
김종대	김앤문연세학원
김종찬	김종찬입시전문학원
김종화	퍼스널개별지도학원
김주용	스타수학
김준	제이엠학원
김준형	석필학원
김지명	정상수학학원
김지선	전문과외
김지연	엠베스트se쌍령본원
김지원	대치명인학원
김지윤	광교오드수학
김지현	엠코드학원
김지효	수담학원
김지훈	오산 G1230학원
김지훈	안양외국어고등학교
김진국	스터디엠케이
김진민	에듀스템수학전문학원
김진성	아우리수학교육
김창영	에듀포스학원

김초록 메가스터디러셀
김태우 연세나로학원 (수원점)
김태익 여주자영농업고등학교
김태진 프라이미만수학학원
김태학 평택드림에듀(공부방)
김태형 에이플수학학원
김하현 전문과외
김학림 수만휘기숙학원
김학준 수담수학학원
김해청 에듀엠 수학학원
김현경 소사스카이보습학원
김현숙 일산대진고등학교
김현우 최강영수학원
김현자 생각하는수학공간학원
김현정 더클레버수학학원
김현정 생각하는Y.와이수학
김현정 정원학원
김현주 서부세종학원
김현지 이투스수학(수지 신봉점)
김현지 수리샘홈스쿨
김형수 생각의 수학
김형수 마이멘토수학학원
김혜미 에이블학원
김혜정 수학을 말하다
김호숙 호수학원
김호원 원수학전문학원
김후광 LMS학원
김희성 멘토수학교습소
김희영 신의수학학원
김희주 생각하는 수학공간학원
나상오 향동대세학원
나영우 평촌에듀플레스
나혜림 마녀수학
나혜원 청북고등학교
남상보 청평 한샘 학원
남선규 윌러스영수학원
남세희 영수공부방
남현미 해법수학동초점
노예진 더바른수학전문학원
노희정 마테마타학원
류용수 메가스터디 러셀 분당
문근호 더오름수학
문벼라 그로우매쓰학원
문성환 정자영통서울학원
문승민 더바른수학전문학원
문영인 M2수학학원
문의열 MIT 학원
문장원 에스원 영수학원
문지현 문쌤수학
문태현 한올입시학원
문혜연 입실론수학전문학원
민동건 전문과외
민병옥 동수원 김샘교육
민윤기 알파수학
박가을 SMC수학
박경 수학의 아침
박다희 부천범박한솔플러스수학학원
박도솔 도솔샘수학
박민주 카라Math
박병호 에듀스카이수학학원
박상근 뉴스터디 학원
박상일 수학의아침 수내캠퍼스
박상준 대입몬스터

박성찬 수원 정자 이강학원
박소연 이투스247용인기숙학원
박수현 씨앗학원
박수현 리더가되는수학교습소
박순옥 아이퍼스트학원
박시현 수학의아침
박여진 플로우교육 수학의아침
박연지 상승에듀
박영주 일산 후곡 쉬운수학
박용범 용범수학
박우희 푸른보습학원
박원영 동탄트리즈나루수학학원
박윤호 이룸학원
박은주 탑이지수학/이지수학과학
박은진 지오수학학원
박의순 Why수학전문학원
박인영 성사중학교
박인영 평촌 종로학원
박장우 기찬에듀기찬수학
박재철 12월의 영광
박재홍 열린학원
박정길 엠코드학원
박정아 안산 세꿈영·수 전문학원
박정현 서울삼육고등학교
박종모 화성고등학교
박종선 채원영수학원
박종순 명품학원
박종필 정석수학학원
박종현 하이탑 수학교습소
박종함 이노센트수학학원
박주리 수학에반하다
박준석 오산G1230학원
박준선 SLB입시학원
박준영 닉고등입시학원
박지은 전문과외
박지현 수학의아침
박지환 디파인수학교습소
박진 수학의아침
박진한 엡실론학원
박찬현 박종호수학교습소
박하늘 일산 후곡 쉬운수학
박한솔 SnP수학학원
박현정 빡꼼수학학원
박혜림 다산미래학원
박희애 수학의아침 광교캠퍼스
방미영 JMI수학학원
방상웅 성지학원
배건태 데카르트수학학원
배문한 양명고등학교
배재준 연세영어고려수학학원
배호영 수이학원
백경주 파인만학원
백미라 신흥유투엠 수학학원
백윤희 유클리드 수학
백흥룡 성공학원
변은정 파라곤 스카이수학
봉우리 하이클래스 수학학원
봉현수 청솔 김창훈 수학학원
서가영 누리수학교습소
서두진 홍성문수학2학원
서재화 올탑학원
서정환 아이디수학학원
서지은 JMI 수학학원

서한울 수학의품격
서한주 공부방
서회원 함께하는수학 학원
선정연 광주비상에듀
설성환 설샘수학학원
설인호 토비공부방
성인영 정석공부방
성지희 snt수학학원
손동학 청어람수학학원
손승태 와부고등학교
손종규 수학의 아침
손지영 엠베스트에스이프라임학원
손해철 강의하는 아이들 광교캠퍼스
손홍지 아람입시학원
송숙희 평택소마수학
송승은 구리고등학교
송용선 수학의아침
송치호 대치명인학원(미금캠퍼스)
송태원 맑은숲수학학원
송혜빈 나무학원
송효은 에듀플렉스
신경성 한수학전문학원
신동형 청어람 학원
신동휘 김덕환 수리연구소
신선아 이즈원 영어수학 전문학원
신수연 김샘학원 동탄캠퍼스
신용순 연세스피드학원
신정화 SnP수학학원
신준효 열정과의지 수학보습학원
신현민 김샘학원 동수원캠퍼스
신혜선 유투엠구리인창
안계원 탑솔루션수학학원
안명근 의정부 맨투맨학원
안영균 생각하는 수학공간
안영임 안쌤공부방
안영주 포스텍 수학학원
안주홍 전문과외
안효진 진수학
양은진 수플러스수학
양진철 영복여자고등학교
양태호 분당영덕여자고등학교
양학선 YHS에듀
어성룡 위너영수학원
어성웅 어쌤수학학원
어완수 대세학원
어재성 수학의아침
염민식 일로드수학학원
염승호 전문과외
염철호 하비투스
오경미 쎈수학
오수진 오름학원
오지혜 수톡수학학원
용다혜 용인동백에듀플렉스
우선혜 엠코드수학
우수종 우수학원
원종혁 제이멘톡학원
유광준 능력학원(본원)
유금숙 수학발전소
유금표 탑브레인수학과학학원
유남기 의치한학원
유리 수학의 아침 영재관
유승진 E&T 수학학원
유연재 유연재수학

유영준 S&T입시전문학원
유진성 마테마티카 수학학원
유채린 한수경에듀보드
유종헌 에스엠티 수학전문학원
유호애 J & Y MATH
유호영 전문과외
육동조 HSP 수학학원
윤덕환 여주비상에듀
윤도형 PST 캠프입시학원
윤명호 MH에듀
윤문성 평촌수학의봄날입시학원
윤미영 상원고등학교
윤상안 강의하는아이들 로드수학학원
윤영태 103 수학
윤정민 필탑학원
윤종윤 수학의 아침
윤지혜 천개의바람영수학원
윤지훈 고수학
윤지훈 탑클래스
윤채린 전문과외
윤현웅 수학을 수학하다
윤희 희쌤의수학교습소
이강우 광명대성N스쿨
이건도 대치아론수학
이결재 고수학학원
이경미 고잔고등학교
이경민 차수학앤국풍2000학원
    1관, 2관, 3관
이경수 수학의 아침 광교캠퍼스
이경희 플랜비공부방
이광후 수학의아침
이규상 유클리드수학
이규진 교일학원
이규태 이규태수학학원
이나래 토리스터디
이나현 엠브릿지수학
이대은 여주비상에듀
이대훈 현수학영어학원
이도일 Ola수학학원
이명환 다산 더원 수학학원
이미영 수학의아침
이민정 전문과외
이봉주 분당성지수학
이상윤 엘에스수학전문학원
이상일 캔디학원
이상준 E&T수학전문학원
이상호 양명고등학교
이상훈 다영국어수학
이서령 더바른수학전문학원
이선영 이선영영어
이설기 영설수학학원
이설빈 진성고등학교
이성용 카이수학학원
이성미 IL학원
이성환 메티우스 수학학원
이성희 피타고라스 셀파수학교실
이세아 수학의아침 중등입시센터
    이매프리미엄관
이세헌 2H수학학원
이소진 수학의 아침 광교 중등입시센터
이수동 부천 E&T 수학전문학원
이수정 으뜸창의영재교육연구소
이수정 매쓰투미

이순희 리더스에듀학원
이슬 라온학원
이승만 에릭수학교실
이승진 안중 Q.E.D수학
이승철 대치명인학원 후고캠퍼스
이승철 sn독학기숙학원
이아현 전문과외
이영현 대치명인학원
이영훈 펜타수학학원
이용희 필탑학원
이우선 효성고등학교
이원녕 이퓨스터디학원
이윤희 전문과외
이은 명품M수학전문학원
이은정 TRCEI알씨수학학원
이인선 후곡분석수학
이인성 장안여자중학교
이장훈 북부 세일학원, 개인 교습
이재민 제이엠학원
이재민 원탑학원
이재욱 태화국제학교
이재희 꿈으로가는길학원
이정빈 폴라리스학원
이정은 쎈수학러닝센터 평택비전학원
이정찬 하길중학교
이정현 필탑학원
이정훈 한샘학원 덕계
이정회 JH영어수학학원
이종문 전문과외
이종익 분당 파인만 고등부
이종호 빨리강해지는학원
이주혁 수학의 아침
이지연 브레인리그
이지예 뿌리깊은나무학원
이지인 신한고등학교
이지혜 이야기로여는생명수학
    정자다니엘학원
이진국 김수영보습학원
이진아 공감수학학원
이진주 원수학학원
이진택 고려유에스학원
이창수 일산화정와이즈만
이창용 A1에듀
이창훈 나인에듀학원
이채열 하제입시학원
이철호 파스칼수학
이태희 펜타수학학원
이한빈 뉴스터디수학학원
이한솔 더바른수학전문학원
이현이 함께하는수학
이현회 폴라아에듀
이형강 HK수학
이혜령 프로젝트매쓰
이혜민 대감수학영어
이혜수 송산고등학교
이호형 고수학학원
이화원 탑수학학원
이화진 쌤통학원
인병철 시스템학원
임맑은 이지매쓰수학학원
임선아 이화수학학원
임영주 쎈수학 다산학원
임우빈 리얼수학학원

임율인 탑수학교습소
임은경 대명학원
임은정 마테마티카 수학학원
임진우 전문과외
임찬혁 차수학 동삭캠퍼스
임현주 온수학교습소
임형석 전문과외
임홍석 엔터스카이 학원
장경은 차수학학원
장동철 Q.E.D.학원
장민수 신미주수학공부방
장수현 백영고등학교
장영석 영설수학학원
장재영 이자경 수학학원
장종민 장종민의 열정수학
장지훈 수원 예일학원
장혜민 수학의아침 수지캠퍼스
전경은 가온수학
전경진 늘푸른수학원
전미란 이룸학원
전미영 영재공부방
전욱현 필탑학원
전은혜 전문과외
전일 생각하는수학공간학원
전지원 원프로교육
전진아 명인학원
전진우 명성교육
전진우 플랜지에듀학원
전희나 대치명인학원 이매캠퍼스
정경주 광교 공감수학
정광현 지트에듀케이션
정국천 안성탑클래스
정금재 혜윰수학전문학원
정길성 필탑학원
정다운 수학의 품격
정동실 수학의아침
정미숙 쑥쑥수학교실
정미윤 함께하는수학
정선희 플로우 교육(수학의 아침)
정소영 (주)판다교육학원
정순원 동탄목동초등학교
정승호 이프수학
정양화 상승에듀
정연순 탑클래스
정영일 해윰수학영어학원
정영진 공부의자신감학원
정영채 평촌 페르마 수학학원
정용석 수학마녀학원
정우열 필업단과전문학원
정원구 레벨업학원
정원철 블루원수학전문학원
정유정 수학VS영어학원
정유진 와이엔매쓰
정은선 용인필탑학원
정은지 옥정 샤인학원
정의권 Why 수학전문학원
정장선 생각하는황소수학 동탄점
정재경 산돌수학학원
정지영 용쌤수학교육학원
정지영 SJ대치수학학원
정진섭 큐매쓰수학전문학원
정진영 J멘톡
정진욱 수원메가스터디학원

정태원 방선생수학학원
정태준 구주이배수학학원 구리본원
정필규 명품수학
정하준 2H수학학원
정한울 한울스터디
정해도 목동혜윰수학교습소
정현재 수만휘기숙학원
정현주 삼성영어쎈수학 은계학원
정황우 운정정석수학학원
조경희 E해법수학
조기민 장성중학교
조길한 제니스일등급학원
조미연 미연쌤의 시김새
조병욱 생각과몰리학원
조상숙 수학의 아침
조서민 유클리드수학학원
조석희 수학의 아침 수지캠퍼스
조선영 이야기로여는생명수학
        정자다니엘학원
조성화 SH수학
조영곤 휴브레인수학전문학원
조영주 수학의 아침 증등입시센터
조욱 청산유수 수학
조은 전문과외
조은정 최강수학
조의상 강북/분당/서초메가스터디
        기숙학원
조이정 온스마트
조정원 수학정원
조태현 경화여자고등학교
조현웅 추담교육컨설팅
조현정 깨단수학
조현화 온스마트수학
주광현 옥정 엠베스트학원
지술기 지수학학원
진동준 용인필탑학원
진인수 지트에듀케이션
차무근 차원이다른수학학원
차세영 탑공부방
차슬기 브레인리그
차재선 경화여자고등학교
차재호 코나투스재수종합학원
차혁진 휴브레인위례학원
채희승 수학의 아침(수내)
최경빈 연세에이플러스보습학원
최근주 SKY영수학원
최근혁 업앤업보습학원
최다혜 싹수학학원
최대원 수학의아침
최범균 경기 부천
최병희 원탑영어수학학원
최성길 씨큐브학원
최수지 싹수학학원
최수진 재있는수학
최승권 스터디올킴학원
최애순 정자이지수학교습소
최영성 에이블 수학영어 학원
최영식 수학의신학원
최용재 연세나로학원
최유미 분당파인만
최윤형 청운수학전문학원
최정우 MAG수학
최정환 서울대S.E.M학원

최지나 스터디 3.0
최지윤 엠코드학원
최필녀 필쌤융합교실
최한나 수학의아침
최한샘 멘토학원
최현기 김포고등학교
최형규 안성탑클래스
최효원 레벨업수학
표광수 수지 풀무질 수학전문학원
하정훈 하쌤학원
한경태 한경태수학전문학원
한규욱 마테마타 수학학원
한기언 한스수학교습소
한동희 38인의 수학생각
한미애 청북리더스보습학원
한미정 한쌤수학
한성윤 스카이웰수학학원
한성필 더프라임
한수민 SM수학학원
한수연 2WAY수학학원
한유호 에듀셀파 독학기숙학원
한은기 참선생학원 오산원동점
한인화 전문과외
한정우 동원고등학교
한준희 매스탑수학전문사동분원학원
한지희 이음수학
함영호 함영호고등전문수학클럽
허문수 삼성영어해법수학 능실학원
허형근 HK STUDY
현승평 화성고등학교
홍가영 성문학원
홍규성 전문과외
홍성문 홍성문 수학학원
홍성미 홍수학
홍성수 파스칼영재수학학원
홍세정 인투엠수학과학학원
홍승억 영앤수
홍유진 지수학학원(평촌)
홍의찬 원수학
황두연 딜라이트영어&수학
황미진 SG에듀
황삼철 멘토수학
황석진 낙생고등학교
황선아 서나수학
황애리 애리수학교습소
황영미 일신학원
황유미 대치명인학원 김포캠퍼스
황은지 멘토수학과학학원
황인영 더울림수학교습소
황재철 성빈학원
황준하 수학의아침중등관
황지훈 황지훈제2교실
황하나 수학의 아침 중등 영재관
황희찬 아이엘스 학원

경남

강경희 T.O.P에듀 학원
강도윤 강도윤수학컨설팅학원
강장헌 T.O.P에듀 학원
강지혜 강선생수학학원
고민정 고민정수학교습소
고병옥 옥샘수학과학

고성대 Math911
고성덕 진해용원고등학교
구아름 전문과외
권영애 아이비츠수학학원
권주희 피네 수학공부방
김광은 통영여자고등학교
김근우 더클래스학원
김동우 통영여자고등학교
김두성 두성수학학원
김미양 오렌지클래스학원
김민석 한수위 수학
김민일 거창 대성일고등학교
김병철 CL학숙
김보경 오름수학
김상철 마산여자고등학교
김선희 책벌레학원
김양준 양산
김옥경 반디수학과학학원
김인덕 성지여자고등학교
김일용 GH 영수전문학원
김종서 마산중앙고등학교
김진형 수풀림수학학원
김치남 수나무학원
김태희 전문과외
김해성 김해성수학
김혜영 프라이 공부방
남준기 거제고등학교
노선균 에듀플렉스
노은애 핀아수학
노현석 비코즈수학전문학원
민동록 민쌤수학
박규태 에듀탑영수학원
박범수 마산제일고등학교
박소현 오름 수학전문학원
박영진 대치스터디수학학원
박인식 성지여자고등학교
박임수 고탑(GO TOP)수학
박정길 아쿰수학학원
박주연 마산무학여자고등학교
박진수 창원나래학원
박혜영 수과람영재학원
박혜인 참좋은과외전문학원
배미나 이루다학원
배종우 매쓰팩토리수학학원
백은애 매쓰플랜수학학원
백지현 백지현 수학교습소
서주량 한입수학 교습소
성중재 창원중앙고등학교
송상윤 비상한수학학원
안지영 모두의수학학원
안현령 해냄수학
여길동 더오름영수학원
염인순 전문과외
오성현 다락방 남양지점 학원
유인영 마산중앙고등학교
윤민혜 윤쌤수학
윤지회 마하사고력수학교습소
이근영 매스마스터 수학전문학원
이아름 애시앙 수학맛집
이유진 멘토수학교습소
이정효 창원경일고등학교
이정훈 장정미수학학원
이종호 미리벌학습관

이지수 수과람영재에듀
이지훈 엠베스트SE학원 신진주캠퍼스
이진우 마스터클래스학원
이채윤 거창대성고등학교
이현주 즐거운 수학
임병언 임병언수학전문교습소
임영기 마산무학여자고등학교
전창근 수과원 학원
정수문 혜성여자중학교
정승엽 해냄학원
정희섭 길이보인다원격학원
조창래 한빛국제학교
주하진 상남진수학교습소
천보문 산양중학교
최광실 공감영수전문학원
최소현 창원 큰나래학원
최은미 전문과외
하강만 하이수학학원(양산)
하윤석 거제 정금학원
한희광 성사학원
황연희 황's Study
황진호 타임수학
황초롱 마산중앙고등학교

경북

강경훈 예천여자고등학교
강혜연 Bk영수전문학원
공영대 늘품학원
권오준 필수학영어
권정숙 권샘 과외
권호준 인타학원
김대휘 이상렬입시학원
김동수 문화고등학교
김동욱 구미정보고등학교
김득락 우석여자고등학교
김미란 대성초이스학원
김보아 매쓰킹공부방
김상윤 더카이스트수학학원
김성용 이리풀수학학원
김영욱 차수학과학
김영희 김쌤수학
김유리 청림학원
김재경 필즈수학영어학원
김정훈 현일고등학교
김현범 수학스케치
김효현 반올림수학학원
류부욱 수학만영어도학원
박경빈 풍산고등학교
박동수 헤세드입시학원
박명소 로고스수학학원
박명훈 현일고등학교
박유건 닥터박 수학학원
박윤신 한국수학교습소
박정민 박정민수학과학학원
박준태 정석수학교습소
박진성 포항제철고등학교
박찬 박쌤의 리얼수학 학원
배재현 수학만영어도학원
백기남 수학만영어도학원
성세현 이투스수학두호장량학원
성치경 포항제철고등학교, EBS
소효진 전문과외

손나래 이든샘영수학원　　임정원 순천매산고등학교　　**충남**　　　　**충북**　　　　박교식 삼육어학원

손나래 이든샘영수학원	임정원 순천매산고등학교	**충남**	**충북**	박교식 삼육어학원
손주희 이루다수학과학	정운화 정운수학	곽선예 올팍수학학원	강지은 전문과외	박도은 뉴메트학원
신승규 영남심육고등학교	조두희 예 수학교습소	권덕한 서령고등학교	구강서 상류수학전문학원	박미경 수올림수학전문학원
신은경 스터디멘토학원	조예은 한솔수학학원	권순필 에이커리어학원	권기윤 스카이학원	박상윤 박상윤수학교습소
신은경 스타매쓰사고력	진양수 목포덕인고등학교	권오운 G.O.A.T 수학학원	권용운 권용운수학학원	박세정 간동고등학교
신지현 문영수 학원	한지선 전문과외	권효정 전문과외	김가희 매쓰프라임수학학원	박준규 홍인학원
염성군 근화여자고등학교	한화형 한수학 학원	김근하 김샘수학	김경희 점프업수학공부방	배형진 화천학습관
오예운 전문과외		김나영 에듀플러스 학원	김대호 온수학전문학원	백경수 수학의 부활 이코수학
윤장영 윤쌤아카데미		김민석 공문수학학원	김동욱 이룸수학학원	송현욱 반전팩토리학원
이경하 풍산고등학교	**전북**	김정란 전문과외	김미선 선쌤수학	신인선 진광고등학교
이경후 바이블수학(율곡동)	권정욱 전문과외	김정화 도도수학논술	김미화 참수학공간학원	신현정 Hj 스터디
이기광 필즈수학영어학원(주)	김광현 마리학원	김태윤 라온수학학원	김병용 수학하는 사람들 학원	안해지 전문과외
이다례 문매쓰 달쌤수학	김민하 송앤박 영수학원	김태화 김태화수학학원	김윤주 타임수학	오준환 수학다움학원
이명숙 전문과외	김석진 영스타트학원	김현영 마루공부방	김재광 노블가온수학학원	오현주 오선생수학
이민선 공감수학학원	김성혁 S수학전문학원	남구현 강의하는 아이들 내포캠퍼스	김정호 생생수학	온성진 ASK수학학원
이상원 전문가집단 영수학원	김재순 김재순수학	남기현 부여여자고등학교	김주희 매쓰프라임수학학원	이경복 전문과외
이상현 인투학원	김학용 로드맵수학 과학 학원	박유진 제이홈스쿨	김현주 루트수학학원	이두환 키움수학학원
이서정 전문과외	민연화 YMS입시전문학원	박재혁 명성학원	남가경 키움수학학원장	이보람 이보람 수학과학 학원
이성국 포스카이학원	박광수 박선생해법수학	서승우 천안담다수학	노희경 용암드림탑학원	이상록 입시전문유승학원
이성민 대성 초이스 학원	박미화 엄쌤수학전문학원	서정기 시너지S클래스	류동균 탑N수 수학학원	이승우 이쌤수학전문학원
이승민 김천고등학교	박선미 박선생해법수학	성유림 Jns오름학원	류재혜 카이스트학원	정문영 초석학원
이영성 영주여자고등학교	박세진 부안고등학교	송준민 JNS오름학원	문지혁 수학의 문	정복인 하이탑수학학원
이완오 제일다비수	박세희 멘토이젠수학	송은선 전문과외	민정욱 훈민수학	정인혁 수학과통하다
이인영 이상렬입시학원	박소영 전주 혁신 최상위 수학	송화정 북일고등학교	박연경 전문과외	최문호 춘천고등학교
이재억 안동고등학교	박영진 필즈수학학원	신경미 Honeytip(전문과외)	박준범 충주고등학교	최수남 강릉 영.수배움교실
이형우 전문과외	박은경 더해봄수학학원	신유미 무한수학학원	서호철 충주대원고등학교	최재현 고대수학과학원
이혜은 안동풍산고등학교	박은미 박은미수학교습소	신태천 수학영재학원	설세령 페르마학원	최정현 최강수학전문학원
장금석 아름수학	박지유 박지유수학전문학원	옥정화 수학나무&독해숲	신병욱 패러다임학원	한효관 수학의부활이코수학
장아름 아름수학	박지은 리더스영수전문학원	원동진 서일고등학교	양세경 세경수학교습소	
장창원 문명고등학교	박철우 청운학원	유정수 천안고등학교	오금지 라온수학	
전동형 필즈수학영어학원	서지연 전문과외	유창훈 시그마학원	윤성길 엑스클래스 수학학원	**제주**
전정현 YB일등급수학학원	성영재 성영재수학학원	윤도경 고트수학학원	윤성희 윤성수학	고민호 알파수학 교습소
정은주 전문과외	송시영 블루오션수학학원	윤보희 충남삼성고등학교	이경미 행복한수학	김대환 The원 수학
정주용 문일학원	신영진 유나이츠 학원	윤재웅 베테랑수학전문학원	이예찬 입시론수학학원	김연희 whyplus 수학교습소
조진우 늘품수학학원	심우성 오늘은수학학원	윤지훈 대성n학원	이지수 일신여자고등학교	김정미 제이매쓰
조현정 올댓수학교습소	안형진 혁신 청람수학전문학원	이근영 천북중학교	전병호 충주시	김지영 생각틔움수학교실
지한울 울쌤수학교습소	양서진 오늘도신이나학원	이봉이 봉쌤수학	정수연 정수학	김태근 전문과외
최선미 채움수학교습소	양은지 군산중앙고등학교	이승훈 탑씨크리트교육	조병교 필립올림푸스학원 에르매쓰학원	김홍남 셀파우등생학원
최수영 수학만영어도학원	양재호 양재호카이스트학원	이아람 퍼펙트브레인학원	조선경 혜움수학	류혜선 RnK영어수학학원
최용규 한뜻입시학원	양형준 대들보 수학	이영우 수학의아침	조수현 에이치 영어 수학 학원	박승우 남녕고등학교
최이광 혜움학원	오윤하 오늘도 신이나	이예솔 헬로미스터에듀	조영수 수학의문	박찬 찬수학학원
표현석 안동풍산고등학교	원동한 하이업 수학전문학원	이은아 한다수학학원	조윤화 전문과외	오동조 에임하이학원
하홍민 홍수학	유현수 수학당	이재장 깊은수학학원	조형우 와이파이수학학원	오재일 재동학원
홍순복 정석수학에듀	유혜정 수학당	이종란 개념폴리아	최민주 가경루트수학학원	유지훈 신제주 뉴스터디
홍영준 하이맵수학학원	윤병오 이투스247익산	이종혁 안면도 이투스 기숙학원	한상호 한매쓰 수학전문학원(주)	이상민 서이현아카데미학원
홍현기 비상아이비츠학원	이송심 와이엠에스입시전문학원	이주란 공부방		이수정 온새미로수학학원
	이정현 로드맵수학학원	임재남 매쓰티지수학학원		이승환 예일분석수학
	이태임 해냄공부방	장정수 GOAT수학학원	**강원**	이현우 루트윈플러스입시학원
	이하은 성영재수학전문학원	전성호 시너지S클래스학원	강장섭 강장섭수학전문학원	장영환 제로링수학교실
전남	이혜상 S수학전문학원	전혜영 타임수학학원	길종현 강원대학교사범대학부설	편미경 편쌤수학
강성현 에토스학원	임미수 마스터수학학원	정광수 혜움국영수단과학원	고등학교	현수진 학고제 입시학원
고호섭 벌교고등학교	임승진 이터널수학영어학원	정은실 복자여자고등학교	김선희 MDA교육	
김광현 한수위수학학원	장재은 와이엠에스	조미선 전문과외	김성영 빨리강해지는 수학과학 학원	
김영은 나주금천중학교	정광호 이카루스학원	조현정 J.J수학전문학원	김성준 김성준 수학학원	
김영충 이지수학원	정미현 전주 이투스 수학학원 평화점	채영미 미매쓰	김윤 잇올스파르타	
김은경 목포덕인고등학교	정용재 성영재수학전문학원	최문근 천안중앙고등학교	김은경 세모가꿈꾸는수학당학원	
박미옥 목포폴리아학원	정혜숭 샤인학원	최소영 빛나는수학	김현성 단관김현성수학전문학원	
박진성 해남한가람학원	정환희 릿지수학학원	최원석 명사특강	김홍기 더 쉬운수학	
백지하 엠앤엠	조세진 수학의길	한상훈 신불당 한일학원	김희중 공부에반하다학원	
성준우 광양제철고등학교	최명회 MH수학클리닉학원	한진규 한뜻학원	노명훈 노명훈쌤의 알수학학원	
이강화 강승학원	최성훈 최성훈수학학원	한호선 두드림 영어수학학원	모지홍 XYZ수학학원	
이유선 하이탑학원	최윤 엠투엠(MtoM)수학학원	허영재 와이즈만 영재센터	민보라 사유에듀학원	
이태헌 하이탑학원	현수지 S&P 영수 전문학원			
임동묵 문향고등학교				

유형 + 내신
고쟁이

유 형 + 내 신

고

쟁이

수학 개념과 원리를 꿰뚫는

내신 대비 집중 훈련서

수학 I

STAFF

발행인 | 정선욱

퍼블리싱 총괄 | 남형주

개발 | 김태원 김한길 이유미 이수현

기획 · 디자인 · 마케팅 | 조비호 김정인 강윤정 한명희

유통 · 제작 | 서준성 신성철

Special Thanks to

오한별 광문고등학교   석동방 송도GLA학원   문재웅 성북메가스터디

김현주 숙명여자고등학교   신기호 메가스터디학원   이승훈 탑시크리트교육

조병욱 신영동수학학원   권용만 은광여자고등학교   윤현웅 수학을 수학하다

이수호 수학의 미래   손민정 두드림에듀

유형+내신 고쟁이 수학 I | 202209 제2판 1쇄   202406 제2판 6쇄

펴낸곳 이투스에듀㈜ 서울시 서초구 남부순환로 2547

고객센터 1599-3225   **등록번호** 제2007-000035호   **ISBN** 979-11-389-1096-5 [53410]

Preface 머리말

'2015 개정 교육과정'으로 수능이 치러지는 지금, 전국 대학 기준으로 교과전형 선발 인원이 확대되는 등 학생부(내신)은 여전히 중요하며 내신에서 점차 수능형 문제의 비중이 높아지고 있어 이를 반영하여 최신 내신 트렌드에 최적화된 문제들을 엄선, 다양한 형태의 시험에 대비할 수 있도록 다채로운 아이디어를 담은 문항을 제작하였습니다.

이 책은 연구진들이 최근 5개년 간 실제 고등학교 중간·기말고사에서 출제된 1000개가 넘는 시험지를 일일이 풀어가면서 유형별, 난이도별 출제 경향을 정리하고, 많은 학교에서 공통적으로 출제되는 문제가 무엇인지, 서술형으로 준비해야 할 문제가 무엇인지를 철저하게 분석하여 적중 가능성이 높은 문항만을 엄선하여 수록하였습니다. 또한 최근 수능/모평, 학평 기출문제를 분석하고, 핵심 문항들을 수록하여 수능형 문제에 대한 감각을 익히고, 문제해결력을 키울 수 있도록 하였습니다.

고난도 문제에서 해결 방향을 전혀 잡지 못하여 풀이를 시작조차 하지 못하는 일이 없으려면 단계별로 생각하는 훈련을 할 수 있는 문항이 필요합니다. 몇 가지 공식이나 유형을 암기하여 기계적으로 푸는 것은 한계가 있을 수밖에 없습니다. 물론 계산력을 키우는 것 자체도 중요하지만, 각각의 개념이 유기적으로 이해되고 활용 가능할 수 있도록 끊임없이 스스로 '왜?'라는 질문을 통해 확실하게 개념을 체화하는 것이 정말 중요합니다. 개념을 꿰뚫는 필수유형을 통해 유사한 문항을 비교·분석하고, 어떤 지점에서 실수가 자주 나오는지 유의하여 공부하여야 하겠습니다.

학생부(내신) 성적은 고등학교 생활 3년간의 노력을 꾸준히 쌓아 올리는 것입니다.
기초를 탄탄하게, 매일 성실하게 학습하는 것이 수학 고득점의 정답입니다.

Point 특장점

1 교과서 수준의 기본 문항부터 다양한 형태의 최고난도 문항까지 단계별로 담아내었습니다.

앞부분에는 쉬운 문제를 빠르고 정확하게 풀이하는 훈련부터 시작합니다.
뒷부분에선 독특하고 생소한 최고난도 문제를 해결하기 위한 다양한 연습을 하게 됩니다.

2 개념의 흐름을 보여주는 '개념 정리'와 유형별 문제해결방법을 알려주는 '유형 해결 TIP'을 수록하였습니다.

개념 정리에서는 선수학습과의 연결성을 통하여 개념이 발전되고 심화되는 흐름을 설명하였습니다.
유형해결 TIP 에서는 개념학습 후 유형별로 실제 문제를 푸는 데에 도움이 되는 내용을 안내하였습니다.
또한 Step2 마지막장의 '스키마(Schema)' 코너에서는 대표문항에 대해 문제의 조건과 답을 연결할 수 있도록
풀이의 흐름을 도식화하여 문제풀이에 적용할 수 있도록 하였습니다.

3 내신 기출은 물론, 수능/모평, 학평 기출문제까지 철저하게 분석하여 요즘 내신에 최적화하였습니다.

2015 개정 교육과정이 적용되어 출제된 최근 내신 시험 및 수능/모평, 학평의 출제 경향을 정확하게 파악하여
반영하였습니다.

Structure 구성

개념 정리

- 새로 학습하는 내용과 연결되는 이전 학습 내용을 함께 정리했습니다.

STEP 1
교과서를 정복하는 핵심 유형

- 개념을 적용하는 기본 훈련을 할 수 있는 중하 난이도의 문항들을 단원별 핵심 유형별로 분류하여 제공하였습니다.
- 유형별 문제 해결 방법을 알려주는 유형해결 TIP 을 제공합니다.

STEP 2
내신 실전문제 체화를 위한 심화 유형

- 학교 내신 시험에서 변별력 있는 문제로 자주 출제되는 중상 난이도의 문항들을 유형별로 분류하여 제공하였습니다.
- 배점이 높게 출제되는 **단답형 및 서술형 문항**에 대한 대비를 할 수 있도록 하였습니다.
- 대표문항 스키마(schema)를 제공합니다.

STEP 3
내신 최상위권 굳히기를 위한 최고난도 유형

- 종합적 사고력이 요구되는 최고난도 문항들을 제공하였습니다.
- 배점이 높게 출제되는 **단답형 및 서술형 문항**에 대한 대비를 할 수 있도록 하였습니다.

정답과 풀이

- 본풀이와 함께 다양한 아이디어 학습을 위한 다른 풀이 를 수록하였습니다.
- 좀 더 나이스한 풀이를 위한 추가 설명은 TIP 으로, 부가적이거나 심층적인 설명이 필요한 경우 참고 로 제공하여 풍부한 해설을 담았습니다.

■ 아이콘 활용하기

106 빈출 👑 서술형 🖊 | 선행 039 |
다음 상용로그표를 이용하여 물음에 답하고, 그 과정을 서술하시오.

수	0	1	2	3
3.0	.4771	.4786	.4800	.4814
3.1	.4914	.4928	.4942	.4955
3.2	.5051	.5065	.5079	.5092

(1) $\log x^2 = 3.0102$, $\log \sqrt{y} = -0.2529$를 만족시키는 두 양수 x, y에 대하여 $x+y$의 값을 구하시오.

(2) $\log \dfrac{k}{30.1} = 1.0306$을 만족시키는 양수 k의 값을 구하시오.

233   선생님 Pick! 평가원기출
이차함수 $y=f(x)$의 그래프와 일차함수 $y=g(x)$의 그래프가 그림과 같을 때, 부등식
$$\left(\frac{1}{2}\right)^{f(x)g(x)} \geq \left(\frac{1}{8}\right)^{g(x)}$$
을 만족시키는 모든 자연수 x의 값의 합은?

빈출 👑
반드시 눈여겨보아야 하는 출제율이 높은 문항을 나타냅니다.

서술형 🖊
서술형 문제로 자주 출제되는 문항을 나타냅니다.
문제를 풀면서 스스로 서술형 답안지를 작성하는 훈련을 할 수 있습니다.

| 선행 039 |
비슷한 아이디어를 사용하는 좀 더 쉬운 문항을 안내합니다. 풀이의 접근법을 생각하기 어려울 때 안내된 선행문제를 먼저 풀어보면 심화 문제에 대한 접근에 도움이 됩니다.

평가원기출 평가원변형 교육청기출 교육청변형
평가원, 교육청 기출문제 또는 그 기출문제가 변형된 문항을 나타냅니다.

선생님 Pick!
현장에 계신 선생님들이 Pick한, 내신에 출제되는 평가원·교육청 모의고사 기출(변형) 문제를 나타냅니다.

Contents 차례

I

지수함수와
로그함수

01 지수와 로그

|이전 학습 내용|

|현재 학습 내용|

• 거듭제곱 중1

같은 수를 여러 번 곱한 수는 밑과 지수로
간단히 나타낸다.

$$7 \times 7 \times 7 = 7^3 \iff \text{'7의 세제곱'}$$

• 제곱근 중3

음이 아닌 수 a에 대하여 제곱하여 a가 되는
수를 a의 제곱근이라 한다.

$$x^2 = a \ (a \geq 0) \iff x는 a의 제곱근$$

$$\pm 3 \xrightarrow[\text{제곱근}]{\text{제곱}} 9$$

• 양수 a의 제곱근 중3

이때는 음수의 제곱근은
다루지 않았다.

양수의 제곱근은 항상 2개가 있다. 그중
양수인 것을 양의 제곱근, 음수인 것을 음의
제곱근이라 하며, 기호 $\sqrt{\ }$ 를 사용하여
다음과 같이 나타낸다.

<양수 a의 제곱근>
양의 제곱근 $\sqrt{a}$, 음의 제곱근 $-\sqrt{a}$

이때 기호 $\sqrt{\ }$ 를 근호라 하며, $\sqrt{a}$를
'제곱근 a' 또는 '루트 a'라고 읽는다.

• 제곱근의 성질 중3

$a > 0$일 때

① $(\pm\sqrt{a})^2 = a$ 　　② $\sqrt{(\pm a)^2} = a$

• 제곱근의 곱셈과 나눗셈 중3

$a > 0$, $b > 0$일 때

① $\sqrt{a}\sqrt{b} = \sqrt{ab}$ 　② $\dfrac{\sqrt{a}}{\sqrt{b}} = \sqrt{\dfrac{a}{b}}$

• 거듭제곱과 거듭제곱근 ──────── 유형01 거듭제곱과 거듭제곱근

1. 거듭제곱

실수 a와 양의 정수 n에 대하여 a를 n번 곱한 것을 a의 n제곱이라 하고,
a^n으로 나타낸다. 또 a, a^2, a^3, a^4, $\cdots$을 통틀어 **a의 거듭제곱**이라 하고,
a^n에서 a를 거듭제곱의 밑, n을 거듭제곱의 지수라 한다.

2. 거듭제곱근

n이 2 이상의 정수일 때 n제곱하여 실수 a가 되는 수, 즉 $x^n = a$를
만족시키는 수 **x를 a의 n제곱근**이라 한다.
또 a의 제곱근, 세제곱근, 네제곱근, $\cdots$을 통틀어 a의
거듭제곱근이라 한다.

a의 n제곱근 $\iff$ n제곱하여 a가 되는 수
$\iff$ $x^n = a$를 만족시키는 x

(1) 실수 a의 n제곱근 중 실수인 것

0이 아닌 실수 a의 n제곱근은 복소수의 범위에서 n개 존재한다.

a의 n제곱근 중 실수인 것은 방정식 $x^n = a$의 실근이므로
함수 $y = x^n$의 그래프와 직선 $y = a$의 교점의 x좌표와 같다.

① n이 홀수인 경우 : a의 n제곱근 중 실수인 것은 오직 하나뿐이고,
　이것을 $\sqrt[n]{a}$로 나타낸다. ← $\sqrt[n]{a}$는 n제곱근 a'라 읽는다.

② n이 짝수인 경우 ← $\sqrt[2]{a}$는 간단히 $\sqrt{a}$로 나타낸다.

　(i) $a > 0$일 때, a의 n제곱근 중 실수인 것은 양수와 음수 두 개가 있고, 이때
　　양수인 것을 $\sqrt[n]{a}$, 음수인 것을 $-\sqrt[n]{a}$로 나타낸다.

　(ii) $a = 0$일 때, a의 n제곱근은 0뿐이다. ← $\sqrt[n]{0} = 0$이다.

　(iii) $a < 0$일 때, a의 n제곱근 중 실수인 것은 없다. ← 짝수 번 곱하여 음수가 되는
　　　　　　　　　　　　　　　　　　　　　　　　　　　　　실수는 없다.

위 내용을 정리하면 다음과 같다.

	n이 홀수	n이 짝수
함수 $y = x^n$의 그래프와 직선 $y = a$	$(-x)^n = -x^n$이므로 $y = x^n$의 그래프는 원점에 대하여 대칭	$(-x)^n = x^n$이므로 $y = x^n$의 그래프는 y축에 대하여 대칭
$a > 0$	$\sqrt[n]{a}$ (1개)	$\sqrt[n]{a}$, $-\sqrt[n]{a}$ (2개)
$a = 0$	0 (1개)	0 (1개)
$a < 0$	$\sqrt[n]{a}$ (1개)	없다.

(2) 거듭제곱근의 성질

$a > 0$, $b > 0$이고 m, n이 2 이상의 정수일 때 ← 근호 안의 수가 양수일 때만 성립

① $\sqrt[n]{a}\sqrt[n]{b} = \sqrt[n]{ab}$ 　② $\dfrac{\sqrt[n]{a}}{\sqrt[n]{b}} = \sqrt[n]{\dfrac{a}{b}}$

③ $\sqrt[n]{a^m} = (\sqrt[n]{a})^m$ 　④ $\sqrt[m]{\sqrt[n]{a}} = \sqrt[mn]{a}$ 　$\sqrt[n]{\sqrt[m]{a}} = \sqrt[mn]{a} = \sqrt[m]{\sqrt[n]{a}}$ $\sqrt[n]{\sqrt[m]{\sqrt[l]{a}}} = \sqrt[lmn]{a}$

• 지수법칙 중2

m, n이 자연수일 때

① $a^m a^n = a^{m+n}$

② $(a^m)^n = a^{mn}$

③ $(ab)^n = a^n b^n$

④ $\left(\dfrac{a}{b}\right)^n = \dfrac{a^n}{b^n}$ (단, $b \neq 0$)

⑤ $a^m \div a^n = \begin{cases} a^{m-n} & (m > n) \\ 1 & (m = n) \\ \dfrac{1}{a^{n-m}} & (m < n) \end{cases}$ (단, $a \neq 0$)

• 지수의 확장 ────────── 유형02 지수의 확장과 지수법칙

1. 지수가 양의 정수일 때의 지수법칙 ────── 유형03 지수법칙과 식의 계산

(1) a가 실수이고 n이 양의 정수일 때 $\qquad a^n = \underbrace{a \times a \times \cdots \times a}_{n \text{개}}$

(2) a, b가 실수이고 m, n이 양의 정수일 때

① $a^m a^n = a^{m+n}$ ② $(a^m)^n = a^{mn}$ ③ $(ab)^n = a^n b^n$

④ $\left(\dfrac{a}{b}\right)^n = \dfrac{a^n}{b^n}$ (단, $b \neq 0$) ⑤ $a^m \div a^n = \begin{cases} a^{m-n} & (m > n) \\ 1 & (m = n) \\ \dfrac{1}{a^{n-m}} & (m < n) \end{cases}$ (단, $a \neq 0$)

2. 지수가 정수일 때의 지수법칙

(1) $a \neq 0$이고 n이 양의 정수일 때

> 자연수 n에 대하여 $0^n = 0$이지만 0^0과 0^{-n}은 정의하지 않는다.

$$a^0 = 1, \quad a^{-n} = \frac{1}{a^n}$$

(2) $a \neq 0$, $b \neq 0$이고 m, n이 정수일 때

① $a^m a^n = a^{m+n}$ ② $a^m \div a^n = a^{m-n}$ ← $m = n$, $m < n$인 경우에도 성립

③ $(a^m)^n = a^{mn}$ ④ $(ab)^n = a^n b^n$

3. 지수가 유리수일 때의 지수법칙

(1) $a > 0$이고 m은 정수, n은 2 이상의 정수일 때

$$a^{\frac{m}{n}} = \sqrt[n]{a^m}, \quad \text{특히 } a^{\frac{1}{n}} = \sqrt[n]{a}$$

(2) $a > 0$, $b > 0$이고 r, s가 유리수일 때

① $a^r a^s = a^{r+s}$ ② $a^r \div a^s = a^{r-s}$

③ $(a^r)^s = a^{rs}$ ④ $(ab)^r = a^r b^r$

4. 지수가 실수일 때의 지수법칙

(1) $a > 0$일 때, 모든 무리수 x에 대하여 a^x의 값이 하나로 결정되므로 모든 실수 x에 대하여 a^x을 정의할 수 있다.

(2) $a > 0$, $b > 0$이고 x, y가 실수일 때

① $a^x a^y = a^{x+y}$ ② $a^x \div a^y = a^{x-y}$

③ $(a^x)^y = a^{xy}$ ④ $(ab)^x = a^x b^x$

위 내용을 정리하면 다음과 같다.

지수	양의 정수			정수	유리수	실수
밑	모든 실수			$a \neq 0$	$a > 0$	$a > 0$
추가 정의	$a^n = \underbrace{a \times a \times \cdots \times a}_{n \text{개}}$ (단, n은 양의 정수)			$a^0 = 1$, $a^{-n} = \dfrac{1}{a^n}$ (단, n은 양의 정수)	$a^{\frac{m}{n}} = \sqrt[n]{a^m}$ (단, m은 정수, n은 2 이상의 정수)	무리수 x에 대하여 a^x의 값
지수 법칙	① $a^m a^n = a^{m+n}$ ② $(a^m)^n = a^{mn}$ ③ $(ab)^n = a^n b^n$ ④ $\left(\dfrac{a}{b}\right)^n = \dfrac{a^n}{b^n}$ (단, $b \neq 0$) ⑤ $a^m \div a^n = \begin{cases} a^{m-n} & (m > n) \\ 1 & (m = n) \\ \dfrac{1}{a^{n-m}} & (m < n) \end{cases}$ (단, $a \neq 0$)				① $a^x a^y = a^{x+y}$ ② $a^x \div a^y = a^{x-y}$ ③ $(a^x)^y = a^{xy}$ ④ $(ab)^x = a^x b^x$	

유형04 지수법칙의 실생활 활용

• 로그의 정의와 성질 ────────────────────────────── 유형 05 로그의 뜻과 성질

1. 로그의 정의

$a>0$, $a\neq1$일 때, 임의의 양수 N에 대하여 $a^x=N$을 만족시키는 실수 x는 오직 하나 존재한다. 이 수 x를 $\log_a N$과 같이 나타내고 이것을 **a를 밑으로 하는 N의 로그**라 한다. 이때 N을 $\log_a N$의 **진수**라 한다. 이를 정리하면 다음과 같다.

$$a>0,\ a\neq1,\ N>0 일\ 때,\ a^x=N \iff x=\log_a N$$

2. 로그의 성질

(1) 로그의 기본 성질

$a>0$, $a\neq1$, $M>0$, $N>0$이고 k가 임의의 실수일 때

① $\log_a 1=0$, $\log_a a=1$

② $\log_a MN=\log_a M+\log_a N$ $a^m\times a^n=a^{m+n}$
                                     $a^m\div a^n=a^{m-n}$

③ $\log_a \dfrac{M}{N}=\log_a M-\log_a N$

④ $\log_a M^k=k\log_a M$

(2) 로그의 밑의 변환 공식 ────────────────────────────── 유형 06 로그의 밑의 변환

$a>0$, $a\neq1$, $b>0$, $c>0$, $c\neq1$일 때

① $\log_a b=\dfrac{\log_c b}{\log_c a}$ ② $\log_a b=\dfrac{1}{\log_b a}$ (단, $b\neq1$)

(3) 여러 가지 로그의 성질

$a>0$, $a\neq1$, $b>0$, $c>0$, $c\neq1$일 때

① $\log_{a^m} b^n=\dfrac{n}{m}\log_a b$ (단, $m\neq0$이고 m, n은 실수)

② $a^{\log_a b}=b$ ③ $a^{\log_c b}=b^{\log_c a}$

3. 상용로그 ────────────────────────────── 유형 07 상용로그

(1) 상용로그의 정의

10을 밑으로 하는 로그를 **상용로그**라 하며, 상용로그 $\log_{10} N$은 보통 밑 10을 생략하여 $\log N$과 같이 나타낸다.

(2) 상용로그표

상용로그표는 0.01의 간격으로 1.00부터 9.99까지의 수에 대한 상용로그의 값을 반올림하여 소수점 아래 넷째 자리까지 나타낸 것이다.

수	0	1	2	3	⋯	9
1.0	.0000	.0043	.0086	.0128	⋯	.0374
1.1	.0414	.0453	.0492	.0531	⋯	.0755
1.2	.0792	.0828	.0864	.0899	⋯	.1106
1.3	.1139	.1173	.1206	.1239	⋯	.1430
⋮	⋮	⋮	⋮	⋮	⋮	⋮

(3) 상용로그의 성질

상용로그표와 로그의 성질을 이용하면 1.00부터 9.99까지의 범위를 벗어난 수의 상용로그의 값을 구할 수 있다.

⟨예⟩ 오른쪽 상용로그표에서 $\log 1.13=0.0531$이므로

$\log 113=\log(1.13\times10^2)=\log 1.13+\log 10^2=0.0531+2=2.0531$

$\log 0.113=\log(1.13\times10^{-1})=\log 1.13+\log 10^{-1}$

$\qquad\qquad\quad =0.0531-1=-0.9469$

유형 08 로그의 실생활 활용

유형 01 거듭제곱과 거듭제곱근

거듭제곱과 거듭제곱근에서는
(1) 거듭제곱근을 구하는 문제
(2) 거듭제곱근 중 실수의 개수를 구하는 문제
(3) 거듭제곱근의 성질을 이용하여 식을 계산하는 문제
(4) 거듭제곱근으로 표현된 수의 대소를 비교하는 문제
를 분류하였다.

001

8의 세제곱근을 모두 구하시오.

002

다음 거듭제곱근 중 실수인 것을 구하시오.

(1) 32의 다섯제곱근

(2) 81의 네제곱근

(3) $-\dfrac{1}{8}$의 세제곱근

003 빈출

3의 제곱근 중 실수인 것의 개수를 a, -4의 세제곱근 중 실수인 것의 개수를 b, -5의 네제곱근 중 실수인 것의 개수를 c라 할 때, $a+b+c$의 값은?

① 1   ② 2   ③ 3
④ 4   ⑤ 5

004 빈출

다음 중 옳은 것은?

① 0의 세제곱근은 없다.

② -64의 세제곱근 중 실수인 것은 2개이다.

③ 3의 네제곱근 중 실수인 것은 $\sqrt[4]{3}$뿐이다.

④ n이 2 이상의 짝수일 때 5의 n제곱근 중 실수인 것은 2개이다.

⑤ n이 2 이상의 홀수일 때 -4의 n제곱근 중 실수인 것은 없다.

005

〈보기〉에서 옳은 것의 개수는?

보기

ㄱ. $\sqrt[3]{2^3}=2$ ㄴ. $\sqrt[5]{(-3)^5}=-3$

ㄷ. $-\sqrt[4]{(-5)^4}=5$ ㄹ. $(\sqrt[3]{-2})^3=-2$

ㅁ. $(\sqrt{-2})^2=\sqrt{(-2)^2}$

① 1   ② 2   ③ 3
④ 4   ⑤ 5

006

다음은 어떤 학생이 $\sqrt{(-2)^{14}}$을 계산한 과정이다. 계산 과정에서 등호가 성립하지 <u>않는</u> 곳은?

$$\sqrt{(-2)^{14}}\underset{①}{=}\sqrt{(-2)^{2\times7}}\underset{②}{=}\sqrt{(-2)^{7\times2}}$$

$$\underset{③}{=}\{\sqrt{(-2)^7}\}^2\underset{④}{=}(-2)^7\underset{⑤}{=}-128$$

007

다음 중 옳지 <u>않은</u> 것은?

① -2는 -8의 세제곱근이다.

② 16의 네제곱근은 ± 2이다.

③ 세제곱근 27은 3이다.

④ 5의 세제곱근은 방정식 $x^3=5$의 근이다.

⑤ n이 2 이상의 홀수일 때 $\sqrt[n]{a}$의 부호는 a의 부호와 일치한다.

008

다음 중 옳은 것은?

① $\sqrt[3]{7} \times \sqrt[4]{7} = \sqrt[7]{7}$

② $\sqrt{-\sqrt[3]{64}} = -2$

③ $\sqrt[4]{\sqrt[3]{16}} = \sqrt[12]{8}$

④ $\dfrac{\sqrt[3]{-81}}{\sqrt[3]{-3}} = 3$

⑤ $\left(\sqrt[3]{5} \times \dfrac{1}{\sqrt{5}}\right)^6 = 5$

009 빈출 👑

세 수 $\sqrt[3]{3}$, $\sqrt[4]{5}$, $\sqrt[6]{10}$의 대소 관계로 옳은 것은?

① $\sqrt[3]{3} < \sqrt[4]{5} < \sqrt[6]{10}$

② $\sqrt[3]{3} < \sqrt[6]{10} < \sqrt[4]{5}$

③ $\sqrt[4]{5} < \sqrt[3]{3} < \sqrt[6]{10}$

④ $\sqrt[6]{10} < \sqrt[3]{3} < \sqrt[4]{5}$

⑤ $\sqrt[6]{10} < \sqrt[4]{5} < \sqrt[3]{3}$

유형 02 지수의 확장과 지수법칙

지수가 정수, 유리수, 실수로 확장될 때의 수를 나타내고, 지수법칙을 이용하여 식을 계산하는 문제를 분류하였다.

010

다음은 a^x에서 지수 x의 범위를 확장한 순서를 나타낸 것이다. 지수 x의 범위에 따른 밑 a의 조건을 바르게 연결한 것은?

x	자연수	정수	유리수	실수
a	(가)	(나)	(다)	(라)

	(가)	(나)	(다)	(라)
①	모든 실수	$a \neq 0$	$a \neq 0$	$a > 0$
②	모든 실수	$a \neq 0$	$a > 0$	$a > 0$
③	모든 실수	$a > 0$	$a \neq 0$	$a \neq 0$
④	모든 실수	$a > 0$	$a > 0$	$a > 0$
⑤	모든 실수	$a \geq 0$	$a > 0$	$a > 0$

011

$a = (2^{2-\sqrt{2}})^{\sqrt{2}}$, $b = (2^{\sqrt{2}})^{2+\sqrt{2}}$일 때, $\dfrac{a}{b}$의 값은?

① $\dfrac{1}{16}$

② $\dfrac{1}{4}$

③ 2

④ 4

⑤ 16

012

다음을 계산하시오.

(1) $\sqrt[3]{4} \times 2^{\frac{4}{3}}$

(2) $\left\{\left(\dfrac{8}{27}\right)^{-\frac{3}{4}}\right\}^{\frac{8}{9}}$

(3) $3^{2-\sqrt{3}} \times (3^{\sqrt{6}})^{\frac{1}{\sqrt{2}}}$

(4) $81^{0.75} \div (\sqrt[3]{3^4})^{\frac{9}{4}} \times \left(\dfrac{1}{3}\right)^{-1}$

(5) $2^{-\frac{2}{5}} \times 5^{\frac{8}{5}} \times 10^{-\frac{3}{5}}$

013 빈출 👑

1이 아닌 양수 a에 대하여 $\sqrt[3]{a \times \sqrt[4]{a}} = a^k$일 때, 상수 k의 값은?

① $\dfrac{1}{12}$ ② $\dfrac{1}{4}$ ③ $\dfrac{5}{12}$

④ $\dfrac{7}{12}$ ⑤ $\dfrac{3}{4}$

014

$\sqrt[4]{\dfrac{\sqrt[6]{a}}{\sqrt{a}}} \div \sqrt[3]{\dfrac{\sqrt[8]{a}}{a\sqrt{a}}}$ 를 간단히 한 것은? (단, a는 1이 아닌 양수이다.)

① $a^{\frac{3}{16}}$ ② $a^{\frac{1}{4}}$ ③ $a^{\frac{5}{16}}$

④ $a^{\frac{3}{8}}$ ⑤ $a^{\frac{7}{16}}$

015

1이 아닌 서로 다른 두 양수 a, b에 대하여
$$\sqrt{a^3b^2} \times \sqrt[3]{a^2b^5} \div \sqrt[12]{a^{18}b^4}$$
을 간단히 한 것은?

① $a^{\frac{1}{3}}b^{\frac{7}{3}}$ ② $a^{\frac{1}{3}}b^{\frac{8}{3}}$ ③ $a^{\frac{2}{3}}b^{\frac{7}{3}}$

④ $a^{\frac{2}{3}}b^{\frac{8}{3}}$ ⑤ $ab^{\frac{7}{3}}$

016 빈출 👑

$\sqrt{2} \times \sqrt[3]{9} \div \sqrt[3]{\sqrt[4]{12}} = 2^a \times 3^b$일 때, $a+b$의 값은?

(단, a, b는 유리수이다.)

① $\dfrac{7}{12}$ ② $\dfrac{9}{12}$ ③ $\dfrac{11}{12}$

④ $\dfrac{13}{12}$ ⑤ $\dfrac{15}{12}$

유형 03 지수법칙과 식의 계산

지수법칙과 식의 계산에서는
(1) 지수법칙과 곱셈 공식을 이용하여 식의 값을 구하는 문제
(2) $\dfrac{a^x + a^{-x}}{a^x - a^{-x}}$과 같이 분모, 분자에 거듭제곱 꼴이 있는 식을 간단히 하여 식의 값을 구하는 문제
(3) $a^x = b^y = k$와 같은 꼴에서 지수 사이의 관계식을 통해 식의 값을 구하는 문제
를 분류하였다.

017 빈출 👑

$x + x^{-1} = 3$일 때, 다음 식의 값을 구하시오.

(1) $x^2 + x^{-2}$ (2) $x^3 + x^{-3}$

018   교육청기출

$3^x + 3^{1-x} = 10$일 때, $9^x + 9^{1-x}$의 값은?

① 91 ② 92 ③ 93

④ 94 ⑤ 95

019

세 실수 a, b, c가 $a^2+b^2+c^2=13$, $a+b+c=4$를 만족시킬 때, $(2^a)^{b+c}\times(2^b)^{c+a}\times(2^c)^{a+b}$의 값은?

① 2 ② 4 ③ 8
④ 16 ⑤ 32

020 빈출 ♕

$a^{2x}=3$일 때, $\dfrac{a^{3x}+a^{-3x}}{a^x-a^{-x}}$의 값은? (단, $a>0$)

① $\dfrac{5}{3}$ ② $\dfrac{8}{3}$ ③ $\dfrac{11}{3}$
④ $\dfrac{14}{3}$ ⑤ $\dfrac{17}{3}$

021 빈출 ♕

$\dfrac{a^x-a^{-x}}{a^x+a^{-x}}=\dfrac{1}{3}$일 때, a^{4x}의 값은? (단, $a>0$)

① 1 ② 4 ③ 9
④ 16 ⑤ 25

022 빈출 ♕

$63^x=81$, $7^y=3$을 만족시키는 두 실수 x, y에 대하여 $\dfrac{4}{x}-\dfrac{1}{y}$의 값은?

① -2 ② -1 ③ 1
④ 2 ⑤ 3

023

다음 물음에 답하시오.

(1) 세 실수 x, y, z에 대하여 $6^x=8^y=9^z=12$일 때, $\dfrac{2}{x}+\dfrac{2}{y}+\dfrac{1}{z}$의 값을 구하시오.

(2) 세 실수 x, y, z에 대하여 $2^x=7^y=\left(\dfrac{1}{14}\right)^z$일 때, $\dfrac{1}{x}+\dfrac{1}{y}+\dfrac{1}{z}$의 값을 구하시오. (단, $xyz\neq0$)

유형04 지수법칙의 실생활 활용

지수법칙을 수학 외적 상황과 결합하여 묻는 문제를 분류하였다.

024

교육청기출

식품의 부패 정도를 수치화한 식품손상지수 G와 상대습도 $H(\%)$, 기온 $T(℃)$ 사이에는 다음과 같은 관계가 있다고 한다.

$$G = \frac{H-65}{14} \times (1.05)^T$$

상대습도가 80 %, 기온이 35 ℃일 때의 식품손상지수를 G_1, 상대습도가 70 %, 기온이 20 ℃일 때의 식품손상지수를 G_2라 할 때, $\dfrac{G_1}{G_2}$의 값은? (단, $(1.05)^{15}=2$로 계산한다.)

① 6 ② 7 ③ 8
④ 9 ⑤ 10

유형05 로그의 뜻과 성질

로그의 뜻과 성질에서는
(1) 로그가 정의되기 위한 조건을 구하는 문제
(2) 로그의 정의를 이용하거나 로그의 성질을 이용하여 식을 계산하는 문제
를 분류하였다.

025

다음 중 옳은 것은?

(단, $a>0$, $a \neq 1$, $x>0$, $y>0$이고, n은 자연수이다.)

① $\log_a(x+y) = \log_a x + \log_a y$
② $\log_a x^n = (\log_a x)^n$
③ $\log_a \dfrac{x}{y} = \dfrac{\log_a x}{\log_a y}$
④ $a^{\log_a x} = a$
⑤ $x^{\log_a y} = y^{\log_a x}$

026

1이 아닌 두 양수 a, b가 다음 조건을 만족시킬 때, $\dfrac{b}{a}$의 값은?

(가) $\log_2 a = 3$
(나) $\log_b 4 = \dfrac{2}{5}$

① 2 ② 4 ③ 8
④ 16 ⑤ 32

027

$\log_{\frac{1}{16}} \{\log_9 (\log_2 x)\} = \dfrac{1}{4}$ 을 만족시키는 x의 값은?

① 8 ② 12 ③ 16
④ 24 ⑤ 32

028 빈출

다음 물음에 답하시오.

(1) $\log_x(3-x)$가 정의되기 위한 x의 값의 범위를 구하시오.

(2) $\log_{x-2}(-x^2+6x+16)$이 정의되기 위한 정수 x의 개수를 구하시오.

029 빈출 👑

다음을 계산하시오.

(1) $\log_2 40 - \log_2 5$

(2) $\log_2 \dfrac{4}{3} + 2\log_2 \sqrt{12}$

(3) $\log_3 \sqrt{6} + \dfrac{1}{2}\log_3 5 - \dfrac{3}{2}\log_3 \sqrt[3]{10}$

(4) $3\log_7 \sqrt{7} + \log_9 5 - \log_3 \sqrt{15}$

030

$4^{\log_2 12 + 2\log_{\frac{1}{4}} 3}$의 값은?

① $\dfrac{9}{16}$ ② $\dfrac{2}{3}$ ③ $\dfrac{3}{4}$

④ $\dfrac{4}{3}$ ⑤ $\dfrac{16}{9}$

유형 06   로그의 밑의 변환

로그의 밑의 변환 공식을 이용하는 문제를 분류하였다.

유형 해결 TIP

밑의 변환 공식에 의하여 임의의 로그에 대한 밑을 1이 아닌 임의의 양수로 바꿀 수 있다.
또한, 밑이 서로 다른 로그도 밑을 변환하여 같게 만들어 주면 로그의 성질을 이용하여 쉽게 계산할 수 있다.
다음과 같은 식을 빠르게 계산할 수 있도록 하자.

$\log_a b \times \log_b a = 1$

$\log_a b \times \log_b c \times \log_c d = \log_a d$

031

$x = \log_4 6$, $y = \log_9 6$일 때, $\dfrac{1}{x} + \dfrac{1}{y}$의 값은?

① $\dfrac{3}{2}$ ② 2 ③ $\dfrac{5}{2}$

④ 3 ⑤ $\dfrac{7}{2}$

032 빈출 👑

다음을 간단히 하시오.

(1) $\log_3 2 \times \log_2 3$ (2) $\log_2 5 \times \log_5 3 \times \log_3 8$

033 빈출 👑

$\log_2 3 = a$, $\log_2 5 = b$일 때, 다음을 a, b로 나타내시오.

(1) $\log_2 45$ (2) $\log_{50} 24$

(3) $\log_5 \dfrac{4}{27}$

034 빈출 👑

$\log_2 3 = a$, $\log_5 2 = b$일 때, $\log_{45} 120$을 a, b로 나타낸 것은?

① $\dfrac{ab + a + 1}{ab + 1}$ ② $\dfrac{ab + b + 1}{ab + 1}$

③ $\dfrac{ab + 2a + 1}{2ab + 1}$ ④ $\dfrac{ab + 3b + 1}{2ab + 1}$

⑤ $\dfrac{ab + 3b + 1}{3ab + 1}$

035

1이 아닌 양수 x에 대하여

$$\frac{1}{\log_3 x} + \frac{1}{\log_6 x} + \frac{1}{\log_8 x} = \frac{2}{\log_a x}$$

일 때, 양수 a의 값은?

① 6   ② 9   ③ 12

④ 15   ⑤ 18

036

두 실수 a, b에 대하여 $18^a = 2$, $18^b = 7$일 때, $9^{\frac{a+b}{1-a}}$의 값은?

① 14   ② 21   ③ 28

④ 35   ⑤ 42

037

두 실수 x, y가 $2^x = 5^y = 20$을 만족시킬 때, $(x-2)(y-1)$의 값은?

① 1   ② 2   ③ 3

④ 4   ⑤ 5

유형 07 **상용로그**

상용로그에서는

(1) 상용로그의 값을 계산하거나 상용로그로 표현하는 문제

(2) 상용로그의 정수 부분과 소수 부분에 관한 문제

를 분류하였다.

유형 해결 TIP

$\log A = n + \alpha$ (n은 정수, $0 \le \alpha < 1$)일 때,

n은 $\log A$의 정수 부분이고, α는 $\log A$의 소수 부분이다.

상용로그의 값이 음수일 때, $0 \le$ (소수 부분) < 1임을 주의하여 정수 부분, 소수 부분을 구하자.

예 $\log 0.002 = \log(2 \times 10^{-3}) = \log 2 - 3 = 0.3010 - 3 = -2.6990$

이때 소수 부분은 -0.6990이 아님에 주의하자.

$$-2.6990 = -2 - 0.6990 = (-2-1) + (1-0.6990)$$
$$= -3 + 0.3010$$

이므로 정수 부분은 -3, 소수 부분은 0.3010이다.

038

$\log 2.64 = 0.4216$일 때, 다음 값을 구하시오.

(1) $\log 264$ (2) $\log 26400$

(3) $\log 0.264$ (4) $\log 0.00264$

039 빈출 ♛

$\log 3.45 = 0.5378$일 때, $\log a = 2.5378$, $\log b = -2.4622$를 만족시키는 a, b의 값을 각각 구하시오.

040 빈출 👑

선행 033

$\log 2 = a$, $\log 3 = b$일 때, 다음을 a, b로 나타내시오.

(1) $\log_3 5$

(2) $\log_{0.6} 0.24$

유형 08 로그의 실생활 활용

로그를 수학 외적 상황과 결합하여 묻는 문제를 분류하였다.
특히, 상용로그 관련 실생활 활용 문제가 자주 출제된다.

041

소리의 세기가 $I(\mathrm{W/m^2})$일 때, 소리의 크기는

$10 \log \dfrac{I}{10^{-12}}$ (dB)이다. 크기가 80 dB인 소리의 세기는 크기가

30 dB인 소리의 세기의 몇 배인가?

① 10^3 ② 10^5 ③ 10^7

④ 10^9 ⑤ 10^{11}

042 빈출 👑

지진에 의해서 발생된 에너지의 양은 보통 리히터 규모로
나타내는데, 발생되는 에너지가 x erg(에르그)인 지진의 리히터
규모를 M이라 하면

$$\log x = 11.8 + 1.5M$$

이 성립한다고 한다. 리히터 규모가 7인 지진의 에너지는 리히터
규모가 5인 지진의 에너지의 몇 배인가?

① 10 ② 10^2 ③ 10^3

④ 10^4 ⑤ 10^5

043 빈출 👑

별의 밝기는 지구에서 그 별을 볼 때의 밝기인 겉보기 등급과
그 별이 지구에서 10파섹의 거리에 있다고 가정했을 때의 밝기인
절대등급으로 나타낸다. 지구까지 거리가 x파섹인 별의 겉보기
등급을 m, 절대등급을 M이라 하면

$$m - M = 5 \log x - 5$$

인 관계가 성립한다고 한다. 겉보기 등급이 5, 절대등급이 -4인
별의 지구까지의 거리는 몇 파섹인지 구하시오.

(단, $\log 6.31 = 0.8$로 계산한다.)

044

빛이 어떤 유리판을 한 장 통과할 때마다 그 밝기가 2 %씩
감소한다고 한다. 밝기가 1000인 빛이 이 유리판을 10장 통과했을
때의 밝기를 구하시오.

(단, $\log 9.8 = 0.9912$, $\log 8.17 = 0.912$로 계산한다.)

유형 01 거듭제곱과 거듭제곱근

045 빈출 ♛

| 선행 008 |

다음을 계산하시오.

(1) $\sqrt[5]{32^2} \div (\sqrt[3]{2})^6 \times \sqrt{\sqrt[3]{64}}$

(2) $\sqrt[5]{(-6)^5} + \sqrt[4]{(-5)^4} + \sqrt[4]{(-3)^8} + \sqrt[3]{-2^6}$

(3) $\sqrt[3]{-27} + \sqrt[3]{5} \times \sqrt[3]{25} - \sqrt[3]{\sqrt{8^2}}$

(4) $\sqrt[3]{\sqrt{9^2}} \times \sqrt[3]{81} + \dfrac{\sqrt[4]{162}}{\sqrt[4]{2}}$

046

$\sqrt[3]{40} + \sqrt[3]{75} \times \sqrt[3]{225} - \sqrt[9]{-125}$ 를 간단히 한 것은?

① $12\sqrt[3]{5}$ ② $14\sqrt[3]{5}$ ③ $16\sqrt[3]{5}$

④ $18\sqrt[3]{5}$ ⑤ $20\sqrt[3]{5}$

047

다음 물음에 답하시오.

(1) $\sqrt[3]{4}$의 제곱근 중 양수인 것을 p, 54의 세제곱근 중 실수인 것을 q라 할 때, $q-p$의 값을 구하시오.

(2) $\{(\sqrt{-8})^2\}^3$의 세제곱근 중 실수인 것을 a, $\sqrt[3]{(-2)^6}$의 네제곱근 중 양수인 것을 b라 할 때, $a+b^2$은 c의 세제곱근이다. 실수 c의 값을 구하시오.

048

교육청변형

모든 실수 x에 대하여 $\sqrt[5]{-x^2+2ax-8a}$ 가 음수가 되도록 하는 모든 정수 a의 개수는?

① 6   ② 7   ③ 8

④ 9   ⑤ 10

049

| 선행 003 |

실수 x와 2 이상의 자연수 n에 대하여 x의 n제곱근 중 실수인 것의 개수를 $f(x, n)$이라 할 때,

$$f(\sqrt{3}, 5) + f(-\sqrt[4]{5}, 3) + f(0, 4) + f(\sqrt[7]{-4}, 6)$$

의 값은?

① 2   ② 3   ③ 4

④ 5   ⑤ 6

050

2 이상의 자연수 n에 대하여 $\dfrac{9}{2}-n$의 n제곱근 중 실수인 것의 개수를 $f(n)$이라 할 때,

$$f(3)+f(4)+f(5)+f(6)+f(7)+f(8)$$

의 값은?

① 4   ② 5   ③ 6

④ 7   ⑤ 8

051

실수 x에 대하여 x의 네제곱근 중 실수인 것의 개수를 $f(x)$라 하고, x의 다섯제곱근 중 실수인 것의 개수를 $g(x)$라 하자. $|a|\leq 5$, $|b|\leq 5$인 두 정수 a, b에 대하여 $f(a)g(b)=2$를 만족시키는 a, b의 순서쌍 (a, b)의 개수는?

① 50   ② 55   ③ 60
④ 65   ⑤ 70

052 빈출 👑   평가원변형

$2\leq n\leq 11$인 자연수 n에 대하여 $n^2-13n+36$의 n제곱근 중 음의 실수가 존재하도록 하는 모든 n의 값의 합은?

① 24   ② 25   ③ 26
④ 27   ⑤ 28

053   교육청기출

자연수 n에 대하여 $n(n-4)$의 세제곱근 중 실수인 것의 개수를 $f(n)$이라 하고, $n(n-4)$의 네제곱근 중 실수인 것의 개수를 $g(n)$이라 하자. $f(n)>g(n)$을 만족시키는 모든 n의 값의 합은?

① 4   ② 5   ③ 6
④ 7   ⑤ 8

054

2 이상의 자연수 n에 대하여 $\sqrt[n]{60}$보다 크지 않은 최대의 정수를 $f(n)$이라 할 때,

$$f(2)+f(3)+f(4)+\cdots+f(10)$$

의 값은?

① 17   ② 18   ③ 19
④ 20   ⑤ 21

055   선행 009

집합 $X=\{\sqrt[3]{2\sqrt{6}}, \sqrt[3]{\sqrt{10}}, \sqrt[4]{3\sqrt[3]{5}}\}$에 대하여 $x_1\in X$, $x_2\in X$일 때, $\dfrac{x_2}{x_1}$의 최댓값은?

① $\sqrt[12]{\dfrac{27}{20}}$ ② $\sqrt[6]{\dfrac{12}{5}}$ ③ $\sqrt[12]{\dfrac{64}{15}}$
④ $\sqrt[6]{\dfrac{27}{5}}$ ⑤ $\sqrt[6]{\dfrac{64}{27}}$

유형 02 지수의 확장과 지수법칙

056

〈보기〉에서 옳은 것만을 있는 대로 고른 것은?

보기

ㄱ. $\{(-2)^2\}^{\frac{3}{2}}=-8$

ㄴ. $3^{\pi+2}\div3^{\pi-1}=27$

ㄷ. $(2^{1-\sqrt{3}}-2^{1+\sqrt{3}})^2-(2^{1-\sqrt{3}}+2^{1+\sqrt{3}})^2=-16$

ㄹ. $\dfrac{9^5+3^{15}}{9^{-5}+3^{-15}}=3^{30}$

① ㄱ, ㄴ   ② ㄴ, ㄷ   ③ ㄴ, ㄹ

④ ㄱ, ㄴ, ㄷ   ⑤ ㄴ, ㄷ, ㄹ

057

다음을 계산하시오.

(1) $\dfrac{(3^{\frac{6}{5}}-3^{\frac{1}{5}})^5}{4}$

(2) $\dfrac{(1-2^{-\frac{1}{4}})(1+2^{-\frac{1}{4}})(1+2^{-\frac{1}{2}})(1+2^{-1})}{(\sqrt[3]{3}-\sqrt[3]{2})(\sqrt[3]{9}+\sqrt[3]{6}+\sqrt[3]{4})}$

058 빈출 ♛

그림과 같은 정육면체의 부피가 4일 때, 색칠한 정삼각형의 넓이는 $2^p\times3^q$이다. 두 유리수 p, q에 대하여 $p+q$의 값은?

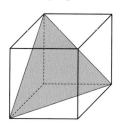

① $\dfrac{2}{3}$ ② $\dfrac{5}{6}$ ③ 1

④ $\dfrac{7}{6}$ ⑤ $\dfrac{4}{3}$

059 빈출 ♛

| 선행 013 |

1이 아닌 양수 a에 대하여

$$\sqrt[3]{a\sqrt{a\times\sqrt[4]{a^3}}}\div\sqrt[6]{a\times\sqrt[4]{a^k}}=1$$

을 만족시키는 실수 k의 값은?

① 5   ② 7   ③ 9

④ 11   ⑤ 13

060 서술형 ✏

$a\neq0$이고 m, n이 정수일 때, $a^m\div a^n=a^{m-n}$이 성립한다. 이와 거듭제곱근의 성질을 이용하여 $a>0$이고 r, s가 유리수일 때, $a^r\div a^s=a^{r-s}$이 성립함을 증명하시오.

061

$$\frac{1}{6^{-30}+1}+\frac{1}{6^{-29}+1}+\cdots+\frac{1}{6^{-1}+1}+\frac{1}{6^{0}+1}$$
$$+\frac{1}{6^{1}+1}+\cdots+\frac{1}{6^{29}+1}+\frac{1}{6^{30}+1}=\frac{q}{p}$$

일 때, $p+q$의 값은? (단, p와 q는 서로소인 자연수이다.)

① 61   ② 62   ③ 63
④ 64   ⑤ 65

062 빈출 ♕

세 양수 a, b, c에 대하여 $a^{5}=2$, $b^{6}=7$, $c^{9}=13$일 때, $(abc)^{n}$이 자연수가 되도록 하는 자연수 n의 최솟값은?

① 30   ② 60   ③ 90
④ 120   ⑤ 150

063 빈출 ♕

$2\le n\le 200$인 자연수 n에 대하여 $(5\sqrt{5^{3}})^{\frac{1}{6}}$이 어떤 자연수의 n제곱근이 되도록 하는 n의 개수를 구하시오.

064 빈출 ♕

n이 정수일 때, $\left(\frac{1}{8}\right)^{\frac{5}{n}}$이 나타낼 수 있는 모든 자연수의 곱은 2^{k}이다. k의 값은?

① 16   ② 20   ③ 24
④ 28   ⑤ 32

065 교육청기출

$m\le 135$, $n\le 9$인 두 자연수 m, n에 대하여 $\sqrt[3]{2m}\times\sqrt{n^{3}}$의 값이 자연수일 때, $m+n$의 최댓값은?

① 97   ② 102   ③ 107
④ 112   ⑤ 117

066 교육청기출

2 이상의 자연수 n에 대하여 $(\sqrt{3^{n}})^{\frac{1}{2}}$과 $\sqrt[n]{3^{100}}$이 모두 자연수가 되도록 하는 모든 n의 값의 합을 구하시오.

유형03 **지수법칙과 식의 계산**

067

양수 a에 대하여 $6^{x+1}=12a$, $18^{x-1}=\dfrac{2}{3}a$일 때, $\left(\dfrac{1}{3}\right)^{2x-3}$의 값은?

① $\dfrac{1}{2}$ ② $\dfrac{2}{3}$ ③ $\dfrac{3}{4}$

④ $\dfrac{4}{5}$ ⑤ $\dfrac{5}{6}$

068

두 실수 a, b에 대하여 $7^{2a+b}=32$, $7^{a-b}=2$일 때, $4^{\frac{a+2b}{ab}}$의 값은?

① 7^2 ② 7^3 ③ 7^4

④ 7^5 ⑤ 7^6

069

$x=2^{\frac{1}{3}}-2^{-\frac{1}{3}}$일 때, $2x^3+6x+3$의 값은?

① 3 ② 6 ③ 9

④ 12 ⑤ 15

070

$x=6+2\sqrt{7}$, $y=6-2\sqrt{7}$이고 $a=x^{\frac{1}{3}}+y^{\frac{1}{3}}$일 때, a^3-6a+6의 값을 구하시오.

071 빈출 ♕

좌표평면에서 점 $P(a, b)$가 두 점 $(2, 0)$, $(0, 4)$를 지나는 직선 위의 점일 때, 다음 물음에 답하시오.

(1) $4^a-2^b=6$일 때, 4^a+2^b의 값을 구하시오.

(2) $2^a+(\sqrt{2})^b$의 최솟값을 구하시오.

072 빈출 ♕ | 선행 017 |

다음 물음에 답하시오.

(1) $0<x<1$이고 $x^{\frac{1}{2}}+x^{-\frac{1}{2}}=4$일 때, $x^{\frac{1}{2}}-x^{-\frac{1}{2}}$의 값을 구하시오.

(2) $x>0$이고 $x+x^{-1}=5$일 때, $x^{\frac{3}{2}}+x^{-\frac{3}{2}}$의 값을 구하시오.

073

$\sqrt{x}+\dfrac{1}{\sqrt{x}}=\sqrt{5}$일 때, $\dfrac{(x^{\frac{3}{2}}-1)(x^{-\frac{3}{2}}-1)}{x^2+x^{-2}}$의 값을 구하시오.

074 빈출 ♔

$9^x+9^{-x}=6$일 때, $\dfrac{3^{6x}-1}{3^{4x}-3^{2x}}$의 값은? (단, $x>0$)

① 5   ② 7   ③ 9

④ 11   ⑤ 13

075

$x=2^{\frac{1}{6}}+2^{-\frac{1}{6}}$일 때, $\sqrt{x^2-4}+x=2^k$이다. 상수 k의 값을 구하시오.

076

| 선행 023 |

다음 물음에 답하시오.

(1) 세 실수 x, y, z에 대하여 $2^x=(\sqrt{3})^y=5^z$, $\dfrac{1}{x}+\dfrac{2}{y}+\dfrac{1}{z}=3$일 때, $2^{\frac{3}{2}x}$의 값을 구하시오. (단, $xyz\ne0$)

(2) $40^x=2$, $\left(\dfrac{1}{5}\right)^y=8$, $a^z=4$를 만족시키는 세 실수 x, y, z에 대하여 $\dfrac{1}{x}+\dfrac{3}{y}-\dfrac{1}{z}=2$가 성립할 때, 양수 a의 값을 구하시오.

077 빈출 ♔

0이 아닌 세 실수 a, b, c에 대하여 $6^a=3^b=k^c$, $ac=2ab+bc$ 일 때, 양수 k의 값은?

① $\dfrac{\sqrt{2}}{4}$ ② $\dfrac{1}{2}$ ③ $\dfrac{\sqrt{2}}{2}$

④ $\sqrt{2}$ ⑤ 2

078 서술형 ✏

0이 아닌 두 실수 a, b에 대하여 $4^a=9^b$, $2ab-a-b=0$일 때, $4^a\times\left(\dfrac{1}{81}\right)^b$의 값을 구하고, 그 과정을 서술하시오.

079

$x^a = y^b = (xy)^{\frac{c}{3}}$이 성립할 때, $\dfrac{6ab}{bc+ca}$의 값은?

(단, x, y는 1이 아닌 양수이고, $abc \neq 0$이다.)

① 2   ② 3   ③ 4

④ 6   ⑤ 12

080

$a = \sqrt[3]{2-\sqrt{3}}$일 때, $\dfrac{a^2+a^3+a^4+a^5+a^6}{a^{-3}+a^{-4}+a^{-5}+a^{-6}+a^{-7}}$의 값은 $p+q\sqrt{3}$이다. $p+q$의 값은? (단, p, q는 유리수이다.)

① 3   ② 5   ③ 7

④ 9   ⑤ 11

081

$a = \dfrac{\sqrt{3}}{3}$일 때, $\dfrac{2}{1-a^{\frac{1}{8}}} + \dfrac{2}{1+a^{\frac{1}{8}}} + \dfrac{4}{1+a^{\frac{1}{4}}} + \dfrac{8}{1+a^{\frac{1}{2}}} + \dfrac{16}{1+a}$의 값은?

① 32   ② 36   ③ 40

④ 44   ⑤ 48

유형 04 지수법칙의 실생활 활용

082

넓이가 8인 직사각형을 축소 복사하려고 한다. 출력된 직사각형을 같은 배율로 다시 축소 복사하는 과정을 반복할 때, 5번째로 축소 복사된 직사각형의 넓이가 2가 되었다. 3번째로 축소 복사된 직사각형의 넓이는?

① $2^{\frac{6}{5}}$ ② $2^{\frac{7}{5}}$ ③ $2^{\frac{8}{5}}$

④ $2^{\frac{9}{5}}$ ⑤ $2^{\frac{11}{5}}$

083

처음 온도가 A °C인 물체를 온도가 B °C인 곳에 놓아두면 이 물체의 t분 후의 온도 $f(t)$(°C)는

$$f(t) = B + (A-B)p^{-kt} \ (p,\ k\text{는 상수})$$

이 된다고 한다. 처음 온도가 a °C인 어떤 음료수를 온도가 30 °C로 일정한 야외에 두었더니 3분 후에는 18 °C, 6분 후에는 24 °C가 되었을 때, a의 값은?

① 2   ② 4   ③ 6

④ 8   ⑤ 10

084

과거 n년 동안 매출액이 a원에서 b원으로 변했을 때, 연평균 성장률 P는 $P=\left(\dfrac{b}{a}\right)^{\frac{1}{n}}-1$로 나타내어진다고 한다. 두 회사 A, B의 2013년 말 매출액은 각각 200억 원, 150억 원이었고, 2023년 말 매출액은 각각 400억 원, 600억 원이었다. 2013년 말부터 2023년 말까지 10년 동안 B회사의 연평균 성장률은 A회사의 연평균 성장률의 몇 배인가? (단, $2^{\frac{11}{10}}=2.14$로 계산한다.)

① 2.03   ② 2.07   ③ 2.11
④ 2.15   ⑤ 2.19

085 [평가원기출]

어느 금융상품에 초기자산 W_0을 투자하고 t년이 지난 시점에서의 기대자산 W가 다음과 같이 주어진다고 한다.

$$W=\frac{W_0}{2}10^{at}(1+10^{at})$$

(단, $W_0>0$, $t\geq0$이고, a는 상수이다.)

이 금융상품에 초기자산 w_0을 투자하고 15년이 지난 시점에서의 기대자산은 초기자산의 3배이다. 이 금융상품에 초기자산 w_0을 투자하고 30년이 지난 시점에서의 기대자산이 초기자산의 k배일 때, 실수 k의 값은? (단, $w_0>0$)

① 9   ② 10   ③ 11
④ 12   ⑤ 13

086

금속에 열을 가했을 때, 금속의 온도는 시간이 흐름의 따라 변한다. 어느 금속의 처음 온도를 $T_0\,^\circ\mathrm{C}$, 열을 가한지 t분 후 온도를 $T\,^\circ\mathrm{C}$라 하면

$$3^{T-T_0}=(7t+6)^k\ (k\text{는 상수})$$

이라고 한다. 이 금속의 처음 온도가 $20\,^\circ\mathrm{C}$이고 열을 가한지 3분 후 온도가 $260\,^\circ\mathrm{C}$일 때, 이 금속의 온도가 $340\,^\circ\mathrm{C}$가 되는 것은 열을 가한지 몇 분 후인가?

① $\dfrac{75}{7}$ ② $\dfrac{76}{7}$ ③ 11
④ $\dfrac{78}{7}$ ⑤ $\dfrac{79}{7}$

유형 05 로그의 뜻과 성질

087

1이 아닌 세 양수 a, b, c에 대하여 $a^2=b^3=c^5$이 성립할 때, $\log_a bc+\log_b ca+\log_c ab$의 값은?

① $\dfrac{11}{6}$ ② $\dfrac{11}{3}$ ③ $\dfrac{11}{2}$
④ $\dfrac{22}{3}$ ⑤ $\dfrac{55}{6}$

088

$x=\log_2(\sqrt{5}-2)$일 때, $\dfrac{2^x-2^{-x}}{4^x+4^{-x}+2}$의 값은?

① $-\dfrac{1}{25}$ ② $-\dfrac{1}{20}$ ③ $-\dfrac{1}{15}$

④ $-\dfrac{1}{10}$ ⑤ $-\dfrac{1}{5}$

089 빈출 ⛑ | 선행 028 |

다음 물음에 답하시오.

(1) 모든 실수 x에 대하여 $\log_{a+3}(x^2+2ax-a+12)$가 정의되기 위한 모든 정수 a의 값의 합을 구하시오.

(2) 모든 실수 x에 대하여 $\log_{|a-1|}(x^2+ax+4a)$가 정의되기 위한 정수 a의 개수를 구하시오.

090 빈출 ⛑ | 선행 087 |

세 양수 a, b, c가 다음 조건을 만족시킨다.

> (가) $\log_2 a+\log_2 4b+\log_2 2c=5$
> (나) $a=b^2=\sqrt{c}$

$\log_2 ab$의 값은?

① $\dfrac{2}{7}$ ② $\dfrac{3}{7}$ ③ $\dfrac{4}{7}$

④ $\dfrac{5}{7}$ ⑤ $\dfrac{6}{7}$

091 교육청변형

2 이상의 서로 다른 세 실수 a, b, c가 다음 조건을 만족시킨다.

> (가) $a\sqrt[3]{b}$는 a^5의 네제곱근이다.
> (나) $2\log_a b+\log_b c=6$

$\log_a bc$의 값을 구하시오.

092 빈출 👑

함수 $f(x)=\log_3\left(1+\dfrac{1}{x+4}\right)$에서

$$f(1)+f(2)+f(3)+\cdots+f(n)=2$$

를 만족시키는 자연수 n의 값은?

① 24   ② 28   ③ 32

④ 36   ⑤ 40

093

평가원기출

$\log_4 2n^2-\dfrac{1}{2}\log_2\sqrt{n}$의 값이 40 이하의 자연수가 되도록 하는

자연수 n의 개수를 구하시오.

유형 06 로그의 밑의 변환

094

| 선행 029 |

다음을 계산하시오.

(1) $(5\sqrt{5})^{\log_5 9\times\log_3 4}$

(2) $(\log_3 25+\log_{\sqrt{3}} 5)(\log_5 81+\log_{25}\sqrt{3})$

(3) $\log_2(\log_3 4)+\log_2(\log_4 25)+\log_2(\log_5 81)$

(4) $\dfrac{1}{\log_8 2}+\dfrac{\log_5 4}{\log_9 2}\times\log_3 25+\dfrac{\log_7 27}{\log_7 3}$

095 빈출 👑

다음은 1이 아닌 세 양수 a, b, c에 대하여 $a^{\log_b c}=c^{\log_b a}$이
성립함을 보이는 과정이다.

$a^{\log_b c}=x$로 놓으면 로그의 정의에 의하여 $\log_a x=$ (가) 이다.

양변을 c를 밑으로 하는 로그로 나타내어 정리하면

$$\dfrac{\log_c x}{\boxed{(나)}}=\dfrac{1}{\boxed{(다)}}$$이다.

즉, $\log_c x=\dfrac{\boxed{(나)}}{\boxed{(다)}}=$ (라) 이다.

따라서 로그의 정의에 따라 $x=$ (마) 이다.

$\therefore a^{\log_b c}=c^{\log_b a}$

위의 과정에서 (가), (나), (다), (라), (마)에 알맞은 식을 쓰시오.

096 빈출 👑

방정식 $x^2-5x+3=0$의 두 근이 $\log_2 a$, $\log_2 b$일 때,
$\log_a b+\log_b a$의 값은? (단, a, b는 1이 아닌 양수이다.)

① 5   ② $\dfrac{16}{3}$ ③ $\dfrac{17}{3}$

④ 6   ⑤ $\dfrac{19}{3}$

097 빈출 👑

1이 아닌 세 양수 a, b, c에 대하여 $\log_a c : \log_b c = 2 : 3$일 때, $\log_a b - \log_b a$의 값을 구하시오.

098

평가원기출

1보다 큰 세 실수 a, b, c가

$$\log_a b = \frac{\log_b c}{2} = \frac{\log_c a}{4}$$

를 만족시킬 때, $\log_a b + \log_b c + \log_c a$의 값은?

① $\dfrac{7}{2}$ ② 4   ③ $\dfrac{9}{2}$

④ 5   ⑤ $\dfrac{11}{2}$

099

1이 아닌 서로 다른 두 양수 a, b에 대하여 $\log_a b = \log_b a$일 때, $(a+3)(b+12)$의 최솟값을 구하시오.

100

$a > 1$, $b > 1$일 때, $\log_a b^3 + \log_b \sqrt[3]{a}$의 최솟값은?

① 1   ② 2   ③ 3

④ 4   ⑤ 5

101

교육청기출

1보다 크고 10보다 작은 세 자연수 a, b, c에 대하여

$$\frac{\log_c b}{\log_a b} = \frac{1}{2}, \ \frac{\log_b c}{\log_a c} = \frac{1}{3}$$

일 때, $a + 2b + 3c$의 값은?

① 21   ② 24   ③ 27

④ 30   ⑤ 33

102

세 실수 a, b, c에 대하여

$$abc \neq 0, \ ab - 2bc + ca = abc$$

일 때, $\log_2 x = a$, $\log_3 x = b$, $\log_5 x = c$를 만족시키는 양수 x의 값을 구하시오. (단, $x \neq 1$)

유형07 상용로그

103

음이 아닌 두 정수 a, b에 대하여 $\log N = a \log 2 + b \log 3$을 만족시키는 $1 \leq N \leq 30$인 모든 자연수 N의 값의 합은?

① 128   ② 130   ③ 132

④ 134   ⑤ 136

104

세 실수 a, b, c에 대하여

$$\frac{\log 9}{a} = \frac{\log 16}{b} = \frac{\log 144}{c} = 4$$

일 때, 10^{a+b+c}의 값은?

① 4   ② 9   ③ 12

④ 16   ⑤ 144

105 빈출 👑   평가원변형

네 양수 a, b, c, k가 다음 조건을 만족시킬 때, k의 값은?

> (가) $3^a = 5^b = k^c$
>
> (나) $\log c = \log 2ab - \log(2a+b)$

① $3\sqrt{3}$ ② $5\sqrt{3}$ ③ $6\sqrt{3}$

④ $9\sqrt{3}$ ⑤ $15\sqrt{3}$

106 빈출 👑 서술형 ✏️ | 선행 039 |

다음 상용로그표를 이용하여 물음에 답하고, 그 과정을 서술하시오.

수	0	1	2	3
3.0	.4771	.4786	.4800	.4814
3.1	.4914	.4928	.4942	.4955
3.2	.5051	.5065	.5079	.5092

(1) $\log x^2 = 3.0102$, $\log \sqrt{y} = -0.2529$를 만족시키는 두 양수 x, y에 대하여 $x + y$의 값을 구하시오.

(2) $\log \dfrac{k}{30.1} = 1.0306$을 만족시키는 양수 k의 값을 구하시오.

107

$4.37x$를 계산해야 할 것을 잘못하여 4.37^x을 계산하였더니 그 결과가 1590이 되었다. 바르게 계산한 $4.37x$의 값은?

(단, $\log 1.59 = 0.2$, $\log 4.37 = 0.64$로 계산한다.)

① 13.15　　　　② 17.48　　　　③ 21.85

④ 26.22　　　　⑤ 30.55

108　　　　　　　　　　　　　　　　　　　평가원기출

$\dfrac{1}{2} < \log a < \dfrac{11}{2}$인 양수 a에 대하여 $\dfrac{1}{3} + \log \sqrt{a}$의 값이 자연수가 되도록 하는 모든 a의 값의 곱은?

① 10^{10}　　　　② 10^{11}　　　　③ 10^{12}

④ 10^{13}　　　　⑤ 10^{14}

109　빈출

$10 < x < 100$일 때, $\log x^2$과 $\log \sqrt[3]{x}$의 차가 정수가 되도록 하는 모든 실수 x의 값의 곱을 구하시오.

110

다음 조건을 만족시키는 모든 실수 x의 값의 곱을 k라 할 때, $\log k$의 값은? (단, $[x]$는 x보다 크지 않은 최대의 정수이다.)

(가) $[\log x] = 2$

(나) $\log x^3 - [\log x^3] = \log \dfrac{1}{x} - \left[\log \dfrac{1}{x} \right]$

① 9　　　　② $\dfrac{37}{4}$　　　　③ $\dfrac{19}{2}$

④ $\dfrac{39}{4}$　　　　⑤ 10

유형08　로그의 실생활 활용

111

지진의 규모 R와 지진이 일어났을 때 방출되는 에너지 E 사이에는 다음과 같은 관계가 있다고 한다.

$$R = 0.7 \log (0.37E) + 1.46$$

지진의 규모가 4일 때 방출되는 에너지를 E_1이라 하자. 에너지의 양이 E_1의 4배가 되었을 때, 지진의 규모는?

(단, $\log 2 = 0.3$으로 계산한다.)

① 4.12　　　　② 4.22　　　　③ 4.32

④ 4.42　　　　⑤ 4.52

112

세라믹 재료 A에 대한 실험을 시작한 지 t_1초 후, t_2초 후의 측정 온도를 각각 T_1 ℃, T_2 ℃라 할 때, A의 열전도 계수 K는 다음과 같다고 한다.

$$K=\frac{C(\log t_2-\log t_1)}{T_2-T_1}\ (C\text{는 양수})$$

이 실험을 시작한 지 10초 후, 20초 후의 측정 온도가 각각 400 ℃, 402 ℃일 때, 측정 온도가 408 ℃가 되는 때는 실험을 시작한 지 몇 초 후인가?

① 40 ② 80 ③ 120
④ 160 ⑤ 200

113

교육청기출

어떤 지역의 먼지농도에 따른 대기오염 정도는 여과지에 공기를 여과시켜 헤이즈계수를 계산하여 판별한다. 광화학적 밀도가 일정하도록 여과지 상의 빛을 분산시키는 고형물의 양을 헤이즈계수 H, 여과지 이동거리를 $L(\mathrm{m})$ $(L>0)$, 여과지를 통과하는 빛전달률을 S $(0<S<1)$라 할 때, 다음과 같은 관계식이 성립한다고 한다.

$$H=\frac{k}{L}\log\frac{1}{S}\ (\text{단, }k\text{는 양의 상수이다.})$$

두 지역 A, B의 대기오염 정도를 판별할 때, 각각의 헤이즈계수를 H_A, H_B, 여과지 이동거리를 L_A, L_B, 빛전달률을 S_A, S_B라 하자. $\sqrt{3}H_A=2H_B$, $L_A=2L_B$일 때, $S_A=(S_B)^p$을 만족시키는 실수 p의 값은?

① $\sqrt{3}$ ② $\frac{4\sqrt{3}}{3}$ ③ $\frac{5\sqrt{3}}{3}$
④ $2\sqrt{3}$ ⑤ $\frac{7\sqrt{3}}{3}$

114

어느 공장에서 매년 일정한 비율로 생산량을 증가시켜 10년 만에 생산량이 4배가 되었다. 생산량을 매년 몇 %씩 증가시켰는지 구하시오. (단, $\log 1.15=0.06$, $\log 2=0.3$으로 계산한다.)

115

어느 회사의 매출액이 매년 일정한 비율로 증가하고 있다. 2019년도의 매출액을 A라 할 때, 2022년도의 매출액은 $1.23A$이다. 2026년도의 매출액은 A의 몇 배인가? (단, $\log 1.23=0.09$, $\log 1.32=0.12$로 계산하고, 소수점 아래 셋째 자리에서 반올림한다.)

① 1.34 ② 1.41 ③ 1.48
④ 1.55 ⑤ 1.62

스키마로 풀이 흐름 알아보기

세 실수 x, y, z에 대하여 $\underbrace{2^x=(\sqrt{3})^y=5^z}_{조건①}$, $\underbrace{\dfrac{1}{x}+\dfrac{2}{y}+\dfrac{1}{z}=3}_{조건②}$일 때, $\underbrace{2^{\frac{3}{2}x}}_{답}$의 값을 구하시오. (단, $xyz\neq0$)

스키마 schema ≫ 주어진 조건 은 무엇인지? 구하는 답 은 무엇인지? 이 둘을 어떻게 연결할지?

1단계

① $2^x=(\sqrt{3})^y=5^z=\boxed{k}$ → $k^{\frac{1}{x}}=2$, $k^{\frac{2}{y}}=3$, $k^{\frac{1}{z}}=5$

② $\dfrac{1}{x}+\dfrac{2}{y}+\dfrac{1}{z}=3$

$2^x=(\sqrt{3})^y=5^z=k$ $(k>0)$라 하자.
$2^x=k$, $3^{\frac{y}{2}}=k$, $5^z=k$에서
$k^{\frac{1}{x}}=2$, $k^{\frac{2}{y}}=3$, $k^{\frac{1}{z}}=5$이다.

2단계

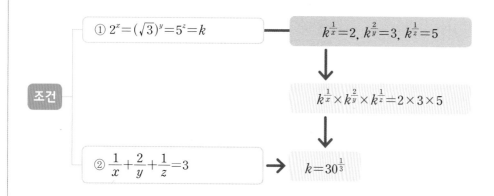

① $2^x=(\sqrt{3})^y=5^z=k$ → $k^{\frac{1}{x}}=2$, $k^{\frac{2}{y}}=3$, $k^{\frac{1}{z}}=5$

↓

$k^{\frac{1}{x}}\times k^{\frac{2}{y}}\times k^{\frac{1}{z}}=2\times3\times5$

↓

② $\dfrac{1}{x}+\dfrac{2}{y}+\dfrac{1}{z}=3$ → $k=30^{\frac{1}{3}}$

$\dfrac{1}{x}+\dfrac{2}{y}+\dfrac{1}{z}=3$을 이용하기 위해서
$k^{\frac{1}{x}}=2$, $k^{\frac{2}{y}}=3$, $k^{\frac{1}{z}}=5$의
각 변끼리 곱하면
$k^{\frac{1}{x}}\times k^{\frac{2}{y}}\times k^{\frac{1}{z}}=2\times3\times5$
$k^{\frac{1}{x}+\frac{2}{y}+\frac{1}{z}}=30$이므로 $k^3=30$
$\therefore k=30^{\frac{1}{3}}$

3단계

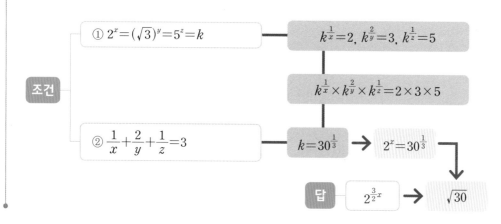

① $2^x=(\sqrt{3})^y=5^z=k$ → $k^{\frac{1}{x}}=2$, $k^{\frac{2}{y}}=3$, $k^{\frac{1}{z}}=5$

$k^{\frac{1}{x}}\times k^{\frac{2}{y}}\times k^{\frac{1}{z}}=2\times3\times5$

② $\dfrac{1}{x}+\dfrac{2}{y}+\dfrac{1}{z}=3$ → $k=30^{\frac{1}{3}}$ → $2^x=30^{\frac{1}{3}}$

답 $2^{\frac{3}{2}x}$ → $\sqrt{30}$

$k=30^{\frac{1}{3}}$이므로
이를 $2^x=k$에 대입하면
$2^x=30^{\frac{1}{3}}$
$\therefore 2^{\frac{3}{2}x}=(30^{\frac{1}{3}})^{\frac{3}{2}}=30^{\frac{1}{2}}=\sqrt{30}$

답 $\sqrt{30}$

116

$0<a<b$인 두 실수 a, b에 대하여 $\sqrt[3]{a\sqrt{b}}=1$일 때, 〈보기〉에서 옳은 것만을 있는 대로 고른 것은?

┌─────────────────────── 보기
│ ㄱ. $a^2b^3=1$
│ ㄴ. $a^{-3}b^{-2}>1$
│ ㄷ. $\sqrt[4]{a}\times\sqrt[3]{b}>\sqrt[3]{a}\times\sqrt[4]{b}$
└───────────────────────

① ㄱ   ② ㄴ   ③ ㄱ, ㄴ

④ ㄴ, ㄷ   ⑤ ㄱ, ㄴ, ㄷ

117

| 선행 050 |

2 이상의 자연수 n에 대하여 실수 a의 n제곱근 중에서 실수인 것의 개수를 $f_n(a)$라 할 때,

$$f_2(8)+f_3(7)+f_4(6)+\cdots+f_k(10-k)=15$$

가 되도록 하는 자연수 k의 최댓값을 구하시오.

118

교육청변형

두 집합 $N=\{5, 6, 7\}$, $A=\{-2, -1, 0, 1, 2\}$에 대하여 집합 $S=\{x\,|\,x^n=a,\ x$는 실수, $n\in N$, $a\in A\}$의 원소의 개수는?

① 6   ② 7   ③ 8

④ 9   ⑤ 10

119

$1\leq a\leq 30$, $-4\leq b\leq 2$인 두 정수 a, b에 대하여 $\sqrt[4]{a^b}$이 유리수가 되도록 하는 순서쌍 (a, b)의 개수는?

① 70   ② 72   ③ 74

④ 76   ⑤ 78

120

| 선행 065 |

두 수 $\sqrt[3]{\dfrac{n}{5}}$, $\sqrt[5]{\dfrac{n}{4}}$이 모두 자연수가 되도록 하는 자연수 n의

최솟값이 $2^a \times 5^b$일 때, $a+b$의 값을 구하시오.

(단, a, b는 자연수이다.)

121 빈출 ♔

교육청기출

두 자연수 a, b에 대하여

$$\sqrt{\dfrac{2^a \times 5^b}{2}}$$ 이 자연수, $\sqrt[3]{\dfrac{3^b}{2^{a+1}}}$이 유리수

일 때, $a+b$의 최솟값은?

① 11   ② 13   ③ 15

④ 17   ⑤ 19

122

교육청기출

1이 아닌 세 양수 a, b, c와 1이 아닌 두 자연수 m, n이 다음 조건을 만족시킨다. 모든 순서쌍 (m, n)의 개수는?

> (가) $\sqrt[3]{a}$는 b의 m제곱근이다.
> (나) $\sqrt{b}$는 c의 n제곱근이다.
> (다) c는 a^{12}의 네제곱근이다.

① 4   ② 7   ③ 10

④ 13   ⑤ 16

123 빈출 ♔

교육청변형

자연수 n에 대하여 함수 $f(n)$이 다음과 같다.

$$f(n) = \begin{cases} \sqrt[4]{9 \times 2^{n+1}} & (n \text{이 홀수}) \\ \sqrt[4]{4 \times 3^n} & (n \text{이 짝수}) \end{cases}$$

7 이하의 두 자연수 p, q에 대하여 $f(p) \times f(q)$가 자연수가 되도록 하는 모든 순서쌍 (p, q)의 개수는?

① 17   ② 19   ③ 21

④ 23   ⑤ 25

124

다음 조건을 만족시키는 최고차항의 계수가 1인 이차함수 $f(x)$가 존재하도록 하는 모든 자연수 n의 값의 합을 구하시오.

(개) x에 대한 방정식 $(x^n-64)f(x)=0$은 서로 다른 두 실근을 갖고, 각각의 실근은 중근이다.

(내) 함수 $f(x)$의 최솟값은 음의 정수이다.

125

세 실수 x, y, z와 세 양수 a, b, c가 다음 조건을 만족시킨다.

(개) $a^x=b^y=c^z=64$

(내) $x+y+z=6$

(대) $(x-3)(y-3)(z-3)=27$

abc의 값을 구하시오.

126

자연수 n에 대하여 $f(n)$이 다음과 같다.

$$f(n)=\begin{cases} \log_3 n & (n\text{이 홀수}) \\ \log_2 n & (n\text{이 짝수}) \end{cases}$$

12 이하의 두 자연수 m, n에 대하여 $f(mn)=f(m)+f(n)$을 만족시키는 순서쌍 (m, n)의 개수는?

① 84   ② 90   ③ 96

④ 102   ⑤ 108

127

$\log_2(-x^2+ax+4)$의 값이 자연수가 되도록 하는 실수 x의 개수가 6일 때, 모든 자연수 a의 값의 곱을 구하시오.

128

2 이상의 자연수 x에 대하여 $\log_x 2n$이 자연수가 되도록 하는 100 이하의 자연수 n의 개수를 $A(x)$라 하자. $A(2)+A(4)+A(8)$의 값은?

① 10 　　　② 12 　　　③ 14

④ 16 　　　⑤ 18

129

$\log_2 n$이 자연수가 되도록 하는 자연수 n에 대하여 다음 조건을 만족시키는 양수 a의 개수를 $f(n)$이라 하자.

> (가) $\log_2 a$는 정수이다.
> (나) $\log_a n \times \log_n (n \times a^2)$은 자연수이다.

$f(n)=7$을 만족시키는 자연수 n의 최솟값을 k라 할 때, $\log_4 k$의 값은? (단, $a \neq 1$)

① 2 　　　② 3 　　　③ 4

④ 5 　　　⑤ 6

130

1보다 큰 서로 다른 두 자연수 m, n이 다음 조건을 만족시킬 때, m, n의 순서쌍 (m, n)의 개수는?

> (가) $mn < 256$
> (나) mn은 짝수이다.
> (다) $\log_m n$은 유리수이다.

① 14 　　　② 16 　　　③ 18

④ 20 　　　⑤ 22

131
　　　　　　　　　　　　　　　　　교육청기출

자연수 k에 대하여 집합 A_k를

$$A_k = \left\{ \frac{b}{a} \,\middle|\, \log_a b = \frac{k}{2}, \; a\text{와 } b\text{는 2 이상 100 이하의 자연수} \right\}$$

라 할 때, $n(A_3)+n(A_4)$의 값을 구하시오.

132

평가원기출

100 이하의 자연수 전체의 집합을 S라 할 때, $n \in S$에 대하여 집합

$$\{k \mid k \in S \text{이고 } \log_2 n - \log_2 k \text{는 정수}\}$$

의 원소의 개수를 $f(n)$이라 하자. 예를 들어, $f(10)=5$이고 $f(99)=1$이다. $f(n)=1$인 n의 개수를 구하시오.

133

교육청기출

자연수 k에 대하여 두 집합

$$A=\{\sqrt{a} \mid a \text{는 자연수}, 1 \le a \le k\},$$
$$B=\{\log_{\sqrt{3}} b \mid b \text{는 자연수}, 1 \le b \le k\}$$

가 있다. 집합 C를

$$C=\{x \mid x \in A \cap B, x \text{는 자연수}\}$$

라 할 때, $n(C)=3$이 되도록 하는 모든 자연수 k의 개수를 구하시오.

134

선생님 Pick! 평가원변형

다음 조건을 만족시키는 10 이하의 모든 자연수 n의 개수는?

> $\log_2 (na-a^2)$과 $\log_2 (nb-b^2)$은 같은 자연수이고
> $0 < b-a \le \dfrac{2}{3}n$인 두 실수 a, b가 존재한다.

① 4   ② 5   ③ 6
④ 7   ⑤ 8

135

양의 실수 x에 대하여 $\log x$의 소수부분을 $f(x)$라 하자. 128의 모든 양의 약수를 작은 수부터 차례대로 a_1, a_2, a_3, $\cdots$, a_n이라 할 때, $f(a_1)+f(a_2)+f(a_3)+\cdots+f(a_n)=p\log 2-q$이다. 두 자연수 p, q에 대하여 $p+q$의 값을 구하시오.

136

자연수 n에 대하여 $\log n$의 정수부분을 $f(n)$이라 하자. $f(4n+1)=f(n)+1$을 만족시키는 100 이하의 자연수 n의 개수는?

① 80 　　　　② 81 　　　　③ 82
④ 83 　　　　⑤ 84

137

양수 x에 대하여 $\log x$의 정수부분을 $f(x)$, 소수부분을 $g(x)$라 할 때, 〈보기〉에서 옳은 것만을 있는 대로 고른 것은?

보기

ㄱ. $g(10x)=g(x)$

ㄴ. $f(x)+f\left(\dfrac{1}{x}\right)=0$

ㄷ. $g(2x)f(100x)=2+f(x)$일 때, $f(1000x)=1$이다.

① ㄴ 　　　　② ㄱ, ㄴ 　　　　③ ㄱ, ㄷ
④ ㄴ, ㄷ 　　　　⑤ ㄱ, ㄴ, ㄷ

138

양수 x에 대하여 $\log x$의 정수부분과 소수부분을 각각 $f(x)$, $g(x)$라 하고, $h(x)=3x+2f(x)$라 하자.
$$f(10m)\leq f(x),$$
$$g(h(m))\leq g(x)$$
를 만족시키는 자연수 m의 개수를 $p(x)$라 할 때, $p(30)+p(120)$의 값을 구하시오.

02 지수함수와 로그함수

|이전 학습 내용|

• 지수의 확장 `01 지수와 로그`

임의의 실수 x에 대하여 a^x의 값은 하나로 결정된다.

• 정의역 · 치역 `수학 V. 함수와 그래프`

정의역 : 함수가 정의되는 모든 수의 집합
치역 : 함숫값 전체의 집합

• 일대일대응

정의역의 임의의 두 원소 x_1, x_2에 대하여 $x_1 \neq x_2$이면 $f(x_1) \neq f(x_2)$인 일대일함수 중 치역과 공역이 같은 함수

• 점근선

그래프가 어떤 직선에 한없이 가까워질 때, 이 직선을 그 그래프의 점근선이라 한다.

• 도형의 평행이동 `수학 Ⅲ. 도형의 방정식`

도형 $f(x, y)=0$을 x축의 방향으로 a만큼, y축의 방향으로 b만큼 평행이동한 도형의 방정식은 $f(x-a, y-b)=0$이다.

• 도형의 대칭이동

도형 $f(x, y)=0$을 (1)~(3)에 대하여 대칭이동한 도형의 방정식은 다음과 같다.
(1) x축 : $f(x, -y)=0$
(2) y축 : $f(-x, y)=0$
(3) 원점 : $f(-x, -y)=0$

현재 학습 내용

• 지수함수 ──────────── **유형01** 지수함수의 뜻과 그래프

1. 지수함수

임의의 실수 x에 대하여 a^x을 대응시키는 함수
$$y=a^x (a>0, \ a \neq 1)$$
을 a를 밑으로 하는 **지수함수**라 한다.

> 지수함수 $y=a^x$에서 지수가 실수일 때의 밑의 조건에 따라 $a>0$일 때만 생각한다.
> 이때 $y=1^x$은 상수함수 $y=1$이 되므로 $a=1$일 때는 제외한다.

2. 지수함수의 성질

지수함수 $y=a^x (a>0, \ a \neq 1)$에 대하여
① 정의역은 실수 전체의 집합, 치역은 양의 실수 전체의 집합이다.
② 일대일대응이다.
③ 그래프는 두 점 $(0, 1)$, $(1, a)$를 지난다.
④ 그래프의 점근선은 x축이다.
⑤ $a>1$일 때, x의 값이 커지면 y의 값도 커진다.
　$0<a<1$일 때, x의 값이 커지면 y의 값은 작아진다.

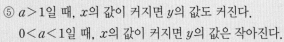

3. 지수함수의 최대 · 최소 ────── **유형02** 지수함수의 최대·최소

지수함수 $y=a^x (a>0, \ a \neq 1)$에 대하여
① $a>1$일 때, x가 최대일 때 y도 최대, x가 최소일 때 y도 최소이다.
② $0<a<1$일 때, x가 최대일 때 y는 최소, x가 최소일 때 y는 최대이다.

4. 지수함수의 그래프의 평행이동과 대칭이동

지수함수 $y=a^x (a>0, \ a \neq 1)$의 그래프를
① x축의 방향으로 m만큼, y축의 방향으로 n만큼 평행이동 : $y=a^{x-m}+n$
② x축에 대하여 대칭이동 : $y=-a^x$
③ y축에 대하여 대칭이동 : $y=\left(\dfrac{1}{a}\right)^x$　◀── $y=\left(\dfrac{1}{a}\right)^x=(a^{-1})^x=a^{-x}$이므로
④ 원점에 대하여 대칭이동 : $y=-\left(\dfrac{1}{a}\right)^x$

> 두 함수 $y=a^x$과 $y=\left(\dfrac{1}{a}\right)^x$의 그래프는 y축에 대하여 대칭이다.

• 지수에 미지수가 있는 방정식과 부등식

1. 지수에 미지수가 있는 방정식 ────── **유형06** 지수방정식

지수함수 $y=a^x (a>0, \ a \neq 1)$은 실수 전체의 집합에서 양의 실수 전체의 집합으로의 일대일대응이므로 다음이 성립한다.
$$a>0, \ a \neq 1 일 때, \ a^{x_1}=a^{x_2} \Longleftrightarrow x_1=x_2$$

2. 지수에 미지수가 있는 부등식 ────── **유형07** 지수부등식

지수함수 $y=a^x (a>0, \ a \neq 1)$에 대하여
① $a>1$일 때, x의 값이 커지면 y의 값도 커지므로 다음이 성립한다.
$$x_1<x_2 \Longleftrightarrow a^{x_1}<a^{x_2}$$
② $0<a<1$일 때, x의 값이 커지면 y의 값은 작아지므로 다음이 성립한다.
$$x_1<x_2 \Longleftrightarrow a^{x_1}>a^{x_2}$$

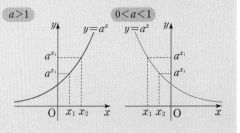

• 역함수 _{수학} ⅴ. 함수와 그래프

함수 $f : X \longrightarrow Y$가 일대일대응일 때, Y의 각 원소 y에 $f(x)=y$인 X의 원소 x를 대응시키는 함수를 f의 역함수라 한다.

< 역함수 구하는 순서 >
① 주어진 함수가 일대일대응인지 확인한다.
② $y=f(x)$를 x에 대하여 식을 정리한다.
  ⇨ $x=f^{-1}(y)$
③ x와 y를 서로 바꾼다.
  ⇨ $y=f^{-1}(x)$
④ $y=f(x)$의 치역을 역함수의 정의역으로 한다.
함수 $y=f(x)$의 그래프와 그 역함수 $y=f^{-1}(x)$의 그래프는 직선 $y=x$에 대하여 서로 대칭이다.

• 도형의 대칭이동 _{수학} Ⅲ. 도형의 방정식

도형 $f(x, y)=0$을 직선 $y=x$에 대하여 대칭이동한 도형의 방정식은 $f(y, x)=0$이다.

• 로그함수 ──────────────── 유형 03 로그함수의 뜻과 그래프

1. 로그함수

지수함수 $y=a^x (a>0, a \neq 1)$의 역함수
  $$y=\log_a x$$
를 a를 밑으로 하는 **로그함수**라 한다.

> 지수함수 $y=a^x (a>0, a\neq 1)$은 실수 전체의 집합에서 양의 실수 전체의 집합으로의 일대일대응이므로 역함수가 존재한다.

2. 로그함수의 성질

로그함수 $y=\log_a x (a>0, a\neq 1)$에 대하여
① 정의역은 양의 실수 전체의 집합, 치역은 실수 전체의 집합이다.
② 일대일대응이다.
③ 그래프는 두 점 $(1, 0)$, $(a, 1)$을 지난다.
④ 그래프의 점근선은 y축이다.
⑤ $a>1$일 때, x의 값이 커지면 y의 값도 커진다.
  $0<a<1$일 때, x의 값이 커지면 y의 값은 작아진다.

3. 로그함수의 최대 · 최소 ─────── 유형 04 로그함수의 최대·최소

로그함수 $y=\log_a x (a>0, a\neq 1)$에 대하여
① $a>1$일 때, x가 최대일 때 y도 최대, x가 최소일 때 y도 최소이다.
② $0<a<1$일 때, x가 최대일 때 y는 최소, x가 최소일 때 y는 최대이다.

4. 로그함수의 그래프의 평행이동과 대칭이동

로그함수 $y=\log_a x (a>0, a\neq 1)$의 그래프를
① x축의 방향으로 m만큼, y축의 방향으로 n만큼 평행이동 : $y=\log_a (x-m)+n$
② x축에 대하여 대칭이동 : $y=\log_{\frac{1}{a}} x$ ← $y=\log_{\frac{1}{a}} x=-\log_a x$이므로
  두 함수 $y=\log_a x$와 $y=\log_{\frac{1}{a}} x$의 그래프는 x축에 대하여 대칭이다.
③ y축에 대하여 대칭이동 : $y=\log_a (-x)$
④ 원점에 대하여 대칭이동 : $y=-\log_a (-x)$
⑤ 직선 $y=x$에 대하여 대칭이동 : $y=a^x$ ── 유형 05 지수·로그함수의 역함수

• 로그의 진수에 미지수가 있는 방정식과 부등식

1. 로그의 진수에 미지수가 있는 방정식 ─────── 유형 08 로그방정식

로그함수 $y=\log_a x (a>0, a\neq 1)$는 양의 실수 전체의 집합에서 실수 전체의 집합으로의 일대일대응이므로 다음이 성립한다.

$a>0$, $a\neq 1$이고 $x_1>0$, $x_2>0$일 때, $\log_a x_1=\log_a x_2 \Longleftrightarrow x_1=x_2$

2. 로그의 진수에 미지수가 있는 부등식 ─────── 유형 09 로그부등식

로그함수 $y=\log_a x (a>0, a\neq 1)$에 대하여
① $a>1$일 때, x의 값이 커지면 y의 값도 커지므로 다음이 성립한다.
  $$0<x_1<x_2 \Longleftrightarrow \log_a x_1 < \log_a x_2$$
② $0<a<1$일 때, x의 값이 커지면 y의 값은 작아지므로 다음이 성립한다.
  $$0<x_1<x_2 \Longleftrightarrow \log_a x_1 > \log_a x_2$$

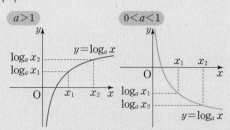

유형 01 **지수함수의 뜻과 그래프**

지수함수 $y=a^x$의 그래프 및 평행이동 또는 대칭이동한 그래프의 성질을 이용하는 문제를 분류하였다.

유형해결 TIP

지수함수의 꼴을 $y=a^{x+p}+q$로 나타내면 이 함수의 그래프는 함수 $y=a^x$의 그래프를 x축의 방향으로 $-p$만큼, y축의 방향으로 q만큼 평행이동한 것임을 이용하자.

139 빈출 ♔

다음 중 함수 $y=3^{x+1}+2$의 그래프에 대한 설명으로 옳은 것은?

① 점 $(-1, 2)$를 지난다.

② 치역은 $\{y|y\geq2\}$이다.

③ 점근선의 방정식은 $x=-1$이다.

④ x의 값이 커지면 y의 값도 커진다.

⑤ 함수 $y=3^x$의 그래프를 x축의 방향으로 1만큼, y축의 방향으로 2만큼 평행이동한 그래프이다.

140 빈출 ♔

함수 $y=2^{2x}$의 그래프를 x축의 방향으로 p만큼, y축의 방향으로 q만큼 평행이동하였더니 함수 $y=16\times4^x-3$의 그래프가 되었다. $p+q$의 값은?

① -1 ② -2 ③ -3

④ -4 ⑤ -5

141 빈출 ♔

함수 $y=2^{x+a}+b$의 그래프가 그림과 같을 때, 두 실수 a, b에 대하여 $a+b$의 값은? (단, 직선 $y=-1$은 점근선이다.)

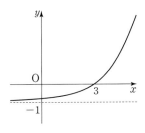

① -5 ② -4 ③ -3

④ -2 ⑤ -1

142

함수 $f(x)=a^x$ $(a>1)$의 그래프가 그림과 같다. $f(p)=2$, $f(q)=6$일 때, $f\left(\dfrac{p+q}{2}\right)$의 값은?

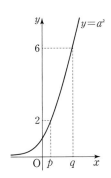

① $2\sqrt{2}$ ② $2\sqrt{3}$ ③ 4

④ $3\sqrt{2}$ ⑤ $3\sqrt{3}$

143 빈출 ♔

세 수 $A = 2^{\frac{4}{3}}$, $B = (4\sqrt{2})^{\frac{1}{2}}$, $C = 0.5^{-\frac{2}{3}}$의 대소 관계로 옳은 것은?

① $A < B < C$ ② $B < A < C$

③ $B < C < A$ ④ $C < A < B$

⑤ $C < B < A$

유형 02 **지수함수의 최대·최소**

지수함수의 최댓값 또는 최솟값을 묻는 문제를 분류하였다.

유형 해결 TIP

지수함수 $y = a^{(x\text{에 관한 식})}$에서 밑인 a의 값의 범위에 따라

$a > 1$인 경우, 지수의 값이 최대일 때 함숫값도 최대이고,
지수의 값이 최소일 때 함숫값도 최소이다.

$0 < a < 1$인 경우, 지수의 값이 최소일 때 함숫값이 최대이고,
지수의 값이 최대일 때 함숫값이 최소이다.

이를 이용하여 문제를 해결하자.

144 빈출 ♔

$-3 \le x \le -1$에서 정의된 함수 $y = 4^{x+2}$의 최댓값을 M, 최솟값을 m이라 할 때, Mm의 값은?

① $\dfrac{1}{4}$ ② $\dfrac{1}{2}$ ③ 1

④ 2 ⑤ 4

145

정의역이 $\{x \mid -1 \le x \le 1\}$인 함수 $y = \left(\dfrac{1}{2}\right)^{x-k}$의 최댓값이 4일 때, 실수 k의 값은?

① -3 ② -1 ③ 0

④ 1 ⑤ 3

146 빈출 ♔

정의역이 $\{x \mid -1 \le x \le 2\}$인 함수 $y = \left(\dfrac{1}{2}\right)^{x^2 - 2x - 1}$의 최댓값을 M, 최솟값을 m이라 할 때, $\dfrac{M}{m}$의 값은?

① 4 ② 8 ③ 16

④ 32 ⑤ 64

유형03 로그함수의 뜻과 그래프

로그함수 $y=\log_a x$의 그래프 및 평행이동 또는 대칭이동한 그래프의 성질을 이용하는 문제를 분류하였다.

유형해결 TIP

로그함수의 꼴을 $y=\log_a (x+p)+q$로 나타내면 이 함수의 그래프는 함수 $y=\log_a x$의 그래프를 x축의 방향으로 $-p$만큼, y축의 방향으로 q만큼 평행이동한 것임을 이용하자.

147 빈출

다음 중 함수 $f(x)=\log_{\frac{1}{2}} x$에 대한 설명으로 옳은 것은?

① 치역은 양의 실수 전체의 집합이다.
② 함수 $y=f(x)$의 그래프는 점 $(2,0)$을 지난다.
③ 두 양수 x_1, x_2에 대하여 $x_1<x_2$이면 $f(x_1)<f(x_2)$이다.
④ 방정식 $f(x)=0$을 만족시키는 실수 x가 존재하지 않는다.
⑤ 함수 $y=f(x)$의 그래프는 함수 $y=\log_2 x$의 그래프와 x축에 대하여 대칭이다.

148

다음 중 함수 $y=\log_{\frac{1}{2}} (-2x+3)-1$의 그래프에 대한 설명으로 옳지 <u>않은</u> 것은?

① 점근선은 직선 $x=\frac{3}{2}$이다.
② 정의역은 $\left\{x\middle|x<\frac{3}{2}\right\}$이다.
③ x의 값이 커지면 y의 값도 커진다.
④ 대칭이동 또는 평행이동하여 함수 $y=\log_2 3x$의 그래프와 겹쳐지지 않는다.
⑤ 함수 $y=-\left(\frac{1}{2}\right)^{x+2}+\frac{3}{2}$의 그래프와 직선 $y=x$에 대하여 대칭이다.

149 빈출

함수 $y=\log_3 (x+a)+b$의 그래프가 그림과 같을 때, $a+b$의 값은? (단, a, b는 실수이다.)

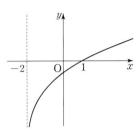

① 1　　② 2　　③ 3　　④ 4　　⑤ 5

150 빈출

다음 중 두 수의 크기를 비교한 것으로 옳은 것은?

① $\sqrt[3]{64}<\sqrt[3]{32}$
② $\left(\frac{1}{4}\right)^4<\left(\frac{1}{8}\right)^3$
③ $4\log_3 2>3\log_3 3$
④ $\sqrt[5]{0.49}<\sqrt[3]{0.7}$
⑤ $3\log_{0.3} 5<7\log_{0.3} 2$

151 빈출♛

함수 $y=\log_2 x$의 그래프와 직선 $y=x$가 그림과 같을 때, $x_1+x_2+x_3$의 값은? (단, 점선은 x축 또는 y축과 평행하다.)

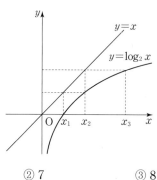

① 6   ② 7   ③ 8

④ 9   ⑤ 10

152

함수 $y=\log_3 x$의 그래프와 직선 $y=x$가 그림과 같고 $d=3b$일 때, $\left(\dfrac{1}{9}\right)^{a-c}$의 값은? (단, 점선은 x축 또는 y축에 평행하다.)

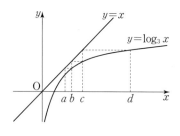

① $\dfrac{1}{9}$ ② $\dfrac{1}{3}$ ③ 1

④ 3   ⑤ 9

유형 04 로그함수의 최대·최소

로그함수의 최댓값 또는 최솟값을 묻는 문제를 분류하였다.

유형 해결 TIP

로그함수 $y=\log_a (x$에 관한 식)에서 밑인 a의 값의 범위에 따라

$a>1$인 경우, 진수의 값이 최대일 때 함숫값도 최대이고,
　　　　　　진수의 값이 최소일 때 함숫값도 최소이다.

$0<a<1$인 경우, 진수의 값이 최소일 때 함숫값이 최대이고,
　　　　　　　진수의 값이 최대일 때 함숫값이 최소이다.

이를 이용하여 문제를 해결하자.

153

$3\leq x\leq 11$에서 함수 $y=\log_3 (x-2)+2$의 최댓값과 최솟값의 합은?

① 3   ② 4   ③ 5

④ 6   ⑤ 7

154 빈출♛

함수 $y=\log_2 (x-1)+\log_2 (9-x)$는 $x=a$일 때 최댓값 b를 갖는다. $a+b$의 값은? (단, a, b는 실수이다.)

① 7   ② 8   ③ 9

④ 10   ⑤ 11

I

지수함수 $y=a^x$과 로그함수 $y=\log_a x$가 서로 역함수 관계임을 이용하여 두 함수의 그래프가 직선 $y=x$에 대하여 대칭임을 이용하는 문제를 분류하였다.

유형해결 TIP

서로 역함수 관계인 두 함수의 형태는 다음과 같다.
$$y=a^{x-m}+n, \ y=\log_a (x-n)+m$$
이때 점 (p, q)가 함수 $y=f(x)$의 그래프 위의 점일 때,
점 (q, p)가 함수 $y=f^{-1}(x)$의 그래프 위의 점임을 이용하자.

155 빈출 👑

함수 $y=\log_2 (4x-1)+2$의 역함수의 그래프를 x축의 방향으로 a만큼 평행이동하면 함수 $y=2^{x-3}+b$의 그래프와 일치한다. 두 상수 a, b에 대하여 $a+b$의 값은?

① $-\dfrac{5}{4}$ ② $-\dfrac{3}{4}$ ③ $-\dfrac{1}{4}$

④ $\dfrac{1}{4}$ ⑤ $\dfrac{3}{4}$

156 빈출 👑

로그함수 $y=\log_a x+m\,(a>1)$의 그래프와 그 역함수의 그래프가 두 점에서 만난다. 두 교점의 x좌표가 각각 1, 3일 때, a^2+m의 값을 구하시오. (단, m은 실수이다.)

지수에 미지수가 포함된 방정식을 풀이하는 문제와 지수방정식을 실생활에 활용하는 문제를 분류하였다.

유형해결 TIP

지수방정식을 풀 때는 다음을 이용하자.
(1) 밑을 같게 할 수 있는 경우
$$a^{f(x)}=a^{g(x)} \Longleftrightarrow f(x)=g(x)$$
(2) a^x 꼴이 반복되는 경우
$a^x=t$로 치환하여 t에 대한 방정식을 푼 후 다시 $t=a^x$을 대입하여 (1)을 이용한다.
이때 $a^x>0$이므로 $t>0$임에 주의하자.
(3) 지수가 같은 경우
$$\{f(x)\}^{h(x)}=\{g(x)\}^{h(x)} \text{ 꼴 (단, } f(x)>0, g(x)>0)$$
$$\Rightarrow f(x)=g(x) \text{ 또는 } h(x)=0$$

157 빈출 👑

다음 방정식의 해를 구하시오.

(1) $3^{\frac{1}{2}x+1}=81\sqrt{3}$

(2) $\left(\dfrac{1}{16}\right)^{x+3}=8^{2x+1}$

(3) $\dfrac{125}{25^x}=5^{x-6}$

158

방정식 $3^{2x}+2\times 3^{x+1}-27=0$의 해를 구하시오.

159

방정식 $10-2^x=2^{4-x}$의 모든 실근의 합은?

① 2   ② 4   ③ 6

④ 8   ⑤ 10

160 서술형 ✏️

방정식 $4^x-7\times2^x+8=0$의 서로 다른 두 실근을 α, β라 할 때, 다음 값을 구하고, 그 과정을 서술하시오.

(1) $\alpha+\beta$

(2) $2^{2\alpha}+2^{2\beta}$

161

어느 바다의 수면에서의 빛의 세기가 I_0일 때, 수심이 d m인 곳에서의 빛의 세기를 I_d라 하면 $I_d=I_0\left(\dfrac{1}{2}\right)^{\frac{d}{4}}$이 성립한다고 한다.

빛의 세기가 수면에서의 빛의 세기의 $\dfrac{1}{16}$이 되는 곳의 수심은 몇 m인가? (단, d는 상수이다.)

① 4 m   ② 8 m   ③ 12 m

④ 16 m   ⑤ 20 m

유형 07   지수부등식

지수에 미지수가 포함된 부등식을 풀이하는 문제와 지수부등식을 실생활에 활용하는 문제를 분류하였다.

유형해결 TIP

지수부등식을 풀 때는 다음을 이용하자.

(1) 밑을 같게 할 수 있는 경우

    $a>1$일 때, $a^{f(x)}<a^{g(x)}\iff f(x)<g(x)$

    $0<a<1$일 때, $a^{f(x)}<a^{g(x)}\iff f(x)>g(x)$

(2) a^x 꼴이 반복되는 경우

    $a^x=t$로 치환하여 t에 대한 부등식을 푼 후 다시 $t=a^x$을 대입하여 (1)을 이용한다.

    이때 $a^x>0$이므로 $t>0$임에 주의하자.

162 빈출 👑

다음 부등식의 해를 구하시오.

(1) $3^{x-2}<81\times3^{2x}$

(2) $\left(\dfrac{1}{3}\right)^{x-3}\geq\left(\dfrac{1}{27}\right)^{x+5}$

(3) $\left(\dfrac{3}{4}\right)^{x^2}\geq\left(\dfrac{4}{3}\right)^{2x-3}$

163

부등식 $3^{-2x}-10\times3^{-x}+9\leq0$의 해가 $\alpha\leq x\leq\beta$일 때, $\beta-\alpha$의 값은? (단, α, β는 실수이다.)

① 1   ② 2   ③ 3

④ 4   ⑤ 5

164

부등식 $\left(\dfrac{1}{125}\right)^{1-x^2} \leq 5^{ax-3}$ 을 만족시키는 정수 x가 4개가 되도록 하는 모든 자연수 a의 값의 합은?

① 30   ② 33   ③ 36

④ 39   ⑤ 42

165

어떤 치료제를 인체에 투여한 직후의 혈중 농도는 $1.25\ \mu g/mL$ 이고, 혈중 농도는 매시간 $20\ \%$씩 줄어든다고 한다. 이 치료제의 혈중 농도가 처음으로 $0.64\ \mu g/mL$ 이하가 되는 것은 인체에 투여한 지 최소 몇 시간 후인가?

① 1   ② 2   ③ 3

④ 4   ⑤ 5

유형 08 로그방정식

로그의 밑 또는 진수에 미지수가 포함된 방정식을 풀이하는 문제와 로그방정식을 실생활에 활용하는 문제를 분류하였다.

유형 해결 TIP

로그방정식을 풀 때는 다음을 이용하자.

밑과 진수의 조건을 먼저 확인한다.

(1) 밑을 같게 할 수 있는 경우
$\log_a f(x) = \log_a g(x) \Longleftrightarrow f(x) = g(x)$

(2) $\log_a x$ 꼴이 반복되는 경우
$\log_a x = t$로 치환하여 t에 대한 방정식을 푼 후 다시 $t = \log_a x$를 대입하여 (1)을 이용한다.

이때 (진수) > 0인 범위를 반드시 확인하자.

166

다음 방정식의 해를 구하시오.

(1) $\log_{\frac{1}{2}}(x-3) = -2$

(2) $\log(x-1) + \log(x+2) = 1$

(3) $\log_2(x^2-4) + 1 = \log_2(7x-11)$

167

방정식 $\log_3(x-4) = \log_9(4x-11)$의 해를 구하시오.

유형09) 로그부등식

로그의 밑 또는 진수에 미지수가 포함된 부등식을 풀이하는 문제와
로그부등식을 실생활에 활용하는 문제를 분류하였다.

유형해결 TIP

로그부등식을 풀 때는 다음을 이용하사.

밑과 진수의 조건을 먼저 확인한다.

(1) 밑을 같게 할 수 있는 경우

$a>1$일 때, $\log_a f(x) < \log_a g(x) \Longleftrightarrow f(x) < g(x)$

$0 < a < 1$일 때, $\log_a f(x) < \log_a g(x) \Longleftrightarrow f(x) > g(x)$

(2) $\log_a x$ 꼴이 반복되는 경우

$\log_a x = t$로 치환하여 t에 대한 부등식을 푼 후 다시 $t = \log_a x$를
대입하여 (1)을 이용한다.

이때 (진수)>0인 범위를 반드시 확인하자.

168 빈출 ♛

다음 부등식의 해를 구하시오.

(1) $\log_{\frac{1}{4}} (6-x) > -2$

(2) $2 \log_5 x \geq \log_5 (2x+3)$

(3) $\log_{\frac{1}{3}} (x+3) + \log_{\frac{1}{3}} (x+5) \geq -1$

169

부등식 $\log \sqrt{5(x+1)} \leq 1 - \dfrac{1}{2} \log (2x+5)$를 만족시키는 모든

정수 x의 값의 합은?

① -2 ② -1 ③ 0

④ 1   ⑤ 2

170

연립부등식 $\begin{cases} 4^x - 5 \times 2^{x+1} + 16 \geq 0 \\ (\log_3 x)^2 - \log_3 x^3 - 4 \leq 0 \end{cases}$을 만족시키는 정수 x의

개수는?

① 78   ② 79   ③ 80

④ 81   ⑤ 82

171 빈출 ♛

세계 석유 소비량이 매년 4 %씩 감소한다고 할 때, 세계 석유

소비량이 처음으로 현재 소비량의 $\dfrac{1}{4}$ 이하가 되는 것은 최소 몇 년

후인지 구하시오. (단, $\log 2 = 0.3$, $\log 9.6 = 0.98$로 계산한다.)

유형01 지수함수의 뜻과 그래프

172

그림은 지수함수 $y=a^x$, $y=b^x$, $y=c^x$, $y=d^x$의 그래프를 나타낸 것이다. $a>b>1$, $ac=1$, $bd=1$일 때, 함수의 그래프를 바르게 짝 지은 것은? (단, a, b, c, d는 실수이다.)

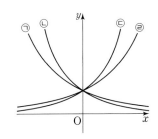

	$y=a^x$	$y=b^x$	$y=c^x$	$y=d^x$
①	㉠	㉡	㉢	㉣
②	㉠	㉡	㉣	㉢
③	㉢	㉣	㉠	㉡
④	㉢	㉣	㉡	㉠
⑤	㉣	㉢	㉠	㉡

173 빈출 👑

| 선행 141 |

함수 $y=\left(\dfrac{1}{2}\right)^{x-1}+k$의 그래프가 제1사분면을 지나지 않도록 하는 상수 k의 최댓값은?

① -4 ② -2 ③ 1

④ 2 ⑤ 4

174 빈출 👑

두 함수 $y=9\times3^x$, $y=\dfrac{1}{3}\times3^x$의 그래프와 두 직선 $y=1$, $y=5$로 둘러싸인 도형의 넓이는?

① 8 ② 10 ③ 12

④ 14 ⑤ 16

175

그림과 같이 두 함수 $y=2^x$, $y=k\times2^x$의 그래프 위에 각각 제1사분면의 두 점 A, B가 있다. x축 위의 두 점 C, D에 대하여 사각형 ACDB가 정사각형이고, 선분 BC의 길이가 $4\sqrt{2}$일 때, $\dfrac{1}{k}$의 값은? (단, k는 실수이다.)

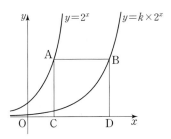

① 8 ② 10 ③ 12

④ 14 ⑤ 16

176

교육청기출

그림과 같이 함수 $y=3^{x+1}$의 그래프 위의 한 점 A와 함수 $y=3^{x-2}$의 그래프 위의 두 점 B, C에 대하여 선분 AB는 x축에 평행하고 선분 AC는 y축에 평행하다. $\overline{AB}=\overline{AC}$가 될 때, 점 A의 y좌표는? (단, 점 A는 제1사분면 위에 있다.)

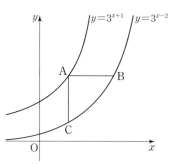

① $\dfrac{81}{26}$ ② $\dfrac{44}{13}$ ③ $\dfrac{95}{26}$

④ $\dfrac{101}{26}$ ⑤ $\dfrac{54}{13}$

177

그림과 같이 직선 $x=0$ 및 세 함수 $y=a^x$, $y=3^x$, $y=b^x$의 그래프가 직선 $y=k$와 만나는 점을 차례대로 A, B, C, D라 하자. $\overline{BC}=3\overline{AB}$, $\overline{CD}=2\overline{BC}$일 때, $\dfrac{a}{b^5}$의 값은?

(단, $1<b<3<a$, $k>1$)

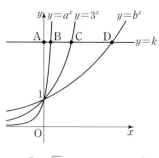

① 3   ② $3\sqrt{3}$ ③ 9

④ $9\sqrt{3}$ ⑤ 27

178

그림과 같이 곡선 $y=8^x$과 직선 $x=a$가 만나는 점을 A, 곡선 $y=2^x$과 직선 $x=a$가 만나는 점을 B라 하자. 점 A를 지나고 x축에 평행한 직선이 곡선 $y=2^x$과 만나는 점을 C라 하고, 점 B를 지나고 x축에 평행한 직선이 곡선 $y=8^x$과 만나는 점을 D라 할 때, $\dfrac{\overline{AC}}{\overline{BD}}$의 값은? (단, $a>0$)

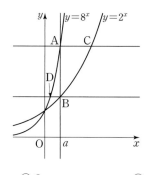

① 1   ② 2   ③ 3

④ 4   ⑤ 5

179

그림과 같이 두 함수 $y=2^x$, $y=4^x$의 그래프가 직선 $y=a$와 만나는 점을 각각 A, B라 하고, 직선 $y=b$와 만나는 점을 각각 C, D라 하자. 두 직선 $y=a$, $y=b$ 사이의 거리가 4이고, 삼각형 ABC의 넓이가 4일 때, 점 D의 x좌표는 $\log_2 k$이다. k의 값은?

(단, $1<a<b$)

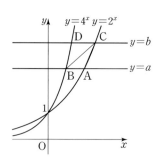

① $2\sqrt{2}$ ② $2\sqrt{3}$ ③ $2\sqrt{5}$

④ $2\sqrt{6}$ ⑤ $2\sqrt{7}$

180

그림과 같이 곡선 $y=2^x$과 직선 $y=\dfrac{1}{2}x+k$가 두 점 A, B에서

만나고, $\overline{AB}=3\sqrt{5}$일 때, 점 A의 x좌표는?

(단, k는 상수이고, 점 A의 x좌표는 점 B의 x좌표보다 작다.)

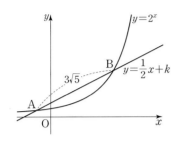

① $-\log_2 7$ ② $-\log_2 14$ ③ $-\log_2 21$

④ $-\log_2 28$ ⑤ $-\log_2 35$

181

교육청기출

그림과 같이 두 곡선 $y=2^{x-3}+1$과 $y=2^{x-1}-2$가 만나는 점을
A라 하자. 상수 k에 대하여 직선 $y=-x+k$가 두 곡선
$y=2^{x-3}+1$, $y=2^{x-1}-2$와 만나는 점을 각각 B, C라 할 때, 선분
BC의 길이는 $\sqrt{2}$이다. 삼각형 ABC의 넓이는?

(단, 점 B의 x좌표는 점 A의 x좌표보다 크다.)

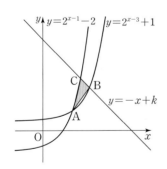

① 2 ② $\dfrac{9}{4}$ ③ $\dfrac{5}{2}$

④ $\dfrac{11}{4}$ ⑤ 3

182

선생님 Pick! 평가원기출

함수 $y=k\times3^x\,(0<k<1)$의 그래프가 두 함수 $y=3^{-x}$,
$y=-4\times3^x+8$의 그래프와 만나는 점을 각각 P, Q라 하자.
점 P와 점 Q의 x좌표의 비가 $1:2$일 때, $35k$의 값을 구하시오.

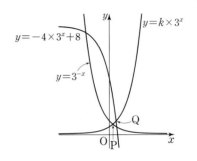

183

함수 $f(x)=a^x$에 대하여 함수 $y=f(x)$의 그래프를 y축에 대하여
대칭이동한 후 x축의 방향으로 m만큼 평행이동하였더니 함수
$y=g(x)$의 그래프가 되었다. 두 함수 $f(x)$, $g(x)$가 다음 조건을
만족시킬 때, $a+m$의 값은? (단, $a>0$, $a\neq1$)

> ㈎ 함수 $y=f(x)$의 그래프와 함수 $y=g(x)$의 그래프는
>   직선 $x=2$에 대하여 대칭이다.
> ㈏ $f(3)=16g(3)$

① 6 ② 7 ③ 8

④ 9 ⑤ 10

184

실수 a에 대하여 함수 $f(x)=(4a^2+4a+1)^x$일 때, 〈보기〉에서 옳은 것만을 있는 대로 고른 것은? $\left(\text{단, } a\neq0, a\neq-1, a\neq-\dfrac{1}{2}\right)$

> 【보기】
> ㄱ. 곡선 $y=f(x)$의 점근선은 $y=0$이다.
> ㄴ. $-1<a<0$이면 $f(1)<1$이다.
> ㄷ. $a>1$이면 $f(1)>f(-1)$이다.

① ㄴ   ② ㄱ, ㄴ   ③ ㄱ, ㄷ
④ ㄴ, ㄷ   ⑤ ㄱ, ㄴ, ㄷ

185

$a>0$, $b>0$일 때, 〈보기〉에서 옳은 것만을 있는 대로 고른 것은?
(단, x, y는 실수이다.)

> 【보기】
> ㄱ. $a<b<1$, $x<0$이면 $a^x>b^x>1$이다.
> ㄴ. $x>0$일 때, $a^x>b^x$이면 $a^{\frac{1}{x}}<b^{\frac{1}{x}}$이다.
> ㄷ. $a<b$, $x<y$이면 $a^xb^y>a^yb^x$이다.

① ㄴ   ② ㄱ, ㄴ   ③ ㄱ, ㄷ
④ ㄴ, ㄷ   ⑤ ㄱ, ㄴ, ㄷ

유형 02 지수함수의 최대 · 최소

186
| 선행 146 |

두 함수 $f(x)$, $g(x)$를 $f(x)=x^2-6x+11$, $g(x)=a^x$이라 하자. $1\leq x\leq4$에서 함수 $(g\circ f)(x)$의 최댓값이 27일 때, 최솟값은?
(단, $a>0$, $a\neq1$)

① $\dfrac{1}{9}$ ② $\dfrac{1}{3}$ ③ 1
④ 3   ⑤ 9

187 빈출 👑

함수 $y=4^x-2^{x+3}+a$가 $x=b$일 때 최솟값 10을 갖는다. 두 상수 a, b에 대하여 $a+b$의 값은?

① 20   ② 24   ③ 28
④ 32   ⑤ 36

188 서술형 ✏️

정의역이 $\{x\,|\,-4\leq x\leq4\}$인 함수 $y=2^x-\sqrt{2^{x+2}}+3$은 $x=a$에서 최솟값 α를 갖고, $x=b$에서 최댓값 β를 갖는다.
$(\alpha-a)(\beta-b)$의 값을 구하고, 그 과정을 서술하시오.
(단, a, b, α, β는 상수이다.)

I

189

다음 함수의 최솟값과 그때의 x의 값을 구하시오.

(1) $y=2^{2x}+2^{-2x}+4(2^x+2^{-x})+5$

(2) $y=4^x+4^{-x}+3(2^x-2^{-x})+3$

191

집합 $A=\{(x,\ \log_4 x)\,|\,x>0$인 실수$\}$에 대하여 〈보기〉에서 옳은 것만을 있는 대로 고른 것은?

보기

ㄱ. $(a,\ b)\in A$이면 $\left(2a,\ b+\dfrac{1}{2}\right)\in A$이다.

ㄴ. $(a,\ b)\in A$, $(c,\ d)\in A$이면 $\left(\dfrac{a^2}{c},\ 2b-d\right)\in A$이다.

ㄷ. $(a,\ -b)\in A$이면 $\left(\dfrac{4}{a},\ b-1\right)\in A$이다.

① ㄱ   ② ㄱ, ㄴ   ③ ㄱ, ㄷ

④ ㄴ, ㄷ   ⑤ ㄱ, ㄴ, ㄷ

유형03 로그함수의 뜻과 그래프

190

다음 함수의 그래프가 a의 값에 관계없이 항상 지나는 점의 좌표를 구하시오. (단, $a>0$, $a\neq1$)

(1) 함수 $y=a^{x+3}-6$의 그래프

(2) 함수 $y=\log_a 3x-6$의 그래프를 x축의 방향으로 1만큼 평행이동한 후 y축에 대하여 대칭이동한 그래프

192 빈출

다음 〈보기〉에서 함수 $y=\log_3 x$의 그래프를 평행이동 또는 대칭이동하여 겹쳐질 수 있는 곡선을 그래프로 갖는 함수의 개수는?

보기

ㄱ. $y=2\times3^x+1$ ㄴ. $y=\log_{\frac{1}{3}} 4x$

ㄷ. $y=\log_9 (9x+1)$ ㄹ. $y=\log_9 x^2+3$

ㅁ. $y=2\log_3 \sqrt{x-2}$ ㅂ. $y=-2\log_3 x+5$

① 2   ② 3   ③ 4

④ 5   ⑤ 6

193

함수 $f(x)=\log_a(x-1)+2$에 대하여 〈보기〉에서 옳은 것만을 있는 대로 고른 것은? (단, $a>0$, $a\neq1$)

보기
- ㄱ. 곡선 $y=f(x)$는 점 $(2,\ 2)$를 지난다.
- ㄴ. $a>2$이면 $af(a)>4$이다.
- ㄷ. $1<a+1<2<b$이면 $f^{-1}(a+1)<f^{-1}(b)$이다.

① ㄴ   ② ㄱ, ㄴ   ③ ㄱ, ㄷ
④ ㄴ, ㄷ   ⑤ ㄱ, ㄴ, ㄷ

194 빈출 👑

두 곡선 $y=2^{x+3}-2$와 $y=\log_{\frac{1}{2}}(x+k)$가 제2사분면에서 만나도록 하는 실수 k의 값의 범위는?

① $\dfrac{1}{64}<k<1$ ② $\dfrac{1}{16}<k<1$ ③ $\dfrac{1}{64}<k<3$

④ $\dfrac{1}{16}<k<3$ ⑤ $\dfrac{1}{64}<k<5$

195

함수 $y=\log_{\frac{1}{2}}(5x-p)+1$의 그래프와 직선 $x=3$이 한 점에서 만나고, 함수 $y=|2^{-x+3}-p|$의 그래프와 직선 $y=4$가 두 점에서 만나도록 하는 모든 정수 p의 개수를 구하시오.

196

다음 물음에 답하시오.

(1) 함수 $y=3^{|x+1|}+4$의 그래프와 직선 $y=k$가 만나지 않도록 하는 실수 k의 값의 범위를 구하시오.

(2) 방정식 $|y-1|=\log_2(x-3)$의 그래프와 직선 $x=k$가 두 점에서 만나도록 하는 실수 k의 값의 범위를 구하시오.

197

함수 $y=\log_a(x+2)-3$의 그래프가 네 점 A$(2,\ -2)$, B$(7,\ -2)$, C$(7,\ 1)$, D$(2,\ 1)$을 꼭짓점으로 하는 사각형 ABCD와 만나도록 하는 실수 a의 최댓값을 M, 최솟값을 m이라 할 때, $(Mm)^2$의 값은? (단, $a>0$, $a\neq1$)

① 160   ② 162   ③ 164
④ 166   ⑤ 168

I

198

그림과 같이 사각형 ABCD는 한 변의 길이가 2인 정사각형이고, 두 점 B, D는 함수 $y=\log_2 x$의 그래프 위에 있다. 선분 BD의 중점의 x좌표는? (단, 사각형의 변은 x축 또는 y축에 평행하다.)

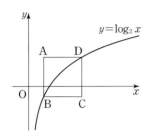

① $\dfrac{2}{3}$ ② 1   ③ $\dfrac{4}{3}$

④ $\dfrac{5}{3}$ ⑤ 2

199 빈출 👑

교육청변형

그림과 같이 함수 $y=\log_4 x$의 그래프 위의 한 점 P에 대하여 선분 OP가 함수 $y=\log_2 x$의 그래프와 만나는 점을 Q라 하자. 점 Q가 선분 OP를 1 : 3으로 내분할 때, 점 P의 y좌표는?

(단, O는 원점이다.)

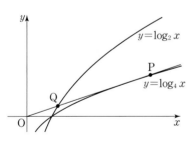

① $\dfrac{4}{7}$ ② $\dfrac{5}{7}$ ③ $\dfrac{6}{7}$

④ 1   ⑤ $\dfrac{8}{7}$

200 빈출 👑

교육청변형

$1<a<b$인 두 실수 a, b에 대하여 세 함수 $f(x)=\log_a x$, $g(x)=\log_b x$, $h(x)=-\log_a x$의 그래프가 직선 $x=2$와 만나는 점을 각각 P, Q, R라 하자. $\overline{PQ} : \overline{QR}=3 : 5$일 때, $g(a)$의 값은?

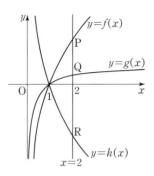

① $\dfrac{1}{6}$ ② $\dfrac{1}{5}$ ③ $\dfrac{1}{4}$

④ $\dfrac{1}{3}$ ⑤ $\dfrac{1}{2}$

201

교육청변형

함수 $f(x)=\log_2 (x-1)$에 대하여 곡선 $y=f(x)$ 위의 서로 다른 두 점 A$(a, f(a))$, B$(b, f(b))$와 점 P$(1, 1)$이 다음 조건을 만족시킨다.

> (가) 세 점 A, B, P는 한 직선 위에 있다.
> (나) $\overline{PA} : \overline{PB}=1 : 2$

ab의 값을 구하시오. (단, $a<b$)

202

그림과 같이 곡선 $y=\log_2 x$ 위의 한 점 A를 지나고 x축에 평행한 직선이 곡선 $y=\log_2 (x-2)$와 만나는 점을 B, 점 B를 지나고 y축에 평행한 직선이 곡선 $y=\log_2 x$와 만나는 점을 C, 점 C를 지나고 x축에 평행한 직선이 곡선 $y=\log_2 (x-2)$와 만나는 점을 D, 점 D를 지나고 y축에 평행한 직선이 곡선 $y=\log_2 x$와 만나는 점을 E라 하자. 삼각형 ABC의 넓이가 1일 때, 삼각형 CDE의 넓이는?

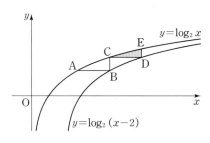

① $\log_2 \dfrac{3}{4}$ ② $\log_2 \dfrac{3}{2}$ ③ $2\log_2 \dfrac{3}{4}$

④ $2\log_2 \dfrac{3}{2}$ ⑤ $3\log_2 \dfrac{3}{2}$

203

평가원기출

그림과 같이 곡선 $y=2\log_2 x$ 위의 한 점 A를 지나고 x축에 평행한 직선이 곡선 $y=2^{x-3}$과 만나는 점을 B라 하자. 점 B를 지나고 y축에 평행한 직선이 곡선 $y=2\log_2 x$와 만나는 점을 D라 하자. 점 D를 지나고 x축에 평행한 직선이 곡선 $y=2^{x-3}$과 만나는 점을 C라 하자. $\overline{AB}=2$, $\overline{BD}=2$일 때, 사각형 ABCD의 넓이는?

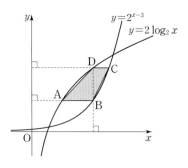

① 2 ② $1+\sqrt{2}$ ③ $\dfrac{5}{2}$

④ 3 ⑤ $2+\sqrt{2}$

204

평가원기출

함수 $y=\log_2 4x$의 그래프 위의 두 점 A, B와 함수 $y=\log_2 x$의 그래프 위의 점 C에 대하여 선분 AC가 y축에 평행하고 삼각형 ABC가 정삼각형일 때, 점 B의 좌표는 (p, q)이다. $p^2 \times 2^q$의 값은?

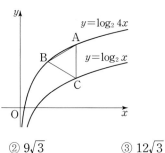

① $6\sqrt{3}$ ② $9\sqrt{3}$ ③ $12\sqrt{3}$
④ $15\sqrt{3}$ ⑤ $18\sqrt{3}$

205 빈출 ♛

교육청기출 | 선행 174 |

그림과 같이 두 곡선 $y=\log_6 (x+1)$, $y=\log_6 (x-1)-4$와 두 직선 $y=-2x$, $y=-2x+8$로 둘러싸인 부분의 넓이를 구하시오.

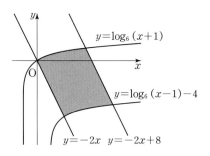

206

그림과 같이 곡선 $y=|\log_2 x|$와 직선 l이 서로 다른 세 점 A, B, C에서 만나고, 세 점 A, B, C에서 x축에 내린 수선의 발을 각각 A′, B′, C′이라 하면 원점 O에 대하여 $\overline{OA'}=\overline{A'B'}=\overline{B'C'}$이다. 직선 l의 기울기를 k라 할 때, $\sqrt{3}k$의 값은?

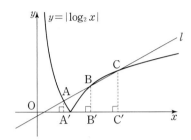

① $\log_2 3-1$ ② $2-\log_2 3$ ③ $2\log_2 3-1$

④ $2(\log_2 3-1)$ ⑤ $2(2-\log_2 3)$

207 빈출 👑   평가원기출

좌표평면에서 두 곡선 $y=|\log_2 x|$와 $y=\left(\dfrac{1}{2}\right)^x$이 만나는 두 점을 $P(x_1, y_1)$, $Q(x_2, y_2)(x_1<x_2)$라 하고, 두 곡선 $y=|\log_2 x|$와 $y=2^x$이 만나는 점을 $R(x_3, y_3)$이라 하자. 〈보기〉에서 옳은 것만을 있는 대로 고른 것은?

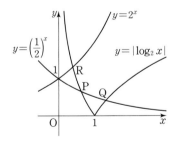

보기

ㄱ. $\dfrac{1}{2}<x_1<1$

ㄴ. $x_2 y_2-x_3 y_3=0$

ㄷ. $x_2(x_1-1)>y_1(y_2-1)$

① ㄱ   ② ㄷ   ③ ㄱ, ㄴ

④ ㄴ, ㄷ   ⑤ ㄱ, ㄴ, ㄷ

208

두 실수 a, b가 $0<\dfrac{1}{a}<b<1$을 만족시킬 때, 세 수 $A=-1$, $B=\log_a b$, $C=\log_b a$의 대소 관계로 옳은 것은?

① $A<B<C$ ② $A<C<B$ ③ $B<A<C$

④ $B<C<A$ ⑤ $C<A<B$

209

$1<b<a<b^2$일 때, 네 실수 $A=\log_a b$, $B=\log_b a$, $C=\log_a \dfrac{a}{b}$, $D=\log_b \dfrac{b}{a}$의 대소 관계를 나타내시오. (단, a, b는 실수이다.)

210

2보다 큰 실수 a에 대하여 $a<x<a^2$일 때, 다음 값의 대소를 바르게 비교한 것은?

$$(\log_a x)^2,\ \log_a x^2,\ \log_a (\log_a x)$$

① $(\log_a x)^2<\log_a x^2<\log_a (\log_a x)$

② $\log_a x^2<(\log_a x)^2<\log_a (\log_a x)$

③ $\log_a x^2<\log_a (\log_a x)<(\log_a x)^2$

④ $\log_a (\log_a x)<(\log_a x)^2<\log_a x^2$

⑤ $\log_a (\log_a x)<\log_a x^2<(\log_a x)^2$

211 빈출 👑

두 실수 a, b에 대하여 $a^2 < a < b$일 때, 〈보기〉에서 옳은 것만을 있는 대로 고른 것은?

> 보기
>
> ㄱ. $a^b > a^a$
> ㄴ. $\log_a b < 1$
> ㄷ. $\log_{b+1} a \times \log_{b+1}(a+1) < 0$
> ㄹ. $b < 1$이면 $\log_a b + \log_b a > 2$이다.

① ㄱ, ㄷ   ② ㄴ, ㄷ   ③ ㄴ, ㄹ
④ ㄱ, ㄷ, ㄹ   ⑤ ㄴ, ㄷ, ㄹ

유형 04 로그함수의 최대·최소

212 빈출 👑

정의역이 $\{x \mid 1 \leq x \leq 4\}$인 함수 $y = \left(\log_{\frac{1}{2}} 4x\right)\left(\log_{\frac{1}{2}} \dfrac{8}{x}\right)$의 최댓값을 M, 최솟값을 m이라 할 때, Mm의 값은?

① 10   ② 15   ③ 20
④ 25   ⑤ 30

---

213 빈출 👑

정의역이 $\{x \mid 1 \leq x \leq 100\}$인 함수 $y = 2^{\log x} \times x^{\log 2} - 24 \times 2^{\log \frac{x}{100}}$의 최댓값과 최솟값의 합은?

① -16 ② -14 ③ -12
④ -10 ⑤ -8

214

함수 $f(x) = \left| \log_3\left(\dfrac{1}{9}x + 3\right) \right| + 1$의 정의역이 $\{x \mid -20 \leq x \leq a\}$일 때, 치역은 $\{y \mid b \leq y \leq 3\}$이다. 두 상수 a, b에 대하여 $a + b$의 값을 구하시오. (단, $a > -20$, $b < 3$)

유형 05 지수·로그함수의 역함수

215 빈출 👑 서술형 ✏️

| 선행 156 |

함수 $y = 3^{x-a} + \dfrac{3}{2}$의 그래프와 그 역함수의 그래프가 만나는 서로 다른 두 점을 각각 A, B라 할 때, 선분 AB를 대각선으로 하는 정사각형의 한 변의 길이는 2이다. 두 점 A, B의 좌표를 각각 구하고, 그 과정을 서술하시오.

(단, a는 실수이고, 점 A의 x좌표는 점 B의 x좌표보다 작다.)

216

1보다 큰 양수 a에 대하여 함수 $y=a^x-b$의 그래프와 함수 $y=\log_a(x+b)$의 그래프가 서로 다른 두 점 A, B에서 만나고, 다음 조건을 만족시킨다.

> (가) $\overline{AB}=2\sqrt{2}$
> (나) 선분 AB를 수직이등분하는 직선의 방정식이
> $x+y-2=0$이다.

$a+b$의 값은? (단, b는 상수이다.)

① $1-2\sqrt{3}$ ② $\sqrt{3}-1$ ③ 0

④ $\sqrt{3}+1$ ⑤ $2\sqrt{3}$

217 빈출 👑

그림과 같이 직선 $y=-x+k$가 두 함수 $y=2^x$, $y=\log_2 x$의 그래프와 만나는 점을 각각 A, B라 하고, x축, y축과 만나는 점을 각각 C, D라 하자. $\overline{AB}=\overline{BC}$이고, 삼각형 OAB의 넓이가 6일 때, 〈보기〉에서 옳은 것만을 있는 대로 고른 것은?

(단, O는 원점이고, $k>1$이다.)

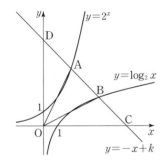

> 보기
> ㄱ. $\overline{AD}:\overline{AC}=1:3$
> ㄴ. $k=6$
> ㄷ. 점 A의 x좌표와 점 B의 y좌표의 합은 4이다.

① ㄴ   ② ㄷ   ③ ㄱ, ㄴ

④ ㄴ, ㄷ   ⑤ ㄱ, ㄴ, ㄷ

218

그림과 같이 직선 $x=t$가 두 곡선 $y=2^x+1$, $y=\log_2(x-1)$과 만나는 두 점을 각각 A, B라 하고, 점 B를 지나고 기울기가 -1인 직선이 곡선 $y=2^x+1$과 만나는 점을 C라 하자. $\overline{AB}=31$, $\overline{BC}=3\sqrt{2}$일 때, 삼각형 OBC의 넓이는?

(단, O는 원점이고, $t>0$이다.)

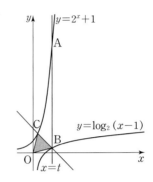

① $\dfrac{15}{2}$ ② 9 ③ $\dfrac{21}{2}$

④ 12 ⑤ $\dfrac{27}{2}$

219 빈출 👑   교육청변형

곡선 $y=2^x+k$와 직선 $y=5x$가 만나는 점 중 한 점을 A라 하고, 점 A를 지나고 기울기가 -1인 직선이 곡선 $y=\log_2(x-k)$와 만나는 점을 B라 하자. 삼각형 OAB의 넓이가 48일 때, 양수 k의 값을 구하시오. (단, O는 원점이다.)

220

교육청변형

그림과 같이 함수 $y=\log_2(x+a)+b$의 그래프 위의 점 P$(15,\ 1)$을 지나고 기울기가 -1인 직선이 함수 $y=2^{x-b}-a$의 그래프와 만나는 점을 Q라 하고, 점 P를 지나고 x축에 평행한 직선이 함수 $y=2^{x-b}-a$의 그래프와 만나는 점을 R라 하자. 삼각형 PQR의 넓이가 119일 때, a^2+b^2의 값을 구하시오.

(단, $a,\ b$는 상수이다.)

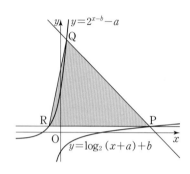

222

선행 160

방정식 $2^{2x+1}+a\times 2^x+a+13=0$의 두 근의 합이 1일 때, 두 근의 곱을 구하시오. (단, a는 상수이다.)

223

방정식 $4^x+4^{-x}+3(2^x+2^{-x})-16=0$의 두 근을 $\alpha,\ \beta$라 할 때, $4^{-\alpha}+4^{-\beta}$의 값은?

① 3   ② 5   ③ 7
④ 9   ⑤ 11

유형 06 지수방정식

221

함수 $y=\log_2(x+3)-1$의 역함수를 $f(x)$라 할 때, 방정식 $f(2x)+f(x+1)-10=0$의 실근은?

① 0   ② 1   ③ 2
④ 3   ⑤ 4

224

다음 물음에 답하시오.

(1) 방정식 $(x+1)^{x^2-6x}=5^{x^2-6x}$의 모든 실근의 합을 구하시오.

(단, $x>-1$)

(2) 방정식 $x^{x^2}=x^{5x-6}$의 모든 실근의 합을 구하시오. (단, $x>0$)

225

| 선행 159 |

그림과 같이 두 함수 $y=\log_2 x$, $y=-\log_2 \dfrac{x}{4}$의 그래프가 직선 $y=k$ $(k>0)$와 만나는 점을 각각 A, B라 하고, x축과 만나는 점을 각각 C, D라 하자. $\overline{AB}:\overline{CD}=5:2$일 때, k의 값을 구하시오.

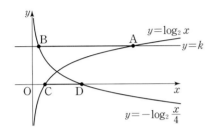

226 빈출 👑

| 선행 195 |

x에 대한 방정식 $|3^x-2a|+a=10$이 서로 다른 두 실근을 가질 때, 정수 a의 최댓값을 M, 최솟값을 m이라 하자. $M+m$의 값은?

① 11   ② 12   ③ 13

④ 14   ⑤ 15

227 빈출 👑

방정식 $4^x-2^{x+2}-k^2+4=0$이 서로 다른 두 실근을 갖도록 하는 정수 k의 개수는?

① 1   ② 2   ③ 3

④ 4   ⑤ 5

228

두 함수 $f(x)=4^x$, $g(x)=3\times 2^{x+2}-k+3$의 그래프가 서로 다른 두 점 A, B에서 만난다. 두 점 A, B의 x좌표를 각각 a, b라 할 때, $ab<0$을 만족시키는 모든 자연수 k의 개수는?

① 10   ② 11   ③ 12

④ 13   ⑤ 14

229

약물의 혈중 농도는 약물을 복용한 후 줄어들기 시작하는데 그 변화는 지수함수를 따른다고 한다. 어느 약물의 혈중 농도가 5시간마다 $\dfrac{1}{2}$의 비율로 줄어든다고 할 때, 이 약물의 혈중 농도가 현재의 20 %가 되는 것은 약물을 복용하고 몇 시간 몇 분 후인가? (단, $\log 2=0.3$으로 계산한다.)

① 11시간 20분   ② 11시간 40분   ③ 12시간

④ 12시간 20분   ⑤ 12시간 40분

유형 07 지수부등식

230

부등식 $x^{5x-6} > x^{3x}$의 해를 바르게 나타낸 것은? (단, $x>0$)

① $0<x<1$ ② $x>1$

③ $0<x<3$ ④ $x>3$

⑤ $0<x<1$ 또는 $x>3$

231

부등식 $4^{x+1} - (k+16)2^{x+1} + 16k < 0$을 만족시키는 정수 x의 개수가 2가 되도록 하는 정수 k의 개수는?

① 60   ② 62   ③ 64

④ 66   ⑤ 68

232 빈출 👑 서술형 ✏️

모든 실수 x에 대하여 부등식 $3^{2x}+3^{x+1}+k-3 \geq 0$이 성립하도록 하는 실수 k의 최솟값을 구하고, 그 과정을 서술하시오.

233 선생님 Pick! 평가원기출

이차함수 $y=f(x)$의 그래프와 일차함수 $y=g(x)$의 그래프가 그림과 같을 때, 부등식

$$\left(\frac{1}{2}\right)^{f(x)g(x)} \geq \left(\frac{1}{8}\right)^{g(x)}$$

을 만족시키는 모든 자연수 x의 값의 합은?

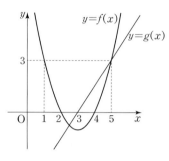

① 7   ② 9   ③ 11

④ 13   ⑤ 15

234 평가원기출

좌표평면 위의 두 곡선 $y=|9^x-3|$과 $y=2^{x+k}$이 만나는 서로 다른 두 점의 x좌표를 x_1, x_2 $(x_1<x_2)$라 할 때, $x_1<0$, $0<x_2<2$를 만족시키는 모든 자연수 k의 값의 합은?

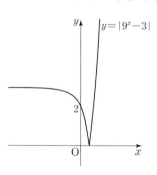

① 8   ② 9   ③ 10

④ 11   ⑤ 12

235 빈출 ♔

어떤 식물성 플랑크톤은 바다 수면에 비치는 햇빛의 양의 5 %
이상이 도달하는 깊이까지 살 수 있다고 한다. 어떤 지역에서
햇빛이 수면으로부터 6 m씩 내려갈 때마다 햇빛의 양이 8 %씩
감소된다고 할 때, 이 식물성 플랑크톤이 살 수 있는 깊이는 최대
몇 m인가? (단, $\log 2 = 0.3$, $\log 9.2 = 0.96$으로 계산한다.)

① 180   ② 185   ③ 190

④ 195   ⑤ 200

236 빈출 ♔

어느 기업에서 올해 기업의 부채가 자기 자본의 5배에 이르자,
내년부터 매년 부채를 전년도에 비해 10 %씩 줄이고, 자기 자본은
20 %씩 늘리는 계획을 세웠다. 이 계획대로 진행될 때, 이 기업의
자기 자본이 처음으로 부채보다 많아지는 해는 올해로부터 몇 년
후인지 구하시오.

(단, $\log 2 = 0.3010$, $\log 3 = 0.4771$로 계산한다.)

237

한 사회에서 어떤 정보나 소문이 퍼져 나갈 때, 정보를 모르는
사람이 많을수록 정보를 알고 있는 사람의 수가 더 빨리 증가한다.
한 사회의 인구수를 M명, 정보나 소문이 퍼져 나간 지 t일 후에
정보를 알고 있는 사람의 수를 P명이라 하면

$$P = M(1 - a^{-kt}) \quad (a, \ k \text{는 상수})$$

인 관계가 성립한다고 한다. 전체 인구의 20 %가 정보를 알게 될
때까지 하루가 걸린다면 전체 인구의 80 % 이상이 정보를 알게
되는 데 최소 며칠이 걸리는가? (단, $\log 2 = 0.301$로 계산한다.)

① 7일   ② 8일   ③ 9일

④ 10일   ⑤ 11일

유형 08 로그방정식

238 빈출 ♔

방정식 $x^{\log_3 x} - 27x^4 = 0$의 모든 실근의 곱은?

① $\dfrac{1}{81}$ ② $\dfrac{1}{9}$ ③ 1

④ 9   ⑤ 81

239

방정식 $x^{\log_2 \frac{x}{4}} = \left(\dfrac{x}{4}\right)^{\log_x 2}$의 모든 실근의 합은?

① $\dfrac{5}{2}$ ② $\dfrac{9}{2}$ ③ $\dfrac{13}{2}$

④ $\dfrac{19}{2}$ ⑤ $\dfrac{21}{2}$

240

방정식 $5^{\log x} x^{\log 5} - 13(5^{\log x} + x^{\log 5}) + 25 = 0$의 모든 실근의 합은?

① 11 ② 101 ③ 110

④ 111 ⑤ 1010

241

방정식 $(\log_2 2x)^2 - (\log_2 x)\left(\log_2 \dfrac{1}{x}\right) = k \log_2 x^3$의 서로 다른 두 실근 α, β에 대하여 $\alpha\beta = 2\sqrt{2}$일 때, 상수 k의 값은?

① $\dfrac{5}{3}$ ② 2 ③ $\dfrac{7}{3}$

④ $\dfrac{8}{3}$ ⑤ 3

242 서술형 ✏️

방정식 $(\log_2 x)^2 + 8 = k \log_2 x$의 서로 다른 두 실근을 α, β라 하자. $\alpha : \beta = 1 : 4$일 때, αk의 값을 구하고, 그 과정을 서술하시오. (단, $k < 0$)

243 [평가원기출]

질량 $a(\mathrm{g})$의 활성탄 A를 염료 B의 농도가 $c(\%)$인 용액에 충분히 오래 담가 놓을 때 활성탄 A에 흡착되는 염료 B의 질량 $b(\mathrm{g})$는 다음 식을 만족시킨다고 한다.

$$\log \frac{b}{a} = -1 + k \log c \ (\text{단, } k\text{는 상수이다.})$$

10 g의 활성탄 A를 염료 B의 농도가 8 %인 용액에 충분히 오래 담가 놓을 때 활성탄 A에 흡착되는 염료 B의 질량은 4 g이다.
20 g의 활성탄 A를 염료 B의 농도가 27 %인 용액에 충분히 오래 담가 놓을 때 활성탄 A에 흡착되는 염료 B의 질량(g)은?

(단, 각 용액의 양은 충분하다.)

① 10 ② 12 ③ 14

④ 16 ⑤ 18

유형 09 로그부등식

244

$2^x < 3^{20} < 2^{x+1}$을 만족시키는 정수 x의 값은?

(단, $\log 2 = 0.3010$, $\log 3 = 0.4771$로 계산한다.)

① 30   ② 31   ③ 32

④ 33   ⑤ 34

245

부등식 $4\log_2 |x-2| \le 5 - \log_2 \dfrac{1}{8}$을 만족시키는 정수 x의

개수는?

① 6   ② 7   ③ 8

④ 9   ⑤ 10

246

| 선행 170 |

연립부등식

$$\begin{cases} \log_{\frac{1}{2}} (\log_5 x) \ge 0 \\ 2\log_2 (x-2) \le 1 + \log_2 \left(x + \dfrac{31}{2} \right) \end{cases}$$

을 만족시키는 정수 x의 개수를 구하시오.

247 빈출 ♛

두 집합

$$A = \{x \mid |\log_2 (x+1) - 1| \le a\},$$
$$B = \left\{ x \mid \left(\dfrac{1}{\sqrt{2}} \right)^{2x^2 - 18} \ge \left(\dfrac{1}{16} \right)^{x+3} \right\}$$

에 대하여 $A \cap B = A$가 성립하도록 하는 실수 a의 최댓값을 구하시오.

248

| 선행 233 |

포물선 $y=f(x)$와 직선 $y=g(x)$가 그림과 같이 두 점 P, Q에서 만난다. 두 점 P, Q의 x좌표는 각각 -2, 3이고, $f(-2)=f(2)=0$이다.

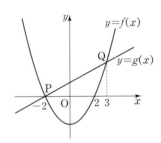

부등식 $\log_{0.2} f(x) \ge \log_{0.2} g(-x)$를 만족시키는 x의 값의 범위를 구하시오.

249

모든 실수 x에 대하여 부등식
$$(1-\log k)x^2 + 4(1-\log k)x + 8 \geq 0$$
이 성립하도록 하는 정수 k의 개수는?

① 7   ② 8   ③ 9

④ 10   ⑤ 11

250 빈출 👑

다음 물음에 답하시오.

(1) 부등식 $(\log_3 x)^2 + \log_9 x + a > 0$이 항상 성립하도록 하는 실수 a의 값의 범위를 구하시오.

(2) 모든 양의 실수 x에 대하여 부등식 $k^2 x^{\log_2 x + 4} > 4$가 항상 성립하도록 하는 실수 k의 값의 범위를 구하시오.

251

어느 정수 필터는 정수 작업을 한 번 할 때마다 불순물의 양을 $x\,\%$ 제거할 수 있다고 한다. 4개의 정수 필터를 통과하면 불순물의 양이 처음의 $10\,\%$ 이하로 줄어든다고 할 때, 자연수 x의 최솟값은? (단, $\log 5.62 = 0.75$로 계산한다.)

① 43   ② 44   ③ 45

④ 46   ⑤ 47

스키마로 풀이 흐름 알아보기

방정식 $\underline{4^x-2^{x+2}-k^2+4=0}$이 $\underline{서로\ 다른\ 두\ 실근을\ 갖도록}$ 하는 $\underline{정수\ k의\ 개수}$는?

조건①   조건②   답

① 1   ② 2   ③ 3   ④ 4   ⑤ 5

스키마 schema

$\gg$ 주어진 조건은 무엇인지? 구하는 답은 무엇인지? 이 둘을 어떻게 연결할지?

1단계

조건
- ① $4^x-2^{x+2}-k^2+4=0$ $\xrightarrow{2^x=t}$ $t^2-4t-k^2+4=0$
- ② 서로 다른 두 실근 $\longrightarrow$ $t>0$일 때 서로 다른 두 실근

$4^x-2^{x+2}-k^2+4=0$에서
$2^{2x}-4\times2^x-k^2+4=0$ ...... ㉠
$2^x=t$라 하면 $t>0$이고,
$t^2-4t-k^2+4=0$ ...... ㉡
㉠이 서로 다른 두 실근을 가지려면
㉡이 $t>0$일 때 서로 다른 두 실근을
가져야 한다.

2단계

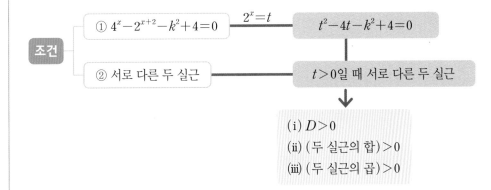

조건
- ① $4^x-2^{x+2}-k^2+4=0$ $\xrightarrow{2^x=t}$ $t^2-4t-k^2+4=0$
- ② 서로 다른 두 실근 $\longrightarrow$ $t>0$일 때 서로 다른 두 실근
  - (ⅰ) $D>0$
  - (ⅱ) (두 실근의 합)>0
  - (ⅲ) (두 실근의 곱)>0

즉, 이차방정식 $t^2-4t-k^2+4=0$이
서로 다른 두 양의 실근을 가져야 한다.
(ⅰ) 판별식을 D라 하면
$$\frac{D}{4}=(-2)^2-(-k^2+4)=k^2>0$$
에서 $k\neq0$이다.
(ⅱ) 두 실근의 합이 양수
두 실근의 합은 4이므로 항상
조건을 만족시킨다.
(ⅲ) 두 실근의 곱이 양수
$-k^2+4>0$이므로 $k^2<4$
∴ $-2<k<2$

3단계

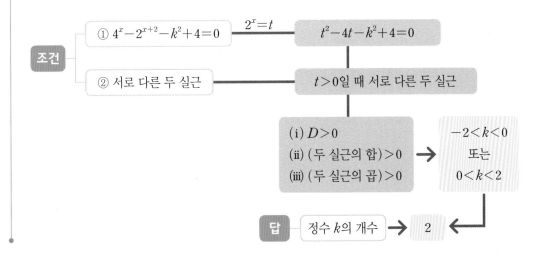

조건
- ① $4^x-2^{x+2}-k^2+4=0$ $\xrightarrow{2^x=t}$ $t^2-4t-k^2+4=0$
- ② 서로 다른 두 실근 $\longrightarrow$ $t>0$일 때 서로 다른 두 실근
  - (ⅰ) $D>0$
  - (ⅱ) (두 실근의 합)>0 $\rightarrow$ $-2<k<0$ 또는 $0<k<2$
  - (ⅲ) (두 실근의 곱)>0

답   정수 k의 개수 $\rightarrow$ 2

(ⅰ)~(ⅲ)에 의하여 k의 값의 범위는
$-2<k<0$ 또는 $0<k<2$이다.
따라서 정수 k는 -1, 1로 2개이다.

답 ②

252

교육청변형 | 선행 152 |

그림은 두 함수 $y=\left(\dfrac{1}{2}\right)^x$, $y=\log_2 x$의 그래프와 직선 $y=x$를 나타낸 것이다. 〈보기〉에서 옳은 것만을 있는 대로 고른 것은? (단, 점선은 모두 x축 또는 y축에 평행하고,
$$a<b<0<c<1<d<e \text{이다.})$$

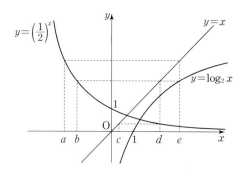

보기

ㄱ. $\left(\dfrac{1}{2}\right)^{b+d}=ce$

ㄴ. $a+d=0$

ㄷ. $ce=1$

① ㄴ   ② ㄷ   ③ ㄱ, ㄷ

④ ㄴ, ㄷ   ⑤ ㄱ, ㄴ, ㄷ

253

| 선행 212 |

$\log_2 \dfrac{1}{y}=(\log_4 x)^2$을 만족시키는 두 양수 x, y에 대하여 $\dfrac{y}{4x}$의 최댓값을 구하시오.

254

| 선행 224 |

방정식 $4(x^2-11x+29)^{x-8}-3=1$의 모든 실근의 합은?

① 15   ② 20   ③ 25

④ 30   ⑤ 35

255 빈출 👑
평가원기출

그림과 같이 함수 $y=2^x$의 그래프 위의 한 점 A를 지나고 x축에 평행한 직선이 함수 $y=15\times2^{-x}$의 그래프와 만나는 점을 B라 하자. 점 A의 x좌표를 a라 할 때, $1<\overline{AB}<100$을 만족시키는 2 이상의 자연수 a의 개수는?

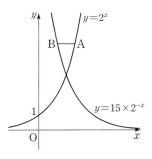

① 40   ② 43   ③ 46

④ 49   ⑤ 52

256
선행 189

방정식 $4^x+4^{-x}+18=a(2^{1+x}+2^{1-x})$이 적어도 하나의 실근을 갖도록 하는 실수 a의 값의 범위를 구하시오.

257

선생님 Pick! 평가원기출

$a>1$인 실수 a에 대하여 곡선 $y=\log_a x$와 원 $C:\left(x-\dfrac{5}{4}\right)^2+y^2=\dfrac{13}{16}$의 두 교점을 P, Q라 하자. 선분 PQ가 원 C의 지름일 때, a의 값은?

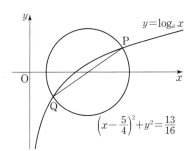

① 3   ② $\dfrac{7}{2}$ ③ 4

④ $\dfrac{9}{2}$ ⑤ 5

258

$1 < m < n < 20$인 두 자연수 m, n에 대하여 두 함수
$y = \log_m x - 2$, $y = \log_n x$의 그래프가 만나는 점의 y좌표를 k라
할 때, $1 \le k \le 2$를 만족시키는 m, n의 순서쌍 (m, n)의 개수를
구하시오.

259

두 양수 a, b에 대하여 〈보기〉에서 옳은 것만을 있는 대로 고른
것은?

> 보기
>
> ㄱ. $a < b$이면 $(\log_a 3) \times (\log_b 3) > 0$이다. (단, $a \ne 1$, $b \ne 1$)
> ㄴ. $\log_2 (a+2) > \log_3 (a+3)$
> ㄷ. $\log_2 (a+1) = \log_3 (b+3)$이면 $b < a$이다.

① ㄴ   ② ㄷ   ③ ㄱ, ㄴ
④ ㄱ, ㄷ   ⑤ ㄴ, ㄷ

260

평가원기출

$\dfrac{1}{4} < a < 1$인 실수 a에 대하여 직선 $y = 1$이 두 곡선 $y = \log_a x$,
$y = \log_{4a} x$와 만나는 점을 각각 A, B라 하고, 직선 $y = -1$이 두
곡선 $y = \log_a x$, $y = \log_{4a} x$와 만나는 점을 각각 C, D라 하자.
〈보기〉에서 옳은 것만을 있는 대로 고른 것은?

> 보기
>
> ㄱ. 선분 AB를 $1 : 4$로 외분하는 점의 좌표는 $(0, 1)$이다.
> ㄴ. 사각형 ABCD가 직사각형이면 $a = \dfrac{1}{2}$이다.
> ㄷ. $\overline{AB} < \overline{CD}$이면 $\dfrac{1}{2} < a < 1$이다.

① ㄱ   ② ㄷ   ③ ㄱ, ㄴ
④ ㄴ, ㄷ   ⑤ ㄱ, ㄴ, ㄷ

261
교육청기출 | 선행 207 |

두 곡선 $y=2^x$, $y=\log_3 x$와 직선 $y=-x+5$가 만나는 점을 각각
$A(a_1, a_2)$, $B(b_1, b_2)$라 할 때, 〈보기〉에서 옳은 것만을 있는 대로
고른 것은?

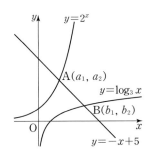

보기

ㄱ. $a_1>b_2$

ㄴ. $\dfrac{b_1+b_2}{a_1+a_2}=\dfrac{b_1-a_1}{a_2-b_2}$

ㄷ. $a_1b_1<a_2b_2$

① ㄱ   ② ㄴ   ③ ㄱ, ㄴ
④ ㄴ, ㄷ   ⑤ ㄱ, ㄴ, ㄷ

262
평가원기출

자연수 n $(n\geq2)$에 대하여 직선 $y=-x+n$과 곡선
$y=|\log_2 x|$가 만나는 서로 다른 두 점의 x좌표를 각각 a_n,
b_n $(a_n<b_n)$이라 할 때, 〈보기〉에서 옳은 것만을 있는 대로 고른
것은?

보기

ㄱ. $a_2<\dfrac{1}{4}$

ㄴ. $0<\dfrac{a_{n+1}}{a_n}<1$

ㄷ. $1-\dfrac{\log_2 n}{n}<\dfrac{b_n}{n}<1$

① ㄱ   ② ㄴ   ③ ㄷ
④ ㄴ, ㄷ   ⑤ ㄱ, ㄴ, ㄷ

263

두 함수 $f(x)=3^x$, $g(x)=\left(\dfrac{1}{2}\right)^x$의 그래프가 제1사분면에서 직선
$y=-x+2$와 만나는 점의 x좌표를 각각 a, b라 할 때, 〈보기〉에서
옳은 것만을 있는 대로 고른 것은?

보기

ㄱ. $2\times 3^{\frac{a+b}{2}}<3^a+3^b$

ㄴ. $3^a-2^{-b}=a-b$

ㄷ. $b\times 3^b>3$

① ㄱ   ② ㄴ   ③ ㄱ, ㄴ
④ ㄱ, ㄷ   ⑤ ㄴ, ㄷ

264 빈출 ♔

부등식 $|\log_2 10 - \log_2 x| + \log_2 y \leq 2$를 만족시키는 두 자연수 x, y의 순서쌍 (x, y)의 개수는?

① 61   ② 62   ③ 63

④ 64   ⑤ 65

265

선생님 Pick! 교육청기출

함수

$$f(x) = \begin{cases} 2^x & (x < 3) \\ \left(\dfrac{1}{4}\right)^{x+a} - \left(\dfrac{1}{4}\right)^{3+a} + 8 & (x \geq 3) \end{cases}$$

에 대하여 곡선 $y = f(x)$ 위의 점 중에서 y좌표가 정수인 점의 개수가 23일 때, 정수 a의 값은?

① -7 ② -6 ③ -5

④ -4 ⑤ -3

266

교육청기출

좌표평면에서 2 이상의 자연수 n에 대하여 두 곡선 $y = 3^x - n$, $y = \log_3 (x+n)$으로 둘러싸인 영역의 내부 또는 그 경계에 포함되고 x좌표와 y좌표가 모두 자연수인 점의 개수가 4가 되도록 하는 자연수 n의 개수를 구하시오.

267

교육청기출 | 선행 253 |

두 양수 x, y에 대하여 등식

$$(\log_3 x)^2 + (\log_3 y)^2 = \log_9 x^2 + \log_9 y^2$$

이 성립할 때, xy의 최댓값은 M, 최솟값은 m이다. $M+m$의 값을 구하시오.

268

선생님 Pick! 교육청기출

그림과 같이 좌표평면에서 곡선 $y=a^x$ $(0<a<1)$ 위의 점 P가
제2사분면에 있다. 점 P를 직선 $y=x$에 대하여 대칭이동시킨 점
Q와 곡선 $y=-\log_a x$ 위의 점 R에 대하여 $\angle PQR=45°$이다.
$\overline{PR}=\dfrac{5\sqrt{2}}{2}$이고 직선 PR의 기울기가 $\dfrac{1}{7}$일 때, 상수 a의 값은?

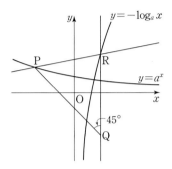

① $\dfrac{\sqrt{2}}{3}$ ② $\dfrac{\sqrt{3}}{3}$ ③ $\dfrac{2}{3}$

④ $\dfrac{\sqrt{5}}{3}$ ⑤ $\dfrac{\sqrt{6}}{3}$

269

그림과 같이 곡선 $y=\log_a x$ $(a>1)$ 위의 서로 다른 세 점
$A(1, 0)$, $B(x_1, y_1)$, $C(x_2, y_2)$가 다음 조건을 만족시킬 때,
삼각형 ABC의 넓이는? (단, $x_1<x_2$이고, O는 원점이다.)

㈎ $x_1 x_2=1$
㈏ $\angle COB=90°$
㈐ (직선 AB의 기울기) : (직선 AC의 기울기)$=5:1$

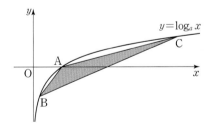

① $\dfrac{6}{5}$ ② $\dfrac{7}{5}$ ③ $\dfrac{8}{5}$

④ $\dfrac{9}{5}$ ⑤ 2

270

교육청기출

$k>1$인 실수 k에 대하여 두 곡선 $y=\log_{3k} x$, $y=\log_k x$가 만나는
점을 A라 하자. 양수 m에 대하여 직선 $y=m(x-1)$이 두 곡선
$y=\log_{3k} x$, $y=\log_k x$와 제1사분면에서 만나는 점을 각각 B,
C라 하자. 점 C를 지나고 y축에 평행한 직선이 곡선 $y=\log_{3k} x$,
x축과 만나는 점을 각각 D, E라 할 때, 세 삼각형 ADB, AED,
BDC가 다음 조건을 만족시킨다.

㈎ 삼각형 BDC의 넓이는 삼각형 ADB의 넓이의 3배이다.
㈏ 삼각형 BDC의 넓이는 삼각형 AED의 넓이의 $\dfrac{3}{4}$배이다.

$\dfrac{k}{m}$의 값을 구하시오.

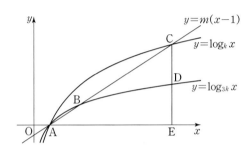

271 빈출 ♛

자연수 n에 대하여 직선 $y=t$ (t는 실수)가 두 곡선 $y=\log_3 x$, $y=\log_3(x-n)$과 만나는 점을 각각 P, Q라 하자. 점 Q를 지나고 x축에 수직인 직선이 곡선 $y=\log_3 x$와 만나는 점을 R라 할 때, 다음 조건을 만족시키는 모든 자연수 n의 개수를 구하시오.

> (가) $1 \le n \le 50$
> (나) 어떤 음이 아닌 실수 t에 대하여 $\overline{PQ} + \overline{QR} \ge 25$이다.

272
교육청기출

그림과 같이 1보다 큰 실수 a에 대하여 곡선 $y=|\log_a x|$가 직선 $y=k$ ($k>0$)와 만나는 두 점을 각각 A, B라 하고, 직선 $y=k$가 y축과 만나는 점을 C라 하자. $\overline{OC}=\overline{CA}=\overline{AB}$일 때, 곡선 $y=|\log_a x|$와 직선 $y=2\sqrt{2}$가 만나는 두 점 사이의 거리는 d이다. $20d$의 값을 구하시오.

　(단, O는 원점이고, 점 A의 x좌표는 점 B의 x좌표보다 작다.)

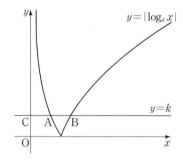

273
선생님 Pick! 평가원기출 | 선행 218 |

$a>1$인 실수 a에 대하여 직선 $y=-x+4$가 두 곡선
$$y=a^{x-1}, \quad y=\log_a(x-1)$$
과 만나는 점을 각각 A, B라 하고, 곡선 $y=a^{x-1}$이 y축과 만나는 점을 C라 하자. $\overline{AB}=2\sqrt{2}$일 때, 삼각형 ABC의 넓이는 S이다. $50S$의 값을 구하시오.

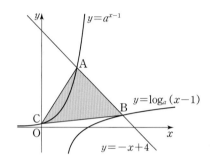

274 빈출 👑
교육청기출

그림과 같이 함수 $f(x)=2^{1-x}+a-1$의 그래프가 두 함수
$g(x)=\log_2 x$, $h(x)=a+\log_2 x$의 그래프와 만나는 점을 각각
A, B라 하자. 점 A를 지나고 x축에 수직인 직선이 함수 $h(x)$의
그래프와 만나는 점을 C, x축과 만나는 점을 H라 하고, 함수
$g(x)$의 그래프가 x축과 만나는 점을 D라 하자. 〈보기〉에서 옳은
것만을 있는 대로 고른 것은? (단, $a>0$)

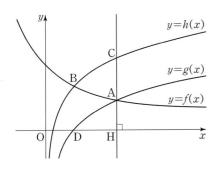

〈보기〉

ㄱ. 점 B의 좌표는 $(1, a)$이다.

ㄴ. 점 A의 x좌표가 4일 때, 사각형 ACBD의 넓이는 $\dfrac{69}{8}$이다.

ㄷ. $\overline{CA}:\overline{AH}=3:2$이면 $0<a<3$이다.

① ㄱ   ② ㄷ   ③ ㄱ, ㄴ

④ ㄴ, ㄷ   ⑤ ㄱ, ㄴ, ㄷ

275
교육청변형

그림과 같이 1보다 큰 실수 k에 대하여 두 곡선 $y=\log_2 |kx|$와
$y=\log_2 (x+4)$가 만나는 서로 다른 두 점을 A(x_1, y_1),
B(x_2, y_2)라 하고, 점 B를 지나는 곡선 $y=\log_2 (-x+m)$이
곡선 $y=\log_2 |kx|$와 만나는 점 중 B가 아닌 점을 C(x_3, y_3)이라
할 때, 다음 물음에 답하시오. (단, $x_1<x_2$이고, m은 실수이다.)

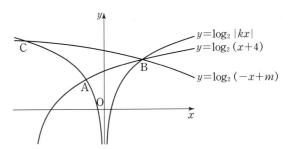

(1) $x_2=-2x_1$일 때, k의 값을 구하시오.

(2) $\dfrac{x_2}{x_1}=r$일 때, $\dfrac{x_3}{x_1}$을 r에 대한 식으로 나타내시오.

(3) 직선 AB의 기울기와 직선 AC의 기울기의 합이 0일 때,
$k+m$의 값을 구하시오.

II

삼각함수

01 삼각함수의 뜻과 그래프

이전 학습 내용

• 각 [중1]

두 반직선 OA, OB로
이루어진 도형을
각 AOB라 하고
기호로 ∠AOB,
∠O, ∠a와 같이
나타낸다.

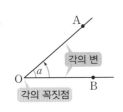

이때 점 O를 **각의 꼭짓점**이라 하고, 두
반직선 OA, OB를 **각의 변**이라 한다.
∠AOB에서 꼭짓점 O를 중심으로 변 OA를
회전시켜 변 OB와 겹치게 할 수 있는데,
이때 회전한 양을 ∠AOB의 크기라 한다.

∠AOB의 의미
① 도형으로서 각
② 그 각의 크기

• 각도 [초4]

각의 크기를 각도라 한다.
각도를 나타내는 단위에는 °(도)가 있다.
직각을 똑같이 90으로 나눈 하나를 1도라
하고, 1°라 쓴다.　이는 각의 1회전을
360등분한 것이다.

• 부채꼴의 중심각과 호의 관계 [중1]

한 원에서
(1) 크기가 같은 중심각에 대한 부채꼴의 호의
　길이와 넓이는 각각 같다.
(2) 부채꼴의 호의 길이와 넓이는 각각
　중심각의 크기에 정비례한다.

• 부채꼴의 호의 길이와 넓이 [중1]

반지름의 길이가 r이고
중심각의 크기가 x°인
부채꼴의 호의 길이를
l, 넓이를 S라 하면

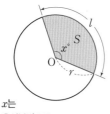

$l = 2\pi r \times \dfrac{x}{360}$

$S = \pi r^2 \times \dfrac{x}{360} = \dfrac{1}{2} rl$

x는
육십분법으로
나타낸 각의 크기이다.

현재 학습 내용

• 일반각과 호도법 ─────── 유형01 일반각과 호도법

1. 시초선과 동경

∠XOP는 평면 위의 반직선 OP가
고정된 반직선 OX의 위치에서
시작하여 점 O를 중심으로
회전하여 만들어진 도형으로,
그 회전한 양을 ∠XOP의 크기라
한다. 이때 반직선 OX를 **시초선**, 반직선 OP를 **동경**이라 한다.

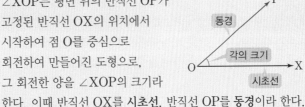

양의 방향으로 회전한 각의
크기에서 양의 부호 +는
보통 생략한다.

2. 일반각

(1) 시초선 OX에 대하여 동경 OP가 나타내는 한 각의
　크기를 a°라 할 때, 동경 OP가 나타내는 각의 크기는
$$360° \times n + a° \ (n은 \ 정수)$$
　와 같이 나타낼 수 있다. 이와 같은 각을 동경 OP가
　나타내는 **일반각**이라 한다.　a°는 보통 0°≤a°<360°인 것을 택한다.

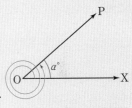

(2) 일반각의 꼭짓점을 좌표평면의 원점 O에 놓고 시초선을
　x축의 양의 부분으로 정할 때, 동경 OP가 제n사분면에
　위치하면 **제n사분면의 각**이라 한다. (n=1, 2, 3, 4)
　동경 OP가 좌표축 위에 놓여 있을 때, 동경 OP가
　나타내는 각은 어느 사분면에도 속하지 않는다.

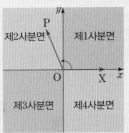

좌표평면에서 시초선은 보통
x축의 양의 부분으로 생각한다.

3. 호도법

(1) 반지름의 길이가 호의 길이와 같은 부채꼴의 중심각의 크기
　a°는 반지름의 길이와 관계없이 항상 일정하다. 이 일정한
　각의 크기 $\dfrac{180°}{\pi}$를 **1라디안**(radian)이라 하고, 이것을
　단위로 하여 각의 크기를 나타내는 방법을 **호도법**이라 한다.

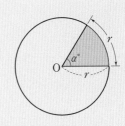

(2) 호도법(라디안)과 육십분법(°) 사이의 관계
$$1라디안 = \dfrac{180°}{\pi}, \ 1° = \dfrac{\pi}{180}라디안$$
각의 크기를 호도법으로 나타낼 때,
흔히 단위인 '라디안'을 생략하여 나타낸다.

4. 부채꼴의 호의 길이와 넓이 ─────── 유형02 부채꼴의 호의 길이와 넓이

반지름의 길이가 r, 중심각의 크기가 θ인 부채꼴의 호의
길이를 l, 넓이를 S라 하면
$$l = r\theta, \ S = \dfrac{1}{2} r^2 \theta = \dfrac{1}{2} rl$$
θ는 호도법으로
나타낸 각의 크기이다.

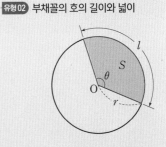

이전 학습 내용

• **삼각비** 중3

∠B=90°인
직각삼각형 ABC에서
∠A, ∠B, ∠C의
대변의 길이를 각각
a, b, c라 하면

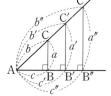

$$\sin A=\frac{a}{b}=\frac{a'}{b'}=\frac{a''}{b''}$$

$$\cos A=\frac{c}{b}=\frac{c'}{b'}=\frac{c''}{b''}$$

$$\tan A=\frac{a}{c}=\frac{a'}{c'}=\frac{a''}{c''}$$

위의 $\sin A$, $\cos A$, $\tan A$를 통틀어 ∠A의
삼각비라 한다.

• **특수한 각의 삼각비** 중3

삼각비 \ A	0°	30°	45°	60°	90°
$\sin A$	0	$\frac{1}{2}$	$\frac{\sqrt{2}}{2}$	$\frac{\sqrt{3}}{2}$	1
$\cos A$	1	$\frac{\sqrt{3}}{2}$	$\frac{\sqrt{2}}{2}$	$\frac{1}{2}$	0
$\tan A$	0	$\frac{\sqrt{3}}{3}$	1	$\sqrt{3}$	없음

0°에서 90° 사이의 각에 대한 삼각비의 값은
삼각비의 표나 계산기를 이용하여 구할 수
있다.

현재 학습 내용

• **삼각함수** ━━━━━━━━━━━━ 유형03 삼각함수의 정의

1. 삼각함수의 정의

좌표평면 위에서 x축의 양의 방향을 시초선으로 잡았을
때, 동경 OP가 나타내는 각의 크기를 θ라 하자.
중심이 원점 O이고 반지름의 길이가 r인 원과 동경 OP의
교점을 P(x, y)라 하면

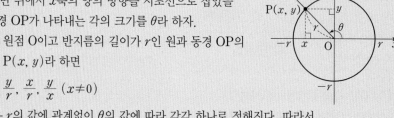

$$\frac{y}{r},\ \frac{x}{r},\ \frac{y}{x}\ (x\neq0)$$

의 값은 r의 값에 관계없이 θ의 값에 따라 각각 하나로 정해진다. 따라서

$$\theta \longrightarrow \frac{y}{r},\ \theta \longrightarrow \frac{x}{r},\ \theta \longrightarrow \frac{y}{x}\ (x\neq0)$$

와 같은 대응은 각각 θ에 대한 함수이고 다음과 같이 나타낸다.

$$\sin\theta=\frac{y}{r},\ \cos\theta=\frac{x}{r},\ \tan\theta=\frac{y}{x}\ (x\neq0)$$

이들을 각각 θ의 **사인함수**, **코사인함수**, **탄젠트함수**라 하고 이 함수들을 통틀어 각 θ의
삼각함수라 한다. 이때 θ는 보통 호도법으로 나타낸다.

2. 삼각함수의 값의 부호

삼각함수의 값의 부호는 크기가 θ인 각을 나타내는 동경이 제몇 사분면에 있는가에 따라
정해진다. 각 사분면에서 θ의 삼각함수의 값의 부호를 그림으로 나타내면 다음과 같다.

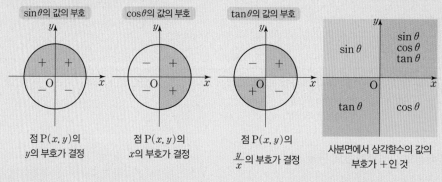

$\sin\theta$의 값의 부호	$\cos\theta$의 값의 부호	$\tan\theta$의 값의 부호	
점 P(x,y)의 y의 부호가 결정	점 P(x,y)의 x의 부호가 결정	점 P(x,y)의 $\frac{y}{x}$의 부호가 결정	사분면에서 삼각함수의 값의 부호가 $+$인 것

3. 삼각함수 사이의 관계 ━━━━━━ 유형04 삼각함수 사이의 관계

각 θ를 나타내는 동경과 원점을 중심으로 하고 반지름의
길이가 1인 원의 교점을 P(x, y)라 하면

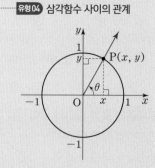

$$\sin\theta=\frac{y}{1}=y,\ \cos\theta=\frac{x}{1}=x$$

이므로 $\tan\theta=\dfrac{y}{x}=\dfrac{\sin\theta}{\cos\theta}$가 성립한다.

한편, 점 P(x, y)는 원 $x^2+y^2=1$ 위의 점이므로
$\cos^2\theta+\sin^2\theta=1$이 성립한다.

위의 내용을 정리하면 다음과 같다.

① $\tan\theta=\dfrac{\sin\theta}{\cos\theta}$ ② $\sin^2\theta+\cos^2\theta=1$

$x=\cos\theta$
$y=\sin\theta$
$\tan\theta=$ (직선 OP의 기울기)

• 삼각함수의 그래프

1. 주기함수

함수 $y=f(x)$의 정의역에 속하는 모든 x에 대하여

$$f(x+p)=f(x)$$

를 만족시키는 0이 아닌 상수 p가 존재할 때, 함수 $y=f(x)$를 **주기함수**라 하고, 이러한 상수 p의 값 중에서 최소인 양수를 그 함수의 **주기**라 한다.

2. 삼각함수의 그래프 ·········· 유형 05 삼각함수의 그래프　유형 07 삼각함수를 포함한 식의 최대·최소

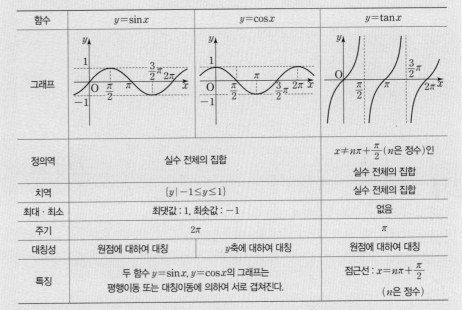

함수	$y=\sin x$	$y=\cos x$	$y=\tan x$
그래프			
정의역	실수 전체의 집합		$x\neq n\pi+\dfrac{\pi}{2}$ (n은 정수)인 실수 전체의 집합
치역	$\{y\,|\,-1\leq y\leq 1\}$		실수 전체의 집합
최대·최소	최댓값 : 1, 최솟값 : -1		없음
주기	2π		π
대칭성	원점에 대하여 대칭	y축에 대하여 대칭	원점에 대하여 대칭
특징	두 함수 $y=\sin x$, $y=\cos x$의 그래프는 평행이동 또는 대칭이동에 의하여 서로 겹쳐진다.		점근선 : $x=n\pi+\dfrac{\pi}{2}$ (n은 정수)

3. 여러 가지 각에 대한 삼각함수의 성질 ·········· 유형 06 삼각함수의 각의 변환

(1) $2n\pi+\theta$(n은 정수)의 삼각함수

① $\sin(2n\pi+\theta)=\sin\theta$　② $\cos(2n\pi+\theta)=\cos\theta$　③ $\tan(2n\pi+\theta)=\tan\theta$

(2) $-\theta$의 삼각함수

① $\sin(-\theta)=-\sin\theta$　② $\cos(-\theta)=\cos\theta$　③ $\tan(-\theta)=-\tan\theta$

(3) $\dfrac{\pi}{2}\pm\theta$의 삼각함수(복부호동순)

① $\sin\left(\dfrac{\pi}{2}\pm\theta\right)=\cos\theta$　② $\cos\left(\dfrac{\pi}{2}\pm\theta\right)=\mp\sin\theta$　③ $\tan\left(\dfrac{\pi}{2}\pm\theta\right)=\mp\dfrac{1}{\tan\theta}$

(4) $\pi\pm\theta$의 삼각함수(복부호동순)

① $\sin(\pi\pm\theta)=\mp\sin\theta$　② $\cos(\pi\pm\theta)=-\cos\theta$　③ $\tan(\pi\pm\theta)=\pm\tan\theta$

4. 삼각방정식과 삼각부등식 ·········· 유형 08 삼각함수를 포함한 방정식　유형 09 삼각함수를 포함한 부등식

	삼각방정식	삼각부등식	
꼴	$\sin x=a$ (또는 $\cos x=a$ 또는 $\tan x=a$)	$\sin x>a$ (또는 $\cos x>a$ 또는 $\tan x>a$)	$\sin x<a$ (또는 $\cos x<a$ 또는 $\tan x<a$)
풀이	함수 $y=\sin x$ (또는 $y=\cos x$ 또는 $y=\tan x$)의 그래프와 직선 $y=a$의 교점의 x좌표를 구한다.	함수 $y=\sin x$ (또는 $y=\cos x$ 또는 $y=\tan x$)의 그래프에서 직선 $y=a$보다	
		위쪽	아래쪽
		에 있는 부분의 x좌표의 범위를 구한다.	

• 정의역 · 치역 〔수학 Ⅴ. 함수와 그래프〕

정의역: 함수가 정의되는 모든 수의 집합

치역: 함숫값 전체의 집합

• 그래프의 대칭성 〔수학 Ⅲ. 도형의 방정식〕

함수 f가 정의역의 모든 x에 대하여

(1) $f(-x)=f(x)$이면 함수의 그래프는 y축에 대하여 대칭이다.

(2) $f(-x)=-f(x)$이면 함수의 그래프는 원점에 대하여 대칭이다.

• 점근선 〔수학 Ⅴ. 함수와 그래프〕

그래프가 어떤 직선에 한없이 가까워질 때, 이 직선을 그 그래프의 점근선이라 한다.

방정식 $f(x)=g(x)$의 실근은 두 함수 $y=f(x)$와 $y=g(x)$의 그래프의 교점의 x좌표이다.

각의 크기가 미지수인 삼각함수 포함

유형 01 일반각과 호도법

일반각의 의미를 이해하여
　(1) 각의 크기를 육십분법과 호도법으로 나타내는 문제
　(2) 동경이 제몇 사분면의 각인지 찾는 문제
　(3) 동경의 위치 관계를 이해하는 문제
를 분류하였다.

유형해결 TIP

시초선 OX에 대하여 동경 OP가 나타내는 한 각의 크기를 θ라
할 때, 동경 OP가 나타내는 일반각은
$$2n\pi+\theta \ (n\text{은 정수}, 0\le\theta<2\pi)$$
와 같이 나타낸다. 보통 θ는 $0\le\theta<2\pi$인 것을 택한다.

제1사분면의 각	$2n\pi<\theta<2n\pi+\dfrac{\pi}{2}$
제2사분면의 각	$2n\pi+\dfrac{\pi}{2}<\theta<2n\pi+\pi$
제3사분면의 각	$2n\pi+\pi<\theta<2n\pi+\dfrac{3}{2}\pi$
제4사분면의 각	$2n\pi+\dfrac{3}{2}\pi<\theta<2n\pi+2\pi$

276

그림과 같이 시초선 OX에 대하여 동경 OP가 나타내는 한 각의
크기가 $-125°$일 때, 동경 OP가 나타내는 일반각은?

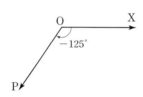

① $90°\times n-125°$ (n은 정수)
② $180°\times n+125°$ (n은 정수)
③ $180°\times n+235°$ (n은 정수)
④ $360°\times n+125°$ (n은 정수)
⑤ $360°\times n+235°$ (n은 정수)

277 빈출 ♔

다음 〈보기〉에서 옳은 것만을 있는 대로 고르시오.

〈보기〉

ㄱ. $\dfrac{\pi}{3}=30°$　　　　　　ㄴ. $-45°=-\dfrac{\pi}{4}$

ㄷ. $120°=\dfrac{4}{3}\pi$　　　　　ㄹ. $-270°=-\dfrac{3}{2}\pi$

ㅁ. $\dfrac{7}{4}\pi=315°$　　　　　ㅂ. $\dfrac{5}{6}\pi=150°$

278 빈출 ♔

다음 중 같은 위치의 동경을 나타내는 각이 아닌 것은?

① $60°$　　　　② $\dfrac{7}{3}\pi$　　　　③ $1140°$

④ $-\dfrac{5}{3}\pi$　　　⑤ $-330°$

279 빈출 ♔

다음 중 각을 나타내는 동경이 위치하는 사분면이 다른 하나는?

① $\dfrac{4}{5}\pi$　　　　② $-210°$　　　　③ $\dfrac{11}{4}\pi$

④ $-\dfrac{20}{3}\pi$　　　⑤ $830°$

280

다음 〈보기〉에서 옳은 것만을 있는 대로 고른 것은?

보기

ㄱ. $270°$는 제3사분면의 각이다.

ㄴ. $\dfrac{\pi}{6}$를 나타내는 동경과 $\dfrac{11}{6}\pi$를 나타내는 동경은 x축에 대하여 대칭이다.

ㄷ. $\dfrac{\pi}{3}$를 나타내는 동경과 $\dfrac{2}{3}\pi$를 나타내는 동경은 y축에 대하여 대칭이다.

① ㄱ   ② ㄴ   ③ ㄷ
④ ㄱ, ㄷ   ⑤ ㄴ, ㄷ

281 서술형 ✎

1라디안의 정의를 쓰고, 이를 이용하여 1라디안$=\dfrac{180°}{\pi}$임을 증명하시오.

유형 02   부채꼴의 호의 길이와 넓이

부채꼴의 중심각의 크기 θ를 호도법(라디안)으로 나타냈을 때, 부채꼴의 반지름의 길이 r, 호의 길이 l, 부채꼴의 넓이 S에 관련된 문제를 분류하였다.

282

반지름의 길이가 10 cm이고, 중심각의 크기가 $\dfrac{3}{5}\pi$인 부채꼴의 호의 길이와 넓이를 순서대로 바르게 짝 지은 것은?

① 3π cm, 15π cm^2 ② 3π cm, 30π cm^2
③ 6π cm, 15π cm^2 ④ 6π cm, 30π cm^2
⑤ 9π cm, 45π cm^2

283

반지름의 길이가 4이고, 호의 길이가 10인 부채꼴의 넓이를 구하시오.

284 빈출 ♛

호의 길이가 6π이고, 넓이가 15π인 부채꼴의 중심각의 크기는?

① $\dfrac{2}{5}\pi$ ② $\dfrac{3}{5}\pi$ ③ $\dfrac{4}{5}\pi$
④ π ⑤ $\dfrac{6}{5}\pi$

285

그림과 같이 중심이 O인 원 위의 세 점 A, B, C에 대하여 $\angle ABC = \dfrac{2}{3}\pi$이고, 색칠한 부채꼴의 넓이가 24π일 때, 이 부채꼴의 호의 길이는?

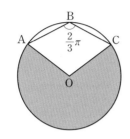

① 6π ② $\dfrac{13}{2}\pi$ ③ 7π

④ $\dfrac{15}{2}\pi$ ⑤ 8π

286 서술형 ✎

반지름의 길이가 r, 중심각의 크기가 θ(라디안)인 부채꼴에 대하여 다음 물음에 답하고, 그 과정을 서술하시오.

(1) 부채꼴의 호의 길이는 중심각의 크기에 정비례함을 이용하여, 부채꼴의 호의 길이 $l = r\theta$임을 보이시오.

(2) (1)과 부채꼴의 넓이는 중심각의 크기에 정비례함을 이용하여, 부채꼴의 넓이 $S = \dfrac{1}{2}rl$임을 보이시오.

유형 03   삼각함수의 정의

삼각함수의 정의를 이용하여
  (1) $\sin\theta$, $\cos\theta$, $\tan\theta$의 값을 구하는 문제
  (2) $\sin\theta$, $\cos\theta$, $\tan\theta$의 부호와 관련된 문제
를 분류하였다.

유형해결 TIP

점 $P(a, b)$일 때, $\overline{OP} = \sqrt{a^2 + b^2}$임을 이용하여 동경 OP가 나타내는 각 θ에 대하여

$$\sin\theta = \frac{b}{\overline{OP}}, \cos\theta = \frac{a}{\overline{OP}}, \tan\theta = \frac{b}{a}$$

로 구할 수 있다.

또한, θ가 제몇 사분면의 각인지 확인하면 $\sin\theta$, $\cos\theta$, $\tan\theta$의 부호를 구할 수 있다.

287 빈출 ♛

좌표평면에서 원점 O와 점 $P(3, -4)$를 지나는 동경 OP가 나타내는 각의 크기를 θ라 할 때, 다음 값을 구하시오.

(1) $\sin\theta$

(2) $\cos\theta$

(3) $\tan\theta$

288

좌표평면에서 원점 O와 점 $P(a, -1)$을 이은 반직선을 동경으로 하는 각의 크기를 θ라 하자. $\tan\theta = \dfrac{1}{2}$일 때, 다음을 구하시오.

(1) 실수 a의 값과 $\overline{OP}$의 길이

(2) $\sin\theta$와 $\cos\theta$의 값

289

좌표평면에서 점 $P(1, 0)$을 x축의 방향으로 -6만큼, y축의 방향으로 12만큼 평행이동한 점을 Q라 하자. 점 Q를 원점에 대하여 대칭이동한 점을 R, 직선 $y=x$에 대하여 대칭이동한 점을 S라 할 때, 두 동경 OR, OS가 각각 나타내는 각의 크기 α, β에 대하여 $\sin\alpha+\sin\beta$의 값은? (단, O는 원점이다.)

① $-\dfrac{17}{13}$ 　　② $-\dfrac{5}{13}$ 　　③ $\dfrac{5}{13}$

④ $\dfrac{10}{13}$ 　　⑤ $\dfrac{17}{13}$

290

$\sin\theta\cos\theta<0$, $\dfrac{\sin\theta}{\tan\theta}>0$을 모두 만족시키는 각 θ는 제몇 사분면의 각인가?

① 제1사분면 　　② 제2사분면

③ 제4사분면 　　④ 제1사분면, 제3사분면

⑤ 제2사분면, 제4사분면

291

다음 삼각함수의 값 중 부호가 <u>다른</u> 것은?

① $\sin100°$ 　　② $\cos\left(-\dfrac{\pi}{5}\right)$ 　　③ $\tan\dfrac{\pi}{7}$

④ $\sin\dfrac{7}{5}\pi$ 　　⑤ $\tan(-130°)$

유형 04 삼각함수 사이의 관계

$\tan\theta=\dfrac{\sin\theta}{\cos\theta}$, $\sin^2\theta+\cos^2\theta=1$을 이용하여

(1) 주어진 식을 간단히 나타내는 문제

(2) $\sin\theta$, $\cos\theta$, $\tan\theta$의 값을 구하는 문제

(3) 곱셈 공식의 변형을 이용하여 식의 값을 구하는 문제

를 분류하였다.

292

다음 식을 간단히 나타내시오.

(1) $\dfrac{\cos\theta}{1+\sin\theta}+\dfrac{1+\sin\theta}{\cos\theta}$ 　　(2) $\dfrac{\cos\theta}{1+\sin\theta}-\dfrac{\cos\theta}{1-\sin\theta}$

293

$(1-\cos^2\theta)(1+\tan^2\theta)$를 간단히 한 것은?

① 1 　　② -1 　　③ $\sin^2\theta$

④ $\cos^2\theta$ 　　⑤ $\tan^2\theta$

294 빈출 ♔

$\dfrac{\pi}{2}<\theta<\pi$이고 $\sin\theta=\dfrac{3}{5}$일 때, $\dfrac{10\cos\theta-1}{12\tan\theta}$의 값은?

① -2 　　② -1 　　③ 0

④ 1 　　⑤ 2

295 빈출 👑

$\sin\theta\cos\theta < 0$이고 $\cos\theta = -\dfrac{1}{3}$일 때, $\sin\theta + \tan\theta$의 값은?

① $-\dfrac{8\sqrt{2}}{3}$ ② $-\dfrac{4\sqrt{2}}{3}$ ③ $-\dfrac{2\sqrt{2}}{3}$

④ $\dfrac{2\sqrt{2}}{3}$ ⑤ $\dfrac{4\sqrt{2}}{3}$

296 빈출 👑

$\sin\theta + \cos\theta = \dfrac{1}{3}$일 때, 다음 값을 구하시오.

(1) $\sin\theta\cos\theta$ (2) $\sin^3\theta + \cos^3\theta$

297

x에 대한 이차방정식 $2x^2 - x + k = 0$의 두 근이 $\sin\theta$, $\cos\theta$일 때, 상수 k의 값은?

① $-\dfrac{3}{4}$ ② $-\dfrac{5}{8}$ ③ $-\dfrac{1}{2}$

④ $-\dfrac{3}{8}$ ⑤ $-\dfrac{1}{4}$

298 빈출 👑

$\dfrac{\pi}{2} < \theta < \pi$이고 $\sin\theta\cos\theta = -\dfrac{2}{5}$일 때, $\sin\theta - \cos\theta$의 값은?

① $-\dfrac{3\sqrt{5}}{5}$ ② $-\dfrac{\sqrt{5}}{5}$ ③ $\dfrac{\sqrt{5}}{5}$

④ $\dfrac{3\sqrt{5}}{5}$ ⑤ $\dfrac{5\sqrt{5}}{5}$

유형05 삼각함수의 그래프

삼각함수 $y = \sin x$, $y = \cos x$, $y = \tan x$의 그래프를 이해하여
  (1) 정의역, 치역(최댓값과 최솟값)
  (2) 주기
  (3) 평행이동, 대칭이동
과 관련된 문제를 분류하였다.

유형해결 TIP

함수	$y = a\sin(bx+c)+d$ $y = a\cos(bx+c)+d$	$y = a\tan(bx+c)+d$
	함수 $y=\sin x$, $y=\cos x$, $y=\tan x$의 그래프를 각각 x축의 방향으로 $\dfrac{1}{\|b\|}$배, y축의 방향으로 $\|a\|$배하고 x축의 방향으로 $-\dfrac{c}{b}$만큼, y축의 방향으로 d만큼 평행이동한 것이다.	
정의역	실수 전체의 집합	$x \neq \dfrac{n}{b}\pi + \dfrac{\pi}{2b} - \dfrac{c}{b}$ (n은 정수)인 실수 전체의 집합
치역	$\{y \mid -\|a\|+d \leq y \leq \|a\|+d\}$	실수 전체의 집합
최댓값	$\|a\|+d$	없음
최솟값	$-\|a\|+d$	없음
주기	$\dfrac{2\pi}{\|b\|}$	$\dfrac{\pi}{\|b\|}$

299

다음 중 함수 $y = \sin x$에 대한 설명으로 옳지 <u>않은</u> 것은?

① 정의역은 실수 전체의 집합이다.
② 치역은 $\{y \mid -1 \leq y \leq 1\}$이다.
③ 주기가 2π인 주기함수이다.
④ 그래프는 원점에 대하여 대칭이다.
⑤ 그래프를 x축의 방향으로 $\dfrac{\pi}{2}$만큼 평행이동하면 함수 $y = \cos x$의 그래프와 일치한다.

300

다음 중 삼각함수에 대한 설명으로 옳지 <u>않은</u> 것은?

① 함수 $y = \sin x$와 함수 $y = \cos x$의 주기는 서로 같다.
② 함수 $y = \cos x$의 그래프는 y축에 대하여 대칭이다.
③ 함수 $y = \tan x$의 치역은 실수 전체의 집합이다.
④ 함수 $y = \tan x$의 그래프는 y축에 대하여 대칭이다.
⑤ 함수 $y = \tan x$의 그래프의 점근선의 방정식은

$x = n\pi + \dfrac{\pi}{2}$ (n은 정수)이다.

301

다음 중 함수 $y=\tan\left(x-\dfrac{\pi}{3}\right)$에 대한 설명으로 옳은 것은?

① 주기는 2π이다.

② 그래프는 점 $(0, \sqrt{3})$을 지난다.

③ 정의역과 치역은 실수 전체의 집합이다.

④ 그래프는 함수 $y=\tan x$의 그래프를 x축의 방향으로 $-\dfrac{\pi}{3}$만큼 평행이동한 것이다.

⑤ 그래프의 점근선의 방정식은 $x=n\pi+\dfrac{5}{6}\pi$ (n은 정수)이다.

302

함수 $f(x)=1-4\cos 2x$에 대하여 다음을 구하시오.

(1) $f(x)$의 최댓값

(2) $f(x)$의 최솟값

(3) 정의역의 모든 x에 대하여 $f(x)=f(x+p)$를 만족시키는 가장 작은 양수 p의 값

303

다음 그림은 함수 $y=a\cos bx+c$의 그래프의 일부이다. 세 상수 a, b, c에 대하여 $a+2b+3c$의 값은? (단, $a>0$, $b>0$)

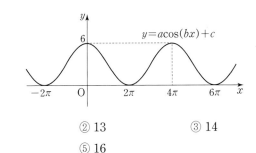

① 12   ② 13   ③ 14

④ 15   ⑤ 16

304

함수 $f(x)=a\cos\dfrac{x}{2}+b$의 최댓값은 8이고 $f\left(\dfrac{8}{3}\pi\right)=5$일 때, ab의 값은? (단, $a<0$이고 b는 실수이다.)

① -16 ② -14 ③ -12

④ -10 ⑤ -8

305

정의역의 모든 원소 x에 대하여 $f(x+\pi)=f(x)$를 만족시키는 것만을 〈보기〉에서 있는 대로 고른 것은?

> 보기
>
> ㄱ. $f(x)=\sin\dfrac{x}{2}$ ㄴ. $f(x)=1-\tan x$
>
> ㄷ. $f(x)=2\cos\pi x$ ㄹ. $f(x)=\dfrac{1}{2}\tan 2x$
>
> ㅁ. $f(x)=\cos 2(\pi-x)$

① ㄱ, ㄴ, ㄷ   ② ㄱ, ㄴ, ㅁ

③ ㄴ, ㄷ, ㄹ   ④ ㄴ, ㄹ, ㅁ

⑤ ㄷ, ㄹ, ㅁ

306

〈보기〉에서 주기함수만을 있는 대로 고르고, 그 주기를 각각 쓰시오.

> 보기
>
> ㄱ. $y=|\sin x|$ ㄴ. $y=|\cos x|$ ㄷ. $y=|\tan x|$
>
> ㄹ. $y=\sin|x|$ ㅁ. $y=\cos|x|$ ㅂ. $y=\tan|x|$

유형 06 **삼각함수의 각의 변환**

삼각함수의 각의 변환을 이용하는 문제를 분류하였다.

유형해결 TIP

암기의 편의를 위하여 다음 내용을 익혀두도록 하자.

❶ 각을 $\dfrac{n}{2}\pi\pm\theta$ (n은 정수) 꼴로 고친다.

❷ n이 짝수이면 삼각함수는 변하지 않는다.

$$\sin\theta \to \sin\theta, \cos\theta \to \cos\theta, \tan\theta \to \tan\theta$$

n이 홀수이면 삼각함수는 다음과 같이 바꾼다.

$$\sin\theta \to \cos\theta, \cos\theta \to \sin\theta, \tan\theta \to \dfrac{1}{\tan\theta}$$

❸ θ를 예각으로 생각하여 $\dfrac{n}{2}\pi\pm\theta$가 나타내는 동경이 존재하는 사분면에서의 원래의 삼각함수의 부호를 따른다.

307

다음 중 옳은 것은?

① $\sin\left(\dfrac{\pi}{2}+\theta\right)=\cos(\pi+\theta)$

② $\sin(\pi-\theta)=\sin(-\theta)$

③ $\cos(-\theta)=\sin\left(\dfrac{3}{2}\pi+\theta\right)$

④ $\cos\left(\dfrac{\pi}{2}+\theta\right)=\sin(\pi+\theta)$

⑤ $\tan\left(\dfrac{\pi}{2}-\theta\right)=\dfrac{1}{\tan(-\theta)}$

308 빈출 ♔

θ가 제3사분면의 각이고 $\sin\theta=-\dfrac{2}{3}$일 때,

$\tan(3\pi-\theta)+\sin\left(\dfrac{3}{2}\pi+\theta\right)$의 값은?

① $-\dfrac{11\sqrt{5}}{15}$ ② $-\dfrac{\sqrt{5}}{15}$ ③ 0

④ $\dfrac{\sqrt{5}}{15}$ ⑤ $\dfrac{11\sqrt{5}}{15}$

309 빈출 👑

다음 식을 간단히 한 것은?

$$\cos(5\pi-\theta)-\cos\left(\frac{5}{2}\pi+\theta\right)+\sin(2\pi-\theta)-\sin\left(\frac{\pi}{2}-\theta\right)$$

① $-2\cos\theta$ ② $-2\sin\theta$ ③ 0

④ $2\sin\theta$ ⑤ $2\cos\theta$

310 빈출 👑

다음 식을 간단히 한 것은?

$$\frac{\sin\left(\frac{3}{2}\pi-\theta\right)}{\sin\left(\frac{\pi}{2}-\theta\right)\cos^2(\pi-\theta)}+\frac{\sin(\pi-\theta)\tan^2(\pi+\theta)}{\cos\left(\frac{3}{2}\pi+\theta\right)}$$

① $-\sin\theta$ ② -1 ③ 0

④ 1 ⑤ $\cos\theta$

311 빈출 👑

다음 식의 값은?

$$\sin\frac{7}{6}\pi+\cos\left(-\frac{2}{3}\pi\right)+\cos\frac{23}{6}\pi-\tan\frac{7}{4}\pi$$

① $\dfrac{2+\sqrt{3}}{2}$ ② 1 ③ $\dfrac{\sqrt{3}}{2}$

④ $\dfrac{1}{2}$ ⑤ $-\dfrac{\sqrt{3}}{2}$

312

다음 중 세 수 $a=\cos120°$, $b=\sin130°$, $c=\sin200°$의 대소 관계로 옳은 것은?

① $a<b<c$ ② $a<c<b$

③ $b<a<c$ ④ $b<c<a$

⑤ $c<a<b$

313

다음 삼각함수표를 이용하여 $\cos824°$의 값을 구하시오.

각	라디안	$\sin\theta$	$\cos\theta$	$\tan\theta$
13°	0.2269	0.2250	0.9744	0.2309
14°	0.2443	0.2419	0.9703	0.2493
15°	0.2618	0.2588	0.9659	0.2679
16°	0.2793	0.2756	0.9613	0.2867
17°	0.2967	0.2924	0.9563	0.3057

유형 07 삼각함수를 포함한 식의 최대·최소

삼각함수를 포함한 식에서 치환을 이용하여 최댓값과 최솟값을 구하는 문제를 분류하였다.

유형해결 TIP

두 종류 이상의 삼각함수를 포함하고 있는 식은 한 종류의 삼각함수에 대한 식으로 변형한 후 다음과 같은 순서로 문제를 해결하자.
❶ 주어진 식에 포함된 삼각함수를 t로 치환한다.
❷ t의 값의 범위를 구한다.
❸ 그래프를 이용하여 주어진 범위에서 최댓값, 최솟값을 구한다.

314

함수 $y=|2\sin x+1|-1$의 최댓값을 M, 최솟값을 m이라 할 때, $M+m$의 값은?

① -3 ② -2 ③ -1
④ 0 ⑤ 1

유형 08 삼각함수를 포함한 방정식

삼각함수를 포함한 방정식에서
  (1) $\sin x=a$, $\cos x=a$, $\tan x=a$ (a는 상수) 꼴로 변형
  (2) 삼각함수를 t로 치환
  (3) 방정식의 근의 개수
와 관련된 문제를 분류하였다.

유형해결 TIP

두 종류 이상의 삼각함수를 포함하고 있는 삼각방정식의 경우 한 종류의 삼각함수에 대한 삼각방정식으로 변형한 후 해결한다. (1), (3)의 경우 두 그래프의 교점을 이용하여 풀고, (2)의 경우 보통 t에 대한 방정식을 푼다. 이때 주어진 x의 값의 범위를 반드시 확인하자.

315 빈출 ⏶

$0\leq x<2\pi$일 때, 다음 방정식의 해를 모두 구하시오.

(1) $\sin x=-\dfrac{1}{2}$

(2) $2\cos x-\sqrt{3}=0$

(3) $\tan x=1$

316

$0\leq x<2\pi$일 때, 방정식 $\sin x+\cos x=0$의 모든 근의 합은?

① 3π ② $\dfrac{5}{2}\pi$ ③ 2π

④ $\dfrac{3}{2}\pi$ ⑤ π

유형 09 삼각함수를 포함한 부등식

$\sin x>a$, $\cos x>a$, $\tan x>a$ (a는 상수) 꼴로 변형 가능한 부등식 문제를 분류하였다.

유형해결 TIP

두 종류 이상의 삼각함수를 포함하고 있는 삼각부등식의 경우 한 종류의 삼각함수에 대한 삼각부등식으로 변형한 후 그래프를 이용하여 풀이한다. 이때 주어진 x의 값의 범위를 반드시 확인하자.

317

$0\leq x\leq 2\pi$일 때, 다음 부등식의 해를 구하시오.

(1) $\sin x\geq\dfrac{\sqrt{3}}{2}$ (2) $2\cos x+1<0$

318

$-\pi \leq x \leq \pi$에서 부등식 $-1 < \tan x \leq \dfrac{\sqrt{3}}{3}$의 해를 구하시오.

319

$0 \leq x \leq 2\pi$일 때, 부등식 $\sin x \geq \cos x$의 해는 $\alpha \leq x \leq \beta$이다.
두 상수 α, β에 대하여 $\dfrac{\beta}{\alpha}$의 값은?

① 1   ② 2   ③ 3
④ 4   ⑤ 5

320

다음 중 $0 \leq x \leq 2\pi$에서 부등식 $2\cos\left(x - \dfrac{\pi}{3}\right) + 1 \geq 0$의 해에
속하는 값이 <u>아닌</u> 것은?

① $\dfrac{\pi}{3}$ ② $\dfrac{2}{3}\pi$ ③ π

④ $\dfrac{4}{3}\pi$ ⑤ $\dfrac{11}{6}\pi$

321

$0 < x < 2\pi$에서 부등식 $|2\cos x| > 1$의 해를 구하시오.

유형01 일반각과 호도법

322

어떤 공터의 중앙에는 깃발이 꽂혀 있고 깃발을 중심으로 적당한 길이의 반지름을 가진 원형의 걷기 트랙이 선으로 그어져 있다. 철수가 이 트랙의 한 지점을 출발하여 반지름의 길이의 4배만큼 걸었을 때, 철수가 깃발을 중심으로 출발점으로부터 몇 도만큼 회전했는지 육십분법으로 계산하면?

① $\dfrac{180°}{\pi}$ ② $\dfrac{360°}{\pi}$ ③ $\dfrac{540°}{\pi}$

④ $\dfrac{720°}{\pi}$ ⑤ $\dfrac{900°}{\pi}$

323

그림과 같이 중심이 O이고 넓이가 16π인 원 위의 두 점 A, B에 대하여 호 AB의 길이는 반지름의 길이의 2배이다. 선분 AB의 길이는? (단, 호 AB에 대한 중심각의 크기 θ는 $0<\theta<\pi$이다.)

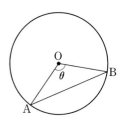

① $4\sin 1$ ② $8\sin 1$ ③ $4\sin 2$

④ $8\sin 2$ ⑤ $16\sin 1$

324

| 선행 279 |

θ가 제3사분면의 각일 때, 각 $\dfrac{\theta}{2}$를 나타내는 동경이 존재하는 사분면을 바르게 고른 것은?

① 제1사분면, 세2사분면 ② 제1사분면, 제3사분면

③ 제2사분면, 제3사분면 ④ 제2사분면, 제4사분면

⑤ 제3사분면, 제4사분면

325 빈출 ☆

θ가 제4사분면의 각일 때, 각 $\dfrac{\theta}{3}$를 나타내는 동경이 존재하지 <u>않는</u> 사분면을 구하시오.

326

| 선행 278 |

$\dfrac{\pi}{2}<\theta<\pi$인 각 θ를 나타내는 동경과 각 4θ를 나타내는 동경이 서로 일치할 때, 각 θ의 크기는?

① $\dfrac{7}{12}\pi$ ② $\dfrac{2}{3}\pi$ ③ $\dfrac{3}{4}\pi$

④ $\dfrac{5}{6}\pi$ ⑤ $\dfrac{11}{12}\pi$

327

| 선행 280 |

$\pi<\theta<2\pi$일 때, 두 각 2θ와 4θ를 나타내는 동경이 y축에 대하여 대칭이 되도록 하는 모든 각 θ의 크기의 합은?

① $\dfrac{23}{6}\pi$ ② 4π ③ $\dfrac{25}{6}\pi$

④ $\dfrac{13}{3}\pi$ ⑤ $\dfrac{9}{2}\pi$

유형 02 부채꼴의 호의 길이와 넓이

328

그림과 같은 밑면의 반지름의 길이가 6이고 높이가 8인 원뿔의 겉넓이는?

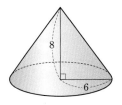

① 84π ② 88π ③ 92π

④ 96π ⑤ 100π

329

중심이 O이고 반지름의 길이가 6인 원 위에 점 A가 있다. 반직선 OA를 시초선으로 했을 때, 두 각 $\dfrac{5}{6}\pi$, $-\dfrac{8}{3}\pi$를 나타내는 동경이 이 원과 만나는 점을 각각 P, Q라 하자. 선분 PQ를 포함하는 부채꼴 OPQ의 넓이는?

① 3π ② 4π ③ 6π

④ 9π ⑤ 12π

330

교육청기출

그림과 같이 반지름의 길이가 4이고 중심각의 크기가 $\frac{\pi}{6}$인 부채꼴 OAB가 있다. 선분 OA 위의 점 P에 대하여 선분 PA를 지름으로 하고 선분 OB에 접하는 반원을 C라 할 때, 부채꼴 OAB의 넓이를 S_1, 반원 C의 넓이를 S_2라 하자. S_1-S_2의 값은?

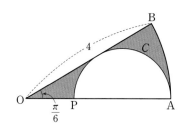

① $\frac{\pi}{9}$ ② $\frac{2}{9}\pi$ ③ $\frac{\pi}{3}$

④ $\frac{4}{9}\pi$ ⑤ $\frac{5}{9}\pi$

331 빈출 ♔

둘레의 길이가 36인 부채꼴의 넓이의 최댓값을 구하고, 이때의 부채꼴의 중심각의 크기를 구하시오.

332 빈출 ♔

그림과 같은 두 부채꼴 AOB, COD에 대하여 두 호 AB, CD의 길이가 각각 12, 8이다. 색칠한 부분의 넓이가 30일 때, 색칠한 부분의 둘레의 길이를 구하시오.

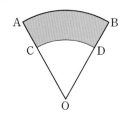

333

다음 그림은 어느 자동차의 와이퍼가 $\frac{2}{3}\pi$만큼 회전한 모양을 나타낸 것이다. 이 와이퍼에서 유리창을 닦는 고무판의 길이가 60 cm이고, 고무판이 회전하면서 닦는 부분의 넓이가 1800π cm²일 때, 와이퍼 전체의 길이는 a cm, 고무판이 회전하면서 닦는 부분의 둘레의 길이는 b cm이다. $a+b$의 값은? (단, 고무판이 회전하면서 닦는 부분의 모양은 부채꼴의 일부이다.)

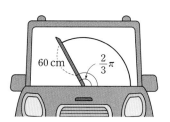

① $30\pi+195$ ② $60\pi+195$ ③ $60\pi+200$

④ $90\pi+195$ ⑤ $90\pi+200$

334 빈출 ♔

교육청기출

그림과 같이 두 점 O, O'을 각각 중심으로 하고 반지름의 길이가
3인 두 원 O, O'이 한 평면 위에 있다. 두 원 O, O'이 만나는 점을
각각 A, B라 할 때, $\angle AOB = \frac{5}{6}\pi$이다.

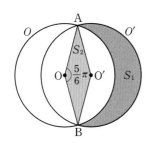

원 O의 외부와 원 O'의 내부의 공통부분의 넓이를 S_1, 마름모
AOBO'의 넓이를 S_2라 할 때, $S_1 - S_2$의 값은?

① $\frac{5}{4}\pi$ ② $\frac{4}{3}\pi$ ③ $\frac{17}{12}\pi$

④ $\frac{3}{2}\pi$ ⑤ $\frac{19}{12}\pi$

유형 03 삼각함수의 정의

335

교육청기출 | 선행 287 |

그림과 같이 좌표평면에서 직선 $y=2$가 두 원 $x^2+y^2=5$,
$x^2+y^2=9$와 제2사분면에서 만나는 점을 각각 A, B라 하자.
점 C(3, 0)에 대하여 $\angle COA = \alpha$, $\angle COB = \beta$라 할 때,
$\sin\alpha\cos\beta$의 값은? $\left(\text{단, O는 원점이고, } \frac{\pi}{2} < \alpha < \beta < \pi \text{이다.}\right)$

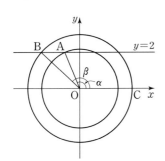

① $\frac{1}{3}$ ② $\frac{1}{12}$ ③ $-\frac{1}{6}$

④ $-\frac{5}{12}$ ⑤ $-\frac{2}{3}$

336

좌표평면에서 원 $x^2+y^2=1$이 직선 $y=x$와 제3사분면에서
만나는 점을 P, 직선 $y=-2x$와 제2사분면에서 만나는 점을 Q라
하자. 두 동경 OP, OQ가 나타내는 각의 크기를 각각 α, β라 할
때, $\cos\alpha\sin\beta$의 값은? (단, O는 원점이다.)

① $-\frac{\sqrt{10}}{5}$ ② $-\frac{\sqrt{10}}{10}$ ③ $\frac{\sqrt{10}}{15}$

④ $\frac{\sqrt{10}}{10}$ ⑤ $\frac{\sqrt{10}}{5}$

337

교육청변형 | 선행 289 |

좌표평면에서 제1사분면에 점 P가 있다. 점 P를 직선 $y=-x$에
대하여 대칭이동한 점을 Q라 하고 점 Q를 x축에 대하여
대칭이동한 점을 R라 할 때, 세 동경 OP, OQ, OR가 나타내는
각의 크기를 각각 α, β, γ라 하자. $\sin\alpha = \frac{1}{3}$일 때,
$\cos\beta + \cos\gamma$의 값은? (단, O는 원점이다.)

① $-\frac{4}{3}$ ② $-\frac{2}{3}$ ③ 0

④ $\frac{2}{3}$ ⑤ $\frac{4}{3}$

338

좌표평면에서 원 $x^2+y^2=36$ 위의 두 점 A(6, 0), P(a, b)에
대하여 호 AP의 길이는 π이고, 동경 OP가 나타내는 각의 크기를
θ라 할 때, $\sin\theta < 0$이다. $\sin\theta - \sqrt{3}\cos\theta$의 값은?

(단, O는 원점이다.)

① $-2\sqrt{3}$ ② -2 ③ 0

④ 2   ⑤ $2\sqrt{3}$

339 빈출 ♔

θ가 제2사분면의 각일 때,

$$|\sin\theta| + |\tan\theta| + \sqrt{(\sin\theta-\cos\theta)^2} - \sqrt{(\cos\theta+\tan\theta)^2}$$

을 간단히 한 것은?

① $2\sin\theta$ ② $2\cos\theta$ ③ 0

④ $2(\sin\theta-\cos\theta)$ ⑤ $2(\tan\theta-\sin\theta)$

유형 04 삼각함수 사이의 관계

340

다음 〈보기〉에서 옳은 것만을 있는 대로 고른 것은?

> **보기**
>
> ㄱ. $(\sin\theta+\cos\theta)^2+(\sin\theta-\cos\theta)^2=1$
>
> ㄴ. $\cos^4\theta-\sin^4\theta=\cos^2\theta-\sin^2\theta$
>
> ㄷ. $\dfrac{\sin\theta}{1-\dfrac{1}{\tan\theta}}+\dfrac{\cos\theta}{1-\tan\theta}=\sin\theta-\cos\theta$
>
> ㄹ. $\tan^2\theta-\sin^2\theta=\tan^2\theta\sin^2\theta$
>
> ㅁ. $3(\sin^4\theta+\cos^4\theta)-2(\sin^6\theta+\cos^6\theta)=1$

① ㄱ, ㄴ   ② ㄷ, ㅁ   ③ ㄴ, ㄹ

④ ㄴ, ㄷ, ㄹ   ⑤ ㄴ, ㄹ, ㅁ

341
| 선행 296 |

$\dfrac{3}{2}\pi<\theta<2\pi$이고 $\sin\theta+\cos\theta=\dfrac{2}{3}$일 때, 다음 값을 구하시오.

(1) $\sin\theta-\cos\theta$ (2) $\dfrac{\tan\theta-1}{\tan\theta+1}$

342

θ가 제2사분면의 각이고 $\tan\theta+\dfrac{1}{\tan\theta}=-4$일 때, $\sin^3\theta-\cos^3\theta$의 값은?

① $\dfrac{\sqrt{6}}{8}$ ② $\dfrac{\sqrt{6}}{4}$ ③ $\dfrac{3\sqrt{6}}{8}$

④ $\dfrac{\sqrt{6}}{2}$ ⑤ $\dfrac{5\sqrt{6}}{8}$

343
| 선행 298 |

$\dfrac{3}{2}\pi<\theta<2\pi$이고 $\sin\theta+\cos\theta=\dfrac{2}{3}$일 때, $(\tan^2\theta-1)(\sin\theta-1)(\sin\theta+1)$의 값은?

① $-\dfrac{2\sqrt{14}}{9}$ ② $-\dfrac{\sqrt{14}}{9}$ ③ $\dfrac{\sqrt{14}}{9}$

④ $\dfrac{2\sqrt{14}}{9}$ ⑤ $\dfrac{\sqrt{14}}{3}$

344

θ가 제3사분면의 각이고 $\tan\theta - \dfrac{2}{\tan\theta} = 1$일 때,

$\sin\theta - \cos\theta$의 값은?

① $-\dfrac{3\sqrt{5}}{5}$ ② $-\dfrac{\sqrt{5}}{5}$ ③ 0

④ $\dfrac{\sqrt{5}}{5}$ ⑤ $\dfrac{3\sqrt{5}}{5}$

345

교육청기출

$\sin\theta + \cos\theta = \sin\theta\cos\theta$일 때, $\sin\theta\cos\theta$의 값은 $a+b\sqrt{2}$이다.
$10a-b$의 값을 구하시오. (단, a와 b는 유리수이다.)

346

$\sin\theta + \sqrt{2}\cos\theta = 1$일 때, $\sin\theta\tan\theta$의 값은? $\left(\text{단, } \dfrac{3}{2}\pi < \theta < 2\pi\right)$

① $\dfrac{\sqrt{2}}{4}$ ② $\dfrac{\sqrt{2}}{8}$ ③ $\dfrac{\sqrt{2}}{12}$

④ $\dfrac{\sqrt{2}}{16}$ ⑤ $\dfrac{\sqrt{2}}{20}$

347

방정식 $x^2 - 3x + 1 = 0$의 한 근이 $x = \dfrac{\sin\theta}{1+\cos\theta}$일 때,

$\tan\theta\cos\theta$의 값은?

① $\dfrac{3}{5}$ ② $\dfrac{2}{3}$ ③ $\dfrac{3}{4}$

④ $\dfrac{4}{3}$ ⑤ $\dfrac{3}{2}$

348 빈출 서술형

x에 대한 이차방정식 $x^2 + (1-4a)x + 8a^2 - 1 = 0$의 두 근이
$\sin\theta$, $\cos\theta$일 때, $a + \tan\theta$의 값을 구하고, 그 과정을
서술하시오. (단, a는 상수이다.)

349

$\dfrac{\pi}{4}<\theta<\dfrac{\pi}{2}$일 때,

$$\sqrt{1-2\sin\theta\cos\theta}+\sqrt{1+2\sin\theta\cos\theta}$$

를 간단히 나타낸 것은?

① $2\sin\theta$ ② $2\cos\theta$ ③ 0

④ $\sin\theta-\cos\theta$ ⑤ $\sin\theta+\cos\theta$

350

임의의 실수 θ에 대하여

$$x=2\cos\theta-1, \quad y=2\sin\theta+3$$

을 만족시키는 점 (x, y)가 나타내는 도형의 둘레의 길이는?

① $\dfrac{7}{2}\pi$ ② 4π ③ $\dfrac{9}{2}\pi$

④ 5π ⑤ $\dfrac{11}{2}\pi$

351

교육청기출 | 선행 344 |

그림과 같이 단위원 위의 점 $P(x, y)$에 대하여 동경 OP가 x축의 양의 방향과 이루는 각의 크기가 θ이고 $\dfrac{y}{x}+\dfrac{x}{y}=-\dfrac{5}{2}$일 때, $\sin\theta-\cos\theta$의 값은? (단, $x<0$, $y>0$이고, O는 원점이다.)

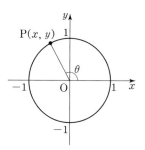

① $\dfrac{1}{5}$ ② $\dfrac{\sqrt{5}}{5}$ ③ $\dfrac{2\sqrt{5}}{5}$

④ $\dfrac{3\sqrt{5}}{5}$ ⑤ $\dfrac{4\sqrt{5}}{5}$

352

교육청기출

그림과 같이 원 $x^2+y^2=1$ 위의 두 점 $A(1, 0)$, B에 대하여 점 A에서의 접선이 선분 OB의 연장선과 만나는 점을 T, 점 B에서 x축에 내린 수선의 발을 H라 하자. $\angle AOB=\theta$일 때, $\dfrac{\overline{OH}}{\overline{BH}}=\dfrac{3}{2}\overline{AT}$가 성립한다. $\sin\theta\cos\theta\tan\theta$의 값은?

(단, O는 원점이다.)

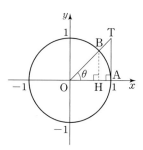

① $\dfrac{1}{5}$ ② $\dfrac{2}{5}$ ③ $\dfrac{3}{5}$

④ $\dfrac{4}{5}$ ⑤ 1

유형 05 삼각함수의 그래프

353

| 선행 301 |

함수 $f(x)=\tan\left(2x-\dfrac{\pi}{2}\right)+1$에 대한 설명으로 〈보기〉에서 옳은 것만을 있는 대로 고른 것은?

---보기---

ㄱ. 정의역의 모든 x에 대하여 $f(x)=f\left(x+\dfrac{\pi}{2}\right)$이다.

ㄴ. 그래프는 함수 $y=\tan 2x$의 그래프를 x축의 방향으로 $\dfrac{\pi}{4}$만큼, y축의 방향으로 1만큼 평행이동한 것이다.

ㄷ. 그래프는 점 $\left(\dfrac{\pi}{4},\ 1\right)$에 대하여 대칭이다.

ㄹ. 그래프의 점근선의 방정식은 $x=\dfrac{n}{4}\pi$ (n은 정수)이다.

---

① ㄱ, ㄴ, ㄷ   ② ㄱ, ㄴ, ㄹ   ③ ㄱ, ㄷ, ㄹ

④ ㄴ, ㄷ, ㄹ   ⑤ ㄱ, ㄴ, ㄷ, ㄹ

354

다음 중 세 수 $\sin 1$, $\cos 1$, $\tan 1$의 대소 관계를 바르게 나타낸 것은?

① $\sin 1 < \cos 1 < \tan 1$ ② $\sin 1 < \tan 1 < \cos 1$

③ $\cos 1 < \sin 1 < \tan 1$ ④ $\cos 1 < \tan 1 < \sin 1$

⑤ $\tan 1 < \cos 1 < \sin 1$

355

| 선행 303 |

다음 그림은 함수 $f(x)=a\cos b\left(x-\dfrac{\pi}{6}\right)+c$의 그래프의 일부이다. $f(0)$의 값은? (단, $a>0$, $b>0$, c는 상수이다.)

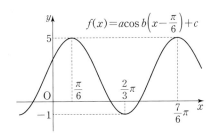

① $\dfrac{5}{2}$ ② 3   ③ $\dfrac{7}{2}$

④ 4   ⑤ $\dfrac{9}{2}$

356 빈출 ♛

다음 그림은 함수 $f(x)=a\sin(bx-c)+d$의 그래프의 일부이다. $f\left(\dfrac{\pi}{4}\right)$의 값을 구하시오. (단, $a>0$, $b>0$, $0<c<2\pi$)

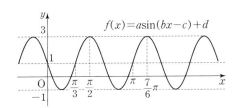

357

다음 중 정의역의 모든 x에 대하여 다음 조건을 만족시키는 함수 $f(x)$는?

> (가) $f(-x)=f(x)$
> (나) $f(x+2)=f(x-2)$

① $f(x)=\sin\left(\dfrac{\pi}{2}x\right)$　　② $f(x)=\cos\left(\dfrac{\pi}{8}x\right)$

③ $f(x)=\cos\left(\dfrac{\pi}{4}x\right)$　　④ $f(x)=\cos\left(\dfrac{\pi}{2}x\right)$

⑤ $f(x)=\tan\left(\dfrac{\pi}{4}x\right)$

358

함수 $f(x)=a|\cos bx|+c$의 최댓값이 3, 주기가 $\dfrac{\pi}{3}$이고

$f\left(\dfrac{2}{9}\pi\right)=-\dfrac{5}{2}$일 때, 세 상수 a, b, c에 대하여 $a+b-c$의 값을 구하시오. (단, $a>0$, $b>0$)

359

교육청기출

$0\le x\le 2\pi$에서 정의된 함수 $y=a\sin 3x+b$의 그래프가 두 직선 $y=9$, $y=2$와 만나는 점의 개수가 각각 3, 7이 되도록 하는 두 양수 a, b에 대하여 ab의 값을 구하시오.

360

교육청기출

$0\le x\le \pi$일 때, 2 이상의 자연수 n에 대하여 두 곡선 $y=\sin x$와 $y=\sin nx$의 교점의 개수를 a_n이라 하자. a_3+a_5의 값을 구하시오.

361

선생님 Pick!　평가원기출

그림과 같이 두 양수 a, b에 대하여 곡선

$y=a\sin b\pi x\ \left(0\le x\le\dfrac{3}{b}\right)$가 직선 $y=a$와 만나는 서로 다른 두

점을 A, B라 하자. 삼각형 OAB의 넓이가 5이고 직선 OA의

기울기와 직선 OB의 기울기의 곱이 $\dfrac{5}{4}$일 때, $a+b$의 값은?

(단, O는 원점이다.)

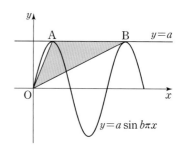

① 1　　　　② 2　　　　③ 3
④ 4　　　　⑤ 5

362

$-\dfrac{\pi}{4}<x<\dfrac{3}{4}\pi$에서 함수 $y=\tan 2x$의 그래프와 직선

$y=m\left(x-\dfrac{\pi}{4}\right)$ $(m>0)$가 만나는 두 점의 x좌표를 각각

α, β $(\alpha<\beta)$라 할 때, $\beta-\alpha=\dfrac{2}{3}\pi$이다. m의 값은?

① $\dfrac{\sqrt{3}}{3\pi}$ ② $\dfrac{1}{\pi}$ ③ $\dfrac{\sqrt{3}}{\pi}$

④ $\dfrac{3}{\pi}$ ⑤ $\dfrac{3\sqrt{3}}{\pi}$

363

그림과 같이 함수 $y=a\cos bx$의 그래프의 일부분과 x축에 평행한 직선 l이 만나는 두 점의 x좌표가 1, 5이다. 세 직선 l, $x=1$, $x=5$와 x축으로 둘러싸인 도형의 넓이가 12일 때, 두 상수 a, b에 대하여 ab의 값은? (단, $a>0$, $b>0$)

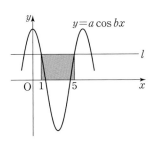

① π ② 2π ③ 3π

④ 4π ⑤ 5π

364 빈출 ♔

그림과 같이 함수 $y=4\sin\dfrac{\pi}{12}x$ $(0\le x\le 12)$의 그래프 위의 두 점 A, B와 x축 위의 두 점 C, D를 꼭짓점으로 하는 직사각형 ACDB가 있다. $\overline{AB}=6$일 때, 직사각형 ACDB의 넓이는?

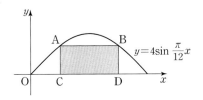

① $8\sqrt{2}$ ② $10\sqrt{2}$ ③ $12\sqrt{2}$

④ $10\sqrt{3}$ ⑤ $12\sqrt{3}$

365

다음 그림은 함수 $y=3\cos\dfrac{\pi}{2}x$의 그래프의 일부분이다. 색칠한 부분의 넓이를 구하시오.

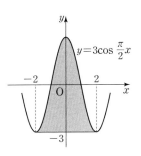

366

교육청기출

그림과 같이 함수 $y=\sin 2x\,(0\le x\le\pi)$의 그래프가

직선 $y=\dfrac{3}{5}$과 두 점 A, B에서 만나고, 직선 $y=-\dfrac{3}{5}$과 두 점

C, D에서 만난다. 네 점 A, B, C, D의 x좌표를 각각

α, β, γ, δ라 할 때, $\alpha+2\beta+2\gamma+\delta$의 값은?

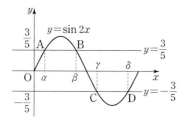

① $\dfrac{9}{4}\pi$ ② $\dfrac{5}{2}\pi$ ③ 3π

④ $\dfrac{7}{2}\pi$ ⑤ 4π

367

교육청기출

그림과 같이 삼각함수 $f(x)=\sin kx\left(0\le x\le\dfrac{5\pi}{2k}\right)$의 그래프와

직선 $y=\dfrac{3}{4}$이 만나는 점의 x좌표를 각각 α, β, γ $(\alpha<\beta<\gamma)$라

할 때, $f(\alpha+\beta+\gamma)$의 값은? (단, k는 양의 실수이다.)

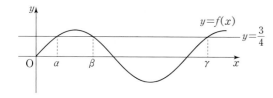

① -1 ② $-\dfrac{7}{8}$ ③ $-\dfrac{3}{4}$

④ 0 ⑤ $\dfrac{3}{4}$

368

$x\ge 0$에서 함수 $y=\left|\cos\dfrac{\pi}{2}x\right|$의 그래프와 직선 $y=\dfrac{2}{5}$가 만나는

교점의 x좌표를 작은 것부터 순서대로 x_1, x_2, $\cdots$, x_n이라 할 때,

x_4+x_{11}의 값은?

① 13   ② 14   ③ 15

④ 16   ⑤ 17

369

교육청기출

$0\le x\le 2\pi$에서 두 함수 $y=\sin x$와 $y=-\sin x+a$의 그래프가

만나는 점의 개수를 $N(a)$라 할 때, 〈보기〉에서 옳은 것만을 있는

대로 고른 것은? (단, a는 실수이다.)

보기

ㄱ. $N(0)=3$

ㄴ. $|a|>2$이면 $N(a)=0$이다.

ㄷ. $N(a)=2$이면 $N(-a)=2$이다.

① ㄱ   ② ㄴ   ③ ㄱ, ㄴ

④ ㄴ, ㄷ   ⑤ ㄱ, ㄴ, ㄷ

370

교육청기출

함수 $f(x)$가 다음 조건을 만족시킨다.

> (가) 모든 실수 x에 대하여 $f(x+\pi)=f(x)$이다.
>
> (나) $0\le x\le\dfrac{\pi}{2}$일 때, $f(x)=\sin 4x$이다.
>
> (다) $\dfrac{\pi}{2}<x\le\pi$일 때, $f(x)=-\sin 4x$이다.

함수 $y=f(x)$의 그래프와 직선 $y=\dfrac{x}{\pi}$가 만나는 점의 개수는?

① 4   ② 5   ③ 6

④ 7   ⑤ 8

유형 06 삼각함수의 각의 변환

371

직선 $12x+5y-3=0$이 x축의 양의 방향과 이루는 각의 크기를 θ라 할 때, $\cos\left(\dfrac{\pi}{2}+\theta\right)-\sin\left(\dfrac{\pi}{2}+\theta\right)$의 값은?

① $-\dfrac{17}{13}$ ② $-\dfrac{7}{13}$ ③ 0

④ $\dfrac{7}{13}$ ⑤ $\dfrac{17}{13}$

372

| 선행 341 |

$\dfrac{3}{2}\pi<x<2\pi$이고 $\sin x+\cos x=\dfrac{3}{4}$일 때,

$\tan(\pi+x)+\tan\left(\dfrac{\pi}{2}+x\right)$의 값을 구하시오.

---

373 빈출

| 선행 327 |

각 θ를 나타내는 동경과 각 9θ를 나타내는 동경이 일직선 위에 있고 방향이 반대일 때, $\cos\left(\theta+\dfrac{\pi}{8}\right)$의 모든 값의 곱은?

$$\left(단, \dfrac{\pi}{2}<\theta<\pi\right)$$

① $-\dfrac{\sqrt{3}}{2}$ ② $-\dfrac{1}{2}$ ③ $\dfrac{1}{2}$

④ $\dfrac{\sqrt{2}}{2}$ ⑤ $\dfrac{\sqrt{3}}{2}$

374

[평가원기출]

그림과 같이 직사각형 ABCD가 원 $x^2+y^2=1$에 내접해 있다. x축과 선분 OA가 이루는 각의 크기를 θ라 할 때, $\cos(\pi-\theta)$와 같은 것은? $\left(\text{단, } 0<\theta<\dfrac{\pi}{4}\text{이고, O는 원점이다.}\right)$

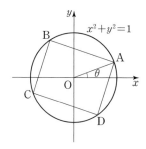

① 점 A의 x좌표
② 점 B의 y좌표
③ 점 C의 x좌표
④ 점 C의 y좌표
⑤ 점 D의 x좌표

375

그림과 같이 점 A$(8, 6)$에 대하여 정사각형 OABC가 있다. x축의 양의 방향과 선분 OC가 이루는 각의 크기를 θ라 할 때, $\sin\theta$의 값을 구하시오.

(단, 두 점 B, C의 y좌표는 양수이고, O는 원점이다.)

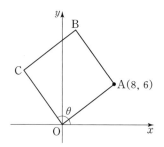

376

그림과 같이 원 $x^2+y^2=4$와 직선 $y=\dfrac{3}{4}x$가 제1사분면과 제3사분면에서 만나는 점을 각각 P, Q라 하자. 점 A$(0, 2)$에 대하여 $\angle$AOP$=\alpha$, $\angle$AOQ$=\beta$라 할 때, $\dfrac{\sin\beta}{\cos\alpha}$의 값은?

(단, O는 원점이다.)

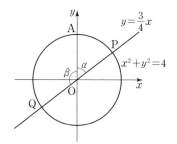

① $-\dfrac{5}{3}$
② $-\dfrac{4}{3}$
③ $\dfrac{3}{5}$
④ $\dfrac{3}{4}$
⑤ $\dfrac{4}{3}$

377

그림과 같이 단위원 위의 제2사분면에 있는 점 P에서 x축에 내린 수선의 발을 Q라 하고, 점 Q에서 선분 OP에 내린 수선의 발을 R라 하자. 동경 OP와 x축의 양의 방향이 이루는 각의 크기가 θ이고 점 A$(0, 1)$과 동경 OP 위의 점 B에 대하여 직선 AB가 이 원에 접할 때, 다음 중 옳지 <u>않은</u> 것은? (단, O는 원점이다.)

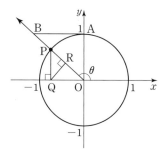

① $\overline{\text{PQ}}=\sin\theta$
② $\overline{\text{OQ}}=-\cos\theta$
③ $\overline{\text{QR}}=-\sin\theta\cos\theta$
④ $\overline{\text{AB}}=\dfrac{1}{\tan\theta}$
⑤ $\overline{\text{OB}}=\dfrac{1}{\sin\theta}$

378

그림과 같이 중심이 O이고, 선분 AB를 지름으로 하는 원 위의 한 점 C에 대하여 $\overline{AC}=3$, $\overline{BC}=2$이다. $\angle CAB=\alpha$, $\angle CBA=\beta$라 할 때, $\cos(\alpha+2\beta)$의 값은?

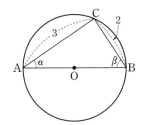

① $-\dfrac{3\sqrt{13}}{13}$
② $-\dfrac{2\sqrt{13}}{13}$
③ $\dfrac{\sqrt{13}}{13}$
④ $\dfrac{2\sqrt{13}}{13}$
⑤ $\dfrac{3\sqrt{13}}{13}$

379

두 직선 $3x-y=0$, $x+3y=0$이 이루는 각을 이등분하는 직선 중에서 제4사분면을 지나는 직선을 l이라 하자. 제2사분면에서 직선 l 위의 점 P에 대하여 동경 OP가 나타내는 각의 크기를 θ라 할 때, $\cos(\pi+\theta)+\sin(\pi-\theta)$의 값은? (단, O는 원점이다.)

① $-\dfrac{2\sqrt{5}}{5}$
② $-\dfrac{\sqrt{5}}{5}$
③ $\dfrac{\sqrt{5}}{5}$
④ $\dfrac{2\sqrt{5}}{5}$
⑤ $\dfrac{3\sqrt{5}}{5}$

380

자연수 전체의 집합에서 정의된 함수 $f(n)=\sin\dfrac{n\pi}{3}$에 대하여 $f(1)+f(2)+f(3)+\cdots+f(100)$의 값은?

① $\sqrt{3}$
② $\dfrac{\sqrt{3}}{2}$
③ 0
④ $-\dfrac{\sqrt{3}}{2}$
⑤ $-\sqrt{3}$

381

다음 식의 값을 구하시오.

(1) $\cos^2 0°+\cos^2 10°+\cos^2 20°+\cdots+\cos^2 90°$

(2) $\tan 1°\times\tan 2°\times\tan 3°\times\cdots\times\tan 89°$

382

$\sin^2\dfrac{\pi}{20}+\sin^2\dfrac{3\pi}{20}+\sin^2\dfrac{5\pi}{20}+\sin^2\dfrac{7\pi}{20}+\sin^2\dfrac{9\pi}{20}$의 값은?

① $\dfrac{3}{2}$
② 2
③ $\dfrac{5}{2}$
④ 3
⑤ $\dfrac{7}{2}$

383

$\theta=\dfrac{\pi}{8}$일 때, $\sin\theta\cos3\theta+\sin2\theta\cos2\theta+\sin3\theta\cos\theta$의 값은?

① $-\dfrac{3}{2}$ ② $-\dfrac{1}{2}$ ③ 0

④ $\dfrac{1}{2}$ ⑤ $\dfrac{3}{2}$

384 빈출 ♕

그림과 같이 좌표평면 위의 단위원의 둘레를 10등분하여 각 등분점을 점 $P_1(1,\ 0)$부터 시계 반대 방향으로 각각 $P_2,\ P_3,\ \cdots,$ P_{10}이라 하자. $\angle P_1OP_2=\theta$일 때, 다음 식의 값은?

(단, O는 원점이다.)

$$(\sin\theta+\cos\theta)+(\sin2\theta+\cos2\theta)+\cdots+(\sin9\theta+\cos9\theta)$$

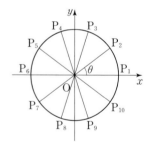

① -2 ② -1 ③ 0

④ 1 ⑤ 2

385 빈출 ♕

그림과 같이 반지름의 길이가 1인 사분원의 호 AB를 100등분하는 각 점을 $P_n\ (n=1,\ 2,\ 3,\ \cdots,\ 99)$라 하자. 각 점 P_n에서 선분 OA에 내린 수선의 발을 차례로 $Q_n\ (n=1,\ 2,\ 3,\ \cdots,\ 99)$라 할 때,

$$\overline{P_1Q_1}^2+\overline{P_2Q_2}^2+\cdots+\overline{P_{99}Q_{99}}^2$$

의 값은? (단, O는 사분원의 중심이다.)

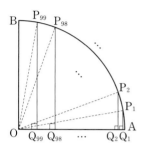

① $\dfrac{97}{2}$ ② 49 ③ $\dfrac{99}{2}$

④ 50 ⑤ $\dfrac{101}{2}$

유형 07 삼각함수를 포함한 식의 최대·최소

386

| 선행 314 |

함수 $y=|a\cos x-1|+2$의 최댓값과 최솟값의 합이 11일 때, 상수 a의 값을 구하시오. (단, $a>1$)

387

함수 $y=\sin^2 x-\cos x$의 최댓값을 M, 최솟값을 m이라 할 때, $M-m$의 값은?

① $\dfrac{1}{4}$ ② $\dfrac{3}{4}$ ③ $\dfrac{5}{4}$

④ $\dfrac{7}{4}$ ⑤ $\dfrac{9}{4}$

388 빈출 👑

함수 $y=\cos^2\left(x+\dfrac{\pi}{2}\right)-2\cos^2 x+12\sin(x+\pi)$ $\left(0\leq x\leq\dfrac{\pi}{2}\right)$

의 최댓값을 M, 최솟값을 m이라 할 때, Mm의 값을 구하시오.

389 빈출 👑

평가원기출

실수 k에 대하여 함수

$$f(x)=\cos^2\left(x-\dfrac{3}{4}\pi\right)-\cos\left(x-\dfrac{\pi}{4}\right)+k$$

의 최댓값은 3, 최솟값은 m이다. $k+m$의 값은?

① 2 ② $\dfrac{9}{4}$ ③ $\dfrac{5}{2}$

④ $\dfrac{11}{4}$ ⑤ 3

390

함수 $y=\dfrac{3\sin x+1}{\sin x-2}$의 최댓값을 M, 최솟값을 m이라 할 때,

$\dfrac{m}{M}$의 값을 구하시오.

유형 08 삼각함수를 포함한 방정식

391 빈출 ♛

$0 \le x < 2\pi$일 때, 방정식 $2\cos^2 x + \sin x = 1$의 모든 근의 합은?

① 2π

② $\dfrac{5}{2}\pi$

③ 3π

④ $\dfrac{7}{2}\pi$

⑤ 4π

392 빈출 ♛

$0 \le x < 4\pi$일 때, 방정식 $4\sin^2\left(\dfrac{3}{2}\pi + x\right) - 4\sin(\pi + x) = 5$의 모든 근의 합은?

① 4π

② 5π

③ 6π

④ 7π

⑤ 8π

393

방정식 $6\sin^2 x - \sin x \cos x - 2\cos^2 x = 0$의 해 $x = \alpha$에 대하여 $\sin\alpha\cos\alpha > 0$일 때, $\sin\alpha\cos\alpha$의 값을 구하시오.

394

$0 < \theta < 2\pi$일 때, $\log_2 \sin\theta - \log_2 \tan\theta = -1$을 만족시키는 θ의 값을 구하시오.

395

$0 \le x < 2\pi$일 때, 방정식 $\cos(\pi\sin x) = 0$을 만족시키는 모든 근의 합은?

① 2π

② $\dfrac{5}{2}\pi$

③ 3π

④ $\dfrac{7}{3}\pi$

⑤ 4π

396

x에 대한 이차방정식 $x^2-2\sqrt{2}x\sin\theta+3\cos\theta=0$이 중근을 갖도록 하는 모든 θ의 값의 합은? (단, $0\le\theta\le2\pi$)

① π ② $\dfrac{4}{3}\pi$ ③ $\dfrac{5}{3}\pi$

④ 2π ⑤ $\dfrac{7}{3}\pi$

397

삼각형 ABC의 세 내각 A, B, C에 대하여

$$\sin^2\left(\frac{B+C}{2}\right)-\cos\frac{A}{2}=-\frac{1}{4}$$

을 만족시키는 각 A의 크기를 구하시오.

398

$0\le x\le2\pi$에서 방정식

$$\frac{2}{\sqrt{3}}\sin\left(x+\frac{\pi}{3}\right)-\frac{7}{8}=0$$

의 모든 실근의 합이 $\dfrac{q}{p}\pi$일 때, $p+q$의 값을 구하시오.

(단, p와 q는 서로소인 자연수이다.)

399

x에 대한 방정식 $\left|\cos x+\dfrac{1}{4}\right|=k\ (0\le x<2\pi)$가 서로 다른 3개의 실근을 갖도록 하는 실수 k의 값을 α라 할 때, 40α의 값을 구하시오.

400

$0 \le x < 2\pi$일 때, 방정식 $\cos x + |\cos x| = 1$의 근 중에서 최댓값을 α, 최솟값을 β라 하자. $\sin(\alpha - 3\beta)$의 값은?

① $-\dfrac{\sqrt{3}}{2}$　　　　② $-\dfrac{1}{2}$　　　　③ 0

④ $\dfrac{1}{2}$　　　　⑤ $\dfrac{\sqrt{3}}{2}$

401

$0 \le x < 2\pi$일 때, 방정식 $|2\cos^2 x - 1| + \sin x = 0$의 서로 다른 모든 실근의 합은?

① $\dfrac{3}{2}\pi$　　　　② 3π　　　　③ 6π

④ $\dfrac{9}{2}\pi$　　　　⑤ 9π

402

다음 조건을 만족시키는 실수 m, n에 대하여 $m+n$의 값은?

> (가) 방정식 $\sin x = \dfrac{1}{4\pi}x$의 서로 다른 실근의 개수는 m이다.
>
> (나) $0 \le x \le 4\pi$일 때, 방정식 $\cos 2x = \dfrac{1}{3}$의 모든 실근의 합은 $n\pi$이다.

① 21　　　　② 23　　　　③ 27

④ 31　　　　⑤ 39

403

| 선행 367 |

$0 \le x < \dfrac{5}{2}\pi$일 때, 방정식 $4\sin x = 3$을 만족시키는 x의 값을 작은 것부터 차례대로 α, β, γ라 하자. $\cos\left(\alpha + \dfrac{\beta+\gamma}{2}\right)$의 값은?

① $-\dfrac{3}{2}$　　　　② $-\dfrac{3}{4}$　　　　③ $\dfrac{3}{4}$

④ $\dfrac{3}{2}$　　　　⑤ 3

404

$0 \leq x \leq 2\pi$에서 방정식 $\tan x = 3$의 서로 다른 두 근을 각각 α, β라 하고, 방정식 $\tan x = \dfrac{1}{3}$의 서로 다른 두 근을 각각 γ, δ라 할 때, $\cos(\alpha + \beta + \gamma + \delta)$의 값은?

① -1 ② $-\dfrac{\sqrt{2}}{2}$ ③ 0

④ $\dfrac{\sqrt{2}}{2}$ ⑤ 1

405

실수 전체의 집합을 정의역으로 하는 함수 $f(x)$가 다음 조건을 만족시킨다.

> (가) $0 \leq x \leq \dfrac{2}{3}\pi$일 때 $f(x) = \cos\left(3x - \dfrac{\pi}{2}\right)$이다.
>
> (나) 모든 실수 x에 대하여 $f(-x) = f(x)$,
>
> $f\left(x + \dfrac{4}{3}\pi\right) = f(x)$이다.

$0 \leq x \leq 2\pi$에서 방정식 $f(x) = \dfrac{4}{5}$를 만족시키는 서로 다른 모든 실수 x의 값의 합은?

① $\dfrac{16}{3}\pi$ ② $\dfrac{17}{3}\pi$ ③ 6π

④ $\dfrac{19}{3}\pi$ ⑤ $\dfrac{20}{3}\pi$

유형 09 삼각함수를 포함한 부등식

406

$0 \leq x < \dfrac{\pi}{2}$일 때, 부등식 $2\sin\left(3x - \dfrac{\pi}{6}\right) \leq 1$의 해가 $0 \leq x \leq \alpha$ 또는 $\beta \leq x < \dfrac{\pi}{2}$이다. $\alpha + \beta$의 값은?

① $\dfrac{2}{9}\pi$ ② $\dfrac{\pi}{3}$ ③ $\dfrac{4}{9}\pi$

④ $\dfrac{5}{9}\pi$ ⑤ $\dfrac{2}{3}\pi$

407 빈출 서술형

$0 < x < 2\pi$일 때, 부등식 $2\sin^2 x + \cos x - 1 \leq 0$의 해를 구하고, 그 과정을 서술하시오. (단, 그래프를 이용하여 설명하시오.)

408

그림과 같이 원 $x^2+y^2=4$ 위의 점 P에 대하여 동경 OP가 나타내는 각을 θ라 하자. 부등식 $4\sin^2\theta-1\geq0$을 만족시키는 점 P가 나타내는 곡선의 길이는? (단, O는 원점이다.)

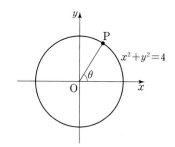

① $\dfrac{2}{3}\pi$ ② $\dfrac{4}{3}\pi$ ③ 2π

④ $\dfrac{8}{3}\pi$ ⑤ $\dfrac{10}{3}\pi$

409 빈출 ♛

모든 실수 x에 대하여 이차부등식 $x^2-2x\tan\theta+3>0$이 항상 성립하도록 하는 θ의 값의 범위를 구하시오. (단, $0\leq\theta\leq\pi$)

410

$0\leq\theta<2\pi$일 때, x에 대한 이차방정식

$$x^2-(2\cos\theta)x+\sin^2\theta+5\cos\theta+2=0$$

이 실근을 갖도록 하는 θ의 최솟값과 최댓값을 각각 α, β라 하자. $2\beta-\alpha$의 값을 구하시오.

411

모든 실수 x에 대하여 직선 $y=2x+2$와 포물선
$y=x^2+(2\cos\theta)x+3\sin^2\theta$가 만나지 않기 위한 θ의 값의
범위는? (단, $0\leq\theta\leq\pi$)

① $0<\theta<\dfrac{\pi}{6}$ 　　② $0<\theta<\dfrac{\pi}{3}$ 　　③ $\dfrac{\pi}{6}<\theta<\dfrac{\pi}{2}$

④ $\dfrac{\pi}{3}<\theta<\dfrac{\pi}{2}$ 　　⑤ $\dfrac{\pi}{2}<\theta<\dfrac{5}{6}\pi$

412 빈출 ♛

모든 실수 x에 대하여 부등식 $\cos^2 x+3\sin x+a-6\leq0$이 항상
성립하기 위한 실수 a의 값의 범위는?

① $a\geq9$ 　　② $a\geq3$ 　　③ $a\geq\dfrac{11}{4}$

④ $a\leq9$ 　　⑤ $a\leq3$

413

$0\leq\theta\leq2\pi$에서 부등식
$$\sqrt{2}\sin^2\left(\theta-\dfrac{\pi}{3}\right)+(1+\sqrt{2})\cos\left(\theta+\dfrac{\pi}{6}\right)+1\leq0$$
의 해가 $\alpha\leq\theta\leq\beta$일 때, $\alpha+\beta$의 값은? (단, α, β는 상수이다.)

① $\dfrac{7}{3}\pi$ 　　② 2π 　　③ $\dfrac{5}{3}\pi$

④ $\dfrac{4}{3}\pi$ 　　⑤ π

414

어느 날 한 바다의 A지점에서 시각 t(시)와 해수면의 높이
y (cm) 사이에는
$$y=270\cos\left\{\dfrac{\pi}{3}(t-4)\right\}+325$$
가 성립한다고 한다. 해수면의 높이가 460 cm 이상일 때는 모두
몇 시간인지 구하시오. (단, $0<t<24$)

스키마로 풀이 흐름 알아보기

오른쪽 그림은 함수 $f(x)=a\sin(bx-c)+d$의 그래프의 일부이다.
　　　　　　　　　　　　조건①

$f\left(\dfrac{\pi}{4}\right)$의 값을 구하시오. (단, $a>0$, $b>0$, $0<c<2\pi$)
　답　　　　　　　　　　　　　　　　조건②

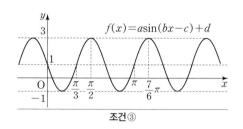

유형 05 삼각함수의 그래프 356

스키마 schema

⋙ 주어진 조건 은 무엇인지? 구하는 답 은 무엇인지? 이 둘을 어떻게 연결할지?

1단계

조건

① $f(x)=a\sin(bx-c)+d$

② $a>0$, $b>0$, $0<c<2\pi$

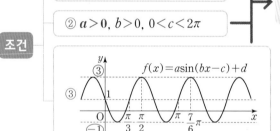

→ 최대 $a+d=3$
　최소 $-a+d=-1$ → $a=2$
　　　　　　　　　$d=1$

조건 ②에서 $a>0$이므로
조건 ①에서 함수 $f(x)$의 최댓값은
$a+d$이고, 최솟값은 $-a+d$이다.
이때 조건 ③에서 함수 $f(x)$의
최댓값은 3, 최솟값은 -1이므로
$a+d=3$, $-a+d=-1$이다.
따라서 이를 연립하여 풀면
$a=2$, $d=1$이다.

2단계

조건

① $f(x)=a\sin(bx-c)+d$

② $a>0$, **$b>0$**, $0<c<2\pi$

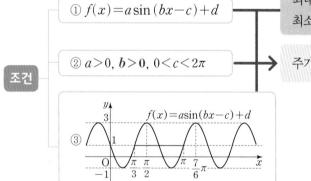

→ 최대 $a+d=3$
　최소 $-a+d=-1$ → $a=2$
　　　　　　　　　$d=1$

→ 주기 $\dfrac{2\pi}{b}=\dfrac{2}{3}\pi$ → $b=3$

조건 ②에서 $b>0$이므로
조건 ①에서 함수 $f(x)$의 주기는
$\dfrac{2\pi}{|b|}=\dfrac{2\pi}{b}$이다.
이때 조건 ③에서 함수 $f(x)$의
주기는 $\pi-\dfrac{\pi}{3}=\dfrac{2}{3}\pi$이므로
$\dfrac{2\pi}{b}=\dfrac{2}{3}\pi$에서 $b=3$이다.
따라서 $f(x)=2\sin(3x-c)+1$이다.

3단계

조건

① $f(x)=a\sin(bx-c)+d$

② $a>0$, $b>0$, **$0<c<2\pi$**

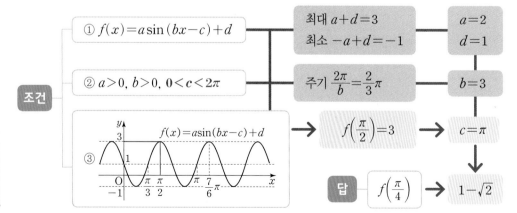

→ 최대 $a+d=3$
　최소 $-a+d=-1$ → $a=2$
　　　　　　　　　$d=1$

→ 주기 $\dfrac{2\pi}{b}=\dfrac{2}{3}\pi$ → $b=3$

→ $f\left(\dfrac{\pi}{2}\right)=3$ → $c=\pi$

답 $f\left(\dfrac{\pi}{4}\right)$ → $1-\sqrt{2}$

조건 ③에서 $f\left(\dfrac{\pi}{2}\right)=3$이므로
$\sin\left(\dfrac{3}{2}\pi-c\right)=1$이고,
조건 ②에서 $0<c<2\pi$이므로
$\dfrac{3}{2}\pi-c=\dfrac{\pi}{2}$, 즉 $c=\pi$이다.
따라서 $f(x)=2\sin(3x-\pi)+1$이므로
$f\left(\dfrac{\pi}{4}\right)=2\sin\left(-\dfrac{\pi}{4}\right)+1=1-\sqrt{2}$

🄰 $1-\sqrt{2}$

스키마로 풀이 흐름 알아보기

모든 실수 x에 대하여 부등식 $\cos^2 x + 3\sin x + a - 6 \leq 0$이 항상 성립하기 위한 실수 a의 값의 범위는?

조건

답

① $a \geq 9$ ② $a \geq 3$ ③ $a \geq \dfrac{11}{4}$ ④ $a \leq 9$ ⑤ $a \leq 3$

유형09 삼각함수를 포함한 부등식 412

스키마 schema ≫ 주어진 조건은 무엇인지? 구하는 답은 무엇인지? 이 둘을 어떻게 연결할지?

1단계

조건 │ 모든 실수 x에 대하여 $\cos^2 x + 3\sin x + a - 6 \leq 0$ 항상 성립 → $\sin^2 x - 3\sin x - a + 5 \geq 0$

주어진 조건의 부등식에
$\cos x$와 $\sin x$가 둘 다 존재하므로
$\sin^2 x + \cos^2 x = 1$을 이용하여 하나만
존재하는 식으로 다음과 같이 바꾼다.
$\cos^2 x + 3\sin x + a - 6 \leq 0$에서
$(1 - \sin^2 x) + 3\sin x + a - 6 \leq 0$
$\sin^2 x - 3\sin x - a + 5 \geq 0$ …… ㉠

2단계

조건 │ 모든 실수 x에 대하여 $\cos^2 x + 3\sin x + a - 6 \leq 0$ 항상 성립 ─ $\sin^2 x - 3\sin x - a + 5 \geq 0$

$\downarrow \sin x = t$

$-1 \leq t \leq 1$일 때 $t^2 - 3t - a + 5 \geq 0$ 항상 성립

$\sin x = t$라 하면 $-1 \leq t \leq 1$이고
㉠은 $t^2 - 3t - a + 5 \geq 0$이다.
주어진 조건을 만족시키기 위해선
$-1 \leq t \leq 1$인 모든 실수 t에 대하여
부등식
$t^2 - 3t - a + 5 \geq 0$ …… ㉡
이 항상 성립해야 한다.

3단계

조건 │ 모든 실수 x에 대하여 $\cos^2 x + 3\sin x + a - 6 \leq 0$ 항상 성립 ─ $\sin^2 x - 3\sin x - a + 5 \geq 0$

$\sin x = t$

$-1 \leq t \leq 1$일 때 $t^2 - 3t - a + 5 \geq 0$ 항상 성립

$f(t) = t^2 - 3t - a + 5$

(최솟값)$= f(1) \geq 0$

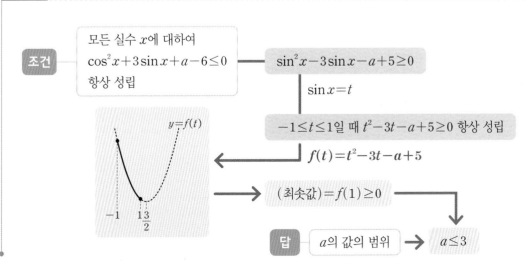

$f(t) = t^2 - 3t - a + 5$
$\quad = \left(t - \dfrac{3}{2} \right)^2 - a + \dfrac{11}{4}$
이라 하면 $-1 \leq t \leq 1$에서
$t = 1$일 때 최솟값 $f(1)$을 가지므로
㉡을 만족시키기 위해서는
$f(1) = 1 - 3 - a + 5 \geq 0$이어야 한다.
$\therefore a \leq 3$

답 │ a의 값의 범위 → $a \leq 3$

답 ⑤

415

$0<\theta<\pi$일 때, $\dfrac{-\cos^2\theta+\sin\theta+3}{1+\sin\theta}$의 최솟값과 그때의 $\sin\theta$의 값은?

	최솟값	$\sin\theta$		최솟값	$\sin\theta$
①	$2\sqrt{2}-1$	$\sqrt{2}-1$	②	$2\sqrt{2}-1$	$1-\sqrt{2}$
③	$2\sqrt{2}$	$\sqrt{2}-1$	④	$2\sqrt{2}+1$	$\sqrt{2}-1$
⑤	$2\sqrt{2}+1$	$1-\sqrt{2}$			

416
| 선행 324,325,326,327 |

각 θ는 제1사분면의 각이고, 두 각 θ와 2θ가 나타내는 동경이 직선 $y=x$에 대하여 대칭일 때, 〈보기〉에서 옳은 것만을 있는 대로 고른 것은?

> 보기
>
> ㄱ. $-330°$는 θ가 될 수 있다.
>
> ㄴ. θ의 일반각은 $2n\pi+\dfrac{\pi}{6}$ (n은 정수)이다.
>
> ㄷ. $\dfrac{\theta}{3}$를 나타내는 동경은 제3사분면에 위치하지 않는다.

① ㄱ   ② ㄱ, ㄴ   ③ ㄱ, ㄷ
④ ㄴ, ㄷ   ⑤ ㄱ, ㄴ, ㄷ

417
| 선행 380 |

자연수 n에 대하여 두 함수 $f(n)$, $g(n)$을 각각

$$f(n)=2\sin\left(\frac{n\pi}{2}+(-1)^n\times\frac{\pi}{6}\right),$$

$$g(n)=\tan\left(\frac{n\pi}{2}+(-1)^n\times\frac{\pi}{6}\right)$$

라 하자. 함수 $h(n)=f(n)-2g(n)$일 때, $h(1)+h(2)+h(3)+\cdots+h(12)$의 값을 구하시오.

418

그림과 같이 $\overline{AB}=8$, $\overline{BC}=6$인 직사각형 ABCD의 변 AB 위의 임의의 점 P에서 직사각형 ABCD의 두 대각선까지의 거리의 합을 l, 변 BC 위의 임의의 점 Q에서 직사각형 ABCD의 두 대각선까지의 거리의 합을 m이라 할 때, $l+m$의 값을 구하시오.

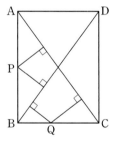

419

$\sin x + \cos y = \cos x \sin y = \dfrac{\sqrt{2}}{3}$일 때, $(\sin x - \cos y)^2$의 값을 구하시오.

420

그림과 같이 점 O가 중심이고 반지름의 길이가 각각 2, 4인 두 동심원 위를 두 점 P, Q가 각각 반직선 OX 위의 점 A, B에서 동시에 출발하여 같은 속력으로 시계 반대 방향으로 회전하고 있다. 처음으로 $\angle OPQ = \dfrac{\pi}{2}$가 될 때, $\tan(\angle XOQ)$의 값은?

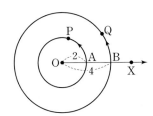

① $-\sqrt{3}$ ② $-\dfrac{\sqrt{3}}{3}$ ③ 1

④ $\dfrac{\sqrt{3}}{3}$ ⑤ $\sqrt{3}$

421

그림과 같이 중심이 원점 O이고 반지름의 길이가 각각 1, r인 두 원 C_1, C_2가 있다. 두 점 P, Q는 각각 점 $(1, 0)$, 점 $(r, 0)$에서 동시에 출발하여 같은 속력으로 각각 원 C_1, C_2의 둘레를 따라 시계 반대 방향으로 이동한다. 점 Q가 원 C_2의 둘레를 2바퀴 도는 동안 세 점 O, P, Q가 일직선 위에 있게 되는 횟수가 4가 되도록 하는 모든 r의 값의 범위를 구하시오.

(단, $r > 1$이고 출발하는 순간은 횟수에서 제외한다.)

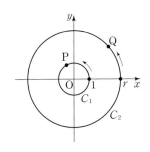

422

교육청기출 | 선행 377 |

그림과 같이 원점 O를 중심으로 하고 반지름의 길이가 1인 원 위의 점 A가 제2사분면에 있을 때 동경 OA가 나타내는 각의 크기를 θ라 하자. 점 $B(-1, 0)$을 지나는 직선 $x = -1$과 동경 OA가 만나는 점을 C, 점 A에서의 접선이 x축과 만나는 점을 D라 하자. 다음 중 색칠한 부분의 넓이와 항상 같은 것은?

$\left(\text{단, } \dfrac{\pi}{2} < \theta < \pi \text{이고, O는 원점이다.}\right)$

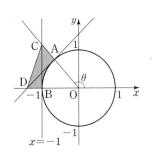

① $\dfrac{1}{2}\left(-\dfrac{\sin^2\theta}{\cos\theta} - \theta\right)$ ② $\dfrac{1}{2}\left(-\dfrac{\cos^2\theta}{\sin\theta} - \theta\right)$

③ $\dfrac{1}{2}\left(-\dfrac{\sin\theta}{\cos^2\theta} - \pi + \theta\right)$ ④ $\dfrac{1}{2}\left(\dfrac{\sin\theta}{\cos^2\theta} - \pi + \theta\right)$

⑤ $\dfrac{1}{2}\left(-\dfrac{\cos\theta}{\sin^2\theta} - \pi + \theta\right)$

423

선생님 Pick! 평가원기출

양수 a에 대하여 집합 $\left\{ x \mid -\dfrac{a}{2} < x \le a,\ x \ne \dfrac{a}{2} \right\}$ 에서 정의된 함수

$$f(x) = \tan \frac{\pi x}{a}$$

가 있다. 그림과 같이 함수 $y = f(x)$의 그래프 위의 세 점 O, A, B를 지나는 직선이 있다. 점 A를 지나고 x축에 평행한 직선이 함수 $y = f(x)$의 그래프와 만나는 점 중 A가 아닌 점을 C라 하자. 삼각형 ABC가 정삼각형일 때, 삼각형 ABC의 넓이는?

(단, O는 원점이다.)

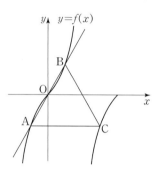

① $\dfrac{3\sqrt{3}}{2}$ ② $\dfrac{17\sqrt{3}}{12}$ ③ $\dfrac{4\sqrt{3}}{3}$

④ $\dfrac{5\sqrt{3}}{4}$ ⑤ $\dfrac{7\sqrt{3}}{6}$

424

교육청기출 | 선행 361 |

곡선 $y = 4\sin \dfrac{1}{4}(x-\pi)$ $(0 \le x \le 10\pi)$와 직선 $y = 2$가 만나는 점들 중 서로 다른 두 점 A, B와 이 곡선 위의 점 P에 대하여 삼각형 PAB의 넓이의 최댓값이 $k\pi$이다. k의 값을 구하시오.

(단, 점 P는 직선 $y = 2$ 위의 점이 아니다.)

425

| 선행 394 |

다음 물음에 답하시오.

(1) $0 \le \theta < 2\pi$에서 $\log_{\sin\theta}(\cos\theta + 1) > 2$를 만족시키는 θ의 값의 범위가 $\alpha < \theta < \beta$일 때, $\dfrac{\beta}{\alpha}$의 값을 구하시오.

(2) $\log_{\cos x} \sin x + \log_{\sin x} \dfrac{1}{\sqrt{\tan x}} = 1$일 때, $\cos x$의 값을 모두 구하시오. $\left(\text{단},\ 0 < x < \dfrac{\pi}{2}\right)$

426

| 선행 402 |

방정식 $\sin \pi x = \dfrac{x}{3n}$의 실근의 개수가 20 이상 40 이하가 되도록 하는 자연수 n의 최댓값과 최솟값의 합은?

① 8 ② 10 ③ 12

④ 14 ⑤ 16

427

좌표평면에서 원 $x^2+y^2=1$ 위의 두 점 P, Q가 점 A$(1, 0)$에서 동시에 출발하여 시계 바늘이 도는 방향과 반대 방향으로 매초 $\frac{2}{3}\pi$, $\frac{4}{3}\pi$의 속력으로 각각 움직인다. 출발 후 100초가 될 때까지 두 점 P, Q의 y좌표가 같아지는 횟수는?

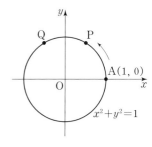

① 132 ② 133 ③ 134
④ 135 ⑤ 136

428

반지름의 길이가 $\frac{120}{\pi}$ cm인 원 모양의 굴렁쇠를 한 방향으로 굴리려고 한다. 출발 전 지면과 만나는 굴렁쇠 위의 점을 표시하고, 굴렁쇠를 굴리며 출발점에서 40 m만큼 이동했을 때, 지면으로부터 굴렁쇠에 표시한 점까지의 높이는 h cm이다. πh의 값을 구하시오. (단, 굴렁쇠의 두께는 무시한다.)

429

$-\frac{\pi}{2} \leq x \leq \frac{\pi}{2}$에서 x에 대한 방정식

$$3\sin^2 x + 2\cos x + k - 7 = 0$$

이 서로 다른 2개의 실근을 갖도록 하는 실수 k의 값의 범위를 구하시오.

430

그림과 같이 두 점 A$(-1, 0)$, B$(1, 0)$과 원 $x^2+y^2=1$이 있다. 원 위의 점 P에 대하여 $\angle PAB = \theta \left(0 < \theta < \frac{\pi}{2}\right)$라 할 때, 반직선 PB 위에 $\overline{PQ}=3$인 점 Q를 정한다. 점 Q의 x좌표가 최대가 될 때, $\sin^2\theta$의 값은?

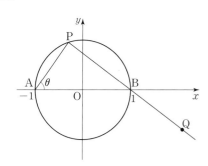

① $\frac{7}{16}$ ② $\frac{1}{2}$ ③ $\frac{9}{16}$
④ $\frac{5}{8}$ ⑤ $\frac{11}{16}$

431

$0 \le x \le \pi$일 때, 함수 $y = \dfrac{\sin x + 1}{\cos x - 3}$의 최댓값을 M, 최솟값을 m이라 하자. $\dfrac{m}{M}$의 값은?

① -3　　　　② $-\dfrac{1}{3}$　　　　③ 0

④ $\dfrac{1}{3}$　　　　⑤ 3

432

교육청기출

$0 < \theta < \dfrac{\pi}{4}$인 θ에 대하여 〈보기〉에서 옳은 것만을 있는 대로 고른 것은?

> 보기
> ㄱ. $0 < \sin \theta < \cos \theta < 1$
> ㄴ. $0 < \log_{\sin \theta} \cos \theta < 1$
> ㄷ. $(\sin \theta)^{\cos \theta} < (\cos \theta)^{\cos \theta} < (\cos \theta)^{\sin \theta}$

① ㄱ　　　　② ㄱ, ㄴ　　　　③ ㄱ, ㄷ

④ ㄴ, ㄷ　　　　⑤ ㄱ, ㄴ, ㄷ

433

교육청기출

그림과 같이 반지름의 길이가 6인 원 O_1이 있다. 원 O_1 위에 서로 다른 두 점 A, B를 $\overline{AB} = 6\sqrt{2}$가 되도록 잡고, 원 O_1의 내부에 점 C를 삼각형 ACB가 정삼각형이 되도록 잡는다. 정삼각형 ACB의 외접원을 O_2라 할 때, 원 O_1과 원 O_2의 공통부분의 넓이는 $p + q\sqrt{3} + r\pi$이다. $p + q + r$의 값을 구하시오.

(단, p, q, r는 유리수이다.)

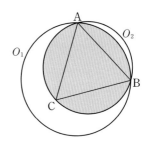

434

교육청기출

자연수 n에 대하여 $0<x<\dfrac{n}{12}\pi$일 때, 방정식

$$\sin^2 4x - 1 = 0$$

의 실근의 개수를 $f(n)$이라 하자. $f(n)=33$이 되도록 하는 모든 n의 값의 합은?

① 295   ② 297   ③ 299

④ 301   ⑤ 303

436

교육청기출

함수 $y=k\sin\left(2x+\dfrac{\pi}{3}\right)+k^2-6$의 그래프가 제1사분면을 지나지 않도록 하는 모든 정수 k의 개수를 구하시오.

437

교육청기출

$0<a<\dfrac{4}{7}$인 실수 a와 유리수 b에 대하여 닫힌구간 $\left[-\dfrac{\pi}{a},\ \dfrac{2\pi}{a}\right]$에서 정의된 함수 $f(x)=2\sin ax+b$가 있다. 함수 $y=f(x)$의 그래프가 두 점 $\mathrm{A}\left(-\dfrac{\pi}{2},\ 0\right)$, $\mathrm{B}\left(\dfrac{7}{2}\pi,\ 0\right)$을 지날 때, $30(a+b)$의 값을 구하시오.

435

교육청변형

자연수 k에 대하여 집합 A_k를

$$A_k=\left\{\sin\dfrac{2(m-1)}{k}\pi\ \middle|\ m은\ 자연수\right\}$$

라 할 때, 다음 물음에 답하시오.

(1) 집합 A_3을 원소나열법을 이용하여 나타내시오.

(2) -1이 집합 A_k의 원소가 되도록 하는 두 자리 자연수 k의 개수를 구하시오.

438

평가원기출

$-1 \le t \le 1$인 실수 t에 대하여 x에 대한 방정식

$$\left(\sin \frac{\pi x}{2} - t\right)\left(\cos \frac{\pi x}{2} - t\right) = 0$$

의 실근 중에서 집합 $\{x \mid 0 \le x < 4\}$에 속하는 가장 작은 값을 $\alpha(t)$, 가장 큰 값을 $\beta(t)$라 하자. 〈보기〉에서 옳은 것만을 있는 대로 고른 것은?

보기

ㄱ. $-1 \le t < 0$인 모든 실수 t에 대하여 $\alpha(t) + \beta(t) = 5$이다.

ㄴ. $\left\{ t \mid \beta(t) - \alpha(t) = \beta(0) - \alpha(0) \right\} = \left\{ t \mid 0 \le t \le \dfrac{\sqrt{2}}{2} \right\}$

ㄷ. $\alpha(t_1) = \alpha(t_2)$인 두 실수 t_1, t_2에 대하여 $t_2 - t_1 = \dfrac{1}{2}$이면 $t_1 t_2 = \dfrac{1}{3}$이다.

---

① ㄱ   ② ㄱ, ㄴ   ③ ㄱ, ㄷ

④ ㄴ, ㄷ   ⑤ ㄱ, ㄴ, ㄷ

439

교육청기출 | 선행 402

두 실수 a $(0 < a < 2\pi)$와 k에 대하여 $0 \le x \le 2\pi$에서 정의된 함수 $f(x)$는

$$f(x) = \begin{cases} \sin x - \dfrac{1}{2} & (0 \le x < a) \\[2mm] k \sin x - \dfrac{1}{2} & (a \le x \le 2\pi) \end{cases}$$

이고, 다음 조건을 만족시킨다.

㈎ 함수 $|f(x)|$의 최댓값은 $\dfrac{1}{2}$이다.

㈏ 방정식 $f(x) = 0$의 실근의 개수는 3이다.

방정식 $|f(x)| = \dfrac{1}{4}$의 모든 실근의 합을 S라 할 때,

$20\left(\dfrac{a+S}{\pi} + k\right)$의 값을 구하시오.

440 빈출

평가원기출

닫힌구간 $[-2\pi, 2\pi]$에서 정의된 두 함수

$$f(x) = \sin kx + 2, \quad g(x) = 3\cos 12x$$

에 대하여 다음 조건을 만족시키는 자연수 k의 개수는?

실수 a가 두 곡선 $y = f(x)$, $y = g(x)$의 교점의 y좌표이면

$$\{x \mid f(x) = a\} \subset \{x \mid g(x) = a\}$$

이다.

---

① 3   ② 4   ③ 5

④ 6   ⑤ 7

02 삼각함수의 활용

|이전 학습 내용|

• 삼각형의 외심과 내심 [중2]

	외심	내심
정의	외접원의 중심	내접원의 중심
작도 방법	삼각형의 세 변의 수직이등분선의 교점	삼각형의 세 각의 이등분선의 교점
성질	외심에서 삼각형의 세 꼭짓점에 이르는 거리는 외접원의 반지름의 길이로 서로 같다.	내심에서 삼각형의 세 변에 이르는 거리는 내접원의 반지름의 길이로 서로 같다.

삼각형은 항상 외접원과 내접원이 존재한다.

• 삼각형의 넓이 [중3]

삼각형 ABC에서 두 변의 길이 b, c와 그 끼인각 ∠A의 크기를 알 때, 이 삼각형의 넓이 S는

① ∠A가 예각이면

$$S = \frac{1}{2}bc\sin A$$

$h = b\sin A$

② ∠A가 둔각이면

$$S = \frac{1}{2}bc\sin(180° - A)$$

$h = b\sin(180° - A)$

이때는 $\sin A$를 $0° \leq A \leq 90°$일 때만 정의했으므로 ∠A가 예각인 경우와 둔각인 경우로 나누어 학습하였다. 이를 이용하여 사각형의 넓이를 두 삼각형의 넓이의 합으로 구하였다.

현재 학습 내용

• 사인법칙과 코사인법칙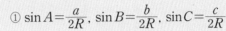

유형01 사인법칙

1. 사인법칙

(1) 삼각형 ABC의 외접원의 반지름의 길이를 R라 하면

$$\frac{a}{\sin A} = \frac{b}{\sin B} = \frac{c}{\sin C} = 2R$$

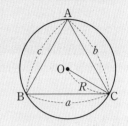

(2) 사인법칙의 변형

① $\sin A = \dfrac{a}{2R}$, $\sin B = \dfrac{b}{2R}$, $\sin C = \dfrac{c}{2R}$

② $a = 2R\sin A$, $b = 2R\sin B$, $c = 2R\sin C$

③ $a : b : c = \sin A : \sin B : \sin C$

2. 코사인법칙 ──────────── 유형02 코사인법칙

(1) 삼각형 ABC에서

$$a^2 = b^2 + c^2 - 2bc\cos A, \quad b^2 = c^2 + a^2 - 2ca\cos B, \quad c^2 = a^2 + b^2 - 2ab\cos C$$

(2) 코사인법칙의 변형

$$\cos A = \frac{b^2 + c^2 - a^2}{2bc}, \quad \cos B = \frac{c^2 + a^2 - b^2}{2ca}, \quad \cos C = \frac{a^2 + b^2 - c^2}{2ab}$$

3. 삼각형의 넓이 ──────────── 유형03 삼각형의 넓이

(1) 삼각형 ABC의 넓이를 S라 하면

$$S = \frac{1}{2}bc\sin A = \frac{1}{2}ca\sin B = \frac{1}{2}ab\sin C$$

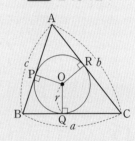

(2) 삼각형 ABC의 내접원의 반지름의 길이가 r일 때

$$S = \frac{1}{2}r(a + b + c)$$

(3) 삼각형 ABC의 외접원의 반지름의 길이가 R일 때

$$S = \frac{abc}{4R} = 2R^2\sin A\sin B\sin C$$

4. 사각형의 넓이

(1) 사각형 ABCD의 넓이는 두 삼각형 ABC, ACD의 넓이의 합으로 구할 수 있다.

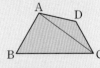

(2) **평행사변형의 넓이**

평행사변형 ABCD에서 이웃한 두 변의 길이가 a, b이고 그 끼인각의 크기가 θ일 때

$$S = ab\sin\theta$$

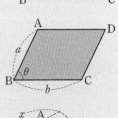

(3) 사각형 ABCD의 두 대각선의 길이가 x, y이고 두 대각선이 이루는 각의 크기가 θ일 때

$$S = \frac{1}{2}xy\sin\theta$$

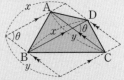

유형01 사인법칙

사인법칙을 이용하여 삼각형의 변의 길이, 내각의 크기,
외접원의 반지름의 길이와 관련된 문제를 분류하였다.

유형해결 TIP

(1) 한 변의 길이와 두 각의 크기
(2) 두 변의 길이와 그 끼인각이 아닌 한 각의 크기
(3) 외접원의 반지름의 길이
와 관련된 문제에서 사인법칙을 이용하는 경우가 많다.

441

그림과 같이 삼각형 ABC에서 $A=60°$, $\overline{BC}=12$이다.
삼각형 ABC의 외접원의 반지름의 길이는?

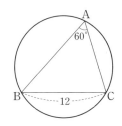

① 3　　　② $3\sqrt{3}$　　　③ 6
④ $4\sqrt{3}$　　　⑤ 7

442 빈출♕

삼각형 ABC에서 $A=75°$, $B=45°$, $b=4$일 때, c의 값과
이 삼각형의 외접원의 반지름의 길이 R의 값을 각각 구하시오.

443

삼각형 ABC에서 $a=2$, $b=2\sqrt{3}$, $A=30°$일 때, B, C의 값을
각각 구하시오.

444

반지름의 길이가 2인 원 O에 내접하는 삼각형 ABC에서
$A=60°$, $B=45°$일 때, a^2+b^2의 값을 구하시오.

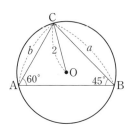

445 빈출♕

삼각형 ABC가 다음 조건을 만족시킬 때, 선분 BC의 길이는?

> (가) $9\sin A \times \sin(B+C)=4$
> (나) 삼각형 ABC의 외접원의 지름의 길이는 12이다.

① 4　　　② 6　　　③ 8
④ 10　　　⑤ 12

446 빈출♕

반지름의 길이가 3인 원에 내접하는 삼각형 ABC의 둘레의
길이가 12일 때, $\sin A+\sin B+\sin C$의 값을 구하시오.

447

삼각형 ABC에서

$$a \sin A = c \sin C$$

가 성립할 때, 삼각형 ABC는 어떤 삼각형인가?

① 정삼각형   ② $A=90°$인 직각삼각형

③ $B=90°$인 직각삼각형   ④ $a=b$인 이등변삼각형

⑤ $a=c$인 이등변삼각형

유형02 **코사인법칙**

코사인법칙을 이용하여 삼각형의 변의 길이, 내각의 크기와 관련된 문제를 분류하였다.

유형해결 TIP

(1) 두 변의 길이와 그 끼인각의 크기

(2) 세 변의 길이

와 관련된 문제에서 코사인법칙을 이용하는 경우가 많다.

448

삼각형 ABC에서 $a=3$, $c=2$, $B=60°$일 때, b의 값은?

① $\sqrt{3}$ ② 2 ③ $\sqrt{5}$

④ $\sqrt{6}$ ⑤ $\sqrt{7}$

449

삼각형 ABC에서 $a=7$, $b=3$, $c=8$일 때, A의 값은?

① $30°$ ② $45°$ ③ $60°$

④ $120°$ ⑤ $150°$

450

그림과 같이 삼각형 ABC에서 $\overline{AB}=4$, $\overline{CA}=\sqrt{21}$, $\angle B=60°$일 때, 선분 BC의 길이는?

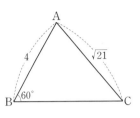

① $2\sqrt{3}$ ② 4 ③ $2\sqrt{5}$

④ $2\sqrt{6}$ ⑤ 5

451

그림과 같이 $\overline{AB}=3$, $\overline{AD}=4$, $\overline{BF}=6$인 직육면체 ABCD−EFGH가 있다. $\angle BDG=\theta$라 할 때, $\cos\theta$의 값은?

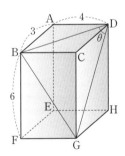

① $\dfrac{3\sqrt{5}}{25}$ ② $\dfrac{6\sqrt{5}}{25}$ ③ $\dfrac{9\sqrt{5}}{25}$

④ $\dfrac{3\sqrt{13}}{65}$ ⑤ $\dfrac{8\sqrt{13}}{65}$

452 빈출 👑

삼각형 ABC에서 $\sin A : \sin B : \sin C = 7 : 6 : 5$일 때, $\cos A$의 값은?

① $\dfrac{1}{5}$　　② $\dfrac{\sqrt{2}}{5}$　　③ $\dfrac{\sqrt{3}}{5}$

④ $\dfrac{2}{5}$　　⑤ $\dfrac{\sqrt{5}}{5}$

453

삼각형 ABC에서 $A = 105°$, $C = 45°$, $b = 6$일 때, a의 값을 구하시오.

454 빈출 👑

그림과 같이 반지름의 길이가 R인 원 O에 내접하는 삼각형 ABC에 대하여 $\overline{AB} = 5$, $\overline{AC} = 7$, $\cos A = \dfrac{4}{5}$일 때, R의 값은?

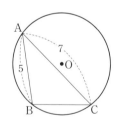

① $\dfrac{5\sqrt{2}}{4}$　　② $\dfrac{3\sqrt{2}}{2}$　　③ $\dfrac{5\sqrt{2}}{3}$

④ $2\sqrt{2}$　　⑤ $\dfrac{5\sqrt{2}}{2}$

455 빈출 👑

삼각형 ABC에서 $\overline{AB} = 7$, $\overline{BC} = 9$, $\overline{CA} = 4$일 때, 이 삼각형의 외접원의 반지름의 길이를 구하시오.

456

원 모양의 연못의 넓이를 구하기 위해 연못의 가장자리의 세 지점 A, B, C에서 거리와 각의 크기를 측정한 결과가
$$\overline{AB} = 2\sqrt{3} \text{ m}, \quad \overline{BC} = 5 \text{ m}, \quad \angle ABC = 30°$$
일 때, 이 연못의 넓이는?

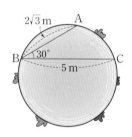

① $4\pi \text{ m}^2$　　② $5\pi \text{ m}^2$　　③ $6\pi \text{ m}^2$

④ $7\pi \text{ m}^2$　　⑤ $8\pi \text{ m}^2$

457 빈출 ♔

삼각형 ABC에서

$$\sin A = 2\cos B \sin C$$

가 성립할 때, 삼각형 ABC는 어떤 삼각형인가?

① $a=b$인 이등변삼각형 ② $b=c$인 이등변삼각형

③ $c=a$인 이등변삼각형 ④ $A=90°$인 직각삼각형

⑤ $B=90°$인 직각삼각형

458

삼각형 ABC에서

$$a\cos C - c\cos A = b$$

가 성립할 때, 삼각형 ABC는 어떤 삼각형인가?

① $A=90°$인 직각삼각형 ② $B=90°$인 직각삼각형

③ $C=90°$인 직각삼각형 ④ $b=c$인 이등변삼각형

⑤ $c=a$인 이등변삼각형

유형 03 삼각형의 넓이

삼각형의 두 변의 길이와 그 끼인각의 크기를 이용하여 넓이를 구하는 문제와 이를 활용하여 이웃하는 두 변의 길이와 그 끼인각의 크기가 주어진 평행사변형의 넓이, 두 대각선의 길이와 두 대각선이 이루는 각의 크기가 주어진 사각형의 넓이를 구하는 문제를 분류하였다.

459 빈출 ♔

삼각형 ABC에서 $A=60°$, $\overline{AB}=10$, $\overline{AC}=8$일 때, 삼각형 ABC의 넓이는?

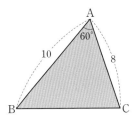

① $10\sqrt{3}$ ② 20 ③ $20\sqrt{3}$

④ 30 ⑤ $30\sqrt{3}$

460 빈출 ♔

삼각형 ABC에서 $\overline{AB}=4$, $\overline{BC}=5$이고, $\cos(A+C)=\dfrac{2}{5}$일 때, 삼각형 ABC의 넓이는?

① $\sqrt{21}$ ② $2\sqrt{21}$ ③ $3\sqrt{21}$

④ $4\sqrt{21}$ ⑤ $5\sqrt{21}$

461

넓이가 $9\sqrt{2}\ cm^2$인 삼각형 ABC에서 $\overline{AB}=3\sqrt{2}\ cm$, $\overline{AC}=12\ cm$일 때, 둔각 A의 크기는?

① $\dfrac{7}{12}\pi$ ② $\dfrac{2}{3}\pi$ ③ $\dfrac{3}{4}\pi$

④ $\dfrac{5}{6}\pi$ ⑤ $\dfrac{11}{12}\pi$

462

그림과 같이 반지름의 길이는 12이고, 중심각의 크기가 30°인 부채꼴 AOB가 있다. 선분 OA 위의 점 C에 대하여 $\overline{OC}=4$일 때, 색칠한 부분의 넓이는?

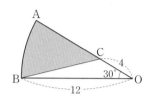

① $6\pi-3$ ② $12\pi-12$ ③ $12\pi-6$
④ $24\pi-24$ ⑤ $24\pi-12$

463 빈출 ✍ 서술형 ✏

세 변의 길이가 각각 $\overline{AB}=5$, $\overline{BC}=6$, $\overline{CA}=4$인 삼각형 ABC에 대하여 다음 물음에 답하고, 그 과정을 서술하시오.

(1) $\cos A$의 값을 구하시오.
(2) (1)을 이용하여 $\sin A$의 값을 구하시오.
(3) (2)를 이용하여 삼각형 ABC의 넓이를 구하시오.

464

그림과 같이 평행사변형 ABCD에서
$\overline{AB}=6$, $\overline{BC}=10$, $A=120°$
일 때, 이 평행사변형의 넓이를 구하시오.

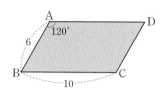

465

그림과 같이 두 대각선의 길이가 각각 5, 6이고 두 대각선이 이루는 각의 크기가 θ인 사각형 ABCD에서 $\cos\theta=\dfrac{4}{5}$일 때, 사각형 ABCD의 넓이는?

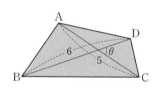

① 8 ② 9 ③ 10
④ 11 ⑤ 12

유형01 사인법칙

466

그림과 같이 두 원 C_1, C_2가 두 점 A, B에서 만난다. 선분 AB의 길이는 6이고, 호 AB에 대한 두 원 C_1, C_2의 원주각의 크기는 각각 60°, 45°이다. 두 원 C_1, C_2의 넓이의 합은?

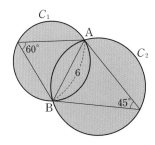

① 28π ② 30π ③ 32π

④ 34π ⑤ 36π

467

그림과 같이 한 평면 위의 네 점 A, B, C, D가
$$\overline{\mathrm{AD}}=\overline{\mathrm{BD}}=\overline{\mathrm{CD}},\ \overline{\mathrm{AC}}=8,\ \angle\mathrm{BAC}=20°,\ \angle\mathrm{BCA}=40°$$
를 만족시킬 때, 선분 BD의 길이는?

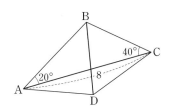

① $\dfrac{4}{3}$ ② $\dfrac{4\sqrt{3}}{3}$ ③ $\dfrac{8}{3}$

④ $\dfrac{8\sqrt{3}}{3}$ ⑤ $\dfrac{16}{3}$

468

| 선행 447 |

삼각형 ABC에서
$$\sin^2(A+B)=\sin^2(B+C)+\sin^2(A+C)$$
가 성립할 때, 삼각형 ABC는 어떤 삼각형인가?

① $A=\dfrac{\pi}{2}$인 직각삼각형   ② $C=\dfrac{\pi}{2}$인 직각삼각형

③ $a=b$인 이등변삼각형   ④ $b=c$인 이등변삼각형

⑤ 정삼각형

469

넓이가 30인 삼각형 ABC가 다음 조건을 만족시킨다.

> (가) $\cos^2 A-\cos^2 B+\cos^2 C=1$
>
> (나) $3\tan(\pi-A)-\tan\left(\dfrac{\pi}{4}-B\right)+\tan(\pi+C)=3$

삼각형 ABC의 외접원의 넓이는?

① 20π ② 30π ③ 40π

④ 50π ⑤ 60π

470

그림과 같이 $A=30°$, $\overline{BC}=6$인 삼각형 ABC에서 선분 AC의 길이의 최댓값은?

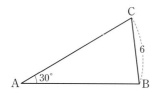

① 9   ② 10   ③ 12

④ 15   ⑤ 18

471

[교육청기출]

그림과 같이 $\overline{AB}=10$, $\overline{BC}=6$, $\overline{CA}=8$인 삼각형 ABC와 그 삼각형의 내부에 $\overline{AP}=6$인 점 P가 있다. 점 P에서 변 AB와 변 AC에 내린 수선의 발을 각각 Q, R라 할 때, 선분 QR의 길이는?

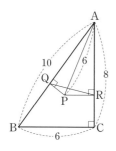

① $\dfrac{14}{5}$ ② 3   ③ $\dfrac{16}{5}$

④ $\dfrac{17}{5}$ ⑤ $\dfrac{18}{5}$

472 빈출 👑

그림과 같이 강 건너에 있는 나무의 높이 $\overline{PQ}$를 재기 위하여 30 m만큼 떨어져 있는 두 지점 A, B에서 나무의 밑 P와 이루는 각의 크기를 측정했더니 다음과 같은 값을 얻었다.

$$\angle APQ=90°, \quad \angle PAB=75°, \quad \angle PBA=45°$$

A지점에서 나무를 올려다 본 각이 $\angle PAQ=30°$일 때, 나무의 높이는 몇 m인가?

(단, 지면의 높이는 일정하고, 나무는 지면에 수직이다.)

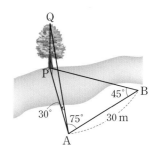

① 10 m   ② $10\sqrt{2}$ m   ③ $10\sqrt{3}$ m

④ 15 m   ⑤ $15\sqrt{2}$ m

473

그림과 같이 강변에 200 m 떨어져 있는 두 지점 A, B와 건너편 강변에 C지점이 있다. $\angle CAB=22°$이고, 직선 BC와 직선 AB가 이루는 예각의 크기가 52°일 때, 강폭은 몇 m인가?

(단, 강폭은 일정하고, $\sin 22°=0.37$, $\sin 52°=0.78$로 계산한다.)

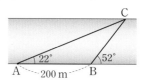

① 111.53 m   ② 112.15 m   ③ 113.24 m

④ 114.84 m   ⑤ 115.44 m

474 빈출 👑

그림과 같이 네 집의 위치 A, B, C, D에서 측량한 결과
두 집 A, B 사이의 거리는 6 km이고,

$$\angle ABC = 90°, \quad \angle BAC = 45°,$$
$$\angle BCD = 105°, \quad \angle DBC = 30°$$

일 때, 다음 물음에 답하시오. (단, 집의 크기는 무시한다.)

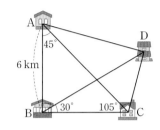

(1) 두 지점 C, D 사이의 거리를 구하시오.
(2) 두 지점 A, D 사이의 거리를 구하시오.

유형 02 코사인법칙

475 빈출 👑

선행 452

삼각형 ABC에서

$$\frac{\sin A}{3} = \frac{\sin B}{7} = \frac{\sin C}{5}$$

일 때, 세 각 A, B, C 중 가장 큰 각의 크기는?

① $\dfrac{\pi}{3}$ ② $\dfrac{\pi}{2}$ ③ $\dfrac{2}{3}\pi$

④ $\dfrac{3}{4}\pi$ ⑤ $\dfrac{5}{6}\pi$

476

삼각형 ABC의 세 꼭짓점 A, B, C에서 각각 마주보는 변 또는
그 연장선에 내린 수선의 길이의 비가 2 : 3 : 4이다.
$\angle BAC = \theta$에 대하여 $\cos \theta$의 값은?

① $-\dfrac{5}{4}$ ② $-\dfrac{13}{12}$ ③ $-\dfrac{11}{12}$

④ $-\dfrac{13}{24}$ ⑤ $-\dfrac{11}{24}$

477

선행 457

다음 조건을 만족시키는 삼각형 ABC는 어떤 삼각형인가?

> (가) $\sin A + \sin B = 2\sin(B+C)$
>
> (나) $\dfrac{\sin A}{\sin C} = \cos B$

① 정삼각형 ② $b=c$인 이등변삼각형
③ $A=90°$인 직각삼각형 ④ $C=90°$인 직각이등변삼각형
⑤ 선분 AC가 빗변인 직각삼각형

478

삼각형 ABC의 세 변의 길이 a, b, c에 대하여
$$3c^2 = 3a^2 + 2ab + 3b^2$$
이 성립할 때, $\tan(A+B)$의 값은?

① $-2\sqrt{2}$ ② $-\dfrac{\sqrt{2}}{4}$ ③ $\dfrac{\sqrt{2}}{4}$

④ $\sqrt{2}$ ⑤ $2\sqrt{2}$

479 빈출 👑

다음 등식이 성립하는 삼각형 ABC는 어떤 삼각형인가?

$$\sin^2 A \cos(A+C) = \cos(B+C) \sin^2 B$$

① $a=b$인 이등변삼각형 ② $b=c$인 이등변삼각형
③ 정삼각형 ④ $A=90°$인 직각삼각형
⑤ $B=90°$인 직각삼각형

480 서술형 ✏️

삼각형 ABC에서
$$a\cos A = b\cos B$$
가 성립할 때, 삼각형 ABC는 어떤 삼각형인지 서술하시오.

481 빈출 👑

그림과 같이 길이가 $2\sqrt{7}$인 선분 AB를 지름으로 하는 원 O 위의 한 점을 P라 하자. $\overline{AP}=4$이고 $\angle PAB=\theta$일 때, $\cos 2\theta$의 값은?

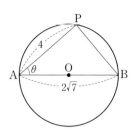

① $\dfrac{1}{7}$ ② $\dfrac{\sqrt{2}}{7}$ ③ $\dfrac{2\sqrt{2}}{7}$

④ $\dfrac{3}{7}$ ⑤ $\dfrac{2\sqrt{3}}{7}$

482

그림과 같이 한 변의 길이가 4인 정육각형 ABCDEF에서 변 BC의 중점을 M이라 하자. $\angle CMD=\theta$라 할 때, $\cos\theta$의 값은?

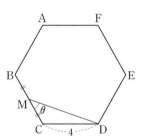

① $\dfrac{\sqrt{7}}{7}$ ② $\dfrac{\sqrt{14}}{7}$ ③ $\dfrac{\sqrt{21}}{7}$

④ $\dfrac{2\sqrt{7}}{7}$ ⑤ $\dfrac{\sqrt{35}}{7}$

483

그림과 같이 $\overline{AB}=\overline{AC}=6$, $\overline{BC}=4$인 삼각형 ABC에서 선분 AC의 연장선 위에 점 D가 $\overline{CD}=4$를 만족시킬 때, 선분 BD의 길이를 구하시오. (단, $\overline{AC}<\overline{AD}$)

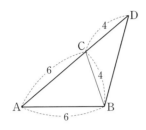

484

그림과 같이 $\overline{AB}=4$, $\overline{AC}=7$인 삼각형 ABC의 변 BC 위의 점 D에 대하여 $\overline{BD}=6$, $\overline{CD}=3$일 때, 선분 AD의 길이는?

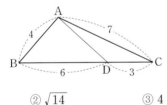

① $2\sqrt{3}$ ② $\sqrt{14}$ ③ 4

④ $3\sqrt{2}$ ⑤ $2\sqrt{5}$

485

그림과 같이 삼각형 ABC에서 ∠A의 이등분선이 변 BC와 만나는 점을 D라 하자.

$$\overline{AB}=12, \overline{BC}=10, \overline{CA}=8$$

일 때, 선분 AD의 길이는?

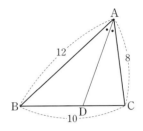

① $6\sqrt{2}$ ② $\dfrac{11\sqrt{2}}{2}$ ③ $5\sqrt{2}$

④ $\dfrac{9\sqrt{2}}{2}$ ⑤ $4\sqrt{2}$

486

그림과 같이 삼각형 ABC에서

$$\overline{AB}=\sqrt{14}, \overline{BC}=5, \overline{CA}=3$$

이다. 선분 BC의 연장선 위의 점 D가 ∠ADC=30°를 만족시킬 때, 선분 AD의 길이는?

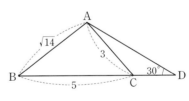

① 4   ② $\sqrt{17}$ ③ $3\sqrt{2}$

④ $\sqrt{19}$ ⑤ $2\sqrt{5}$

487

교육청기출

그림과 같이 평면 위에 한 변의 길이가 3인 정사각형 ABCD와 한 변의 길이가 4인 정사각형 CEFG가 있다.

$\angle DCG = \theta \ (0 < \theta < \pi)$라 할 때, $\sin \theta = \dfrac{\sqrt{11}}{6}$이다.

$\overline{DG} \times \overline{BE}$의 값은?

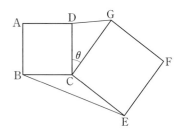

① 15
② 17
③ 19
④ 21
⑤ 23

489

평가원기출

반지름의 길이가 $2\sqrt{7}$인 원에 내접하고 $\angle A = \dfrac{\pi}{3}$인 삼각형 ABC가 있다. 점 A를 포함하지 않는 호 BC 위의 점 D에 대하여 $\sin (\angle BCD) = \dfrac{2\sqrt{7}}{7}$일 때, $\overline{BD} + \overline{CD}$의 값은?

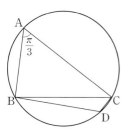

① $\dfrac{19}{2}$
② 10
③ $\dfrac{21}{2}$
④ 11
⑤ $\dfrac{23}{2}$

488

선생님 Pick! **평가원기출**

$\angle A = \dfrac{\pi}{3}$이고 $\overline{AB} : \overline{AC} = 3 : 1$인 삼각형 ABC가 있다. 삼각형 ABC의 외접원의 반지름의 길이가 7일 때, 선분 AC의 길이를 k라 하자. k^2의 값을 구하시오.

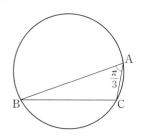

490

교육청변형 | **선행 471**

그림과 같이 $\overline{AB} = 7$, $\overline{BC} = 9$, $\overline{AC} = 8$인 삼각형 ABC의 내부의 점 P에서 변 AB와 변 AC에 내린 수선의 발을 각각 Q, R라 할 때, $\overline{QR} = 3$이다. 선분 AP의 길이는?

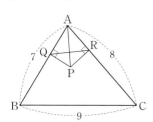

① $\dfrac{7\sqrt{5}}{15}$
② $\dfrac{7\sqrt{5}}{10}$
③ $\dfrac{14\sqrt{5}}{15}$
④ $\dfrac{7\sqrt{5}}{5}$
⑤ $\dfrac{14\sqrt{5}}{5}$

491

교육청기출

그림과 같이
$$\overline{AB}=3, \overline{BC}=a, \overline{CA}=4$$
인 삼각형 ABC가 원에 내접하고 있다. 이 원의 반지름의 길이를 R라 할 때, 〈보기〉에서 옳은 것만을 있는 대로 고른 것은?

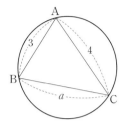

〈보기〉

ㄱ. $a=5$이면 $R=\dfrac{5}{2}$이다.

ㄴ. $R=4$이면 $a=8\sin A$이다.

ㄷ. $1 < a \le \sqrt{13}$일 때, ∠A의 최댓값은 $60°$이다.

① ㄱ   ② ㄷ   ③ ㄱ, ㄴ

④ ㄴ, ㄷ   ⑤ ㄱ, ㄴ, ㄷ

492

그림과 같이 원에 내접하는 사각형 ABCD에서
$$\cos A=\dfrac{1}{3}, \overline{BC}=10, \overline{CD}=6$$
일 때, 다음 중 옳지 <u>않은</u> 것은?

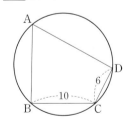

① $\sin(A+C)=0$ ② $\cos(A+B)=\cos(C+D)$

③ $\overline{BD}=4\sqrt{11}$ ④ $\dfrac{\sin(\angle BAC)}{\sin(\angle DAC)}=\dfrac{3}{5}$

⑤ 사각형 ABCD의 외접원의 넓이는 $\dfrac{99}{2}\pi$이다.

493

그림과 같이
$$A=120°, \overline{AB}=5, \overline{AC}=3$$
인 삼각형 ABC의 외접원 위의 점 P에 대하여
$\overline{PB}=x, \overline{PC}=y$라 하자. $x+y=10$일 때, xy의 값을 구하시오.

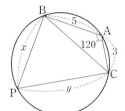

494

그림과 같이 사각형 ABCD에서 변 AB와 변 CD는 평행하고, $\overline{BC}=6, \overline{AB}=\overline{AC}=\overline{AD}=9$일 때, 대각선 BD의 길이는?

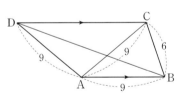

① 14   ② $11\sqrt{2}$ ③ 16

④ $12\sqrt{2}$ ⑤ 18

495
교육청기출

그림과 같이 선분 AB를 지름으로 하는 원 위의 점 C에 대하여

$$\overline{BC}=12\sqrt{2},\ \cos(\angle CAB)=\frac{1}{3}$$

이다. 선분 AB를 5 : 4로 내분하는 점을 D라 할 때, 삼각형 CAD의 외접원의 넓이는 S이다. $\dfrac{S}{\pi}$의 값을 구하시오.

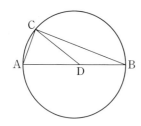

496
교육청기출

정삼각형 ABC가 반지름의 길이가 r인 원에 내접하고 있다. 선분 AC와 선분 BD가 만나고 $\overline{BD}=\sqrt{2}$가 되도록 원 위에서 점 D를 잡는다. $\angle DBC=\theta$라 할 때, $\sin\theta=\dfrac{\sqrt{3}}{3}$이다. 반지름의 길이 r의 값은?

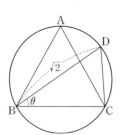

① $\dfrac{6-\sqrt{6}}{5}$ ② $\dfrac{6-\sqrt{5}}{5}$ ③ $\dfrac{4}{5}$

④ $\dfrac{6-\sqrt{3}}{5}$ ⑤ $\dfrac{6-\sqrt{2}}{5}$

497

그림과 같이 한 모서리의 길이가 3인 정사면체 OABC에서 모서리 AB를 1 : 2로 내분하는 점을 M이라 하자. 점 M을 출발하여 두 모서리 OB, OC 위를 움직이는 두 점 P, Q를 차례로 지나 점 A에 이르는 최단 거리는?

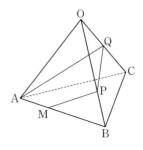

① $3\sqrt{3}$ ② $2\sqrt{7}$ ③ $\sqrt{29}$
④ $\sqrt{30}$ ⑤ $\sqrt{31}$

498

그림과 같이 밑면의 반지름의 길이가 4 km, 모선의 길이가 12 km인 원뿔 모양의 산이 있다. A지점에서 이 산을 한 바퀴 돌아 A지점으로부터 3 km 떨어진 모선 OA 위의 B지점에 이르는 최단 거리의 등산로를 만들려고 한다. 이 등산로의 길이는?

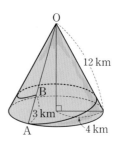

① $\sqrt{13}$ km   ② $\sqrt{37}$ km   ③ $3\sqrt{13}$ km
④ $2\sqrt{37}$ km   ⑤ $3\sqrt{37}$ km

499 평가원기출

A지점에서 공을 치기 시작하여 B지점에 이르게 하는 골프 경기가 있다. 한 방송사에서 이 골프 경기를 중계 방송하기 위하여 출발점인 A지점과 $\overline{AC}=240$ m, $\overline{BC}=60$ m인 C지점에 각각 카메라를 설치하였다. 한 선수가 A지점에서 친 공이 D지점에 떨어졌을 때, A와 C지점에서 바라본 각이 $\angle CAD=\angle ACD=30°$이었다. $\angle BCD=30°$일 때, D지점에서 B지점까지의 직선거리는?

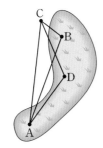

① $18\sqrt{21}$ m ② $20\sqrt{21}$ m ③ $22\sqrt{21}$ m

④ $24\sqrt{21}$ m ⑤ $26\sqrt{21}$ m

유형 03 삼각형의 넓이

500

삼각형 ABC에서 $\overline{AB}=\sqrt{2}$, $\overline{BC}=\sqrt{17}$이고 $A=135°$일 때, 삼각형 ABC의 넓이를 구하시오.

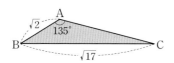

501 빈출 ♕

세 변의 길이가 4, 5, 7인 삼각형의 내접원의 반지름의 길이는?

① $\dfrac{\sqrt{3}}{2}$ ② $\dfrac{\sqrt{6}}{2}$ ③ 2

④ $\sqrt{6}$ ⑤ $2\sqrt{3}$

502 빈출 ♕

삼각형 ABC에서 $A=120°$, $a=5$, $b+c=\sqrt{33}$일 때, 삼각형 ABC의 넓이는?

① $\dfrac{2\sqrt{3}}{3}$ ② 2 ③ $2\sqrt{3}$

④ 6 ⑤ $6\sqrt{3}$

503 서술형 ✎

세 변의 길이가 a, b, c인 삼각형 ABC의 넓이를 S, 외접원의 반지름의 길이를 R라 할 때, $S=\dfrac{abc}{4R}$임을 증명하시오.

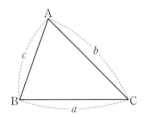

504

삼각형 ABC의 외접원의 반지름의 길이가 6, 내접원의 반지름의 길이가 3일 때, $\dfrac{\sin A+\sin B+\sin C}{\sin A\sin B\sin C}$의 값을 구하시오.

505 빈출 ♛

그림과 같이 $\overline{\mathrm{AB}}=5$, $\overline{\mathrm{BC}}=6$, $\overline{\mathrm{CA}}=4$인 삼각형 ABC에서 선분 BC를 한 변으로 하는 정사각형 BEDC를 만들었다. 삼각형 ABE의 넓이는?

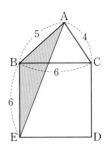

① $\dfrac{15}{2}$ ② 9   ③ $\dfrac{45}{4}$

④ 15   ⑤ $\dfrac{45}{2}$

506

그림과 같이 $\overline{\mathrm{AB}}=5$, $\overline{\mathrm{AC}}=3$, $C=90°$인 직각삼각형 ABC에 두 변 AB, AC를 각각 한 변으로 하는 정사각형을 그렸다. 삼각형 ADE의 넓이는?

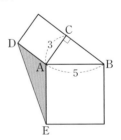

① $3\sqrt{2}$ ② $3\sqrt{3}$ ③ 6

④ $6\sqrt{2}$ ⑤ $6\sqrt{3}$

507 빈출 👑

$A=120°$, $\overline{AB}=10$, $\overline{AC}=6$인 삼각형 ABC에서 ∠A의
이등분선과 변 BC가 만나는 점을 D라 할 때, 선분 AD의 길이는?

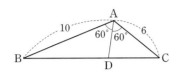

① $\dfrac{11}{4}$　　　② 3　　　③ $\dfrac{13}{4}$

④ $\dfrac{15}{4}$　　　⑤ 4

508 빈출 👑

그림과 같이 $\overline{AB}=8$, $\overline{AC}=10$인 삼각형 ABC에서 선분 BC의
중점을 M이라 하자. ∠BAM=α, ∠CAM=β라 할 때,
$\dfrac{\sin\alpha}{\sin\beta}$의 값은?

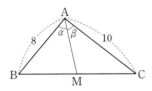

① $\dfrac{3}{5}$　　　② $\dfrac{4}{5}$　　　③ $\dfrac{5}{4}$

④ $\dfrac{8}{5}$　　　⑤ $\dfrac{5}{3}$

509 서술형 ✏️

반지름의 길이가 6인 원 위의 세 점 A, B, C에 대하여

$$\overparen{AB} : \overparen{BC} : \overparen{CA} = 3 : 4 : 5$$

일 때, 삼각형 ABC의 넓이를 구하고, 그 과정을 서술하시오.

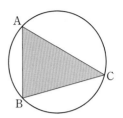

510

삼각형 ABC에서 $\sin A : \sin B : \sin C = 4 : 5 : 6$이고, 삼각형
ABC의 넓이가 $\dfrac{15\sqrt{7}}{16}$일 때, 삼각형 ABC의 둘레의 길이 l과
삼각형 ABC의 외접원의 넓이 S를 각각 구하시오.

511

그림과 같이 한 변의 길이가 8인 정삼각형 모양의 종이를 한 꼭짓점이 그 대변을 3 : 1로 내분하는 점 위에 오도록 접었을 때, 접힌 색칠한 부분의 넓이는?

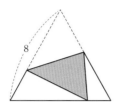

① $\dfrac{169\sqrt{3}}{140}$ ② $\dfrac{169}{70}$ ③ $\dfrac{169\sqrt{3}}{70}$

④ $\dfrac{169}{35}$ ⑤ $\dfrac{169\sqrt{3}}{35}$

512

삼각형 ABC의 세 변 AB, BC, CA를 1 : 2로 내분하는 점을 각각 D, E, F라 할 때, 삼각형 ABC와 삼각형 DEF의 넓이의 비는?

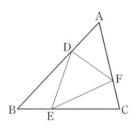

① 2 : 1   ② 3 : 1   ③ 3 : 2

④ 4 : 1   ⑤ 4 : 3

513

한 변의 길이가 $4\sqrt{2}$인 정삼각형 ABC의 내부의 한 점 P에서 세 변 AB, BC, CA에 내린 수선의 발을 각각 D, E, F라 하자. 삼각형 DEF의 넓이가 $\sqrt{3}$일 때, $\overline{PD}^2 + \overline{PE}^2 + \overline{PF}^2$의 값은?

① $8\sqrt{3}$ ② 16   ③ $16\sqrt{2}$

④ $16\sqrt{3}$ ⑤ 32

514

| 선행 465 |

그림과 같이 사각형 ABCD의 두 대각선의 길이는 x, y이고, 두 대각선이 이루는 예각의 크기는 $30°$이다. $x+y=12$일 때, 사각형 ABCD의 넓이의 최댓값을 구하시오.

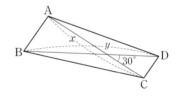

515

그림과 같이 평행사변형 ABCD에서 $\overline{AB}=3\sqrt{5}$, $\overline{AC}=12$, $\overline{BD}=18$일 때, 평행사변형 ABCD의 넓이는?

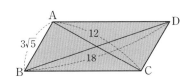

① $24\sqrt{5}$ ② $28\sqrt{5}$ ③ $32\sqrt{5}$

④ $36\sqrt{5}$ ⑤ $40\sqrt{5}$

516

그림과 같이 사각형 ABCD에서
$\overline{AB}=8$, $\overline{BC}=10$, $\overline{CD}=9$, $\overline{DA}=7$, $A=120°$
일 때, 사각형 ABCD의 넓이는?

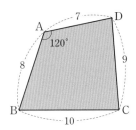

① $14+12\sqrt{17}$ ② $28+12\sqrt{17}$

③ $14\sqrt{3}+12\sqrt{13}$ ④ $14\sqrt{3}+12\sqrt{14}$

⑤ $14\sqrt{3}+12\sqrt{15}$

517

그림과 같이 원에 내접하는 사각형 ABCD에서
$\overline{AB}=4$, $\overline{BC}=1$, $\overline{DA}=4$, $\angle ADC=60°$
일 때, 사각형 ABCD의 넓이는?

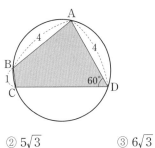

① $4\sqrt{3}$ ② $5\sqrt{3}$ ③ $6\sqrt{3}$

④ $7\sqrt{3}$ ⑤ $8\sqrt{3}$

518 빈출 서술형

원에 내접하는 사각형 ABCD에서
$\overline{AB}=3$, $\overline{BC}=2$, $\overline{CD}=1$, $\overline{DA}=4$
일 때, 다음 물음에 답하고 그 과정을 서술하시오.

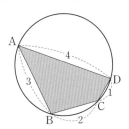

(1) $\cos B$의 값을 구하시오.

(2) 사각형 ABCD의 넓이를 구하시오.

519

그림과 같이 원에 내접하는 사각형 ABCD에서 $\overline{AB}=3$, $\overline{BC}=1$, $\overline{AD}=2\sqrt{2}$이고, 삼각형 ABD의 넓이가 $\frac{3\sqrt{7}}{2}$일 때, 선분 CD의 길이는? (단, $\angle BAD$는 예각이다.)

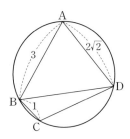

① $\frac{3\sqrt{2}}{2}$ ② $2\sqrt{2}$ ③ $\frac{5\sqrt{2}}{2}$

④ $3\sqrt{2}$ ⑤ $\frac{7\sqrt{2}}{2}$

520 빈출 👑

교육청기출 | 선행 493 |

반지름의 길이가 3인 원의 둘레를 6등분하는 점 중에서 연속된 세 개의 점을 각각 A, B, C라 하자. 점 B를 포함하지 않는 호 AC 위의 점 P에 대하여 $\overline{AP}+\overline{CP}=8$이다. 사각형 ABCP의 넓이는?

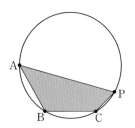

① $\frac{13\sqrt{3}}{3}$ ② $\frac{16\sqrt{3}}{3}$ ③ $\frac{19\sqrt{3}}{3}$

④ $\frac{22\sqrt{3}}{3}$ ⑤ $\frac{25\sqrt{3}}{3}$

521 빈출 👑

그림과 같이 $A=60°$, $\overline{AB}=6$, $\overline{AC}=4$인 삼각형 ABC가 있다. 두 선분 AB, AC 위에 각각 두 점 P, Q를 잡을 때, 삼각형 ABC의 넓이를 이등분하는 선분 PQ의 길이의 최솟값은?

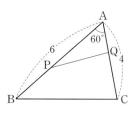

① 3 ② $\sqrt{10}$ ③ $\sqrt{11}$

④ $2\sqrt{3}$ ⑤ $\sqrt{13}$

스키마로 풀이 흐름 알아보기

다음 등식이 성립하는 삼각형 ABC는 어떤 삼각형인가?

$$\underset{조건②}{\underline{\sin^2 A\cos(A+C)}}=\cos(B+C)\sin^2 B$$

(조건① / 답 표시)

① $a=b$인 이등변삼각형   ② $b=c$인 이등변삼각형   ③ 정삼각형

④ $A=90°$인 직각삼각형   ⑤ $B=90°$인 직각삼각형

유형02 코사인법칙 479

스키마 schema   ≫ 주어진 조건 은 무엇인지? 구하는 답 은 무엇인지? 이 둘을 어떻게 연결할지?

1단계

조건
① 삼각형 ABC → $A+B+C=\pi$
② $\sin^2 A\cos(A+C)$ $=\cos(B+C)\sin^2 B$

→ $\sin^2 A\cos B=\cos A\sin^2 B$

조건 ①에서 $A+B+C=\pi$이므로
조건 ②에 대입하면
$\sin^2 A\cos(\pi-B)=\cos(\pi-A)\sin^2 B$
$\sin^2 A(-\cos B)=(-\cos A)\sin^2 B$
$\sin^2 A\cos B=\cos A\sin^2 B$ ······ ㉠

2단계

조건
① 삼각형 ABC ── $A+B+C=\pi$
② $\sin^2 A\cos(A+C)$ $=\cos(B+C)\sin^2 B$

$\sin^2 A\cos B=\cos A\sin^2 B$

사인법칙, 코사인법칙 ↓

$a^3-b^3+a^2b-ab^2+ac^2-bc^2=0$

이때 삼각형 ABC의 외접원의 반지름의
길이를 R라 하면 사인법칙에 의하여
$\sin A=\dfrac{a}{2R}$, $\sin B=\dfrac{b}{2R}$
또한, 코사인법칙에 의하여
$\cos A=\dfrac{b^2+c^2-a^2}{2bc}$,
$\cos B=\dfrac{c^2+a^2-b^2}{2ca}$
이를 각각 ㉠에 대입하면
$\left(\dfrac{a}{2R}\right)^2\times\dfrac{c^2+a^2-b^2}{2ca}$
$=\dfrac{b^2+c^2-a^2}{2bc}\times\left(\dfrac{b}{2R}\right)^2$
$\therefore a^3-b^3+a^2b-ab^2+ac^2-bc^2=0$

3단계

조건
① 삼각형 ABC ── $A+B+C=\pi$
② $\sin^2 A\cos(A+C)$ $=\cos(B+C)\sin^2 B$

$\sin^2 A\cos B=\cos A\sin^2 B$

사인법칙, 코사인법칙 ↓

$a^3-b^3+a^2b-ab^2+ac^2-bc^2=0$ → $a=b$
↓
답 어떤 삼각형 → $a=b$인 이등변삼각형

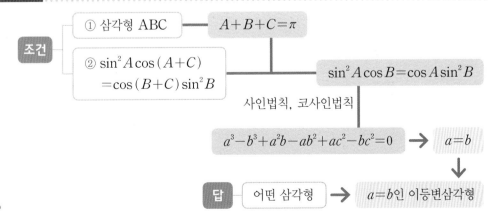

공통인수 $a-b$로 각각 묶어내면
$(a-b)(a^2+ab+b^2)$
        $+(a-b)ab+(a-b)c^2=0$
$(a-b)(a^2+2ab+b^2+c^2)=0$
$(a-b)\{(a+b)^2+c^2\}=0$
이때 $(a+b)^2>0$, $c^2>0$이므로
$a=b$
따라서 삼각형 ABC는
$a=b$인 이등변삼각형이다.

답 ①

스키마로 풀이 흐름 알아보기

그림과 같이 원에 내접하는 사각형 ABCD에서 $\overline{AB}=4$, $\overline{BC}=1$, $\overline{DA}=4$, $\angle ADC=60°$
<u>조건①</u>   <u>조건②</u>
일 때, 사각형 ABCD의 넓이는?
    <u>답</u>

① $4\sqrt{3}$ ② $5\sqrt{3}$ ③ $6\sqrt{3}$ ④ $7\sqrt{3}$ ⑤ $8\sqrt{3}$

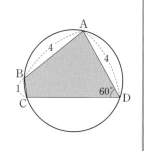

유형03 삼각형의 넓이 517

스키마 schema   ≫ 주어진 **조건** 은 무엇인지? 구하는 **답** 은 무엇인지? 이 둘을 어떻게 연결할지?

1 단계

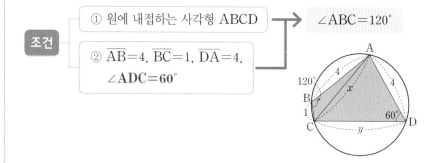

사각형 ABCD의 넓이는
두 삼각형 ABC와 ADC의 넓이의
합과 같다.
이 두 넓이를 구하기 위해
$\overline{AC}=x$, $\overline{CD}=y$라 하자.
조건 ①에 의하여
사각형 ABCD는 원에 내접하고
조건 ②에서 $\angle ADC=60°$이므로
$\angle ABC=180°-60°=120°$

2 단계

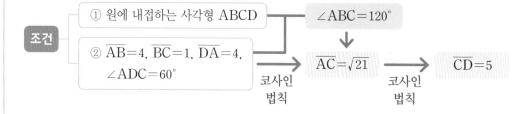

삼각형 ABC에서
코사인법칙에 의하여
$x^2=4^2+1^2-2\times4\times1\times\cos120°$
  $=21$
$\therefore x=\sqrt{21}\ (\because x>0)$
삼각형 ADC에서
코사인법칙에 의하여
$(\sqrt{21})^2=4^2+y^2-2\times4\times y\times\cos60°$
$\therefore y=5\ (\because y>0)$

3 단계

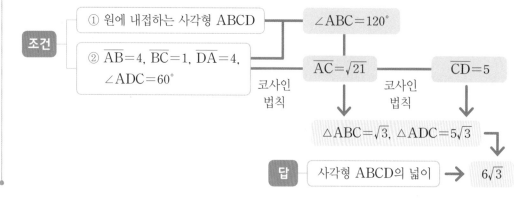

(삼각형 ABC의 넓이)
$=\dfrac{1}{2}\times4\times1\times\sin120°=\sqrt{3}$
(삼각형 ADC의 넓이)
$=\dfrac{1}{2}\times4\times5\times\sin60°=5\sqrt{3}$
$\therefore$ (사각형 ABCD의 넓이)
  $=\sqrt{3}+5\sqrt{3}=6\sqrt{3}$

답   사각형 ABCD의 넓이 → $6\sqrt{3}$ 답 ③

522 서술형 ✎

그림과 같이 운동장의 세 지점 O, A, B에 대하여 O지점에서
A지점까지의 거리는 30 m, O지점에서 B지점까지의 거리는
40 m, ∠AOB=60°이다. 영희는 O지점에서 출발하여 A지점을
향해 1 m/초의 속력으로 직선 경로를 따라 달리고, 철수는
B지점에서 출발하여 O지점을 향해 2 m/초의 속력으로 직선
경로를 따라 달린다. 영희와 철수의 위치를 나타내는 점을 각각
P, Q라 할 때, 영희와 철수가 동시에 출발하여 직선 PQ와 직선
AB가 서로 평행하게 되는 순간의 선분 PQ의 길이를 구하고,
그 과정을 서술하시오. (단, 각 지점과 사람의 크기는 무시한다.)

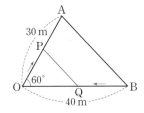

523

그림과 같이 모든 모서리의 길이가 4인 정사각뿔이 있다. 모서리
OC 위를 움직이는 점 P에 대하여 ∠BPD=θ라 할 때, $\cos\theta$의
최댓값을 M, 최솟값을 m이라 하자. $M-m$의 값은?

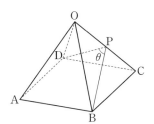

① $\dfrac{\sqrt{5}}{3}$ ② $\dfrac{2}{3}$ ③ $\dfrac{\sqrt{3}}{3}$

④ $\dfrac{\sqrt{2}}{3}$ ⑤ $\dfrac{1}{3}$

524

$\overline{AB}=8$, $\overline{BC}=10$, $\overline{CA}=x$인 삼각형 ABC에서 각 C의 크기가
최대일 때, x와 $\cos C$의 값을 각각 구하시오.

525

그림과 같이 반지름의 길이가 3인 원의 중심 O에서 1만큼 떨어진
점 A와 원 위를 움직이는 점 P가 있다. $\sin(\angle OPA)$가 최댓값을
가질 때, 선분 AP의 길이는? (단, 점 A는 움직이지 않는다.)

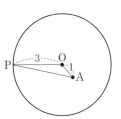

① $\sqrt{6}$ ② $\sqrt{7}$ ③ $2\sqrt{2}$
④ 3   ⑤ $\sqrt{10}$

526
평가원기출

그림과 같이 $\overline{AB}=4$, $\overline{AC}=5$이고 $\cos(\angle BAC)=\dfrac{1}{8}$인 삼각형 ABC가 있다. 선분 AC 위의 점 D와 선분 BC 위의 점 E에 대하여 $\angle BAC=\angle BDA=\angle BED$일 때, 선분 DE의 길이는?

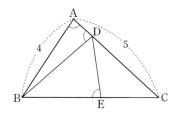

① $\dfrac{7}{3}$ ② $\dfrac{5}{2}$ ③ $\dfrac{8}{3}$

④ $\dfrac{17}{6}$ ⑤ 3

527

그림과 같이 $\overline{AB}=5$, $\overline{AC}=4$이고 $\cos(\angle BAC)=\dfrac{1}{8}$인 삼각형 ABC의 꼭짓점 A에서 선분 BC에 내린 수선의 발을 H라 하자. 선분 AH를 2 : 3으로 내분하는 점을 M이라 할 때, 선분 AM을 지름으로 하는 원이 선분 AC와 만나는 점 중에서 점 A가 아닌 점을 P라 하자. 선분 AP의 길이를 구하시오.

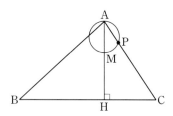

528
빈출 👑
교육청변형

그림과 같이 반지름의 길이가 $\dfrac{2\sqrt{3}}{3}$인 원이 삼각형 ABC에 내접하고 있다. 원이 선분 BC와 만나는 점을 D라 할 때, $\overline{BD}=6$, $\overline{CD}=2$이다. 삼각형 ABC의 넓이는?

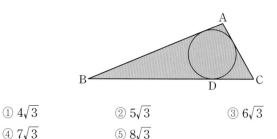

① $4\sqrt{3}$ ② $5\sqrt{3}$ ③ $6\sqrt{3}$

④ $7\sqrt{3}$ ⑤ $8\sqrt{3}$

529
교육청기출

그림과 같이 $\angle ABC=\dfrac{\pi}{2}$인 삼각형 ABC에 내접하고 반지름의 길이가 3인 원의 중심을 O라 하자. 직선 AO가 선분 BC와 만나는 점을 D라 할 때, $\overline{DB}=4$이다. 삼각형 ADC의 외접원의 넓이는?

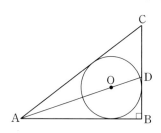

① $\dfrac{125}{2}\pi$ ② 63π ③ $\dfrac{127}{2}\pi$

④ 64π ⑤ $\dfrac{129}{2}\pi$

530

선행 513

그림과 같이 $\overline{AB}=6$, $\overline{BC}=4$, $\overline{CA}=5$인 삼각형 ABC의 내부의
한 점 P에서 세 변 BC, CA, AB에 내린 수선의 발을 각각
D, E, F라 할 때, $\overline{PD}=\sqrt{7}$, $\overline{PE}=\dfrac{\sqrt{7}}{2}$이다. 삼각형 EFP의

넓이가 $\dfrac{q}{p}\sqrt{7}$일 때, $p+q$의 값을 구하시오.

(단, p와 q는 서로소인 자연수이다.)

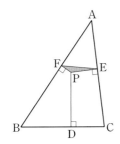

531

그림과 같이 $B=90°$인 삼각형 ABC의 변 BC 위의 점 D와
변 CA 위의 점 E는
$$\overline{BD}=\overline{CE}, \quad \angle ADE=90°, \quad \angle DAE=30°$$
를 만족시킨다. $\overline{AD}=4$일 때, 선분 CD의 길이를 구하시오.

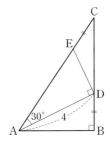

532

서술형 ✏️ · · · · · · · · · · · · 선행 455, 501

그림은 삼각형 ABC에 외접하는 원과 내접하는 원을 나타낸
것이다. $\overline{AB}=7$, $\overline{BC}=13$, $\overline{CA}=8$일 때, 색칠한 부분의 넓이를
구하고, 그 과정을 서술하시오.

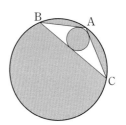

533

빈출 👑

그림과 같이 중심이 O이고 반지름의 길이가 4인 원 위의 점 A에

대하여 $\sin(\angle OAB)=\dfrac{1}{4}$이 되도록 원 위에 점 B를 잡는다.

점 B에서의 접선과 선분 AO의 연장선이 만나는 점을 C라 할 때,
삼각형 ABC의 넓이를 구하시오.

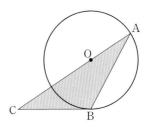

II

534

교육청기출

그림과 같이 바다에 인접해 있는 두 해안 도로가 60°의 각을 이루며 만나고 있다. 두 해안 도로가 만나는 지점에서 바다쪽으로 $x\sqrt{3}$ m 떨어져 있는 배에서 출발하여 두 해안 도로를 차례대로 한 번씩 거쳐 다시 배로 되돌아오는 수영코스의 최단 길이가 300 m일 때, x의 값을 구하시오. (단, 배는 정지해 있고, 두 해안 도로는 일직선 모양이며 그 폭은 무시한다.)

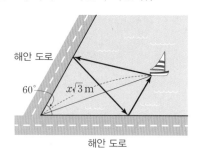

535

평가원기출

그림과 같이 원 O에 내접하고 $\overline{AB}=3$, $\angle BAC=\dfrac{\pi}{3}$인 삼각형 ABC가 있다. 원 O의 넓이가 $\dfrac{49}{3}\pi$일 때, 원 O 위의 점 P에 대하여 삼각형 PAC의 넓이의 최댓값은?

(단, 점 P는 점 A도 아니고 점 C도 아니다.)

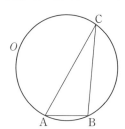

① $\dfrac{32}{3}\sqrt{3}$ ② $\dfrac{34}{3}\sqrt{3}$ ③ $12\sqrt{3}$

④ $\dfrac{38}{3}\sqrt{3}$ ⑤ $\dfrac{40}{3}\sqrt{3}$

536

선행 509

그림과 같이 반지름의 길이가 3인 원 O 위에 시계 방향으로 차례로 놓인 서로 다른 8개의 점 $A_n (n=1, 2, \cdots, 8)$에 대하여
$$\widehat{A_1A_2} : \widehat{A_2A_3} : \widehat{A_3A_4} : \cdots : \widehat{A_7A_8} : \widehat{A_8A_1}$$
$$=1 : 2 : 3 : \cdots : 7 : 8$$
이 성립한다. 삼각형 A_nOA_{n+1}의 넓이를 $S_n (n=1, 2, \cdots, 7)$, 삼각형 A_8OA_1의 넓이를 S_8이라 할 때, $(S_1)^2+(S_2)^2+(S_3)^2+\cdots+(S_7)^2+(S_8)^2$의 값을 구하시오.

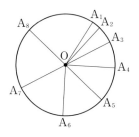

537

교육청기출

그림과 같이 중심이 O이고 반지름의 길이가 $\sqrt{10}$인 원에 내접하는 예각삼각형 ABC에 대하여 두 삼각형 OAB, OCA의 넓이를 각각 S_1, S_2라 하자. $3S_1=4S_2$이고 $\overline{BC}=2\sqrt{5}$일 때, 선분 AB의 길이는?

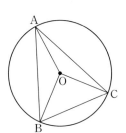

① $2\sqrt{7}$ ② $\sqrt{30}$ ③ $4\sqrt{2}$

④ $\sqrt{34}$ ⑤ 6

538 [교육청변형]

그림과 같이 한 변의 길이가 $2\sqrt{3}$이고 $\angle B = 120°$인 마름모 ABCD의 내부에 $\overline{EF} = \overline{EG} = 2$이고 $\angle EFG = 30°$인 이등변삼각형 EFG가 있다. 점 F는 선분 AB 위에, 점 G는 선분 BC 위에 있도록 삼각형 EFG를 움직일 때, $\angle BGF = \theta$라 하자. 선분 BE의 길이를 구하시오. (단, $0° < \theta < 60°$)

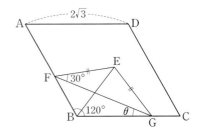

539 [교육청기출]

그림과 같이 예각삼각형 ABC가 한 원에 내접하고 있다. $\overline{AB} = 6$이고, $\angle ABC = \alpha$라 할 때 $\cos \alpha = \dfrac{3}{4}$이다. 점 A를 지나지 않는 호 BC 위의 점 D에 대하여 $\overline{CD} = 4$이다. 두 삼각형 ABD, CBD의 넓이를 각각 S_1, S_2라 할 때, $S_1 : S_2 = 9 : 5$이다. 삼각형 ADC의 넓이를 S라 할 때, S^2의 값을 구하시오.

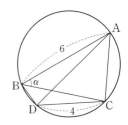

540 [교육청기출]

$\overline{DA} = 2\overline{AB}$, $\angle DAB = \dfrac{2}{3}\pi$이고 반지름의 길이가 1인 원에 내접하는 사각형 ABCD가 있다. 두 대각선 AC, BD의 교점을 E라 할 때, 점 E는 선분 BD를 3 : 4로 내분한다. 사각형 ABCD의 넓이가 $\dfrac{q}{p}\sqrt{3}$일 때, $p+q$의 값을 구하시오.

(단, p와 q는 서로소인 자연수이다.)

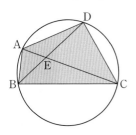

541 *선생님 Pick!* [평가원기출]

그림과 같이 한 평면 위에 있는 두 삼각형 ABC, ACD의 외심을 각각 O, O'이라 하고 $\angle ABC = \alpha$, $\angle ADC = \beta$라 할 때,

$$\frac{\sin \beta}{\sin \alpha} = \frac{3}{2}, \quad \cos(\alpha + \beta) = \frac{1}{3}, \quad \overline{OO'} = 1$$

이 성립한다. 삼각형 ABC의 외접원의 넓이가 $\dfrac{q}{p}\pi$일 때, $p+q$의 값을 구하시오. (단, p와 q는 서로소인 자연수이다.)

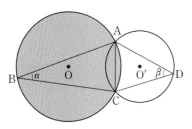

Ⅲ

수열

01 등차수열과 등비수열

| 이전 학습 내용 |

• 함수와 그래프 수학 V. 함수와 그래프

두 집합 X, Y에 대하여 X의 각 원소에
Y의 원소가 오직 하나씩 대응할 때,
이 대응을 X에서 Y로의 함수라 하고,
기호로 $f : X \longrightarrow Y$와 같이 나타낸다.

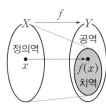

현재 학습 내용

• 수열의 뜻 ─────────────────── 유형01 수열의 뜻

(1) 차례로 나열된 수의 열을 **수열**이라 하고, 나열된 각각의 수를 그 수열의 **항**이라 한다.

(2) 일반적으로 수열의 항을 나타낼 때 a_1, a_2, a_3, $\cdots$과 같이 나타내고, 제n항 a_n을
이 수열의 **일반항**이라 한다. 이 수열을 간단히 기호로 $\{a_n\}$과 같이 나타낸다.

(3) 자연수 1, 2, 3, $\cdots$, n, $\cdots$에 수열의 각 항
a_1, a_2, a_3, $\cdots$, a_n, $\cdots$이 차례로 대응하면
수열은 정의역이 자연수 전체의 집합 N이고,
공역이 실수 전체의 집합 R인 함수
$$f : N \longrightarrow R, \ f(n) = a_n$$
으로 볼 수 있다.

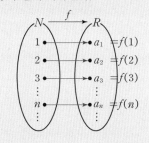

• 등차수열

1. 등차수열 ─────────────────── 유형02 등차수열의 뜻

첫째항에 차례로 일정한 수 d를 더하여 만든 수열을 **등차수열**이라 하고,
더하는 일정한 수 d를 **공차**라 한다. 즉,
$$a_{n+1} = a_n + d \ (n = 1, 2, 3, \cdots)$$

2. 등차수열의 일반항

첫째항이 a, 공차가 d인 등차수열 $\{a_n\}$의 일반항 a_n은
$$a_n = a + (n-1)d \ (n = 1, 2, 3, \cdots)$$

공차가 0인 등차수열 $\{a_n\}$은
모든 항이 a이므로 $a_n = a$이다.

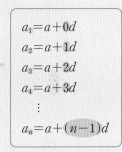

$$a_1 = a + 0d$$
$$a_2 = a + 1d$$
$$a_3 = a + 2d$$
$$a_4 = a + 3d$$
$$\vdots$$
$$a_n = a + (n-1)d$$

3. 등차중항 세 수가 등차수열을 이루면 $a-d$, a, $a+d$로 놓으면 편리하다.

세 수 a, b, c가 이 순서대로 등차수열을 이룰 때, b를 a와 c의 **등차중항**이라 한다.

이때 $b-a = c-b$이므로 $b = \dfrac{a+c}{2}$가 성립한다. b는 a와 c의 산술평균이다.

4. 등차수열의 합 ─────────────────── 유형03 등차수열의 합

등차수열의 첫째항부터 제n항까지의 합을 S_n이라 하면

① 첫째항이 a, 제n항이 l일 때,
$$S_n = \frac{n(a+l)}{2}$$

② 첫째항이 a, 공차가 d일 때,
$$S_n = \frac{n\{2a+(n-1)d\}}{2}$$

①에서 제n항을 l 대신
$a_n = a + (n-1)d$로 대입한 식

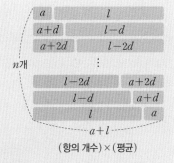

(항의 개수) × (평균)

• **수열의 합과 일반항 사이의 관계** ────────────────────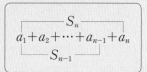

수열 $\{a_n\}$의 첫째항부터 제n항까지의 합을 S_n이라 하면 a_n과 S_n 사이에는 다음 관계가 성립한다.

$$\begin{cases} a_1=S_1 \\ a_n=S_n-S_{n-1} \ (n=2,\ 3,\ 4,\ \cdots) \end{cases}$$

• **등비수열**

1. 등비수열 ──────────────────────────────────── 유형05 등비수열의 뜻

첫째항에 차례로 일정한 수 r를 곱하여 만든 수열을 **등비수열**이라 하고, 곱하는 일정한 수 r를 **공비**라 한다. 즉,

$$a_{n+1}=ra_n \ (n=1,\ 2,\ 3,\ \cdots)$$

2. 등비수열의 일반항

첫째항이 a, 공비가 $r \ (r\neq 0)$인 등비수열 $\{a_n\}$의 일반항은

$$a_n=ar^{n-1} \ (n=1,\ 2,\ 3,\ \cdots)$$

[참고] $r^0=1$이다.

$$\begin{aligned} a_1&=a \\ a_2&=ar^1 \\ a_3&=ar^2 \\ a_4&=ar^3 \\ &\vdots \\ a_n&=ar^{n-1} \end{aligned}$$

3. 등비중항   세 수가 등비수열을 이루면 $\dfrac{a}{r}$, a, ar로 놓으면 편리하다.

0이 아닌 세 수 a, b, c가 이 순서대로 등비수열을 이룰 때, b를 a와 c의 **등비중항**이라 한다.

이때 $\dfrac{b}{a}=\dfrac{c}{b}$이므로 $b^2=ac$가 성립한다.   즉, $b=\pm\sqrt{ac}$

4. 등비수열의 합 ────────────────────────────── 유형06 등비수열의 합

⑴ 첫째항이 a, 공비가 r인 등비수열의 첫째항부터 제n항까지의 합을 S_n이라 하면

   ① $r\neq 1$일 때 $S_n=\dfrac{a(1-r^n)}{1-r}=\dfrac{a(r^n-1)}{r-1}$

   ② $r=1$일 때 $S_n=na$

⑵ 원리합계

   ① 매년(월) 초에 a원씩, 연(월)이율 r로 1년(개월)마다 복리로 계산하여 n년(개월) 적립할 때 원리합계는

   $$\dfrac{a(1+r)\{(1+r)^n-1\}}{(1+r)-1}$$ 첫째항이 $a(1+r)$, 공비가 $1+r$인 등비수열의 첫째항부터 제n항까지의 합

   ② 매년(월) 말에 a원씩, 연(월)이율 r로 1년(개월)마다 복리로 계산하여 n년(개월) 적립할 때 원리합계는

   $$\dfrac{a\{(1+r)^n-1\}}{(1+r)-1}$$ 첫째항이 a, 공비가 $1+r$인 등비수열의 첫째항부터 제n항까지의 합
   ①과 첫째항만 다른 경우이다.

유형 01 수열의 뜻

수열의 뜻에는
  (1) 주어진 일반항을 이용하여 특정한 항을 구하는 문제
  (2) 나열된 숫자의 규칙성을 파악하는 문제
를 분류하였다.

542 빈출 ♔

수열 $\{a_n\}$의 일반항이 $a_n = n^2 - 2$일 때, $a_3 + a_5$의 값은?

① 28   ② 30   ③ 32

④ 34   ⑤ 36

543 빈출 ♔

다음 중 주어진 수열의 일반항을 바르게 구한 것은?
(단, $n = 1, 2, 3, \cdots$)

① 수열 2, 4, 6, 8, $\cdots$의 제n항은 2^n이다.

② 수열 $-1, 1, -1, 1, -1, \cdots$의 제n항은 $(-1)^{n+1}$이다.

③ 수열 1, 3, 5, 7, $\cdots$의 제n항은 $2n+1$이다.

④ 수열 1, 4, 9, 16, 25, $\cdots$의 제n항은 n^2이다.

⑤ 수열 $\dfrac{1}{1^2+1}, \dfrac{1}{2^2+2}, \dfrac{1}{3^2+3}, \dfrac{1}{4^2+4}, \cdots$의 제$n$항은

$\dfrac{1}{n^3+n}$이다.

유형 02 등차수열의 뜻

등차수열의 뜻에는
  (1) 등차수열의 특정한 항의 값 또는 두 항의 값의 차가 주어진 문제
  (2) 등차수열의 이웃한 항 사이의 차가 일정함을 이용하는 문제
  (3) 등차중항을 이용하는 문제
를 분류하였다.

유형 해결 TIP

첫째항이 a, 공차가 d인 등차수열 $\{a_n\}$의 일반항이
$a_n = a + (n-1)d = dn + a - d$이므로 a_n은 n에 대한
일차 이하의 식이고, 이때 일차항의 계수가 공차이다.
또, $a_m = a + (m-1)d$ (m은 자연수)이므로
$a_n - a_m = (n-m)d$임을 이용하여 계산하면 편리하다.

544

첫째항이 3이고, 공차가 -2인 등차수열의 제15항은?

① -27 ② -25 ③ -23

④ -21 ⑤ -19

545

다음 등차수열의 제10항을 구하시오.

⑴ $-1, 2, 5, 8, \cdots$

⑵ $42, 38, 34, 30, \cdots$

546 빈출 ♔

등차수열 $\{a_n\}$에 대하여 $a_4 = 7$, $a_{12} = -17$일 때, a_{17}의 값은?

① -26 ② -28 ③ -30

④ -32 ⑤ -34

547

4로 나눈 나머지가 1인 자연수를 작은 순서대로 나열한 수열을 $\{a_n\}$이라 할 때, a_{20}의 값은?

① 65　　　　　② 69　　　　　③ 73

④ 77　　　　　⑤ 81

548

등차수열 $\{a_n\}$에 대하여 $a_3+a_5=27$, $a_4+a_8=25$일 때, 처음으로 음수가 되는 항은 제몇 항인가?

① 29　　　　　② 30　　　　　③ 31

④ 32　　　　　⑤ 33

549

세 양수 $a-3$, $2a-1$, a^2-3이 이 순서대로 등차수열을 이룰 때, 이 세 수의 합은?

① 18　　　　　② 21　　　　　③ 24

④ 27　　　　　⑤ 30

550

두 등차수열 $\{a_n\}$, $\{b_n\}$의 공차가 각각 3, -2일 때, 등차수열 $\{3a_n-4b_n-5\}$의 공차는?

① 2　　　　　② 7　　　　　③ 12

④ 17　　　　　⑤ 22

유형 03　등차수열의 합

등차수열의 합에는
　(1) 특정한 항의 값을 이용하여 등차수열의 첫째항부터
　　　제n항까지의 합을 구하는 문제
　(2) 등차수열의 합을 이용하여 특정한 항의 값을 구하는 문제
를 분류하였다.

유형해결 TIP

첫째항이 a, 공차가 d인 등차수열의 첫째항부터 제n항까지의 합
S_n은 $S_n=\dfrac{n\{2a+(n-1)d\}}{2}=\dfrac{d}{2}n^2+\dfrac{2a-d}{2}n$
이므로 상수항이 0인 n에 대한 이차식이고, 이때
(이차항의 계수)$\times 2=$(공차)이다.

551

첫째항이 2이고, 제5항이 14인 등차수열의 첫째항부터 제10항까지의 합은?

① 145　　　　　② 150　　　　　③ 155

④ 160　　　　　⑤ 165

552

등차수열 $\{a_n\}$의 첫째항부터 제n항까지의 합을 S_n이라 하자. $a_{10}=11$, $S_{10}=20$일 때, a_{20}의 값은?

① 25　　　　② 27　　　　③ 29

④ 31　　　　⑤ 33

553

등차수열 $\{a_n\}$에 대하여 첫째항부터 제6항까지의 합이 21이고, 첫째항부터 제12항까지의 합이 150일 때, a_{12}의 값은?

① 29　　　　② 28　　　　③ 27

④ 26　　　　⑤ 25

554

연속하는 20개의 짝수의 총합이 500일 때, 이 20개의 짝수 중에서 가장 큰 수를 구하시오.

555

어느 공연장의 관람석은 첫 번째 줄이 12석이고, 그 다음 줄부터 3석씩 늘어나 20번째 줄까지 배치되어 있다. 이 공연장의 총 관람석의 수는?

① 810　　　　② 830　　　　③ 850

④ 870　　　　⑤ 890

유형 04 **수열의 합과 일반항 사이의 관계**

수열 $\{a_n\}$의 첫째항부터 제n항까지의 합 S_n이 주어졌을 때, $a_1=S_1$, $a_n=S_n-S_{n-1}$ $(n\geq2)$임을 이용하여

  (1) 특정한 항의 값을 구하는 문제

  (2) 일반항을 구하는 문제

를 분류하였다.

유형해결 TIP

수열의 합과 일반항 사이의 관계는 등차수열뿐만 아니라 모든 수열에서 성립한다. 단, 일반적으로 $a_n=S_n-S_{n-1}$이 $n\geq2$에서 성립하므로 $a_1=S_1$인지 반드시 확인하자.

556 빈출 ♛

수열 $\{a_n\}$의 첫째항부터 제n항까지의 합 S_n이 $S_n=3n-2$일 때, a_1+a_7의 값을 구하시오.

557

수열 $\{a_n\}$의 첫째항부터 제n항까지의 합을 S_n이라 할 때, $S_n=n^2+3n$이다. a_8의 값은?

① 12　　　　② 14　　　　③ 16

④ 18　　　　⑤ 20

558

수열 $\{a_n\}$의 첫째항부터 제n항까지의 합을 S_n이라 하자.
S_n이 다음과 같을 때, 수열의 일반항 a_n을 구하시오.

(1) $S_n = 2n^2 - n$

(2) $S_n = n^2 + n + 2$

유형 05 등비수열의 뜻

등비수열의 뜻에는
(1) 등비수열의 특정한 항의 값 또는 두 항의 값의 비가 주어진 문제
(2) 등비수열의 이웃한 항 사이의 비가 일정함을 이용하는 문제
(3) 등비중항을 이용하는 문제
를 분류하였다.

유형 해결 TIP

첫째항이 a, 공비가 r인 등비수열 $\{a_n\}$에 대하여

❶ $a_n = ar^{n-1}$, $a_m = ar^{m-1}$ 에서 $\dfrac{a_n}{a_m} = r^{n-m}$

❷ $a_n + a_{n+1} + a_{n+2} = a_n(1 + r + r^2)$

등을 이용하면 편리하다.

559 빈출 👑

제5항이 -12이고 제8항이 96인 등비수열의 제6항은?

① 18   ② 24   ③ 30

④ 36   ⑤ 42

560

두 등비수열 $\{a_n\}$, $\{b_n\}$이 다음과 같다.

$$\{a_n\} : 48,\ 24,\ 12,\ 6,\ \cdots$$

$$\{b_n\} : \frac{1}{27},\ \frac{1}{9},\ \frac{1}{3},\ \cdots$$

수열 $\{a_n b_n\}$의 공비는?

① $\dfrac{3}{2}$ ② $\dfrac{5}{2}$ ③ $\dfrac{7}{2}$

④ $\dfrac{9}{2}$ ⑤ $\dfrac{11}{2}$

561

등비수열 $\{a_n\}$에 대하여 $a_1 = \dfrac{1}{6}$, $\dfrac{a_4}{a_3} = 3$일 때,

$\dfrac{81}{2}$은 제몇 항인가?

① 5   ② 6   ③ 7

④ 8   ⑤ 9

562

공비가 양수인 등비수열 $\{a_n\}$에 대하여 $a_1 = 12$, $\dfrac{a_3 + a_4}{a_5 + a_6} = 9$일 때,

a_2의 값은?

① 2   ② 3   ③ 4

④ 5   ⑤ 6

563

모든 항이 양수인 등비수열 $\{a_n\}$에 대하여
$a_3=9a_1$, $a_6=(a_5)^2$일 때, a_1의 값은?

① $\dfrac{1}{27}$　　　② $\dfrac{2}{27}$　　　③ $\dfrac{1}{9}$

④ $\dfrac{4}{27}$　　　⑤ $\dfrac{5}{27}$

564 빈출 👑

등비수열 $\{a_n\}$에 대하여 $a_2+a_3+a_4=5$, $a_5+a_6+a_7=40$일 때,
$a_8+a_9+a_{10}$의 값을 구하시오.

565 빈출 👑

첫째항이 $\dfrac{1}{16}$이고 공비가 2인 등비수열 $\{a_n\}$에서 $a_n>2000$을
만족시키는 자연수 n의 최솟값은?

① 15　　　② 16　　　③ 17

④ 18　　　⑤ 19

566

다음은 모든 항이 양수인 등비수열을 나타낸 것이다.
두 실수 x, y에 대하여 $x+y$의 값은?

$$162,\ x,\ 18,\ y,\ 2,\ \cdots$$

① 54　　　② 60　　　③ 66

④ 72　　　⑤ 78

567 빈출 👑

두 수 5와 80 사이에 세 양의 실수 x, y, z를 넣어서
5, x, y, z, 80이 이 순서대로 등비수열을 이루도록 할 때,
$x+y+z$의 값은?

① 50　　　② 55　　　③ 60

④ 65　　　⑤ 70

568 빈출 👑

두 실수 x, y에 대하여 세 수 x, 5, $y-1$이 이 순서대로
등차수열을 이루고, 세 수 $x+1$, y, 2가 이 순서대로 등비수열을
이루도록 하는 모든 x의 값의 합을 구하시오.

569

[교육청기출]

첫째항이 $\frac{1}{4}$이고 공비가 양수인 등비수열 $\{a_n\}$에 대하여

$$a_3 + a_5 = \frac{1}{a_3} + \frac{1}{a_5}$$

일 때, a_{10}의 값을 구하시오.

유형 06 등비수열의 합

등비수열의 합에는
(1) 특정한 항의 값을 이용하여 등비수열의 첫째항부터
  제 n항까지의 합을 구하는 문제
(2) 등비수열의 합을 이용하여 특정한 항의 값을 구하는 문제
(3) 원리합계에 대한 실생활 문제
를 분류하였다.

유형해결 TIP

첫째항이 a, 공비가 r인 등비수열의 첫째항부터 제 n항까지의 합 S_n을 구할 때

$r < 1$이면 $S_n = \dfrac{a(1-r^n)}{1-r}$, $r > 1$이면 $S_n = \dfrac{a(r^n-1)}{r-1}$

을 이용하는 것이 편리하다.

570

수열 2^3, 2^5, 2^7, $\cdots$, 2^{25}의 합은?

① $\dfrac{2^{15}-8}{3}$ ② $\dfrac{2^{16}-8}{3}$ ③ $\dfrac{2^{27}-8}{3}$

④ $2^{15}-8$ ⑤ $2^{27}-8$

571

첫째항이 3이고 공비가 -2인 등비수열 $\{a_n\}$의 첫째항부터 제 10항까지의 합은?

① -511 ② 513 ③ -1023

④ 1025 ⑤ -2047

572 빈출 서술형

첫째항부터 제 5항까지의 합이 4, 첫째항부터 제 10항까지의 합이 -20인 등비수열의 첫째항부터 제 15항까지의 합을 구하고, 그 과정을 서술하시오. (단, 공비는 실수이다.)

573

등비수열 $\{a_n\}$에 대하여
$$a_1+a_2+a_3+\cdots+a_{20}=18,$$
$$a_1+a_3+a_5+\cdots+a_{19}=15$$
일 때, 수열 $\{a_n\}$의 공비를 구하시오.

574 빈출 ♔

수열 $\{a_n\}$의 첫째항부터 제n항까지의 합 S_n이 $S_n=3^{n+2}+k$이다.
수열 $\{a_n\}$이 등비수열이 되기 위한 상수 k의 값은?

① -1 ② -3 ③ -9
④ -27 ⑤ -81

575

첫째항이 5이고 공비가 2인 등비수열 $\{a_n\}$의 첫째항부터
제n항까지의 합 S_n에 대하여 수열 $\{S_n+p\}$가 등비수열을
이룰 때, 상수 p의 값을 구하시오.

576 빈출 ♔

월이율이 0.5 %이고 1개월마다 복리로 계산하는 은행에 매월
초에 10만 원씩 적립했을 때, 3년 후 적립금의 원리합계는?

(단, $1.005^{36}=1.2$로 계산한다.)

① 398만 원   ② 402만 원   ③ 406만 원
④ 410만 원   ⑤ 414만 원

577

매년 초에 일정한 금액 a원을 연이율 5 %로 매년 복리로 계산하는
은행에 적립하였더니 12년 후 연말에 840만 원을 수령하였다.
a의 값은? (단, $1.05^{12}=1.8$로 계산한다.)

① 400000   ② 450000   ③ 500000
④ 550000   ⑤ 600000

유형 01 수열의 뜻

578

| 선행 543 |

다음 주어진 수열의 일반항을 자연수 n의 식으로 나타내시오.

(1) $1, 8, 27, 64, 125, \cdots$

(2) $1, \dfrac{2}{3}, \dfrac{3}{5}, \dfrac{4}{7}, \dfrac{5}{9}, \cdots$

유형 02 등차수열의 뜻

579 빈출 👑

두 수 -6과 15 사이에 6개의 수를 넣어 $-6, a_1, a_2, a_3, a_4, a_5,$ $a_6,$ 15가 이 순서대로 등차수열을 이루도록 할 때, $a_5 + a_6$의 값은?

① 15   ② 17   ③ 19

④ 21   ⑤ 23

580

삼차방정식 $x^3 - 3x^2 + kx + 8 = 0$의 세 실근이 공차가 d인 등차수열을 이룰 때, $k + |d|$의 값은? (단, k는 상수이다.)

① -6 ② -5 ③ -4

④ -3 ⑤ -2

581

등차수열 $\{a_n\}$이 $a_8 = -44$, $a_{11} - a_6 = 15$를 만족시키고 $|a_n|$은 $n = k$일 때 최솟값을 갖는다. $k + a_k$의 값을 구하시오.

(단, k는 자연수이다.)

582

다음 조건을 만족시키는 등차수열 $\{a_n\}$에 대하여 a_{15}의 값을 구하시오.

(가) $a_2 = 22$

(나) $|a_5| = |a_{10}|$, $a_5 \times a_{10} < 0$

583

공차가 양수인 등차수열 $\{a_n\}$이 다음 조건을 만족시킬 때, a_{20}의 값을 구하시오.

(가) $a_6 + a_{10} = 0$

(나) $|a_7| + 4 = |a_{11}|$

584

두 집합

$$A=\{x\,|\,x=3n+1,\ n\text{은 자연수}\},$$
$$B=\{y\,|\,y=5n+2,\ n\text{은 자연수}\}$$

에 대하여 집합 $A\cap B$의 원소를 작은 수부터 차례대로 나열한 수열을 $\{a_n\}$이라 하자. 수열 $\{a_n\}$에서 처음으로 400보다 커지는 항은 제몇 항인가?

① 제25항   ② 제26항   ③ 제27항
④ 제28항   ⑤ 제29항

585

어떤 직각삼각형의 세 변의 길이가 공차가 3인 등차수열을 이룰 때, 이 직각삼각형의 넓이를 구하시오.

586

평가원기출

그림과 같이 반지름의 길이가 15인 원을 5개의 부채꼴로 나누었더니 부채꼴의 넓이가 작은 것부터 차례대로 등차수열을 이루었다. 가장 큰 부채꼴의 넓이가 가장 작은 부채꼴의 넓이의 2배일 때, 가장 큰 부채꼴의 넓이는 $k\pi$이다. k의 값을 구하시오.

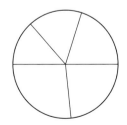

유형03 등차수열의 합

587   빈출 ♔

선행 579

2와 102 사이에 $(n+2)$개의 자연수를 넣어 만든 등차수열

$$2,\ a_1,\ a_2,\ a_3,\ \cdots,\ a_{n+2},\ 102$$

의 모든 항의 합이 1092일 때, $a_{10}+a_{11}+a_{12}$의 값은?

(단, n은 10 이상의 자연수이다.)

① 159   ② 163   ③ 167
④ 171   ⑤ 175

588   빈출 ♔

선행 547

100 이상 200 이하의 자연수 중에서 5로 나눈 나머지가 3인 수의 합을 구하시오.

589   빈출 ♔

교육청기출

n개의 항으로 이루어진 등차수열 $a_1,\ a_2,\ a_3,\ \cdots,\ a_n$이 다음 조건을 만족시킨다.

> (가) 처음 4개의 항의 합은 26이다.
> (나) 마지막 4개의 항의 합은 134이다.
> (다) $a_1+a_2+a_3+\cdots+a_n=260$

자연수 n의 값을 구하시오.

590 빈출 👑

첫째항이 44이고 공차가 -3인 등차수열 $\{a_n\}$의 첫째항부터 제n항까지의 합을 S_n이라 할 때, S_n의 최댓값과 그때의 자연수 n의 값의 합은?

① 345   ② 350   ③ 355
④ 360   ⑤ 365

591

첫째항이 9인 등차수열 $\{a_n\}$의 첫째항부터 제n항까지의 합을 S_n이라 할 때, $S_4=S_6$이다. S_n의 값이 음수가 되도록 하는 자연수 n의 최솟값은?

① 10   ② 11   ③ 12
④ 13   ⑤ 14

592 빈출 👑

$a_1=32$, $a_{n+1}=a_n-2$ $(n=1, 2, 3, \cdots)$로 정의되는 수열 $\{a_n\}$에 대하여 $|a_1|+|a_2|+|a_3|+\cdots+|a_{30}|$의 값은?

① 374   ② 394   ③ 414
④ 434   ⑤ 454

593

두 등차수열 $\{a_n\}$, $\{b_n\}$에 대하여
$$(a_2+a_4+a_6+\cdots+a_{20})+(b_2+b_4+b_6+\cdots+b_{20})=800$$
이고 $a_2+b_2=8$일 때, $a_{30}+b_{30}$의 값은?

① 230   ② 232   ③ 234
④ 236   ⑤ 238

594

공차가 d $(d \neq 0)$인 등차수열 $\{a_n\}$의 첫째항부터 제n항까지의 합을 S_n이라 할 때, 〈보기〉에서 옳은 것만을 있는 대로 고른 것은?

> 보기
>
> ㄱ. $a_1+a_{20}=a_6+a_{15}$
> ㄴ. $2a_{3n+2}-2a_{3n-1}=6d$
> ㄷ. 3 이상의 자연수 m에 대하여 $S_{2m}=m(a_5+a_{2m-5})$이다.

① ㄱ   ② ㄴ   ③ ㄱ, ㄴ
④ ㄱ, ㄷ   ⑤ ㄱ, ㄴ, ㄷ

595

공차가 d $(d \neq 0)$인 등차수열 $\{a_n\}$에 대하여 수열 $\{T_n\}$을

$$T_n = a_1 - a_2 + a_3 - a_4 + \cdots + (-1)^{n+1}a_n \ (n=1, 2, 3, \cdots)$$

과 같이 정의할 때, 〈보기〉에서 옳은 것만을 있는 대로 고른 것은?

> [보기]
> ㄱ. $T_4 = -2d$
> ㄴ. $T_{2n+1} = a_n$
> ㄷ. $d = -2$일 때, $T_2 + T_4 + T_6 + \cdots + T_{20} = 110$이다.

① ㄱ   ② ㄴ   ③ ㄱ, ㄴ
④ ㄱ, ㄷ   ⑤ ㄴ, ㄷ

유형 04 수열의 합과 일반항 사이의 관계

596

수열 $\{a_n\}$의 첫째항부터 제n항까지의 합 S_n이

$$S_n = -2n^2 + 16n + 5$$

일 때, 〈보기〉에서 옳은 것만을 있는 대로 고른 것은?

> [보기]
> ㄱ. $a_2 - a_1 = -4$
> ㄴ. 처음으로 음수가 되는 항은 제5항이다.
> ㄷ. S_n은 $n=4$일 때 최댓값 37을 갖는다.

① ㄱ   ② ㄴ   ③ ㄷ
④ ㄱ, ㄴ   ⑤ ㄴ, ㄷ

597

수열 $\{a_n\}$의 첫째항부터 제n항까지의 합을 S_n이

$$S_n = 6 + 4n - n^2$$

일 때, 〈보기〉에서 옳은 것만을 있는 대로 고른 것은?

> [보기]
> ㄱ. 두 수열 $\{S_{n+1} - S_n\}$과 $\{a_n\}$은 모두 등차수열이다.
> ㄴ. 수열 $\{a_{3n+1}\}$은 공차가 -6인 등차수열이다.
> ㄷ. $a_n < 0$, $S_n > 0$을 모두 만족시키는 자연수 n의 개수는 3이다.

① ㄱ   ② ㄴ   ③ ㄷ
④ ㄴ, ㄷ   ⑤ ㄱ, ㄴ, ㄷ

598

등차수열 $\{a_n\}$의 첫째항부터 제n항까지의 합을 S_n이라 하자. 모든 자연수 n에 대하여 $S_{2n+1} - S_{2n} = 4n+1$일 때, $a_4 + a_9$의 값은?

① 20   ② 24   ③ 28
④ 32   ⑤ 36

599 빈출   선생님 Pick! 평가원기출

공차가 d_1, d_2인 두 등차수열 $\{a_n\}$, $\{b_n\}$의 첫째항부터 제n항까지의 합을 각각 S_n, T_n이라 하자.

$$S_n T_n = n^2(n^2 - 1)$$

일 때, 〈보기〉에서 옳은 것만을 있는 대로 고른 것은?

> [보기]
> ㄱ. $a_n = n$이면 $b_n = 4n - 4$이다.
> ㄴ. $d_1 d_2 = 4$
> ㄷ. $a_1 \neq 0$이면 $a_n = n$이다.

① ㄱ   ② ㄴ   ③ ㄱ, ㄴ
④ ㄱ, ㄷ   ⑤ ㄱ, ㄴ, ㄷ

유형 05 등비수열의 뜻

600

첫째항이 2^{10}이고 공비가 $\dfrac{1}{\sqrt[3]{2}}$인 등비수열 $\{a_n\}$에 대하여 a_n의 값이 정수가 되게 하는 모든 자연수 n의 값의 합은?

① 164   ② 170   ③ 176
④ 182   ⑤ 188

601

등비수열 $\{a_n\}$의 첫째항부터 제n항까지의 합을 S_n이라 하자. 모든 자연수 n에 대하여
$$S_{n+3}-S_n=13\times 3^{n-1}$$
일 때, a_6의 값은?

① 3   ② 9   ③ 27
④ 81   ⑤ 243

602

[평가원기출]

공비가 r이고 $a_2=1$인 등비수열 $\{a_n\}$에서 첫째항부터 제10항까지의 곱을
$$w=a_1\times a_2\times a_3\times \cdots \times a_{10}$$
이라 할 때, $\log_r w$의 값을 구하시오. (단, $r>0$, $r\neq 1$)

603

공비가 r $(r>1)$인 등비수열 $\{a_n\}$에 대하여 두 등비수열 $\{b_n\}$, $\{c_n\}$을 다음과 같이 정의한다.
$$\{b_n\}:\ a_1a_2,\ a_2a_4,\ a_3a_6,\ \cdots$$
$$\{c_n\}:\ a_1a_2a_3,\ a_2a_3a_4,\ a_3a_4a_5,\ \cdots$$
두 수열 $\{b_n\}$, $\{c_n\}$의 공비를 각각 r_b, r_c라 할 때, 다음 중 옳은 것은? (단, $a_1\neq 0$)

① $r_b=r_c$ ② $r_b=(r_c)^2$ ③ $r_br_c=1$
④ $(r_b)^2=(r_c)^3$ ⑤ $(r_b)^2=r_c$

604

[교육청기출]

세 양수 a, b, c는 이 순서대로 등비수열을 이루고 다음 두 조건을 만족시킨다.

> (가) $a+b+c=\dfrac{7}{2}$
>
> (나) $abc=1$

$a^2+b^2+c^2$의 값은?

① $\dfrac{13}{4}$ ② $\dfrac{15}{4}$ ③ $\dfrac{17}{4}$
④ $\dfrac{19}{4}$ ⑤ $\dfrac{21}{4}$

605

두 곡선
$$y=x^3+4x^2-3x-12,\ y=x^2+3x+k$$
가 서로 다른 세 점에서 만나고 이 세 점의 x좌표가 등비수열을 이룰 때, 상수 k의 값을 구하시오.

606 빈출 👑 평가원기출

공차가 0이 아닌 등차수열 $\{a_n\}$의 세 항 a_2, a_4, a_9가 이 순서대로 공비 r인 등비수열을 이룰 때, $6r$의 값을 구하시오.

607

이차함수 $f(x)=ax^2+bx+c$가 다음 조건을 만족시킬 때, $f(1)$의 값을 구하시오. (단, a, b, c는 상수이고, $a>0$이다.)

> (가) a, c, b는 이 순서대로 공비가 1이 아닌 등비수열을 이룬다.
> (나) $\dfrac{1}{a}$, $\dfrac{1}{b}$, $\dfrac{1}{c}$은 이 순서대로 등차수열을 이룬다.
> (다) 함수 $f(x)$의 최솟값은 -24이다.

608

두 자리 자연수 중에서 서로 다른 네 개의 수를 작은 것부터 순서대로 나열하였더니 공비가 자연수인 등비수열이 되었다. 이 네 수의 합이 가장 클 때, 그 합은?

① 120   ② 140   ③ 160
④ 180   ⑤ 200

609 빈출 👑

수열 $\{a_n\}$에 대하여 〈보기〉에서 옳은 것의 개수는?

> 〈보기〉
> ㄱ. 수열 $\{a_{2n}\}$이 등차수열이면 수열 $\{a_n\}$도 등차수열이다.
> ㄴ. 수열 $\{a_n\}$이 등비수열이면 수열 $\{2a_{n+1}-3a_n\}$도 등비수열이다.
> ㄷ. $a_n>0$일 때, 수열 $\{\log_2 a_n\}$이 등차수열이면 수열 $\{a_n\}$은 등비수열이다.
> ㄹ. $a_n\neq0$일 때, 수열 $\{a_n a_{n+1}\}$이 등비수열이면 수열 $\{a_n\}$도 등비수열이다.

① 0   ② 1   ③ 2
④ 3   ⑤ 4

610

첫째항이 1인 수열 $\{a_n\}$의 첫째항부터 제 n항까지의 합을 S_n이라 할 때, 두 수열 $\{a_{2n-1}\}$, $\{S_{2n-1}\}$이 다음 조건을 만족시킨다.

> (가) 수열 $\{a_{2n-1}\}$은 공차가 4인 등차수열이다.
> (나) 수열 $\{S_{2n-1}\}$은 공비가 2인 등비수열이다.

a_{10}의 값은?

① -5 ② -4 ③ -3
④ -2 ⑤ -1

611
교육청기출

공차가 자연수인 등차수열 $\{a_n\}$과 공비가 자연수인 등비수열 $\{b_n\}$이 $a_6=b_6=9$이고, 다음 조건을 만족시킨다.

> (가) $a_7=b_7$
> (나) $94 < a_{11} < 109$

a_7+b_8의 값은?

① 96   ② 99   ③ 102

④ 105   ⑤ 108

유형 06 등비수열의 합

612 빈출

공비가 양수인 등비수열 $\{a_n\}$의 첫째항부터 제n항까지의 합을 S_n이라 할 때, $\dfrac{S_9}{S_3}=21$이다. $\sqrt{\dfrac{a_{11}+a_{15}}{a_2+a_6}}$의 값은?

① 2   ② $2\sqrt{2}$ ③ 4

④ $4\sqrt{2}$ ⑤ 8

---

613 빈출

모든 항이 양수인 등비수열 $\{a_n\}$에 대하여 $a_1a_2=a_4$, $a_1+a_3=12$일 때, $a_1-a_3+a_5-a_7+a_9$의 값은?

① 181   ② 183   ③ 185

④ 187   ⑤ 189

614
선행 573

첫째항이 3인 등비수열 $\{a_n\}$에 대하여

$$a_1+a_3+a_5+\cdots+a_{2k-1}=2^{30}-1,$$
$$a_3+a_5+a_7+\cdots+a_{2k+1}=2^{32}-4$$

일 때, 자연수 k의 값은?

① 13   ② 15   ③ 17

④ 19   ⑤ 21

615

첫째항이 $\dfrac{1}{27}$인 수열 $\{a_n\}$의 첫째항부터 제n항까지의 합을 S_n이라 하자. 수열 $\{S_n\}$이 공비가 3인 등비수열을 이룰 때, $\log_9 \dfrac{a_k}{2}=11$을 만족시키도록 하는 k의 값은?

① 23   ② 24   ③ 25

④ 26   ⑤ 27

616

6^{10}의 양의 약수 중에서 2^3으로는 나누어떨어지고 2^5으로는 나누어떨어지지 않는 수의 합은?

① $8(3^{10}-1)$ ② $12(3^{10}-1)$ ③ $8(3^{11}-1)$
④ $12(3^{11}-1)$ ⑤ $24(3^{11}-1)$

617

등비수열 $\{a_n\}$에서 첫째항부터 제5항까지의 합이 $\dfrac{31}{2}$이고 곱이 32일 때, $\dfrac{1}{a_1}+\dfrac{1}{a_2}+\dfrac{1}{a_3}+\dfrac{1}{a_4}+\dfrac{1}{a_5}$의 값은?

① $\dfrac{31}{4}$ ② $\dfrac{31}{8}$ ③ $\dfrac{31}{12}$
④ $\dfrac{4}{31}$ ⑤ $\dfrac{8}{31}$

618

다음 두 수열 $\{a_n\}$, $\{b_n\}$에 대하여 $\dfrac{a_{10}}{b_{10}}$의 값은?

> $\{a_n\}$: 2, 22, 222, 2222, $\cdots$
> $\{b_n\}$: 1, 101, 10101, 1010101, $\cdots$

① $\dfrac{22}{10^{20}+1}$ ② $\dfrac{11}{10^{10}+1}$ ③ $\dfrac{22}{10^{10}+1}$
④ $\dfrac{10^{10}+1}{22}$ ⑤ $\dfrac{10^{20}+1}{22}$

619

〔평가원변형〕

그림과 같이 x축 위에 $\overline{OA_1}=1$, $\overline{A_1A_2}=\dfrac{1}{2}$, $\overline{A_2A_3}=\left(\dfrac{1}{2}\right)^2$, $\cdots$,

$\overline{A_nA_{n+1}}=\left(\dfrac{1}{2}\right)^n$, $\cdots$을 만족시키는 점 A_1, A_2, A_3, $\cdots$에 대하여 제1사분면에 선분 OA_1, A_1A_2, A_2A_3, $\cdots$을 한 변으로 하는 정사각형 $OA_1B_1C_1$, $A_1A_2B_2C_2$, $A_2A_3B_3C_3$, $\cdots$을 계속하여 만든다. 원점과 점 B_n을 지나는 직선의 방정식을 $y=a_nx$라 할 때, a_{30}의 값은?

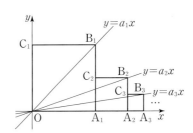

① $\dfrac{1}{2^{29}-1}$ ② $\dfrac{1}{2^{29}+1}$ ③ $\dfrac{1}{2^{30}-1}$
④ $\dfrac{1}{2^{30}+1}$ ⑤ $\dfrac{1}{2^{31}+1}$

620

평가원변형

그림과 같이 직각을 낀 두 변의 길이가 1인 직각이등변삼각형이 있다. 이 직각이등변삼각형의 빗변에 2개의 꼭짓점이 있고, 직각을 낀 두 변에 나머지 2개의 꼭짓점이 있는 정사각형에 색칠하여 얻은 그림을 R_1이라 하자.

그림 R_1에서 합동인 2개의 직각이등변삼각형의 각 빗변에 2개의 꼭짓점이 있고, 직각을 낀 두 변에 나머지 2개의 꼭짓점이 있는 2개의 정사각형에 색칠하여 얻은 그림을 R_2라 하자.

그림 R_2에서 합동인 4개의 직각이등변삼각형의 각 빗변에 2개의 꼭짓점이 있고, 직각을 낀 두 변에 나머지 2개의 꼭짓점이 있는 4개의 정사각형에 색칠하여 얻은 그림을 R_3이라 하자.

이와 같은 과정을 계속하여 n번째 얻은 그림 R_n에 색칠되어 있는 모든 정사각형의 넓이의 합을 S_n이라 할 때, S_8의 값은?

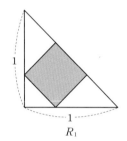

R_1

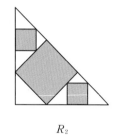

R_2

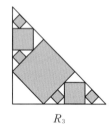

R_3

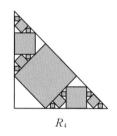

R_4

...

① $\dfrac{1}{7}\left\{1-\left(\dfrac{2}{9}\right)^8\right\}$

② $\dfrac{\sqrt{2}}{7}\left\{1-\left(\dfrac{2}{9}\right)^8\right\}$

③ $\dfrac{2}{7}\left\{1-\left(\dfrac{2}{9}\right)^8\right\}$

④ $\dfrac{1}{5}\left\{1-\left(\dfrac{2}{3}\right)^{16}\right\}$

⑤ $\dfrac{2}{5}\left\{1-\left(\dfrac{2}{3}\right)^{16}\right\}$

621

선행 577

매월 초에 13만 원을 월이율 1 %, 1개월마다 복리로 계산하여 총 3년 동안 적립하는 A예금 상품에 가입하고, 매월 초에 a만 원을 같은 월이율로 1개월마다 복리로 계산하여 총 2년 동안 적립하는 B예금 상품에 가입하였다. 두 예금 상품이 만기가 되어 찾은 금액이 같았을 때, a의 값은?

(단, $1.01^{24}=1.26$, $1.01^{36}=1.42$로 계산한다.)

① 18   ② 19   ③ 20

④ 21   ⑤ 22

622 빈출

2018년 초에 100만 원을 적립하고, 다음 해부터 매년 초에 지난해보다 21 % 증액해서 적립한다. 연이율 10 %, 1년마다 복리로 계산할 때 2027년 말의 적립금의 원리합계는?

(단, $1.1^{10}=2.6$으로 계산한다.)

① 3840만 원   ② 3920만 원   ③ 4000만 원

④ 4080만 원   ⑤ 4160만 원

스키마로 풀이 흐름 알아보기

$a_1 = 32$, $a_{n+1} = a_n - 2$ $(n=1, 2, 3, \cdots)$로 정의되는 수열 $\{a_n\}$에 대하여 $|a_1| + |a_2| + |a_3| + \cdots + |a_{30}|$의 값은?

조건① ─ 조건② 답

① 374　　　② 394　　　③ 414　　　④ 434　　　⑤ 454

스키마 schema

≫ 주어진 조건 은 무엇인지? 구하는 답 은 무엇인지? 이 둘을 어떻게 연결할지?

1 단계

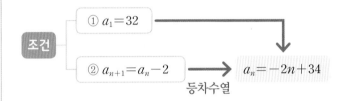

조건
① $a_1 = 32$
② $a_{n+1} = a_n - 2$ → $a_n = -2n + 34$
등차수열

$a_{n+1} - a_n = -2$이므로 각 항에서 바로 앞의 항을 뺀 값이 항상 -2로 일정하다. 즉, 수열 $\{a_n\}$은 공차가 -2인 등차수열이다.
수열 $\{a_n\}$은 첫째항이 32이고 공차가 -2이므로 일반항은
$a_n = 32 - 2(n-1) = -2n + 34$

2 단계

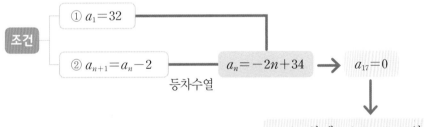

조건
① $a_1 = 32$
② $a_{n+1} = a_n - 2$ → $a_n = -2n + 34$ → $a_{17} = 0$
등차수열

$n \leq 17$일 때 $a_n \geq 0$, $n > 17$일 때 $a_n < 0$

$|a_n| = \begin{cases} a_n & (a_n \geq 0) \\ -a_n & (a_n < 0) \end{cases}$ 이므로 수열 $\{a_n\}$ 중 처음으로 0보다 작거나 같아지는 항을 찾는다.
$-2n + 34 = 0$에서 $n = 17$이므로 $a_{17} = 0$이다.
즉, $n \leq 17$일 때 $a_n \geq 0$이고 $n > 17$일 때 $a_n < 0$이다.

3 단계

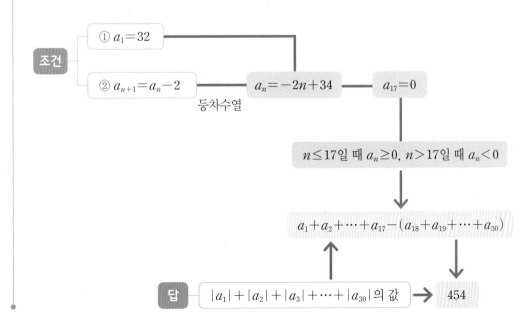

조건
① $a_1 = 32$
② $a_{n+1} = a_n - 2$ → $a_n = -2n + 34$ → $a_{17} = 0$
등차수열

$n \leq 17$일 때 $a_n \geq 0$, $n > 17$일 때 $a_n < 0$

$a_1 + a_2 + \cdots + a_{17} - (a_{18} + a_{19} + \cdots + a_{30})$

답 $|a_1| + |a_2| + |a_3| + \cdots + |a_{30}|$의 값 → 454

수열 $\{a_n\}$의 첫째항부터 제17항까지의 합은
$\dfrac{17\{2 \times 32 + 16 \times (-2)\}}{2} = 272$

$a_{18} = -2 \times 18 + 34 = -20$이므로 제18항부터 제30항까지의 합은
$\dfrac{13\{2 \times (-2) + 12 \times (-2)\}}{2} = -182$

∴ $|a_1| + |a_2| + |a_3| + \cdots + |a_{30}|$
$= (a_1 + a_2 + a_3 + \cdots + a_{17})$
$\quad - (a_{18} + a_{19} + a_{20} + \cdots + a_{30})$
$= 272 - (-182) = 454$

답 ⑤

스키마로 풀이 흐름 알아보기

매월 초에 13만 원을 월이율 1 %, 1개월마다 복리로 계산하여 총 3년 동안 적립하는 A예금 상품에 가입하고,
조건①

매월 초에 a만 원을 같은 월이율로 1개월마다 복리로 계산하여 총 2년 동안 적립하는 B예금 상품에 가입하였다.
조건②

두 예금 상품이 만기가 되어 찾은 금액이 같았을 때, a의 값은? (단, $1.01^{24}=1.26$, $1.01^{36}=1.42$로 계산한다.)
조건③ **답**

① 18   ② 19   ③ 20   ④ 21   ⑤ 22

유형06 등비수열의 합 621

스키마 schema   >> 주어진 **조건**은 무엇인지? 구하는 **답**은 무엇인지? 이 둘을 어떻게 연결할지?

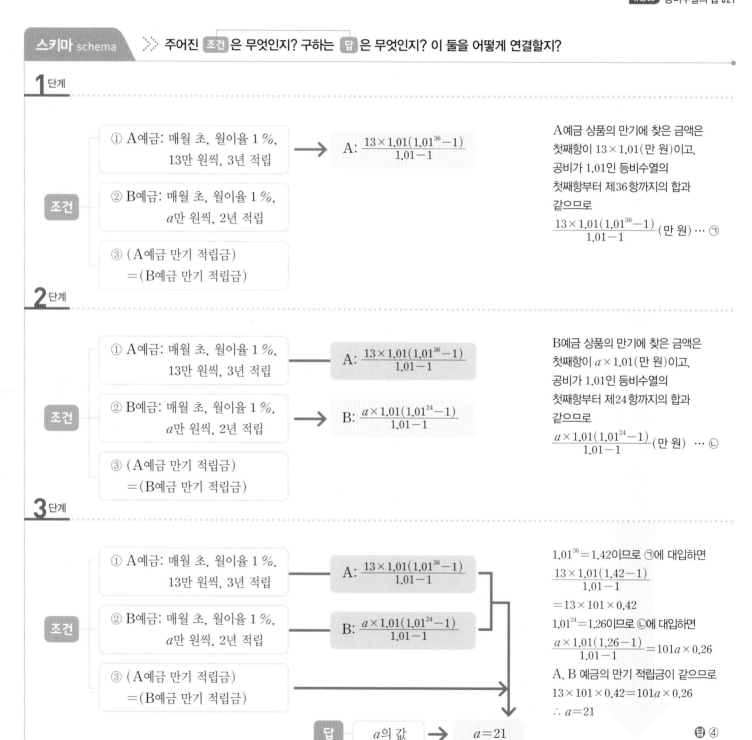

1단계

조건

① A예금: 매월 초, 월이율 1 %, 13만 원씩, 3년 적립

$\rightarrow$ A: $\dfrac{13\times1.01(1.01^{36}-1)}{1.01-1}$

② B예금: 매월 초, 월이율 1 %, a만 원씩, 2년 적립

③ (A예금 만기 적립금) =(B예금 만기 적립금)

A예금 상품의 만기에 찾은 금액은 첫째항이 13×1.01(만 원)이고, 공비가 1.01인 등비수열의 첫째항부터 제36항까지의 합과 같으므로

$\dfrac{13\times1.01(1.01^{36}-1)}{1.01-1}$(만 원) … ㉠

2단계

조건

① A예금: 매월 초, 월이율 1 %, 13만 원씩, 3년 적립

A: $\dfrac{13\times1.01(1.01^{36}-1)}{1.01-1}$

② B예금: 매월 초, 월이율 1 %, a만 원씩, 2년 적립

$\rightarrow$ B: $\dfrac{a\times1.01(1.01^{24}-1)}{1.01-1}$

③ (A예금 만기 적립금) =(B예금 만기 적립금)

B예금 상품의 만기에 찾은 금액은 첫째항이 $a\times1.01$(만 원)이고, 공비가 1.01인 등비수열의 첫째항부터 제24항까지의 합과 같으므로

$\dfrac{a\times1.01(1.01^{24}-1)}{1.01-1}$(만 원) … ㉡

3단계

조건

① A예금: 매월 초, 월이율 1 %, 13만 원씩, 3년 적립

A: $\dfrac{13\times1.01(1.01^{36}-1)}{1.01-1}$

② B예금: 매월 초, 월이율 1 %, a만 원씩, 2년 적립

B: $\dfrac{a\times1.01(1.01^{24}-1)}{1.01-1}$

③ (A예금 만기 적립금) =(B예금 만기 적립금)

$1.01^{36}=1.42$이므로 ㉠에 대입하면

$\dfrac{13\times1.01(1.42-1)}{1.01-1}$

$=13\times101\times0.42$

$1.01^{24}=1.260$이므로 ㉡에 대입하면

$\dfrac{a\times1.01(1.26-1)}{1.01-1}=101a\times0.26$

A, B 예금의 만기 적립금이 같으므로

$13\times101\times0.42=101a\times0.26$

$\therefore a=21$

답 a의 값 $\rightarrow$ $a=21$

답 ④

623

| 선행 617 |

두 수 3, 45 사이에 23개의 수 a_1, a_2, a_3, $\cdots$, a_{23}을 넣어 만든 수열이 모든 항이 양수인 등비수열을 이루었다. 등식

$$3+a_1+a_2+a_3+\cdots+a_{23}+45$$

$$=m\left(\frac{1}{3}+\frac{1}{a_1}+\frac{1}{a_2}+\frac{1}{a_3}+\cdots+\frac{1}{a_{23}}+\frac{1}{45}\right)$$

을 만족시키는 상수 m의 값을 구하시오.

624

그림과 같이 두 곡선 $y=x^2+ax+b$, $y=x^2$의 교점에서 오른쪽 방향으로 두 곡선 사이에 y축과 평행한 선분 10개를 일정한 간격으로 그을 때, 선분의 길이를 왼쪽부터 차례로 l_1, l_2, l_3, $\cdots$, l_{10}이라 하자. $l_2=4$, $l_9=26$일 때, $l_1+l_2+l_3+\cdots+l_{10}$의 값을 구하시오. (단, $a>0$이고 a, b는 상수이다.)

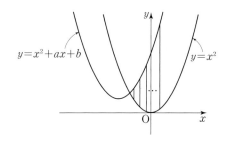

625

그림과 같이 $\overline{AB}=7$, $\overline{BC}=3$인 직각삼각형 ABC가 있다. 자연수 n에 대하여 변 AC를 $(n+1)$등분하는 n개의 점을 점 A와 가까운 순서대로 각각 P_1, P_2, P_3, $\cdots$, P_n이라 하고 이 n개의 점에서 변 AB 위에 내린 수선의 발을 각각 Q_1, Q_2, Q_3, $\cdots$, Q_n이라 하자. $\overline{P_1Q_1}+\overline{P_2Q_2}+\overline{P_3Q_3}+\cdots+\overline{P_nQ_n}$을 n에 대한 식으로 나타내시오.

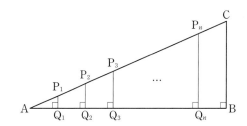

626

등차수열 $\{a_n\}$과 수열 $\{b_n\}$이 모든 자연수 n에 대하여

$$-\log_2 b_{2n-1}=a_1+a_3+a_5+\cdots+a_{2n-1},$$

$$\log_2 b_{2n}=a_2+a_4+a_6+\cdots+a_{2n}$$

을 만족시킨다. $b_1\times b_2\times b_3\times\cdots\times b_{10}=1024$일 때, $a_{n+9}-a_n=k$ $(n=1, 2, 3, \cdots)$를 만족시키는 자연수 k의 값을 구하시오.

627

평가원기출

공차가 2인 등차수열 $\{a_n\}$의 첫째항부터 제n항까지의 합을 S_n이라 하자. $S_k=-16$, $S_{k+2}=-12$를 만족시키는 자연수 k에 대하여 a_{2k}의 값은?

① 6   ② 7   ③ 8
④ 9   ⑤ 10

628 빈출 👑

교육청기출

등차수열 $\{a_n\}$의 첫째항부터 제n항까지의 합을 S_n이라 하자. $a_3=42$일 때, 다음 조건을 만족시키는 4 이상의 자연수 k의 값은?

> (가) $a_{k-3}+a_{k-1}=-24$
> (나) $S_k=k^2$

① 13   ② 14   ③ 15
④ 16   ⑤ 17

629

등차수열 $\{a_n\}$과 등비수열 $\{b_n\}$이 다음 조건을 만족시킬 때, a_{10}의 값은?

> (가) $a_1=b_1$, $a_2=b_2$, $a_4=b_4$이고, $a_3 \neq b_3$이다.
> (나) $b_3=12$

① -84 ② -81 ③ -78
④ -75 ⑤ -72

630

교육청기출

등차수열 $\{a_n\}$과 공비가 1보다 작은 등비수열 $\{b_n\}$이
$$a_1+a_8=8,\ b_2b_7=12,\ a_4=b_4,\ a_5=b_5$$
를 모두 만족시킬 때, a_1의 값을 구하시오.

631

2018년 초 어느 아파트의 한 세대 매입가는 31200만 원이고, 매년 초 전년도에 비해 4 %씩 상승한다. 어느 부부가 이 아파트의 한 세대를 매입하기 위해서 2018년 초에 a만 원을 적립하고 매년 초 전년도보다 5 % 낮은 금액을 연이율 4 %, 매년 복리로 적립하려고 한다. 2028년 초에 적립금을 모두 찾을 때 2028년 초의 이 아파트 한 세대 매입가와 일치하도록 하는 a의 값은?

$$\left(\text{단, } \left(\frac{0.95}{1.04}\right)^{10}=0.4\text{로 계산한다.}\right)$$

① 3900 ② 4100 ③ 4300
④ 4500 ⑤ 4700

632

한 변의 길이가 3인 정사각형 모양의 종이가 있다. 첫 번째 시행에서 정사각형을 9등분한 후 중앙의 정사각형을 색칠하고, 두 번째 시행에서 첫 번째 시행 후 색칠하지 않은 8개의 정사각형을 각각 9등분한 후 중앙의 정사각형을 색칠하면 다음 그림과 같다. 이와 같은 시행을 8회 반복할 때, 색칠한 모든 정사각형의 둘레의 길이의 합은?

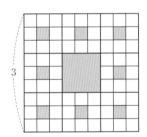

① $\dfrac{12}{5}\left\{\left(\dfrac{4}{3}\right)^8-1\right\}$ ② $\dfrac{24}{5}\left\{\left(\dfrac{4}{3}\right)^8-1\right\}$ ③ $\dfrac{48}{5}\left\{\left(\dfrac{4}{3}\right)^8-1\right\}$

④ $\dfrac{12}{5}\left\{\left(\dfrac{8}{3}\right)^8-1\right\}$ ⑤ $\dfrac{24}{5}\left\{\left(\dfrac{8}{3}\right)^8-1\right\}$

633

한 변의 길이가 1인 정사각형 모양의 종이가 있다. 이 정사각형을 4등분한 후 1개의 정사각형을 색칠하여 얻은 그림을 R_1이라 하자. 그림 R_1에서 색칠되지 않은 3개의 정사각형을 각각 4등분한 후 1개의 정사각형에 색칠하여 얻은 그림을 R_2라 하자. 이와 같은 과정을 계속하여 n번째 얻은 그림 R_n에서 색칠된 부분의 넓이를 S_n이라 할 때, S_{10}의 값은?

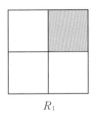 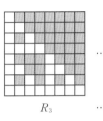

R_1 R_2 R_3 ···

① $\dfrac{1}{4}\left\{1-\left(\dfrac{3}{4}\right)^{10}\right\}$ ② $\dfrac{1}{4}-\left(\dfrac{1}{4}\right)^{11}$ ③ $1-\left(\dfrac{3}{4}\right)^{10}$

④ $1-\left(\dfrac{1}{4}\right)^{10}$ ⑤ $4\left\{1-\left(\dfrac{3}{4}\right)^{10}\right\}$

634 빈출 ♔   교육청기출 | 선행 592

첫째항이 50, 공차가 정수인 등차수열 $\{a_n\}$에 대하여 수열 $\{T_n\}$을

$$T_n=|a_1+a_2+a_3+\cdots+a_n|$$

이라 하자. 수열 $\{T_n\}$이 다음을 만족시킨다.

(가) $T_{16}<T_{17}$	(나) $T_{17}>T_{18}$

$T_n>T_{n+1}$을 만족시키는 n의 최댓값을 구하시오.

635

교육청기출

그림과 같이 한 변의 길이가 2인 정사각형 모양의 종이 ABCD에서 각 변의 중점을 각각 A_1, B_1, C_1, D_1이라 하고 $\overline{A_1B_1}$, $\overline{B_1C_1}$, $\overline{C_1D_1}$, $\overline{D_1A_1}$을 접는 선으로 하여 네 점 A, B, C, D가 한 점에서 만나도록 접은 모양을 S_1이라 하자.

S_1에서 정사각형 $A_1B_1C_1D_1$의 각 변의 중점을 각각 A_2, B_2, C_2, D_2라 하고 $\overline{A_2B_2}$, $\overline{B_2C_2}$, $\overline{C_2D_2}$, $\overline{D_2A_2}$를 접는 선으로 하여 네 점 A_1, B_1, C_1, D_1이 한 점에서 만나도록 접은 모양을 S_2라 하자.

이와 같은 과정을 계속하여 n번째 얻은 모양을 S_n이라 하고, S_n을 정사각형 모양의 종이 ABCD와 같도록 펼쳤을 때 접힌 모든 선들의 길이의 합을 l_n이라 하자. 예를 들어, $l_1=4\sqrt{2}$이다. l_5의 값은? (단, 종이의 두께는 고려하지 않는다.)

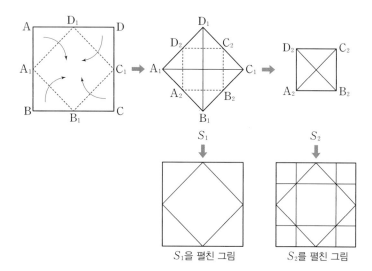

① $24+28\sqrt{2}$ ② $28+28\sqrt{2}$ ③ $28+32\sqrt{2}$
④ $32+32\sqrt{2}$ ⑤ $36+32\sqrt{2}$

636

첫째항이 2인 등차수열에 대하여 다음과 같은 시행을 한다.

> [시행 1] 첫째항부터 차례대로 나열했을 때 짝수 번째 항을 모두 제외하고 나머지 항들을 새로운 수열로 정의한다.
>
> [시행 2] 새로운 수열을 첫째항부터 차례대로 나열했을 때 짝수 번째 항을 모두 제외하고 나머지 항들을 새로운 수열로 정의한다.

위와 같이 짝수 번째 항을 모두 제외하고 나머지 항들을 새로운 수열로 정의하는 시행을 8번 반복한 다음 얻은 수열의 제12항이 46일 때, 처음의 등차수열의 공차는?

① $\dfrac{1}{8}$　　②$\dfrac{1}{16}$　　③$\dfrac{1}{32}$

④ $\dfrac{1}{64}$　　⑤$\dfrac{1}{128}$

637

교육청기출

일반항이 $a_n = 2n+1$인 등차수열 $\{a_n\}$에 대하여 집합 A_k $(k=1, 2, 3, \cdots)$는 $A_1 = \{3, 5, 7, 9, 11\}$이고 다음 조건을 만족시킨다.

> (가) 집합 A_k는 수열 $\{a_n\}$의 항들 중에서 $(2k+3)$개의 연속한 항들을 원소로 하는 집합이다.
> (나) 집합 A_{k+1}의 가장 작은 원소는 집합 A_k의 가장 작은 원소보다 크다.
> (다) $n(A_k - A_{k+1}) = 3$

예를 들어, $A_2 = \{9, 11, 13, \cdots, 21\}$이다. $A_{15} \cap A_p = \varnothing$ 을 만족시키는 15보다 큰 자연수 p의 최솟값을 구하시오.

638

공차가 양수이고 항의 개수가 k인 등차수열 $\{a_n\}$에서 홀수 번째 항들의 합은 24이고, 짝수 번째 항들의 합은 21이다. $a_6 \leq 0$일 때, a_k의 최솟값을 구하시오.

III

02 여러 가지 수열의 합

현재 학습 내용

- **합의 기호 $\sum$** .... 유형01 $\sum$의 정의와 성질

1. $\sum$의 뜻

수열 $\{a_n\}$의 첫째항부터 제n항까지의 합을 기호 $\sum$를 사용하여

$$a_1+a_2+a_3+\cdots+a_n=\sum_{k=1}^{n}a_k$$

와 같이 나타낸다.

$$
\sum_{k=m}^{n} a_k \leftarrow
\begin{array}{l}
\text{제}n\text{항까지} \\
\text{수열 } \{a_k\}\text{의} \\
\text{제}m\text{항부터} \\
\text{차례로 더한다.}
\end{array}
$$
(단, $m \leq n$)

$$\sum_{k=m}^{n}a_k=a_m+a_{m+1}+a_{m+2}+\cdots+a_n$$

2. $\sum$의 성질

① $\displaystyle\sum_{k=1}^{n}(a_k+b_k)=\sum_{k=1}^{n}a_k+\sum_{k=1}^{n}b_k$

② $\displaystyle\sum_{k=1}^{n}(a_k-b_k)=\sum_{k=1}^{n}a_k-\sum_{k=1}^{n}b_k$ $\longrightarrow$ $\sum$의 성질에 의하여 다음이 성립한다.

$$\sum_{k=1}^{n}(pa_k\pm qb_k)=p\sum_{k=1}^{n}a_k\pm q\sum_{k=1}^{n}b_k$$
(단, p, q는 상수이고, 복부호동순이다.)

③ $\displaystyle\sum_{k=1}^{n}ca_k=c\sum_{k=1}^{n}a_k$ (단, c는 상수이다.)

④ $\displaystyle\sum_{k=1}^{n}c=cn$ (단, c는 상수이다.)

- **여러 가지 수열의 합** .... 유형02 자연수의 거듭제곱의 합

1. 자연수의 거듭제곱의 합 $\longrightarrow$ k에 대한 삼차 이하의 다항식 $f(k)$에 대하여
$\sum$의 성질과 자연수의 거듭제곱의 합을 이용하여
$\displaystyle\sum_{k=1}^{n}f(k)$의 값을 계산할 수 있다.

① $\displaystyle\sum_{k=1}^{n}k=1+2+3+\cdots+n=\frac{n(n+1)}{2}$

② $\displaystyle\sum_{k=1}^{n}k^2=1^2+2^2+3^2+\cdots+n^2=\frac{n(n+1)(2n+1)}{6}$

③ $\displaystyle\sum_{k=1}^{n}k^3=1^3+2^3+3^3+\cdots+n^3=\left\{\frac{n(n+1)}{2}\right\}^2$

2. 일반항이 분수 꼴인 수열의 합 .... 유형03 일반항이 분수 꼴인 수열의 합

① $\displaystyle\sum_{k=1}^{n}\frac{1}{k(k+1)}=\sum_{k=1}^{n}\left(\frac{1}{k}-\frac{1}{k+1}\right)$ $\longrightarrow$ 일반항이 분수 꼴인 수열의 합은 보통
규칙적으로 항이 소거되는 꼴이다.

② $\displaystyle\sum_{k=1}^{n}\frac{1}{(k+a)(k+b)}=\frac{1}{b-a}\sum_{k=1}^{n}\left(\frac{1}{k+a}-\frac{1}{k+b}\right)$ 그러므로 몇 개의 항을 나열해 보면
항이 제거되는 규칙을 찾을 수 있다.

③ $\displaystyle\sum_{k=1}^{n}\frac{1}{\sqrt{k}+\sqrt{k+1}}=\sum_{k=1}^{n}(\sqrt{k+1}-\sqrt{k})$

유형01 ∑의 정의와 성질

∑의 정의와 성질에는

(1) ∑의 의미와 성질에 대한 문제

(2) ∑가 사용된 식에서 등차수열과 등비수열, 수열의 합과 일반항 사이의 관계 등의 개념을 이용하는 문제

를 분류하였다.

639 빈출 ♛

$\sum\limits_{k=1}^{5} a_k = 10$, $\sum\limits_{k=1}^{5} b_k = 4$일 때, $\sum\limits_{k=1}^{5} (3a_k - b_k + 4)$의 값은?

① 38   ② 40   ③ 42

④ 44   ⑤ 46

640 빈출 ♛

$\sum\limits_{k=1}^{10} a_k = -2$, $\sum\limits_{k=1}^{10} (a_k)^2 = 4$일 때, $\sum\limits_{k=1}^{10} (2a_k + 1)^2$의 값을 구하시오.

641 빈출 ♛

$\sum\limits_{k=1}^{10} (a_{2k-1} + a_{2k}) = 40$일 때, $\sum\limits_{k=1}^{20} (2a_k + 5)$의 값은?

① 120   ② 140   ③ 160

④ 180   ⑤ 200

642

함수 $f(x)$가 $f(5) = 7$, $f(28) = 22$를 만족시킬 때, $\sum\limits_{k=2}^{24} f(k+3) - \sum\limits_{i=10}^{32} f(i-4)$의 값은?

① -22 ② -15 ③ -8

④ -1 ⑤ 6

643

합의 기호 ∑에 대하여 다음 중 항상 옳은 것은?

(단, c는 상수이다.)

① $\sum\limits_{k=1}^{n} ka_k = k \sum\limits_{k=1}^{n} a_k$

② $\sum\limits_{k=1}^{n} a_{2k} = \sum\limits_{k=2}^{2n} a_k$

③ $\sum\limits_{k=1}^{n} c = c(n-1)$

④ $\sum\limits_{k=1}^{n} a_k b_k = \left(\sum\limits_{k=1}^{n} a_k \right) \times \left(\sum\limits_{k=1}^{n} b_k \right)$

⑤ $\sum\limits_{k=1}^{n} a_k + \sum\limits_{k=1}^{2n} b_k = \sum\limits_{k=1}^{n} (a_k + b_k) + b_{2n}$

644 빈출 ♔

기호 $\sum$에 대하여 〈보기〉에서 옳은 것의 개수는?

〈보기〉

ㄱ. $2+2+2+2+2=\displaystyle\sum_{k=1}^{5}2$

ㄴ. $5+9+13+\cdots+45=\displaystyle\sum_{k=1}^{12}(4k+1)$

ㄷ. $\displaystyle\sum_{k=1}^{10}2k=20+18+16+\cdots+2$

ㄹ. $\displaystyle\sum_{k=1}^{13}(3k-1)^2=2^2+5^2+8^2+\cdots+35^2$

① 0 ② 1 ③ 2

④ 3 ⑤ 4

645 빈출 ♔

다음 합의 꼴로 나타낸 식을 합의 기호 $\sum$를 사용하여 바르게 나타낸 것은?

$$1+5+9+\cdots+(4n+5)$$

① $\displaystyle\sum_{k=1}^{2n+3}(2k-1)$ ② $\displaystyle\sum_{k=1}^{n+1}(4k-3)$ ③ $\displaystyle\sum_{k=1}^{n+2}(4k-3)$

④ $\displaystyle\sum_{k=2}^{n+1}(4k-7)$ ⑤ $\displaystyle\sum_{k=2}^{n+2}(4k-7)$

646

공차가 4인 등차수열 $\{a_n\}$에 대하여 $\displaystyle\sum_{k=1}^{9}a_{k+2}-\sum_{k=3}^{11}a_{k-1}$의 값은?

① 28 ② 32 ③ 36

④ 40 ⑤ 44

647

수열 $\{a_n\}$에 대하여 $\displaystyle\sum_{k=1}^{n}a_k=2^{n+1}-3$일 때, a_1+a_{10}의 값은?

① 2^9+1 ② 2^9 ③ $2^{10}+1$

④ 2^{10} ⑤ $2^{11}+1$

648

등식 $\displaystyle\sum_{k=1}^{20}\frac{2^{k+3}+5^k}{4^{k-1}}=a\times\left(\frac{1}{2}\right)^{20}+b\times\left(\frac{5}{4}\right)^{20}+c$를 만족시키는

세 정수 a, b, c에 대하여 $a+2b+3c$의 값은?

① 32 ② 36 ③ 40

④ 44 ⑤ 48

649

자연수 n에 대하여 7^n의 일의 자리의 수를 a_n이라 할 때, $\sum_{k=1}^{30} a_k$의 값은?

① 144   ② 147   ③ 150

④ 153   ⑤ 156

유형02 자연수의 거듭제곱의 합

$\sum$의 성질을 이용하여 자연수의 거듭제곱의 합을 계산하거나 조건을 만족시키는 수열의 일반항을 구하고 $\sum$를 이용하여 수열의 합을 구하는 문제를 분류하였다.

유형해결 TIP

$\sum$를 여러 개 포함한 식의 경우 안쪽에 있는 $\sum$부터 차례로 풀되 문자에 주의하여 상수인 것과 상수가 아닌 것을 구별해야 한다.

650 빈출 ♕

$\sum_{k=1}^{10} a_k = 10$, $\sum_{k=1}^{10} b_k = 15$일 때, $\sum_{k=1}^{10} (a_k - 2b_k + k)$의 값은?

① 15   ② 20   ③ 25

④ 30   ⑤ 35

651 빈출 ♕

다음 물음에 답하시오.

(1) $\sum_{k=1}^{5} (k^3 - k - 10)$의 값을 구하시오.

(2) $\sum_{k=1}^{8} (k+2)^2 - \sum_{k=1}^{8} (k+1)(k-1)$의 값을 구하시오.

652 빈출 ♕

$\sum_{k=1}^{8} \dfrac{k^3}{k+1} + \sum_{k=1}^{8} \dfrac{1}{k+1}$의 값은?

① 160   ② 164   ③ 168

④ 172   ⑤ 176

653 빈출 ♕

$5^2 + 6^2 + 7^2 + \cdots + 12^2$의 값은?

① 590   ② 600   ③ 610

④ 620   ⑤ 630

654 빈출 ♕

$1 \times 4 + 2 \times 6 + 3 \times 8 + \cdots + 10 \times 22$의 값은?

① 550   ② 660   ③ 770

④ 880   ⑤ 990

655

$\sum\limits_{i=1}^{4}\left\{\sum\limits_{k=1}^{10}\left(2k-\dfrac{3}{5}i\right)\right\}$의 값을 구하시오.

656 빈출 ♔

수열 $\{a_n\}$이 모든 자연수 n에 대하여

$\sum\limits_{k=1}^{n}a_k=n^2+3n$을 만족시킬 때, $\sum\limits_{k=1}^{10}a_{2k-1}$의 값은?

① 190   ② 200   ③ 210

④ 220   ⑤ 230

657 빈출 ♔

$\sum\limits_{k=1}^{10}\dfrac{1^3+2^3+3^3+\cdots+k^3}{1+2+3+\cdots+k}$의 값을 구하시오.

658 빈출 ♔

자연수 n에 대하여 x에 대한 이차방정식

$$x^2-(4n-1)x+n^2=0$$

의 두 근을 a_n, b_n이라 할 때, $\sum\limits_{n=1}^{5}(a_n{}^2+b_n{}^2)$의 값은?

① 645   ② 650   ③ 655

④ 660   ⑤ 665

659

다음 등식을 만족시키는 자연수 n의 값을 구하시오.

(1) $\sum\limits_{k=1}^{n+1}k^2-\sum\limits_{k=1}^{n}(k^2+2k)=25$

(2) $\sum\limits_{k=1}^{n}k^3-13\sum\limits_{k=1}^{n}k=30$

유형03 일반항이 분수 꼴인 수열의 합

일반항이 분수 꼴인 수열의 합에서는
부분분수로 변형하거나 분모를 유리화하면 규칙적으로 항이 제거되어
수열의 합을 구할 수 있는 문제를 분류하였다.

660 빈출 👑

$\displaystyle\sum_{k=1}^{25} \frac{1}{(2k+3)(2k+5)}$의 값은?

① $\dfrac{5}{11}$ ② $\dfrac{4}{11}$ ③ $\dfrac{3}{11}$

④ $\dfrac{2}{11}$ ⑤ $\dfrac{1}{11}$

661 빈출 👑

$\displaystyle\sum_{n=1}^{15} \frac{1}{\sqrt{n}+\sqrt{n+1}}$의 값은?

① 1 ② $\sqrt{2}$ ③ $\sqrt{3}$

④ 3 ⑤ 4

662

$\displaystyle\sum_{k=1}^{15} \frac{k^2+k-24}{2k^2+2k}$의 값은?

① $-\dfrac{15}{4}$ ② $-\dfrac{15}{8}$ ③ $\dfrac{15}{8}$

④ $\dfrac{15}{4}$ ⑤ $\dfrac{15}{2}$

663 빈출 👑

다음 수열의 첫째항부터 제10항까지의 합을 구하시오.

(1) $\dfrac{1}{1}, \dfrac{1}{1+2}, \dfrac{1}{1+2+3}, \dfrac{1}{1+2+3+4}, \cdots$

(2) $\dfrac{1}{\sqrt{3}+1}, \dfrac{1}{\sqrt{5}+\sqrt{3}}, \dfrac{1}{\sqrt{7}+\sqrt{5}}, \dfrac{1}{3+\sqrt{7}}, \cdots$

664

다음을 계산하시오.

(1) $\dfrac{2}{1\times3} + \dfrac{2}{2\times4} + \dfrac{2}{3\times5} + \cdots + \dfrac{2}{9\times11}$

(2) $\dfrac{1}{2^2-1} + \dfrac{1}{4^2-1} + \dfrac{1}{6^2-1} + \cdots + \dfrac{1}{30^2-1}$

유형01 ∑의 정의와 성질

665 빈출 ⬆

| 선행 644 |

기호 ∑에 대하여 〈보기〉에서 옳은 것의 개수는?

보기

ㄱ. $3+7+11+\cdots+31=\displaystyle\sum_{k=3}^{10}(4k-9)$

ㄴ. $3^2+5^2+7^2+\cdots+23^2=\displaystyle\sum_{k=2}^{9}(2k+5)^2+\displaystyle\sum_{k=2}^{4}(2k-1)^2$

ㄷ. $2\times3+4\times5+6\times7+\cdots+26\times27=\displaystyle\sum_{k=1}^{13}\{2k(2k+1)\}$

ㄹ. $\dfrac{1}{1\times3}+\dfrac{1}{2\times4}+\dfrac{1}{3\times5}+\cdots+\dfrac{1}{19\times21}=\displaystyle\sum_{k=1}^{21}\dfrac{1}{k(k+2)}$

① 0   ② 1   ③ 2

④ 3   ⑤ 4

666

기호 ∑에 대하여 〈보기〉에서 옳은 것의 개수는?

보기

ㄱ. $\displaystyle\sum_{k=1}^{8}a_k+\displaystyle\sum_{i=9}^{15}a_i=\displaystyle\sum_{n=1}^{15}a_n$

ㄴ. $\displaystyle\sum_{k=1}^{10}2^{k+3}=\displaystyle\sum_{i=5}^{14}2^{i-1}$

ㄷ. $\displaystyle\sum_{k=1}^{10}(a_{k+1}-a_k)=a_1-a_{11}$

ㄹ. $\displaystyle\sum_{k=1}^{8}(4k+8)=\displaystyle\sum_{i=3}^{10}4i$

ㅁ. $\displaystyle\sum_{k=1}^{4}(3k-15)^2=\displaystyle\sum_{i=6}^{9}9i^2$

① 1   ② 2   ③ 3

④ 4   ⑤ 5

667

수열 $\{a_n\}$에 대하여 $\displaystyle\sum_{k=1}^{30}a_k=50$, $a_{31}=\dfrac{1}{3}$일 때, $\displaystyle\sum_{k=1}^{30}k(a_k-a_{k+1})$의 값은?

① 20   ② 30   ③ 40

④ 50   ⑤ 60

668 평가원기출

두 수열 $\{a_n\}$, $\{b_n\}$에 대하여

$$\displaystyle\sum_{k=1}^{10}(a_k+2b_k)=45, \quad \displaystyle\sum_{k=1}^{10}(a_k-b_k)=3$$

일 때, $\displaystyle\sum_{k=1}^{10}\left(b_k-\dfrac{1}{2}\right)$의 값을 구하시오.

669 평가원기출

수열 $\{a_n\}$에 대하여

$$\displaystyle\sum_{k=1}^{10}a_k-\displaystyle\sum_{k=1}^{7}\dfrac{a_k}{2}=56, \quad \displaystyle\sum_{k=1}^{10}2a_k-\displaystyle\sum_{k=1}^{8}a_k=100$$

일 때, a_8의 값을 구하시오.

670 빈출 👑

다음 식의 값을 구하시오.

(1) $\displaystyle\sum_{n=1}^{80} \log_3\left(1-\frac{1}{n+1}\right)$

(2) $\displaystyle\sum_{k=1}^{254} \log_2\{\log_{k+1}(k+2)\}$

671

선행 656

수열 $\{a_n\}$이 모든 자연수 n에 대하여

$\log_2\left(\displaystyle\sum_{k=1}^{n} a_k+1\right)=n+1$을 만족시킬 때, $\displaystyle\sum_{k=1}^{5} a_{2k-1}$의 값은?

① 681 ② 682 ③ 683
④ 684 ⑤ 685

672

수열 $\{a_n\}$이 모든 자연수 n에 대하여

$\displaystyle\sum_{k=1}^{n}\{(2k^2+k)a_k-k+1\}=n$을 만족시킬 때, $30\times a_7$의 값은?

① 2 ② 3 ③ 4
④ 5 ⑤ 6

673

수열 $\{a_n\}$이 모든 자연수 n에 대하여 $\displaystyle\sum_{k=n}^{2n+3} a_k=3n-5$를

만족시키고, $\displaystyle\sum_{k=1}^{76} a_k=175$이다. a_{76}의 값은?

① 14 ② 16 ③ 18
④ 20 ⑤ 22

674 빈출 👑

평가원기출

수열 $\{a_n\}$이 모든 자연수 n에 대하여

$$\sum_{k=1}^{n}\frac{4k-3}{a_k}=2n^2+7n$$

을 만족시킨다. $a_5\times a_7\times a_9=\dfrac{q}{p}$일 때, $p+q$의 값을 구하시오.

(단, p와 q는 서로소인 자연수이다.)

675 서술형 ✏️

두 수열 $\{a_n\}$, $\{b_n\}$이 모든 자연수 n에 대하여

$$\sum_{k=1}^{n}(a_k+b_k)=2^n-1, \quad \sum_{k=1}^{n}(a_k-b_k)=4n$$

을 만족시킬 때, $\displaystyle\sum_{k=1}^{6}(a_k^2-b_k^2)$의 값을 구하고, 그 과정을 서술하시오.

676

다음 수열의 첫째항부터 제10항까지의 합을 구하시오.

$$1,\ 1+\frac{1}{2},\ 1+\frac{1}{2}+\frac{1}{4},\ 1+\frac{1}{2}+\frac{1}{4}+\frac{1}{8},\ \cdots$$

677

수열 $\{a_n\}$은 다음 조건을 만족시킨다.

(가) $a_1,\ a_2,\ a_3,\ a_4,\ a_5$는 이 순서대로 공차가 -2인 등차수열을 이룬다.

(나) 모든 자연수 n에 대하여 $a_{n+5}=a_n+1$이다.

$\displaystyle\sum_{n=1}^{35} a_n=280$일 때, a_1의 값은?

① 7   ② 8   ③ 9

④ 10   ⑤ 11

678 교육청기출

공차가 양수인 등차수열 $\{a_n\}$에 대하여 $a_5=5$이고

$\displaystyle\sum_{k=3}^{7} |2a_k-10|=20$이다. a_6의 값은?

① 6   ② $\dfrac{20}{3}$ ③ $\dfrac{22}{3}$

④ 8   ⑤ $\dfrac{26}{3}$

679 빈출   평가원기출

실수 전체의 집합에서 정의된 함수 $f(x)$가 구간 $(0,\ 1]$에서

$$f(x)=\begin{cases} 3 & (0<x<1) \\ 1 & (x=1) \end{cases}$$

이고, 모든 실수 x에 대하여 $f(x+1)=f(x)$를 만족시킨다.

$\displaystyle\sum_{k=1}^{20} \frac{k\times f(\sqrt{k})}{3}$의 값은?

① 150   ② 160   ③ 170

④ 180   ⑤ 190

680 교육청기출

공차가 정수인 등차수열 $\{a_n\}$이 다음 조건을 만족시킨다.

(가) $a_7=37$

(나) 모든 자연수 n에 대하여 $\displaystyle\sum_{k=1}^{n} a_k \le \sum_{k=1}^{13} a_k$이다.

$\displaystyle\sum_{k=1}^{21} |a_k|$의 값은?

① 681   ② 683   ③ 685

④ 687   ⑤ 689

681 교육청기출

자연수 n에 대하여 좌표평면 위의 점 P_n을 다음 규칙에 따라 정한다.

(가) 점 A의 좌표는 $(1,\ 0)$이다.

(나) 점 P_n은 선분 OA를 $2^n:1$로 내분하는 점이다.

$l_n=\overline{\mathrm{OP}_n}$이라 할 때, $\displaystyle\sum_{n=1}^{10} \frac{1}{l_n}$의 값은? (단, O는 원점이다.)

① $10-\left(\dfrac{1}{2}\right)^{10}$ ② $10+\left(\dfrac{1}{2}\right)^{10}$ ③ $11-\left(\dfrac{1}{2}\right)^{10}$

④ $11+\left(\dfrac{1}{2}\right)^{10}$ ⑤ $12-\left(\dfrac{1}{2}\right)^{10}$

682

자연수 n에 대하여 곡선 $y = \dfrac{1}{3}x^2$ 위의 점 $\mathrm{P}_n\left(n, \dfrac{1}{3}n^2\right)$을 중심으로 하고 반지름의 길이가 n인 원을 C_n이라 하자. 원 C_n이 x축 및 y축과 만나는 서로 다른 점의 개수를 a_n이라 할 때, $\displaystyle\sum_{k=1}^{10} a_k$의 값은?

① 11   ② 12   ③ 13
④ 14   ⑤ 15

683

그림과 같이 한 변의 길이가 4인 정삼각형 $\mathrm{A_1B_1C_1}$의 세 변 $\mathrm{A_1B_1}$, $\mathrm{B_1C_1}$, $\mathrm{C_1A_1}$을 $1:3$으로 내분하는 점을 각각 $\mathrm{A_2}$, $\mathrm{B_2}$, $\mathrm{C_2}$라 하고, 삼각형 $\mathrm{A_2B_2C_2}$의 세 변 $\mathrm{A_2B_2}$, $\mathrm{B_2C_2}$, $\mathrm{C_2A_2}$를 $1:3$으로 내분하는 점을 각각 $\mathrm{A_3}$, $\mathrm{B_3}$, $\mathrm{C_3}$이라 하자. 이와 같은 과정을 반복하여 만든 삼각형 $\mathrm{A_nB_nC_n}$의 넓이를 S_n이라 할 때, $\displaystyle\sum_{n=1}^{5} S_n$의 값은?

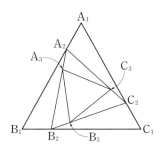

① $\dfrac{64\sqrt{3}}{9}\left\{1 - \left(\dfrac{7}{16}\right)^5\right\}$ ② $\dfrac{64\sqrt{3}}{9}\left\{1 - \left(\dfrac{9}{16}\right)^5\right\}$

③ $\dfrac{49\sqrt{3}}{9}\left\{1 - \left(\dfrac{7}{16}\right)^5\right\}$ ④ $\dfrac{49\sqrt{3}}{9}\left\{1 - \left(\dfrac{9}{16}\right)^5\right\}$

⑤ $\dfrac{13\sqrt{3}}{3}\left\{1 - \left(\dfrac{7}{16}\right)^5\right\}$

유형 02 자연수의 거듭제곱의 합

684

| 선행 655 |

다음 식의 값을 구하시오.

(1) $\displaystyle\sum_{j=1}^{6}\left\{\sum_{i=1}^{j}\left(\sum_{k=1}^{i} 4\right)\right\}$ (2) $\displaystyle\sum_{m=1}^{8}\left(\sum_{k=1}^{m+1} km\right)$

685 빈출 ♛

수열 $\{a_n\}$이 모든 자연수 n에 대하여 $\displaystyle\sum_{k=1}^{n} ka_k = n^3 + n^2 + 1$을 만족시킬 때, $\displaystyle\sum_{k=1}^{10} a_k$의 값은?

① 148   ② 152   ③ 156
④ 160   ⑤ 164

686

자연수 n에 대하여 등식 $\displaystyle\sum_{k=5}^{n+5} 6(k-2) = an^2 + bn + c$가 성립할 때, $3a + 2b + c$의 값은? (단, a, b, c는 상수이다.)

① 57   ② 63   ③ 69
④ 75   ⑤ 81

687 빈출 👑

수열 $\{a_n\}$은 $a_1=1$이고, 모든 자연수 n에 대하여
$\sum\limits_{k=1}^{n}(a_{k+1}-a_k)=3n$을 만족시킬 때, $\sum\limits_{k=1}^{10}a_k$의 값은?

① 141   ② 142   ③ 143
④ 144   ⑤ 145

688

$\sum\limits_{k=1}^{10}(2k-a)^2$의 값이 최소가 되도록 하는 실수 a의 값과 그때의 최솟값을 각각 구하시오.

689

이차방정식 $x^2+3x-2=0$의 두 근을 α, β라 할 때,
$$(\alpha+1)(\beta+1)+(\alpha+2)(\beta+2)+(\alpha+3)(\beta+3)+\cdots$$
$$+(\alpha+8)(\beta+8)$$
의 값은?

① 72   ② 76   ③ 80
④ 84   ⑤ 88

690

수열 $\{a_n\}$을
$$a_n=([\sqrt{m}]=n을 \ 만족시키는 \ 자연수 \ m의 \ 개수)$$
로 정의하자. $\sum\limits_{k=1}^{10}a_k$의 값은?

(단, $[x]$는 x보다 크지 않은 최대의 정수이다.)

① 105   ② 110   ③ 115
④ 120   ⑤ 125

691 서술형 ✏️

다음 값을 구하고, 그 과정을 서술하시오.

$$\sum_{k=1}^{10}k^2+\sum_{k=2}^{10}k^2+\sum_{k=3}^{10}k^2+\cdots+\sum_{k=10}^{10}k^2$$

692

그림과 같이 자연수 n에 대하여 원 $x^2+y^2=25n^2$과 직선 $x-\sqrt{3}y+6n=0$이 만나는 두 점을 A_n, B_n이라 할 때, $\sum\limits_{k=1}^{10}\overline{A_kB_k}$의 값은?

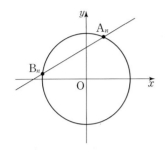

① 440   ② 448   ③ 456

④ 464   ⑤ 472

693 빈출 ♛

그림과 같이 좌표평면에서 자연수 n에 대하여 직선 $y=x$와 원 $C_n : (x-n)^2+(y-2n)^2=n(n+1)$이 만나는 서로 다른 두 점을 A_n, B_n이라 하자. $\sum\limits_{k=1}^{10}(\overline{OA_k}\times\overline{OB_k})$의 값은?

(단, O는 원점이다.)

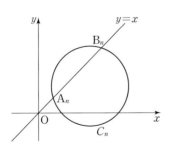

① 1385   ② 1435   ③ 1485

④ 1535   ⑤ 1585

694 빈출 ♛

다음 식의 값을 구하시오.

$$1\times n+3\times(n-1)+5\times(n-2)+\cdots+(2n-1)\times1$$

695 빈출 ♛

수열 2, $2+4$, $2+4+6$, $2+4+6+8$, $\cdots$의 첫째항부터 제10항까지의 합을 a라 하고, 수열 1, $1+2$, $1+2+4$, $1+2+4+8$, $\cdots$의 첫째항부터 제8항까지의 합을 b라 할 때, $a+b$의 값은?

① 912   ② 922   ③ 932

④ 942   ⑤ 952

696 빈출 ♛

다음과 같은 규칙으로 자연수를 나열할 때, 제n행에 나열되는 수들의 합을 a_n이라 하자. $\sum\limits_{n=1}^{10}a_n$의 값은?

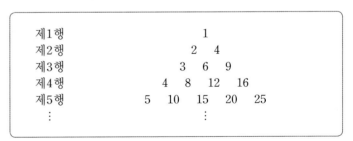

제1행				1	
제2행			2	4	
제3행		3	6	9	
제4행	4	8	12	16	
제5행	5	10	15	20	25

① 1505   ② 1605   ③ 1705

④ 1805   ⑤ 1905

697

그림과 같이 가로 9칸, 세로 9칸으로 이루어진 표에 2, 4, 6, ⋯, 16, 18의 수를 채워 넣었을 때, 표에 채운 모든 수의 합은?

18	18	18		18	18
16	16	16	⋯	16	18
		⋮	⋰	⋮	
6	6	6		16	18
4	4	6	⋯	16	18
2	4	6		16	18

① 1050 ② 1150 ③ 1250
④ 1350 ⑤ 1450

698

다음과 같이 제1행부터 제8행까지 나열된 수의 총합은?

$$
\begin{array}{ll}
1 & \text{제1행} \\
1\ 2\ 1 & \text{제2행} \\
1\ 2\ 3\ 2\ 1 & \text{제3행} \\
1\ 2\ 3\ 4\ 3\ 2\ 1 & \text{제4행} \\
\vdots & \vdots \\
1\ 2\ 3\ 4\ 5\ 6\ 7\ 8\ 7\ 6\ 5\ 4\ 3\ 2\ 1 & \text{제8행}
\end{array}
$$

① 204 ② 206 ③ 208
④ 210 ⑤ 212

699

첫째항이 4이고 공차가 7인 등차수열 $\{a_n\}$에 대하여

$\displaystyle\sum_{k=1}^{20}\frac{1}{\sqrt{a_k}+\sqrt{a_{k+1}}}$의 값은?

① 1 ② $\dfrac{8}{7}$ ③ $\dfrac{9}{7}$
④ $\dfrac{10}{7}$ ⑤ $\dfrac{11}{7}$

700

수열 $\{a_n\}$의 일반항이 $a_n=2^{\frac{2}{n(n+1)}}-n$일 때,

$$\log_2\{(a_1+1)(a_2+2)(a_3+3)\times\cdots\times(a_{15}+15)\}$$

의 값을 구하시오.

701 빈출

수열 $\{a_n\}$이 모든 자연수 n에 대하여

$\displaystyle\sum_{k=1}^{n}a_k=n^2-2n-2$를 만족시킬 때, $\displaystyle\sum_{k=1}^{17}\frac{2}{a_ka_{k+1}}=\frac{q}{p}$이다. $p+q$의

값은? (단, p와 q는 서로소인 자연수이다.)

① 37 ② 40 ③ 43
④ 46 ⑤ 49

702

$\displaystyle\sum_{n=1}^{99} \dfrac{1}{(n+1)\sqrt{n}+n\sqrt{n+1}}$의 값은?

① $\dfrac{1}{100}$ ② $\dfrac{9}{100}$ ③ $\dfrac{1}{10}$

④ $\dfrac{9}{10}$ ⑤ $\dfrac{99}{100}$

703 [평가원기출]

n이 자연수일 때, x에 대한 이차방정식
$$x^2-(2n-1)x+n(n-1)=0$$
의 두 근을 α_n, β_n이라 하자. $\displaystyle\sum_{n=1}^{81} \dfrac{1}{\sqrt{\alpha_n}+\sqrt{\beta_n}}$의 값을 구하시오.

704 빈출

x에 대한 이차방정식 $x^2+6x-(2n-1)(2n+1)=0$의 두 근을 α_n, β_n이라 할 때, $\displaystyle\sum_{k=1}^{10} \left(\dfrac{1}{\alpha_k}+\dfrac{1}{\beta_k} \right)$의 값은?

① $\dfrac{10}{21}$ ② $\dfrac{20}{21}$ ③ $\dfrac{20}{41}$

④ $\dfrac{40}{41}$ ⑤ $\dfrac{20}{7}$

705 빈출

수열 $\{a_n\}$이 모든 자연수 n에 대하여
$$\sum_{k=1}^{n} \dfrac{a_k}{2k+1}=n^2+4n-3$$
을 만족시킬 때, $\displaystyle\sum_{k=1}^{11} \dfrac{1}{a_k}$의 값은?

① $\dfrac{7}{30}$ ② $\dfrac{37}{150}$ ③ $\dfrac{13}{50}$

④ $\dfrac{41}{150}$ ⑤ $\dfrac{43}{150}$

706 [교육청기출]

수열 $\{a_n\}$이 $a_1=3$, $a_n=8n-4(n=2, 3, 4, \cdots)$를 만족시킬 때, 수열 $\{a_n\}$의 첫째항부터 제n항까지의 합을 S_n이라 하자.

$\displaystyle\sum_{k=1}^{10} \dfrac{1}{S_k}=\dfrac{q}{p}$일 때, $p+q$의 값을 구하시오.

(단, p와 q는 서로소인 자연수이다.)

707 선생님 Pick! [평가원변형]

첫째항이 3인 수열 $\{a_n\}$의 첫째항부터 제n항까지의 합을 S_n이라 할 때, $\displaystyle\sum_{k=1}^{30} \dfrac{a_{k+1}}{S_k S_{k+1}}=\dfrac{1}{12}$이다. S_{31}의 값은?

① 6   ② 4   ③ 3

④ $\dfrac{12}{5}$ ⑤ 2

708

양의 실수로 이루어진 수열 $\{a_n\}$이 모든 자연수 n에 대하여

$$a_1^2 + a_2^2 + a_3^2 + \cdots + a_n^2 = n^2$$

을 만족시킬 때, $\displaystyle\sum_{k=1}^{60} \frac{1}{a_k + a_{k+1}}$의 값은?

① 2   ② 3   ③ 4

④ 5   ⑤ 6

709

수열 $\{a_n\}$이 모든 자연수 n에 대하여

$$a_1 + 2a_2 + 3a_3 + \cdots + na_n = 200n$$

을 만족시킬 때, $\displaystyle\sum_{k=1}^{99} \frac{a_k}{k+1}$의 값은?

① 196   ② 198   ③ 200

④ 202   ⑤ 204

710

자연수 n에 대하여 유리함수 $f(x) = \dfrac{nx + 8n^2}{x - n}$의 그래프 위의 점 P_n이 제1사분면 위에 존재하고 점 P_n에서 x축까지의 거리와 점 P_n에서 y축까지의 거리가 서로 같다. 점 P_n의 x좌표를 x_n이라 할 때, $\displaystyle\sum_{k=1}^{24} \frac{100}{x_k x_{k+1}}$의 값은?

① 6   ② $\dfrac{20}{3}$ ③ $\dfrac{22}{3}$

④ 8   ⑤ $\dfrac{26}{3}$

711

그림과 같이 자연수 n에 대하여 좌표평면 위의 두 점 $(0, n)$, $(1, -1)$을 지나는 직선이 x축과 만나는 점을 P_n이라 하자. $\displaystyle\sum_{k=1}^{20} \overline{P_k P_{k+1}}$의 값은?

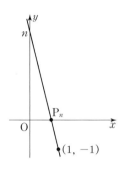

① $\dfrac{9}{22}$ ② $\dfrac{5}{11}$ ③ $\dfrac{1}{2}$

④ $\dfrac{6}{11}$ ⑤ $\dfrac{13}{22}$

712

2 이상의 자연수 n에 대하여 좌표평면에서 네 직선 $x=1$, $x=n$, $y=x$, $y=3x$로 둘러싸인 사각형의 넓이를 S_n이라 할 때, $\displaystyle\sum_{k=2}^{10} \frac{10}{S_k} = \frac{q}{p}$이다. $p+q$의 값은?

(단, p와 q는 서로소인 자연수이다.)

① 67   ② 75   ③ 83

④ 91   ⑤ 99

스키마로 풀이 흐름 알아보기

두 수열 $\{a_n\}$, $\{b_n\}$이 모든 자연수 n에 대하여 $\underset{\text{조건①}}{\underline{\sum\limits_{k=1}^{n}(a_k+b_k)=2^n-1}}$, $\underset{\text{조건②}}{\underline{\sum\limits_{k=1}^{n}(a_k-b_k)=4n}}$을 만족시킬 때,

$\underset{\text{답}}{\underline{\sum\limits_{k=1}^{6}(a_k^{\,2}-b_k^{\,2})}}$의 값을 구하고, 그 과정을 서술하시오.

스키마 schema ≫ 주어진 조건 은 무엇인지? 구하는 답 은 무엇인지? 이 둘을 어떻게 연결할지?

1단계

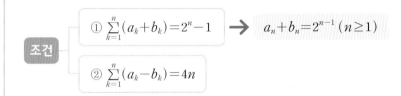

조건 ①에 의하여
$n \geq 2$일 때
$$a_n+b_n=\sum_{k=1}^{n}(a_k+b_k)-\sum_{k=1}^{n-1}(a_k+b_k)$$
$$=2^n-2^{n-1}=2^{n-1}$$
이고, $a_1+b_1=\sum\limits_{k=1}^{1}(a_k+b_k)=1$
$$\therefore a_n+b_n=2^{n-1} \ (n \geq 1) \quad \cdots\cdots \ \bigcirc$$

2단계

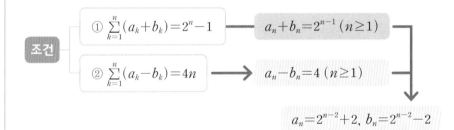

조건 ②에 의하여
$n \geq 2$일 때
$$a_n-b_n=\sum_{k=1}^{n}(a_k-b_k)-\sum_{k=1}^{n-1}(a_k-b_k)$$
$$=4n-4(n-1)=4$$
이고, $a_1-b_1=\sum\limits_{k=1}^{1}(a_k-b_k)=4$
$$\therefore a_n-b_n=4 \ (n \geq 1) \quad \cdots\cdots \ \bigcirc$$
$\bigcirc$, $\bigcirc$을 연립하여 풀면
$$a_n=2^{n-2}+2, \ b_n=2^{n-2}-2$$

3단계

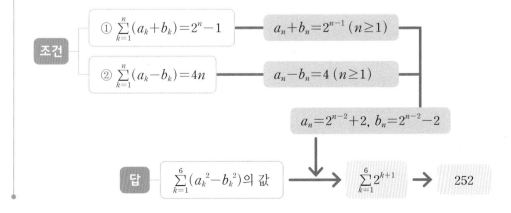

$$\therefore \sum_{k=1}^{6}(a_k^{\,2}-b_k^{\,2})$$
$$=\sum_{k=1}^{6}\{(2^{k-2}+2)^2-(2^{k-2}-2)^2\}$$
$$=\sum_{k=1}^{6}2^{k+1}$$
$$=\frac{4(2^6-1)}{2-1}=252$$

🖩 252

Ⅲ. 수열 **189**

스키마로 풀이 흐름 알아보기

수열 $\{a_n\}$이 모든 자연수 n에 대하여 $\underbrace{\sum_{k=1}^{n} a_k = n^2 - 2n - 2}_{\text{조건①}}$를 만족시킬 때, $\underbrace{\sum_{k=1}^{17} \dfrac{2}{a_k a_{k+1}} = \dfrac{q}{p}}_{\text{조건②}}$이다. $\underbrace{p+q}_{\text{답}}$의 값은?

(단, p와 q는 서로소인 자연수이다.)

① 37   ② 40   ③ 43   ④ 46   ⑤ 49

유형03 일반항이 분수 꼴인 수열의 합 701

스키마 schema   ▷▷ 주어진 조건 은 무엇인지? 구하는 답 은 무엇인지? 이 둘을 어떻게 연결할지?

1 단계

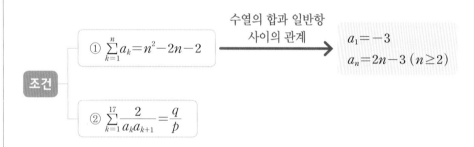

조건
① $\sum_{k=1}^{n} a_k = n^2 - 2n - 2$
② $\sum_{k=1}^{17} \dfrac{2}{a_k a_{k+1}} = \dfrac{q}{p}$

수열의 합과 일반항 사이의 관계 →

$a_1 = -3$
$a_n = 2n - 3 \ (n \geq 2)$

조건 ①에 의하여
$n \geq 2$일 때
$$a_n = \sum_{k=1}^{n} a_k - \sum_{k=1}^{n-1} a_k$$
$$= n^2 - 2n - 2 - \{(n-1)^2 - 2(n-1) - 2\}$$
$$= 2n - 3$$
이고,
$$a_1 = \sum_{k=1}^{1} a_k = -3$$

2 단계

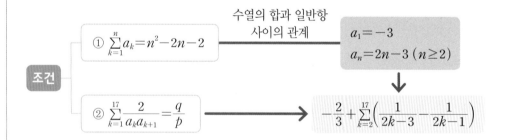

조건
① $\sum_{k=1}^{n} a_k = n^2 - 2n - 2$
② $\sum_{k=1}^{17} \dfrac{2}{a_k a_{k+1}} = \dfrac{q}{p}$

수열의 합과 일반항 사이의 관계

$a_1 = -3$
$a_n = 2n - 3 \ (n \geq 2)$

↓

$-\dfrac{2}{3} + \sum_{k=2}^{17} \left(\dfrac{1}{2k-3} - \dfrac{1}{2k-1} \right)$

$a_2 = 1$에서 $a_1 a_2 = -3$이므로
$$\sum_{k=1}^{17} \dfrac{2}{a_k a_{k+1}}$$
$$= \dfrac{2}{a_1 a_2} + \sum_{k=2}^{17} \dfrac{2}{a_k a_{k+1}}$$
$$= -\dfrac{2}{3} + \sum_{k=2}^{17} \left(\dfrac{1}{2k-3} - \dfrac{1}{2k-1} \right)$$

3 단계

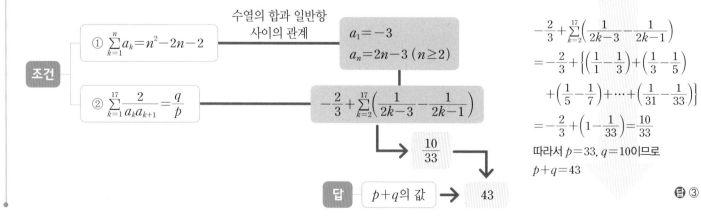

조건
① $\sum_{k=1}^{n} a_k = n^2 - 2n - 2$
② $\sum_{k=1}^{17} \dfrac{2}{a_k a_{k+1}} = \dfrac{q}{p}$

수열의 합과 일반항 사이의 관계

$a_1 = -3$
$a_n = 2n - 3 \ (n \geq 2)$

$-\dfrac{2}{3} + \sum_{k=2}^{17} \left(\dfrac{1}{2k-3} - \dfrac{1}{2k-1} \right)$

↓

$\dfrac{10}{33}$ →

답 $p+q$의 값 → 43

$-\dfrac{2}{3} + \sum_{k=2}^{17} \left(\dfrac{1}{2k-3} - \dfrac{1}{2k-1} \right)$
$= -\dfrac{2}{3} + \left\{ \left(\dfrac{1}{1} - \dfrac{1}{3} \right) + \left(\dfrac{1}{3} - \dfrac{1}{5} \right) \right.$
$\left. + \left(\dfrac{1}{5} - \dfrac{1}{7} \right) + \cdots + \left(\dfrac{1}{31} - \dfrac{1}{33} \right) \right\}$
$= -\dfrac{2}{3} + \left(1 - \dfrac{1}{33} \right) = \dfrac{10}{33}$
따라서 $p = 33$, $q = 10$이므로
$p + q = 43$

답 ③

713

모든 항이 양수인 등비수열 $\{a_n\}$이 $\sum_{k=1}^{10}(a_k)^2=24$, $\sum_{k=1}^{10}\left(\dfrac{1}{a_k}\right)^2=6$을 만족시킬 때, $a_1\times a_2\times a_3\times\cdots\times a_{10}$의 값은?

① $\dfrac{1}{32}$ ② $\dfrac{1}{8}$ ③ 8

④ 16 ⑤ 32

714 빈출 ♛

그림과 같이 한 변의 길이가 4인 한 개의 정삼각형에서 각 변의 중점을 선분으로 이으면 4개의 작은 정삼각형이 생긴다. 이때 가운데 정삼각형 하나를 잘라내면 3개의 정삼각형이 남는다. 남은 3개의 각 정삼각형에서 같은 과정을 반복하면 모두 9개의 정삼각형이 남고, 다시 9개의 각 정삼각형에서 같은 과정을 반복하면 모두 27개의 정삼각형이 남는다.

[첫 번째] [두 번째] [세 번째]

이와 같은 과정을 계속하여 만들어지는 n번째 도형에서 남은 정삼각형의 넓이의 합을 a_n이라 할 때, $\sum_{k=1}^{10}a_k$의 값은?

① $8\sqrt{3}\left\{1-\left(\dfrac{3}{4}\right)^{10}\right\}$ ② $8\sqrt{3}\left\{1-\left(\dfrac{1}{4}\right)^{10}\right\}$

③ $12\sqrt{3}\left\{1-\left(\dfrac{3}{4}\right)^{10}\right\}$ ④ $12\sqrt{3}\left\{1-\left(\dfrac{1}{4}\right)^{10}\right\}$

⑤ $16\sqrt{3}\left\{1-\left(\dfrac{3}{4}\right)^{10}\right\}$

715

그림과 같이 한 변의 길이가 1 cm인 정오각형 $P_1P_2P_3P_4P_5$가 있다. 점 P_1에 위치한 점 A가 다음과 같은 규칙에 따라 시계 반대 방향으로 변 위를 움직인다.

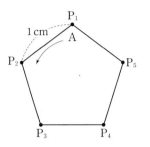

(가) 첫 번째에 점 A는 1 cm만큼 이동하여 점 P_2에 도착한다.

(나) 점 A가 n번째에 점 $P_i\,(i=1,\ 2,\ 3,\ 4,\ 5)$에 도착하면 $(n+1)$번째에는 점 P_i를 출발하여 $(i+1)$ cm만큼 이동한다.

점 A가 n번째에 도착한 점이 P_i일 때, 수열 $\{a_n\}$을 $a_n=i$라 하면 $a_1=2$, $a_2=5$이다. $\sum_{n=1}^{20}a_n$의 값은?

① 40 ② 45 ③ 50

④ 55 ⑤ 60

716   평가원기출

수열 $\{a_n\}$에서 $a_n=(-1)^{\frac{n(n+1)}{2}}$일 때, $\sum_{n=1}^{2018}na_n$의 값은?

① 2019 ② 2018 ③ 0

④ -2018 ⑤ -2019

717 빈출 ♛

그림과 같이 크기가 같은 공을 사면체 모양으로 쌓아 올릴 때, [n단계]에서 사면체 모양을 쌓는데 필요한 공의 개수를 a_n이라 하자. 다음 물음에 답하시오.

   ⋯

[1단계]　　　　[2단계]　　　　　　[3단계]　　　⋯

(1) 일반항 a_n을 구하시오.

(2) a_9의 값을 구하시오.

718

수열 $\{a_n\}$이 모든 자연수 n에 대하여 $\sum_{k=1}^{n} a_{2k-1}=3^{n-1}+1$,

$\sum_{k=1}^{2n} a_k=n^2+2n$을 만족시킬 때, $|a_{10}|$의 값을 구하시오.

719

모든 항이 -2, 0, 1 중에 하나인 수열 $\{a_n\}$에 대하여

$\sum_{k=1}^{n} a_k=12$, $\sum_{k=1}^{n} |a_k|=28$일 때, $\sum_{k=1}^{n} (a_k)^2$의 값은?

① 18　　　　　② 24　　　　　③ 30

④ 36　　　　　⑤ 42

720

공차가 2보다 큰 등차수열 $\{a_n\}$에 대하여 $a_2+a_4=4$일 때,

$\sum_{k=1}^{5} (a_k^2-10|a_k|)$의 값이 최소가 되도록 하는 수열 $\{a_n\}$의

공차를 구하시오.

721

자연수 n에 대하여 $\left|\left(n+\dfrac{3}{4}\right)^2-p\right|$ 의 값이 최소가 되도록 하는

자연수 p의 값을 a_n이라 할 때, $\displaystyle\sum_{n=1}^{8}a_n$의 값을 구하시오.

722

수열 $\{a_n\}$의 제 n항을 $\dfrac{n}{3^k}$이 자연수가 되게 하는 음이 아닌 정수

k의 최댓값이라 하자. 예를 들어, $a_1=0$, $a_6=1$이다. $a_m=3$일 때,

$a_m+a_{2m}+a_{3m}+\cdots+a_{9m}$의 값을 구하시오.

723

그림과 같이 원점 O에서 시작해서 점 $A_1(-1,\ 1)$, $A_2(-2,\ 0)$, $A_3(0,\ -2)$, $A_4(2,\ 0)$, $A_5(-1,\ 3)$, $A_6(-4,\ 0)$, $\cdots$을 순서대로 이어서 만든 선분을 연결한다.

$$\overline{\mathrm{OA_1}}+\overline{\mathrm{A_1A_2}}+\overline{\mathrm{A_2A_3}}+\cdots+\overline{\mathrm{A_nA_{n+1}}}=484\sqrt{2}$$

를 만족시키는 자연수 n의 값은?

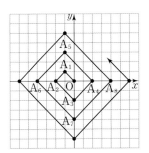

① 39   ② 40   ③ 41

④ 42   ⑤ 43

724

자연수 n에 대하여 두 이차함수 $y=x^2$, $y=(x-n)^2+n^2$의 그래프와 y축으로 둘러싸인 영역의 내부 및 경계에 포함되는 x좌표와 y좌표가 모두 정수인 점의 개수를 a_n이라 하자.

$\displaystyle\sum_{k=1}^{5}a_k$의 값을 구하시오.

725

자연수 n에 대하여 수열 $\{a_n\}$은 $\sum\limits_{k=1}^{m} k \le n < \sum\limits_{k=1}^{m+1} k$를 만족시킬 때, $a_n = m$이다. 예를 들어, $a_3 = 2$이다. $\sum\limits_{k=1}^{50} a_k$의 값은?

① 286　　　　② 288　　　　③ 290
④ 292　　　　⑤ 294

726 　 평가원기출

수열 $\{a_n\}$의 일반항은

$$a_n = \log_2 \sqrt{\frac{2(n+1)}{n+2}}$$

이다. $\sum\limits_{k=1}^{m} a_k$의 값이 100 이하의 자연수가 되도록 하는 모든 자연수 m의 값의 합은?

① 150　　　　② 154　　　　③ 158
④ 162　　　　⑤ 166

727 　 *선생님 Pick!* 　 평가원기출

함수 $y = f(x)$는 $f(3) = f(15)$를 만족시키고, 그 그래프는 그림과 같다. 모든 자연수 n에 대하여 $f(n) = \sum\limits_{k=1}^{n} a_k$인 수열 $\{a_n\}$이 있다. m이 15보다 작은 자연수일 때,

$$a_m + a_{m+1} + \cdots + a_{15} < 0$$

을 만족시키는 m의 최솟값을 구하시오.

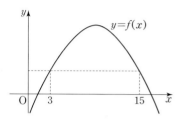

728 　 빈출 　 교육청기출

등차수열 $\{a_n\}$에 대하여

$$S_n = \sum\limits_{k=1}^{n} a_k, \quad T_n = \sum\limits_{k=1}^{n} |a_k|$$

라 할 때, 수열 $\{a_n\}$이 다음 조건을 만족시킨다.

(가) $a_7 = a_6 + a_8$
(나) 6 이상의 모든 자연수 n에 대하여 $S_n + T_n = 84$이다.

T_{15}의 값은?

① 96　　　　② 102　　　　③ 108
④ 114　　　　⑤ 120

729

그림과 같이 좌표평면에서 한 변의 길이가 자연수 n인 정사각형 $A_nB_nC_nD_n$이 다음 조건을 만족시킨다.

(가) 점 B_n은 곡선 $y=\sqrt{x}$ 위의 점이고, 점 C_n은 직선 $y=-x$ 위의 점이다.

(나) 두 선분 A_nB_n, C_nD_n은 x축에 평행하고, 두 선분 A_nD_n, B_nC_n은 y축에 평행하다.

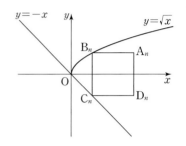

정사각형 $A_nB_nC_nD_n$의 둘레와 그 내부에 있는 점 중 x좌표와 y좌표가 모두 정수인 점의 개수를 a_n이라 할 때, $\sum_{k=1}^{15} a_k$의 값은?

(단, 점 A_n의 x좌표는 점 B_n의 x좌표보다 크다.)

① 1281   ② 1283   ③ 1285
④ 1287   ⑤ 1289

730

평가원기출

좌표평면에서 그림과 같이 길이가 1인 선분이 수직으로 만나도록 연결된 경로가 있다. 이 경로를 따라 원점에서 멀어지도록 움직이는 점 P의 위치를 나타내는 점 A_n을 다음과 같은 규칙으로 정한다.

(i) A_0은 원점이다.

(ii) n이 자연수일 때, A_n은 점 A_{n-1}에서 점 P가 경로를 따라 $\dfrac{2n-1}{25}$만큼 이동한 위치에 있는 점이다.

예를 들어, 점 A_2와 A_6의 좌표는 각각 $\left(\dfrac{4}{25}, 0\right)$, $\left(1, \dfrac{11}{25}\right)$이다.

자연수 n에 대하여 점 A_n 중 직선 $y=x$ 위에 있는 점을 원점에서 가까운 순서대로 나열할 때, 두 번째 점의 x좌표를 a라 하자. a의 값을 구하시오.

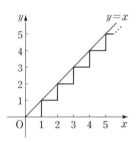

731

교육청기출

집합 $U=\{x\,|\,x$는 30 이하의 자연수$\}$의 부분집합
$A=\{a_1,\ a_2,\ a_3,\ \cdots,\ a_{15}\}$가 다음 조건을 만족시킨다.

> (가) 집합 A의 임의의 두 원소 $a_i,\ a_j\ (i\neq j)$에 대하여
> $$a_i+a_j\neq 31$$
> (나) $\displaystyle\sum_{i=1}^{15}a_i=264$

$\displaystyle\frac{1}{31}\sum_{i=1}^{15}a_i^{\,2}$의 값을 구하시오.

732

그림과 같이 1을 쓰고 바로 위의 칸부터 시계 방향으로 각 칸에 하나씩 자연수를 차례대로 쓸 때, 185의 바로 오른쪽 칸에 쓰여 있는 숫자를 구하시오.

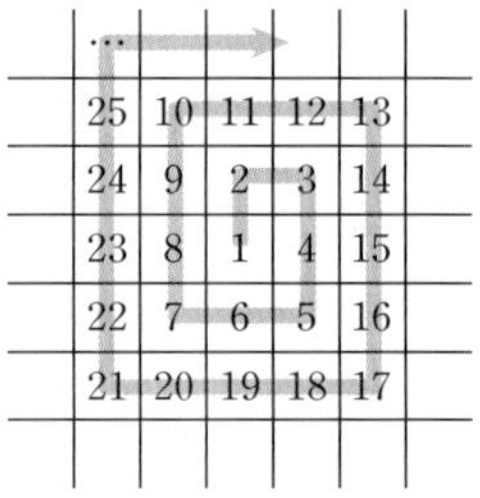

|이전 학습 내용|

현재 학습 내용

• **수열의 귀납적 정의** ··· 유형 01 수열의 귀납적 정의

1. 수열의 귀납적 정의

처음 몇 개의 항과 이웃하는 여러 항 사이의 관계식으로 수열을 정의하는 것을 수열의 **귀납적 정의**라 한다. 일반적으로 수열 $\{a_n\}$을 다음과 같이 귀납적으로 정의할 수 있다.

$$\begin{cases} \text{첫째항 } a_1 \text{의 값} \\ \text{이웃하는 항들 } a_n,\ a_{n+1},\ \cdots \text{ 사이의 관계식} \end{cases}$$

• **등차수열** [01. 등차수열과 등비수열]

첫째항에 차례로 일정한 수 d를 더하여 만든 수열을 **등차수열**이라 하고, 더하는 일정한 수 d를 **공차**라 한다.

즉, $a_{n+1}=a_n+d\ (n=1, 2, 3, \cdots)$

2. 등차수열의 귀납적 정의

(1) 첫째항이 a, 공차가 d인 등차수열 $\{a_n\}$의 귀납적 정의

$$\begin{cases} a_1=a \\ a_{n+1}=a_n+d\ (n=1, 2, 3, \cdots) \end{cases}$$

$\longrightarrow$ 수열 $\{a_n\}$은 첫째항이 a, 공차가 d인 등차수열임을 알 수 있다.

(2) 등차수열 $\{a_n\}$의 귀납적 정의

① $a_{n+1}-a_n=a_{n+2}-a_{n+1}\ (n=1, 2, 3, \cdots)$

$\longrightarrow$ 수열 $\{a_n\}$은 등차수열임을 알 수 있다.

② $2a_{n+1}=a_n+a_{n+2}\ (n=1, 2, 3, \cdots)$

$\longrightarrow$ $a_{n+1}=\dfrac{a_n+a_{n+2}}{2}$ 이므로 a_{n+1}이 a_n, a_{n+2}의 등차중항이다.

• **등비수열**

첫째항에 차례로 일정한 수 r를 곱하여 만든 수열을 **등비수열**이라 하고, 곱하는 일정한 수 r를 **공비**라 한다.

즉, $a_{n+1}=ra_n\ (n=1, 2, 3, \cdots)$

3. 등비수열의 귀납적 정의

(1) 첫째항이 a, 공비가 r인 등비수열 $\{a_n\}$의 귀납적 정의

$$\begin{cases} a_1=a \\ a_{n+1}=ra_n\ (n=1, 2, 3, \cdots) \end{cases}$$

$\longrightarrow$ 수열 $\{a_n\}$은 첫째항이 a, 공비가 r인 등비수열임을 알 수 있다.

(2) 등비수열 $\{a_n\}$의 귀납적 정의

① $\dfrac{a_{n+1}}{a_n}=\dfrac{a_{n+2}}{a_{n+1}}\ (n=1, 2, 3, \cdots)$

$\longrightarrow$ 수열 $\{a_n\}$은 등비수열임을 알 수 있다.

② $(a_{n+1})^2=a_n a_{n+2}\ (n=1, 2, 3, \cdots)$

$\longrightarrow$ a_{n+1}이 a_n, a_{n+2}의 등비중항이다.

• **명제** [수학 Ⅳ. 집합과 명제]

참인지 거짓인지를 명확하게 판별할 수 있는 문장이나 식

• **수학적 귀납법** ··· 유형 02 수학적 귀납법

자연수 n에 대한 명제 $p(n)$이 모든 자연수에서 성립한다는 것을 증명하려면 다음 두 가지를 보이면 된다.

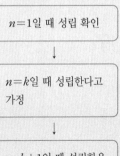

① $n=1$일 때 명제 $p(n)$이 성립한다.

② $n=k$일 때 명제 $p(n)$이 성립한다고 가정하면, $n=k+1$일 때에도 명제 $p(n)$이 성립한다.

• **증명**

어떤 명제의 가정과 이미 알고 있는 정의나 성질을 근거로 하여 그 명제가 참임을 밝히는 과정

이와 같이 자연수 n에 대한 명제 $p(n)$이 성립한다는 것을 증명하는 방법을 **수학적 귀납법**이라 한다.

$n=1$일 때 성립 확인

↓

$n=k$일 때 성립한다고 가정

↓

$n=k+1$일 때 성립함을 보이기

유형 01 수열의 귀납적 정의

수열의 귀납적 정의에는
(1) 첫째항과 귀납적으로 표현된 식을 이용하여 특정한 항을 구하는 문제
(2) 실생활과 관련된 상황을 귀납적으로 표현하는 문제
를 분류하였다.

733

다음과 같이 정의된 수열 $\{a_n\}$의 제4항을 구하시오.

(1) $a_1=2$, $a_{n+1}=a_n+n+2$

(2) $a_1=1$, $a_{n+1}=(n+2)a_n$

734

수열 $\{a_n\}$이 첫째항이 2이고, $a_{n+1}=\dfrac{a_n}{n+2}$ $(n=1, 2, 3, \cdots)$으로 정의될 때, $a_5=\dfrac{q}{p}$이다. $p+q$의 값은?

(단, p와 q는 서로소인 자연수이다.)

① 177   ② 179   ③ 181
④ 183   ⑤ 185

735

$a_1=2$, $a_{n+1}=3a_n+2$ $(n=1, 2, 3, \cdots)$로 정의되는 수열 $\{a_n\}$에 대하여 a_5의 값은?

① 238   ② 241   ③ 242
④ 245   ⑤ 248

736 빈출 👑

수열 $\{a_n\}$이 $a_1=3$, $a_{n+1}=a_n+4$ $(n=1, 2, 3, \cdots)$로 정의될 때, a_{15}의 값은?

① 55   ② 57   ③ 59
④ 61   ⑤ 63

737 빈출 👑

수열 $\{a_n\}$이 $a_1=-3$, $a_{n+1}-a_n=2$ $(n=1, 2, 3, \cdots)$로 정의될 때, $a_k=27$을 만족시키는 자연수 k의 값은?

① 14   ② 15   ③ 16
④ 17   ⑤ 18

738

수열 $\{a_n\}$이 $a_2=2$, $a_3=7$이고 모든 자연수 n에 대하여 $a_{n+2}-a_{n+1}=a_{n+1}-a_n$을 만족시킬 때, a_8의 값은?

① 28   ② 29   ③ 30
④ 31   ⑤ 32

739

$a_1=2$, $3a_{n+1}=a_n$ $(n=1, 2, 3, \cdots)$으로 정의되는 수열 $\{a_n\}$에 대하여 a_6의 값은?

① $\dfrac{1}{243}$ ② $\dfrac{2}{243}$ ③ $\dfrac{1}{81}$

④ $\dfrac{4}{243}$ ⑤ $\dfrac{5}{243}$

740

수열 $\{a_n\}$이 $a_1=1$, $3^{a_{n+1}}=9^{a_n}$ $(n=1, 2, 3, \cdots)$으로 정의될 때, 다음 물음에 답하시오.

(1) a_6의 값을 구하시오.

(2) 수열 $\{a_n\}$의 첫째항부터 제n항까지의 합을 S_n이라 할 때, S_8의 값을 구하시오.

741 빈출👑

수열 $\{a_n\}$이 $a_1=8$, $a_2=-4$이고, 모든 자연수 n에 대하여 ${a_{n+1}}^2=a_na_{n+2}$를 만족시킬 때, $\displaystyle\sum_{k=1}^{5}a_k$의 값은?

① $\dfrac{11}{4}$ ② $\dfrac{13}{4}$ ③ $\dfrac{11}{2}$

④ $\dfrac{13}{2}$ ⑤ $\dfrac{15}{2}$

742

수열 $\{a_n\}$이 $a_1=1$이고, 모든 자연수 n에 대하여
$$a_{n+1}+2a_n=(-1)^n\times(n+1)$$
을 만족시킬 때, a_5의 값을 구하시오.

743

수열 $\{a_n\}$이 $a_1=1$, $a_2=2$이고,
$$a_{n+2}=a_{n+1}+a_n \ (n=1, 2, 3, \cdots)$$
으로 정의될 때, a_9의 값은?

① 52 ② 55 ③ 58

④ 61 ⑤ 64

744

어느 모임에 참석한 n명이 모두 서로 한 번씩 악수를 하였다. 모임에 참석한 n명이 악수한 총 횟수를 a_n이라 할 때, 다음 중 a_n과 a_{n+1} 사이의 관계식으로 옳은 것은? (단, $n\geq2$이다.)

① $a_{n+1}=2a_n+n-1$ ② $a_{n+1}=2a_n+n$

③ $a_{n+1}=a_n+2n-2$ ④ $a_{n+1}=a_n+n$

⑤ $a_{n+1}=a_n+2^{n-1}$

745 빈출 ♕

40톤의 물이 들어 있는 물탱크가 있다. 하루에 이 물탱크의 50 %의 물을 사용하고 매일 정오에 새로 10톤의 물을 더 채운다고 한다. n일 후 물탱크에 새로 물을 채우기 직전에 남아 있는 물의 양을 a_n이라 할 때, 다음 중 a_n과 a_{n+1} 사이의 관계식으로 옳은 것은? (단, $n \geq 1$이다.)

① $a_{n+1} = \dfrac{1}{2}a_n + 5$ 　　② $a_{n+1} = \dfrac{1}{2}a_n + 10$

③ $a_{n+1} = a_n + 5$ 　　④ $a_{n+1} = 2a_n + 5$

⑤ $a_{n+1} = 2a_n + 10$

746

용기 안에 어느 박테리아 8마리가 들어 있다.
이 박테리아는 하루에 3마리씩 죽고 나머지는 각각 2마리로 분열한다고 한다. 다음 물음에 답하시오.

(1) n일이 지난 후 박테리아의 수를 a_n이라 할 때, a_n과 a_{n+1} 사이의 관계식을 구하시오. (단, $n \geq 1$이다.)

(2) a_5의 값을 구하시오.

유형 02   수학적 귀납법

수학적 귀납법에는 주어진 증명 과정을 통해 빈칸을 추론하는 문제 또는 수학적 귀납법을 이용하여 직접 증명하는 문제를 분류하였다.

747

다음은 모든 자연수 n에 대하여 등식

$$1+2+3+\cdots+n = \frac{n(n+1)}{2} \qquad \cdots\cdots (*)$$

이 성립함을 수학적 귀납법으로 증명하는 과정이다.

증명

(i) $n=1$일 때

(좌변)$=1$, (우변)$=\dfrac{1 \times 2}{2} = 1$이므로 등식 $(*)$이 성립한다.

(ii) $n=k$일 때 등식 $(*)$이 성립한다고 가정하면

$$1+2+3+\cdots+k = \frac{k(k+1)}{2}$$

이고 양변에 각각 $k+1$을 더하면

$$1+2+3+\cdots+k+(k+1) = \boxed{(\text{가})} + k + 1$$

$$= \frac{(k+1)(\boxed{(\text{나})})}{2}$$

그러므로 $n=k+1$일 때도 등식 $(*)$이 성립한다.

(i), (ii)에서 모든 자연수 n에 대하여 등식

$1+2+3+\cdots+n = \dfrac{n(n+1)}{2}$이 성립한다.

위의 (가), (나)에 알맞은 식을 각각 $f(k)$, $g(k)$라 할 때, $f(5)+g(5)$의 값은?

① 20 　　② 21 　　③ 22

④ 23 　　⑤ 24

748

다음은 모든 자연수 n에 대하여 등식

$$1+3+5+\cdots+(2n-1)=n^2$$

이 성립함을 수학적 귀납법으로 증명하는 과정이다.

증명

(ⅰ) $n=1$일 때

　(좌변)$=1$이고 (우변)$=1^2=1$이므로 등식이 성립한다.

(ⅱ) $n=k$일 때 등식이 성립한다고 가정하면

　$1+3+5+\cdots+(2k-1)=k^2$이고

　$1+3+5+\cdots+(2k-1)+(2k+1)=k^2+\boxed{\text{(가)}}$

　$1+3+5+\cdots+(2k-1)+(2k+1)=(\boxed{\text{(나)}})^2$

　이므로 $n=k+1$일 때도 등식이 성립한다.

(ⅰ), (ⅱ)에서 모든 자연수 n에 대하여 등식

$1+3+5+\cdots+(2n-1)=n^2$이 성립한다.

위의 (가), (나)에 알맞은 것은?

	(가)	(나)
①	$2k-1$	$k-1$
②	$2k-1$	$k+1$
③	$2k-1$	k
④	$2k+1$	$k+1$
⑤	$2k+1$	k

749

다음은 모든 자연수 n에 대하여 등식

$$\sum_{i=1}^{n}i^3=(1+2+3+\cdots+n)^2$$

이 성립함을 수학적 귀납법으로 증명하는 과정이다.

증명

(ⅰ) $n=1$일 때

　(좌변)$=1^3=1$이고 (우변)$=1^2=1$이므로 등식이 성립한다.

(ⅱ) $n=k$일 때 등식이 성립한다고 가정하면

　$\displaystyle\sum_{i=1}^{k}i^3=(1+2+3+\cdots+k)^2$이고

　$\displaystyle\sum_{i=1}^{k+1}i^3=\left\{\dfrac{k(k+1)}{2}\right\}^2+\boxed{\text{(가)}}$

　$\displaystyle\qquad\quad=(k+1)^2\times\left(\dfrac{k^2}{4}+\boxed{\text{(나)}}\right)$

　$\displaystyle\qquad\quad=\left\{\dfrac{\boxed{\text{(다)}}}{2}\right\}^2$

　이므로 $n=k+1$일 때도 등식이 성립한다.

(ⅰ), (ⅱ)에서 모든 자연수 n에 대하여 등식

$\displaystyle\sum_{i=1}^{n}i^3=(1+2+3+\cdots+n)^2$이 성립한다.

위의 (가), (나), (다)에 알맞은 식을 각각 $f(k)$, $g(k)$, $h(k)$라 할 때, $f(4)+g(5)-h(6)$의 값은?

① 65　　　② 70　　　③ 75

④ 80　　　⑤ 85

750 빈출

다음은 모든 자연수 n에 대하여 자연수 $2^{4n+2}+1$이 5의 배수임을 수학적 귀납법으로 증명하는 과정이다.

증명

(i) $n=1$일 때

$2^6+1=65$이므로 5의 배수이다.

(ii) $n=k$일 때 $2^{4k+2}+1$이 5의 배수라 가정하면

$2^{4k+2}+1=5m$ (m은 자연수)에서

$2^{4k+2}=5m-1$

$2^{4k+6}+1=\boxed{(가)}\times(5m-1)+1$

$=5(\boxed{(나)})$

이므로 $n=k+1$일 때도 $2^{4k+6}+1$이 5의 배수이다.

(i), (ii)에서 모든 자연수 n에 대하여 자연수 $2^{4n+2}+1$이 5의 배수이다.

위의 (가)에 알맞은 수를 p, (나)에 알맞은 식을 $f(m)$이라 할 때, $f(p)$의 값은?

① 243　　　　② 253　　　　③ 263

④ 273　　　　⑤ 283

751 서술형

모든 자연수 n에 대하여 등식

$$1+3+3^2+3^3+\cdots+3^{n-1}=\frac{3^n-1}{2}$$

이 성립함을 수학적 귀납법을 이용히여 증명하시오.

752 서술형

모든 자연수 n에 대하여 등식

$$\frac{1}{1\times3}+\frac{1}{3\times5}+\frac{1}{5\times7}+\cdots+\frac{1}{(2n-1)(2n+1)}$$

$$=\frac{n}{2n+1}$$

이 성립함을 수학적 귀납법으로 증명하시오.

유형01 수열의 귀납적 정의

753

수열 $\{a_n\}$은 $a_1=2$, $a_{n+1}=a_n+2$ $(n=1, 2, 3, \cdots)$로 정의되고,

수열 $\{b_n\}$은 첫째항이 $-\dfrac{1}{2}$이고 공차가 $\dfrac{1}{2}$인 등차수열일 때,

$\displaystyle\sum_{k=1}^{10} a_k b_k$의 값은?

① 265　　　　② 275　　　　③ 285

④ 295　　　　⑤ 305

754

첫째항이 p이고, $a_{n+1}=a_n+4$ $(n=1, 2, 3, \cdots)$로 정의되는
수열 $\{a_n\}$의 첫째항부터 제k항까지의 합이 21이 되도록 하는
모든 정수 p의 값의 합을 구하시오.

755 서술형✏️

모든 항이 정수인 수열 $\{a_n\}$과 이 수열의 첫째항부터 제n항까지의
합 S_n이 모든 자연수 n에 대하여

$$\begin{cases} a_{n+2}-2a_{n+1}+a_n=0 \\ a_{n+8}-a_{n+5}=-12 \end{cases}, S_8 \geq S_n$$

을 만족시킬 때, a_1의 최댓값과 최솟값의 합을 구하고, 그 과정을
서술하시오.

756

모든 항이 양수인 수열 $\{a_n\}$이 $a_3=3\sqrt{3}$, $a_{12}=27$이고 모든 자연수
n에 대하여 $a_{n+1}=\sqrt{a_n a_{n+2}}$를 만족시킨다.

$\dfrac{a_6}{a_3} \times \dfrac{a_{10}}{a_5} \times \dfrac{a_{14}}{a_7} \times \dfrac{a_{18}}{a_9} \times \cdots \times \dfrac{a_{42}}{a_{21}}$의 값은?

① 3^{19}　　　　② 3^{20}　　　　③ 3^{21}

④ 3^{22}　　　　⑤ 3^{23}

757

$a_3=1$, $a_4=3$인 수열 $\{a_n\}$에 대하여 x에 대한 이차방정식
$a_n x^2 + 2\sqrt{3} a_{n+1} x + 3a_{n+2}=0$ $(n=1, 2, 3, \cdots)$이 중근 b_n을
가질 때, $\displaystyle\sum_{k=1}^{10} \sqrt{3} b_k$의 값은?

① -90　　　　② $-30\sqrt{3}$　　　　③ $-20\sqrt{3}$

④ $30\sqrt{3}$　　　　⑤ 90

758

수열 $\{a_n\}$에 대하여

$$a_1=1, \quad a_n+a_{n+1}=4n \quad (n=1, 2, 3, \cdots)$$

일 때, $\displaystyle\sum_{k=1}^{31} a_k$의 값은?

① 961　　　　② 963　　　　③ 965

④ 967　　　　⑤ 969

759 빈출 ♛

선행 734

수열 $\{a_n\}$이

$$a_1 = 7, \quad a_{n+1} = \frac{2n-1}{2n+1} a_n \ (n=1, 2, 3, \cdots)$$

으로 정의될 때, a_{25}의 값을 구하시오.

760

수열 $\{a_n\}$이 $a_1 = 1$이고 모든 자연수 n에 대하여

$a_{n+1} = \frac{2n}{n+1} a_n$을 만족시킬 때, $a_{40} = \frac{2^k}{5}$이다. 자연수 k의 값을 구하시오.

761

평가원변형

수열 $\{a_n\}$은 $a_1 = 2$이고, 모든 자연수 n에 대하여

$$\begin{cases} a_{3n-1} = 3a_n \\ a_{3n} = a_n + 2 \\ a_{3n+1} = -2a_n + 1 \end{cases}$$

을 만족시킨다. $a_{14} + a_{15} + a_{16}$의 값은?

① 31   ② 33   ③ 35
④ 37   ⑤ 39

762

평가원기출

수열 $\{a_n\}$이 모든 자연수 n에 대하여

$$a_{n+1} = \begin{cases} \dfrac{1}{a_n} & (n\text{이 홀수인 경우}) \\[2mm] 8a_n & (n\text{이 짝수인 경우}) \end{cases}$$

이고 $a_{12} = \dfrac{1}{2}$일 때, $a_1 + a_4$의 값은?

① $\dfrac{3}{4}$ ② $\dfrac{9}{4}$ ③ $\dfrac{5}{2}$
④ $\dfrac{17}{4}$ ⑤ $\dfrac{9}{2}$

763

수열 $\{a_n\}$이 $a_1 = 1$, $a_{n+1} = a_n + 2^{n-1}$ $(n=1, 2, 3, \cdots)$으로 정의될 때, a_7의 값을 구하시오.

764 빈출 ♛

$a_1 = 1$, $a_{n+1} = (2n+1)a_n$ $(n=1, 2, 3, \cdots)$으로 정의된 수열 $\{a_n\}$의 첫째항부터 제n항까지의 합을 S_n이라 할 때, S_{30}을 45로 나눈 나머지는?

① 22   ② 26   ③ 30
④ 34   ⑤ 38

765

수열 $\{a_n\}$이 $a_1=5$, $a_2=2$이고 모든 자연수 n에 대하여
$a_{n+2}=\dfrac{a_{n+1}+1}{a_n}$을 만족시킬 때, a_{200}의 값은?

① 5   ② 3   ③ 2

④ $\dfrac{4}{5}$ ⑤ $\dfrac{3}{5}$

766

수열 $\{a_n\}$이 $a_1=12$이고 모든 자연수 n에 대하여
$$a_{n+1}=\begin{cases} \dfrac{1}{2}a_n & (a_n\text{이 짝수}) \\[2mm] 3a_n+1 & (a_n\text{이 홀수}) \end{cases}$$
을 만족시킬 때, $\displaystyle\sum_{k=1}^{20}a_k$의 값은?

① 80   ② 83   ③ 86

④ 89   ⑤ 92

767

수열 $\{a_n\}$이 다음과 같이 정의될 때, $\displaystyle\sum_{k=1}^{20}a_k$의 값은?

> (가) $a_m=4m-6\ (m=1,\,2,\,3,\,4)$
> (나) $2a_{n+4}=a_n\ (n=1,\,2,\,3,\,\cdots)$

① 31   ② 32   ③ 33

④ 34   ⑤ 35

768

교육청기출

수열 $\{a_n\}$은 $a_1=1$, $a_2=1$이고 모든 자연수 n에 대하여 다음 조건을 만족시킨다.

> (가) $a_{2n+2}-a_{2n}=1$
> (나) $a_{2n+1}-a_{2n-1}=0$

$a_{100}+a_{101}$의 값을 구하시오.

769

평가원변형

수열 $\{a_n\}$은 $a_1=7$이고, 다음 조건을 만족시킨다.

> (가) $a_{n+2}=a_n-4\ (n=1,\,2,\,3,\,4)$
> (나) 모든 자연수 n에 대하여 $a_{n+6}=a_n$이다.

$\displaystyle\sum_{k=1}^{50}a_k=258$일 때, a_{10}의 값은?

① 5   ② 7   ③ 9

④ 11   ⑤ 13

770

수열 $\{a_n\}$이 다음 조건을 만족시킨다.

> (가) $a_1=1$, $a_2=2$
> (나) $a_{n+2}=\dfrac{a_{n+1}+1}{a_n}\ (n\geq1)$

〈보기〉에서 옳은 것만을 있는 대로 고른 것은?

> 보기
> ㄱ. $a_6=1$
> ㄴ. 임의의 두 자연수 m, n에 대하여 $a_{5m}=a_{5n+1}$이다.
> ㄷ. $\displaystyle\sum_{k=1}^{50}a_{2k}=90$

① ㄱ   ② ㄷ   ③ ㄱ, ㄴ

④ ㄴ, ㄷ   ⑤ ㄱ, ㄴ, ㄷ

771

수열 $\{a_n\}$이

$$a_1=2, \ a_{n+1}=3\sum_{k=1}^{n}a_k \ (n=1, 2, 3, \cdots)$$

와 같이 정의될 때, a_{10}의 값은?

① 3×2^{15} ② 3×2^{16} ③ 3×2^{17}

④ 3×2^{18} ⑤ 3×2^{19}

772

수열 $\{a_n\}$이 모든 자연수 n에 대하여

$$2(a_1+a_2+a_3+\cdots+a_n)=a_{n+1}-7$$

로 정의되고 $a_{100}=3^{101}$일 때, $a_1+a_2+a_3+a_4$의 값은?

① 349   ② 353   ③ 357

④ 361   ⑤ 365

773 빈출 👑

모든 항이 양수인 수열 $\{a_n\}$의 첫째항부터 제n항까지의 합을 S_n이라 할 때, 모든 자연수 n에 대하여

$$4S_n=a_n^{\ 2}+2a_n-8$$

이 성립한다. a_{11}의 값은?

① 24   ② 28   ③ 32

④ 36   ⑤ 40

774

수열 $\{a_n\}$에서 모든 자연수 n에 대하여 $a_1, a_2, a_3, \cdots, a_n$의 평균이 $(2n-1)a_n$이다. a_5가 자연수가 되도록 하는 자연수 a_1의 최솟값을 구하시오.

775 빈출 👑   평가원기출

수열 $\{a_n\}$에 대하여 첫째항부터 제n항까지의 합을 S_n이라 하자.

$$a_1=1, \ a_2=3,$$
$$(S_{n+1}-S_{n-1})^2=4a_na_{n+1}+4 \ (n=2, 3, 4, \cdots)$$

일 때, a_{20}의 값은? (단, $a_1<a_2<a_3<\cdots<a_n<\cdots$이다.)

① 39   ② 43   ③ 47

④ 51   ⑤ 55

776   선생님 Pick!   교육청기출

두 수열 $\{a_n\}$, $\{b_n\}$은 첫째항이 모두 1이고

$$a_{n+1}=3a_n, \ b_{n+1}=(n+1)b_n \ (n=1, 2, 3, \cdots)$$

을 만족시킨다. 수열 $\{c_n\}$을

$$c_n=\begin{cases} a_n & (a_n<b_n) \\ b_n & (a_n \geq b_n) \end{cases}$$

이라 할 때, $\displaystyle\sum_{n=1}^{50}2c_n$의 값은?

① $3^{50}-20$ ② $3^{50}-19$ ③ $3^{50}-15$

④ $3^{50}-11$ ⑤ $3^{50}-7$

777

넓이가 8인 삼각형 $A_1B_1C_1$의 각 변의 중점을 꼭짓점으로 하는 삼각형 $A_2B_2C_2$를 만들고, 삼각형 $A_2B_2C_2$의 각 변의 중점을 꼭짓점으로 하는 삼각형 $A_3B_3C_3$을 만든다. 이와 같은 방법으로 삼각형을 계속 만들 때, 삼각형 $A_nB_nC_n$의 넓이를 a_n이라 하자. 다음 물음에 답하시오. (단, $n \geq 1$이다.)

(1) a_n과 a_{n+1} 사이의 관계식을 구하시오.

(2) a_n의 값이 처음으로 $\dfrac{1}{200}$보다 작게 되는 자연수 n의 값을 구하시오.

778

어느 부부 동반 모임에 참석한 사람들이 모두 자신의 배우자를 제외한 나머지 모든 참석자와 악수를 하려고 한다. 이 모임에 n쌍의 부부가 참석하였을 때, 악수한 총 횟수를 a_n이라 하자. 다음 물음에 답하시오. (단, $n \geq 1$이다.)

(1) a_1, a_2, a_3의 값을 구하시오.
(2) a_n과 a_{n+1} 사이의 관계식을 구하시오.

779 빈출

$6\,\%$의 소금물 $100\,L$가 있다. 매일 아침 $40\,L$씩 사용을 하고 $6\,\%$의 소금물 $50\,L$를 다시 채워 넣는데 다음날 아침까지 하루 동안 물 $10\,L$가 증발한다고 한다. 오늘 아침부터 이와 같은 과정이 매일 반복될 때, n일 후의 소금물의 농도를 $a_n(\%)$라 하자. 다음 중 a_n과 a_{n+1} 사이의 관계식으로 옳은 것은?

(단, $n \geq 1$이다.)

① $a_{n+1} = \dfrac{2}{5}a_n - 3$ ② $a_{n+1} = \dfrac{3}{5}a_n - 3$

③ $a_{n+1} = \dfrac{4}{5}a_n + 3$ ④ $a_{n+1} = \dfrac{3}{5}a_n + 3$

⑤ $a_{n+1} = \dfrac{2}{5}a_n + 3$

780

평면에 어느 두 직선도 평행하지 않고 어느 세 직선도 한 점에서 만나지 않도록 n개의 직선을 그어서 나누어지는 영역의 개수를 a_n으로 정의하자. 예를 들어, $a_2 = 4$, $a_3 = 7$이다. 다음 물음에 답하시오. (단, $n \geq 1$이다.)

(1) a_n과 a_{n+1} 사이의 관계식을 구하시오.
(2) $a_{11} - a_{10}$의 값을 구하시오.

781

똑같은 성냥개비를 이용하여 그림과 같은 정사각형 모양을 계속 만들려고 한다. [n단계] 모양을 만드는 데 필요한 성냥개비의 개수를 a_n이라 할 때, $a_{n+1}=a_n+f(n)$인 관계가 성립한다. $f(50)$의 값은?

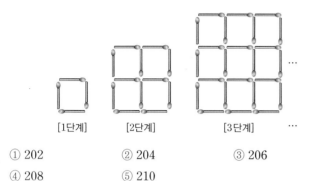

[1단계]　　　[2단계]　　　　[3단계]

① 202　　　　② 204　　　　③ 206

④ 208　　　　⑤ 210

782

평가원기출

자연수 n에 대하여 순서쌍 (x_n, y_n)을 다음 규칙에 따라 정한다.

> ㈎ $(x_1, y_1)=(1, 1)$
> ㈏ n이 홀수이면 $(x_{n+1}, y_{n+1})=(x_n, (y_n-3)^2)$이고,
> n이 짝수이면 $(x_{n+1}, y_{n+1})=((x_n-3)^2, y_n)$이다.

순서쌍 (x_{2015}, y_{2015})에서 $x_{2015}+y_{2015}$의 값을 구하시오.

783

자연수 n에 대하여 좌표평면 위의 점 P_n을 다음 규칙에 따라 정한다.

> ㈎ n이 짝수이면 점 P_n은 점 P_{n-1}을 x축의 방향으로 2만큼, y축의 방향으로 1만큼 평행이동한 점이다.
> ㈏ n이 3 이상의 홀수이면 점 P_n은 점 P_{n-1}을 x축의 방향으로 -1만큼, y축의 방향으로 -2만큼 평행이동한 점이다.

$P_1(3, 3)$일 때, 점 P_m의 좌표가 $(16, -7)$이다. 자연수 m의 값은?

① 21　　　　② 22　　　　③ 23

④ 24　　　　⑤ 25

유형 02 수학적 귀납법

784

모든 자연수 n에 대하여 명제 $p(n)$이 다음 조건을 만족시킬 때, 다음 중 항상 참인 명제는?

> ㈎ 명제 $p(1)$이 참이다.
> ㈏ 명제 $p(n)$이 참이면 명제 $p(2n)$과 $p(7n)$이 참이다.

① $p(96)$　　　② $p(100)$　　　③ $p(105)$

④ $p(112)$　　　⑤ $p(120)$

785

교육청기출

다음은 수열 $\{a_n\}$이 $a_1=1$, $a_2=2$이고,
$a_{n+2}=2a_{n+1}+a_n$ $(n=1, 2, 3, \cdots)$일 때, 모든 자연수 n에 대하여 a_{4n}이 12의 배수임을 수학적 귀납법으로 증명한 것이다.

증명

(i) $n=1$일 때
$a_4=$ [(가)] 이므로 성립한다.

(ii) $n=k$일 때, a_{4k}가 12의 배수라 가정하면
$$a_{4(k+1)}=2a_{4k+3}+a_{4k+2}$$
$$= \boxed{(나)} a_{4k+2}+2a_{4k+1}$$
$$= \boxed{(다)} a_{4k+1}+ \boxed{(라)} a_{4k}$$
따라서 $a_{4(k+1)}$은 12의 배수이다.

(i), (ii)에 의하여 모든 자연수 n에 대하여 a_{4n}은 12의 배수이다.

위의 (가), (나), (다), (라)에 알맞은 수를 각각 a, b, c, d라 할 때, $a+b+c+d$의 값은?

① 31　　　　② 32　　　　③ 33
④ 34　　　　⑤ 35

786 서술형 ✎

모든 자연수 n에 대하여 n^3+3n^2+2n이 3의 배수임을 수학적 귀납법으로 증명하시오.

787

교육청기출

다음은 모든 자연수 n에 대하여
$$\frac{4}{3}+\frac{8}{3^2}+\frac{12}{3^3}+\cdots+\frac{4n}{3^n}=3-\frac{2n+3}{3^n} \qquad \cdots\cdots (\ast)$$
이 성립함을 수학적 귀납법으로 증명한 것이다.

증명

(1) $n=1$일 때, (좌변)$=\frac{4}{3}$, (우변)$=3-\frac{5}{3}=\frac{4}{3}$이므로 $(\ast)$이 성립한다.

(2) $n=k$일 때, $(\ast)$이 성립한다고 가정하면
$$\frac{4}{3}+\frac{8}{3^2}+\frac{12}{3^3}+\cdots+\frac{4k}{3^k}=3-\frac{2k+3}{3^k}$$
이다.

위 등식의 양변에 $\frac{4(k+1)}{3^{k+1}}$을 더하여 정리하면
$$\frac{4}{3}+\frac{8}{3^2}+\frac{12}{3^3}+\cdots+\frac{4k}{3^k}+\frac{4(k+1)}{3^{k+1}}$$
$$=3-\frac{1}{3^k}\{(2k+3)-(\boxed{(가)})\}$$
$$=3-\frac{\boxed{(나)}}{3^{k+1}}$$
따라서 $n=k+1$일 때도 $(\ast)$이 성립한다.

(1), (2)에 의하여 모든 자연수 n에 대하여 $(\ast)$이 성립한다.

위의 (가), (나)에 알맞은 식을 각각 $f(k)$, $g(k)$라 할 때, $f(3)\times g(2)$의 값은?

① 36　　　　② 39　　　　③ 42
④ 45　　　　⑤ 48

788

다음은 모든 자연수 n에 대하여 등식

$$\sum_{k=1}^{2n+1}(n^2+k)=n^3+(n+1)^3$$

이 성립함을 수학적 귀납법으로 증명하는 과정이다.

> 증명
>
> (i) $n=1$일 때
>
> $$(\text{좌변})=\sum_{k=1}^{3}(1+k)=2+3+4=9,$$
> $$(\text{우변})=1^3+(1+1)^3=9$$
>
> 이므로 주어진 등식이 성립한다.
>
> (ii) $n=m$일 때 주어진 등식이 성립한다고 가정하면
>
> $$\sum_{k=1}^{2(m+1)+1}\{(m+1)^2+k\}$$
> $$=\sum_{k=1}^{2m+1}\{(m+1)^2+k\}+\boxed{(가)}$$
> $$=\sum_{k=1}^{2m+1}(m^2+k)+\sum_{k=1}^{2m+1}(\boxed{(나)})+\boxed{(가)}$$
> $$=(m+1)^3+(m+2)^3$$
>
> 이므로 $n=m+1$일 때도 주어진 등식이 성립한다.
>
> (i), (ii)에 의하여 모든 자연수 n에 대하여 등식
>
> $$\sum_{k=1}^{2n+1}(n^2+k)=n^3+(n+1)^3$$ 이 성립한다.

위의 (가), (나)에 알맞은 식을 각각 $f(m)$, $g(m)$이라 할 때, $f(5)+g(7)$의 값은?

① 110   ② 112   ③ 114

④ 116   ⑤ 118

789

다음은 모든 자연수 n에 대하여 등식

$$\sum_{k=1}^{n}(n-k+1)2^{k-1}=2^{n+1}-n-2$$

가 성립함을 수학적 귀납법으로 증명하는 과정이다.

> 증명
>
> (i) $n=1$일 때
>
> $$(\text{좌변})=1\times2^0=1,\ (\text{우변})=2^{1+1}-1-2=1$$
>
> 이므로 주어진 등식이 성립한다.
>
> (ii) $n=m$일 때 주어진 등식이 성립한다고 가정하면
>
> $$\sum_{k=1}^{m}(m-k+1)2^{k-1}=2^{m+1}-m-2$$
>
> 이다. $n=m+1$일 때 성립함을 보이자.
>
> $$\sum_{k=1}^{m+1}(\boxed{(가)})2^{k-1}=\sum_{k=1}^{m}(m-k+1)2^{k-1}+\boxed{(나)}$$
> $$=2^{m+1}-m-2+\boxed{(나)}$$
> $$=2\times2^{m+1}-m-3$$
> $$=2^{m+2}-m-3$$
>
> 이므로 $n=m+1$일 때도 주어진 등식이 성립한다.
>
> (i), (ii)에서 모든 자연수 n에 대하여 주어진 등식은 성립한다.

위의 (가), (나)에 알맞은 것은?

	(가)	(나)
①	$m+1-k$	$2^{m+1}-1$
②	$m+1-k$	2^{m+1}
③	$m+1+k$	$2^{m+1}-1$
④	$m+2-k$	2^{m+1}
⑤	$m+2-k$	$2^{m+1}-1$

790 서술형✏️

자연수 n에 대하여 $a_n = 1 + \dfrac{1}{2} + \dfrac{1}{3} + \cdots + \dfrac{1}{n}$로 정의할 때,

2 이상의 모든 자연수 n에 대하여 등식

$$a_1 + a_2 + a_3 + \cdots + a_{n-1} = n(a_n - 1)$$

이 성립함을 수학적 귀납법으로 증명하시오.

791 서술형✏️

수열 $\{a_n\}$은 $a_1 = 3$이고 $na_{n+1} - 2na_n + \dfrac{n+2}{n+1} = 0 \ (n \geq 1)$을

만족시킨다. 수열 $\{a_n\}$의 일반항 a_n이 $a_n = 2^n + \dfrac{1}{n}$임을 수학적

귀납법으로 증명하시오.

792

다음은 모든 자연수 n에 대하여 부등식

$$2^{n+1} > n(n+1) + 1$$

이 성립함을 수학적 귀납법으로 증명하는 과정이다.

증명

(i) $n=1$일 때 $4 > 2+1$,

　　$n=2$일 때 $8 > 6+1$이므로 부등식이 성립한다.

(ii) $n=k \ (k \geq 2)$일 때

$$2^{k+1} > \boxed{(가)} + 1 \qquad \cdots\cdots \ \bigcirc$$

　이 성립한다고 가정하자.

　$\bigcirc$의 양변에 2를 곱하면

$$2^{k+2} > 2(k^2 + k + 1)$$

　이때 $2(k^2 + k + 1) - \{ \boxed{(나)} \} = k^2 - k - 1$

　$k \geq 2$일 때 $k^2 - k - 1 \boxed{(다)} \ 0$이므로

$$2^{k+2} > 2(k^2 + k + 1) > \boxed{(나)}$$

$$\therefore \ 2^{k+2} > \boxed{(나)}$$

　따라서 $n=k+1$일 때도 부등식이 성립한다.

(i), (ii)에 의하여 모든 자연수 n에 대하여 부등식

$2^{n+1} > n(n+1)+1$이 성립한다.

위의 (가), (나), (다)에 알맞은 것은?

	(가)	(나)	(다)
①	$k(k-1)$	$(k+1)(k+2)$	$<$
②	$k(k+1)$	$(k+1)(k+2)$	$>$
③	$k(k-1)$	$(k+1)(k+2)+1$	$>$
④	$k(k+1)$	$(k+1)(k+2)+1$	$<$
⑤	$k(k+1)$	$(k+1)(k+2)+1$	$>$

793

[교육청기출]

다음은 2 이상의 자연수 n에 대하여 부등식

$$\frac{1}{\sqrt{1}}+\frac{1}{\sqrt{2}}+\frac{1}{\sqrt{3}}+\cdots+\frac{1}{\sqrt{n}}>\sqrt{n}$$

이 성립함을 수학적 귀납법으로 증명하는 과정이다.

[증명]

(i) $n=2$일 때

$$\frac{1}{\sqrt{1}}+\frac{1}{\sqrt{2}}=\frac{2+\sqrt{2}}{2}\text{에서}$$

$$\frac{1}{\sqrt{1}}+\frac{1}{\sqrt{2}}>\boxed{(가)}$$

(ii) $n=k\ (k\geq2)$일 때 주어진 부등식이 성립함을 가정하면

$$\frac{1}{\sqrt{1}}+\frac{1}{\sqrt{2}}+\frac{1}{\sqrt{3}}+\cdots+\frac{1}{\sqrt{k}}>\sqrt{k}$$

이고

$$\sqrt{k+1}-\left(\frac{1}{\sqrt{1}}+\frac{1}{\sqrt{2}}+\frac{1}{\sqrt{3}}+\cdots+\frac{1}{\sqrt{k}}+\frac{1}{\sqrt{k+1}}\right)$$

$$=\sqrt{k+1}-\left(\frac{1}{\sqrt{1}}+\frac{1}{\sqrt{2}}+\frac{1}{\sqrt{3}}+\cdots+\frac{1}{\sqrt{k}}\right)-\frac{1}{\sqrt{k+1}}$$

$$<\sqrt{k+1}-\boxed{(나)}-\frac{1}{\sqrt{k+1}}$$

$$=\frac{\boxed{(다)}}{\sqrt{k+1}}<0$$

$$\therefore \frac{1}{\sqrt{1}}+\frac{1}{\sqrt{2}}+\frac{1}{\sqrt{3}}+\cdots+\frac{1}{\sqrt{k}}+\frac{1}{\sqrt{k+1}}>\sqrt{k+1}$$

따라서 $n=k+1$일 때도 주어진 부등식은 성립한다.

(i), (ii)에서 2 이상의 자연수 n에 대하여 주어진 부등식이 성립한다.

위의 (가), (나), (다)에 알맞은 것은?

	(가)	(나)	(다)
①	$\sqrt{2}$	$\sqrt{k+1}$	$\sqrt{k}-\sqrt{k+1}$
②	$\sqrt{2}$	$\sqrt{k}$	$\sqrt{k+1}-\sqrt{k+2}$
③	$\sqrt{2}$	$\sqrt{k}$	$k-\sqrt{k(k+1)}$
④	2	$\sqrt{k}$	$k-\sqrt{k(k+1)}$
⑤	2	$\sqrt{k+1}$	$\sqrt{k+1}-\sqrt{k+2}$

794

다음은 2 이상의 자연수 n에 대하여 부등식

$$1+\frac{1}{2}+\frac{1}{3}+\cdots+\frac{1}{n}>\frac{2n}{n+1}$$

이 성립함을 수학적 귀납법으로 증명하는 과정이나.

[증명]

(i) $n=2$일 때

$$(\text{좌변})=\boxed{(가)},\ (\text{우변})=\boxed{(나)}$$

에서 $\boxed{(가)}-\boxed{(나)}>0$이므로 부등식이 성립한다.

(ii) $n=k\ (k\geq2)$일 때 부등식이 성립한다고 가정하면

$$1+\frac{1}{2}+\frac{1}{3}+\cdots+\frac{1}{k}>\frac{2k}{k+1}\text{이고}$$

양변에 각각 $\frac{1}{k+1}$을 더하면

$$1+\frac{1}{2}+\frac{1}{3}+\cdots+\frac{1}{k}+\frac{1}{k+1}>\boxed{(다)}$$

이고, $\boxed{(다)}-\frac{2(k+1)}{k+2}=\boxed{(라)}>0$이므로

$$\boxed{(다)}>\frac{2(k+1)}{k+2}\text{이다.}$$

따라서 $n=k+1$일 때도 부등식이 성립한다.

(i), (ii)에서 2 이상의 자연수 n에 대하여 부등식

$$1+\frac{1}{2}+\frac{1}{3}+\cdots+\frac{1}{n}>\frac{2n}{n+1}\text{이 성립한다.}$$

위의 (가), (나)에 알맞은 수를 각각 p, q, (다), (라)에 알맞은 식을 각각 $f(k)$, $g(k)$라 할 때, $f(2p)\times g(6q)$의 값은?

① $\dfrac{4}{45}$ ② $\dfrac{1}{9}$ ③ $\dfrac{2}{15}$

④ $\dfrac{7}{45}$ ⑤ $\dfrac{8}{45}$

795 빈출 👑 서술형 ✏️

h가 양의 실수일 때, 모든 자연수 n에 대하여 부등식

$$(1+h)^{n+1}>1+h(n+1)$$

이 성립함을 수학적 귀납법으로 증명하시오.

796 빈출 👑 서술형 ✏️

2 이상의 자연수 n에 대하여 부등식

$$1+\frac{1}{2^2}+\frac{1}{3^2}+\cdots+\frac{1}{n^2}<2-\frac{1}{n}$$

이 성립함을 수학적 귀납법으로 증명하시오.

III

스키마로 풀이 흐름 알아보기

수열 $\{a_n\}$에서 모든 자연수 n에 대하여 a_1, a_2, a_3, $\cdots$, a_n의 평균이 $(2n-1)a_n$이다.
$\underbrace{\qquad\qquad\qquad\qquad\qquad\qquad\qquad\qquad\qquad\qquad}_{\text{조건①}}$

$\underbrace{a_5\text{가 자연수}}_{\text{조건②}}$가 되도록 하는 $\underbrace{\text{자연수 }a_1\text{의 최솟값}}_{\text{답}}$을 구하시오.

유형 01 수열의 귀납적 정의 774

스키마 schema ≫ 주어진 조건 은 무엇인지? 구하는 답 은 무엇인지? 이 둘을 어떻게 연결할지?

1단계

조건
① a_1, a_2, $\cdots$, a_n의 평균이 $(2n-1)a_n$ → $a_1+a_2+\cdots+a_n=n(2n-1)a_n$

② a_5가 자연수

조건 ①에서 a_1, a_2, $\cdots$, a_n의 평균을 식으로 나타내면
$$\frac{a_1+a_2+\cdots+a_n}{n}=(2n-1)a_n$$
$$\therefore a_1+a_2+\cdots+a_n=n(2n-1)a_n$$

2단계

조건
① a_1, a_2, $\cdots$, a_n의 평균이 $(2n-1)a_n$ — $a_1+a_2+\cdots+a_n=n(2n-1)a_n$

② a_5가 자연수

수열의 합과 일반항 사이의 관계 ↓

$$\frac{a_n}{a_{n-1}}=\frac{2n-3}{2n+1}\ (n\geq2)$$

$a_1+a_2+\cdots+a_n=n(2n-1)a_n$에서
$n\geq2$일 때 n 대신 $n-1$을 대입하면
$a_1+a_2+\cdots+a_{n-1}=(n-1)(2n-3)a_{n-1}$
이고, 두 식을 변끼리 빼면
$a_n=n(2n-1)a_n-(n-1)(2n-3)a_{n-1}$
$(2n+1)(n-1)a_n=(n-1)(2n-3)a_{n-1}$
$\therefore \dfrac{a_n}{a_{n-1}}=\dfrac{2n-3}{2n+1}\ (n\geq2)$

3단계

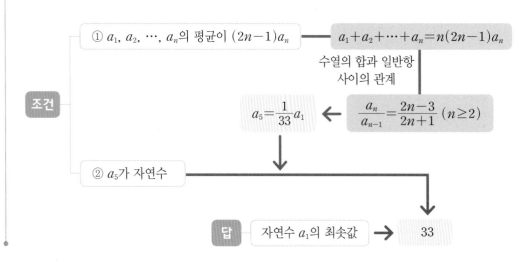

조건
① a_1, a_2, $\cdots$, a_n의 평균이 $(2n-1)a_n$ — $a_1+a_2+\cdots+a_n=n(2n-1)a_n$

수열의 합과 일반항 사이의 관계

$a_5=\dfrac{1}{33}a_1$ ← $\dfrac{a_n}{a_{n-1}}=\dfrac{2n-3}{2n+1}\ (n\geq2)$

② a_5가 자연수

답 — 자연수 a_1의 최솟값 → 33

구한 관계식에 $n=2, 3, 4, 5$를
차례대로 대입하여 변끼리 곱하면
$$\frac{a_2}{a_1}\times\frac{a_3}{a_2}\times\frac{a_4}{a_3}\times\frac{a_5}{a_4}$$
$$=\frac{1}{5}\times\frac{3}{7}\times\frac{5}{9}\times\frac{7}{11}$$
에서 $\dfrac{a_5}{a_1}=\dfrac{1}{33}$

따라서 $a_5=\dfrac{1}{33}a_1$이 자연수가 되기
위해서는 a_1이 33의 배수가 되어야
하므로 a_1의 최솟값은 33이다.

답 33

797

그림과 같이 2 이상의 자연수 k에 대하여 두 직선 $y=x+1$, $y=kx+1$이 있다. 직선 $x=1$이 직선 $y=x+1$과 만나는 점을 A_0, 직선 $y=kx+1$과 만나는 점을 B_0이라 하자. 자연수 n에 대하여 점 B_{n-1}을 지나고 x축에 평행한 직선이 직선 $y=x+1$과 만나는 점을 A_n, 점 A_n을 지나고 y축에 평행한 직선이 직선 $y=kx+1$과 만나는 점을 B_n이라 하자. 점 A_n의 x좌표를 a_n이라 할 때, $a_4<500$을 만족시키는 모든 자연수 k의 값의 합은?

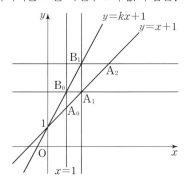

① 3   ② 5   ③ 7
④ 9   ⑤ 11

798

첫째항이 2이고 $a_{n+1}=3a_n+2$ $(n\geq1)$를 만족시키는 수열 $\{a_n\}$에서 10의 배수인 항을 작은 수부터 차례대로 b_1, b_2, b_3, $\cdots$으로 정의하자. $a_m=b_4$를 만족시키는 자연수 m의 값은?

① 12   ② 14   ③ 16
④ 18   ⑤ 20

799 빈출 ♔

수열 $\{a_n\}$이 모든 자연수에 대하여 $a_{n+2}-a_{n+1}+a_n=0$을 만족시키고 $a_{31}=5$, $\sum_{k=1}^{100}a_k=-7$일 때, a_1+a_2의 값은?

① -8 ② -5 ③ -2
④ 1   ⑤ 4

800 빈출 👑

그림과 같이 한 변의 길이가 2인 정사각형 모양의 타일과 가로, 세로의 길이가 각각 1, 2인 직사각형 모양의 타일이 있다. 이 두 종류의 타일을 이용하여 가로의 길이가 n, 세로의 길이가 2인 직사각형 모양의 비닥을 겹치거나 빠진 부분 없이 덮으려고 한다. 바닥을 덮는 방법의 수를 a_n이라 하면 $a_1=1$, $a_2=3$이고 a_n, a_{n+1}, a_{n+2} 사이의 관계식이 $a_{n+2}=pa_{n+1}+qa_n$ (p, q는 상수) 일 때, $p+q+a_6$의 값은?

(단, n은 자연수이고, 두 종류의 타일은 충분히 많이 있다.)

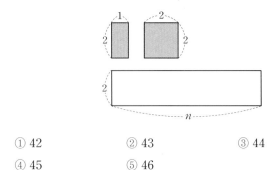

① 42   ② 43   ③ 44

④ 45   ⑤ 46

801

하노이의 한 사원에는 가운데에 작은 구멍이 뚫린 64개의 금으로 된 원판이 있었다고 전해진다. 이들 원판은 모두 크기가 다르며, 그림과 같이 작은 원판이 큰 원판 위에 오도록 포개져 세 개의 다이아몬드로 된 기둥 중 한 개에 끼워져 있었다고 한다. 전실에 따르면 이 64개의 원판을 하나씩 옮겨서 다른 하나의 기둥으로 모두 옮겼을 때 세상의 종말이 온다고 한다.

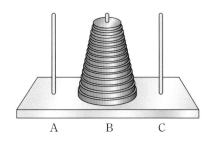

이때 옮기는 과정에서의 규칙이 다음과 같다.

> ㈎ 한 번에 한 개의 원판만 옮길 수 있다.
> ㈏ 크기가 작은 원판 위에는 큰 원판을 놓을 수 없다.

n개의 원판을 다른 기둥으로 옮기기 위한 최소 이동 횟수를 a_n이라 할 때, 다음 물음에 답하시오. (단, $n \geq 1$이다.)

(1) 원판이 1개일 때는 한 번에 옮길 수 있으므로 $a_1=1$, 원판이 2개 일 때는 세 번에 옮길 수 있으므로 $a_2=3$이고, 원판이 3개일 때는 아래 그림과 같이 $a_3=3+1+3=7$이다. 이를 이용하여 a_{n+1}과 a_n 사이의 관계식을 구하시오.

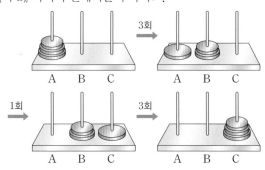

(2) a_5의 값을 구하시오.

802

평가원기출

첫째항이 a인 수열 $\{a_n\}$은 모든 자연수 n에 대하여

$$a_{n+1}=\begin{cases} a_n+(-1)^n\times 2 & (n\text{이 3의 배수가 아닌 경우}) \\ a_n+1 & (n\text{이 3의 배수인 경우}) \end{cases}$$

를 만족시킨다. $a_{15}=43$일 때, a의 값은?

① 35　　　　② 36　　　　③ 37

④ 38　　　　⑤ 39

803

교육청기출

첫째항이 자연수인 수열 $\{a_n\}$이 모든 자연수 n에 대하여

$$a_{n+1}=\begin{cases} a_n-2 & (a_n\geq 0) \\ a_n+5 & (a_n<0) \end{cases}$$

을 만족시킨다. $a_{15}<0$이 되도록 하는 a_1의 최솟값을 구하시오.

804

평가원기출

수열 $\{a_n\}$은 모든 자연수 n에 대하여

$$a_{n+2}=\begin{cases} 2a_n+a_{n+1} & (a_n\leq a_{n+1}) \\ a_n+a_{n+1} & (a_n>a_{n+1}) \end{cases}$$

을 만족시킨다. $a_3=2$, $a_6=19$가 되도록 하는 모든 a_1의 값의 합은?

① $-\dfrac{1}{2}$　　　② $-\dfrac{1}{4}$　　　③ 0

④ $\dfrac{1}{4}$　　　⑤ $\dfrac{1}{2}$

805

평가원기출

두 수열 $\{a_n\}$, $\{b_n\}$은 $a_1=a_2=1$, $b_1=k$이고, 모든 자연수 n에 대하여

$$a_{n+2}=a_{n+1}{}^2-a_n{}^2, \quad b_{n+1}=a_n-b_n+n$$

을 만족시킨다. $b_{20}=14$일 때, k의 값은?

① -3 ② -1 ③ 1

④ 3 ⑤ 5

806

교육청변형

두 수열 $\{a_n\}$, $\{b_n\}$이 모든 자연수 n에 대하여 다음 조건을 만족시킨다.

> (가) $a_{2n}=b_n+2$
>
> (나) $a_{2n+1}=b_n-1$
>
> (다) $b_{2n}=3a_n-2$
>
> (라) $b_{2n+1}=-a_n+3$

$a_{12}=3$, $\displaystyle\sum_{n=1}^{31} b_n=121$일 때, b_{32}의 값은?

① 75 ② 77 ③ 79

④ 81 ⑤ 83

807

평가원기출

수열 $\{a_n\}$이 다음 조건을 만족시킨다.

(가) $|a_1|=2$

(나) 모든 자연수 n에 대하여 $|a_{n+1}|=2|a_n|$이다.

(다) $\sum_{n=1}^{10} a_n = -14$

$a_1+a_3+a_5+a_7+a_9$의 값을 구하시오.

808

평가원기출

공차가 0이 아닌 등차수열 $\{a_n\}$이 있다. 수열 $\{b_n\}$은

$$b_1=a_1$$

이고, 2 이상의 자연수 n에 대하여

$$b_n=\begin{cases} b_{n-1}+a_n & (n\text{이 3의 배수가 아닌 경우}) \\ b_{n-1}-a_n & (n\text{이 3의 배수인 경우}) \end{cases}$$

이다. $b_{10}=a_{10}$일 때, $\dfrac{b_8}{b_{10}}=\dfrac{q}{p}$이다. $p+q$의 값을 구하시오.

(단, p와 q는 서로소인 자연수이다.)

809

선생님 Pick! 평가원기출

수열 $\{a_n\}$은 $0<a_1<1$이고, 모든 자연수 n에 대하여 다음 조건을 만족시킨다.

(가) $a_{2n}=a_2\times a_n+1$

(나) $a_{2n+1}=a_2\times a_n-2$

$a_7=2$일 때, a_{25}의 값은?

① 78   ② 80   ③ 82

④ 84   ⑤ 86

810

수열 $\{a_n\}$은 $a_1=1$이고 $\dfrac{a_{n+1}}{n+2}=\dfrac{a_n}{n}+\dfrac{1}{2}$ $(n\ge1)$을 만족시킨다. 다음은 모든 자연수 n에 대하여

$$a_n=(1+2+3+\cdots+n)\left(1+\frac{1}{2}+\frac{1}{3}+\cdots+\frac{1}{n}\right)$$

이 성립함을 수학적 귀납법으로 증명하는 과정이다.

> 증명
>
> (i) $n=1$일 때
>
> (좌변)$=a_1=1$, (우변)$=1\times1=1$
>
> 이므로 주어진 식이 성립한다.
>
> (ii) $n=k$일 때
>
> $$a_k=(1+2+3+\cdots+k)\left(1+\frac{1}{2}+\frac{1}{3}+\cdots+\frac{1}{k}\right)$$
>
> 이 성립한다고 가정하면
>
> $$a_{k+1}=\boxed{\text{(가)}}\,a_k+\frac{k+2}{\boxed{\text{(나)}}}$$
>
> $$=\boxed{\text{(가)}}(1+2+3+\cdots+k)\left(1+\frac{1}{2}+\frac{1}{3}+\cdots+\frac{1}{k}\right)$$
>
> $$+\frac{k+2}{\boxed{\text{(나)}}}$$
>
> $$=\boxed{\text{(다)}}\left(1+\frac{1}{2}+\frac{1}{3}+\cdots+\frac{1}{k}\right)+\frac{k+2}{\boxed{\text{(나)}}}$$
>
> $$=\{1+2+3+\cdots+(k+1)\}\left(1+\frac{1}{2}+\frac{1}{3}+\cdots+\frac{1}{k+1}\right)$$
>
> 따라서 $n=k+1$일 때도 주어진 식이 성립한다.
>
> (i), (ii)에 의하여 모든 자연수 n에 대하여
>
> $$a_n=(1+2+3+\cdots+n)\left(1+\frac{1}{2}+\frac{1}{3}+\cdots+\frac{1}{n}\right)$$
>
> 이 성립한다.

위의 (가), (다)에 알맞은 식을 각각 $f(k)$, $g(k)$라 하고, (나)에 알맞은 수를 p라 할 때, $pf(4)+g(4)$의 값은?

① 9   ② 12   ③ 15

④ 18   ⑤ 21

811

다음은 모든 자연수 n에 대하여 등식

$$\sum_{k=1}^{n}(5k-3)\left(\frac{1}{k}+\frac{1}{k+1}+\frac{1}{k+2}+\cdots+\frac{1}{n}\right)=\frac{n(5n+3)}{4}$$

이 성립함을 수학적 귀납법으로 증명하는 과정이다.

> 증명
>
> (i) $n=1$일 때
>
> (좌변)$=2$, (우변)$=2$
>
> 이므로 주어진 등식이 성립한다.
>
> (ii) $n=m$일 때 주어진 등식이 성립한다고 가정하면
>
> $$\sum_{k=1}^{m}(5k-3)\left(\frac{1}{k}+\frac{1}{k+1}+\frac{1}{k+2}+\cdots+\frac{1}{m}\right)$$
>
> $$=\frac{m(5m+3)}{4}$$
>
> 이다. $n=m+1$일 때 주어진 등식이 성립함을 보이자.
>
> $$\sum_{k=1}^{m+1}(5k-3)\left(\frac{1}{k}+\frac{1}{k+1}+\frac{1}{k+2}+\cdots+\frac{1}{m+1}\right)$$
>
> $$=\sum_{k=1}^{m}(5k-3)\left(\frac{1}{k}+\frac{1}{k+1}+\frac{1}{k+2}+\cdots+\frac{1}{m+1}\right)$$
>
> $$+\{5(m+1)-3\}\frac{1}{m+1}$$
>
> $$=\sum_{k=1}^{m}(5k-3)\left(\frac{1}{k}+\frac{1}{k+1}+\frac{1}{k+2}+\cdots+\frac{1}{m+1}\right)$$
>
> $$+\frac{\boxed{\text{(가)}}}{m+1}$$
>
> $$=\sum_{k=1}^{m}(5k-3)\left(\frac{1}{k}+\frac{1}{k+1}+\frac{1}{k+2}+\cdots+\frac{1}{\boxed{\text{(나)}}}\right)$$
>
> $$+\frac{1}{m+1}\sum_{k=1}^{m}(5k-3)+\frac{\boxed{\text{(가)}}}{m+1}$$
>
> $$=\frac{m(5m+3)}{4}+\frac{1}{m+1}\sum_{k=1}^{m+1}\left(\boxed{\text{(다)}}\right)$$
>
> $$=\frac{(m+1)(5m+8)}{4}$$
>
> 그러므로 $n=m+1$일 때도 주어진 등식이 성립한다.
>
> 따라서 모든 자연수 n에 대하여 주어진 등식이 성립한다.

위의 (가), (나), (다)에 알맞은 것은?

	(가)	(나)	(다)
①	$5m-3$	m	$5k+2$
②	$5m-3$	$m+1$	$5k+2$
③	$5m+2$	m	$5k-3$
④	$5m+2$	m	$5k+2$
⑤	$5m+2$	$m+1$	$5k-3$

812

평가원기출

다음은 모든 자연수 n에 대하여 부등식

$$\frac{1!+2!+3!+\cdots+n!}{(n+1)!} < \frac{2}{n+1}$$

가 성립함을 수학적 귀납법으로 증명하는 과정이다.

(단, $n!=1\times2\times3\times\cdots\times n$이다.)

증명

자연수 n에 대하여 $a_n=\dfrac{1!+2!+3!+\cdots+n!}{(n+1)!}$이라 할 때,

$a_n<\dfrac{2}{n+1}$임을 보이면 된다.

(i) $n=1$일 때

$a_1=\dfrac{1!}{2!}=\dfrac{1}{2}<1$이므로 주어진 부등식이 성립한다.

(ii) $n=k$일 때 $a_k<\dfrac{2}{k+1}$라 가정하면

$n=k+1$일 때

$$a_{k+1}=\frac{1!+2!+3!+\cdots+(k+1)!}{(k+2)!}$$

$$= \boxed{(가)}(1+a_k)$$

$$< \boxed{(가)}\left(1+\frac{2}{k+1}\right)=\frac{1}{k+2}+\boxed{(나)}$$

이다. 자연수 k에 대하여 $\dfrac{2}{k+1}\leq1$이므로

$\boxed{(나)}\leq\dfrac{1}{k+2}$이고 $a_{k+1}<\dfrac{2}{k+2}$이다.

따라서 $n=k+1$일 때도 주어진 부등식이 성립한다.

그러므로 모든 자연수 n에 대하여 주어진 부등식이 성립한다.

위의 증명에서 (가), (나)에 들어갈 식으로 알맞은 것은?

	(가)	(나)
①	$\dfrac{1}{k+2}$	$\dfrac{1}{(k+1)(k+2)}$
②	$\dfrac{1}{k+2}$	$\dfrac{2}{(k+1)(k+2)}$
③	$\dfrac{1}{k+1}$	$\dfrac{1}{(k+1)(k+2)}$
④	$\dfrac{1}{k+1}$	$\dfrac{2}{(k+1)(k+2)}$
⑤	$\dfrac{1}{k+1}$	$\dfrac{2}{(k+1)^2}$

813

교육청기출

다음은 모든 자연수 n에 대하여

$$\frac{1}{2}\times\frac{3}{4}\times\frac{5}{6}\times\cdots\times\frac{2n-1}{2n}\leq\frac{1}{\sqrt{3n+1}} \qquad \cdots\cdots(*)$$

이 성립함을 수학적 귀납법으로 증명하는 과정이다.

증명

(i) $n=1$일 때

$\dfrac{1}{2}\leq\dfrac{1}{\sqrt{4}}$이므로 $(*)$이 성립한다.

(ii) $n=k$일 때 $(*)$이 성립한다고 가정하면

$$\frac{1}{2}\times\frac{3}{4}\times\frac{5}{6}\times\cdots\times\frac{2k-1}{2k}\times\frac{2k+1}{2k+2}$$

$$\leq\frac{1}{\sqrt{3k+1}}\times\frac{2k+1}{2k+2}$$

$$=\frac{1}{\sqrt{3k+1}}\times\frac{1}{1+\boxed{(가)}}$$

$$=\frac{1}{\sqrt{3k+1}}\times\frac{1}{\sqrt{(1+\boxed{(가)})^2}}$$

$$=\frac{1}{\sqrt{3k+1+2(3k+1)\times\boxed{(가)}+(3k+1)\times(\boxed{(가)})^2}}$$

$$<\frac{1}{\sqrt{3k+1+2(3k+1)\times\boxed{(가)}+(\boxed{(나)})\times(\boxed{(가)})^2}}$$

$$=\frac{1}{\sqrt{3(k+1)+1}}$$

따라서 $n=k+1$일 때도 $(*)$이 성립한다.

그러므로 (i), (ii)에서 모든 자연수 n에 대하여 $(*)$이 성립한다.

위의 (가), (나)에 알맞은 식을 각각 $f(k)$, $g(k)$라 할 때,
$f(4)\times g(13)$의 값은?

① 1   ② 2   ③ 3

④ 4   ⑤ 5

III

814

수열 $\{a_n\}$의 일반항이 $a_n = \sum\limits_{t=1}^{n}\left(\dfrac{n+1}{n+1-t} \times \dfrac{1}{3^{t-1}}\right)$일 때, 다음은 모든 자연수 n에 대하여 $a_n < 3$이 성립함을 수학적 귀납법으로 증명하는 과정이다.

증명

(i) $n=1$일 때

  $a_1 = \boxed{\text{(가)}} < 3$이다.

(ii) $n=k$일 때 $a_k < 3$이라 가정하면

  $n=k+1$일 때

  $a_{k+1} = \sum\limits_{t=1}^{k+1}\left(\dfrac{k+2}{k+2-t} \times \dfrac{1}{3^{t-1}}\right)$

  $= \boxed{\text{(나)}} + \dfrac{1}{3}\left(\dfrac{k+1}{k} + \dfrac{k+1}{k-1} \times \dfrac{1}{3} + \cdots + \dfrac{k+1}{3^{k-1}}\right)$

  $\qquad + \dfrac{1}{3}\left(\dfrac{1}{k} + \dfrac{1}{k-1} \times \dfrac{1}{3} + \cdots + \dfrac{1}{3^{k-1}}\right)$

  $= \boxed{\text{(나)}} + \dfrac{1}{3}a_k + \boxed{\text{(다)}} \times a_k < 3$

  이므로 $a_{k+1} < 3$이다.

(i), (ii)에 의하여 모든 자연수 n에 대하여 $a_n < 3$이 성립한다.

위의 (가)에 들어갈 수를 a라 하고 (나), (다)에 들어갈 식을 $f(k)$, $g(k)$라 할 때, $f(a)+g(a)$의 값은?

① $\dfrac{4}{3}$ ② $\dfrac{13}{9}$ ③ $\dfrac{14}{9}$

④ $\dfrac{5}{3}$ ⑤ $\dfrac{16}{9}$

815 서술형 ✎

$a_1 = 1$, $a_2 = -1$, $a_3 = 4$인 수열 $\{a_n\}$이 모든 자연수 n에 대하여

$$n(n-2)a_{n+1} = \sum_{i=1}^{n} a_i$$

를 만족시킨다. $n \geq 3$인 모든 자연수 n에 대하여

$$a_n = \frac{8}{(n-1)(n-2)}$$

이 성립함을 수학적 귀납법으로 증명하시오.

수	0	1	2	3	4	5	6	7	8	9
1.0	.0000	.0043	.0086	.0128	.0170	.0212	.0253	.0294	.0334	.0374
1.1	.0414	.0453	.0492	.0531	.0569	.0607	.0645	.0682	.0719	.0755
1.2	.0792	.0828	.0864	.0899	.0934	.0969	.1004	.1038	.1072	.1106
1.3	.1139	.1173	.1206	.1239	.1271	.1303	.1335	.1367	.1399	.1430
1.4	.1461	.1492	.1523	.1553	.1584	.1614	.1644	.1673	.1703	.1732
1.5	.1761	.1790	.1818	.1847	.1875	.1903	.1931	.1959	.1987	.2014
1.6	.2041	.2068	.2095	.2122	.2148	.2175	.2201	.2227	.2253	.2279
1.7	.2304	.2330	.2355	.2380	.2405	.2430	.2455	.2480	.2504	.2529
1.8	.2553	.2577	.2601	.2625	.2648	.2672	.2695	.2718	.2742	.2765
1.9	.2788	.2810	.2833	.2856	.2878	.2900	.2923	.2945	.2967	.2989
2.0	.3010	.3032	.3054	.3075	.3096	.3118	.3139	.3160	.3181	.3201
2.1	.3222	.3243	.3263	.3284	.3304	.3324	.3345	.3365	.3385	.3404
2.2	.3424	.3444	.3464	.3483	.3502	.3522	.3541	.3560	.3579	.3598
2.3	.3617	.3636	.3655	.3674	.3692	.3711	.3729	.3747	.3766	.3784
2.4	.3802	.3820	.3838	.3856	.3874	.3892	.3909	.3927	.3945	.3962
2.5	.3979	.3997	.4014	.4031	.4048	.4065	.4082	.4099	.4116	.4133
2.6	.4150	.4166	.4183	.4200	.4216	.4232	.4249	.4265	.4281	.4298
2.7	.4314	.4330	.4346	.4362	.4378	.4393	.4409	.4425	.4440	.4456
2.8	.4472	.4487	.4502	.4518	.4533	.4548	.4564	.4579	.4594	.4609
2.9	.4624	.4639	.4654	.4669	.4683	.4698	.4713	.4728	.4742	.4757
3.0	.4771	.4786	.4800	.4814	.4829	.4843	.4857	.4871	.4886	.4900
3.1	.4914	.4928	.4942	.4955	.4969	.4983	.4997	.5011	.5024	.5038
3.2	.5051	.5065	.5079	.5092	.5105	.5119	.5132	.5145	.5159	.5172
3.3	.5185	.5198	.5211	.5224	.5237	.5250	.5263	.5276	.5289	.5302
3.4	.5315	.5328	.5340	.5353	.5366	.5378	.5391	.5403	.5416	.5428
3.5	.5441	.5453	.5465	.5478	.5490	.5502	.5514	.5527	.5539	.5551
3.6	.5563	.5575	.5587	.5599	.5611	.5623	.5635	.5647	.5658	.5670
3.7	.5682	.5694	.5705	.5717	.5729	.5740	.5752	.5763	.5775	.5786
3.8	.5798	.5809	.5821	.5832	.5843	.5855	.5866	.5877	.5888	.5899
3.9	.5911	.5922	.5933	.5944	.5955	.5966	.5977	.5988	.5999	.6010
4.0	.6021	.6031	.6042	.6053	.6064	.6075	.6085	.6096	.6107	.6117
4.1	.6128	.6138	.6149	.6160	.6170	.6180	.6191	.6201	.6212	.6222
4.2	.6232	.6243	.6253	.6263	.6274	.6284	.6294	.6304	.6314	.6325
4.3	.6335	.6345	.6355	.6365	.6375	.6385	.6395	.6405	.6415	.6425
4.4	.6435	.6444	.6454	.6464	.6474	.6484	.6493	.6503	.6513	.6522
4.5	.6532	.6542	.6551	.6561	.6571	.6580	.6590	.6599	.6609	.6618
4.6	.6628	.6637	.6646	.6656	.6665	.6675	.6684	.6693	.6702	.6712
4.7	.6721	.6730	.6739	.6749	.6758	.6767	.6776	.6785	.6794	.6803
4.8	.6812	.6821	.6830	.6839	.6848	.6857	.6866	.6875	.6884	.6893
4.9	.6902	.6911	.6920	.6928	.6937	.6946	.6955	.6964	.6972	.6981
5.0	.6990	.6998	.7007	.7016	.7024	.7033	.7042	.7050	.7059	.7067
5.1	.7076	.7084	.7093	.7101	.7110	.7118	.7126	.7135	.7143	.7152
5.2	.7160	.7168	.7177	.7185	.7193	.7202	.7210	.7218	.7226	.7235
5.3	.7243	.7251	.7259	.7267	.7275	.7284	.7292	.7300	.7308	.7316
5.4	.7324	.7332	.7340	.7348	.7356	.7364	.7372	.7380	.7388	.7396

수	0	1	2	3	4	5	6	7	8	9
5.5	.7404	.7412	.7419	.7427	.7435	.7443	.7451	.7459	.7466	.7474
5.6	.7482	.7490	.7497	.7505	.7513	.7520	.7528	.7536	.7543	.7551
5.7	.7559	.7566	.7574	.7582	.7589	.7597	.7604	.7612	.7619	.7627
5.8	.7634	.7642	.7649	.7657	.7664	.7672	.7679	.7686	.7694	.7701
5.9	.7709	.7716	.7723	.7731	.7738	.7745	.7752	.7760	.7767	.7774
6.0	.7782	.7789	.7796	.7803	.7810	.7818	.7825	.7832	.7839	.7846
6.1	.7853	.7860	.7868	.7875	.7882	.7889	.7896	.7903	.7910	.7917
6.2	.7924	.7931	.7938	.7945	.7952	.7959	.7966	.7973	.7980	.7987
6.3	.7993	.8000	.8007	.8014	.8021	.8028	.8035	.8041	.8048	.8055
6.4	.8062	.8069	.8075	.8082	.8089	.8096	.8102	.8109	.8116	.8122
6.5	.8129	.8136	.8142	.8149	.8156	.8162	.8169	.8176	.8182	.8189
6.6	.8195	.8202	.8209	.8215	.8222	.8228	.8235	.8241	.8248	.8254
6.7	.8261	.8267	.8274	.8280	.8287	.8293	.8299	.8306	.8312	.8319
6.8	.8325	.8331	.8338	.8344	.8351	.8357	.8363	.8370	.8376	.8382
6.9	.8388	.8395	.8401	.8407	.8414	.8420	.8426	.8432	.8439	.8445
7.0	.8451	.8457	.8463	.8470	.8476	.8482	.8488	.8494	.8500	.8506
7.1	.8513	.8519	.8525	.8531	.8537	.8543	.8549	.8555	.8561	.8567
7.2	.8573	.8579	.8585	.8591	.8597	.8603	.8609	.8615	.8621	.8627
7.3	.8633	.8639	.8645	.8651	.8657	.8663	.8669	.8675	.8681	.8686
7.4	.8692	.8698	.8704	.8710	.8716	.8722	.8727	.8733	.8739	.8745
7.5	.8751	.8756	.8762	.8768	.8774	.8779	.8785	.8791	.8797	.8802
7.6	.8808	.8814	.8820	.8825	.8831	.8837	.8842	.8848	.8854	.8859
7.7	.8865	.8871	.8876	.8882	.8887	.8893	.8899	.8904	.8910	.8915
7.8	.8921	.8927	.8932	.8938	.8943	.8949	.8954	.8960	.8965	.8971
7.9	.8976	.8982	.8987	.8993	.8998	.9004	.9009	.9015	.9020	.9025
8.0	.9031	.9036	.9042	.9047	.9053	.9058	.9063	.9069	.9074	.9079
8.1	.9085	.9090	.9096	.9101	.9106	.9112	.9117	.9122	.9128	.9133
8.2	.9138	.9143	.9149	.9154	.9159	.9165	.9170	.9175	.9180	.9186
8.3	.9191	.9196	.9201	.9206	.9212	.9217	.9222	.9227	.9232	.9238
8.4	.9243	.9248	.9253	.9258	.9263	.9269	.9274	.9279	.9284	.9289
8.5	.9294	.9299	.9304	.9309	.9315	.9320	.9325	.9330	.9335	.9340
8.6	.9345	.9350	.9355	.9360	.9365	.9370	.9375	.9380	.9385	.9390
8.7	.9395	.9400	.9405	.9410	.9415	.9420	.9425	.9430	.9435	.9440
8.8	.9445	.9450	.9455	.9460	.9465	.9469	.9474	.9479	.9484	.9489
8.9	.9494	.9499	.9504	.9509	.9513	.9518	.9523	.9528	.9533	.9538
9.0	.9542	.9547	.9552	.9557	.9562	.9566	.9571	.9576	.9581	.9586
9.1	.9590	.9595	.9600	.9605	.9609	.9614	.9619	.9624	.9628	.9633
9.2	.9638	.9643	.9647	.9652	.9657	.9661	.9666	.9671	.9675	.9680
9.3	.9685	.9689	.9694	.9699	.9703	.9708	.9713	.9717	.9722	.9727
9.4	.9731	.9736	.9741	.9745	.9750	.9754	.9759	.9763	.9768	.9773
9.5	.9777	.9782	.9786	.9791	.9795	.9800	.9805	.9809	.9814	.9818
9.6	.9823	.9827	.9832	.9836	.9841	.9845	.9850	.9854	.9859	.9863
9.7	.9868	.9872	.9877	.9881	.9886	.9890	.9894	.9899	.9903	.9908
9.8	.9912	.9917	.9921	.9926	.9930	.9934	.9939	.9943	.9948	.9952
9.9	.9956	.9961	.9965	.9969	.9974	.9978	.9983	.9987	.9991	.9996

각(θ)	$\sin\theta$	$\cos\theta$	$\tan\theta$	각(θ)	$\sin\theta$	$\cos\theta$	$\tan\theta$
0°	0.0000	1.0000	0.0000	45°	0.7071	0.7071	1.0000
1°	0.0175	0.9998	0.0175	46°	0.7193	0.6947	1.0355
2°	0.0349	0.9994	0.0349	47°	0.7314	0.6820	1.0724
3°	0.0523	0.9986	0.0524	48°	0.7431	0.6691	1.1106
4°	0.0698	0.9976	0.0699	49°	0.7547	0.6561	1.1504
5°	0.0872	0.9962	0.0875	50°	0.7660	0.6428	1.1918
6°	0.1045	0.9945	0.1051	51°	0.7771	0.6293	1.2349
7°	0.1219	0.9925	0.1228	52°	0.7880	0.6157	1.2799
8°	0.1392	0.9903	0.1405	53°	0.7986	0.6018	1.3270
9°	0.1564	0.9877	0.1584	54°	0.8090	0.5878	1.3764
10°	0.1736	0.9848	0.1763	55°	0.8192	0.5736	1.4281
11°	0.1908	0.9816	0.1944	56°	0.8290	0.5592	1.4826
12°	0.2079	0.9781	0.2126	57°	0.8387	0.5446	1.5399
13°	0.2250	0.9744	0.2309	58°	0.8480	0.5299	1.6003
14°	0.2419	0.9703	0.2493	59°	0.8572	0.5150	1.6643
15°	0.2588	0.9659	0.2679	60°	0.8660	0.5000	1.7321
16°	0.2756	0.9613	0.2867	61°	0.8746	0.4848	1.8040
17°	0.2924	0.9563	0.3057	62°	0.8829	0.4695	1.8807
18°	0.3090	0.9511	0.3249	63°	0.8910	0.4540	1.9626
19°	0.3256	0.9455	0.3443	64°	0.8988	0.4384	2.0503
20°	0.3420	0.9397	0.3640	65°	0.9063	0.4226	2.1445
21°	0.3584	0.9336	0.3839	66°	0.9135	0.4067	2.2460
22°	0.3746	0.9272	0.4040	67°	0.9205	0.3907	2.3559
23°	0.3907	0.9205	0.4245	68°	0.9272	0.3746	2.4751
24°	0.4067	0.9135	0.4452	69°	0.9336	0.3584	2.6051
25°	0.4226	0.9063	0.4663	70°	0.9397	0.3420	2.7475
26°	0.4384	0.8988	0.4877	71°	0.9455	0.3256	2.9042
27°	0.4540	0.8910	0.5095	72°	0.9511	0.3090	3.0777
28°	0.4695	0.8829	0.5317	73°	0.9563	0.2924	3.2709
29°	0.4848	0.8746	0.5543	74°	0.9613	0.2756	3.4874
30°	0.5000	0.8660	0.5774	75°	0.9659	0.2588	3.7321
31°	0.5150	0.8572	0.6009	76°	0.9703	0.2419	4.0108
32°	0.5299	0.8480	0.6249	77°	0.9744	0.2250	4.3315
33°	0.5446	0.8387	0.6494	78°	0.9781	0.2079	4.7046
34°	0.5592	0.8290	0.6745	79°	0.9816	0.1908	5.1446
35°	0.5736	0.8192	0.7002	80°	0.9848	0.1736	5.6713
36°	0.5878	0.8090	0.7265	81°	0.9877	0.1564	6.3138
37°	0.6018	0.7986	0.7536	82°	0.9903	0.1392	7.1154
38°	0.6157	0.7880	0.7813	83°	0.9925	0.1219	8.1443
39°	0.6293	0.7771	0.8098	84°	0.9945	0.1045	9.5144
40°	0.6428	0.7660	0.8391	85°	0.9962	0.0872	11.4301
41°	0.6561	0.7547	0.8693	86°	0.9976	0.0698	14.3007
42°	0.6691	0.7431	0.9004	87°	0.9986	0.0523	19.0811
43°	0.6820	0.7314	0.9325	88°	0.9994	0.0349	28.6363
44°	0.6947	0.7193	0.9657	89°	0.9998	0.0175	57.2900
45°	0.7071	0.7071	1.0000	90°	1.0000	0.0000	

Ⅰ 지수함수와 로그함수

01 지수와 로그 본문 10~38p

001 $2, -1\pm\sqrt{3}i$

002 (1) 2 (2) ±3 (3) $-\dfrac{1}{2}$

003 ③

004 ④

005 ③

006 ③

007 ②

008 ④

009 ②

010 ②

011 ①

012 (1) 4 (2) $\dfrac{9}{4}$ (3) 9 (4) 3 (5) $\dfrac{5}{2}$

013 ③

014 ④

015 ④

016 ③

017 (1) 7 (2) 18

018 ④

019 ④

020 ④

021 ②

022 ④

023 (1) 4 (2) 0

024 ①

025 ⑤

026 ②

027 ①

028 (1) $0<x<1$ 또는 $1<x<3$ (2) 4

029 (1) 3 (2) 4 (3) $\dfrac{1}{2}$ (4) 1

030 ⑤

031 ②

032 (1) 1 (2) 3

033 (1) $2a+b$ (2) $\dfrac{a+3}{2b+1}$ (3) $\dfrac{2-3a}{b}$

034 ④

035 ③

036 ①

037 ②

038 (1) 2.4216 (2) 4.4216 (3) -0.5784
    (4) -2.5784

039 $a=345,\ b=0.00345$

040 (1) $\dfrac{1-a}{b}$ (2) $\dfrac{3a+b-2}{a+b-1}$

041 ②

042 ③

043 631

044 817

045 (1) 2 (2) 4 (3) 0 (4) 12

046 ④

047 (1) $2\sqrt[3]{2}$ (2) -216

048 ②

049 ②

050 ②

051 ②

052 ①

053 ③

054 ③

055 ②

056 ②

057 (1) 24 (2) $\dfrac{3}{4}$

058 ②

059 ④

060 풀이 참조

061 ③

062 ③

063 16

064 ③

065 ⑤

066 124

067 ③

068 ③

069 ②

070 18

071 (1) 10 (2) 4

072 (1) $-2\sqrt{3}$ (2) $4\sqrt{7}$

073 $\dfrac{2-2\sqrt{5}}{7}$

074 ②

075 $\dfrac{7}{6}$

076 (1) $\sqrt{30}$ (2) 4

077 ③

078 풀이 참조

079 ①

080 ⑤

081 ⑤

082 ④

083 ③

084 ②

085 ④

086 ①

087 ④

088 ⑤

089 (1) 2 (2) 13

090 ⑤

091 $\dfrac{33}{8}$

092 ⑤

093 13

094 (1) 64 (2) 17 (3) 3 (4) 14

095 풀이 참조

096 ⑤

097 $-\dfrac{5}{6}$

098 ①

099 49

100 ②

101 ④

102 $\dfrac{15}{4}$

103 ②

104 ④

105 ④

106 풀이 참조

107 ③

108 ①

109 1000

110 ③

111 ④

112 ④

113 ②

114 15

115 ⑤

116 ⑤

117 14

118 ④

119 ④

120 22

121 ①

122 ①

123 ③

124 24

125 4

126 ①

127 30

128 ②

129 ⑤

130 ④

131 12

132 25

133 45

134 ③

135 33

136 ③

137 ③

138 15

02 지수함수와 로그함수 본문 41~75p

139 ④

140 ⑤

141 ②

142 ②

143 ⑤

144 ③

145 ④
146 ③
147 ⑤
148 ④
149 ①
150 ④
151 ②
152 ⑤
153 ④
154 ③
155 ②
156 4
157 (1) $x=7$ (2) $x=-\dfrac{3}{2}$ (3) $x=3$
158 $x=1$
159 ②
160 풀이 참조
161 ④
162 (1) $x>-6$ (2) $x\geq-9$ (3) $-3\leq x\leq1$
163 ②
164 ①
165 ③
166 (1) $x=7$ (2) $x=3$ (3) $x=3$
167 $x=9$
168 (1) $-10<x<6$ (2) $x\geq3$
    (3) $-3<x\leq-2$
169 ④
170 ③
171 30
172 ④
173 ②
174 ③
175 ⑤
176 ①
177 ③
178 ③
179 ③
180 ③
181 ③
182 20
183 ③
184 ⑤
185 ③
186 ④
187 ③
188 풀이 참조
189 (1) $x=0$일 때 최솟값 15
    (2) $x=-1$일 때 최솟값 $\dfrac{11}{4}$
190 (1) $(-3,\ -5)$ (2) $\left(-\dfrac{4}{3},\ -6\right)$
191 ②
192 ②
193 ②
194 ③

195 10
196 (1) $k<5$ (2) $k>4$
197 ②
198 ④
199 ⑤
200 ③
201 45
202 ②
203 ④
204 ③
205 16
206 ④
207 ③
208 ⑤
209 $D<C<A<B$
210 ④
211 ⑤
212 ④
213 ②
214 55
215 풀이 참조
216 ④
217 ④
218 ③
219 6
220 10
221 ②
222 -2
223 ③
224 (1) 10 (2) 6
225 3
226 ③
227 ②
228 ①
229 ②
230 ⑤
231 ④
232 풀이 참조
233 ④
234 ②
235 ④
236 6
237 ②
238 ⑤
239 ③
240 ②
241 ①
242 풀이 참조
243 ⑤
244 ②
245 ③
246 3
247 2
248 $-3\leq x<-2$

249 ④
250 (1) $a>\dfrac{1}{16}$ (2) $k<-8$ 또는 $k>8$
251 ②
252 ④
253 $\dfrac{1}{2}$
254 ③
255 ④
256 $a\geq4$
257 ③
258 20
259 ①
260 ③
261 ③
262 ④
263 ④
264 ①
265 ③
266 16
267 10
268 ⑤
269 ③
270 12
271 28
272 75
273 192
274 ⑤
275 (1) 3 (2) r^2 (3) 14

Ⅱ 삼각함수

01 삼각함수의 뜻과 그래프
본문 80~120 p

276 ⑤

277 ㄴ, ㄹ, ㅁ, ㅂ

278 ⑤

279 ④

280 ⑤

281 풀이 참조

282 ④

283 20

284 ⑤

285 ⑤

286 풀이 참조

287 (1) $-\dfrac{4}{5}$ (2) $\dfrac{3}{5}$ (3) $-\dfrac{4}{3}$

288 (1) $a=-2$, $\overline{\mathrm{OP}}=\sqrt{5}$

  (2) $\sin\theta=-\dfrac{\sqrt{5}}{5}$, $\cos\theta=-\dfrac{2\sqrt{5}}{5}$

289 ①

290 ③

291 ④

292 (1) $\dfrac{2}{\cos\theta}$ (2) $-2\tan\theta$

293 ⑤

294 ④

295 ②

296 (1) $-\dfrac{4}{9}$ (2) $\dfrac{13}{27}$

297 ①

298 ④

299 ⑤

300 ④

301 ⑤

302 (1) 5 (2) -3 (3) π

303 ②

304 ③

305 ④

306 풀이 참조

307 ④

308 ②

309 ①

310 ②

311 ③

312 ②

313 -0.2419

314 ⑤

315 (1) $x=\dfrac{7}{6}\pi$ 또는 $x=\dfrac{11}{6}\pi$

  (2) $x=\dfrac{\pi}{6}$ 또는 $x=\dfrac{11}{6}\pi$

  (3) $x=\dfrac{\pi}{4}$ 또는 $x=\dfrac{5}{4}\pi$

316 ②

317 (1) $\dfrac{\pi}{3}\le x\le\dfrac{2}{3}\pi$ (2) $\dfrac{2}{3}\pi<x<\dfrac{4}{3}\pi$

318 $-\pi\le x\le-\dfrac{5}{6}\pi$ 또는 $-\dfrac{\pi}{4}<x\le\dfrac{\pi}{6}$ 또는

  $\dfrac{3}{4}\pi<x\le\pi$

319 ⑤

320 ④

321 $0<x<\dfrac{\pi}{3}$ 또는 $\dfrac{2}{3}\pi<x<\dfrac{4}{3}\pi$ 또는

  $\dfrac{5}{3}\pi<x<2\pi$

322 ④

323 ②

324 ④

325 제1사분면

326 ②

327 ⑤

328 ④

329 ④

330 ④

331 81, 2

332 26

333 ④

334 ④

335 ⑤

336 ①

337 ④

338 ②

339 ①

340 ⑤

341 (1) $-\dfrac{\sqrt{14}}{3}$ (2) $-\dfrac{\sqrt{14}}{2}$

342 ③

343 ④

344 ②

345 11

346 ④

347 ②

348 $-\dfrac{3}{4}$

349 ①

350 ②

351 ④

352 ②

353 ①

354 ③

355 ③

356 $1-\sqrt{2}$

357 ④

358 22

359 14

360 9

361 ③

362 ③

363 ②

364 ③

365 12

366 ③

367 ③

368 ②

369 ⑤

370 ②

371 ②

372 $\dfrac{6\sqrt{23}}{7}$

373 ④

374 ③

375 $\dfrac{4}{5}$

376 ⑤

377 ④

378 ①

379 ⑤

380 ②

381 (1) 5 (2) 1

382 ③

383 ③

384 ②

385 ③

386 6

387 ⑤

388 22

389 ③

390 -6

391 ④

392 ④

393 $\dfrac{6}{13}$

394 $\dfrac{\pi}{3}$

395 ⑤

396 ④

397 $\dfrac{2}{3}\pi$

398 10

399 30

400 ⑤

401 ④

402 ②

403 ③

404 ①

405 ②

406 ③

407 풀이 참조

408 ④

409 $0\le\theta<\dfrac{\pi}{3}$ 또는 $\dfrac{2}{3}\pi<\theta\le\pi$

410 2π

411 ④
412 ⑤
413 ③
414 8시간
415 ①
416 ②
417 $-16\sqrt{3}$
418 $\dfrac{48}{5}$
419 $\dfrac{14}{9}$
420 ⑤
421 $2 \leq r < \dfrac{9}{4}$
422 ④
423 ③
424 24
425 (1) 2 (2) $\dfrac{\sqrt{5}-1}{2}$, $\dfrac{\sqrt{2}}{2}$
426 ②
427 ②
428 180
429 $k=\dfrac{11}{3}$ 또는 $4<k<5$
430 ③
431 ⑤
432 ⑤
433 13
434 ②
435 (1) $A_3=\left\{-\dfrac{\sqrt{3}}{2}, 0, \dfrac{\sqrt{3}}{2}\right\}$ (2) 22
436 5
437 40
438 ②
439 110
440 ②

02 삼각함수의 활용   본문 122~147p

441 ④
442 $c=2\sqrt{6}$, $R=2\sqrt{2}$
443 $B=60°$, $C=90°$ 또는 $B=120°$, $C=30°$
444 20
445 ③
446 2
447 ⑤
448 ⑤
449 ③
450 ⑤
451 ①
452 ①
453 $3\sqrt{2}+3\sqrt{6}$
454 ⑤
455 $\dfrac{21\sqrt{5}}{10}$

456 ④
457 ②
458 ①
459 ③
460 ②
461 ④
462 ②
463 풀이 참조
464 $30\sqrt{3}$
465 ②
466 ②
467 ④
468 ②
469 ④
470 ③
471 ⑤
472 ②
473 ⑤
474 (1) $3\sqrt{2}$ km (2) $3\sqrt{6}$ km
475 ③
476 ⑤
477 ④
478 ⑤
479 ①
480 풀이 참조
481 ①
482 ④
483 $\dfrac{8\sqrt{6}}{3}$
484 ⑤
485 ①
486 ⑤
487 ①
488 21
489 ②
490 ④
491 ⑤
492 ④
493 17
494 ④
495 27
496 ①
497 ⑤
498 ⑤
499 ②
500 $\dfrac{3}{2}$
501 ②
502 ③
503 풀이 참조
504 4
505 ③
506 ③
507 ④

508 ③
509 풀이 참조
510 $l=\dfrac{15}{2}$, $S=\dfrac{16}{7}\pi$
511 ⑤
512 ②
513 ②
514 9
515 ④
516 ④
517 ③
518 풀이 참조
519 ②
520 ②
521 ④
522 풀이 참조
523 ⑤
524 $x=6$, $\cos C=\dfrac{3}{5}$
525 ③
526 ③
527 $\dfrac{35}{32}$
528 ③
529 ①
530 103
531 $2\sqrt{3}$
532 풀이 참조
533 $\dfrac{15\sqrt{15}}{7}$
534 100
535 ①
536 81
537 ③
538 2
539 63
540 13
541 26

III 수열

01 등차수열과 등비수열
본문 151~173p

542 ②
543 ④
544 ②
545 (1) 26 (2) 6
546 ④
547 ④
548 ④
549 ②
550 ④
551 ③
552 ④
553 ①
554 44
555 ①
556 4
557 ④
558 (1) $a_n=4n-3$ ($n \geq 1$)
   (2) $a_1=4$, $a_n=2n$ ($n \geq 2$)
559 ②
560 ①
561 ②
562 ③
563 ①
564 320
565 ②
566 ②
567 ⑤
568 24
569 16
570 ③
571 ③
572 풀이 참조
573 $\dfrac{1}{5}$
574 ③
575 5
576 ②
577 ③
578 (1) n^3 (2) $\dfrac{n}{2n-1}$
579 ④
580 ④
581 24
582 -30
583 24
584 ④
585 54
586 60
587 ④

588 3010
589 13
590 ④
591 ②
592 ⑤
593 ②
594 ③
595 ④
596 ⑤
597 ④
598 ②
599 ③
600 ③
601 ④
602 35
603 ①
604 ⑤
605 -4
606 15
607 12
608 ④
609 ③
610 ①
611 ⑤
612 ⑤
613 ②
614 ②
615 ⑤
616 ④
617 ②
618 ③
619 ③
620 ⑤
621 ④
622 ⑤
623 135
624 150
625 $\dfrac{3}{2}n$
626 6
627 ②
628 ③
629 ③
630 18
631 ④
632 ④
633 ③
634 33
635 ①
636 ④
637 26
638 $\dfrac{27}{2}$

02 여러 가지 수열의 합
본문 175~196p

639 ⑤
640 18
641 ④
642 ②
643 ③
644 ③
645 ③
646 ③
647 ③
648 ④
649 ⑤
650 ⑤
651 (1) 160 (2) 184
652 ⑤
653 ④
654 ④
655 380
656 ④
657 220
658 ③
659 (1) 24 (2) 5
660 ⑤
661 ④
662 ①
663 (1) $\dfrac{20}{11}$ (2) $\dfrac{\sqrt{21}-1}{2}$
664 (1) $\dfrac{72}{55}$ (2) $\dfrac{15}{31}$
665 ④
666 ③
667 ③
668 9
669 12
670 (1) -4 (2) 3
671 ③
672 ①
673 ③
674 58
675 풀이 참조
676 $18+\dfrac{1}{2^9}$
677 ③
678 ②
679 ⑤
680 ⑤
681 ③
682 ⑤
683 ①
684 (1) 224 (2) 990
685 ③
686 ③
687 ⑤

688 $a=11$, 최솟값 330
689 ③
690 ④
691 풀이 참조
692 ①
693 ③
694 $\dfrac{n(n+1)(2n+1)}{6}$
695 ④
696 ③
697 ①
698 ①
699 ④
700 $\dfrac{15}{8}$
701 ③
702 ④
703 9
704 ⑤
705 ②
706 31
707 ②
708 ④
709 ②
710 ①
711 ②
712 ③
713 ⑤
714 ③
715 ④
716 ⑤
717 (1) $\dfrac{n(n+1)(n+2)}{6}$ (2) 165
718 43
719 ④
720 3
721 264
722 31
723 ④
724 300
725 ⑤
726 ④
727 5
728 ④
729 ②
730 8
731 184
732 244

03 수학적 귀납법
본문 198~222 p

733 (1) 14 (2) 60
734 ③
735 ③
736 ③
737 ③
738 ⑤
739 ②
740 (1) 32 (2) 255
741 ③
742 57
743 ②
744 ④
745 ①
746 (1) $a_{n+1}=2a_n-6 \ (n \geq 1)$ (2) 70
747 ③
748 ④
749 ③
750 ②
751 풀이 참조
752 풀이 참조
753 ②
754 -24
755 풀이 참조
756 ②
757 ①
758 ①
759 $\dfrac{1}{7}$
760 36
761 ⑤
762 ⑤
763 64
764 ④
765 ②
766 ⑤
767 ①
768 51
769 ②
770 ⑤
771 ③
772 ④
773 ①
774 33
775 ①
776 ③
777 (1) $a_{n+1}=\dfrac{1}{4}a_n \ (n \geq 1)$ (2) 7
778 (1) 0, 4, 12 (2) $a_{n+1}=a_n+4n \ (n \geq 1)$
779 ④
780 (1) $a_{n+1}=a_n+n+1 \ (n \geq 1)$ (2) 11
781 ②
782 8
783 ④
784 ④
785 ④
786 풀이 참조
787 ⑤
788 ②
789 ⑤
790 풀이 참조
791 풀이 참조
792 ⑤
793 ③
794 ④
795 풀이 참조
796 풀이 참조
797 ④
798 ③
799 ⑤
800 ⑤
801 (1) $a_{n+1}=2a_n+1 \ (n \geq 1)$ (2) 31
802 ⑤
803 5
804 ②
805 ①
806 ③
807 678
808 13
809 ③
810 ④
811 ③
812 ②
813 ③
814 ②
815 풀이 참조

MEMO

유 형 ＋ 내 신

고
쟁이

수학 개념과 원리를 꿰뚫는

내신 대비 집중 훈련서

수학 I

정답과 풀이

01 지수와 로그

001 ▸ 답 $2, -1\pm\sqrt{3}i$

8의 세제곱근은 방정식 $x^3=8$의 근이다.
$x^3-8=0$에서
$(x-2)(x^2+2x+4)=0$
$\therefore x=2$ 또는 $x=-1\pm\sqrt{3}i$
따라서 8의 세제곱근은 2, $-1\pm\sqrt{3}i$이다.

002 ▸ 답 (1) 2 (2) ±3 (3) $-\dfrac{1}{2}$

(1) 32의 다섯제곱근 중 실수인 것은 $\sqrt[5]{32}=2$
(2) 81의 네제곱근 중 실수인 것은 $\pm\sqrt[4]{81}=\pm3$
(3) $-\dfrac{1}{8}$의 세제곱근은 $\sqrt[3]{-\dfrac{1}{8}}=-\dfrac{1}{2}$

003 ▸ 답 ③

3의 제곱근 중 실수인 것은 $\pm\sqrt{3}$이므로
$a=2$
-4의 세제곱근 중 실수인 것은 $\sqrt[3]{-4}$이므로
$b=1$
-5의 네제곱근 중 실수인 것은 존재하지 않으므로
$c=0$
$\therefore a+b+c=2+1+0=3$

004 ▸ 답 ④

① 0의 세제곱근은 0으로 1개 존재한다. (거짓)
② -64의 세제곱근 중 실수인 것은 -4로 1개 존재한다. (거짓)
③ 3의 네제곱근 중 실수인 것은 $\sqrt[4]{3}$, $-\sqrt[4]{3}$으로 2개 존재한다. (거짓)
④ n이 2 이상의 짝수일 때 5의 n제곱근 중 실수인 것은 $\sqrt[n]{5}$, $-\sqrt[n]{5}$로 2개 존재한다. (참)
⑤ n이 2 이상의 홀수일 때 -4의 n제곱근 중 실수인 것은 $\sqrt[n]{-4}$로 1개 존재한다. (거짓)
따라서 옳은 것은 ④이다.

005 ▸ 답 ③

ㄱ. $\sqrt[3]{2^3}$은 2^3의 세제곱근 중 실수인 것이므로 2이다. (참)
ㄴ. $\sqrt[5]{(-3)^5}$은 $(-3)^5$의 다섯제곱근 중 실수인 것이므로 -3이다. (참)
ㄷ. $-\sqrt[4]{(-5)^4}$은 $(-5)^4$의 네제곱근 중 음수인 것이므로 -5이다. (거짓)

ㄹ. $\sqrt[3]{-2}$는 -2의 세제곱근이므로 $(\sqrt[3]{-2})^3=-2$이다. (참)
ㅁ. $(\sqrt{-2})^2=-2$이고, $\sqrt{(-2)^2}=|-2|=2$이므로 $(\sqrt{-2})^2\neq\sqrt{(-2)^2}$이다. (거짓)
따라서 옳은 것은 ㄱ, ㄴ, ㄹ로 3개이다.

> **참고**
> 2 이상의 자연수 m과 실수 a에 대하여
> ❶ $(\sqrt[m]{a})^m=a$
> ❷ m이 홀수일 때, $\sqrt[m]{a^m}=a$
> m이 짝수일 때, $\sqrt[m]{a^m}=|a|=\begin{cases} a & (a\geq0) \\ -a & (a<0) \end{cases}$

006 ▸ 답 ③

$\sqrt{(-2)^{14}}=\sqrt{(-2)^{2\times7}}=\sqrt{(-2)^{7\times2}}$
$\qquad=\sqrt{2^{7\times2}}=2^7=128$
이지만, $\{\sqrt{(-2)^7}\}^2=(-2)^7=-128$이다.
따라서 등호가 성립하지 않는 곳은 ③이다.

007 ▸ 답 ②

① $(-2)^3=-8$이므로 -2는 -8의 세제곱근이다. (참)
② 16의 네제곱근은 방정식 $x^4=16$의 근이므로 ±2, $\pm2i$로 4개 존재한다. (거짓)
③ 세제곱근 27은 '$\sqrt[3]{27}$'을 읽은 것이므로 $\sqrt[3]{27}=3$과 같다. (참) ······ TIP
④ 5의 세제곱근은 세제곱하여 5가 되는 수이므로 방정식 $x^3=5$의 근이다. (참)
⑤ n이 2 이상의 홀수일 때,
a가 양수이면 $\sqrt[n]{a}$는 양수이고, a가 음수이면 $\sqrt[n]{a}$는 음수이므로 $\sqrt[n]{a}$의 부호는 a의 부호와 일치한다. (참)
따라서 옳지 않은 것은 ②이다.

> **TIP**
> (27의 세제곱근) ≠ (세제곱근 27)임을 주의하자.
> '27의 세제곱근'은 세제곱하여 27이 되는 수이므로
> 방정식 $x^3=27$의 근인 3, $\dfrac{-3\pm3\sqrt{3}i}{2}$이고,
> '세제곱근 27'은 숫자 $\sqrt[3]{27}$을 읽은 것으로 $\sqrt[3]{27}=3$이다.

008 ▸ 답 ④

① $\sqrt[3]{7}\times\sqrt[4]{7}\neq\sqrt[7]{7}$ (거짓)
② $-\sqrt{\sqrt[3]{64}}=\sqrt{-4}$는 실수가 아니다. (거짓)
③ $\sqrt[4]{\sqrt[3]{16}}=\sqrt[4\times3]{2^4}=\sqrt[3]{2}$,
$\sqrt[12]{8}=\sqrt[12]{2^3}=\sqrt[4]{2}$이므로 $\sqrt[4]{\sqrt[3]{16}}\neq\sqrt[12]{8}$ (거짓)
④ $\dfrac{\sqrt[3]{-81}}{\sqrt[3]{-3}}=\dfrac{-\sqrt[3]{81}}{-\sqrt[3]{3}}=\sqrt[3]{\dfrac{81}{3}}=\sqrt[3]{27}=3$ (참)

$$\boxed{5}\ \left(\sqrt[3]{5}\times\frac{1}{\sqrt{5}}\right)^6=(\sqrt[3]{5})^6\times\left(\frac{1}{\sqrt{5}}\right)^6=5^2\times\frac{1}{5^3}=\frac{1}{5}\ (\text{거짓})$$

따라서 옳은 것은 ④이다.

009   답 ②

$A=\sqrt[3]{3}$, $B=\sqrt[4]{5}$, $C=\sqrt[6]{10}$이라 할 때, ... **TIP**

세 수를 각각 12제곱하면

$A^{12}=(\sqrt[3]{3})^{12}=3^4=81$

$B^{12}=(\sqrt[4]{5})^{12}=5^3=125$

$C^{12}=(\sqrt[6]{10})^{12}=10^2=100$

$A^{12}<C^{12}<B^{12}$이므로 $A<C<B$

$\therefore \sqrt[3]{3}<\sqrt[6]{10}<\sqrt[4]{5}$

TIP

$a>0$, $b>0$이고, n이 2 이상의 자연수일 때,

$a<b \Longleftrightarrow a^n<b^n$이다.

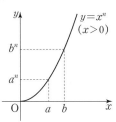

즉, 두 양수 a, b에 대하여 두 수를 각각 n제곱하더라도 대소 관계는 변하지 않는다.

따라서 거듭제곱근으로 나타내어진 몇 개의 양수가 주어지면 각각 똑같이 거듭제곱하고 대소를 비교하기 쉽게 바꾸어 대소 관계를 파악할 수 있다.

010   답 ②

지수가 자연수일 때는 밑이 모든 실수에서 정의된다.

지수가 정수일 때는 밑이 $a\neq0$일 때 정의된다.

지수가 유리수일 때는 밑이 $a>0$일 때 정의된다.

지수가 실수일 때는 밑이 $a>0$일 때 정의된다.

따라서 바르게 연결한 것은 ②이다.

011   답 ①

$a=(2^{2-\sqrt2})^{\sqrt2}=2^{2\sqrt2-2}$, $b=(2^{\sqrt2})^{2+\sqrt2}=2^{2\sqrt2+2}$이므로

$$\frac{a}{b}=\frac{2^{2\sqrt2-2}}{2^{2\sqrt2+2}}=2^{(2\sqrt2-2)-(2\sqrt2+2)}=2^{-4}=\frac{1}{16}$$

012   답 (1) 4 (2) $\frac{9}{4}$ (3) 9 (4) 3 (5) $\frac{5}{2}$

(1) $\sqrt[3]{4}\times2^{\frac{4}{3}}=2^{\frac{2}{3}}\times2^{\frac{4}{3}}=2^{\frac{2}{3}+\frac{4}{3}}=2^2=4$

(2) $\left\{\left(\frac{8}{27}\right)^{-\frac{3}{4}}\right\}^{\frac{8}{9}}=\left[\left\{\left(\frac{2}{3}\right)^3\right\}^{-\frac{3}{4}}\right]^{\frac{8}{9}}=\left(\frac{2}{3}\right)^{3\times\left(-\frac{3}{4}\right)\times\frac{8}{9}}=\left(\frac{2}{3}\right)^{-2}=\frac{9}{4}$

(3) $3^{2-\sqrt3}\times(3^{\sqrt6})^{\frac{1}{\sqrt2}}=3^{2-\sqrt3}\times3^{\sqrt3}=3^{(2-\sqrt3)+\sqrt3}=3^2=9$

(4) $81^{0.75}\div(\sqrt[3]{3^4})^{\frac{9}{4}}\times\left(\frac{1}{3}\right)^{-1}=(3^4)^{\frac{3}{4}}\div(3^{\frac{4}{3}})^{\frac{9}{4}}\times(3^{-1})^{-1}$

$\qquad\qquad\qquad\qquad\qquad\qquad =3^3\div3^3\times3^1=3$

(5) $2^{-\frac{2}{5}}\times5^{\frac{8}{5}}\times10^{-\frac{3}{5}}=2^{-\frac{2}{5}}\times5^{\frac{8}{5}}\times(2\times5)^{-\frac{3}{5}}$

$\qquad\qquad\qquad\qquad =2^{-\frac{2}{5}}\times5^{\frac{8}{5}}\times2^{-\frac{3}{5}}\times5^{-\frac{3}{5}}$

$\qquad\qquad\qquad\qquad =2^{-\frac{2}{5}-\frac{3}{5}}\times5^{\frac{8}{5}-\frac{3}{5}}=2^{-1}\times5^1=\frac{5}{2}$

013   답 ③

$\sqrt[3]{a\times\sqrt[4]{a}}=\sqrt[3]{a}\times\sqrt[3]{\sqrt[4]{a}}=\sqrt[3]{a}\times\sqrt[12]{a}$

$\qquad\qquad =a^{\frac{1}{3}}a^{\frac{1}{12}}=a^{\frac{1}{3}+\frac{1}{12}}=a^{\frac{5}{12}}$

$\therefore k=\frac{5}{12}$

014   답 ④

$\sqrt[4]{\frac{\sqrt[6]{a}}{\sqrt{a}}}\div\sqrt[3]{\frac{\sqrt[8]{a}}{a\sqrt{a}}}=\dfrac{\sqrt[4]{\sqrt[6]{a}}}{\sqrt[4]{\sqrt{a}}}\div\dfrac{\sqrt[3]{\sqrt[8]{a}}}{\sqrt[3]{a\sqrt{a}}}$

$\qquad\qquad\qquad\qquad =\dfrac{\sqrt[24]{a}}{\sqrt[8]{a}}\div\dfrac{\sqrt[24]{a}}{\sqrt[3]{a}\times\sqrt[6]{a}}$

$\qquad\qquad\qquad\qquad =\dfrac{a^{\frac{1}{24}}}{a^{\frac{1}{8}}}\times\dfrac{a^{\frac{1}{3}+\frac{1}{6}}}{a^{\frac{1}{24}}}$

$\qquad\qquad\qquad\qquad =\dfrac{a^{\frac{1}{2}}}{a^{\frac{1}{8}}}=a^{\frac{1}{2}-\frac{1}{8}}=a^{\frac{3}{8}}$

015   답 ③

$\sqrt{a^3b^2}\times\sqrt[3]{a^2b^5}\div\sqrt[12]{a^{18}b^4}$

$=(a^3b^2)^{\frac{1}{2}}\times(a^2b^5)^{\frac{1}{3}}\div(a^{18}b^4)^{\frac{1}{12}}$

$=a^{\frac{3}{2}}b^1\times a^{\frac{2}{3}}b^{\frac{5}{3}}\div a^{\frac{3}{2}}b^{\frac{1}{3}}$

$=a^{\frac{3}{2}+\frac{2}{3}-\frac{3}{2}}b^{1+\frac{5}{3}-\frac{1}{3}}=a^{\frac{2}{3}}b^{\frac{7}{3}}$

다른 풀이

$\sqrt{a^3b^2}\times\sqrt[3]{a^2b^5}\div\sqrt[12]{a^{18}b^4}$

$=\sqrt[6]{(a^3b^2)^3}\times\sqrt[6]{(a^2b^5)^2}\div\sqrt[6]{a^9b^2}$

$=\sqrt[6]{\dfrac{a^9b^6\times a^4b^{10}}{a^9b^2}}=\sqrt[6]{a^4b^{14}}=a^{\frac{2}{3}}b^{\frac{7}{3}}$

016   답 ③

$\sqrt{2}\times\sqrt[3]{9}\div\sqrt[4]{12}=\sqrt{2}\times\sqrt[3]{3^2}\div\sqrt[12]{2^2\times3}$

$\qquad\qquad\qquad\quad =2^{\frac{1}{2}}\times3^{\frac{2}{3}}\div(2^2\times3)^{\frac{1}{12}}$

$\qquad\qquad\qquad\quad =2^{\frac{1}{2}}\times3^{\frac{2}{3}}\div(2^{\frac{1}{6}}\times3^{\frac{1}{12}})$

$\qquad\qquad\qquad\quad =2^{\frac{1}{2}-\frac{1}{6}}\times3^{\frac{2}{3}-\frac{1}{12}}$

$\qquad\qquad\qquad\quad =2^{\frac{1}{3}}\times3^{\frac{7}{12}}$

$$\therefore a+b=\frac{1}{3}+\frac{7}{12}=\frac{11}{12}$$

다른 풀이

$$\sqrt{2}\times\sqrt[3]{9}\div\sqrt[3]{\sqrt[4]{12}}=\sqrt[12]{\frac{2^6\times 9^4}{12}}=\sqrt[12]{\frac{2^6\times 3^8}{2^2\times 3}}$$
$$=\sqrt[12]{2^4\times 3^7}=2^{\frac{1}{3}}\times 3^{\frac{7}{12}}$$
$$\therefore a+b=\frac{1}{3}+\frac{7}{12}=\frac{11}{12}$$

017 .... 답 (1) 7 (2) 18

(1) $x^2+x^{-2}=(x+x^{-1})^2-2xx^{-1}$
$$=3^2-2\times 1=7$$
(2) $x^3+x^{-3}=(x+x^{-1})^3-3xx^{-1}(x+x^{-1})$
$$=3^3-3\times 1\times 3=18$$

TIP

양수 a와 실수 x에 대하여 곱셈 공식으로 다음이 성립함을 알 수 있다.
❶ $a^{2x}+a^{-2x}=(a^x+a^{-x})^2-2$
$$=(a^x-a^{-x})^2+2$$
❷ $(a^x-a^{-x})^2=(a^x+a^{-x})^2-4$
❸ $a^{3x}+a^{-3x}=(a^x+a^{-x})^3-3(a^x+a^{-x})$
$a^{3x}-a^{-3x}=(a^x-a^{-x})^3+3(a^x-a^{-x})$

018 .... 답 ④

$(3^x+3^{1-x})^2=9^x+9^{1-x}+2\times 3^x\times 3^{1-x}$
$$\therefore 9^x+9^{1-x}=10^2-2\times 3=94$$

다른 풀이

$9^x+9^{1-x}=(3^2)^x+(3^2)^{1-x}=(3^x)^2+(3^{1-x})^2$
$$=(3^x+3^{1-x})^2-2\times 3^x\times 3^{1-x}$$
$$=10^2-2\times 3=94$$

019 .... 답 ③

$(2^a)^{b+c}\times(2^b)^{c+a}\times(2^c)^{a+b}=2^{ab+ac}\times 2^{bc+ba}\times 2^{ca+cb}$
$$=2^{(ab+ac)+(bc+ba)+(ca+cb)}$$
$$=2^{2(ab+bc+ca)} \qquad\cdots\cdots\ \text{㉠}$$

한편, $a^2+b^2+c^2=(a+b+c)^2-2(ab+bc+ca)$이므로
$13=4^2-2(ab+bc+ca)$
$$\therefore 2(ab+bc+ca)=16-13=3$$
따라서 ㉠에서
$(2^a)^{b+c}\times(2^b)^{c+a}\times(2^c)^{a+b}=2^3=8$

020 .... 답 ④

$\dfrac{a^{3x}+a^{-3x}}{a^x-a^{-x}}$의 분모, 분자에 a^x을 곱하면

$$\frac{a^{3x}+a^{-3x}}{a^x-a^{-x}}=\frac{(a^{3x}+a^{-3x})a^x}{(a^x-a^{-x})a^x}=\frac{a^{4x}+a^{-2x}}{a^{2x}-a^0}$$
$$=\frac{(a^{2x})^2+\frac{1}{a^{2x}}}{a^{2x}-1}=\frac{3^2+\frac{1}{3}}{3-1}$$
$$=\frac{14}{3}$$

021 .... 답 ②

$\dfrac{a^x-a^{-x}}{a^x+a^{-x}}=\dfrac{1}{3}$에서 $3(a^x-a^{-x})=a^x+a^{-x}$
$2a^x=4a^{-x}$, $a^x=2a^{-x}$
양변에 a^x을 곱하면 $a^{2x}=2$
$$\therefore a^{4x}=(a^{2x})^2=2^2=4$$

022 .... 답 ④

$63^x=81$의 양변을 $\dfrac{1}{x}$제곱하면
$63=81^{\frac{1}{x}}=(3^4)^{\frac{1}{x}}=3^{\frac{4}{x}} \qquad\cdots\cdots\ \text{㉠}$

$7^y=3$의 양변을 $\dfrac{1}{y}$제곱하면
$7=3^{\frac{1}{y}} \qquad\cdots\cdots\ \text{㉡}$

㉠, ㉡에 의하여
$3^{\frac{4}{x}-\frac{1}{y}}=3^{\frac{4}{x}}\div 3^{\frac{1}{y}}=63\div 7=9=3^2$
$$\therefore \frac{4}{x}-\frac{1}{y}=2$$

023 .... 답 (1) 4 (2) 0

(1) $6^x=12$에서 $12^{\frac{1}{x}}=6$, $12^{\frac{2}{x}}=6^2$
$8^y=12$에서 $12^{\frac{1}{y}}=8$, $12^{\frac{2}{y}}=8^2$
$9^z=12$에서 $12^{\frac{1}{z}}=9$
$12^{\frac{2}{x}+\frac{2}{y}+\frac{1}{z}}=12^{\frac{2}{x}}\times 12^{\frac{2}{y}}\times 12^{\frac{1}{z}}$
$$=6^2\times 8^2\times 9=2^8\times 3^4$$
$$=(2^2\times 3)^4=12^4$$
$$\therefore \frac{2}{x}+\frac{2}{y}+\frac{1}{z}=4$$

(2) $2^x=7^y=\left(\dfrac{1}{14}\right)^z=k\ (k>0)$라 하면
$xyz\neq 0$이므로 $k\neq 1$
따라서 $k^{\frac{1}{x}}=2$, $k^{\frac{1}{y}}=7$, $k^{\frac{1}{z}}=\dfrac{1}{14}$이므로
$k^{\frac{1}{x}}\times k^{\frac{1}{y}}\times k^{\frac{1}{z}}=2\times 7\times\dfrac{1}{14}$에서
$k^{\frac{1}{x}+\frac{1}{y}+\frac{1}{z}}=1$
$$\therefore \frac{1}{x}+\frac{1}{y}+\frac{1}{z}=0$$

024 · 답 ①

$$G_1 = \frac{80-65}{14} \times (1.05)^{35} = \frac{15}{14} \times (1.05)^{35}$$

$$G_2 = \frac{70-65}{14} \times (1.05)^{20} = \frac{5}{14} \times (1.05)^{20}$$

$$\therefore \frac{G_1}{G_2} = \frac{\frac{15}{14} \times (1.05)^{35}}{\frac{5}{14} \times (1.05)^{20}} = 3 \times (1.05)^{15} = 3 \times 2 = 6$$

025 · 답 ⑤

① $\log_a x + \log_a y = \log_a xy$

② $\log_a x^n = n \log_a x$

③ $\log_a \frac{x}{y} = \log_a x - \log_a y$

④ $a^{\log_a x} = x$

⑤ $x^{\log_a y} = y^{\log_a x}$

따라서 옳은 것은 ⑤이다.

026 · 답 ②

$\log_2 a = 3$에서 로그의 정의에 의하여 $a = 2^3$

$\log_b 4 = \frac{2}{5}$에서 로그의 정의에 의하여

$b^{\frac{2}{5}} = 4$이므로 $b = 4^{\frac{5}{2}} = (2^2)^{\frac{5}{2}} = 2^5$ ······ **TIP**

$$\therefore \frac{b}{a} = \frac{2^5}{2^3} = 2^2 = 4$$

TIP

$x^{\frac{n}{m}} = y$이면 $x = y^{\frac{m}{n}}$이다.

($\because$ $x^{\frac{n}{m}} = y$의 양변을 $\frac{m}{n}$제곱하면 $(x^{\frac{n}{m}})^{\frac{m}{n}} = y^{\frac{m}{n}}$, $x = y^{\frac{m}{n}}$이다.)

027 · 답 ①

$\log_{\frac{1}{16}}\{\log_9(\log_2 x)\} = \frac{1}{4}$에서

로그의 정의에 의하여

$\log_9(\log_2 x) = \left(\frac{1}{16}\right)^{\frac{1}{4}} = \sqrt[4]{\frac{1}{16}} = \frac{1}{2}$

다시 로그의 정의에 의하여

$\log_2 x = 9^{\frac{1}{2}} = 3$

다시 로그의 정의에 의하여

$x = 2^3 = 8$

028 · 답 (1) $0 < x < 1$ 또는 $1 < x < 3$ (2) 4

(1) $\log_x(3-x)$가 정의되려면 $x > 0$, $x \neq 1$이고,

$3 - x > 0$이어야 한다.

즉, $0 < x < 3$, $x \neq 1$이다.

$\therefore 0 < x < 1$ 또는 $1 < x < 3$

(2) $\log_{x-2}(-x^2+6x+16)$이 정의되려면 $x-2 > 0$, $x-2 \neq 1$이고,

$-x^2+6x+16 > 0$이어야 한다.

즉, $x > 2$, $x \neq 3$이고,

$x^2 - 6x - 16 = (x+2)(x-8) < 0$에서 $-2 < x < 8$

$\therefore 2 < x < 8$, $x \neq 3$

따라서 조건을 만족시키는 정수 x는 4, 5, 6, 7로 4개이다.

029 · 답 (1) 3 (2) 4 (3) $\frac{1}{2}$ (4) 1

(1) $\log_2 40 - \log_2 5 = \log_2 \frac{40}{5} = \log_2 8 = \log_2 2^3 = 3$

(2) $\log_2 \frac{4}{3} + 2\log_2 \sqrt{12} = \log_2 \frac{4}{3} + 2 \times \frac{1}{2}\log_2 12$

$\qquad = \log_2 \frac{4}{3} + \log_2 12 = \log_2 \left(\frac{4}{3} \times 12\right)$

$\qquad = \log_2 16 = \log_2 2^4 = 4$

(3) $\log_3 \sqrt{6} + \frac{1}{2}\log_3 5 - \frac{3}{2}\log_3 \sqrt[3]{10}$

$\quad = \frac{1}{2}\log_3 6 + \frac{1}{2}\log_3 5 - \frac{3}{2} \times \frac{1}{3}\log_3 10$

$\quad = \frac{1}{2}(\log_3 6 + \log_3 5 - \log_3 10)$

$\quad = \frac{1}{2}\log_3 \frac{6 \times 5}{10} = \frac{1}{2}\log_3 3 = \frac{1}{2}$

(4) $3\log_7 \sqrt{7} + \log_9 5 - \log_3 \sqrt{15}$

$\quad = 3 \times \frac{1}{2}\log_7 7 + \frac{1}{2}\log_3 5 - \frac{1}{2}\log_3 15$

$\quad = \frac{3}{2} + \frac{1}{2}\log_3 \frac{5}{15} = \frac{3}{2} + \frac{1}{2}\log_3 3^{-1}$

$\quad = \frac{3}{2} - \frac{1}{2} = 1$

030 · 답 ⑤

$4^{\log_3 12 + 2\log_{\frac{1}{3}} 3} = 4^{\log_3 12 - 2\log_3 3} = 4^{\log_3 \frac{12}{3^2}} = (2^2)^{\log_3 \frac{4}{3}} = 2^{\log_2 \left(\frac{4}{3}\right)^2}$

$\qquad = \left(\frac{4}{3}\right)^2 = \frac{16}{9}$

031 · 답 ②

$\frac{1}{x} + \frac{1}{y} = \frac{1}{\log_4 6} + \frac{1}{\log_9 6} = \log_6 4 + \log_6 9$

$\qquad = \log_6 (4 \times 9) = \log_6 6^2 = 2$

032 · 답 (1) 1 (2) 3

(1) $\log_3 2 \times \log_2 3 = \log_3 2 \times \frac{1}{\log_3 2} = 1$

(2) $\log_2 5 \times \log_5 3 \times \log_3 8 = \log_2 5 \times \frac{\log_2 3}{\log_2 5} \times \frac{\log_2 8}{\log_2 3}$

$\qquad = \log_2 8 = \log_2 2^3 = 3$

033   답 (1) $2a+b$ (2) $\dfrac{a+3}{2b+1}$ (3) $\dfrac{2-3a}{b}$

(1) $\log_2 45 = \log_2 (3^2 \times 5) = 2\log_2 3 + \log_2 5 = 2a + b$

(2) $\log_{50} 24 = \dfrac{\log_2 24}{\log_2 50} = \dfrac{\log_2 (2^3 \times 3)}{\log_2 (2 \times 5^2)}$

$\qquad = \dfrac{3 + \log_2 3}{1 + 2\log_2 5} = \dfrac{a+3}{2b+1}$

(3) $\log_5 \dfrac{4}{27} = \dfrac{\log_2 \dfrac{4}{27}}{\log_2 5} = \dfrac{\log_2 2^2 - \log_2 3^3}{\log_2 5} = \dfrac{2-3a}{b}$

034   답 ④

$\log_5 2 = b$에서 양변에 역수를 취하면

$\dfrac{1}{\log_5 2} = \dfrac{1}{b}$ 이므로 $\log_2 5 = \dfrac{1}{b}$

$\therefore \log_{45} 120 = \dfrac{\log_2 120}{\log_2 45} = \dfrac{\log_2 (2^3 \times 3 \times 5)}{\log_2 (3^2 \times 5)}$

$\qquad = \dfrac{3 + \log_2 3 + \log_2 5}{2\log_2 3 + \log_2 5}$

$\qquad = \dfrac{3 + a + \dfrac{1}{b}}{2a + \dfrac{1}{b}}$

$\qquad = \dfrac{ab + 3b + 1}{2ab + 1}$

035   답 ③

$\dfrac{1}{\log_3 x} + \dfrac{1}{\log_6 x} + \dfrac{1}{\log_8 x} = \dfrac{2}{\log_a x}$ 에서

로그의 밑을 x로 하면

$\log_x 3 + \log_x 6 + \log_x 8 = 2\log_x a$

$\log_x (3 \times 6 \times 8) = \log_x a^2$

$a^2 = 3 \times 6 \times 8 = 12^2$

$\therefore a = 12 \ (\because a > 0)$

036   답 ①

$18^a = 2$에서 로그의 정의에 의하여 $a = \log_{18} 2$

$18^b = 7$에서 로그의 정의에 의하여 $b = \log_{18} 7$

$\dfrac{a+b}{1-a} = \dfrac{\log_{18} 2 + \log_{18} 7}{1 - \log_{18} 2} = \dfrac{\log_{18} (2 \times 7)}{\log_{18} \dfrac{18}{2}} = \dfrac{\log_{18} 14}{\log_{18} 9} = \log_9 14$

$\therefore 9^{\frac{a+b}{1-a}} = 9^{\log_9 14} = 14$

037   답 ②

$2^x = 20$에서 로그의 정의에 의하여 $x = \log_2 20$이므로

$x - 2 = \log_2 20 - 2 = \log_2 20 - \log_2 4 = \log_2 \dfrac{20}{4} = \log_2 5$

$5^y = 20$에서 로그의 정의에 의하여 $y = \log_5 20$이므로

$y - 1 = \log_5 20 - 1 = \log_5 20 - \log_5 5 = \log_5 \dfrac{20}{5} = \log_5 4$

$\therefore (x-2)(y-1) = \log_2 5 \times \log_5 4 = \log_2 5 \times \log_5 2^2$

$\qquad = \log_2 5 \times 2\log_5 2 = 2$

038   답 (1) 2.4216   (2) 4.4216   (3) -0.5784 (4) -2.5784

(1) $\log 264 = \log (2.64 \times 10^2) = \log 10^2 + \log 2.64$

$\qquad = 2 + 0.4216 = 2.4216$

(2) $\log 26400 = \log (2.64 \times 10^4) = \log 10^4 + \log 2.64$

$\qquad = 4 + 0.4216 = 4.4216$

(3) $\log 0.264 = \log (2.64 \times 10^{-1}) = \log 10^{-1} + \log 2.64$

$\qquad = -1 + 0.4216 = -0.5784$

(4) $\log 0.00264 = \log (2.64 \times 10^{-3}) = \log 10^{-3} + \log 2.64$

$\qquad = -3 + 0.4216 = -2.5784$

039   답 $a = 345, b = 0.00345$

$2.5378 = 2 + 0.5378 = \log 10^2 + \log 3.45$

$\qquad = \log (3.45 \times 10^2) = \log 345$

$\therefore a = 345$

$-2.4622 = -2 - 0.4622 = -3 + (1 - 0.4622)$

$\qquad = -3 + 0.5378 = \log 10^{-3} + \log 3.45$

$\qquad = \log (3.45 \times 10^{-3}) = \log 0.00345$

$\therefore b = 0.00345$

040   답 (1) $\dfrac{1-a}{b}$ (2) $\dfrac{3a+b-2}{a+b-1}$

(1) $\log_3 5 = \dfrac{\log 5}{\log 3} = \dfrac{\log \dfrac{10}{2}}{\log 3} = \dfrac{\log 10 - \log 2}{\log 3}$

$\qquad = \dfrac{1 - \log 2}{\log 3} = \dfrac{1-a}{b}$ ······ **TIP**

(2) $\log_{0.6} 0.24 = \dfrac{\log 0.24}{\log 0.6} = \dfrac{\log \dfrac{24}{100}}{\log \dfrac{6}{10}} = \dfrac{\log 24 - 2}{\log 6 - 1}$

$\qquad = \dfrac{\log (2^3 \times 3) - 2}{\log (2 \times 3) - 1} = \dfrac{3\log 2 + \log 3 - 2}{\log 2 + \log 3 - 1}$

$\qquad = \dfrac{3a + b - 2}{a + b - 1}$

041
답 ②

80 dB인 소리의 세기를 I_1이라 하면

$80=10 \log \dfrac{I_1}{10^{-12}}$, $8=\log \dfrac{I_1}{10^{-12}}$

$\dfrac{I_1}{10^{-12}}=10^8$, $I_1=10^{-4}$

30 dB인 소리의 세기를 I_2라 하면

$30=10 \log \dfrac{I_2}{10^{-12}}$, $3=\log \dfrac{I_2}{10^{-12}}$

$\dfrac{I_2}{10^{-12}}=10^3$, $I_2=10^{-9}$

$\therefore \dfrac{I_1}{I_2}=\dfrac{10^{-4}}{10^{-9}}=10^5$

따라서 크기가 80 dB인 소리의 세기는
크기가 30 dB인 소리의 세기의 10^5배이다.

042
답 ③

리히터 규모가 7인 지진의 에너지를 x_A라 하면

$\log x_A=11.8+1.5 \times 7$

리히터 규모가 5인 지진의 에너지를 x_B라 하면

$\log x_B=11.8+1.5 \times 5$

이때 구하는 값은 $\dfrac{x_A}{x_B}$이고,

$\log \dfrac{x_A}{x_B}=\log x_A-\log x_B=1.5 \times (7-5)=3$이므로

$\dfrac{x_A}{x_B}=10^3$이다.

따라서 리히터 규모가 7인 지진의 에너지는 리히터 규모가 5인
지진의 에너지의 10^3배이다.

043
답 631

겉보기 등급(m)이 5, 절대등급(M)이 -4인 별의 지구까지의
거리를 x파섹이라 하면

$5-(-4)=5 \log x-5$

$\log x=\dfrac{14}{5}=2.8$

이때 $\log 6.31=0.8$이므로

$\log x=2.8=2+0.8=2+\log 6.31=\log 631$

$\therefore x=631$

044
답 817

유리판을 한 장 통과할 때마다 그 밝기가 2 %씩 감소하므로 밝기가
1000인 빛이 이 유리판을 10장 통과했을 때의 밝기를 A라 하면
$A=1000 \times (0.98)^{10}$이다.

$\log A=\log \{1000 \times (0.98)^{10}\}$
$\quad =3+10 \log 0.98=3+10 \log(9.8 \times 0.1)$
$\quad =3+10(\log 9.8-1)=3+10(0.9912-1)$
$\quad =2.912=2+0.912$

$\quad =\log 100+\log 8.17=\log 817$

$\therefore A=817$

045
답 (1) 2 (2) 4 (3) 0 (4) 12

(1) $\sqrt[5]{32^2} \div (\sqrt[3]{2})^6 \times \sqrt{\sqrt[3]{64}}=\sqrt[5]{(2^5)^2} \div \sqrt[3]{2^6} \times \sqrt[6]{2^6}=\sqrt[5]{2^{10}} \div 2^2 \times 2$
$\qquad =2^2 \div 2^2 \times 2=2$

(2) $\sqrt[5]{(-6)^5}+\sqrt[4]{(-5)^4}+\sqrt[4]{(-3)^8}+\sqrt[3]{-2^6}=-\sqrt[5]{6^5}+\sqrt[4]{5^4}+\sqrt[4]{3^8}-\sqrt[3]{2^6}$
$\qquad =-6+5+3^2-2^2=4$

(3) $\sqrt[3]{-27}+\sqrt[3]{5} \times \sqrt[3]{25}-\sqrt[3]{\sqrt{8^2}}=-\sqrt[3]{3^3}+\sqrt[3]{5 \times 25}-\sqrt[6]{2^6}$
$\qquad =-3+5-2=0$

(4) $\sqrt[3]{\sqrt{9^2}} \times \sqrt[3]{81}+\dfrac{\sqrt[4]{162}}{\sqrt[4]{2}}=\sqrt[3]{9} \times \sqrt[3]{81}+\sqrt[4]{\dfrac{162}{2}}=\sqrt[3]{9 \times 81}+\sqrt[4]{81}$
$\qquad =\sqrt[3]{9^3}+\sqrt[4]{3^4}=9+3=12$

046
답 ④

$\sqrt[3]{40}+\sqrt[3]{75} \times \sqrt[3]{225}-\sqrt[9]{-125}=\sqrt[3]{40}+\sqrt[3]{75 \times 225}-(-\sqrt[9]{125})$
$\qquad =\sqrt[3]{2^3 \times 5}+\sqrt[3]{15^3 \times 5}+\sqrt[9]{5^3}$
$\qquad =2\sqrt[3]{5}+15\sqrt[3]{5}+\sqrt[3]{5}$
$\qquad =18\sqrt[3]{5}$

047
답 (1) $2\sqrt[3]{2}$ (2) -216

(1) $\sqrt[3]{4}$의 제곱근 중 양수인 것은 $\sqrt{\sqrt[3]{4}}$이므로
$p=\sqrt{\sqrt[3]{4}}=\sqrt[3]{\sqrt{4}}=\sqrt[3]{2}$
54의 세제곱근 중 실수인 것은 $\sqrt[3]{54}$이므로
$q=\sqrt[3]{54}=\sqrt[3]{2 \times 3^3}=3\sqrt[3]{2}$
$\therefore q-p=3\sqrt[3]{2}-\sqrt[3]{2}=2\sqrt[3]{2}$

(2) $(\sqrt{-8})^2=-8$이므로 $\{(\sqrt{-8})^2\}^3=(-8)^3$의 세제곱근 중
실수인 것은 -8이다.
$\therefore a=-8$
$\sqrt[3]{(-2)^6}=\sqrt[3]{2^6}=2^2=4$의 네제곱근 중 양수인 것은 $\sqrt[4]{4}=\sqrt{2}$이다.
$\therefore b=\sqrt{2}$
$\therefore a+b^2=-8+(\sqrt{2})^2=-6$
-6이 c의 세제곱근이므로
$c=(-6)^3=-216$

048
답 ②

$\sqrt[5]{-x^2+2ax-8a}$가 음수이려면 $-x^2+2ax-8a$가 음수이어야
한다.
따라서 모든 실수 x에 대하여 $-x^2+2ax-8a<0$,
즉 $x^2-2ax+8a>0$이어야 하므로
이차방정식 $x^2-2ax+8a=0$의 판별식을 D라 할 때,
$\dfrac{D}{4}=a^2-8a=a(a-8)<0$

$\therefore 0<a<8$

따라서 정수 a는 1, 2, 3, $\cdots$, 7로 7개이다.

049

$\sqrt{3}$의 5제곱근 중 실수인 것은 $\sqrt[5]{\sqrt{3}}$으로 1개이고,

$-\sqrt[4]{5}$의 세제곱근 중 실수인 것은 $-\sqrt[3]{\sqrt[4]{5}}$로 1개이다.

$\therefore f(\sqrt{3},\ 5)=f(-\sqrt[4]{5},\ 3)=1$

0의 네제곱근은 0뿐이므로 실수인 것은 1개이다.

$\therefore f(0,\ 4)=1$

$\sqrt[7]{-4}$는 -4의 7제곱근이므로 음수이다.

그러므로 $\sqrt[7]{-4}$의 6제곱근 중 실수인 것은 없다.

$\therefore f(\sqrt[7]{-4},\ 6)=0$

$\therefore f(\sqrt{3},\ 5)+f(-\sqrt[4]{5},\ 3)+f(0,\ 4)+f(\sqrt[7]{-4},\ 6)$
$\qquad =1+1+1+0=3$

답 ②

050

n이 홀수이면 $\dfrac{9}{2}-n$의 값에 관계없이 항상 $\dfrac{9}{2}-n$의 n제곱근 중

실수인 것의 개수는 1이므로

$f(3)=f(5)=f(7)=1$

$n=4$일 때, $\dfrac{9}{2}-n>0$이므로 $f(n)=2$

$n=6,\ 8$일 때, $\dfrac{9}{2}-n<0$이므로 $f(n)=0$

$\therefore f(3)+f(4)+f(5)+f(6)+f(7)+f(8)$
$\qquad =1+2+1+0+1+0=5$

답 ②

051

모든 실수 x에 대하여 x의 다섯제곱근 중 실수인 것은

1개이므로 $g(x)=1$이다. $\qquad \therefore g(b)=1$

이때 $f(a)g(b)=2$에서 $f(a)=2$이다.

즉, a의 네제곱근 중 실수인 것의 개수가 2이어야 하므로

$a>0$이어야 한다.

$a>0$이므로 a로 가능한 값은 1, 2, 3, 4, 5로 5개이고,

b로 가능한 값은 $-5,\ -4,\ -3,\ \cdots,\ 5$로 11개이다.

따라서 구하는 순서쌍 $(a,\ b)$의 개수는 $5\times11=55$이다.

답 ②

052

$n^2-13n+36$의 값이 양수이면서 n의 값이 짝수이거나

$n^2-13n+36$의 값이 음수이면서 n의 값이 홀수일 때

$n^2-13n+36$의 n제곱근 중 음의 실수가 존재한다.

$n^2-13n+36=(n-4)(n-9)$이므로

(i) $n^2-13n+36$의 값이 양수인 경우

$\quad (n-4)(n-9)>0$에서

$\quad 2\le n<4$ 또는 $9<n\le11$ ($\because 2\le n\le11$)

$\quad$ 이때 n이 짝수이어야 하므로 n의 값은 2, 10이다.

(ii) $n^2-13n+36$의 값이 음수인 경우

$\quad (n-4)(n-9)<0$에서

$\quad 4<n<9$

$\quad$ 이때 n이 홀수이어야 하므로 n의 값은 5, 7이다.

(i), (ii)에서 구하는 모든 n의 값의 합은

$2+10+5+7=24$이다.

답 ①

053

자연수 n의 값에 관계없이 $n(n-4)$의 세제곱근 중 실수인 것의

개수는 1이므로 $f(n)=1$이다.

$n(n-4)$의 네제곱근 중 실수인 것의 개수는

$n(n-4)>0$일 때 2이므로 $g(n)=2$,

$n(n-4)=0$일 때 1이므로 $g(n)=1$,

$n(n-4)<0$일 때 0이므로 $g(n)=0$이다.

이때 $f(n)>g(n)$에서 $1>g(n)$이므로 $g(n)=0$이어야 한다.

즉, $n(n-4)<0$에서 $0<n<4$이므로

자연수 n의 값은 1, 2, 3이다.

따라서 구하는 모든 n의 값의 합은

$1+2+3=6$이다.

답 ③

054

$n=2$일 때 $\sqrt{49}<\sqrt{60}<\sqrt{64}$에서 $7<\sqrt{60}<8$이므로 $f(2)=7$

$n=3$일 때 $\sqrt[3]{27}<\sqrt[3]{60}<\sqrt[3]{64}$에서 $3<\sqrt[3]{60}<4$이므로 $f(3)=3$

$n=4$일 때 $\sqrt[4]{16}<\sqrt[4]{60}<\sqrt[4]{81}$에서 $2<\sqrt[4]{60}<3$이므로 $f(4)=2$

$n=5$일 때 $\sqrt[5]{32}<\sqrt[5]{60}<\sqrt[5]{243}$에서 $2<\sqrt[5]{60}<3$이므로 $f(5)=2$

$n\ge6$일 때 $\sqrt[n]{1}<\sqrt[n]{60}<\sqrt[n]{2^n}$에서 $1<\sqrt[n]{60}<2$이므로 $f(n)=1$

$\therefore f(2)+f(3)+f(4)+\cdots+f(10)=7+3+2+2+5\times1$
$\qquad\qquad\qquad\qquad\qquad\qquad\qquad =19$

답 ③

055

집합 X의 원소가 모두 양수이므로 $\dfrac{x_2}{x_1}$가 최대이려면

x_1이 최소, x_2가 최대이어야 한다.

$A=\sqrt[3]{2\sqrt{6}}$, $B=\sqrt[3]{\sqrt{10}}$, $C=\sqrt[4]{3\sqrt[3]{5}}$라 할 때,

세 수를 각각 12제곱하면

…… TIP

$A^{12}=(\sqrt[3]{2\sqrt{6}})^{12}=(2\sqrt{6})^4=2^4\times6^2=576$

$B^{12}=(\sqrt[3]{\sqrt{10}})^{12}=10^2=100$

$C^{12}=(\sqrt[4]{3\sqrt[3]{5}})^{12}=(3\sqrt[3]{5})^3=3^3\times5=135$

$B^{12}<C^{12}<A^{12}$이므로 $B<C<A$

따라서 $x_1=B$, $x_2=A$일 때, $\dfrac{x_2}{x_1}$가 최댓값

$\dfrac{\sqrt[3]{2\sqrt{6}}}{\sqrt[3]{\sqrt{10}}}=\sqrt[3]{\dfrac{2\sqrt{6}}{\sqrt{10}}}=\sqrt[3]{\sqrt{\dfrac{2^2\times6}{10}}}=\sqrt[6]{\dfrac{12}{5}}$를 갖는다.

답 ②

TIP

$\sqrt[3]{2\sqrt{6}}$, $\sqrt[3]{\sqrt{10}}$, $\sqrt[4]{3\sqrt[3]{5}}$를 각각 n제곱하여 자연수가 되려면 n은 각각 6의 배수, 6의 배수, 12의 배수이어야 한다.

따라서 세 수가 모두 자연수가 되게 하는 n의 최솟값은 6과 12의 최소공배수인 12이다.

---

056 ⸻⸻⸻⸻⸻⸻⸻⸻ 답 ②

ㄱ. $\{(-2)^2\}^{\frac{3}{2}}=(2^2)^{\frac{3}{2}}=2^3=8$ (거짓)

ㄴ. $3^{\pi+2}\div3^{\pi-1}=3^{(\pi+2)-(\pi-1)}=3^3=27$ (참)

ㄷ. $(2^{1-\sqrt{3}}-2^{1+\sqrt{3}})^2-(2^{1-\sqrt{3}}+2^{1+\sqrt{3}})^2$

$=\{(2^{1-\sqrt{3}}-2^{1+\sqrt{3}})+(2^{1-\sqrt{3}}+2^{1+\sqrt{3}})\}$
$\times\{(2^{1-\sqrt{3}}-2^{1+\sqrt{3}})-(2^{1-\sqrt{3}}+2^{1+\sqrt{3}})\}$

$=(2\times2^{1-\sqrt{3}})\times(-2\times2^{1+\sqrt{3}})$

$=-4\times2^{(1-\sqrt{3})+(1+\sqrt{3})}$

$=-4\times2^2=-16$ (참)

ㄹ. $\dfrac{9^5+3^{15}}{9^{-5}+3^{-15}}=\dfrac{3^{10}+3^{15}}{3^{-10}+3^{-15}}=\dfrac{3^{10}(1+3^5)}{3^{-15}(3^5+1)}=3^{25}$ (거짓)

따라서 옳은 것은 ㄴ, ㄷ이다.

---

057 ⸻⸻⸻⸻⸻⸻ 답 (1) 24 (2) $\frac{3}{4}$

(1) $3^{\frac{6}{5}}-3^{\frac{1}{5}}=3^{\frac{1}{5}}(3-1)=2\times3^{\frac{1}{5}}$이므로

$\dfrac{(3^{\frac{6}{5}}-3^{\frac{1}{5}})^5}{4}=\dfrac{(2\times3^{\frac{1}{5}})^5}{4}=\dfrac{2^5\times3}{4}=2^3\times3=24$

(2) $(1-2^{-\frac{1}{4}})(1+2^{-\frac{1}{4}})(1+2^{-\frac{1}{2}})(1+2^{-1})$

$=(1-2^{-\frac{1}{2}})(1+2^{-\frac{1}{2}})(1+2^{-1})$

$=(1-2^{-1})(1+2^{-1})$

$=1-2^{-2}=1-\dfrac{1}{2^2}=\dfrac{3}{4}$

이고,

$(\sqrt[3]{3}-\sqrt[3]{2})(\sqrt[3]{9}+\sqrt[3]{6}+\sqrt[3]{4})$

$=(\sqrt[3]{3}-\sqrt[3]{2})\{(\sqrt[3]{3})^2+\sqrt[3]{3}\times\sqrt[3]{2}+(\sqrt[3]{2})^2\}$

$=(\sqrt[3]{3})^3-(\sqrt[3]{2})^3=3-2=1$

이므로

$\dfrac{(1-2^{-\frac{1}{4}})(1+2^{-\frac{1}{4}})(1+2^{-\frac{1}{2}})(1+2^{-1})}{(\sqrt[3]{3}-\sqrt[3]{2})(\sqrt[3]{9}+\sqrt[3]{6}+\sqrt[3]{4})}=\dfrac{3}{4}$

---

058 ⸻⸻⸻⸻⸻⸻⸻⸻⸻⸻ 답 ②

정육면체의 한 모서리의 길이를 a라 하면
정육면체의 부피는 $a^3=4$에서

$a=\sqrt[3]{4}=2^{\frac{2}{3}}$ ⸻⸻ ㉠

색칠한 정삼각형의 한 변의 길이는 $\sqrt{2}a$이므로 정삼각형의 넓이는

$\dfrac{\sqrt{3}}{4}\times(\sqrt{2}a)^2=\dfrac{\sqrt{3}}{2}a^2=\dfrac{\sqrt{3}}{2}\times(2^{\frac{2}{3}})^2$ (∵ ㉠)

$=2^{\frac{1}{3}}\times3^{\frac{1}{2}}$

따라서 $p=\dfrac{1}{3}$, $q=\dfrac{1}{2}$이므로

$p+q=\dfrac{5}{6}$

---

059 ⸻⸻⸻⸻⸻⸻⸻⸻⸻⸻ 답 ④

$\sqrt[3]{a\sqrt{a\times\sqrt[4]{a^3}}}\div\sqrt[6]{a\times\sqrt[4]{a^k}}$

$=(\sqrt[3]{a}\times\sqrt[3]{\sqrt{a}}\times\sqrt[3]{\sqrt{\sqrt[4]{a^3}}})\div(\sqrt[6]{a}\times\sqrt[6]{\sqrt[4]{a^k}})$

$=(a^{\frac{1}{3}}\times a^{\frac{1}{6}}\times a^{\frac{1}{8}})\div(a^{\frac{1}{6}}\times a^{\frac{k}{24}})$

$=a^{\frac{1}{3}+\frac{1}{6}+\frac{1}{8}}\div a^{\frac{1}{6}+\frac{k}{24}}$

$=a^{(\frac{1}{3}+\frac{1}{6}+\frac{1}{8})-(\frac{1}{6}+\frac{k}{24})}$

$=a^{\frac{11-k}{24}}$

따라서 $a^{\frac{11-k}{24}}=1$에서 $\dfrac{11-k}{24}=0$이다.

∴ $k=11$

---

060 ⸻⸻⸻⸻⸻⸻⸻⸻⸻ 답 풀이 참조

r, s가 정수일 때, $a^r\div a^s=a^{r-s}$이 성립한다.

r, s가 정수가 아닌 유리수일 때,

$r=\dfrac{x}{y}$, $s=\dfrac{z}{w}$(x, z는 정수, y, w는 각각 x, z와 서로소인 2 이상의 자연수)라 하면

$a^r\div a^s=a^{\frac{x}{y}}\div a^{\frac{z}{w}}=\sqrt[y]{a^x}\div\sqrt[w]{a^z}$

$=\sqrt[yw]{a^{xw}}\div\sqrt[yw]{a^{yz}}=\sqrt[yw]{\dfrac{a^{xw}}{a^{yz}}}$

$=\sqrt[yw]{a^{xw-yz}}=a^{\frac{xw-yz}{yw}}$

$=a^{\frac{x}{y}-\frac{z}{w}}=a^{r-s}$

채점 요소	배점
r, s가 정수일 때, $a^r\div a^s=a^{r-s}$이 성립함을 말하기	10 %
r, s를 분수로 표현하여 $a^r=\sqrt[y]{a^x}$, $a^s=\sqrt[w]{a^z}$의 꼴로 나타내기	30 %
거듭제곱근의 성질과 주어진 성질을 이용하여 증명하기	60 %

---

061 ⸻⸻⸻⸻⸻⸻⸻⸻⸻⸻ 답 ③

$\dfrac{1}{6^{-30}+1}=\dfrac{6^{30}}{(6^{-30}+1)6^{30}}=\dfrac{6^{30}}{1+6^{30}}$이므로

$\dfrac{1}{6^{-30}+1}+\dfrac{1}{6^{30}+1}=\dfrac{6^{30}}{6^{30}+1}+\dfrac{1}{6^{30}+1}$

$=\dfrac{6^{30}+1}{6^{30}+1}=1$

마찬가지 방법에 의하여 자연수 n에 대하여

$\dfrac{1}{6^{-n}+1}+\dfrac{1}{6^n+1}=1$이므로

$$\frac{1}{6^{-30}+1}+\frac{1}{6^{-29}+1}+\cdots+\frac{1}{6^{-1}+1}+\frac{1}{6^0+1}+\frac{1}{6^1+1}+\cdots$$
$$+\frac{1}{6^{29}+1}+\frac{1}{6^{30}+1}$$
$$=\left(\frac{1}{6^{-30}+1}+\frac{1}{6^{30}+1}\right)+\left(\frac{1}{6^{-29}+1}+\frac{1}{6^{29}+1}\right)+\cdots$$
$$+\left(\frac{1}{6^{-1}+1}+\frac{1}{6^1+1}\right)+\frac{1}{6^0+1}$$
$$=30\times1+\frac{1}{2}=\frac{61}{2}$$

따라서 $p=2$, $q=61$이므로
$p+q=63$

062   답 ③

$a=2^{\frac{1}{5}}$, $b=7^{\frac{1}{6}}$, $c=13^{\frac{1}{9}}$이므로
$$(abc)^n=\left(2^{\frac{1}{5}}\times7^{\frac{1}{6}}\times13^{\frac{1}{9}}\right)^n$$
$$=2^{\frac{n}{5}}\times7^{\frac{n}{6}}\times13^{\frac{n}{9}}$$
이 값이 자연수가 되려면 n은 5, 6, 9의 공배수이어야 한다.
따라서 자연수 n의 최솟값은 5, 6, 9의 최소공배수인 90이다.

063   답 16

$$\left(5\sqrt{5^3}\right)^{\frac{1}{6}}=\left(5\times5^{\frac{3}{2}}\right)^{\frac{1}{6}}=\left(5^{\frac{5}{2}}\right)^{\frac{1}{6}}=5^{\frac{5}{12}}$$
이 값이 어떤 자연수 N의 n제곱근이면 $5^{\frac{5n}{12}}=N$이므로
n은 12의 배수이어야 한다.
$2\le n\le200$인 자연수 n 중 12의 배수의 개수는 16이므로
구하는 n의 개수는 16이다.

064   답 ③

$\left(\frac{1}{8}\right)^{\frac{5}{n}}=\left(2^{-3}\right)^{\frac{5}{n}}=2^{-\frac{15}{n}}$이 자연수가 되려면
$-\frac{15}{n}$가 0 또는 자연수이어야 하므로
정수 n으로 가능한 값은 -1, -3, -5, -15이고, 이때 $2^{-\frac{15}{n}}$의
값은 각각 2^{15}, 2^5, 2^3, 2^1이다.
따라서 가능한 모든 자연수의 곱은 $2^{15}\times2^5\times2^3\times2^1=2^{24}$이므로
$k=24$

065   답 ⑤

$\sqrt[3]{2m}=(2m)^{\frac{1}{3}}$이 자연수가 되려면
자연수 $2m$이 어떤 자연수의 세제곱 꼴이어야 한다.
즉, $m=2^2\times k^3$ (k는 자연수)이고 $m\le135$이므로 가능한 m의 값은
$k=1$일 때 $m=2^2\times1^3=4$
$k=2$일 때 $m=2^2\times2^3=32$
$k=3$일 때 $m=2^2\times3^3=108$

$\sqrt{n^3}=n^{\frac{3}{2}}$이 자연수가 되려면
자연수 n이 어떤 자연수의 제곱 꼴이어야 한다.
즉, $n=l^2$ (l은 자연수)이고 $n\le9$이므로 가능한 n의 값은
$l=1$일 때 $n=1^2=1$
$l=2$일 때 $n=2^2=4$
$l=3$일 때 $n=3^2=9$
따라서 m의 최댓값은 108, n의 최댓값은 9이므로
구하는 $m+n$의 최댓값은
$108+9=117$

066   답 124

$\left(\sqrt{3^n}\right)^{\frac{1}{2}}=\left(3^{\frac{n}{2}}\right)^{\frac{1}{2}}=3^{\frac{n}{4}}$, $\sqrt[n]{3^{100}}=3^{\frac{100}{n}}$이고, 두 값이 모두 자연수가
되려면 $\frac{n}{4}$, $\frac{100}{n}$이 모두 자연수이어야 한다.
따라서 2 이상의 자연수 n에 대하여 n은 4의 배수이면서 100의
약수이어야 한다.
2 이상인 100의 약수는 2, 4, 5, 10, 20, 25, 50, 100이고,
이 중 4의 배수는 4, 20, 100이므로 구하는 모든 n의 값의 합은
$4+20+100=124$

067   답 ③

$6^{x+1}=12a$에서 $6\times6^x=12a$
$\therefore 6^x=2a$ ······ ㉠
$18^{x-1}=\frac{2}{3}a$에서 $\frac{18^x}{18}=\frac{2}{3}a$
$\therefore 18^x=12a$ ······ ㉡
㉠, ㉡의 양변을 변끼리 나누면
$\frac{6^x}{18^x}=\frac{2a}{12a}$에서 $\left(\frac{1}{3}\right)^x=\frac{1}{6}$
$\therefore \left(\frac{1}{3}\right)^{2x-3}=\left(\frac{1}{3}\right)^{2x}\times\left(\frac{1}{3}\right)^{-3}=\left\{\left(\frac{1}{3}\right)^x\right\}^2\times3^3$
$$=\left(\frac{1}{6}\right)^2\times27=\frac{3}{4}$$

068   답 ③

$7^{2a+b}=32$, $7^{a-b}=2$에서
$7^{2a+b}\times7^{a-b}=7^{(2a+b)+(a-b)}=7^{3a}$이므로
$7^{3a}=32\times2=2^6$
$7^a=2^2$
$\therefore 4^{\frac{1}{a}}=7$
또한, $7^{2a+b}=32$, $(7^{a-b})^2=2^2$에서
$7^{2a+b}\div(7^{a-b})^2=7^{(2a+b)-2(a-b)}=7^{3b}$이므로
$7^{3b}=32\div2^2=2^3$
$7^b=2$
$\therefore 2^{\frac{1}{b}}=7$
$\therefore 4^{\frac{a+2b}{ab}}=4^{\frac{1}{b}+\frac{2}{a}}=4^{\frac{1}{b}}\times4^{\frac{2}{a}}=(2^{\frac{1}{b}})^2\times(4^{\frac{1}{a}})^2=7^2\times7^2=7^4$

069

정답 ②

$$2x^3+6x+3=2(x^3+3x)+3$$
$$=2\{(2^{\frac{1}{3}}-2^{-\frac{1}{3}})^3+3(2^{\frac{1}{3}}-2^{-\frac{1}{3}})\}+3$$
$$=2\{(2^{\frac{1}{3}})^3-(2^{-\frac{1}{3}})^3\}+3$$
$$=2\left(2-\frac{1}{2}\right)+3$$
$$=2\times\frac{3}{2}+3=6$$

070

정답 18

$$a^3=(x^{\frac{1}{3}}+y^{\frac{1}{3}})^3=x+y+3x^{\frac{1}{3}}y^{\frac{1}{3}}(x^{\frac{1}{3}}+y^{\frac{1}{3}})$$
이때 $x+y=(6+2\sqrt{7})+(6-2\sqrt{7})=12$,
$xy=(6+2\sqrt{7})(6-2\sqrt{7})=8$이므로
$$a^3=12+3\times8^{\frac{1}{3}}\times a=12+6a$$
$$\therefore a^3-6a+6=(12+6a)-6a+6=18$$

071

정답 (1) 10 (2) 4

두 점 $(2, 0)$, $(0, 4)$를 지나는 직선의 방정식은
$y=-2x+4$이므로 $b=-2a+4$, 즉 $2a+b=4$이다.
(1) $(4^a+2^b)^2=(4^a-2^b)^2+4\times4^a\times2^b$
$$=6^2+2^{2+2a+b}=6^2+2^6=100$$
$$\therefore 4^a+2^b=10\ (\because 4^a+2^b>0)$$
(2) $2^a+(\sqrt{2})^b=2^a+(\sqrt{2})^{-2a+4}=2^a+2^{-a+2}$
산술평균과 기하평균의 관계에 의하여
$$2^a+2^{-a+2}\geq2\sqrt{2^a\times2^{-a+2}}=4$$
(단, 등호는 $2^a=2^{-a+2}$, 즉 $a=1$일 때 성립한다.)
따라서 구하는 최솟값은 4이다.

다른 풀이

(1) $4^a-2^b=6$에서 $4^a-2^{-2a+4}=6$이므로
$$4^a-4^{-a+2}=6$$
$$4^a+2^b=4^a+2^{-2a+4}=4^a+4^{-a+2}$$
이고
$$(4^a+4^{-a+2})^2=(4^a-4^{-a+2})^2+4\times4^a\times4^{-a+2}$$
$$=6^2+4\times4^2=100$$
$$\therefore 4^a+2^b=10\ (\because 4^a+2^b>0)$$

072

정답 (1) $-2\sqrt{3}$ (2) $4\sqrt{7}$

(1) $(x^{\frac{1}{2}}-x^{-\frac{1}{2}})^2=(x^{\frac{1}{2}}+x^{-\frac{1}{2}})^2-4x^{\frac{1}{2}}x^{-\frac{1}{2}}$
$$=4^2-4=12 \qquad\cdots\cdots ㉠$$
이때 $0<x<1$에서 $0<\sqrt{x}<1$, $\dfrac{1}{\sqrt{x}}>1$이므로
$$x^{\frac{1}{2}}-x^{-\frac{1}{2}}=\sqrt{x}-\frac{1}{\sqrt{x}}<0 \qquad\cdots\cdots ㉡$$
㉠, ㉡에 의하여
$$x^{\frac{1}{2}}-x^{-\frac{1}{2}}=-2\sqrt{3}$$

(2) $(x^{\frac{1}{2}}+x^{-\frac{1}{2}})^2=x+x^{-1}+2x^{\frac{1}{2}}x^{-\frac{1}{2}}=5+2=7$
이므로 $x^{\frac{1}{2}}+x^{-\frac{1}{2}}=\sqrt{7}\ (\because x>0)$
$$\therefore x^{\frac{3}{2}}+x^{-\frac{3}{2}}=(x^{\frac{1}{2}}+x^{-\frac{1}{2}})^3-3x^{\frac{1}{2}}x^{-\frac{1}{2}}(x^{\frac{1}{2}}+x^{-\frac{1}{2}})$$
$$=(\sqrt{7})^3-3\sqrt{7}=4\sqrt{7}$$

073

정답 $\dfrac{2-2\sqrt{5}}{7}$

$$\frac{(x^{\frac{3}{2}}-1)(x^{-\frac{3}{2}}-1)}{x^2+x^{-2}}=\frac{x^{\frac{3}{2}}x^{-\frac{3}{2}}-x^{\frac{3}{2}}-x^{-\frac{3}{2}}+1}{x^2+x^{-2}}$$
$$=\frac{2-(x^{\frac{3}{2}}+x^{-\frac{3}{2}})}{x^2+x^{-2}} \qquad\cdots\cdots ㉠$$
이때 $\sqrt{x}+\dfrac{1}{\sqrt{x}}=x^{\frac{1}{2}}+x^{-\frac{1}{2}}=\sqrt{5}$이므로
$$x+x^{-1}=(x^{\frac{1}{2}}+x^{-\frac{1}{2}})^2-2x^{\frac{1}{2}}x^{-\frac{1}{2}}=(\sqrt{5})^2-2=3$$
$$x^2+x^{-2}=(x+x^{-1})^2-2xx^{-1}=3^2-2=7$$
$$x^{\frac{3}{2}}+x^{-\frac{3}{2}}=(x^{\frac{1}{2}}+x^{-\frac{1}{2}})^3-3x^{\frac{1}{2}}x^{-\frac{1}{2}}(x^{\frac{1}{2}}+x^{-\frac{1}{2}})$$
$$=(\sqrt{5})^3-3\sqrt{5}=2\sqrt{5}$$
따라서 ㉠에서
$$\frac{(x^{\frac{3}{2}}-1)(x^{-\frac{3}{2}}-1)}{x^2+x^{-2}}=\frac{2-2\sqrt{5}}{7}$$

074

정답 ②

$$\frac{3^{6x}-1}{3^{4x}-3^{2x}}=\frac{(3^{6x}-1)\times3^{-3x}}{(3^{4x}-3^{2x})\times3^{-3x}}=\frac{3^{3x}-3^{-3x}}{3^x-3^{-x}} \qquad\cdots\cdots ㉠$$
이때 $9^x+9^{-x}=6$이므로
$$(3^x-3^{-x})^2=9^x+9^{-x}-2=4$$
$$\therefore 3^x-3^{-x}=2\ (\because x>0)$$
$$3^{3x}-3^{-3x}=(3^x-3^{-x})^3+3(3^x-3^{-x})$$
$$=2^3+3\times2=14$$
따라서 ㉠에서
$$\frac{3^{6x}-1}{3^{4x}-3^{2x}}=\frac{14}{2}=7$$

075

정답 $\dfrac{7}{6}$

$$x^2-4=(2^{\frac{1}{6}}+2^{-\frac{1}{6}})^2-4$$
$$=(2^{\frac{1}{6}}-2^{-\frac{1}{6}})^2$$
이므로 $\sqrt{x^2-4}=\left|2^{\frac{1}{6}}-2^{-\frac{1}{6}}\right|=2^{\frac{1}{6}}-2^{-\frac{1}{6}}$ $\qquad\cdots\cdots$ **TIP**
$$\therefore \sqrt{x^2-4}+x=(2^{\frac{1}{6}}-2^{-\frac{1}{6}})+(2^{\frac{1}{6}}+2^{-\frac{1}{6}})$$
$$=2\times2^{\frac{1}{6}}=2^{\frac{7}{6}}$$
$$\therefore k=\frac{7}{6}$$

TIP

$2^{\frac{1}{6}}=\sqrt[6]{2}$, $2^{-\frac{1}{6}}=\left(\dfrac{1}{2}\right)^{\frac{1}{6}}=\sqrt[6]{\dfrac{1}{2}}$

$2>\dfrac{1}{2}$에서 $\sqrt[6]{2}>\sqrt[6]{\dfrac{1}{2}}$이므로 $2^{\frac{1}{6}}>2^{-\frac{1}{6}}$이다.

즉, $2^{\frac{1}{6}}-2^{-\frac{1}{6}}>0$이므로 $\left|2^{\frac{1}{6}}-2^{-\frac{1}{6}}\right|=2^{\frac{1}{6}}-2^{-\frac{1}{6}}$이다.

076   답 (1) $\sqrt{30}$ (2) 4

(1) $2^x=(\sqrt{3})^y=5^z=k\ (k>0)$라 하면

$k^{\frac{1}{x}}=2,\ k^{\frac{2}{y}}=3,\ k^{\frac{1}{z}}=5$이므로

$k^{\frac{1}{x}}\times k^{\frac{2}{y}}\times k^{\frac{1}{z}}=2\times 3\times 5$

$k^{\frac{1}{x}+\frac{2}{y}+\frac{1}{z}}=30$

이때 $\dfrac{1}{x}+\dfrac{2}{y}+\dfrac{1}{z}=3$이므로

$k^3=30,\ k=30^{\frac{1}{3}}$

$\therefore 2^{\frac{3}{2}x}=(2^x)^{\frac{3}{2}}=k^{\frac{3}{2}}=(30^{\frac{1}{3}})^{\frac{3}{2}}=30^{\frac{1}{2}}=\sqrt{30}$

(2) $40^x=2$에서 $40=2^{\frac{1}{x}}$ ······ ㉠

$\left(\dfrac{1}{5}\right)^y=8$에서 $\dfrac{1}{5}=8^{\frac{1}{y}}=2^{\frac{3}{y}}$ ······ ㉡

$a^z=4=2^2$에서 $a^{\frac{1}{2}}=2^{\frac{2}{z}}$ ······ ㉢

㉠, ㉡, ㉢에 의하여

$2^{\frac{1}{x}}\times 2^{\frac{3}{y}}\div 2^{\frac{2}{z}}=40\times\dfrac{1}{5}\div a^{\frac{1}{2}}$

$2^{\frac{1}{x}+\frac{3}{y}-\frac{1}{z}}=8\div a^{\frac{1}{2}}$

$4=8\div a^{\frac{1}{2}}\left(\because \dfrac{1}{x}+\dfrac{3}{y}-\dfrac{1}{z}=2\right)$

$a^{\frac{1}{2}}=2$

$\therefore a=2^2=4$

077   답 ③

$6^a=3^b=k^c=t\ (t>0)$라 하면

$6=t^{\frac{1}{a}},\ 3=t^{\frac{1}{b}},\ k=t^{\frac{1}{c}}$ ······ ㉠

이때 $ac=2ab+bc$에서

$2ab=ac-bc$이므로 양변을 abc로 나누면

$\dfrac{2}{c}=\dfrac{1}{b}-\dfrac{1}{a}$

따라서 $t^{\frac{2}{c}}=t^{\frac{1}{b}-\frac{1}{a}}=\dfrac{t^{\frac{1}{b}}}{t^{\frac{1}{a}}}$이므로

㉠에 의하여 $k^2=\dfrac{3}{6}=\dfrac{1}{2}$

$\therefore k=\dfrac{\sqrt{2}}{2}\ (\because k>0)$

078   답 풀이 참조

$4^a=9^b=k\ (k>0)$라 하면

$4^a=k$에서 $k^{\frac{1}{a}}=4$

$9^b=k$에서 $k^{\frac{1}{b}}=9$

이때 $2ab-a-b=0$에서

$2ab=a+b$이므로 양변을 ab로 나누면

$\dfrac{1}{a}+\dfrac{1}{b}=2$ ······ ㉠

따라서 $k^{\frac{1}{a}}\times k^{\frac{1}{b}}=4\times 9$이므로

$k^{\frac{1}{a}+\frac{1}{b}}=36$

㉠에 의하여 $k^2=36$이므로

$k=6\ (\because k>0)$

$\therefore 4^a\times\left(\dfrac{1}{81}\right)^b=4^a\times(9^b)^{-2}=k\times k^{-2}=k^{-1}=\dfrac{1}{6}$

채점 요소	배점
$4^a=9^b=k$로 두고 $k^{\frac{1}{a}}=4,\ k^{\frac{1}{b}}=9$ 유도하기	20 %
주어진 식으로부터 $\dfrac{1}{a}+\dfrac{1}{b}=2$ 유도하기	40 %
k의 값 구하기	40 %

079   답 ①

$x^a=(xy)^{\frac{c}{3}}$에서 $x=(xy)^{\frac{c}{3a}}$,

$y^b=(xy)^{\frac{c}{3}}$에서 $y=(xy)^{\frac{c}{3b}}$이므로

$xy=(xy)^{\frac{c}{3a}}(xy)^{\frac{c}{3b}}=(xy)^{\frac{c}{3a}+\frac{c}{3b}}$에서

$\dfrac{c}{3a}+\dfrac{c}{3b}=1,\ \dfrac{bc+ac}{3ab}=1$

$\therefore \dfrac{6ab}{bc+ca}=2\times\dfrac{3ab}{bc+ca}=2$

다른 풀이

$x^a=y^b=(xy)^{\frac{c}{3}}=t\ (t$는 양수)라 하면

$x=t^{\frac{1}{a}},\ y=t^{\frac{1}{b}},\ xy=t^{\frac{3}{c}}$이므로

$t^{\frac{1}{a}}\times t^{\frac{1}{b}}=t^{\frac{3}{c}},\ t^{\frac{1}{a}+\frac{1}{b}}=t^{\frac{3}{c}}$

$\dfrac{1}{a}+\dfrac{1}{b}=\dfrac{3}{c},\ \dfrac{a+b}{ab}=\dfrac{3}{c}$

$\therefore \dfrac{6ab}{bc+ca}=\dfrac{6}{\dfrac{c(a+b)}{ab}}=\dfrac{6}{c\times\dfrac{3}{c}}=2$

080   답 ⑤

$\dfrac{a^2+a^3+a^4+a^5+a^6}{a^{-3}+a^{-4}+a^{-5}+a^{-6}+a^{-7}}$의 분모, 분자에 a^9을 곱하면

$\dfrac{a^9(a^2+a^3+a^4+a^5+a^6)}{a^9(a^{-3}+a^{-4}+a^{-5}+a^{-6}+a^{-7})}$

$=\dfrac{a^9(a^2+a^3+a^4+a^5+a^6)}{a^6+a^5+a^4+a^3+a^2}$

$=a^9=(\sqrt[3]{2-\sqrt{3}})^9=(2-\sqrt{3})^3$

$=8-3\times 4\times\sqrt{3}+3\times 2\times 3-3\sqrt{3}$

$=26-15\sqrt{3}$

이므로 $p=26,\ q=-15$

$\therefore p+q=11$

081   답 ⑤

$\dfrac{2}{1-a^{\frac{1}{8}}}+\dfrac{2}{1+a^{\frac{1}{8}}}+\dfrac{4}{1+a^{\frac{1}{4}}}+\dfrac{8}{1+a^{\frac{1}{2}}}+\dfrac{16}{1+a}$

$=\dfrac{2\{(1+a^{\frac{1}{8}})+(1-a^{\frac{1}{8}})\}}{(1-a^{\frac{1}{8}})(1+a^{\frac{1}{8}})}+\dfrac{4}{1+a^{\frac{1}{4}}}+\dfrac{8}{1+a^{\frac{1}{2}}}+\dfrac{16}{1+a}$

$$=\frac{4}{1-a^{\frac{1}{4}}}+\frac{4}{1+a^{\frac{1}{4}}}+\frac{8}{1+a^{\frac{1}{2}}}+\frac{16}{1+a}$$

$$=\frac{4\{(1+a^{\frac{1}{4}})+(1-a^{\frac{1}{4}})\}}{(1-a^{\frac{1}{4}})(1+a^{\frac{1}{4}})}+\frac{8}{1+a^{\frac{1}{2}}}+\frac{16}{1+a}$$

$$=\frac{8}{1-a^{\frac{1}{2}}}+\frac{8}{1+a^{\frac{1}{2}}}+\frac{16}{1+a}$$

$$=\frac{8\{(1+a^{\frac{1}{2}})+(1-a^{\frac{1}{2}})\}}{(1-a^{\frac{1}{2}})(1+a^{\frac{1}{2}})}+\frac{16}{1+a}$$

$$=\frac{16}{1-a}+\frac{16}{1+a}$$

$$=\frac{16\{(1+a)+(1-a)\}}{(1-a)(1+a)}$$

$$=\frac{32}{1-a^2}$$

이때 $a=\frac{\sqrt{3}}{3}$에서 $a^2=\frac{1}{3}$이므로 구하는 값은

$$\frac{32}{1-\frac{1}{3}}=\frac{32}{\frac{2}{3}}=48$$

082 ····· 답 ④

축소되는 배율을 a라 하면 넓이가 8인 직사각형을 5번 축소한
직사각형의 넓이는 $8a^5=2$이므로

$a^5=\frac{1}{4}=2^{-2}$에서 $a=2^{-\frac{2}{5}}$이다.

따라서 넓이가 8인 직사각형을 3번 축소한 직사각형의 넓이는

$$8a^3=8a^5\times a^{-2}=2\times(2^{-\frac{2}{5}})^{-2}$$
$$=2\times 2^{\frac{4}{5}}=2^{\frac{9}{5}}$$

083 ····· 답 ③

처음 음료수의 온도가 $a\,°C$이므로

$18=30+(a-30)p^{-3k}$에서 $(a-30)p^{-3k}=-12$ ····· ㉠

$24=30+(a-30)p^{-6k}$에서 $(a-30)p^{-6k}=-6$

$\frac{(a-30)p^{-3k}}{(a-30)p^{-6k}}=\frac{12}{6}$이므로 $p^{3k}=2$

$p^{-3k}=\frac{1}{2}$을 ㉠에 대입하면

$\frac{1}{2}(a-30)=-12$, $a-30=-24$

$\therefore a=6$

084 ····· 답 ②

2013년 말부터 2023년 말까지 10년 동안 A회사의 연평균 성장률은
$\left(\frac{400}{200}\right)^{\frac{1}{10}}-1=2^{\frac{1}{10}}-1$이고,

2013년 말부터 2023년 말까지 10년 동안 B회사의 연평균 성장률은

$\left(\frac{600}{150}\right)^{\frac{1}{10}}-1=4^{\frac{1}{10}}-1$이므로

10년 동안 B회사의 연평균 성장률이 A회사의 연평균 성장률의
k배라 하면

$$k=\frac{4^{\frac{1}{10}}-1}{2^{\frac{1}{10}}-1}=\frac{(2^{\frac{1}{10}}-1)(2^{\frac{1}{10}}+1)}{2^{\frac{1}{10}}-1}=2^{\frac{1}{10}}+1$$ ····· ㉠

이때 $2^{\frac{11}{10}}=2.14$에서 $2\times 2^{\frac{1}{10}}=2.14$

따라서 $2^{\frac{1}{10}}=1.07$이므로

㉠에서 $k=1.07+1=2.07$이다.

085 ····· 답 ②

어느 금융상품에 초기자산이 w_0이므로 15년이 지난 시점에서의
기대자산은 $3w_0$이다.

즉, $W_0=w_0$, $t=15$, $W=3w_0$을 주어진 관계식에 대입하면

$3w_0=\frac{w_0}{2}\times 10^{15a}(1+10^{15a})$ $\therefore 6=10^{15a}(1+10^{15a})$

이때 $10^{15a}=X\ (X>0)$라 하면 $6=X(1+X)$에서

$X^2+X-6=0$, $(X+3)(X-2)=0$

$\therefore X=2\ (\because X>0)$

$\therefore 10^{15a}=2$ ····· ㉠

한편, 이 금융상품에 초기자산 w_0을 투자하고 30년이 지난
시점에서의 기대자산이 kw_0이다.

즉, $W_0=w_0$, $t=30$, $W=kw_0$을 주어진 관계식에 대입하면

$kw_0=\frac{w_0}{2}\times 10^{30a}(1+10^{30a})$

$\therefore k=\frac{1}{2}\times(10^{15a})^2\{1+(10^{15a})^2\}$

$=\frac{1}{2}\times 2^2\times(1+2^2)=10\ (\because ㉠)$

086 ····· 답 ①

금속의 처음 온도가 $20\,°C$, 열을 가한지 3분 후 온도가 $260\,°C$이므로
$3^{260-20}=(7\times 3+6)^k$

$\therefore 3^{240}=27^k$ ····· ㉠

또한, 열을 가한지 a분 후 온도를 $340\,°C$라 하면
$3^{340-20}=(7a+6)^k$

$\therefore 3^{320}=(7a+6)^k$ ····· ㉡

$3^{320}=(3^{240})^{\frac{4}{3}}$이므로 ㉠, ㉡에 의하여

$(7a+6)^k=(27^k)^{\frac{4}{3}}=(27^{\frac{4}{3}})^k=81^k$

따라서 $7a+6=81$이므로

$$a=\frac{75}{7}$$

087 ····· 답 ④

$a^2=b^3=c^5=k\ (k는\ 양수)$라 하면
$a=k^{\frac{1}{2}}$, $b=k^{\frac{1}{3}}$, $c=k^{\frac{1}{5}}$이다.

$\therefore \log_a bc + \log_b ca + \log_c ab$
$= \log_{k^{\frac{1}{2}}} k^{\frac{1}{3}} k^{\frac{1}{5}} + \log_{k^{\frac{1}{3}}} k^{\frac{1}{5}} k^{\frac{1}{2}} + \log_{k^{\frac{1}{5}}} k^{\frac{1}{2}} k^{\frac{1}{3}}$
$= \log_{k^{\frac{1}{2}}} k^{\frac{1}{3}+\frac{1}{5}} + \log_{k^{\frac{1}{3}}} k^{\frac{1}{5}+\frac{1}{2}} + \log_{k^{\frac{1}{5}}} k^{\frac{1}{2}+\frac{1}{3}}$
$= 2\left(\frac{1}{3}+\frac{1}{5}\right) + 3\left(\frac{1}{5}+\frac{1}{2}\right) + 5\left(\frac{1}{2}+\frac{1}{3}\right)$
$= \frac{7}{3} + 1 + 4 = \frac{22}{3}$

088 　　　　　　　　　　　　　　　　　　답 ⑤

$x = \log_2(\sqrt{5}-2)$에서 $2^x = \sqrt{5}-2$이므로
$2^x - 2^{-x} = (\sqrt{5}-2) - \dfrac{1}{\sqrt{5}-2}$
$\qquad\qquad = (\sqrt{5}-2) - (\sqrt{5}+2) = -4$
이고,
$4^x + 4^{-x} + 2 = (2^x - 2^{-x})^2 + 4$
$\qquad\qquad\qquad = (-4)^2 + 4 = 20$
$\therefore \dfrac{2^x - 2^{-x}}{4^x + 4^{-x} + 2} = \dfrac{-4}{20} = -\dfrac{1}{5}$

089 　　　　　　　　　　　　답 (1) 2 　(2) 13

(1) $\log_{a+3}(x^2 + 2ax - a + 12)$가 정의되려면
$a+3 > 0$, $a+3 \ne 1$이고, $x^2 + 2ax - a + 12 > 0$이어야 한다.
$a > -3$, $a \ne -2$이고, 모든 실수 x에 대하여
$x^2 + 2ax - a + 12 > 0$이어야 하므로
이차방정식 $x^2 + 2ax - a + 12 = 0$의 판별식을 D라 할 때,
$\dfrac{D}{4} = a^2 - (-a+12) < 0$에서
$a^2 + a - 12 = (a+4)(a-3) < 0$, $-4 < a < 3$
$\therefore -3 < a < 3$, $a \ne -2$
따라서 조건을 만족시키는 정수 a는 -1, 0, 1, 2이므로
모든 정수 a의 값의 합은 2이다.

(2) $\log_{|a-1|}(x^2 + ax + 4a)$가 정의되려면
$|a-1| > 0$, $|a-1| \ne 1$이고, $x^2 + ax + 4a > 0$이어야 한다.
$|a-1| > 0$에서 $a-1 \ne 0$이므로 $a \ne 1$이고,
$|a-1| \ne 1$에서 $a-1 \ne \pm 1$이므로 $a \ne 0$, $a \ne 2$이다.
또한, 모든 실수 x에 대하여 $x^2 + ax + 4a > 0$이어야 하므로
이차방정식 $x^2 + ax + 4a = 0$의 판별식을 D라 할 때,
$D = a^2 - 16a < 0$에서
$a(a-16) < 0$, $0 < a < 16$
$\therefore 0 < a < 16$, $a \ne 1$, $a \ne 2$
따라서 조건을 만족시키는 정수 a는
3, 4, 5, $\cdots$, 15로 13개이다.

090 　　　　　　　　　　　　　　　　　　답 ⑤

조건 (가)에서
$\log_2 a + (\log_2 b + 2) + (\log_2 c + 1) = 5$이므로

$\log_2 a + \log_2 b + \log_2 c = 2$
$\log_2 abc = 2$
$\therefore abc = 4$ 　　　　　　　　　　　　　　　　　 $\cdots\cdots$ ㉠
조건 (나)에서 $a = b^2 = \sqrt{c} = t$ $(t > 0)$라 하면
$a = t$, $b = t^{\frac{1}{2}}$, $c = t^2$이고,
㉠에 의하여
$abc = t \times t^{\frac{1}{2}} \times t^2$
$\qquad = t^{1+\frac{1}{2}+2}$
$\qquad = t^{\frac{7}{2}} = 4$
이므로 $t = 4^{\frac{2}{7}} = 2^{\frac{4}{7}}$이다.
$\therefore \log_2 ab = \log_2 (t \times t^{\frac{1}{2}}) = \log_2 t^{\frac{3}{2}} = \log_2 (2^{\frac{4}{7}})^{\frac{3}{2}} = \log_2 2^{\frac{6}{7}} = \dfrac{6}{7}$

091 　　　　　　　　　　　　　　　　　答 $\dfrac{33}{8}$

조건 (가)에서 $a\sqrt[3]{b}$는 a^5의 네제곱근이므로
$(a\sqrt[3]{b})^4 = a^5$
$a^4 b^{\frac{4}{3}} = a^5$
$\therefore a = b^{\frac{4}{3}}$
조건 (나)의 $2\log_a b + \log_b c = 6$에 $a = b^{\frac{4}{3}}$을 대입하면
$2\log_{b^{\frac{4}{3}}} b + \log_b c = 6$
$2 \times \dfrac{3}{4} + \log_b c = 6$
$\dfrac{3}{2} + \log_b c = 6$에서 $\log_b c = \dfrac{9}{2}$
$\therefore c = b^{\frac{9}{2}}$
$\therefore \log_a bc = \log_{b^{\frac{4}{3}}} b^{\frac{11}{2}} = \dfrac{11}{2} \times \dfrac{3}{4} = \dfrac{33}{8}$

092 　　　　　　　　　　　　　　　　　　답 ⑤

$f(x) = \log_3\left(1 + \dfrac{1}{x+4}\right) = \log_3 \dfrac{x+5}{x+4}$이므로
$f(1) + f(2) + f(3) + \cdots + f(n)$
$= \log_3 \dfrac{6}{5} + \log_3 \dfrac{7}{6} + \log_3 \dfrac{8}{7} + \cdots + \log_3 \dfrac{n+5}{n+4}$
$= \log_3\left(\dfrac{6}{5} \times \dfrac{7}{6} \times \dfrac{8}{7} \times \cdots \times \dfrac{n+5}{n+4}\right) = \log_3 \dfrac{n+5}{5}$
따라서 $\log_3 \dfrac{n+5}{5} = 2$에서
$\dfrac{n+5}{5} = 9$
$\therefore n = 40$

093 　　　　　　　　　　　　　　　　　　답 13

$\log_4 2n^2 - \dfrac{1}{2}\log_2 \sqrt{n}$
$= \log_{2^2} 2n^2 - \dfrac{1}{2}\log_2 n^{\frac{1}{2}}$

$$=\frac{1}{2}\log_2 2n^2-\frac{1}{4}\log_2 n$$
$$=\frac{1}{2}\left(1+2\log_2 n-\frac{1}{2}\log_2 n\right)$$
$$=\frac{1}{2}\left(1+\frac{3}{2}\log_2 n\right)$$

이 값을 자연수 $m\ (1\le m\le 40)$이라 하면

$\frac{1}{2}\left(1+\frac{3}{2}\log_2 n\right)=m$에서

$$\frac{3}{2}\log_2 n=2m-1$$

$$\log_2 n=\frac{2(2m-1)}{3}$$

$$\therefore n=2^{\frac{2(2m-1)}{3}}$$

이때 n이 자연수가 되려면 $2m-1$은 3의 배수이어야 하고,
$1\le m\le 40$에서 $1\le 2m-1\le 79$이므로
$2m-1$은 79 이하의 홀수이다.
따라서 가능한 $2m-1$의 값은 3, 9, 15, $\cdots$, 75로
구하는 자연수 n의 개수는 13이다.

094 ························· 답 (1) 64 (2) 17   (3) 3   (4) 14

(1) $(5\sqrt{5})^{\log_5 9\times\log_3 4}=(5^{\frac{3}{2}})^{2\log_5 3\times 2\log_3 2}=(5^{\frac{3}{2}})^{4\log_5 2}$
$\qquad\qquad\qquad\qquad =5^{6\log_5 2}=5^{\log_5 2^6}=2^6=64$

(2) $(\log_3 25+\log_{\sqrt 3} 5)(\log_5 81+\log_{25}\sqrt 3)$
$\quad =(2\log_3 5+2\log_3 5)\left(4\log_5 3+\frac{1}{4}\log_5 3\right)$
$\quad =4\log_3 5\times\frac{17}{4}\log_5 3=17$

(3) $\log_2(\log_3 4)+\log_2(\log_4 25)+\log_2(\log_5 81)$
$\quad =\log_2(\log_3 4\times\log_4 25\times\log_5 81)$
$\quad =\log_2(\log_3 4\times 2\log_4 5\times 4\log_5 3)$
$\quad =\log_2 8=3$

(4) $\frac{1}{\log_8 2}+\frac{\log_5 4}{\log_9 2}\times\log_3 25+\frac{\log_7 27}{\log_7 3}$
$\quad =\log_2 8+\log_5 4\times\log_2 9\times\log_3 25+\log_3 27$
$\quad =3+2\log_5 2\times 2\log_2 3\times 2\log_3 5+3$
$\quad =3+8+3=14$

095 ························· 답 풀이 참조

$a^{\log_b c}=x$로 놓으면 로그의 정의에 의하여 $\log_a x=\boxed{\log_b c}$이다.
양변을 c를 밑으로 하는 로그로 나타내어 정리하면

$\frac{\log_c x}{\boxed{\log_c a}}=\frac{1}{\boxed{\log_c b}}$이다.

즉, $\log_c x=\frac{\boxed{\log_c a}}{\boxed{\log_c b}}=\boxed{\log_b a}$이다.

따라서 로그의 정의에 따라 $x=\boxed{c^{\log_b a}}$이다.

$\therefore a^{\log_b c}=c^{\log_b a}$

096 ························· 답 ⑤

방정식 $x^2-5x+3=0$의 두 근이 $\log_2 a,\ \log_2 b$이므로
이차방정식의 근과 계수의 관계에 의하여
$$\log_2 a+\log_2 b=5,\ \log_2 a\times\log_2 b=3$$
$$\therefore \log_a b+\log_b a=\frac{\log_2 b}{\log_2 a}+\frac{\log_2 a}{\log_2 b}$$
$$=\frac{(\log_2 a)^2+(\log_2 b)^2}{\log_2 a\times\log_2 b}$$
$$=\frac{(\log_2 a+\log_2 b)^2-2\log_2 a\times\log_2 b}{\log_2 a\times\log_2 b}$$
$$=\frac{5^2-2\times 3}{3}=\frac{19}{3}$$

097 ························· 답 $-\frac{5}{6}$

$\log_a c:\log_b c=2:3$에서

$2\log_b c=3\log_a c$이므로 $\frac{2}{\log_c b}=\frac{3}{\log_c a}$

$\frac{\log_c a}{\log_c b}=\frac{3}{2},\ \log_b a=\frac{3}{2}$

$\log_a b=\frac{1}{\log_b a}=\frac{2}{3}$

$\therefore \log_a b-\log_b a=\frac{2}{3}-\frac{3}{2}=-\frac{5}{6}$

098 ························· 답 ①

$\log_a b=\frac{\log_b c}{2}=\frac{\log_c a}{4}=k\ (k\ne 0)$라 하면

$\log_a b=k,\ \log_b c=2k,\ \log_c a=4k$이다.

이때 $\log_a b\times\log_b c\times\log_c a=1$이므로
$$k\times 2k\times 4k=1$$
$$8k^3=1$$
$$\therefore k=\frac{1}{2}\ (\because k는\ 실수)$$

$$\therefore \log_a b+\log_b c+\log_c a=k+2k+4k=7k=\frac{7}{2}$$

099 ························· 답 49

$\log_a b=\log_b a$에서 $\log_a b=\frac{1}{\log_a b},\ (\log_a b)^2=1$

$\log_a b=1$ 또는 $\log_a b=-1$

$\therefore b=a$ 또는 $b=\frac{1}{a}$

이때 $a\ne b$이므로 $b=\frac{1}{a}$ ······ ㉠

$\therefore (a+3)(b+12)=ab+12a+3b+36$
$$=1+12a+\frac{3}{a}+36\ (\because ㉠)$$
$$=37+3\left(4a+\frac{1}{a}\right)$$
$$\ge 37+3\times 2\sqrt{4a\times\frac{1}{a}}=49$$

$\left(\text{단, 등호는 } 4a=\dfrac{1}{a}, \text{ 즉 } a=\dfrac{1}{2}\text{일 때 성립한다.}\right)$

따라서 $(a+3)(b+12)$의 최솟값은 49이다.

100   답 ②

$\log_a b^3 + \log_b \sqrt[3]{a} = 3\log_a b + \dfrac{1}{3}\log_b a$

$a>1$, $b>1$이므로 $\log_a b>0$, $\log_b a>0$이다.   ······ TIP

산술평균과 기하평균의 관계에 의하여

$3\log_a b + \dfrac{1}{3}\log_b a \geq 2\sqrt{3\log_a b \times \dfrac{1}{3}\log_b a} = 2$

$\left(\text{단, 등호는 } 3\log_a b=\dfrac{1}{3}\log_b a, \text{ 즉 } \log_a b=\dfrac{1}{3}\text{일 때 성립한다.}\right)$

따라서 $\log_a b^3 + \log_b \sqrt[3]{a}$의 최솟값은 2이다.

> **TIP**
>
> $a>1$, $b>1$에서 $\log a>0$, $\log b>0$이므로
> $\log_a b=\dfrac{\log b}{\log a}>0$, $\log_b a=\dfrac{\log a}{\log b}>0$임을 알 수 있다.

101   답 ④

$\dfrac{\log_c b}{\log_a b} = \dfrac{\dfrac{1}{\log_b c}}{\dfrac{1}{\log_b a}} = \dfrac{\log_b a}{\log_b c} = \log_c a = \dfrac{1}{2}$이므로

$a=c^{\frac{1}{2}}$, 즉 $c=a^2$

$\dfrac{\log_b c}{\log_a c} = \dfrac{\dfrac{1}{\log_c b}}{\dfrac{1}{\log_c a}} = \dfrac{\log_c a}{\log_c b} = \log_b a = \dfrac{1}{3}$이므로

$a=b^{\frac{1}{3}}$, 즉 $b=a^3$

이때 세 자연수 a, b, c는 1보다 크고 10보다 작은 자연수이고,
$a=3$일 때 $b=27$, $c=9$이므로 $a \geq 3$에서는 주어진 조건을
만족시키지 않는다.

따라서 $a=2$이므로 $b=8$, $c=4$

$\therefore a+2b+3c = 2+16+12 = 30$

102   답 $\dfrac{15}{4}$

$abc \neq 0$이므로
$ab-2bc+ca=abc$의 양변을 abc로 나누면

$\dfrac{1}{c} - \dfrac{2}{a} + \dfrac{1}{b} = 1$ ······ ㉠

또한, $\log_2 x=a$, $\log_3 x=b$, $\log_5 x=c$에서

$\dfrac{1}{a} = \dfrac{1}{\log_2 x} = \log_x 2$

$\dfrac{1}{b} = \dfrac{1}{\log_3 x} = \log_x 3$

$\dfrac{1}{c} = \dfrac{1}{\log_5 x} = \log_x 5$

이므로

$\dfrac{1}{c} - \dfrac{2}{a} + \dfrac{1}{b} = \log_x 5 - 2\log_x 2 + \log_x 3$

$= \log_x 5 - \log_x 4 + \log_x 3$

$= \log_x \dfrac{5 \times 3}{4} = \log_x \dfrac{15}{4} = 1 \ (\because ㉠)$

$\therefore x = \dfrac{15}{4}$

103   답 ②

$\log N = a\log 2 + b\log 3$

$= \log 2^a + \log 3^b$

$= \log(2^a \times 3^b)$

에서 $N = 2^a \times 3^b$이다.

음이 아닌 정수 a, b에 대하여
$1 \leq N \leq 30$을 만족시키는 자연수 N의 값은

$b=0$인 경우 : $a=0, 1, 2, 3, 4$일 때 $N=1, 2, 4, 8, 16$

$b=1$인 경우 : $a=0, 1, 2, 3$일 때 $N=3, 6, 12, 24$

$b=2$인 경우 : $a=0, 1$일 때 $N=9, 18$

$b=3$인 경우 : $a=0$일 때 $N=27$

따라서 모든 자연수 N의 값의 합은
$(1+2+4+8+16)+(3+6+12+24)+(9+18)+27=130$

104   답 ③

$\dfrac{\log 9}{a} = \dfrac{\log 16}{b} = \dfrac{\log 144}{c} = 4$에서

$\log 9 = 4a$, $\log 16 = 4b$, $\log 144 = 4c$이다.

이때 $\log 144 = \log(9 \times 16) = \log 9 + \log 16$이므로

$4c = 4a + 4b$

$c = a + b$

$\therefore a+b+c = 2c = \dfrac{1}{2}\log 144 = \log 12$

$\therefore 10^{a+b+c} = 10^{\log 12} = 12$

105   답 ②

조건 ㈎에서 $3^a = 5^b = k^c = d \ (d>0)$라 하면

$3 = d^{\frac{1}{a}}$, $5 = d^{\frac{1}{b}}$, $k = d^{\frac{1}{c}}$이다.   ······ ㉠

조건 ㈏에 의하여

$\log c = \log \dfrac{2ab}{2a+b}$,

$c = \dfrac{2ab}{2a+b}$,

$\dfrac{1}{c} = \dfrac{2a+b}{2ab}$,

$\dfrac{1}{c} = \dfrac{1}{b} + \dfrac{1}{2a}$이다.

$d^{\frac{1}{c}} = d^{\frac{1}{b} + \frac{1}{2a}} = d^{\frac{1}{b}} \times d^{\frac{1}{2a}} = d^{\frac{1}{b}} \times (d^{\frac{1}{a}})^{\frac{1}{2}}$

이므로 ㉠에 의하여

$k = 5 \times \sqrt{3} = 5\sqrt{3}$

다른 풀이

조건 (가)에서 $3^a=5^b=k^c=d\ (d>0)$라 하면

$a=\log_3 d$, $b=\log_5 d$, $c=\log_k d$이다. $\qquad$ ······ ㉠

조건 (나)에 의하여

$\log c=\log\dfrac{2ab}{2a+b}$,

$c=\dfrac{2ab}{2a+b}$,

$c(2a+b)=2ab$이다.

이 식에 ㉠을 대입하면

$\log_k d\,(2\log_3 d+\log_5 d)=2\log_3 d\log_5 d$

$\dfrac{1}{\log_d k}\left(\dfrac{2}{\log_d 3}+\dfrac{1}{\log_d 5}\right)=2\times\dfrac{1}{\log_d 3}\times\dfrac{1}{\log_d 5}$

양변에 $\log_d 3\times\log_d 5\times\log_d k$를 곱하면

$2\log_d 5+\log_d 3=2\log_d k$

$\log_d(5^2\times3)=\log_d k^2$

$k^2=5^2\times3$

$\therefore k=5\sqrt3\ (\because k>0)$

106 ·· 답 풀이 참조

(1) $\log x^2=3.0102$에서 $2\log x=3.0102\ (\because x>0)$

$\log x=1.5051=1+0.5051$

상용로그표에서 $\log 3.2=0.5051$이므로

$\log x=\log 10+\log 3.2=\log(10\times3.2)=\log 32$

$\therefore x=32$

$\log\sqrt y=-0.2529$에서 $\dfrac{1}{2}\log y=-0.2529$

$\log y=-0.5058=-1+(1-0.5058)$

$\qquad\quad=-1+0.4942$

상용로그표에서 $\log 3.12=0.4942$이므로

$\log y=\log 10^{-1}+\log 3.12=\log(10^{-1}\times3.12)=\log 0.312$

$\therefore y=0.312$

$\therefore x+y=32+0.312=32.312$

(2) $\log\dfrac{k}{30.1}=1.0306$에서 $\log k-\log 30.1=1.0306$

상용로그표에서 $\log 3.01=0.4786$이므로

$\log 30.1=\log(3.01\times10)=1+\log 3.01=1.4786$

$\log k=1.0306+1.4786=2.5092=2+0.5092$

상용로그표에서 $\log 3.23=0.5092$이므로

$\log k=\log 10^2+\log 3.23=\log(10^2\times3.23)=\log 323$

$\therefore k=323$

채점 요소	배점
$\log x$, $\log y$의 값을 찾아 상용로그를 이용하여 $x+y$의 값 구하기	60 %
$\log k$의 값을 찾아 상용로그를 이용하여 k의 값 구하기	40 %

107 ·· 답 ③

4.37^x을 계산하여 1590이 되었으므로

$4.37^x=1590$이라 하면

$\log 4.37^x=\log 1590$

$x\log 4.37=\log(1000\times1.59)=3+\log 1.59$

$0.64x=3.2$

$\therefore x=5$

따라서 바르게 계산한 $4.37x$의 값은

$4.37x=4.37\times5=21.85$

108 ·· 답 ①

$\dfrac{1}{3}+\log\sqrt a=\dfrac{1}{3}+\log a^{\frac12}=\dfrac{1}{3}+\dfrac{1}{2}\log a$이다.

이때 $\dfrac{1}{2}<\log a<\dfrac{11}{2}$에서

$\dfrac{1}{3}+\dfrac{1}{2}\times\dfrac{1}{2}<\dfrac{1}{3}+\dfrac{1}{2}\log a<\dfrac{1}{3}+\dfrac{1}{2}\times\dfrac{11}{2}$이므로

$\dfrac{7}{12}<\dfrac{1}{3}+\dfrac{1}{2}\log a<\dfrac{37}{12}$이다.

이때 가능한 자연수 $\dfrac{1}{3}+\dfrac{1}{2}\log a$의 값은 1, 2, 3이므로

$\dfrac{1}{3}+\dfrac{1}{2}\log a=1$일 때 $\log a=\dfrac{4}{3}$, 즉 $a=10^{\frac43}$

$\dfrac{1}{3}+\dfrac{1}{2}\log a=2$일 때 $\log a=\dfrac{10}{3}$, 즉 $a=10^{\frac{10}{3}}$

$\dfrac{1}{3}+\dfrac{1}{2}\log a=3$일 때 $\log a=\dfrac{16}{3}$, 즉 $a=10^{\frac{16}{3}}$

따라서 구하는 모든 a의 값의 곱은

$10^{\frac43}\times10^{\frac{10}{3}}\times10^{\frac{16}{3}}=10^{\frac43+\frac{10}{3}+\frac{16}{3}}=10^{10}$

109 ·· 답 1000

$\log x^2-\log\sqrt[3]{x}=2\log x-\dfrac{1}{3}\log x=\dfrac{5}{3}\log x$가 정수이어야 한다.

$10<x<100$에서 $1<\log x<2$이므로

$\dfrac{5}{3}<\dfrac{5}{3}\log x<\dfrac{10}{3}$이다.

이때 가능한 정수 $\dfrac{5}{3}\log x$의 값은 2, 3이므로

$\dfrac{5}{3}\log x=2$일 때 $\log x=\dfrac{6}{5}$, 즉 $x=10^{\frac65}$

$\dfrac{5}{3}\log x=3$일 때 $\log x=\dfrac{9}{5}$, 즉 $x=10^{\frac95}$

따라서 구하는 모든 실수 x의 값의 곱은

$10^{\frac65}\times10^{\frac95}=10^3=1000$이다.

110 ·· 답 ③

조건 (가)에 의하여 $2\le\log x<3$이다. $\qquad$ ······ ㉠

조건 (나)에 의하여

$\log x^3$과 $\log\dfrac{1}{x}$의 소수 부분이 서로 같으므로

$\log x^3$과 $\log\dfrac{1}{x}$의 차가 정수이다. $\qquad$ ······ **TIP 1**

$\log x^3 - \log \dfrac{1}{x} = 3\log x - (-\log x) = 4\log x$ 이고,

㉠에 의하여 $8 \le 4\log x < 12$ 이므로

정수인 $4\log x$ 의 값은 8, 9, 10, 11이다.

즉, $\log x$ 의 값이 $\dfrac{8}{4}, \dfrac{9}{4}, \dfrac{10}{4}, \dfrac{11}{4}$ 이므로

$\log k = \dfrac{8}{4} + \dfrac{9}{4} + \dfrac{10}{4} + \dfrac{11}{4} = \dfrac{19}{2}$ ...... **TIP 2**

TIP 1

$\log A$, $\log B$ 의 소수 부분이 서로 같으면
$\log A - \log B = ($정수$)$이다.
[증명]
$\log A$, $\log B$ 의 소수 부분이 서로 같다고 하자.
$\log A = m + a$, $\log B = n + a$ (m, n은 정수, $0 \le a < 1$)라 하면
$\log A - \log B = m - n$ 은 정수이다.

TIP 2

조건을 만족시키는 x의 값을 각각 x_1, x_2, x_3, x_4라 하면
$$\log k = \log x_1 x_2 x_3 x_4$$
$$= \log x_1 + \log x_2 + \log x_3 + \log x_4$$

111 ··· 답 ④

지진의 규모가 4일 때 방출되는 에너지가 E_1이므로

$4 = 0.7\log(0.37 \times E_1) + 1.46$ 이다. ...... ㉠

따라서 에너지의 양이 $4E_1$일 때 지진의 규모는

$0.7\log(0.37 \times 4E_1) + 1.46$

$= 0.7\{\log(0.37 \times E_1) + \log 4\} + 1.46$

$= \{0.7\log(0.37 \times E_1) + 1.46\} + 0.7 \times 2\log 2$

$= 4 + 0.7 \times 2 \times 0.3$ ($\because$ ㉠)

$= 4 + 0.42$

$= 4.42$

112 ··· 답 ④

실험을 시작한 지 10초 후, 20초 후의 측정 온도가 각각 400 ℃, 402 ℃이므로

$K = \dfrac{C(\log 20 - \log 10)}{402 - 400} = \dfrac{C}{2}\log 2$ ...... ㉠

실험을 시작한 지 t초 후의 측정 온도가 408 ℃라 하면

$K = \dfrac{C(\log t - \log 10)}{408 - 400} = \dfrac{C}{8}\log \dfrac{t}{10}$ ...... ㉡

㉠, ㉡에 의하여

$\dfrac{C}{2}\log 2 = \dfrac{C}{8}\log \dfrac{t}{10}$ 이므로

$\log \dfrac{t}{10} = 4\log 2 = \log 16$

따라서 $\dfrac{t}{10} = 16$ 이므로 $t = 160$ 이다.

113 ··· 답 ②

두 지역 A, B의 헤이즈계수 H_A, H_B, 여과지 이동거리 L_A, L_B에 대하여 $\sqrt{3}H_A = 2H_B$, $L_A = 2L_B$이므로

$\dfrac{H_A}{H_B} = \dfrac{\dfrac{k}{L_A}\log \dfrac{1}{S_A}}{\dfrac{k}{L_B}\log \dfrac{1}{S_B}} = \dfrac{\dfrac{k}{2L_B}\log \dfrac{1}{S_A}}{\dfrac{k}{L_B}\log \dfrac{1}{S_B}} = \dfrac{1}{2} \times \dfrac{\log S_A}{\log S_B} = \dfrac{2}{\sqrt{3}}$

$\dfrac{\log S_A}{\log S_B} = \dfrac{2}{\sqrt{3}} \times 2 = \dfrac{4\sqrt{3}}{3}$

$\log S_A = \dfrac{4\sqrt{3}}{3}\log S_B$

$\therefore S_A = (S_B)^{\frac{4\sqrt{3}}{3}}$

$\therefore p = \dfrac{4\sqrt{3}}{3}$

114 ··· 답 15

생산량을 매년 k배씩 증가시켰다고 하면 10년 만에 4배가 되었으므로 $k^{10} = 4$이다.

$\log k^{10} = \log 4$ 에서

$10\log k = 2\log 2 = 2 \times 0.3 = 0.6$ 이므로

$\log k = 0.06 = \log 1.15$

$\therefore k = 1.15$

따라서 매년 15 %씩 증가시켰다.

115 ··· 답 ⑤

이 회사의 매출액이 매년 x배만큼 증가한다고 하면 2022년도의 매출액은 2019년도의 매출액의 x^3배이다.

즉, $1.23A = x^3 A$이므로

$x^3 = 1.23$이다.

또한, 2026년도의 매출액은 2019년도의 매출액의 x^7배이다.

즉, 2026년도의 매출액을 A의 k배라 하면

$k = x^7 = (x^3)^{\frac{7}{3}} = (1.23)^{\frac{7}{3}}$이다.

이때 $\log k = \log(1.23)^{\frac{7}{3}} = \dfrac{7}{3}\log 1.23 = \dfrac{7}{3} \times 0.09 = 0.21$이고,

$\log 1.23 + \log 1.32 = 0.09 + 0.12 = 0.21$이다.

$\therefore \log k = \log 1.23 + \log 1.32$

$= \log(1.23 \times 1.32) = \log 1.6236$

따라서 $k = 1.6236$이고, 소수점 아래 셋째 자리에서 반올림하면 1.62이다.

116 ··· 답 ⑤

ㄱ. $\sqrt[3]{a}\sqrt{b} = 1$의 양변을 6제곱하면 $a^2 b^3 = 1$ (참)

ㄴ. $a^3 b^2 = a^2 b^3 \times \dfrac{a}{b} = \dfrac{a}{b}$ ($\because$ ㄱ)

이때 $0 < a < b$에서 $0 < \dfrac{a}{b} < 1$이므로 $0 < a^3 b^2 < 1$

$\therefore a^{-3}b^{-2} = \dfrac{1}{a^3 b^2} > 1$ (참)

ㄷ. $\dfrac{\sqrt[4]{a}\times\sqrt[3]{b}}{\sqrt[3]{a}\times\sqrt[4]{b}}=\sqrt[12]{\dfrac{a^3b^4}{a^4b^3}}=\sqrt[12]{\dfrac{b}{a}}$

이때 $0<a<b$에서 $\dfrac{b}{a}>1$이므로 $\sqrt[12]{\dfrac{b}{a}}>1$이다.

즉, $\dfrac{\sqrt[4]{a}\times\sqrt[3]{b}}{\sqrt[3]{a}\times\sqrt[4]{b}}>1$이므로 $\sqrt[4]{a}\times\sqrt[3]{b}>\sqrt[3]{a}\times\sqrt[4]{b}$이다. (참)

따라서 옳은 것은 ㄱ, ㄴ, ㄷ이다.

117   답 14

실수 a의 n제곱근 중에서 실수인 것은
n이 짝수일 때,
$a>0$인 경우 2개, $a=0$인 경우 1개, $a<0$인 경우 0개이고,
n이 홀수일 때, a의 값에 관계없이 1개이다.
즉, $f_2(8)=2$, $f_4(6)=2$, $f_6(4)=2$, $f_8(2)=2$, $f_{10}(0)=1$,
$f_{12}(-2)=0$, $\cdots$이고,
$f_3(7)=1$, $f_5(5)=1$, $f_7(3)=1$, $f_9(1)=1$, $f_{11}(-1)=1$, $\cdots$이다.
$f_2(8)+f_3(7)+f_4(6)+\cdots$
$\qquad\qquad +f_9(1)+f_{10}(0)+f_{11}(-1)+f_{12}(-2)=14$이고,
$f_{13}(-3)=1$, $f_{14}(-4)=0$, $f_{15}(-5)=1$이므로
$f_2(8)+f_3(7)+f_4(6)+\cdots+f_{13}(-3)=15$,
$f_2(8)+f_3(7)+f_4(6)+\cdots+f_{14}(-4)=15$이다.
따라서 $f_2(8)+f_3(7)+f_4(6)+\cdots+f_k(10-k)=15$를 만족시키는
자연수 k의 값이 13, 14이므로 k의 최댓값은 14이다.

118   답 ④

(i) n이 홀수일 때
실수 a의 값에 관계없이 $x^n=a$의 실근은 $\sqrt[n]{a}$이다.
따라서 n의 값이 5, 7인 경우 실근은
$\sqrt[5]{-2}$, $\sqrt[7]{-2}$, $\sqrt[5]{-1}=\sqrt[7]{-1}=-1$, $\sqrt[5]{0}=\sqrt[7]{0}=0$,
$\sqrt[5]{1}=\sqrt[7]{1}=1$, $\sqrt[5]{2}$, $\sqrt[7]{2}$
로 7개이다.

(ii) n이 짝수일 때
$x^n=a$의 실근은 $a>0$이면 $\pm\sqrt[n]{a}$, $a=0$이면 $\sqrt[n]{0}=0$,
$a<0$이면 존재하지 않는다.
따라서 n의 값이 6인 경우 실근은
$\sqrt[6]{0}=0$, $\pm\sqrt[6]{1}=\pm1$, $\pm\sqrt[6]{2}$로 5개이다.

(i), (ii)에서 -1, 0, 1은 중복되므로 집합 S의 원소의 개수는 9이다.

119   답 ④

$\sqrt[4]{a^b}=a^{\frac{b}{4}}$

(i) $b=-4$일 때
a^{-1}은 자연수 a에 대하여 항상 유리수가 되므로 a의 값은
1, 2, 3, $\cdots$, 30으로 30개이다.

(ii) $b=-3$, $b=-1$, $b=1$일 때
$a^{-\frac{3}{4}}$, $a^{-\frac{1}{4}}$, $a^{\frac{1}{4}}$은 자연수 a가 어떤 자연수의 네제곱일 때 유리수가
되므로 a의 값은 각각 1, 16으로 2개씩 존재한다.

(iii) $b=-2$, 2일 때
$a^{-\frac{1}{2}}$, $a^{\frac{1}{2}}$은 자연수 a가 어떤 자연수의 제곱일 때 유리수가 되므로
a의 값은 각각 1, 4, 9, 16, 25로 5개씩 존재한다.

(iv) $b=0$일 때
a^0은 자연수 a의 값에 관계없이 값이 1로 항상 유리수가 되므로
a의 값은 1, 2, 3, $\cdots$, 30으로 30개이다.

(i)~(iv)에서 구하는 순서쌍 (a, b)의 개수는
$30+3\times2+2\times5+30=76$

120   답 22

$\sqrt[3]{\dfrac{n}{5}}$, $\sqrt[5]{\dfrac{n}{4}}$이 자연수이려면 $\dfrac{n}{5}$, $\dfrac{n}{4}$이 자연수이어야 하므로 n은 5와
4의 배수이다.
$n=2^p\times5^q$ (p, q는 자연수)이라 하자.
$\sqrt[3]{\dfrac{n}{5}}=\sqrt[3]{\dfrac{2^p\times5^q}{5}}=\sqrt[3]{2^p\times5^{q-1}}$이 자연수이어야 하므로

p, $q-1$이 모두 3의 배수이어야 한다. $\cdots$ ㉠
$\sqrt[5]{\dfrac{n}{4}}=\sqrt[5]{\dfrac{2^p\times5^q}{2^2}}=\sqrt[5]{2^{p-2}\times5^q}$이 자연수이어야 하므로

$p-2$, q가 모두 5의 배수이어야 한다. $\cdots$ ㉡
㉠, ㉡을 모두 만족시키려면
p는 3의 배수이면서 $p-2$가 5의 배수이므로 p의 최솟값은 12이다.
q는 5의 배수이면서 $q-1$이 3의 배수이므로 q의 최솟값은 10이다.
따라서 n의 최솟값이 $2^{12}\times5^{10}$이므로 $a=12$, $b=10$
$\therefore a+b=22$

121   답 ①

$\sqrt{\dfrac{2^a\times5^b}{2}}=\left(\dfrac{2^a\times5^b}{2}\right)^{\frac{1}{2}}=\left(2^{a-1}\times5^b\right)^{\frac{1}{2}}=2^{\frac{a-1}{2}}\times5^{\frac{b}{2}}$이 자연수이므로

$\dfrac{a-1}{2}=m$ (m은 음이 아닌 정수)이라 하면 $a=2m+1$

$\therefore a=1, 3, 5, \cdots$

$\dfrac{b}{2}=n$ (n은 자연수)이라 하면 $b=2n$

$\therefore b=2, 4, 6, \cdots$

$\sqrt[3]{\dfrac{3^b}{2^{a+1}}}=\left(\dfrac{3^b}{2^{a+1}}\right)^{\frac{1}{3}}=\left\{3^b\times2^{-(a+1)}\right\}^{\frac{1}{3}}=2^{-\frac{a+1}{3}}\times3^{\frac{b}{3}}$이 유리수이므로

$\dfrac{a+1}{3}=k$ (k는 자연수)라 하면 $a=3k-1$

$\therefore a=2, 5, 8, \cdots$

$\dfrac{b}{3}=l$ (l은 자연수)라 하면 $b=3l$

$\therefore b=3, 6, 9, \cdots$

따라서 a의 최솟값은 5, b의 최솟값은 6이므로 구하는 $a+b$의
최솟값은
$5+6=11$

122 ················· 답 ①

조건 ㈎에 의하여 $(\sqrt[3]{a})^m=(a^{\frac{1}{3}})^m=a^{\frac{m}{3}}=b$

조건 ㈏에 의하여 $(\sqrt{b})^n=(b^{\frac{1}{2}})^n=b^{\frac{n}{2}}=c$

조건 ㈐에 의하여 $c^4=a^{12}$

$c^4=(b^{\frac{n}{2}})^4=(a^{\frac{m}{3}})^{2n}=a^{\frac{2mn}{3}}=a^{12}$

$\dfrac{2mn}{3}=12$ $\therefore mn=18$

따라서 1이 아닌 두 자연수 m, n에 대하여 $mn=18$을 만족시키는
순서쌍 $(m,\ n)$은 $(2,\ 9)$, $(3,\ 6)$, $(6,\ 3)$, $(9,\ 2)$로 4개이다.

123 ················· 답 ③

(i) p, q가 모두 홀수일 때
$$f(p)\times f(q)=\sqrt[4]{9\times2^{p+1}}\times\sqrt[4]{9\times2^{q+1}}$$
$$=3\times\sqrt[4]{2^{p+q+2}}$$
이 값이 자연수이려면 $p+q+2$가 4의 배수이어야 한다.
$p+q+2=4$에서 $(p,\ q)$는 $(1,\ 1)$
$p+q+2=8$에서 $(p,\ q)$는 $(1,\ 5)$, $(3,\ 3)$, $(5,\ 1)$
$p+q+2=12$에서 $(p,\ q)$는 $(3,\ 7)$, $(5,\ 5)$, $(7,\ 3)$
$p+q+2=16$에서 $(p,\ q)$는 $(7,\ 7)$
따라서 순서쌍 $(p,\ q)$의 개수는 8이다.

(ii) p, q가 모두 짝수일 때
$$f(p)\times f(q)=\sqrt[4]{4\times3^p}\times\sqrt[4]{4\times3^q}$$
$$=2\times\sqrt[4]{3^{p+q}}$$
이 값이 자연수이려면 $p+q$가 4의 배수이어야 한다.
$p+q=4$에서 $(p,\ q)$는 $(2,\ 2)$
$p+q=8$에서 $(p,\ q)$는 $(2,\ 6)$, $(4,\ 4)$, $(6,\ 2)$
$p+q=12$에서 $(p,\ q)$는 $(6,\ 6)$
따라서 순서쌍 $(p,\ q)$의 개수는 5이다.

(iii) p가 홀수, q가 짝수일 때
$$f(p)\times f(q)=\sqrt[4]{9\times2^{p+1}}\times\sqrt[4]{4\times3^q}$$
$$=\sqrt[4]{2^{p+3}\times3^{q+2}}$$
이 값이 자연수이려면 $p+3$과 $q+2$가 모두 4의 배수이어야 한다.
$p+3$의 값은 4, 8에서 p의 값은 각각 1, 5
$q+2$의 값은 4, 8에서 q의 값은 각각 2, 6
따라서 순서쌍 $(p,\ q)$의 개수는 $2\times2=4$이다.

(iv) p가 짝수, q가 홀수일 때
$$f(p)\times f(q)=\sqrt[4]{4\times3^p}\times\sqrt[4]{9\times2^{q+1}}$$
$$=\sqrt[4]{2^{q+3}\times3^{p+2}}$$
이 값이 자연수이려면 $q+3$과 $p+2$가 모두 4의 배수이어야 한다.
(iii)과 마찬가지 방법에 의하여 순서쌍 $(p,\ q)$의 개수는 4이다.

(i)~(iv)에 의하여 구하는 순서쌍 $(p,\ q)$의 개수는
$8+5+4+4=21$

124 ················· 답 24

$(x^n-64)f(x)=0$에서
$x^n=64$ 또는 $f(x)=0$이다.

(i) n이 홀수일 때
방정식 $x^n=64$가 1개의 실근을 갖고,
이차방정식 $f(x)=0$은 많아야 두 개의 실근을 가지므로
조건 ㈎를 만족시킬 수 없다.

(ii) n이 짝수일 때
방정식 $x^n=64$가 서로 다른 2개의 실근 $2^{\frac{6}{n}}$, $-2^{\frac{6}{n}}$을 가지므로
조건 ㈎를 만족시키려면 이차방정식 $f(x)=0$도 서로 다른 2개의
실근 $2^{\frac{6}{n}}$, $-2^{\frac{6}{n}}$을 가져야 한다.
즉, $f(x)=(x-2^{\frac{6}{n}})(x+2^{\frac{6}{n}})=x^2-2^{\frac{12}{n}}$이다.
이때 조건 ㈏에 의하여 함수 $f(x)$의 최솟값 $f(0)=-2^{\frac{12}{n}}$이
음의 정수이어야 한다.
즉, 자연수 n은 짝수이면서 12의 약수이어야 하므로
가능한 n의 값은 2, 4, 6, 12이다.

따라서 구하는 모든 자연수 n의 값의 합은
$2+4+6+12=24$

125 ················· 답 4

조건 ㈎에서 로그의 정의에 의하여
$a^x=64$에서 $x=\log_a 64$ ······ ㉠
$b^y=64$에서 $y=\log_b 64$ ······ ㉡
$c^z=64$에서 $z=\log_c 64$ ······ ㉢
조건 ㈐에서
$(x-3)(y-3)(z-3)$
$=xyz-3(xy+yz+zx)+9(x+y+z)-27$
$=xyz-3(xy+yz+zx)+9\times6-27$ $(\because$ 조건 ㈏$)$
$=xyz-3(xy+yz+zx)+27=27$
이므로 $xyz-3(xy+yz+zx)=0$
$xyz=3(xy+yz+zx)$
$xyz\neq0$이므로 양변을 $3xyz$로 나누면
$$\dfrac{1}{x}+\dfrac{1}{y}+\dfrac{1}{z}=\dfrac{1}{3}$$
㉠, ㉡, ㉢에서
$\dfrac{1}{x}=\log_{64}a$, $\dfrac{1}{y}=\log_{64}b$, $\dfrac{1}{z}=\log_{64}c$이므로
$\dfrac{1}{x}+\dfrac{1}{y}+\dfrac{1}{z}=\log_{64}a+\log_{64}b+\log_{64}c$
$=\log_{64}abc=\dfrac{1}{3}$
$\therefore abc=64^{\frac{1}{3}}=4$

126 ················· 답 ①

(i) m, n이 모두 홀수일 때 mn도 홀수이므로
$f(mn)=\log_3 mn$, $f(m)+f(n)=\log_3 m+\log_3 n$에서
$f(mn)=f(m)+f(n)$을 항상 만족시킨다.
12 이하의 자연수 중 홀수인 m, n은 각각 6개이므로
순서쌍 $(m,\ n)$의 개수는
$6\times6=36$

(ii) m, n이 모두 짝수일 때 mn도 짝수이므로

$f(mn)=\log_2 mn$, $f(m)+f(n)=\log_2 m+\log_2 n$에서
$f(mn)=f(m)+f(n)$을 항상 만족시킨다.
12 이하의 자연수 중 짝수인 m, n은 각각 6개이므로
순서쌍 (m, n)의 개수는
$6\times 6=36$

(iii) m이 홀수, n이 짝수일 때 mn은 짝수이므로
$f(mn)=\log_2 mn=\log_2 m+\log_2 n$,
$f(m)+f(n)=\log_3 m+\log_2 n$에서
$f(mn)=f(m)+f(n)$이려면 $\log_2 m=\log_3 m$이어야 한다.
이를 만족시키는 홀수 m은 1뿐이다.
따라서 순서쌍 (m, n)은 $(1, 2)$, $(1, 4)$, $(1, 6)$, $\cdots$, $(1, 12)$로
6개이다.

(iv) m이 짝수, n이 홀수일 때 mn은 짝수이므로
$f(mn)=\log_2 mn=\log_2 m+\log_2 n$,
$f(m)+f(n)=\log_2 m+\log_3 n$에서
$f(mn)=f(m)+f(n)$이려면 $\log_2 n=\log_3 n$이어야 한다.
이를 만족시키는 홀수 n은 1뿐이다.
따라서 순서쌍 (m, n)은 $(2, 1)$, $(4, 1)$, $(6, 1)$, $\cdots$, $(12, 1)$로
6개이다.

(i)~(iv)에 의하여 구하는 순서쌍 (m, n)의 개수는
$36+36+6+6=84$이다.

127 　　　　　　　　　　　　　　　　　　　　 답 30

자연수 k에 대하여 $\log_2(-x^2+ax+4)=k$라 하면
$-x^2+ax+4=2^k$이다.
$\log_2(-x^2+ax+4)$의 값이 자연수 k가 되도록 하는 실수 x의
개수는 함수 $f(x)=-x^2+ax+4=-\left(x-\dfrac{a}{2}\right)^2+4+\dfrac{a^2}{4}$이라
할 때, 곡선 $y=f(x)$와 직선 $y=2^k$의 교점의 개수와 같다.

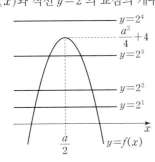

따라서 $\log_2(-x^2+ax+4)$의 값이 자연수가 되도록 하는 실수 x의
개수가 6이려면
$1\le k\le 3$일 때 곡선 $y=f(x)$와 직선 $y=2^k$의 교점의 개수가 2이고,
$k\ge 4$일 때 곡선 $y=f(x)$와 직선 $y=2^k$의 교점의 개수가 0이어야
한다.
포물선 $y=f(x)$의 꼭짓점의 y좌표는 $\dfrac{a^2}{4}+4$이므로
$2^3<\dfrac{a^2}{4}+4<2^4$에서 $16<a^2<48$을 만족시키는 자연수 a의 값은
5, 6이다.
따라서 구하는 모든 자연수 a의 값의 곱은
$5\times 6=30$

128 　　　　　　　　　　　　　　　　　　　　 답 ②

(i) $A(2)$
$\log_2 2n=1+\log_2 n$의 값이 자연수이려면 $\log_2 n$이 음이 아닌
정수이면 된다.
즉, $n=2^k$ (k는 음이 아닌 정수)이고, $n\le 100$이므로 $k\le 6$이다.
따라서 가능한 n의 값은 2^0, 2^1, 2^2, $\cdots$, 2^6으로 7개이다.
$\therefore A(2)=7$

(ii) $A(4)$
$\log_4 2n$의 값이 자연수이려면 $2n=4^k$ (k는 자연수)이면 된다.
즉, $n=2^{2k-1}$이고, $n\le 100$이므로 $2k-1\le 6$이다.
따라서 가능한 n의 값은 2^1, 2^3, 2^5으로 3개이다.
$\therefore A(4)=3$

(iii) $A(8)$
$\log_8 2n$의 값이 자연수이려면 $2n=8^k$ (k는 자연수)이면 된다.
즉, $n=2^{3k-1}$이고, $n\le 100$이므로 $3k-1\le 6$이다.
따라서 가능한 n의 값은 2^2, 2^5으로 2개이다.
$\therefore A(8)=2$

(i), (ii), (iii)에서
$A(2)+A(4)+A(8)=7+3+2=12$

129 　　　　　　　　　　　　　　　　　　　　 답 ⑤

$\log_2 n=m$ (m은 자연수)이라 하면 $n=2^m$이다.
조건 (가)에서 $\log_2 a=\alpha$ (α는 정수)라 하면 $a=2^\alpha$이다.
조건 (나)에서
$\log_a n\times\log_n(n\times a^2)=\log_a(n\times a^2)=\log_a n+2$
$\qquad\qquad\qquad\qquad\qquad\quad=\log_{2^\alpha} 2^m+2=\dfrac{m}{\alpha}+2$

이 값이 자연수이려면 $\dfrac{m}{\alpha}$은 -1 이상의 정수이어야 한다.

자연수 m에 대하여 이를 만족시키는 정수 α의 값은
'$-m$' 또는 'm의 약수인 자연수'뿐이므로
$f(n)$의 값은 (m의 약수의 개수)$+1$과 같다.
따라서 $f(n)=7$이려면 m의 약수의 개수는 6이어야 하고,
이를 만족시키는 자연수 m의 최솟값은 12이다. 　　　…… **TIP**
즉, $f(n)=7$을 만족시키는 자연수 $n(=2^m)$의 최솟값은 $k=2^{12}$이다.
$\therefore \log_4 k=\log_{2^2} 2^{12}=\dfrac{12}{2}=6$

> **TIP**
> 1의 약수의 개수는 1이고, 소수의 약수의 개수는 2이므로
> 1과 소수를 제외한 자연수에 대하여 작은 수부터 그 약수의
> 개수를 세어 보면
> 4의 약수의 개수는 3
> 6의 약수의 개수는 4
> 8의 약수의 개수는 4
> 9의 약수의 개수는 3
> 10의 약수의 개수는 4
> 12의 약수의 개수는 6
> 따라서 약수의 개수가 6인 최소의 자연수는 12임을 알 수 있다.

130 ························· 답 ④

조건 (다)에서 $\log_m n$이 유리수이고,

m, n은 1보다 큰 서로 다른 자연수이므로

$m=a^p$, $n=a^q$ (a, p, q는 자연수, $a \neq 1$, $p \neq q$)이다. ······ ㉠

이때 조건 (나)에 의하여 m, n 중 적어도 하나는 짝수이므로

㉠에 의하여 a는 짝수이어야 한다.

(i) $a=2$, 즉 m, n이 2의 거듭제곱일 때

조건 (가)에서 $mn=2^{p+q}<256$이므로 $p+q<8$이다.

이를 만족시키는 p, q ($p<q$)에 대하여 m, n의 값을 나타내면
다음과 같다.

m	n
	2^2
	2^3
2^1	2^4
	2^5
	2^6
	2^3
2^2	2^4
	2^5
2^3	2^4

위의 경우는 $m<n$인 경우를 세었으므로 $m>n$인 경우도 똑같이
9개로 총 18개이다.

(ii) $a=4$, 즉 m, n이 4의 거듭제곱일 때

가능한 m, n의 값은 모두 (i)에 포함된다.

(iii) $a=6$, 즉 m, n이 6의 거듭제곱일 때

조건 (가)에서 $mn=6^{p+q}<256$이므로 $p+q \leq 3$이다.

이를 만족시키는 m, n의 순서쌍 (m, n)은

$(6, 6^2)$, $(6^2, 6)$으로 2개이다.

(iv) $a \geq 8$일 때

$mn=a^{p+q}<256$, $p \neq q$를 만족시키는 p, q가 존재하지 않는다.

(i)~(iv)에 의하여 순서쌍 (m, n)의 개수는 $18+2=20$이다.

131 ························· 답 12

(i) $k=3$일 때

$\log_a b=\dfrac{3}{2}$이려면 자연수 a, b는 각각 어떤 자연수 t에 대하여

$a=t^2$, $b=t^3$이어야 한다.

a, b가 2 이상 100 이하의 자연수이므로 가능한 a, b의 순서쌍은

$(2^2, 2^3)$, $(3^2, 3^3)$, $(4^2, 4^3)$이고,

이때 $\dfrac{b}{a}$의 값은 2, 3, 4이므로 $A_3=\{2, 3, 4\}$이다.

(ii) $k=4$일 때

$\log_a b=2$이려면 $b=a^2$이어야 한다.

a, b가 2 이상 100 이하의 자연수이므로 가능한 a, b의 순서쌍은

$(2, 2^2)$, $(3, 3^2)$, $(4, 4^2)$, $\cdots$, $(10, 10^2)$이고,

이때 $\dfrac{b}{a}$의 값은 2, 3, 4, $\cdots$, 10이므로

$A_4=\{2, 3, 4, \cdots, 10\}$이다.

(i), (ii)에 의하여 $n(A_3)+n(A_4)=3+9=12$이다.

132 ························· 답 25

$\log_2 n-\log_2 k=\log_2 \dfrac{n}{k}=m$ (m은 정수)이라 하면 $\dfrac{n}{k}=2^m$이다.

따라서 100 이하의 자연수 n에 대하여 $f(n)$은 $\dfrac{n}{k}$의 값이 2^m 꼴, 즉

$\cdots$, $\dfrac{1}{4}$, $\dfrac{1}{2}$, 1, 2, 4, $\cdots$기 되는 100 이하의 사연수 k의 개수와 같다.

$k=n$일 때, $\dfrac{n}{k}=1(=2^0)$이므로 조건을 항상 만족시킨다.

따라서 $f(n)=1$이려면 $\dfrac{n}{k}$의 값으로 가능한 것이

1 이외에는 존재하지 않아야 한다.

(i) $1 \leq n \leq 50$인 경우

$k=2n$일 때, $\dfrac{n}{k}=\dfrac{n}{2n}=\dfrac{1}{2}$이므로 $f(n)$의 값이

적어도 2 이상이다.

(ii) $51 \leq n \leq 100$인 경우

n이 짝수이면 $k=\dfrac{n}{2}$일 때, $\dfrac{n}{k}=\dfrac{n}{\frac{n}{2}}=2$이므로 $f(n)$의 값이

적어도 2 이상이다.

n이 홀수이면 $\dfrac{n}{k}=2^m$을 만족시키는 100 이하의 자연수 k는

$\dfrac{n}{k}=1$일 때, $k=n$뿐이므로 $f(n)=1$이다.

(i), (ii)에서 $f(n)=1$인 n은 $51 \leq n \leq 100$인 홀수이므로

51, 53, 55, $\cdots$, 99로 25개이다.

133 ························· 답 45

집합 C의 원소는 집합 A, B의 공통인 원소 중 자연수인 원소이므로
먼저 집합 A, B의 자연수인 원소를 구해 보자.

집합 A의 원소인 $\sqrt{a}$가 자연수이려면 a는 어떤 자연수의 제곱이어야
한다.

a	1	4	9	16	25	36	49	64	$\cdots$
$\sqrt{a}$	1	2	3	4	5	6	7	8	$\cdots$

집합 B의 원소인 $\log_{\sqrt 3} b=\log_3 b^2$이 자연수이려면 b^2이 3의
거듭제곱이어야 하므로 자연수 b도 3의 거듭제곱이어야 한다.

b	3	9	27	81	243	$\cdots$
$\log_{\sqrt 3} b$	2	4	6	8	10	$\cdots$

따라서 $n(C)=3$이려면 $C=\{2, 4, 6\}$이어야 한다.

즉, $6 \in C$, $8 \notin C$이어야 하므로

$6 \in A \cap B$에서 '$k \geq 36$이고 $k \geq 27$', 즉 $k \geq 36$이고,

$8 \notin A \cap B$에서 '$k<64$ 또는 $k<81$', 즉 $k<81$이다.

$\therefore 36 \leq k<81$

따라서 모든 자연수 k의 개수는 $81-36=45$이다.

134 ························· 답 ③

$\log_2(na-a^2)=\log_2(nb-b^2)=k$ (k는 자연수)라 하면

$na-a^2=nb-b^2=2^k$이므로 이차방정식 $nx-x^2=2^k$이 두 실근

a, b $(a<b)$를 가진다. $(\because b-a>0)$

즉, 이차함수 $f(x)=nx-x^2=-\left(x-\dfrac{n}{2}\right)^2+\dfrac{n^2}{4}$이라 하면 곡선 $y=f(x)$와 직선 $y=2^k$의 두 교점의 x좌표가 a, b이다.

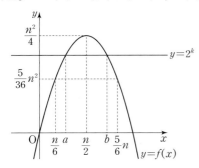

이때 곡선 $y=f(x)$는 직선 $x=\dfrac{n}{2}$에 대하여 대칭이므로

$0<b-a\leq\dfrac{2}{3}n$이려면

$0<\dfrac{n}{2}-a\leq\dfrac{n}{3}$, $0<b-\dfrac{n}{2}\leq\dfrac{n}{3}$에서

$-\dfrac{n}{2}<-a\leq-\dfrac{n}{6}$, $\dfrac{n}{2}<b\leq\dfrac{5}{6}n$,

즉 $\dfrac{n}{6}\leq a<\dfrac{n}{2}$, $\dfrac{n}{2}<b\leq\dfrac{5}{6}n$이어야 한다.

이때 $f\left(\dfrac{n}{6}\right)=f\left(\dfrac{5}{6}n\right)=\dfrac{5}{36}n^2$, $f\left(\dfrac{n}{2}\right)=\dfrac{n^2}{4}$이고,

$f(a)=f(b)=2^k$이므로

$\dfrac{n}{6}\leq x\leq\dfrac{5}{6}n$에서 곡선 $y=f(x)$와 직선 $y=2^k$이 서로 다른 두

교점을 가지려면 $\dfrac{5}{36}n^2\leq2^k<\dfrac{n^2}{4}$이어야 한다.

$\therefore \dfrac{5}{9}n^2\leq2^{k+2}<n^2$

이 부등식을 만족시키는 자연수 k가 존재하도록 하는 10 이하의 자연수 n의 값을 찾으면 다음 표와 같다.

n	$\dfrac{5}{9}n^2$	2^{k+2}	n^2
1	$\dfrac{5}{9}$	×	1
2	$\dfrac{20}{9}$	×	4
3	5	8	9
4	$\dfrac{80}{9}$	×	16
5	$\dfrac{125}{9}$	16	25
6	20	32	36
7	$\dfrac{245}{9}$	32	49
8	$\dfrac{320}{9}$	×	64
9	45	64	81
10	$\dfrac{500}{9}$	64	100

따라서 구하는 모든 자연수 n은 3, 5, 6, 7, 9, 10으로 6개이다.

135   답 33

$128(=2^7)$의 양의 약수는 1, 2, 4, 8, 16, 32, 64, 128이고,

$f(1)=\log 1=0$

$f(2)=\log 2$,

$f(4)=\log 4=2\log 2$,

$f(8)=\log 8=3\log 2$,

$f(16)=\log 16-1=4\log 2-1$,

$f(32)=\log 32-1=5\log 2-1$,

$f(64)=\log 64-1=6\log 2-1$,

$f(128)=\log 128-2=7\log 2-2$

$\therefore f(a_1)+f(a_2)+f(a_3)+\cdots+f(a_n)$

$=f(1)+f(2)+f(4)+\cdots+f(128)$

$=(1+2+3+4+5+6+7)\log 2-5$

$=28\log 2-5$

따라서 $p=28$, $q=5$이므로 $p+q=33$이다.

136   답 ③

$f(4n+1)=f(n)+1$을 만족시키려면 $4n+1$의 자릿수가 n의 자릿수보다 1만큼 커야 한다.

(i) n이 한 자리의 자연수, 즉 $1\leq n<10$일 때

$4n+1$은 두 자리의 자연수이어야 하므로

$10\leq4n+1<100$에서 $\dfrac{9}{4}\leq n<\dfrac{99}{4}$이다.

따라서 자연수 n은 3, 4, $\cdots$, 9로 7개이다.

(ii) n이 두 자리의 자연수, 즉 $10\leq n<100$일 때

$4n+1$은 세 자리의 자연수이어야 하므로

$100\leq4n+1<1000$에서 $\dfrac{99}{4}\leq n<\dfrac{999}{4}$이다.

따라서 자연수 n은 25, 26, $\cdots$, 99로 75개이다.

(iii) $n=100$일 때,

$4n+1=401$로 n과 $4n+1$이 모두 세 자리의 자연수이므로 조건을 만족시키지 않는다.

(i)~(iii)에서 구하는 자연수 n의 개수는

$7+75=82$이다.

137   답 ③

ㄱ. $\log 10x=\log x+1$이므로

$\log 10x$의 소수부분과 $\log x$의 소수부분은 서로 같다. (참)

ㄴ. $\log x$의 정수부분을 m이라 하면 $m\leq\log x<m+1$이다.

$\log x=m$이면 $\log\dfrac{1}{x}=-\log x=-m$이므로

$f(x)+f\left(\dfrac{1}{x}\right)=m+(-m)=0$이지만

$m<\log x<m+1$이면 $-m-1<-\log x<-m$이므로

$f(x)+f\left(\dfrac{1}{x}\right)=m+(-m-1)=-1$이다. (거짓)

ㄷ. $\log 100x = \log x + 2$이므로 $\log 100x$의 정수부분은 $\log x$의
　정수부분보다 2만큼 크다.
　즉, $f(100x)=f(x)+2$이므로 $g(2x)f(100x)=2+f(x)$에서
　$g(2x)\{f(x)+2\}=f(x)+2$,
　$\{f(x)+2\}\{g(2x)-1\}=0$이다.
　$\therefore f(x)=-2$ 또는 $g(2x)=1$
　이때 $0\le g(2x)<1$이므로 $f(x)=-2$이다.
　$\therefore f(1000x)=3+f(x)=1$ (참)
따라서 옳은 것은 ㄱ, ㄷ이다.

138 　　　　　　　　　　　　　　　　　　　 답 15

$\log 10m = \log m + 1$의 정수부분은
($\log m$의 정수부분)$+1$이므로 $f(10m)=f(m)+1$이다.
(i) $p(30)$의 값
　$f(10m)\le f(30)$, $g(h(m))\le g(30)$을 만족시키는 자연수 m의
　개수를 구해 보자.
　$f(30)=1$이므로 $f(10m)=f(m)+1\le1$에서 $f(m)=0$이다.
　즉, $1\le m<10$이고, $h(m)=3m$이므로
　$g(h(m))=g(3m)\le g(30)=\log 3$이어야 한다.
　$3\le 3m<30$이므로 $\log 3m$의 소수부분이 $\log 3$보다 작거나 같은
　경우는 $3m=3$ 또는 $10\le 3m<30$
　즉, $m=1$ 또는 $4\le m\le 9$일 때이다.
　따라서 m의 값은 1, 4, 5, 6, 7, 8, 9로 7개이다.
　$\therefore p(30)=7$
(ii) $p(120)$의 값
　$f(10m)\le f(120)$, $g(h(m))\le g(120)$을 만족시키는 자연수
　m의 개수를 구해 보자.
　$f(120)=2$이므로 $f(10m)=f(m)+1\le2$에서
　$f(m)=0$ 또는 $f(m)=1$이다.
　$f(m)=0$인 경우
　$1\le m<10$이고, $h(m)=3m$이므로
　$g(h(m))=g(3m)\le g(120)=\log 1.2$이어야 한다.
　$3\le 3m<30$이므로 $\log 3m$의 소수부분이 $\log 1.2$보다 작거나
　같은 경우는 $10\le 3m\le 12$, 즉 $m=4$일 때뿐이다.
　$f(m)=1$인 경우
　$10\le m<100$이고, $h(m)=3m+2$이므로
　$g(h(m))=g(3m+2)\le g(120)=\log 1.2$이어야 한다.
　$32\le 3m+2<302$이므로 $\log (3m+2)$의 소수부분이
　$\log 1.2$보다 작거나 같은 경우는
　$100\le 3m+2\le 120$, 즉 $33\le m\le 39$일 때이다.
　따라서 m의 값은 4, 33, 34, 35, $\cdots$, 39로 8개이다.
　$\therefore p(120)=8$
(i), (ii)에서 $p(30)+p(120)=15$

02 지수함수와 로그함수

139 　　　　　　　　　　　　　　　　　　 답 ④

함수 $y=3^{x+1}+2$의 그래프는 함수 $y=3^x$의 그래프를 x축의
방향으로 -1만큼, y축의 방향으로 2만큼 평행이동한 것이므로
다음과 같다.

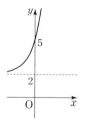

① $x=-1$일 때 $y=3^{-1+1}+2=3$이므로 점 $(-1, 3)$을 지난다.
　　　　　　　　　　　　　　　　　　　　　　 (거짓)
② 치역은 $\{y|y>2\}$이다. (거짓)
③ 점근선의 방정식은 $y=2$이다. (거짓)
④ x의 값이 커지면 y의 값도 커진다. (참)
⑤ 함수 $y=3^x$의 그래프를 x축의 방향으로 -1만큼, y축의 방향으로
　2만큼 평행이동한 그래프이다. (거짓)
따라서 설명 중 옳은 것은 ④이다.

140 　　　　　　　　　　　　　　　　　　 답 ⑤

$y=16\times 4^x-3=2^4\times 2^{2x}-3=2^{2x+4}-3$
　$=2^{2(x+2)}-3$
이므로 이 함수의 그래프는 함수 $y=2^{2x}$의 그래프를 x축의 방향으로
-2만큼, y축의 방향으로 -3만큼 평행이동한 것이다.
따라서 $p=-2$, $q=-3$이므로
$p+q=-5$

141 　　　　　　　　　　　　　　　　　　 답 ②

함수 $y=2^{x+a}+b$의 그래프의 점근선은 직선 $y=b$이다.
주어진 그래프의 점근선이 직선 $y=-1$이므로 $b=-1$이다.
또한, 함수 $y=2^{x+a}-1$의 그래프가 점 $(3, 0)$을 지나므로
$0=2^{3+a}-1$에서
$2^{3+a}=1$, $3+a=0$　　$\therefore a=-3$
$\therefore a+b=-3+(-1)=-4$

142 　　　　　　　　　　　　　　　　　　 답 ②

$f(p)=a^p=2$,
$f(q)=a^q=6$이므로
$f\left(\dfrac{p+q}{2}\right)=a^{\frac{p+q}{2}}=(a^p\times a^q)^{\frac{1}{2}}$
　　　　　　$=(2\times 6)^{\frac{1}{2}}$
　　　　　　$=\sqrt{12}=2\sqrt{3}$

143 〰〰〰〰〰〰〰〰〰〰〰〰〰〰〰〰 답 ⑤

세 수 A, B, C의 밑을 2로 같게 하면

$A=2^{\frac{4}{3}}$

$B=(4\sqrt{2})^{\frac{1}{2}}=(2^2\times2^{\frac{1}{2}})^{\frac{1}{2}}=(2^{\frac{5}{2}})^{\frac{1}{2}}=2^{\frac{5}{4}}$

$C=0.5^{-\frac{2}{3}}=\left(\frac{1}{2}\right)^{-\frac{2}{3}}=(2^{-1})^{-\frac{2}{3}}=2^{\frac{2}{3}}$

지수함수 $y=2^x$은 x의 값이 커질수록 y의 값도 커지므로 세 수 A, B, C에서 밑이 2로 같을 때 지수가 클수록 그 값이 크다.

$\frac{2}{3}<\frac{5}{4}<\frac{4}{3}$이므로 $2^{\frac{2}{3}}<2^{\frac{5}{4}}<2^{\frac{4}{3}}$

$\therefore C<B<A$

144 〰〰〰〰〰〰〰〰〰〰〰〰〰〰〰〰 답 ③

함수 $y=4^{x+2}$의 그래프는 함수 $y=4^x$의 그래프를 x축의 방향으로 -2만큼 평행이동한 것이므로 x의 값이 커질수록 y의 값도 커진다.

따라서 $-3\le x\le-1$에서 함수 $y=4^{x+2}$은

$x=-3$일 때 최솟값 $m=4^{-1}=\frac{1}{4}$을 갖고,

$x=-1$일 때 최댓값 $M=4^1=4$를 갖는다.

$\therefore Mm=4\times\frac{1}{4}=1$

145 〰〰〰〰〰〰〰〰〰〰〰〰〰〰〰〰 답 ④

함수 $y=\left(\frac{1}{2}\right)^{x-k}$의 그래프는 함수 $y=\left(\frac{1}{2}\right)^x$의 그래프를 x축의 방향으로 k만큼 평행이동한 것이므로 x의 값이 커질수록 y의 값은 작아진다.

따라서 $-1\le x\le1$에서 함수 $y=\left(\frac{1}{2}\right)^{x-k}$은 $x=-1$일 때

최댓값 $\left(\frac{1}{2}\right)^{-1-k}$을 갖는다.

즉, $\left(\frac{1}{2}\right)^{-1-k}=4$이므로 $2^{k+1}=2^2$, $k+1=2$

$\therefore k=1$

146 〰〰〰〰〰〰〰〰〰〰〰〰〰〰〰〰 답 ③

함수 $y=\left(\frac{1}{2}\right)^{x^2-2x-1}$의 밑이 1보다 작으므로

지수가 최대일 때 함수가 최솟값을 갖고,

지수가 최소일 때 함수가 최댓값을 갖는다.

$x^2-2x-1=(x-1)^2-2$는 $-1\le x\le2$에서

$x=1$일 때 최솟값 -2를 갖고,

$x=-1$일 때 최댓값 2를 가지므로

$M=\left(\frac{1}{2}\right)^{-2}$, $m=\left(\frac{1}{2}\right)^2$

$\therefore \frac{M}{m}=\left(\frac{1}{2}\right)^{-4}=2^4=16$

147 〰〰〰〰〰〰〰〰〰〰〰〰〰〰〰〰 답 ⑤

함수 $f(x)=\log_{\frac{1}{2}}x$의 그래프는 다음과 같다.

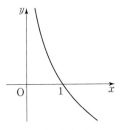

① 치역은 실수 전체의 집합이다. (거짓)

② $f(2)=\log_{\frac{1}{2}}2=-\log_2 2=-1$이므로 함수 $y=f(x)$의 그래프는 점 $(2, -1)$을 지난다. (거짓)

③ x의 값이 커지면 y의 값은 작아지므로 $x_1<x_2$이면 $f(x_1)>f(x_2)$이다. (거짓)

④ 함수 $y=f(x)$의 그래프가 점 $(1, 0)$을 지나므로 방정식 $f(x)=0$을 만족시키는 실수 x의 값이 1로 존재한다. (거짓)

⑤ $f(x)=\log_{\frac{1}{2}}x=-\log_2 x$이므로 함수 $y=f(x)$의 그래프는 함수 $y=\log_2 x$의 그래프와 x축에 대하여 대칭이다. (참)

따라서 설명 중 옳은 것은 ⑤이다.

148 〰〰〰〰〰〰〰〰〰〰〰〰〰〰〰〰 답 ④

$y=\log_{\frac{1}{2}}(-2x+3)-1$

$\quad=\log_{\frac{1}{2}}2\left(-x+\frac{3}{2}\right)-1$

$\quad=\log_{\frac{1}{2}}\left(-x+\frac{3}{2}\right)-2$

이 함수의 그래프는 $y=\log_{\frac{1}{2}}x$의 그래프를 y축에 대하여 대칭이동한 후 x축의 방향으로 $\frac{3}{2}$만큼, y축의 방향으로 -2만큼 평행이동한 것이므로 다음과 같다.

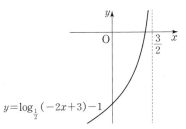

① 점근선은 직선 $x=\frac{3}{2}$이다. (참)

② $-2x+3>0$에서 $x<\frac{3}{2}$이므로 정의역은 $\left\{x \middle| x<\frac{3}{2}\right\}$이다. (참)

③ x의 값이 커지면 y의 값도 커진다. (참)

④ 함수 $y=\log_2 3x=\log_2 x+\log_2 3$의 그래프는 함수 $y=\log_2 x$의 그래프를 y축의 방향으로 $\log_2 3$만큼 평행이동한 것이고, $y=\log_2 x$의 그래프를 x축에 대하여 대칭이동하면 $y=\log_{\frac{1}{2}}x$의 그래프와 일치하므로 두 함수의 그래프는 대칭이동 또는 평행이동하여 겹쳐진다. (거짓)

⑤ 함수 $y=\log_{\frac{1}{2}}(-2x+3)-1$의 역함수를 구하면 다음과 같다.

x에 대하여 정리하면

$y+1=\log_{\frac{1}{2}}(-2x+3),\ \left(\frac{1}{2}\right)^{y+1}=-2x+3$

$-2x=\left(\frac{1}{2}\right)^{y+1}-3 \quad \therefore x=-\frac{1}{2}\left(\frac{1}{2}\right)^{y+1}+\frac{3}{2}$

x와 y를 서로 바꾸면 구하는 역함수는

$y=-\left(\frac{1}{2}\right)^{x+2}+\frac{3}{2}$

따라서 함수 $y=-\left(\frac{1}{2}\right)^{x+2}+\frac{3}{2}$의 그래프와 직선 $y=x$에 대하여

대칭이다. (참)

따라서 설명 중 옳지 않은 것은 ④이다.

149 ⏤⏤⏤⏤⏤⏤⏤⏤⏤⏤⏤⏤⏤⏤ 답 ①

함수 $y=\log_3(x+a)+b$의 그래프의 점근선은

직선 $x=-a$이고,

주어진 그래프에서 점근선이 직선 $x=-2$이므로 $a=2$이다.

또한, 함수 $y=\log_3(x+2)+b$의 그래프가 점 $(1,\ 0)$을 지나므로

$0=\log_3 3+b$에서 $b=-1$이다.

$\therefore a+b=2+(-1)=1$

150 ⏤⏤⏤⏤⏤⏤⏤⏤⏤⏤⏤⏤⏤⏤ 답 ④

① $\sqrt[3]{64}=\sqrt[3]{2^6}=2^2,\ \sqrt[3]{32}=\sqrt[3]{2^5}=2^{\frac{5}{3}}$

$2>\frac{5}{3}$에서 $2^2>2^{\frac{5}{3}}$이므로 $\sqrt[3]{64}>\sqrt[3]{32}$ (거짓)

② $\left(\frac{1}{4}\right)^4=\left(\frac{1}{2}\right)^8,\ \left(\frac{1}{8}\right)^3=\left(\frac{1}{2}\right)^9$

$8<9$에서 $\left(\frac{1}{2}\right)^8>\left(\frac{1}{2}\right)^9$이므로 $\left(\frac{1}{4}\right)^4>\left(\frac{1}{8}\right)^3$ (거짓)

③ $4\log_3 2=\log_3 2^4=\log_3 16$

$3\log_3 3=\log_3 3^3=\log_3 27$

$16<27$에서 $\log_3 16<\log_3 27$이므로

$4\log_3 2<3\log_3 3$ (거짓)

④ $\sqrt[5]{0.49}=\sqrt[5]{0.7^2}=0.7^{\frac{2}{5}},\ \sqrt[3]{0.7}=0.7^{\frac{1}{3}}$

$\frac{2}{5}>\frac{1}{3}$에서 $0.7^{\frac{2}{5}}<0.7^{\frac{1}{3}}$이므로 $\sqrt[5]{0.49}<\sqrt[3]{0.7}$ (참)

⑤ $3\log_{0.3} 5=\log_{0.3} 5^3=\log_{0.3} 125$

$7\log_{0.3} 2=\log_{0.3} 2^7=\log_{0.3} 128$

$125<128$에서 $\log_{0.3} 125>\log_{0.3} 128$이므로

$3\log_{0.3} 5>7\log_{0.3} 2$ (거짓)

따라서 옳은 것은 ④이다.

TIP

주어진 수에서 밑을 일치시켜서 지수 또는 진수의 크기를
비교하여 대소를 판단한다.

151 ⏤⏤⏤⏤⏤⏤⏤⏤⏤⏤⏤⏤⏤⏤ 답 ②

주어진 그래프에서 y좌표를 표시하면 다음과 같다.

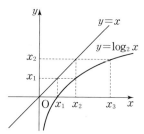

함수 $y=\log_2 x$의 그래프는 x축과 점 $(1,\ 0)$에서 만나므로

$x_1=1$

$\log_2 x_2=x_1=1$이므로 $x_2=2$

$\log_2 x_3=x_2=2$이므로 $x_3=4$

$\therefore x_1+x_2+x_3=1+2+4=7$

152 ⏤⏤⏤⏤⏤⏤⏤⏤⏤⏤⏤⏤⏤⏤ 답 ⑤

주어진 그래프에서 y좌표를 표시하면 다음과 같다.

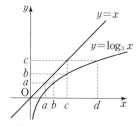

$\log_3 d=c,\ \log_3 b=a$이므로

$a-c=\log_3 b-\log_3 d$

$\quad\ \ =\log_3 \frac{b}{d}=\log_3 \frac{1}{3}=-1\ (\because d=3b)$

$\therefore \left(\frac{1}{9}\right)^{a-c}=\left(\frac{1}{9}\right)^{-1}=9$

153 ⏤⏤⏤⏤⏤⏤⏤⏤⏤⏤⏤⏤⏤⏤ 답 ④

함수 $y=\log_3(x-2)+2$의 그래프는 함수 $y=\log_3 x$의 그래프를

x축의 방향으로 2만큼, y축의 방향으로 2만큼 평행이동한 것이므로

x의 값이 커질수록 y의 값도 커진다.

$3\le x\le 11$에서 함수 $y=\log_3(x-2)+2$는

$x=3$일 때 최솟값 $\log_3 1+2=2$를 갖고,

$x=11$일 때 최댓값 $\log_3 9+2=4$를 갖는다.

따라서 최댓값과 최솟값의 합은 $4+2=6$이다.

154 ⏤⏤⏤⏤⏤⏤⏤⏤⏤⏤⏤⏤⏤⏤ 답 ③

진수 조건에 의하여

$x-1>0,\ 9-x>0$에서 $1<x<9$ ⸱⸱⸱⸱⸱⸱ ㉠

$y=\log_2(x-1)+\log_2(9-x)$

$\ \ =\log_2(x-1)(9-x)$

밑이 1보다 크므로 $(x-1)(9-x)$가 최대일 때 최댓값을 갖는다.

$(x-1)(9-x)=-(x-1)(x-9)$는

㉠에서 $x=5$일 때 최댓값 16을 가지므로 ...... **TIP**

$a=5$, $b=\log_2 16=4$

$\therefore a+b=9$

> **TIP**
>
> 이차함수 $y=-(x-1)(x-9)$의 그래프의 x절편이 1, 9이므로
> 꼭짓점의 x좌표는 $\dfrac{1+9}{2}=5$이다.
> 따라서 이 이차함수는 $x=5$일 때 최댓값을 갖는다.

155   답 ②

함수 $y=\log_2(4x-1)+2$의 역함수를 구하면 다음과 같다.

x에 대하여 정리하면

$y-2=\log_2(4x-1)$, $4x-1=2^{y-2}$, $x=\dfrac{2^{y-2}+1}{4}$

$\therefore x=2^{y-4}+\dfrac{1}{4}$

x와 y를 서로 바꾸면 구하는 역함수는 $y=2^{x-4}+\dfrac{1}{4}$

이 함수의 그래프를 x축의 방향으로 a만큼 평행이동하면

$y=2^{x-a-4}+\dfrac{1}{4}$이고, 이 함수가 $y=2^{x-3}+b$와 같으므로

$-a-4=-3$에서 $a=-1$, $b=\dfrac{1}{4}$ $\therefore a+b=-\dfrac{3}{4}$

156   답 4

로그함수 $y=\log_a x+m\,(a>1)$의 그래프가 그 역함수의 그래프와
만나는 점은 모두 직선 $y=x$ 위에 존재하므로 두 교점의 좌표는
$(1,1)$, $(3,3)$이다.   ...... **TIP**

이 두 점이 함수 $y=\log_a x+m$의 그래프 위에 있으므로

$1=\log_a 1+m$에서 $m=1$

$3=\log_a 3+m$에서 $3=\log_a 3+1$, $\log_a 3=2$

$\therefore a^2=3$

$\therefore a^2+m=3+1=4$

> **TIP**
>
> 로그함수 $y=\log_a x+m\,(a>1)$은 x의 값이 커지면 y의 값도
> 커지므로 이 함수의 그래프와 역함수의 그래프와의 교점이 모두
> 직선 $y=x$ 위에 존재한다.

157   답 (1) $x=7$ (2) $x=-\dfrac{3}{2}$ (3) $x=3$

(1) $3^{\frac{1}{2}x+1}=81\sqrt{3}=3^{\frac{9}{2}}$에서

$\dfrac{1}{2}x+1=\dfrac{9}{2}$, $\dfrac{1}{2}x=\dfrac{7}{2}$

$\therefore x=7$

(2) $\left(\dfrac{1}{16}\right)^{x+3}=8^{2x+1}$에서

$(2^{-4})^{x+3}=(2^3)^{2x+1}$

$2^{-4x-12}=2^{6x+3}$

$-4x-12=6x+3$, $10x=-15$

$\therefore x=-\dfrac{3}{2}$

(3) $\dfrac{125}{25^x}=5^{x-6}$에서

$\dfrac{5^3}{(5^2)^x}=5^{x-6}$

$5^{3-2x}=5^{x-6}$

$3-2x=x-6$, $3x=9$

$\therefore x=3$

158   답 $x=1$

$3^{2x}+2\times3^{x+1}-27=0$에서

$3^{2x}+6\times3^x-27=0$

$(3^x+9)(3^x-3)=0$

$3^x=3\,(\because 3^x>0)$ ...... **TIP**

$\therefore x=1$

> **TIP**
>
> 지수함수 $y=a^x\,(a>0,\,a\neq1)$의 치역이 $\{y\,|\,y>0\}$이므로 모든
> 실수 x에 대하여 항상 $a^x>0$이다.

159   답 ②

$10-2^x=2^{4-x}$의 양변에 2^x을 곱하면

$10\times2^x-2^{2x}=2^4$

$2^{2x}-10\times2^x+16=0$

$(2^x-2)(2^x-8)=0$

$2^x=2$ 또는 $2^x=8$

$\therefore x=1$ 또는 $x=3$

따라서 모든 실근의 합은 $1+3=4$이다.

다른 풀이

$10-2^x=2^{4-x}$의 양변에 2^x을 곱하면

$10\times2^x-2^{2x}=2^4$

$2^{2x}-10\times2^x+16=0$ ...... ㉠

$2^x=t\,(t>0)$라 하면

$t^2-10t+16=0$ ...... ㉡

㉠의 서로 다른 두 실근을 α, β라 하면

㉡의 서로 다른 두 실근이 2^α, 2^β이다.

㉡의 판별식 $D>0$이고, 이차방정식의 근과 계수의 관계에 의하여
두 근의 합과 곱이 모두 양수이므로 $2^\alpha>0$, $2^\beta>0$이다.

두 실근의 곱이 $2^\alpha\times2^\beta=16$이므로

$2^{\alpha+\beta}=2^4$에서 $\alpha+\beta=4$

따라서 구하는 모든 실근의 합은 4이다.

160

답 풀이 참조

(1) $4^x - 7 \times 2^x + 8 = 0$에서

$2^{2x} - 7 \times 2^x + 8 = 0$ ...... ㉠

$2^x = t \, (t > 0)$라 하면

$t^2 - 7t + 8 = 0$ ...... ㉡

㉠의 서로 다른 두 실근이 α, β이므로

㉡의 서로 다른 두 실근이 2^α, 2^β이다.

㉡의 판별식 $D > 0$이고, 이차방정식의 근과 계수의 관계에
의하여 두 근의 합과 곱이 모두 양수이므로 $2^\alpha > 0$, $2^\beta > 0$이다.

두 실근의 곱이 $2^\alpha \times 2^\beta = 8$이므로 $2^{\alpha + \beta} = 2^3$

$\therefore \alpha + \beta = 3$

(2) ㉡에서 이차방정식의 근과 계수의 관계에 의하여

두 실근의 합이 $2^\alpha + 2^\beta = 7$이고,

두 실근의 곱이 $2^\alpha \times 2^\beta = 8$이다.

$\therefore 2^{2\alpha} + 2^{2\beta} = (2^\alpha + 2^\beta)^2 - 2 \times 2^\alpha \times 2^\beta$

$\qquad\qquad\quad = 7^2 - 2 \times 8 = 33$

채점 요소	배점
주어진 방정식을 이차방정식으로 해석하고 근과 계수의 관계를 이용하여 두 근의 곱을 찾아 $\alpha + \beta$의 값 구하기	50 %
주어진 방정식을 이차방정식으로 해석하여 두 근의 합과 두 근의 곱을 구하고, 곱셈 공식을 이용하여 $2^{2\alpha} + 2^{2\beta}$의 값 구하기	50 %

161

답 ④

수면에서의 빛의 세기의 $\dfrac{1}{16}$이 되는 곳의 수심을 x m라 하면

$I_0 \left(\dfrac{1}{2}\right)^{\frac{x}{4}} = \dfrac{1}{16} I_0$

$\left(\dfrac{1}{2}\right)^{\frac{x}{4}} = \dfrac{1}{16} = \left(\dfrac{1}{2}\right)^4$

$\dfrac{x}{4} = 4$

$\therefore x = 16 \, (\mathrm{m})$

162

답 (1) $x > -6$ (2) $x \geq -9$ (3) $-3 \leq x \leq 1$

(1) $3^{x-2} < 81 \times 3^{2x}$에서

$3^{x-2} < 3^{2x+4}$

$x - 2 < 2x + 4$

$\therefore x > -6$

(2) $\left(\dfrac{1}{3}\right)^{x-3} \geq \left(\dfrac{1}{27}\right)^{x+5}$에서

$\left(\dfrac{1}{3}\right)^{x-3} \geq \left(\dfrac{1}{3}\right)^{3x+15}$

$x - 3 \leq 3x + 15$, $2x \geq -18$

$\therefore x \geq -9$

(3) $\left(\dfrac{3}{4}\right)^{x^2} \geq \left(\dfrac{4}{3}\right)^{2x-3}$에서

$\left(\dfrac{3}{4}\right)^{x^2} \geq \left(\dfrac{3}{4}\right)^{-2x+3}$

$x^2 \leq -2x + 3$

$x^2 + 2x - 3 \leq 0$

$(x+3)(x-1) \leq 0$

$\therefore -3 \leq x \leq 1$

163

답 ②

$3^{-2x} - 10 \times 3^{-x} + 9 \leq 0$에서

$(3^{-x} - 9)(3^{-x} - 1) \leq 0$

$1 \leq 3^{-x} \leq 9$, $3^0 \leq 3^{-x} \leq 3^2$

$0 \leq -x \leq 2$ $\therefore -2 \leq x \leq 0$

따라서 $\alpha = -2$, $\beta = 0$이므로

$\beta - \alpha = 2$

164

답 ①

$\left(\dfrac{1}{125}\right)^{1-x^2} \leq 5^{ax-3}$에서

$5^{-3+3x^2} \leq 5^{ax-3}$

$-3 + 3x^2 \leq ax - 3$

$3x^2 - ax = x(3x - a) \leq 0$

a가 자연수이므로 이 부등식의 해는

$0 \leq x \leq \dfrac{a}{3}$

이를 만족시키는 정수 x가 4개이려면

정수인 x가 0, 1, 2, 3이어야 하므로

$3 \leq \dfrac{a}{3} < 4$ $\therefore 9 \leq a < 12$

따라서 구하는 모든 자연수 a의 값의 합은 $9 + 10 + 11 = 30$이다.

165

답 ③

치료제를 인체에 투여한 직후의 혈중 농도는 $1.25 \, \mu\mathrm{g/mL}$이고, 혈중 농도는 매시간 20 %씩 줄어든다고 하였으므로 이 치료제의 t시간 후의 혈중 농도는 $1.25 \times \left(\dfrac{80}{100}\right)^t$이다.

치료제를 인체에 투여한 지 t시간 후의 혈중 농도가
$0.64 \, \mu\mathrm{g/mL}$ 이하가 된다고 하면

$1.25 \times \left(\dfrac{80}{100}\right)^t \leq 0.64$

$\left(\dfrac{4}{5}\right)^t \leq \left(\dfrac{4}{5}\right)^3$

밑이 1보다 작으므로

$t \geq 3$

따라서 치료제의 혈중 농도가 처음으로 $0.64 \, \mu\mathrm{g/mL}$ 이하가 되는 것은 인체에 투여한 지 최소 3시간 후이다.

166

답 (1) $x = 7$ (2) $x = 3$ (3) $x = 3$

(1) $\log_{\frac{1}{2}} (x-3) = -2$에서 로그의 정의에 의하여

$x - 3 = \left(\dfrac{1}{2}\right)^{-2} = 4$

$\therefore x=7$

(2) 로그의 진수는 양수이므로 $x-1>0$, $x+2>0$에서

$x>1$ ...... ㉠

$\log(x-1)+\log(x+2)=1$에서

$\log(x-1)(x+2)=\log 10$

$(x-1)(x+2)=10$

$x^2+x-12=(x+4)(x-3)=0$

$\therefore x=3(\because ㉠)$

(3) 로그의 진수는 양수이므로 $x^2-4>0$, $7x-11>0$

즉, $x<-2$ 또는 $x>2$와 $x>\dfrac{11}{7}$ 을 모두 만족시키는

x의 값의 범위는 $x>2$이다. ...... ㉡

$\log_2(x^2-4)+1=\log_2(7x-11)$에서

$\log_2(2x^2-8)=\log_2(7x-11)$

$2x^2-8=7x-11$

$2x^2-7x+3=(2x-1)(x-3)=0$

$\therefore x=3(\because ㉡)$

167 ·· 답 $x=9$

로그의 진수는 양수이므로 $x-4>0$, $4x-11>0$에서

$x>4$ ...... ㉠

$\log_3(x-4)=\log_9(4x-11)$에서 밑을 9로 같게 하면

$\log_9(x-4)^2=\log_9(4x-11)$

$(x-4)^2=4x-11$

$x^2-12x+27=(x-3)(x-9)=0$

$\therefore x=9(\because ㉠)$

168 ·········· 답 (1) $-10<x<6$ (2) $x\geq 3$ (3) $-3<x\leq -2$

(1) 로그의 진수는 양수이므로 $6-x>0$에서

$x<6$ ...... ㉠

$\log_{\frac{1}{4}}(6-x)>-2$에서

$\log_{\frac{1}{4}}(6-x)>\log_{\frac{1}{4}}\left(\dfrac{1}{4}\right)^{-2}=\log_{\frac{1}{4}}16$

$6-x<16$, $x>-10$

$\therefore -10<x<6(\because ㉠)$

(2) 로그의 진수는 양수이므로 $x>0$, $2x+3>0$에서

$x>0$ ...... ㉡

$2\log_5 x\geq\log_5(2x+3)$에서

$\log_5 x^2\geq\log_5(2x+3)$

$x^2\geq 2x+3$

$x^2-2x-3=(x+1)(x-3)\geq 0$

$x\leq -1$ 또는 $x\geq 3$

$\therefore x\geq 3(\because ㉡)$

(3) 로그의 진수는 양수이므로 $x+3>0$, $x+5>0$에서

$x>-3$ ...... ㉢

$\log_{\frac{1}{3}}(x+3)+\log_{\frac{1}{3}}(x+5)\geq -1$에서

$\log_{\frac{1}{3}}(x+3)(x+5)\geq\log_{\frac{1}{3}}\left(\dfrac{1}{3}\right)^{-1}=\log_{\frac{1}{3}}3$

$(x+3)(x+5)\leq 3$

$x^2+8x+12=(x+6)(x+2)\leq 0$

$-6\leq x\leq -2$

$\therefore -3<x\leq -2(\because ㉢)$

169 ·· 답 ④

로그의 진수는 양수이므로 $5(x+1)>0$, $2x+5>0$에서

$x>-1$ ...... ㉠

$\log\sqrt{5(x+1)}\leq 1-\dfrac{1}{2}\log(2x+5)$에서

$\log 5(x+1)\leq 2-\log(2x+5)$

$\log 5(x+1)(2x+5)\leq 2$

$5(x+1)(2x+5)\leq 10^2$

$(x+1)(2x+5)\leq 20$

$2x^2+7x-15=(x+5)(2x-3)\leq 0$

$-5\leq x\leq\dfrac{3}{2}$

$\therefore -1<x\leq\dfrac{3}{2}(\because ㉠)$

따라서 구하는 모든 정수 x의 값의 합은 $0+1=1$이다.

170 ·· 답 ③

(i) $4^x-5\times 2^{x+1}+16\geq 0$에서

$2^{2x}-10\times 2^x+16\geq 0$

$(2^x-2)(2^x-8)\geq 0$

$2^x\leq 2$ 또는 $2^x\geq 8$

$\therefore x\leq 1$ 또는 $x\geq 3$

(ii) $(\log_3 x)^2-\log_3 x^3-4\leq 0$에서

로그의 진수는 양수이므로 $x>0$ ...... ㉠

$(\log_3 x)^2-3\log_3 x-4\leq 0$

$(\log_3 x+1)(\log_3 x-4)\leq 0$

$-1\leq\log_3 x\leq 4$

$3^{-1}\leq x\leq 3^4$에서 $\dfrac{1}{3}\leq x\leq 81$

$\therefore \dfrac{1}{3}\leq x\leq 81(\because ㉠)$

(i), (ii)에서 연립부등식의 해는

$\dfrac{1}{3}\leq x\leq 1$ 또는 $3\leq x\leq 81$

따라서 구하는 정수 x는 1, 3, 4, 5, $\cdots$, 81로 80개이다.

171 ·· 답 30

세계 석유 소비량이 매년 4 %씩 감소하므로 n년 후 세계 석유

소비량은 현재의 $\left(\dfrac{96}{100}\right)^n$이다.

n년 후의 세계 석유 소비량이 현재 소비량의 $\dfrac{1}{4}$ 이하가 된다고 하면

$\left(\dfrac{96}{100}\right)^n\leq\dfrac{1}{4}$이다.

양변에 상용로그를 취하면

$$\log\left(\frac{96}{100}\right)^n \le \log\frac{1}{4}$$

$$n\log(9.6\times0.1)\le\log 2^{-2}$$

$$n(\log 9.6-1)\le -2\log 2$$

$$n(0.98-1)\le -2\times 0.3$$

$$-0.02n\le -0.6$$

$$\therefore n\ge 30$$

따라서 세계 석유 소비량이 처음으로 현재 소비량의 $\frac{1}{4}$ 이하가 되는 것은 최소 30년 후이다.

172 〰〰〰〰〰〰〰〰〰〰〰〰〰〰〰 답 ④

$a>b>1$이므로 두 함수 $y=a^x$, $y=b^x$의 그래프는
x의 값이 커지면 y의 값도 커진다.
이때 $a>b$이므로 두 함수 $y=a^x$, $y=b^x$의 그래프는 각각 ㉢, ㉣이다.
$ac=1$, $bd=1$에서 $c=\frac{1}{a}$, $d=\frac{1}{b}$이므로

$$y=c^x=\left(\frac{1}{a}\right)^x=a^{-x}, \quad y=d^x=\left(\frac{1}{b}\right)^x=b^{-x}$$이다.

즉, 두 함수 $y=c^x$, $y=d^x$의 그래프는 각각
$y=a^x$, $y=b^x$의 그래프와 y축에 대하여 대칭이므로
두 함수 $y=c^x$, $y=d^x$의 그래프는 각각 ㉡, ㉠이다.
따라서 바르게 짝 지은 것은 ④이다.

다른 풀이

$ac=1$, $bd=1$에서 $c=\frac{1}{a}$, $d=\frac{1}{b}$이고,

$a>b>1$에서 $0<\frac{1}{a}<\frac{1}{b}<1$이므로 $c<d<1$이다.

$$\therefore c<d<b<a$$

함수 $y=a^x$, $y=b^x$, $y=c^x$, $y=d^x$의 $x=1$일 때의 함숫값이 각각 a, b, c, d이다.

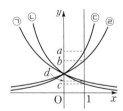

따라서 ㉡ : $y=c^x$, ㉠ : $y=d^x$, ㉣ : $y=b^x$, ㉢ : $y=a^x$이므로 바르게
짝 지은 것은 ④이다.

173 〰〰〰〰〰〰〰〰〰〰〰〰〰〰〰 답 ②

함수 $y=\left(\frac{1}{2}\right)^{x-1}+k$의 그래프는

함수 $y=\left(\frac{1}{2}\right)^x$의 그래프를 x축의 방향으로 1만큼, y축의 방향으로
k만큼 평행이동한 것이다.
이 함수의 그래프가 제1사분면을 지나지 않으려면 다음과 같이
$x=0$일 때의 함숫값이 0 이하이어야 한다.

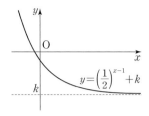

즉, $2+k\le 0$에서 $k\le -2$
따라서 상수 k의 최댓값은 -2이다.

174 〰〰〰〰〰〰〰〰〰〰〰〰〰〰〰 답 ③

함수 $y=9\times 3^x=3^{x+2}$의 그래프는 함수 $y=\frac{1}{3}\times 3^x=3^{x-1}$의 그래프를
x축의 방향으로 -3만큼 평행이동한 것이므로 두 함수의 그래프와
두 직선 $y=1$, $y=5$로 둘러싸인 도형은 다음과 같다.

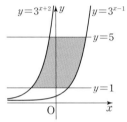

이때 다음과 같이 두 직선 $x=-2$, $y=5$와 곡선 $y=3^{x+2}$으로
둘러싸인 부분 A의 넓이와 두 직선 $x=1$, $y=5$와 곡선
$y=3^{x-1}$으로 둘러싸인 부분 B의 넓이는 서로 같다.

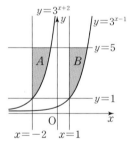

따라서 구하는 도형의 넓이는 다음과 같이 가로의 길이가 3이고,
세로의 길이가 4인 직사각형의 넓이와 같다.

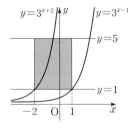

$$\therefore 3\times 4=12$$

175 〰〰〰〰〰〰〰〰〰〰〰〰〰〰〰 답 ⑤

정사각형 ACDB의 대각선의 길이가 $\overline{BC}=4\sqrt{2}$이므로
정사각형 ACDB의 한 변의 길이는 4이다.
점 A의 y좌표가 4이므로 $2^x=4$에서 x좌표는 2이다.
점 B의 x좌표는 $2+4=6$, y좌표는 4이다.

따라서 점 B$(6, 4)$가 곡선 $y=k \times 2^x$ 위의 점이므로
$$4=k \times 2^6$$
$$\therefore \frac{1}{k}=\frac{2^6}{4}=16$$

다른 풀이

함수 $y=k \times 2^x$의 그래프는 함수 $y=2^x$의 그래프를 x축의 방향으로 평행이동한 것이다.
정사각형 ACDB의 대각선의 길이가 $\overline{\text{BC}}=4\sqrt{2}$이므로
정사각형 ACDB의 한 변의 길이는 4이다.
즉, $\overline{\text{AB}}=4$이므로 함수 $y=2^x$의 그래프를 x축의 방향으로 4만큼 평행이동한 것이 $y=k \times 2^x$이다.
즉, $k \times 2^x=2^{x-4}$
$$\therefore \frac{1}{k}=2^4=16$$

176 ──────────────── 답 ①

함수 $y=3^{x-2}$의 그래프는 함수 $y=3^{x+1}$의 그래프를 x축의 방향으로 3만큼 평행이동한 것이므로 $\overline{\text{AB}}=3$
점 A의 좌표를 $(a, 3^{a+1})$이라 하면 C$(a, 3^{a-2})$이므로
$$\overline{\text{AC}}=3^{a+1}-3^{a-2}=3^a\left(3-\frac{1}{9}\right)=\frac{26}{9} \times 3^a=3$$
$$\therefore 3^a=\frac{27}{26}$$
따라서 점 A의 y좌표는
$$3^{a+1}=3 \times 3^a=3 \times \frac{27}{26}=\frac{81}{26}$$

177 ──────────────── 답 ③

세 점 B, C, D의 x좌표는 각각
방정식 $a^x=k$, $3^x=k$, $b^x=k$의 실근이므로
각각 $\log_a k$, $\log_3 k$, $\log_b k$이다.
즉, $\overline{\text{AB}}=\log_a k$, $\overline{\text{AC}}=\log_3 k$, $\overline{\text{AD}}=\log_b k$이다.
$\overline{\text{BC}}=3\overline{\text{AB}}$이므로 $\overline{\text{AC}}=4\overline{\text{AB}}$
$\log_3 k=4 \log_a k$에서 $\log_k 3=\dfrac{\log_k a}{4}$　　$\therefore a^{\frac{1}{4}}=3$
$\overline{\text{CD}}=2\overline{\text{BC}}$이므로 $\overline{\text{AD}}=10\overline{\text{AB}}$
$\log_b k=10 \log_a k$에서 $\log_k b=\dfrac{\log_k a}{10}$　　$\therefore a^{\frac{1}{10}}=b$
$a=3^4$, $b^5=a^{\frac{1}{2}}=3^2$이므로
$$\frac{a}{b^5}=\frac{3^4}{3^2}=3^2=9$$

178 ──────────────── 답 ③

점 A의 좌표는 $(a, 8^a)$이고,
점 B의 좌표는 $(a, 2^a)$이다.
점 A를 지나고 x축에 평행한 직선이 곡선 $y=2^x$과 만나는 점이 C이므로 점 C와 점 A의 y좌표는 서로 같다.

즉, 점 C의 x좌표를 c라 하면 $2^c=8^a$에서 $2^c=2^{3a}$이므로 $c=3a$이다.
따라서 C$(3a, 8^a)$이고, $\overline{\text{AC}}=3a-a=2a$이다.
점 B를 지나고 x축에 평행한 직선이 곡선 $y=8^x$과 만나는 점이 D이므로 점 D와 점 B의 y좌표는 서로 같다.
즉, 점 D의 x좌표를 d라 하면 $8^d=2^a$에서 $2^{3d}=2^a$이므로 $3d=a$, $d=\dfrac{a}{3}$이다.
따라서 D$\left(\dfrac{a}{3}, 2^a\right)$이고, $\overline{\text{BD}}=a-\dfrac{a}{3}=\dfrac{2a}{3}$이다.
$$\therefore \frac{\overline{\text{AC}}}{\overline{\text{BD}}}=\frac{2a}{\dfrac{2a}{3}}=3$$

179 ──────────────── 답 ③

두 직선 $y=a$, $y=b$ 사이의 거리가 4이므로
삼각형 ABC의 높이는 4이고, 넓이가 4이므로
$$\frac{1}{2} \times \overline{\text{AB}} \times 4=4$$에서 $\overline{\text{AB}}=2$
점 A의 x좌표는
$2^x=a$에서 $x=\log_2 a$
점 B의 x좌표는
$4^x=a$에서 $x=\log_4 a=\dfrac{1}{2}\log_2 a$
이므로
$$\overline{\text{AB}}=\log_2 a-\frac{1}{2}\log_2 a=\frac{1}{2}\log_2 a$$
$\dfrac{1}{2}\log_2 a=2$이므로 $\log_2 a=4$
$\therefore a=2^4=16$, $b=16+4=20$
점 D의 x좌표는 $4^x=20$에서
$$x=\log_4 20=\frac{1}{2}\log_2 20=\log_2 2\sqrt{5}$$
$$\therefore k=2\sqrt{5}$$

180 ──────────────── 답 ③

두 점 A, B의 x좌표를 각각 a, $b(a<b)$라 하면
A$(a, 2^a)$, B$(b, 2^b)$
직선 AB의 기울기가 $\dfrac{1}{2}$이므로 $\dfrac{2^b-2^a}{b-a}=\dfrac{1}{2}$에서
$$b-a=2(2^b-2^a) \qquad\qquad \cdots\cdots ㉠$$
$$\overline{\text{AB}}=\sqrt{(b-a)^2+(2^b-2^a)^2}$$
$$=\sqrt{5(2^b-2^a)^2} \ (\because ㉠)$$
이므로 $\sqrt{5(2^b-2^a)^2}=3\sqrt{5}$에서
$$2^b-2^a=3 \qquad\qquad \cdots\cdots ㉡$$
$b-a=6(\because ㉠, ㉡)$에서
$b=a+6$이므로 ㉡에 대입하면
$2^{a+6}-2^a=3$, $(2^6-1)2^a=3$, $2^a=\dfrac{1}{21}$
$$\therefore a=\log_2 \frac{1}{21}=-\log_2 21$$

181   답 ③

점 A는 두 곡선 $y=2^{x-3}+1$과 $y=2^{x-1}-2$가 만나는 점이므로
$2^{x-3}+1=2^{x-1}-2$, $3\times2^{x-3}=3$에서 $x=3$
즉, 점 A의 좌표는 $A(3, 2)$이다.
한편, 점 B의 x좌표를 a라 하면
점 B의 좌표는 $B(a, 2^{a-3}+1)$
두 점 B, C는 기울기가 -1인 직선 위의 점이고
$\overline{BC}=\sqrt{2}$이므로 점 C의 좌표는 $C(a-1, 2^{a-3}+2)$
점 C는 곡선 $y=2^{x-1}-2$ 위의 점이므로
$2^{a-3}+2=2^{a-2}-2$, $2^{a-3}=4$에서 $a=5$
즉, $B(5, 5)$이고, 점 B가 직선 $y=-x+k$ 위의 점이므로
$k=10$
점 $A(3, 2)$와 직선 $y=-x+10$, 즉 $x+y-10=0$ 사이의 거리는
$$\frac{|3+2-10|}{\sqrt{1^2+1^2}}=\frac{5}{\sqrt{2}}$$
따라서 삼각형 ABC의 넓이는 $\dfrac{1}{2}\times\sqrt{2}\times\dfrac{5}{\sqrt{2}}=\dfrac{5}{2}$

182   답 20

점 P의 x좌표를 a라 하면 $k\times3^a=3^{-a}$
양변에 3^a을 곱하면 $k\times3^{2a}=1$
$$k=\frac{1}{3^{2a}} \qquad\qquad \cdots\cdots ㉠$$
점 P와 점 Q의 x좌표의 비가 $1:2$이므로 점 Q의 x좌표는 $2a$이다.
따라서 $k\times3^{2a}=-4\times3^{2a}+8$에서 $(k+4)3^{2a}=8$
$$k+4=\frac{8}{3^{2a}} \qquad\qquad \cdots\cdots ㉡$$
㉠을 ㉡에 대입하면 $k+4=8k$ $\therefore k=\dfrac{4}{7}$
$\therefore 35k=35\times\dfrac{4}{7}=20$

다른 풀이

점 P의 x좌표를 a라 하면 점 Q의 x좌표는 $2a$이고, 함수 $y=3^{-x}$의 그래프가 y축과 만나는 점을 $R(0, 1)$이라 하면 두 점 R와 Q는 직선 $x=a$에 대하여 대칭이다.
$\therefore Q(2a, 1)$
점 Q는 함수 $y=-4\times3^x+8$의 그래프 위의 점이므로
$$1=-4\times3^{2a}+8$$에서 $3^{2a}=\dfrac{7}{4}$ $\cdots\cdots ㉢$
또한, 점 Q는 함수 $y=k\times3^x$의 그래프 위의 점이므로
$1=k\times3^{2a}$에서 $\dfrac{7}{4}k=1$ ($\because ㉢$) $\therefore k=\dfrac{4}{7}$
$\therefore 35k=35\times\dfrac{4}{7}=20$

183   답 ③

함수 $y=a^x$의 그래프를 y축에 대하여 대칭이동하면 함수 $y=a^{-x}$의 그래프이고, 이를 x축의 방향으로 m만큼 평행이동하면
함수 $y=a^{-(x-m)}$, 즉 $y=a^{-x+m}$의 그래프이다.

즉, $g(x)=a^{-x+m}$이다.
한편, 두 함수 $y=a^x$, $y=a^{-x+m}$의 그래프의 교점의 x좌표는
$a^x=a^{-x+m}$에서 $x=-x+m$, 즉 $x=\dfrac{m}{2}$이므로
두 함수의 그래프는 직선 $x=\dfrac{m}{2}$에 대하여 대칭이다.
따라서 조건 ㈎에 의하여 $\dfrac{m}{2}=2$이므로
$m=4$
조건 ㈏에서 $f(3)=16g(3)$이므로
$a^3=16\times a^{-3+4}$
$a^3=16a$
$a(a+4)(a-4)=0$
$\therefore a=4$ ($\because a>0$)
$\therefore a+m=4+4=8$

184   답 ⑤

함수 $f(x)=\{(2a+1)^2\}^x$은 밑이 $(2a+1)^2$인 지수함수이다.
$g(a)=(2a+1)^2$이라 하면 함수 $y=g(a)$의 그래프는 다음과 같다.

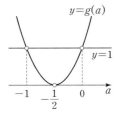

ㄱ. 함수 $y=f(x)$는 $y=\{g(a)\}^x$ $(g(a)\neq0, g(a)\neq1)$이므로 이 함수의 그래프의 점근선은 $y=0$이다. (참)

ㄴ. $-1<a<0$이면 $0<g(a)<1$이므로 함수 $y=\{g(a)\}^x$의 그래프는 다음과 같이 x의 값이 커질 때 y의 값은 작아진다.
즉, $f(1)<f(0)=1$이다. (참)

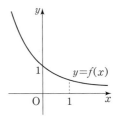

ㄷ. $a>1$이면 $g(a)>1$이므로 함수 $y=\{g(a)\}^x$의 그래프는 다음과 같이 x의 값이 커질 때 y의 값도 커진다. 즉, $f(1)>f(-1)$이다. (참)

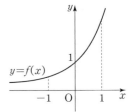

따라서 옳은 것은 ㄱ, ㄴ, ㄷ이다.

185   답 ③

ㄱ. $0<a<b<1$이면 두 함수 $y=a^x$, $y=b^x$의 그래프는 다음과 같다.

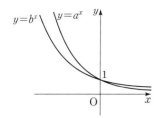

이때 $x<0$이면 $a^x>b^x>1$이다. (참)

ㄴ. $x>0$일 때 $a^x>b^x$이면 $a>b$이다.

　또한, $\dfrac{1}{x}>0$이므로 $a>b$일 때 $a^{\frac{1}{x}}>b^{\frac{1}{x}}$이다. (거짓)

ㄷ. a^y, b^y은 항상 양수이므로

　$a^x b^y>a^y b^x$에서 $\dfrac{a^x}{a^y}>\dfrac{b^x}{b^y}$, 즉 $a^{x-y}>b^{x-y}$임을 보이면 된다.

　이때 $x<y$에서 $x-y<0$이므로 $a<b$이면 $a^{x-y}>b^{x-y}$이 성립한다. (참)

따라서 옳은 것은 ㄱ, ㄷ이다.

186 ······ 답 ④

함수 $f(x)=x^2-6x+11=(x-3)^2+2$이므로

$1 \le x \le 4$에서 $f(x)$는

$x=3$일 때 최솟값 2를 갖고,

$x=1$일 때 최댓값 6을 갖는다.

(i) $0<a<1$인 경우

　함수 $(g \circ f)(x)=a^{f(x)}$은 $f(x)$가 최소일 때 최댓값을 갖는다.

　즉, $x=3$일 때 함수 $f(x)$가 최솟값 2를 가지므로

　함수 $y=a^{f(x)}$은 최댓값 a^2을 갖는다.

　$a^2=27$에서 $a=3\sqrt{3}>1$이므로 모순이다.

(ii) $a>1$인 경우

　함수 $(g \circ f)(x)=a^{f(x)}$은 $f(x)$가 최대일 때 최댓값을 갖는다.

　즉, $x=1$일 때 함수 $f(x)$가 최댓값 6을 가지므로

　함수 $y=a^{f(x)}$은 최댓값 a^6을 갖는다.

　$a^6=27$에서 $a=\sqrt{3}>1$이므로 조건을 만족시킨다.

(i), (ii)에 의하여 $a=\sqrt{3}$이고, 이때 함수 $(g \circ f)(x)=(\sqrt{3})^{f(x)}$은

$f(x)$가 최소일 때 최솟값을 갖는다.

즉, $x=3$일 때 함수 $f(x)$가 최솟값 2를 가지므로

함수 $y=(\sqrt{3})^{f(x)}$은 최솟값 $(\sqrt{3})^2=3$을 갖는다.

187 ······ 답 ③

$y=4^x-2^{x+3}+a=2^{2x}-8 \times 2^x+a$ ······ ㉠

$2^x=t$ $(t>0)$라 하면 ㉠에서

$y=t^2-8t+a=(t-4)^2+a-16$

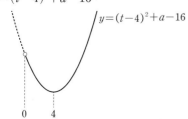

$t>0$에서 이 함수는

$t=4$일 때 최솟값 $a-16$을 갖는다.

$t=4$, $2^x=4$에서 $x=2$이므로

$b=2$

$a-16=10$에서 $a=26$

$\therefore a+b=28$

188 ······ 답 풀이 참조

$y=2^x-\sqrt{2^{x+2}}+3=2^x-2\sqrt{2^x}+3$ ······ ㉠

$\sqrt{2^x}=t$ $(t>0)$라 하면

$-4 \le x \le 4$일 때 $2^{-4} \le 2^x \le 2^4$에서

$2^{-2} \le \sqrt{2^x} \le 2^2$이므로 $\dfrac{1}{4} \le t \le 4$

㉠에서

$y=t^2-2t+3=(t-1)^2+2$이므로

$\dfrac{1}{4} \le t \le 4$에서

$t=1$일 때 최솟값 2를 갖고,

$t=4$일 때 최댓값 11을 갖는다.

$t=1$에서 $\sqrt{2^x}=1$, $2^x=1$, $x=0$이므로

$a=0$, $\alpha=2$

$t=4$에서 $\sqrt{2^x}=4$, $2^x=16$, $x=4$이므로

$b=4$, $\beta=11$

$\therefore (\alpha-a)(\beta-b)=(2-0)(11-4)=14$

채점 요소	배점
$t=\sqrt{2^x}$으로 치환하여 $-4 \le x \le 4$일 때 $\dfrac{1}{4} \le t \le 4$임을 구하기	20 %
주어진 함수를 이차함수 $y=t^2-2t+3$으로 바꾸기	20 %
최댓값, 최솟값을 구하고 그때의 t의 값을 통해 각각의 x의 값을 구하여 $(\alpha-a)(\beta-b)$의 값 구하기	60 %

189 ······ 답 (1) $x=0$일 때 최솟값 15 (2) $x=-1$일 때 최솟값 $\dfrac{11}{4}$

(1) $2^{2x}+2^{-2x}=(2^x+2^{-x})^2-2$이므로

　$y=2^{2x}+2^{-2x}+4(2^x+2^{-x})+5$

　　$=(2^x+2^{-x})^2+4(2^x+2^{-x})+3$

　　$=(2^x+2^{-x}+2)^2-1$ ······ ㉠

$2^x>0$, $2^{-x}>0$이므로 산술평균과 기하평균의 관계에 의하여

　$2^x+2^{-x} \ge 2\sqrt{2^x \times 2^{-x}}=2$

이때 등호는 $2^x=2^{-x}$, 즉 $x=-x$에서 $x=0$일 때 성립하므로

㉠은 $2^x+2^{-x}=2$일 때 최솟값 15를 갖는다.

따라서 $x=0$일 때 최솟값 15를 갖는다.

(2) $4^x+4^{-x}=(2^x-2^{-x})^2+2$이므로

　$y=4^x+4^{-x}+3(2^x-2^{-x})+3$

　　$=(2^x-2^{-x})^2+3(2^x-2^{-x})+5$

　　$=\left(2^x-2^{-x}+\dfrac{3}{2}\right)^2+\dfrac{11}{4}$ ······ ㉡

이때 2^x-2^{-x}은 모든 실숫값을 가지므로

ⓛ은 $2^x-2^{-x}=-\frac{3}{2}$일 때 최솟값 $\frac{11}{4}$을 갖는다.

$2^x-2^{-x}+\frac{3}{2}=0$에서 양변에 2^x을 곱하면

$2^{2x}+\frac{3}{2}\times2^x-1=0$

$2^x=t\,(t>0)$라 하면

$2t^2+3t-2=0$

$(2t-1)(t+2)=0$ $\quad\therefore t=\frac{1}{2}\,(\because t>0)$

$2^x=\frac{1}{2}$이므로 $x=-1$

따라서 $x=-1$일 때 최솟값 $\frac{11}{4}$을 갖는다.

참고

함수 $y=2^x+2^{-x}$의 그래프와 함수 $y=2^x-2^{-x}$의 그래프는 다음과
같다.

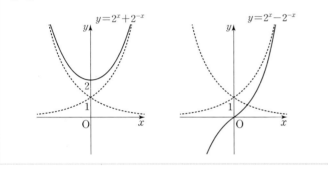

190
답 (1) $(-3, -5)$ (2) $\left(-\frac{4}{3}, -6\right)$

(1) 함수 $y=a^{x+3}-6$에서 a^{x+3}은 밑에 관계없이 지수가 0일 때
그 값이 항상 1이다.
따라서 $x+3=0$, 즉 $x=-3$일 때 $y=a^0-6=-5$이므로
함수 $y=a^{x+3}-6$의 그래프는 a의 값에 관계없이
항상 점 $(-3, -5)$를 지난다.

(2) 함수 $y=\log_a 3x-6$에서 $\log_a 3x$는 밑에 관계없이 진수가 1일 때
그 값이 항상 0이다.
따라서 $3x=1$, 즉 $x=\frac{1}{3}$일 때 $y=\log_a 1-6=-6$이므로
함수 $y=\log_a 3x-6$의 그래프는 a의 값에 관계없이
항상 점 $\left(\frac{1}{3}, -6\right)$을 지난다.
이 함수의 그래프를 x축의 방향으로 1만큼 평행이동한 후 y축에
대하여 대칭이동하면 점 $\left(\frac{1}{3}, -6\right)$은 점 $\left(-\frac{4}{3}, -6\right)$으로
이동하므로 주어진 그래프는 a의 값에 관계없이
항상 점 $\left(-\frac{4}{3}, -6\right)$을 지난다.

191
답 ②

$(x, y)\in A\Longleftrightarrow y=\log_4 x\,(x>0)$이므로

ㄱ. $(a, b)\in A$이면 $b=\log_4 a$이다.
$\log_4 2a=\log_4 2+\log_4 a=\log_{2^2} 2+\log_4 a=b+\frac{1}{2}$
즉, $\left(2a, b+\frac{1}{2}\right)\in A$이다. (참)

ㄴ. $(a, b)\in A$, $(c, d)\in A$이면 $b=\log_4 a$, $d=\log_4 c$이다.
$\log_4 \frac{a^2}{c}=\log_4 a^2-\log_4 c=2\log_4 a-\log_4 c\,(\because a>0)$
$\qquad\qquad=2b-d$
즉, $\left(\frac{a^2}{c}, 2b-d\right)\in A$이다. (참)

ㄷ. $(a, -b)\in A$이면 $-b=\log_4 a$이다.
$\log_4 \frac{4}{a}=1-\log_4 a=1+b$
즉, $\left(\frac{4}{a}, b+1\right)\in A$이다. (거짓)

따라서 옳은 것은 ㄱ, ㄴ이다.

192
답 ②

함수 $y=\log_3 x$의 그래프를 직선 $y=x$에 대하여 대칭이동하면
$y=3^x$이므로 함수 $y=\log_3 x$ 또는 $y=3^x$의 그래프를 평행이동
또는 대칭이동하여 겹쳐질 수 있는 그래프를 찾으면 된다.

ㄱ. 함수 $y=2\times3^x+1=3^{x+\log_3 2}+1$의 그래프는 함수 $y=3^x$의
그래프를 x축의 방향으로 $-\log_3 2$만큼, y축의 방향으로 1만큼
평행이동한 것이다.

ㄴ. 함수 $y=\log_{\frac{1}{3}} 4x=-\log_3 4x=-\log_3 x-\log_3 4$의 그래프는
함수 $y=\log_3 x$의 그래프를 x축에 대하여 대칭이동한 후 y축의
방향으로 $-\log_3 4$만큼 평행이동한 것이다.

ㄷ. 함수 $y=\log_9(9x+1)=\log_9 9\left(x+\frac{1}{9}\right)=\log_9\left(x+\frac{1}{9}\right)+1$의

그래프는 함수 $y=\log_9 x$의 그래프를 x축의 방향으로 $-\frac{1}{9}$만큼,

y축의 방향으로 1만큼 평행이동한 것이므로 함수 $y=\log_3 x$의
그래프를 평행이동 또는 대칭이동하여 겹쳐지지 않는다.

ㄹ. 함수 $y=\log_9 x^2+3=\log_3 |x|+3$의 그래프는 함수
$y=\log_3 |x|$의 그래프를 y축의 방향으로 3만큼 평행이동한
것이므로 **TIP**
함수 $y=\log_3 x$의 그래프를 평행이동 또는 대칭이동하여
겹쳐지지 않는다.

ㅁ. 함수 $y=2\log_3\sqrt{x-2}=\log_3(\sqrt{x-2})^2=\log_3(x-2)$의
그래프는 함수 $y=\log_3 x$의 그래프를 x축의 방향으로 2만큼
평행이동한 것이다.

ㅂ. 함수 $y=-2\log_3 x+5=-\log_{\sqrt{3}} x+5$의 그래프는 함수
$y=\log_{\sqrt{3}} x$의 그래프를 x축에 대하여 대칭이동한 후 y축의
방향으로 5만큼 평행이동한 것이므로 함수 $y=\log_3 x$의
그래프를 평행이동 또는 대칭이동하여 겹쳐지지 않는다.

따라서 함수 $y=\log_3 x$의 그래프를 평행이동 또는 대칭이동하여
겹쳐질 수 있는 곡선을 그래프로 갖는 함수는 ㄱ, ㄴ, ㅁ으로
3개이다.

함수 $y=\log_a x^2$은 $x\neq 0$인 모든 실수에서 정의된다.

이때 $x>0$이면 $\log_a x^2=2\log_a x$이고,

$x<0$이면 $\log_a x^2=2\log_a(-x)$이므로

$\log_a x^2=2\log_a|x|$이다.

따라서 $\log_a x^2\neq 2\log_a x$임에 주의하자.

ㄹ. $y=\log_9 x^2$에서 $\log_9 x^2=\log_{3^2} x^2=\log_3|x|$이고,

$$\log_3|x|=\begin{cases}\log_3 x & (x>0)\\ \log_3(-x) & (x<0)\end{cases}$$이므로

함수 $y=\log_9 x^2$의 그래프는 다음과 같다.

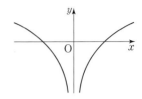

193   **답 ②**

ㄱ. $f(2)=2$이므로 함수 $y=f(x)$의 그래프는 a의 값에 관계없이 항상 점 $(2,2)$를 지난다. (참)

ㄴ. $a>2$이면 밑이 1보다 크므로 함수 $f(x)=\log_a(x-1)+2$는 x의 값이 커질 때 y의 값도 커진다.

$f(2)=2$이므로 $a>2$일 때 $f(a)>f(2)=2$이다.

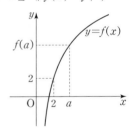

따라서 $af(a)>2f(2)=4$이다. (참)

ㄷ. $1<a+1<2$일 때 $0<a<1$이므로 함수 $f(x)=\log_a(x-1)+2$는 x의 값이 커질 때 y의 값은 작아지고, 함수 $f(x)$의 역함수인 $f^{-1}(x)$도 x의 값이 커질 때 y의 값은 작아진다.

따라서 $a+1<b$이면 $f^{-1}(a+1)>f^{-1}(b)$이다. (거짓)

따라서 옳은 것은 ㄱ, ㄴ이다.

194   **답 ③**

$y=2^{x+3}-2$에서

$x=0$일 때 $y=2^3-2=6$이고,

$y=0$일 때 $2^{x+3}=2$에서 $x+3=1$, 즉 $x=-2$이므로

함수 $y=2^{x+3}-2$의 그래프는 두 점 $(0,6)$, $(-2,0)$을 지난다.

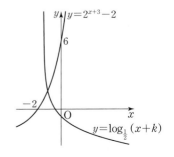

이때 함수 $y=\log_{\frac12}(x+k)$의 그래프가 함수 $y=2^{x+3}-2$의 그래프와 제2사분면에서 만나려면 y축과 만나는 점의 y좌표는 6보다 작고, x축과 만나는 점의 x좌표는 -2보다 커야 한다.

$y=\log_{\frac12}(x+k)$에서

$x=0$일 때 $y=\log_{\frac12}k$이고,

$y=0$일 때 $x+k=1$에서 $x=1-k$이므로

$\log_{\frac12}k<6$, $1-k>-2$를 모두 만족시켜야 한다.

즉, $k>\left(\dfrac12\right)^6=\dfrac{1}{64}$, $k<3$이므로 구하는 k의 값의 범위는

$\dfrac{1}{64}<k<3$이다.

195   **답 10**

함수 $y=\log_{\frac12}(5x-p)+1$의 그래프의 점근선은 직선 $x=\dfrac{p}{5}$이다.

따라서 함수 $y=\log_{\frac12}(5x-p)+1$의 그래프가 직선 $x=3$과 한 점에서 만나려면

$\dfrac{p}{5}<3$, 즉 $p<15$이어야 한다.   …… ㉠

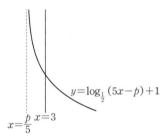

한편, 함수 $y=|2^{-x+3}-p|$의 그래프는 함수 $y=2^{-x+3}-p$의 그래프의 x축 아래 부분을 위쪽으로 접어올린 그래프이다.

이때 함수 $y=2^{-x+3}-p$의 그래프의 점근선이 직선 $y=-p$이므로 함수 $y=|2^{-x+3}-p|$의 그래프는 다음과 같다.

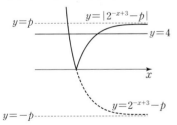

따라서 함수 $y=|2^{-x+3}-p|$의 그래프와 직선 $y=4$가 두 점에서 만나려면 $p>4$이어야 한다.   …… ㉡

㉠, ㉡에 의하여 $4<p<15$이므로 모든 정수 p의 개수는 5, 6, 7, …, 14로 10이다.

196   **답 (1) $k<5$ (2) $k>4$**

(1) 함수 $y=3^{|x+1|}+4$의 그래프는 함수 $y=3^{|x|}$의 그래프를 x축의 방향으로 -1만큼, y축의 방향으로 4만큼 평행이동한 것이다.

$y=3^{|x|}=\begin{cases}3^x & (x\geq 0)\\ 3^{-x} & (x<0)\end{cases}$이므로 함수 $y=3^{|x+1|}+4$의 그래프를 그리면 다음과 같다.

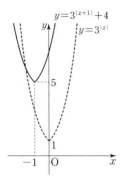

따라서 함수 $y=3^{|x+1|}+4$의 그래프와 직선 $y=k$가 만나지 않도록 하는 실수 k의 값의 범위는 $k<5$이다.

(2) 방정식 $|y-1|=\log_2(x-3)$의 그래프는 방정식 $|y|=\log_2 x$의 그래프를 x축의 방향으로 3만큼, y축의 방향으로 1만큼 평행이동한 것이다.

$|y|=\log_2 x$는 $y=\begin{cases} \log_2 x & (y\geq 0) \\ -\log_2 x & (y<0) \end{cases}$이므로 방정식

$|y-1|=\log_2(x-3)$의 그래프를 그리면 다음과 같다.

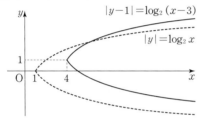

따라서 방정식 $|y-1|=\log_2(x-3)$의 그래프와 직선 $x=k$가 두 점에서 만나도록 하는 k의 값의 범위는 $k>4$이다.

197   답 ②

함수 $y=\log_a(x+2)-3$의 그래프는 a의 값에 관계없이 항상 점 $(-1, -3)$을 지나고, 사각형 ABCD는 다음과 같다.

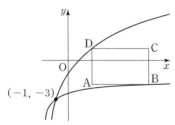

함수 $y=\log_a(x+2)-3$의 그래프가 사각형 ABCD와 만나려면 x의 값이 커질 때 y의 값도 커지는 함수이어야 하므로

점 B를 지날 때 a는 최댓값을 갖고,

점 D를 지날 때 a는 최솟값을 갖는다.

함수 $y=\log_a(x+2)-3$의 그래프가

점 $B(7, -2)$를 지날 때 $-2=\log_a 9-3$에서

$\log_a 9=1$, $a=9$이므로 $M=9$

점 $D(2, 1)$을 지날 때 $1=\log_a 4-3$에서

$\log_a 4=4$, $a^4=4$, $a=\sqrt{2}$이므로 $m=\sqrt{2}$

$\therefore (Mm)^2=(9\sqrt{2})^2=162$

198   답 ④

점 B의 좌표를 $(a, \log_2 a)$라 할 때 점 B를 x축의 방향으로 2만큼, y축의 방향으로 2만큼 평행이동하면 점 D와 일치한다.

즉, 점 D의 좌표는 $(a+2, 2+\log_2 a)$이고,

점 D는 함수 $y=\log_2 x$의 그래프 위의 점이므로

$2+\log_2 a=\log_2(a+2)$

$\log_2 4a=\log_2(a+2)$

$4a=a+2$ $\therefore a=\dfrac{2}{3}$

따라서 선분 BD의 중점의 x좌표는

$\dfrac{a+(a+2)}{2}=a+1=\dfrac{5}{3}$이다.

199   답 ⑤

점 Q의 좌표를 $(k, \log_2 k)$라 하자.

점 Q가 선분 OP를 1:3으로 내분하는 점이므로

점 P의 좌표는 $(4k, 4\log_2 k)$이다.

또한, 점 P는 함수 $y=\log_4 x$의 그래프 위의 점이므로

$4\log_2 k=\log_4 4k$

$\log_4 k^8=\log_4 4k$

$k^8=4k$

$k^7=4 \ (\because k\neq 0)$

$\therefore k=4^{\frac{1}{7}}=2^{\frac{2}{7}}$

따라서 점 P의 y좌표는

$4\log_2 k=4\times\dfrac{2}{7}=\dfrac{8}{7}$

200   답 ③

세 점 P, Q, R의 y좌표는 각각 $\log_a 2$, $\log_b 2$, $-\log_a 2$이므로

$\overline{PQ}=\log_a 2-\log_b 2$, $\overline{QR}=\log_b 2+\log_a 2$이다.

$\overline{PQ}:\overline{QR}=3:5$에서 $3\overline{QR}=5\overline{PQ}$이므로

$3(\log_b 2+\log_a 2)=5(\log_a 2-\log_b 2)$

$2\log_a 2=8\log_b 2$

$\log_a 2=4\log_b 2$

$\dfrac{1}{\log_2 a}=\dfrac{4}{\log_2 b}$

$\log_2 b=4\log_2 a=\log_2 a^4$

$\therefore b=a^4$

$\therefore g(a)=\log_b a=\log_{a^4} a=\dfrac{1}{4}$

201   답 45

점 $P(1, 1)$은 곡선 $y=\log_2(x-1)$의 점근선인 직선 $x=1$ 위의 점이고, 조건 (개)에서 세 점 A, B, P가 한 직선 위에 있으므로 점 P는 선분 AB의 외분점이다.

이때 조건 (내)에서 $\overline{PA}:\overline{PB}=1:2$이므로

점 P는 선분 AB를 1:2로 외분하는 점이다.

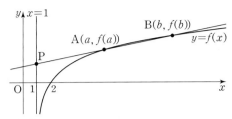

따라서 점 P의 좌표는

$\left(\dfrac{b-2a}{1-2},\ \dfrac{f(b)-2f(a)}{1-2}\right)$, 즉 $(2a-b,\ 2f(a)-f(b))$이다.

이 점이 점 $(1,\ 1)$과 같으므로

$2a-b=1,\ 2f(a)-f(b)=1$이다.

$b=2a-1$이므로

$\begin{aligned} 2f(a)-f(b) &= 2\log_2(a-1)-\log_2(b-1) \\ &= 2\log_2(a-1)-\log_2 2(a-1) \\ &= \log_2(a-1)-1=1 \end{aligned}$

에서 $\log_2(a-1)=2,\ a-1=4$

$\therefore a=5,\ b=2\times5-1=9$

$\therefore ab=45$

202 　　　　　　　　　　　　　　　　　　　　　　　　 답 ②

곡선 $y=\log_2(x-2)$는 곡선 $y=\log_2 x$를 x축의 방향으로 2만큼 평행이동한 것이므로

$\overline{AB}=2,\ \overline{CD}=2$이다.

삼각형 ABC의 넓이는 $\dfrac{1}{2}\times2\times\overline{BC}=1$이므로 $\overline{BC}=1$이다.

두 점 B, C의 x좌표를 k라 하면

$\overline{BC}=\log_2 k-\log_2(k-2)=\log_2\dfrac{k}{k-2}=1$이므로

$\dfrac{k}{k-2}=2,\ k=2k-4$　　$\therefore k=4$

$\overline{CD}=2$이므로 점 D와 E의 x좌표는 $k+2=6$

$\overline{DE}=\log_2 6-\log_2 4=\log_2\dfrac{3}{2}$

따라서 삼각형 CDE의 넓이는

$\dfrac{1}{2}\times2\times\log_2\dfrac{3}{2}=\log_2\dfrac{3}{2}$

203 　　　　　　　　　　　　　　　　　　　　　　　　 답 ④

$A(t,\ 2\log_2 t)$라 하면

$\overline{AB}=2$이므로 $B(t+2,\ 2^{t-1})$이다.

두 점 A, B의 y좌표가 같으므로

$2\log_2 t=2^{t-1}$　　$\therefore \log_2 t=2^{t-2}$ 　　　　…… ㉠

한편, 두 점 B, D의 x좌표가 같으므로

$D(t+2,\ 2\log_2(t+2))$이고

$\overline{BD}=2$에서 $2\log_2(t+2)-2^{t-1}=2$

$2\log_2(t+2)=2^{t-1}+2$

$\therefore \log_2(t+2)=2^{t-2}+1$ 　　　　…… ㉡

㉠, ㉡에서 $\log_2(t+2)=\log_2 t+1=\log_2 2t$이므로

$t+2=2t$

$\therefore t=2$

따라서 $A(2,\ 2)$, $B(4,\ 2)$, $D(4,\ 4)$이고,

두 점 C, D의 y좌표가 같으므로

$2^{x-3}=4=2^2$에서

$x-3=2,\ x=5$

$\therefore C(5,\ 4)$

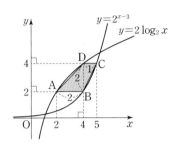

따라서 사각형 ABCD는 평행한 두 변의 길이가 각각 2, 1이고 높이가 2인 사다리꼴이므로 그 넓이는

$\dfrac{1}{2}\times(1+2)\times2=3$

204 　　　　　　　　　　　　　　　　　　　　　　　　 답 ③

선분 AC가 y축에 평행하므로

$\overline{AC}=\log_2 4x-\log_2 x=2$이다.

즉, 정삼각형 ABC의 한 변의 길이는 2이다.

따라서 정삼각형 ABC의 높이는 $\sqrt{3}$이다.

한편, 점 B에서 선분 AC에 내린 수선의 발은 선분 AC의 중점이므로 점 C의 x좌표를 α라 하면 점 B의 y좌표는

$\log_2 \alpha+1=\log_2 2\alpha$

이때 점 B의 x좌표는 $\alpha-\sqrt{3}$이므로 y좌표는

$\log_2 4(\alpha-\sqrt{3})$

즉, $\log_2 2\alpha=\log_2 4(\alpha-\sqrt{3})$에서

$2\alpha=4(\alpha-\sqrt{3})$이므로 $\alpha=2\sqrt{3}$

따라서 점 B의 x좌표는 $\sqrt{3}$이고, y좌표는 $\log_2 4\sqrt{3}$이므로

$p=\sqrt{3},\ q=\log_2 4\sqrt{3}$

$\therefore p^2\times2^q=3\times4\sqrt{3}=12\sqrt{3}$

205 　　　　　　　　　　　　　　　　　　　　　　　　 답 16

곡선 $y=\log_6(x+1)$을 x축의 방향으로 2만큼, y축의 방향으로 -4만큼 평행이동하면 곡선 $y=\log_6(x-1)-4$와 일치한다.

그림과 같이 직선 $y=-2x$와 곡선 $y=\log_6(x-1)-4$의 교점을 A,

직선 $y=-2x+8$과 x축의 교점을 B,

점 A를 지나고 x축에 평행한 직선과 직선 $y=-2x+8$의 교점을 C라 하자.

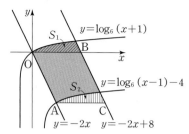

곡선 $y=\log_6(x+1)$과 직선 $y=-2x+8$ 및 x축으로 둘러싸인
부분의 넓이 S_1과
곡선 $y=\log_6(x-1)-4$와 직선 $y=-2x+8$ 및
직선 AC로 둘러싸인 부분의 넓이 S_2가 서로 같으므로
구하는 넓이는 평행사변형 OACB의 넓이와 같다.
점 A는 점 O를 x축의 방향으로 2만큼, y축의 방향으로 -4만큼
평행이동한 점이므로 A$(2, -4)$이고
$-2x+8=0$에서 $x=4$이므로 B$(4, 0)$,
$-2x+8=-4$에서 $x=6$이므로 C$(6, -4)$이다.
즉, $\overline{AC}=4$, 점 A의 y좌표는 -4이므로
평행사변형 OACB의 넓이는 $4\times 4=16$이다.

206 ··· 답 ④

점 A는 곡선 $y=-\log_2 x$ 위에 있고,
두 점 B, C는 곡선 $y=\log_2 x$ 위에 있다.
점 A의 x좌표를 a라 하면 두 점 B, C의 x좌표는 각각 $2a$,
$3a$이므로 A$(a, -\log_2 a)$, B$(2a, \log_2 2a)$, C$(3a, \log_2 3a)$이다.
선분 AC의 중점이 B이므로
$$\frac{-\log_2 a+\log_2 3a}{2}=\log_2 2a$$
$$\frac{\log_2 3}{2}=\log_2 2a, \ \log_2 \sqrt{3}=\log_2 2a$$
$$\sqrt{3}=2a \qquad \therefore a=\frac{\sqrt{3}}{2}$$
직선 AB의 기울기는
$$k=\frac{\log_2 2a-(-\log_2 a)}{2a-a}=\frac{\log_2 2a^2}{a}$$
$$=\frac{\log_2 \frac{3}{2}}{\frac{\sqrt{3}}{2}}=\frac{2}{\sqrt{3}}(\log_2 3-1)$$
$$\therefore \sqrt{3}k=2(\log_2 3-1)$$

207 ··· 답 ③

ㄱ. 두 곡선 $y=|\log_2 x|$와 $y=\left(\frac{1}{2}\right)^x$이 만나는 두 점 중 x좌표가
더 작은 점이 P이므로 $x_1<1$이다.
$x=\frac{1}{2}$일 때 두 함수 $y=\left(\frac{1}{2}\right)^x$, $y=|\log_2 x|$의 함숫값은 각각
$\left(\frac{1}{2}\right)^{\frac{1}{2}}$, 1이고, $\left(\frac{1}{2}\right)^{\frac{1}{2}}<1$이므로 $\frac{1}{2}<x_1<1$이다. (참)

······· **TIP**

ㄴ. 두 곡선 $y=\log_2 x$와 $y=2^x$은 직선 $y=x$에 대하여 대칭이고,

두 곡선 $y=\left(\frac{1}{2}\right)^x$과 $y=\log_{\frac{1}{2}} x$는 직선 $y=x$에 대하여
대칭이다.
따라서 두 곡선 $y=\log_2 x$, $y=\left(\frac{1}{2}\right)^x$의 교점 Q$(x_2, y_2)$와
두 곡선 $y=2^x$, $y=\log_{\frac{1}{2}} x$의 교점 R(x_3, y_3)은 직선 $y=x$에
대하여 대칭이다.
$\therefore x_2=y_3, \ x_3=y_2$
$\therefore x_2 y_2 - x_3 y_3=0$ (참)

ㄷ. S$(1, 0)$이라 하자.
(직선 RS의 기울기)$=\dfrac{y_3}{x_3-1}$
(직선 PS의 기울기)$=\dfrac{y_1}{x_1-1}$
이고, (직선 RS의 기울기)$<$(직선 PS의 기울기)이므로
$$\frac{y_3}{x_3-1}<\frac{y_1}{x_1-1}$$
ㄴ에서 $x_3=y_2$, $x_2=y_3$이므로
$$\frac{x_2}{y_2-1}<\frac{y_1}{x_1-1}$$
이때 $x_1-1<0$, $y_2-1<0$이므로 $(x_1-1)(y_2-1)>0$이고
양변에 $(x_1-1)(y_2-1)$을 각각 곱하면
$x_2(x_1-1)<y_1(y_2-1)$ (거짓)
따라서 옳은 것은 ㄱ, ㄴ이다.

TIP

두 함수 $y=\left(\frac{1}{2}\right)^x$, $y=|\log_2 x|$의 그래프가
$0<x<1$인 범위에서 점 P(x_1, y_1)에서 만나고,
$0<x<x_1$일 때 $|\log_2 x|>\left(\frac{1}{2}\right)^x$,
$x_1<x<1$일 때 $|\log_2 x|<\left(\frac{1}{2}\right)^x$이다.
이때 $\left|\log_2 \frac{1}{2}\right|>\left(\frac{1}{2}\right)^{\frac{1}{2}}$이므로 $\frac{1}{2}<x_1<1$임을 알 수 있다.

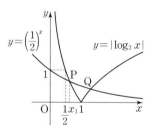

208 ··· 답 ⑤

$0<\dfrac{1}{a}<1$에서 $a>1$이므로
$\dfrac{1}{a}<b<1$의 각 변에 밑이 a인 로그를 취하면
$$\log_a \frac{1}{a}<\log_a b<\log_a 1$$
$$\therefore -1<\log_a b<0$$

즉, $-1<B<0$이므로 $A<B<0$

$C=\log_b a=\dfrac{1}{\log_a b}=\dfrac{1}{B}$이므로 $C<-1$

$\therefore C<A<B$

209   답 $D<C<A<B$

$b>1$이므로 $b<a<b^2$의 각 변에 밑이 b인 로그를 취하면

$\log_b b<\log_b a<\log_b b^2$

$1<\log_b a<2$

즉, $1<B<2$

$A=\log_a b=\dfrac{1}{\log_b a}=\dfrac{1}{B}$이므로

$\dfrac{1}{2}<A<1$

$C=\log_a \dfrac{a}{b}=1-\log_a b=1-A$이므로

$0<C<\dfrac{1}{2}$

$D=\log_b \dfrac{b}{a}=1-\log_b a=1-B$이므로

$-1<D<0$

$\therefore D<C<A<B$

210   답 ④

$a>2$이므로 $a<x<a^2$의 각 변에 밑이 a인 로그를 취하면

$\log_a a<\log_a x<\log_a a^2$

$\therefore 1<\log_a x<2$ ...... ㉠

$1<(\log_a x)^2<4$, $2<\log_a x^2(=2\log_a x)<4$로 두 수의 대소를 직접 비교할 수 없으므로 $(\log_a x)^2$과 $\log_a x^2$의 차를 계산해 보면

$(\log_a x)^2-\log_a x^2=\log_a x(\log_a x-2)$

이때 ㉠에서 $\log_a x>0$, $\log_a x-2<0$이므로

$(\log_a x)^2-\log_a x^2<0$이다.

$\therefore (\log_a x)^2<\log_a x^2$

한편, ㉠에 밑이 a인 로그를 취하면

$\log_a 1<\log_a (\log_a x)<\log_a 2<\log_a a\ (\because a>2)$

$\therefore 0<\log_a (\log_a x)<1$

따라서 $\log_a (\log_a x)<(\log_a x)^2<\log_a x^2$이다.

211   답 ⑤

$a^2<a$에서 $a(a-1)<0$이므로 $0<a<1$

ㄱ. 밑이 a이고, $0<a<1$일 때 지수가 커질수록 값이 작아지므로
$a<b$에서 $a^a>a^b$ (거짓)

ㄴ. $0<a<1$이므로 $a<b$에 밑이 a인 로그를 취하면
$\log_a a>\log_a b$
$\therefore \log_a b<1$ (참)

ㄷ. $b+1>a+1>1$이므로
함수 $y=\log_{b+1} x$의 그래프는 다음과 같다.

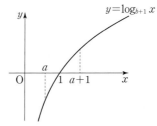

이때 $0<a<1$, $1<a+1<2$이므로

$\log_{b+1} a<0$, $\log_{b+1} (a+1)>0$이다.

$\therefore \log_{b+1} a\times\log_{b+1} (a+1)<0$ (참)

ㄹ. $b<1$이면 $0<a<b<1$이다.

$0<a<1$이므로 $a<b<1$의 각 변에 밑이 a인 로그를 취하면

$\log_a a>\log_a b>\log_a 1$에서 $0<\log_a b<1$이다.

또한, $\log_b a=\dfrac{1}{\log_a b}>1$이므로 $\log_a b$, $\log_b a$는 모두 양수이다.

산술평균과 기하평균의 관계에 의하여

$\log_a b+\log_b a\geq 2\sqrt{\log_a b\times\log_b a}=2$이고,

이때 등호는 $\log_a b=\log_b a$일 때 성립하는데 $\log_a b\neq\log_b a$이므로 등호는 성립하지 않는다.

$\therefore \log_a b+\log_b a>2$ (참)

따라서 옳은 것은 ㄴ, ㄷ, ㄹ이다.

212   답 ④

$y=\left(\log_{\frac{1}{2}} 4x\right)\left(\log_{\frac{1}{2}} \dfrac{8}{x}\right)$

$=\left(\log_2 4x\right)\left(\log_2 \dfrac{8}{x}\right)$

$=(2+\log_2 x)(3-\log_2 x)$

$=-(\log_2 x)^2+\log_2 x+6$

$=-\left(\log_2 x-\dfrac{1}{2}\right)^2+\dfrac{25}{4}$ ...... ㉠

$\log_2 x=t$라 하면 $1\leq x\leq 4$에서

$\log_2 1\leq\log_2 x\leq\log_2 4$이므로 $0\leq t\leq 2$이고,

㉠은 $y=-\left(t-\dfrac{1}{2}\right)^2+\dfrac{25}{4}$이므로

$t=\dfrac{1}{2}$일 때 최댓값 $M=\dfrac{25}{4}$이고,

$t=2$일 때 최솟값 $m=-\left(\dfrac{3}{2}\right)^2+\dfrac{25}{4}=4$이다.

$\therefore Mm=\dfrac{25}{4}\times 4=25$

213   답 ②

$y=2^{\log x}\times x^{\log 2}-24\times 2^{\log \frac{x}{100}}$

$=2^{\log x}\times 2^{\log x}-24\times 2^{\log x-2}$

$=(2^{\log x})^2-6\times 2^{\log x}$

이때 $2^{\log x}=t$라 하면 $y=t^2-6t$이다.

또한, $1\leq x\leq 100$에서

$0\leq\log x\leq 2$,

$1\leq 2^{\log x}\leq 4$

이므로 $1\leq t\leq 4$이다.

즉, $1 \le t \le 4$에서 함수 $y = t^2 - 6t = (t-3)^2 - 9$의
최댓값은 $t=1$일 때 -5이고,
최솟값은 $t=3$일 때 -9이다.
따라서 최댓값과 최솟값의 합은 -14이다.

214
답 55

$\left| \log_3 \left(\frac{1}{9}x + 3 \right) \right| = 0$에서 $\frac{1}{9}x + 3 = 1$, $x = -18$이므로

함수 $y = \left| \log_3 \left(\frac{1}{9}x + 3 \right) \right|$의 그래프는 다음과 같다.

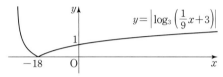

이 함수의 그래프를 y축의 방향으로 1만큼 평행이동한 함수
$f(x) = \left| \log_3 \left(\frac{1}{9}x + 3 \right) \right| + 1$의 그래프는 다음과 같다.

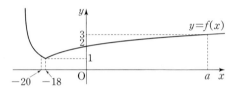

$f(-20) = \left| \log_3 \frac{7}{9} \right| + 1 = \log_3 \frac{9}{7} + 1 < 2 \left(\because \log_3 \frac{9}{7} < \log_3 3 = 1 \right)$

정의역이 $\{x \,|\, -20 \le x \le a\}$인 함수 $f(x)$의 치역이 $\{y \,|\, b \le y \le 3\}$이
려면 $-20 \le x \le a$에서 함수 $f(x)$의 최댓값이 3, 최솟값이 b이어야
한다.
따라서 $a > -18$, $f(a) = 3$이어야 하고, 이때 $b = 1$이다.
즉, $f(a) = \log_3 \left(\frac{1}{9}a + 3 \right) + 1 = 3$이므로

$\log_3 \left(\frac{1}{9}a + 3 \right) = 2$

$\frac{1}{9}a + 3 = 9$ $\therefore a = 54$

$\therefore a + b = 54 + 1 = 55$

215
답 풀이 참조

함수 $y = 3^{x-a} + \frac{3}{2}$의 그래프와 그 역함수의 그래프의 교점은

직선 $y = x$ 위에 있으므로 선분 AB를 대각선으로 하는 정사각형의
각 변은 모두 x축 또는 y축에 평행하다.
이 정사각형의 한 변의 길이가 2이므로
점 A의 좌표를 (p, p)라 하면 점 B의 x좌표는 $(p+2, p+2)$이다.
두 점 A, B는 모두 함수 $y = 3^{x-a} + \frac{3}{2}$의 그래프 위의 점이므로

$3^{p-a} + \frac{3}{2} = p$ ...... ㉠

$3^{p+2-a} + \frac{3}{2} = p+2$ ...... ㉡

㉠에서 $p - \frac{3}{2} = 3^{p-a}$이고,

㉡에서 $p + \frac{1}{2} = 3^{p+2-a}$이다.

$\dfrac{p + \frac{1}{2}}{p - \frac{3}{2}} = \dfrac{3^{p+2-a}}{3^{p-a}} = 9$이므로

$p + \frac{1}{2} = 9 \left(p - \frac{3}{2} \right)$

$8p = 14$ $\therefore p = \frac{7}{4}$

따라서 A$\left(\frac{7}{4}, \frac{7}{4} \right)$, B$\left(\frac{15}{4}, \frac{15}{4} \right)$이다.

채점 요소	배점
두 점 A, B의 좌표를 각각 (p, p), $(p+2, p+2)$로 놓기	30 %
두 점 A, B의 좌표를 이용하여 두 개의 방정식 찾기	40 %
두 식을 연립하여 두 점 A, B의 좌표 각각 구하기	40 %

216
답 ④

$f(x) = a^x - b$, $g(x) = \log_a (x+b)$라 할 때, 두 함수는 서로 역함수
관계이므로 두 함수의 그래프는 직선 $y = x$에 대하여 대칭이다.
따라서 두 함수의 그래프의 교점인 두 점 A, B는 직선 $y = x$ 위의 점
이므로 그 좌표를 각각 A(p, p), B(q, q) $(p < q)$라 하자.
조건 ㈎에서 $\overline{AB} = \sqrt{2}(q-p) = 2\sqrt{2}$이므로

$q - p = 2$이고, ... ㉠

조건 ㈏에 의하여 선분 AB의 중점인 점 $\left(\frac{p+q}{2}, \frac{p+q}{2} \right)$는 직선

$x + y - 2 = 0$ 위의 점이므로

$p + q = 2$이다.   ...... ㉡

㉠, ㉡을 연립하여 풀면 $p = 0$, $q = 2$이다.
따라서 A$(0, 0)$, B$(2, 2)$이고, 두 점 A, B가 함수 $y = f(x)$의 그
래프 위의 점이므로 $f(0) = 0$, $f(2) = 2$이다.
$f(0) = a^0 - b = 1 - b = 0$에서 $b = 1$
$f(2) = a^2 - b = 2$에서 $a^2 = 3$이므로 $a = \sqrt{3}$ $(\because a > 0)$
$\therefore a + b = \sqrt{3} + 1$

217
답 ④

ㄱ. 두 함수 $y = 2^x$, $y = \log_2 x$는 서로 역함수 관계이므로
두 함수의 그래프는 직선 $y = x$에 대하여 대칭이다.
또한, 직선 $y = -x + k$도 직선 $y = x$에 대하여 대칭이므로 직선
$y = -x + k$가 두 함수 $y = 2^x$, $y = \log_2 x$의 그래프와 만나는 두
점 A, B도 직선 $y = x$에 대하여 대칭이고, 두 점 C, D도 직선
$y = x$에 대하여 대칭이다.
따라서 $\overline{AD} = \overline{BC}$이고 $\overline{AB} = \overline{BC}$이므로 $\overline{AC} = 2\overline{AD}$이다.
$\therefore \overline{AD} : \overline{AC} = 1 : 2$ (거짓)

ㄴ. ㄱ에 의하여 $\overline{AD} = \overline{AB} = \overline{BC}$이므로
점 A의 x좌표를 a $(a > 0)$라 하면 점 B의 x좌표는 $2a$,
점 C의 x좌표는 $3a$이고, 두 점 A, B는 직선 $y = x$에 대하여
대칭이므로 A$(a, 2a)$, B$(2a, a)$이다.
점 O에서 선분 AB에 내린 수선의 발을 H라 하면

점 H는 선분 AB의 중점이므로 $H\left(\dfrac{3}{2}a, \dfrac{3}{2}a\right)$이다.

삼각형 OAB의 넓이는

$$\frac{1}{2}\times\overline{AB}\times\overline{OH}=\frac{1}{2}\times\sqrt{2}a\times\frac{3}{2}\sqrt{2}a=\frac{3}{2}a^2=6$$

이므로 $a^2=4$에서 $a=2$이다. $(\because a>0)$

따라서 점 C의 x좌표는 $3a=6$이므로 $k=6$이다. (참)

ㄷ. ㄴ에서 $a=2$이므로 $A(2,\,4)$, $B(4,\,2)$이다.
따라서 점 A의 x좌표와 점 B의 y좌표의 합은
$2+2=4$이다. (참)

따라서 옳은 것은 ㄴ, ㄷ이다.

다른 풀이

ㄴ. ㄱ에 의하여 $\overline{AD}=\overline{AB}=\overline{BC}$이므로
삼각형 OCD의 넓이는 삼각형 OAB의 넓이의 3배이다.
즉, 삼각형 OCD의 넓이는 $3\times6=18$이다.

이때 $\overline{OC}=\overline{OD}=k$이므로 삼각형 OCD의 넓이는 $\dfrac{1}{2}k^2$이고,

$\dfrac{1}{2}k^2=18$에서 $k=6$이다. (참)

ㄷ. ㄴ에 의하여 점 C의 좌표는 $(6,\,0)$이다.
또한, ㄱ에 의하여 $\overline{AD}=\overline{AB}=\overline{BC}$이므로 두 점 A, B의 x좌표는 각각 2, 4이다.
이때 두 점 A, B가 직선 $y=x$에 대하여 대칭이므로
$A(2,\,4)$, $B(4,\,2)$이다.
따라서 점 A의 x좌표와 점 B의 y좌표의 합은
$2+2=4$이다. (참)

218 .... 답 ③

두 함수 $y=2^x+1$, $y=\log_2(x-1)$은 서로 역함수 관계이므로
두 곡선은 직선 $y=x$에 대하여 대칭이다.
따라서 곡선 $y=\log_2(x-1)$ 위의 점 B를 지나고 기울기가 -1인 직선이 곡선 $y=2^x+1$과 만나는 점 C에 대하여 두 점 B, C는 직선 $y=x$에 대하여 대칭이다.
점 C에서 직선 AB에 내린 수선의 발을 H라 하면 삼각형 BCH는 직각이등변삼각형이므로
$\overline{BC}=3\sqrt{2}$일 때 $\overline{CH}=\overline{BH}=3$이다.
점 B의 x좌표가 t이므로 점 C의 x좌표는 $t-3$이고, 두 점 B, C가 직선 $y=x$에 대하여 대칭이므로 $B(t,\,t-3)$, $C(t-3,\,t)$이다.
또한, $\overline{AB}=31$이므로 $A(t,\,t+28)$이다.
두 점 A, C가 곡선 $y=2^x+1$ 위의 점이므로

$$t+28=2^t+1 \qquad\cdots\cdots\ \bigcirc$$
$$t=2^{t-3}+1 \qquad\cdots\cdots\ \bigcirc$$

$\bigcirc$에서 $\bigcirc$의 양변을 각각 빼면

$$28=2^t-2^{t-3}=2^t\left(1-\frac{1}{8}\right)=\frac{7}{8}\times2^t$$

$2^t=32$ $\quad\therefore t=5$

즉, $B(5,\,2)$, $C(2,\,5)$이고,
점 O에서 선분 BC에 내린 수선의 발을 M이라 하면
점 M은 선분 BC의 중점이므로 $M\left(\dfrac{7}{2},\,\dfrac{7}{2}\right)$이고, $\overline{OM}=\dfrac{7}{2}\sqrt{2}$이다.

따라서 삼각형 OBC의 넓이는

$$\frac{1}{2}\times3\sqrt{2}\times\frac{7}{2}\sqrt{2}=\frac{21}{2}$$이다.

219 .... 답 6

두 함수 $y=2^x+k$, $y=\log_2(x-k)$는 서로 역함수 관계이므로
두 곡선은 직선 $y=x$에 대하여 대칭이다.
곡선 $y=2^x+k$와 직선 $y=5x$가 만나는 점 중 한 점 A의 좌표를 $(a,\,5a)$라 하면 점 A를 지나고 기울기가 -1인 직선이 곡선 $y=\log_2(x-k)$와 만나는 점 B는 점 A와 직선 $y=x$에 대하여 대칭이므로 점 B의 좌표는 $(5a,\,a)$이다.

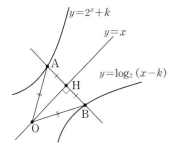

이때 삼각형 OAB는 $\overline{OA}=\overline{OB}$인 이등변삼각형이므로 점 O에서 선분 AB에 내린 수선의 발을 H라 하면 점 H는 선분 AB의 중점이다.
즉, $H(3a,\,3a)$이다.
$\overline{AB}=4\sqrt{2}|a|$, $\overline{OH}=3\sqrt{2}|a|$이므로 삼각형 OAB의 넓이는

$$\frac{1}{2}\times\overline{AB}\times\overline{OH}=\frac{1}{2}\times4\sqrt{2}|a|\times3\sqrt{2}|a|$$
$$=12|a|^2=48$$

$\therefore |a|=2$

$a=-2$인 경우 점 $A(-2,\,-10)$이 곡선 $y=2^x+k$ 위의 점이므로
$-10=2^{-2}+k$에서 $k=-\dfrac{41}{4}$

그런데 $k>0$이므로 모순이다.
따라서 $a=2$인 경우 점 $A(2,\,10)$이 곡선 $y=2^x+k$ 위의 점이므로
$10=2^2+k$에서 $k=6$

$\therefore k=6\ (\because k>0)$

220 .... 답 10

두 함수 $y=\log_2(x+a)+b$, $y=2^{x-b}-a$는 서로 역함수 관계이므로
두 함수의 그래프는 직선 $y=x$에 대하여 대칭이다.
이때 직선 $y=x$에 대하여 대칭인 두 점은 기울기가 -1인 한 직선 위에 있다.
따라서 함수 $y=\log_2(x+a)+b$의 그래프 위의 점 P를 지나고 기울기가 -1인 직선이 함수 $y=2^{x-b}-a$의 그래프와 만나는 점이 Q일 때, 두 점 P, Q는 직선 $y=x$에 대하여 서로 대칭이다.
즉, 점 $P(15,\,1)$에 대하여 점 $Q(1,\,15)$이다.
삼각형 PQR의 밑변을 선분 PR라 하면 높이는 $15-1=14$이므로
삼각형 PQR의 넓이는

$$\frac{1}{2}\times\overline{PR}\times14=119$$

$\therefore \overline{PR}=17$

따라서 점 R의 x좌표는 $15-17=-2$, y좌표는 1이므로
$R(-2, 1)$이다.
두 점 $Q(1, 15)$, $R(-2, 1)$이 모두 함수 $y=2^{x-b}-a$의 그래프 위의 점이므로

$2^{1-b}-a=15$ ...... ㉠
$2^{-2-b}-a=1$ ...... ㉡

㉠$-$㉡을 하면
$2^{1-b}-2^{-2-b}=14$
$(2^1-2^{-2})2^{-b}=14$
$\dfrac{7}{4}\times 2^{-b}=14$, $2^{-b}=8$ $\therefore b=-3$
$b=-3$을 ㉠에 대입하면
$2^4-a=15$ $\therefore a=1$
$\therefore a^2+b^2=1+9=10$

221 답 ②

$y=\log_2(x+3)-1$을 x에 대하여 정리하면
$\log_2(x+3)=y+1$
$x+3=2^{y+1}$
$x=2^{y+1}-3$
x와 y를 서로 바꾸면
$y=2^{x+1}-3$
$\therefore f(x)=2^{x+1}-3$
방정식 $f(2x)+f(x+1)-10=0$에서
$(2^{2x+1}-3)+(2^{x+2}-3)-10=0$
$2\times 2^{2x}+4\times 2^x-16=0$
$2^{2x}+2\times 2^x-8=0$
$(2^x+4)(2^x-2)=0$
$2^x=2\ (\because 2^x>0)$
$\therefore x=1$

222 답 -2

$2^{2x+1}+a\times 2^x+a+13=0$ ...... ㉠
$2^x=t\ (t>0)$라 하면
$2t^2+at+a+13=0$ ...... ㉡
㉠의 두 근을 α, β라 하면
㉡의 두 근은 2^α, 2^β이다.
㉠의 두 근의 합이 $\alpha+\beta=1$이므로
㉡의 두 근의 곱은 $2^\alpha\times 2^\beta=2^{\alpha+\beta}=2$이다.
따라서 ㉡에서 이차방정식의 근과 계수의 관계에 의하여
$\dfrac{a+13}{2}=2$이므로 $a=-9$
이를 ㉡에 대입하면
$2t^2-9t+4=0$, $(2t-1)(t-4)=0$
$t=\dfrac{1}{2}$ 또는 $t=4$
$2^x=\dfrac{1}{2}$ 또는 $2^x=4$

$\therefore x=-1$ 또는 $x=2$
따라서 구하는 두 근의 곱은 $(-1)\times 2=-2$이다.

223 답 ③

$4^x+4^{-x}=(2^x+2^{-x})^2-2$이므로 주어진 방정식은
$(2^x+2^{-x})^2+3(2^x+2^{-x})-18=0$
$2^x+2^{-x}=t$라 하면
$t^2+3t-18=0$
$(t+6)(t-3)=0$
$t=-6$ 또는 $t=3$
이때 산술평균과 기하평균의 관계에 의하여
$t=2^x+2^{-x}\geq 2\sqrt{2^x\times 2^{-x}}=2$
(단, 등호는 $2^x=2^{-x}$, 즉 $x=0$일 때 성립한다.)
$\therefore 2^x+2^{-x}=3$ ...... ㉠
양변에 2^{-x}을 곱하면
$1+2^{-2x}=3\times 2^{-x}$
$2^{-2x}-3\times 2^{-x}+1=0$
$2^{-x}=p\,(p>0)$라 하면
$p^2-3p+1=0$
이 이차방정식의 두 근이 $2^{-\alpha}$, $2^{-\beta}$이므로
이차방정식의 근과 계수의 관계에 의하여
$2^{-\alpha}+2^{-\beta}=3$, $2^{-\alpha}2^{-\beta}=1$
$\therefore 4^{-\alpha}+4^{-\beta}=(2^{-\alpha}+2^{-\beta})^2-2\times 2^{-\alpha}2^{-\beta}$
$\qquad\qquad\quad =3^2-2\times 1=7$

다른 풀이

㉠에서 다음과 같이 풀이할 수 있다.
양변에 2^x을 곱하면
$2^{2x}+1=3\times 2^x$
$2^{2x}-3\times 2^x+1=0$
$2^x=s\ (s>0)$라 하면
$s^2-3s+1=0$
이 이차방정식의 두 근이 2^α, 2^β이므로
이차방정식의 근과 계수의 관계에 의하여
$2^\alpha+2^\beta=3$, $2^\alpha 2^\beta=1$
$\therefore 4^{-\alpha}+4^{-\beta}=\dfrac{1}{2^{2\alpha}}+\dfrac{1}{2^{2\beta}}=\dfrac{2^{2\alpha}+2^{2\beta}}{2^{2\alpha}2^{2\beta}}$
$\qquad\qquad\quad =\dfrac{(2^\alpha+2^\beta)^2-2\times 2^\alpha 2^\beta}{(2^\alpha 2^\beta)^2}$
$\qquad\qquad\quad =\dfrac{3^2-2\times 1}{1^2}=7$

224 답 (1) 10 (2) 6

(1) $(x+1)^{x^2-6x}=5^{x^2-6x}$
 (i) 지수가 서로 같으므로 밑이 서로 같을 때 등식이 성립한다.
    $x+1=5$에서 $x=4$
 (ii) 밑에 관계없이 등식이 성립하는 경우는 지수가 0일 때이다.
    $x^2-6x=x(x-6)=0$에서 $x=0$ 또는 $x=6$
 (i), (ii)에서 구하는 모든 실근의 합은 $4+0+6=10$이다.

(2) $x^{x^2}=x^{5x-6}$

  (i) 밑이 서로 같으므로 지수가 서로 같을 때 등식이 성립한다.

$x^2=5x-6$에서 $x^2-5x+6=(x-2)(x-3)=0$

∴ $x=2$ 또는 $x=3$

  (ii) 지수에 관계없이 등식이 성립하는 경우는 밑이 1일 때이다.

∴ $x=1$ $(∵ x>0)$

  (i), (ii)에서 구하는 모든 실근의 합은 $2+3+1=6$이다.

225 ━━━━━━━━━━━━━━━━━━━━━━ 답 3

$\log_2 x=0$에서 $x=1$이고,

$-\log_2 \dfrac{x}{4}=0$에서 $\dfrac{x}{4}=1$, 즉 $x=4$이므로

C$(1, 0)$, D$(4, 0)$이다.

따라서 $\overline{CD}=3$이고, $\overline{AB}:\overline{CD}=5:2$이므로

$\overline{AB}=\dfrac{5}{2}\overline{CD}=\dfrac{15}{2}$이다. $\qquad$ ……㉠

$\log_2 x=k$에서 $x=2^k$이고,

$-\log_2 \dfrac{x}{4}=k$에서 $\dfrac{x}{4}=2^{-k}$, 즉 $x=2^{2-k}$이므로

A$(2^k, k)$, B$(2^{2-k}, k)$이다.

∴ $\overline{AB}=2^k-2^{2-k}=\dfrac{15}{2}$ $(∵ ㉠)$

$2^k-2^{2-k}=\dfrac{15}{2}$의 양변에 2×2^k을 곱하면

$2\times 2^{2k}-2^3=15\times 2^k$

$2\times 2^{2k}-15\times 2^k-8=0$

$(2\times 2^k+1)(2^k-8)=0$

$2^k=8$ $(∵ 2^k>0)$ $\qquad$ ∴ $k=3$

226 ━━━━━━━━━━━━━━━━━━━━━━ 답 ③

방정식 $|3^x-2a|+a=10$에서 $|3^x-2a|=10-a$이다.

이 방정식의 실근의 개수는 함수 $y=|3^x-2a|$의 그래프와 직선 $y=10-a$의 교점의 개수와 같다.

(i) $a\le 0$인 경우

모든 실수 x에 대하여 $3^x-2a>0$이므로

함수 $y=|3^x-2a|$의 그래프는 함수 $y=3^x-2a$의 그래프와 같다.

따라서 직선 $y=10-a$와 두 점에서 만나는 경우는 존재하지 않는다.

(ii) $a>0$인 경우

함수 $y=|3^x-2a|$의 그래프는 함수 $y=3^x-2a$의 그래프의 x축 아랫부분을 x축에 대하여 대칭이동하면 되므로 다음과 같다.

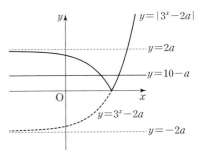

이때 함수 $y=|3^x-2a|$의 그래프가 직선 $y=10-a$와 서로 다른 두 점에서 만나려면 $0<10-a<2a$이어야 한다.

즉, $\dfrac{10}{3}<a<10$이다.

(i), (ii)에 의하여 $\dfrac{10}{3}<a<10$이므로 정수 a의 최댓값은 $M=9$,

최솟값은 $m=4$이다.

∴ $M+m=13$

227 ━━━━━━━━━━━━━━━━━━━━━━ 답 ②

$4^x-2^{x+2}-k^2+4=0$에서

$2^{2x}-4\times 2^x-k^2+4=0$ $\qquad$ ……㉠

이때 $2^x=t$라 하면 $t>0$이고,

$t^2-4t-k^2+4=0$이다. $\qquad$ ……㉡

㉠이 서로 다른 두 실근을 가지려면

㉡이 $t>0$일 때 서로 다른 두 실근을 가져야 한다.

즉, 이차방정식 $t^2-4t-k^2+4=0$이 서로 다른 두 양의 실근을 가져야 한다.

(i) ㉡의 판별식을 D라 하면 $D>0$이어야 한다.

$\dfrac{D}{4}=(-2)^2-(-k^2+4)=k^2>0$에서 $k\ne 0$이다.

(ii) 두 실근의 합이 양수이어야 한다.

이때 두 실근의 합은 4이므로 항상 조건을 만족시킨다.

(iii) 두 실근의 곱이 양수이어야 한다.

두 실근의 곱은 $-k^2+4>0$이므로

$k^2<4$ $\qquad$ ∴ $-2<k<2$

(i)~(iii)에 의하여 k의 값의 범위는 $-2<k<0$ 또는 $0<k<2$이다.

따라서 정수 k는 -1, 1로 2개이다.

228 ━━━━━━━━━━━━━━━━━━━━━━ 답 ①

두 함수 $f(x)=4^x$, $g(x)=3\times 2^{x+2}-k+3$의 그래프의 두 교점의 x좌표가 각각 a, b이므로

방정식 $4^x=3\times 2^{x+2}-k+3$, 즉 $2^{2x}-12\times 2^x+k-3=0$의 두 실근이 a, b이다.

$2^{2x}-12\times 2^x+k-3=0$에서 $\qquad$ ……㉠

$2^x=t$라 하면 $t>0$이고,

$t^2-12t+k-3=0$이다. $\qquad$ ……㉡

이때 $ab<0$이므로 a, b의 부호가 서로 달라야 한다.

일반성을 잃지 않고 $a<0$, $b>0$이라 하면

$0<2^a<1$, $2^b>1$이므로

㉡은 서로 다른 두 실근 t_1, t_2를 갖고,

$0<t_1<1$, $t_2>1$이어야 한다.

이를 만족시키려면 이차함수

$h(t)=t^2-12t+k-3=(t-6)^2+k-39$

라 할 때, $h(0)>0$, $h(1)<0$을 만족시키면 된다.

$h(0)=k-3>0$에서 $k>3$이고,

$h(1)=k-14<0$에서 $k<14$이므로

$3<k<14$이다.

따라서 구하는 자연수 k는 $4,\ 5,\ 6,\ \cdots,\ 13$으로 10개이다.

229 ·· 답 ②

약물의 혈중 농도가 5시간마다 $\dfrac{1}{2}$의 비율로 줄어든다고 하였으므로

t시간 후 약물의 혈중 농도는 현재의 $\left(\dfrac{1}{2}\right)^{\frac{t}{5}}$이다.

t시간 후 약물의 혈중 농도가 현재의 $20\ \%$가 된다고 하면

$\left(\dfrac{1}{2}\right)^{\frac{t}{5}}=\dfrac{20}{100}=\dfrac{1}{5}$

양변에 상용로그를 취하면

$\log\left(\dfrac{1}{2}\right)^{\frac{t}{5}}=\log\dfrac{1}{5}=\log\dfrac{2}{10},\ -\dfrac{t}{5}\log 2=\log 2-1$

$-\dfrac{t}{5}\times 0.3=0.3-1,\ -0.06t=-0.7$

$\therefore t=\dfrac{70}{6}$

따라서 $\dfrac{70}{6}\left(=11+\dfrac{4}{6}\right)$시간, 즉 11시간 40분 후이다.

230 ·· 답 ⑤

(i) $0<x<1$일 때

   $x^{5x-6}>x^{3x}$에서 $5x-6<3x,\ x<3$

   $\therefore 0<x<1$

(ii) $x=1$일 때

   $x^{5x-6}>x^{3x}$에서 좌변과 우변의 값이 모두 1로 같으므로

   부등식이 성립하지 않는다.

(iii) $x>1$일 때

   $x^{5x-6}>x^{3x}$에서 $5x-6>3x,\ x>3$

   $\therefore x>3$

(i)~(iii)에서 주어진 부등식의 해는

$0<x<1$ 또는 $x>3$

231 ·· 답 ④

$4^{x+1}-(k+16)2^{x+1}+16k<0$에서

$4\times 2^{2x}-2(k+16)2^x+16k<0$

$2\times 2^{2x}-(k+16)2^x+8k<0$

$(2\times 2^x-k)(2^x-8)<0$ ······ ㉠

(i) $\dfrac{k}{2}<8$일 때

   ㉠에서 $\dfrac{k}{2}<2^x<8=2^3$

   이를 만족시키는 정수 x가 $1,\ 2$로 2개 존재해야 하므로

   $2^0\le\dfrac{k}{2}<2^1$이어야 한다.

   즉, $2\le k<4$이므로 정수 k의 개수는 $4-2=2$이다.

(ii) $\dfrac{k}{2}=8$일 때

   ㉠에서 $2(2^x-8)^2<0$이므로 이를 만족시키는 실수 x의 값은

   존재하지 않는다.

(iii) $\dfrac{k}{2}>8$일 때

   ㉠에서 $8=2^3<2^x<\dfrac{k}{2}$

   이를 만족시키는 정수 x가 $4,\ 5$로 2개 존재해야 하므로

   $2^5<\dfrac{k}{2}\le 2^6$이어야 한다.

   즉, $64<k\le 128$이므로 정수 k의 개수는 $128-64=64$이다.

(i)~(iii)에서 구하는 정수 k의 개수는 $2+64=66$이다.

232 ·· 답 풀이 참조

$3^{2x}+3^{x+1}+k-3\ge 0$에서 $3^{2x}+3\times 3^x+k-3\ge 0$

$3^x=t$라 하면 모든 실수 x에 대하여 $t>0$이므로

$t>0$인 모든 실수 t에 대하여 부등식 $t^2+3t+k-3\ge 0$이

성립해야 한다. ······ ㉠

$f(t)=t^2+3t+k-3$이라 하면

이차함수 $y=f(t)$의 그래프의 축의 방정식이 $t=-\dfrac{3}{2}$이므로

함수 $y=f(t)$의 그래프는 다음과 같다.

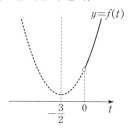

㉠을 만족시키려면 $f(0)\ge 0$이어야 한다.

$f(0)=k-3\ge 0$에서 $k\ge 3$

따라서 구하는 실수 k의 최솟값은 3이다.

채점 요소	배점
$3^x=t$로 치환하여 $t>0$인 모든 실수 t에 대하여 성립하는 이차부등식 구하기	$50\ \%$
$f(0)\ge 0$임을 이용하여 실수 k의 최솟값 구하기	$50\ \%$

233 ·· 답 ④

$\left(\dfrac{1}{2}\right)^{f(x)g(x)}\ge\left(\dfrac{1}{8}\right)^{g(x)}$에서

$\left(\dfrac{1}{2}\right)^{f(x)g(x)}\ge\left(\dfrac{1}{2}\right)^{3g(x)}$

이때 밑이 $\dfrac{1}{2}$로 $0<\dfrac{1}{2}<1$이므로

$f(x)g(x)\le 3g(x)$

$g(x)\{f(x)-3\}\le 0$

따라서 $g(x)\le 0,\ f(x)-3\ge 0$ 또는 $g(x)\ge 0,\ f(x)-3\le 0$이다.

주어진 그래프에 의하여

$g(x)\le 0,\ f(x)\ge 3$을 동시에 만족시키는 자연수 x는 1이고,

$g(x) \geq 0$, $f(x) \leq 3$을 동시에 만족시키는 자연수 x는 3, 4, 5이다.
따라서 구하는 모든 자연수 x의 값의 합은
$1+3+4+5=13$

234   답 ②

$f(x)=|9^x-3|$, $g(x)=2^{x+k}$이라 하자.
함수 $y=g(x)$는 x의 값이 커질 때 y의 값도 커지는 함수이므로
두 곡선 $y=f(x)$와 $y=g(x)$가 두 점에서 만나고,
이 두 점의 x좌표 x_1, x_2 $(x_1<x_2)$가 $x_1<0$, $0<x_2<2$를 만족시키
려면 다음 그림과 같아야 한다.

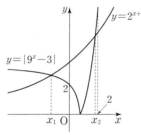

이때 두 곡선이 $x<0$에서 만나려면 $f(0)<g(0)$이어야 하고,
$0<x<2$에서 만나려면 $f(2)>g(2)$이어야 한다.
$f(0)<g(0)$에서 $|9^0-3|<2^k$,
즉 $2^k>2$이므로 $k>1$이다.   …… ㉠
$f(2)>g(2)$에서 $|9^2-3|>2^{2+k}$,
즉 $2^{k+2}<78$에서 $2^k<\dfrac{39}{2}$

이때 $2^4<\dfrac{39}{2}<2^5$이므로 자연수 k에 대하여 $k \leq 4$이다.   …… ㉡

㉠, ㉡에 의하여 조건을 만족시키는 모든 자연수 k는 2, 3, 4이므로
그 합은 $2+3+4=9$이다.

235   답 ④

수면으로부터 6 m씩 내려갈 때마다 햇빛의 양이 8%씩 감소되므로
수면으로부터 x m인 깊이에서의 햇빛의 양은 수면에 비치는 햇빛의
양의 $\left(\dfrac{92}{100}\right)^{\frac{x}{6}}$이다.
식물성 플랑크톤이 살 수 있는 깊이를 t m라 하면
이 식물성 플랑크톤은 햇빛의 양이 수면에 비치는 햇빛의 양의 5%
이상이 도달하는 깊이까지 살 수 있으므로
$\left(\dfrac{92}{100}\right)^{\frac{t}{6}} \geq \dfrac{5}{100}$이다.
양변에 상용로그를 취하면
$\log(0.92)^{\frac{t}{6}} \geq \log\dfrac{1}{20}$
$\dfrac{t}{6}\log(9.2 \times 0.1) \geq -\log(2 \times 10)$
$\dfrac{t}{6}(\log 9.2-1) \geq -(\log 2+1)$
$\dfrac{t}{6}(0.96-1) \geq -(0.3+1)$
$\dfrac{t}{6} \times (-0.04) \geq -1.3$

$\therefore t \leq \dfrac{1.3}{0.04} \times 6=195$
따라서 이 식물성 플랑크톤이 살 수 있는 깊이는 최대 195 m이다.

236   답 6

올해 기업의 자기 자본을 A라 하면 부채는 $5A$이다.
매년 부채를 전년도의 10%씩 줄이고, 자기 자본은 20%씩
늘리므로 올해로부터 n년 후
자기 자본은 $A\left(\dfrac{120}{100}\right)^n$이고, 부채는 $5A\left(\dfrac{90}{100}\right)^n$이다.
올해로부터 n년 후 자기 자본이 부채보다 많아진다고 하면
$A\left(\dfrac{120}{100}\right)^n>5A\left(\dfrac{90}{100}\right)^n$
$\left(\dfrac{120}{90}\right)^n>5$
$\left(\dfrac{4}{3}\right)^n>5$
양변에 상용로그를 취하면
$\log\left(\dfrac{4}{3}\right)^n>\log 5$
$n(2\log 2-\log 3)>1-\log 2$
$n(2 \times 0.3010-0.4771)>1-0.3010$
$0.1249n>0.6990$
$\therefore n>\dfrac{6990}{1249}=5.5 \cdots$
따라서 자기 자본이 처음으로 부채보다 많아지는 해는 올해로부터
6년 후이다.

237   답 ②

$\dfrac{P}{M}=1-a^{-kt}$
1일 후에 정보를 알고 있는 사람의 수는 전체 인구수의
$\dfrac{20}{100}=\dfrac{1}{5}$이므로 $\dfrac{1}{5}=1-a^{-k}$
$\therefore a^{-k}=\dfrac{4}{5}$ …… ㉠
x일 후에 전체 인구의 80% 이상이 정보를 알게 된다고 하면
$1-a^{-kx} \geq \dfrac{80}{100}=\dfrac{4}{5}$
$1-\left(\dfrac{4}{5}\right)^x \geq \dfrac{4}{5}$ $(\because ㉠)$
$\left(\dfrac{4}{5}\right)^x \leq \dfrac{1}{5}$
양변에 상용로그를 취하면
$\log\left(\dfrac{4}{5}\right)^x \leq \log\dfrac{1}{5}$
$x(2\log 2-\log 5) \leq -\log 5$
$x\{2\log 2-(1-\log 2)\} \leq \log 2-1$
$x(3\log 2-1) \leq \log 2-1$
$-0.097x \leq -0.699$
$\therefore x \geq \dfrac{0.699}{0.097}=7.2 \cdots$

따라서 전체 인구의 80 % 이상이 정보를 알게 되는 데 최소 8일이 걸린다.

238 답 ⑤

방정식 $x^{\log_3 x}-27x^4=0$에서

$x^{\log_3 x}=27x^4$

양변에 밑이 3인 로그를 취하면

$\log_3 x^{\log_3 x}=\log_3 27x^4$

$(\log_3 x)\times(\log_3 x)=\log_3 27+\log_3 x^4$

$(\log_3 x)^2=3+4\log_3 x$

$(\log_3 x)^2-4\log_3 x-3=0$

이 방정식의 두 실근을 α, β라 하면

이차방정식의 근과 계수의 관계에 의하여

$\log_3 \alpha+\log_3 \beta=\log_3 \alpha\beta=4$이므로

$\alpha\beta=81$

239 답 ③

$x^{\log_2 \frac{x}{4}}=\left(\dfrac{x}{4}\right)^{\log_x 2}$에서 로그의 밑과 진수 조건에 의하여 $x>0$, $x\neq 1$

$\left(\dfrac{x}{4}\right)^{\log_2 x}=\left(\dfrac{x}{4}\right)^{\log_x 2}$에서

(ⅰ) 지수가 같은 경우

$\log_2 x=\log_x 2$, $\log_2 x=\dfrac{1}{\log_2 x}$, $(\log_2 x)^2=1$

$\log_2 x=1$ 또는 $\log_2 x=-1$

$\therefore x=2$ 또는 $x=\dfrac{1}{2}$

(ⅱ) 밑이 1인 경우

$\dfrac{x}{4}=1$이므로 $x=4$

(ⅰ), (ⅱ)에서 모든 실근의 합은 $2+\dfrac{1}{2}+4=\dfrac{13}{2}$이다.

240 답 ②

$5^{\log x}\times x^{\log 5}-13(5^{\log x}+x^{\log 5})+25=0$에서

$5^{\log x}\times 5^{\log x}-13(5^{\log x}+5^{\log x})+25=0$

$(5^{\log x})^2-26\times 5^{\log x}+25=0$

$5^{\log x}=t$라 하면

$t^2-26t+25=(t-1)(t-25)=0$

$t=1$ 또는 $t=25$

즉, $5^{\log x}=1$ 또는 $5^{\log x}=25$

$\log x=0$ 또는 $\log x=2$

$\therefore x=1$ 또는 $x=100$

따라서 모든 실근의 합은 $1+100=101$이다.

241 답 ①

$(\log_2 2x)^2-(\log_2 x)\left(\log_2 \dfrac{1}{x}\right)=k\log_2 x^3$에서

$(\log_2 x+1)^2-(\log_2 x)(-\log_2 x)-3k\log_2 x=0$

$2(\log_2 x)^2+(2-3k)\log_2 x+1=0$

$\log_2 x=t$라 하면 $2t^2+(2-3k)t+1=0$

이 이차방정식의 서로 다른 두 실근이 $\log_2 \alpha$, $\log_2 \beta$이므로

이차방정식의 근과 계수의 관계에 의하여

$\log_2 \alpha+\log_2 \beta=-\dfrac{2-3k}{2}$

$\dfrac{3k-2}{2}=\log_2 \alpha\beta=\log_2 2\sqrt{2}=\dfrac{3}{2}$이므로

$3k-2=3$

$\therefore k=\dfrac{5}{3}$

242 답 풀이 참조

$(\log_2 x)^2+8=k\log_2 x$에서

$(\log_2 x)^2-k\log_2 x+8=0$

$\log_2 x=t$라 하면 $t^2-kt+8=0$

$\alpha:\beta=1:4$에서 $\beta=4\alpha$이고, 이 이차방정식의 서로 다른 두 실근이

$\log_2 \alpha$, $\log_2 4\alpha$이므로

이차방정식의 근과 계수의 관계에 의하여

$\log_2 \alpha+\log_2 4\alpha=k$ ……㉠

$\log_2 \alpha\times\log_2 4\alpha=8$ ……㉡

㉡에서 $\log_2 \alpha(\log_2 \alpha+2)=8$이므로

$(\log_2 \alpha)^2+2\log_2 \alpha-8=0$

$(\log_2 \alpha+4)(\log_2 \alpha-2)=0$

$\log_2 \alpha=-4$ 또는 $\log_2 \alpha=2$

$\therefore \alpha=2^{-4}=\dfrac{1}{16}$ 또는 $\alpha=2^2=4$

㉠에서 $\alpha=\dfrac{1}{16}$이면 $k=-6$이고, $\alpha=4$이면 $k=6$이다.

그런데 $k<0$이므로

$k=-6$, $\alpha=\dfrac{1}{16}$

$\therefore \alpha k=\dfrac{1}{16}\times(-6)=-\dfrac{3}{8}$

채점 요소	배점
이차방정식의 근과 계수의 관계를 이용하여 두 실근의 합과 곱을 식으로 나타내기	40 %
두 식을 연립하여 방정식 풀기	40 %
α, k의 값을 구하여 αk의 값 구하기	20 %

243 답 ⑤

$a=10$, $c=8$일 때 $b=4$이므로

$\log \dfrac{4}{10}=-1+k\log 8$

$\log 4-1=-1+k\log 8$

$2\log 2=3k\log 2$

$\therefore k=\dfrac{2}{3}$

$a=20$, $c=27$일 때 $b=x$라 하면

$\log \dfrac{x}{20}=-1+\dfrac{2}{3}\log 27$

$$\log\left(\frac{x}{2}\times\frac{1}{10}\right)=-1+\frac{2}{3}\log 3^3$$

$$\log\frac{x}{2}-1=-1+2\log 3$$

$$\log\frac{x}{2}=2\log 3=\log 9$$

$$\frac{x}{2}=9$$

$$\therefore x=18$$

따라서 구하는 활성탄 A에 흡착되는 염료 B의 질량은 18 g이다.

244 ·· 답 ②

$2^x<3^{20}<2^{x+1}$의 각 변에 상용로그를 취하면

$$\log 2^x<\log 3^{20}<\log 2^{x+1}$$

$$x\log 2<20\log 3<(x+1)\log 2$$

$$\frac{20\log 3}{\log 2}-1<x<\frac{20\log 3}{\log 2}$$

이때 $\dfrac{20\log 3}{\log 2}=\dfrac{20\times 0.4771}{0.3010}=31.7\cdots$이므로

정수 x는 31이다.

245 ·· 답 ③

로그의 진수 조건에서 $|x-2|>0$이므로 $x\neq 2$

$4\log_2|x-2|\leq 5-\log_2\dfrac{1}{8}=5-\log_2 2^{-3}=8$이므로

$$\log_2|x-2|\leq 2$$

$$|x-2|\leq 2^2$$

$$-4\leq x-2\leq 4$$

$$\therefore -2\leq x\leq 6$$

따라서 정수 x는 -2, -1, 0, 1, 3, 4, 5, 6으로 8개이다.

246 ·· 답 3

(i) $\log_{\frac{1}{2}}(\log_5 x)\geq 0$의 해

진수 조건에 의하여 $x>0$, $\log_5 x>0$이다. 즉, $x>1$이다.

$\log_{\frac{1}{2}}(\log_5 x)\geq 0$에서

밑이 $\dfrac{1}{2}$로 1보다 작으므로

$$\log_5 x\leq 1$$

밑이 5로 1보다 크므로

$$x\leq 5$$

$$\therefore 1<x\leq 5$$

(ii) $2\log_2(x-2)\leq 1+\log_2\left(x+\dfrac{31}{2}\right)$의 해

진수 조건에 의하여 $x-2>0$, $x+\dfrac{31}{2}>0$이다. 즉, $x>2$이다.

주어진 부등식은 $\log_2(x-2)^2\leq\log_2(2x+31)$이고,

밑이 2로 1보다 크므로

$$(x-2)^2\leq 2x+31$$

$$x^2-6x-27\leq 0$$

$$(x+3)(x-9)\leq 0$$

$$-3\leq x\leq 9$$

$$\therefore 2<x\leq 9$$

(i), (ii)에 의하여 연립부등식의 해는

$2<x\leq 5$

따라서 정수 x는 3, 4, 5로 3개이다.

247 ·· 답 2

부등식 $|\log_2(x+1)-1|\leq a$에서 진수 조건에 의하여 $x>-1$이고,

a의 최댓값을 찾아야 하므로 a를 양수라 하면

$$-a\leq\log_2(x+1)-1\leq a$$

$$1-a\leq\log_2(x+1)\leq a+1$$

$$2^{1-a}\leq x+1\leq 2^{a+1}$$

$$2^{1-a}-1\leq x\leq 2^{a+1}-1$$

$$\therefore A=\{x\,|\,2^{1-a}-1\leq x\leq 2^{a+1}-1\}$$

한편, 부등식 $\left(\dfrac{1}{\sqrt{2}}\right)^{2x^2-18}\geq\left(\dfrac{1}{16}\right)^{x+3}$에서

$$\left(\frac{1}{2}\right)^{\frac{1}{2}(2x^2-18)}\geq\left(\frac{1}{2}\right)^{4(x+3)}$$

$$\left(\frac{1}{2}\right)^{x^2-9}\geq\left(\frac{1}{2}\right)^{4x+12}$$

$$x^2-9\leq 4x+12$$

$$x^2-4x-21\leq 0$$

$$(x+3)(x-7)\leq 0$$

$$-3\leq x\leq 7$$

$$\therefore B=\{x\,|\,-3\leq x\leq 7\}$$

이때 $A\cap B=A$이려면 $A\subset B$이어야 하므로

$-3\leq 2^{1-a}-1$이고 $2^{a+1}-1\leq 7$이어야 한다.

$-2\leq 2^{1-a}$은 2^{1-a}이 양수이므로 항상 만족하고,

$2^{a+1}\leq 8=2^3$에서 $a+1\leq 3$이므로 $a\leq 2$이다.

따라서 실수 a의 최댓값은 2이다.

248 ·· 답 $-3\leq x<-2$

$f(-2)=f(2)=0$이므로 포물선 $y=f(x)$는 y축에 대하여

대칭이고, 직선 $y=g(-x)$는 직선 $y=g(x)$를 y축에 대하여

대칭이동한 것이다.

따라서 두 함수 $y=f(x)$, $y=g(-x)$의 그래프의 교점은

두 함수 $y=f(x)$, $y=g(x)$의 그래프의 교점과 y축에 대하여

대칭이다.

즉, 두 함수 $y=f(x)$, $y=g(-x)$의 그래프의 두 교점의 x좌표는

각각 -3, 2이다.

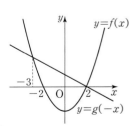

부등식 $\log_{0.2}f(x)\geq\log_{0.2}g(-x)$에서

로그의 진수는 양수이므로

$f(x)>0$에서 $x<-2$ 또는 $x>2$ ...... ㉠

$g(-x)>0$에서 $x<2$ ...... ㉡

$\log_{0.2} f(x) \geq \log_{0.2} g(-x)$에서 $f(x) \leq g(-x)$이므로

$-3 \leq x \leq 2$ ...... ㉢

㉠, ㉡, ㉢에서 구하는 x의 값의 범위는

$-3 \leq x < -2$

249 ··· 답 ④

(i) $1-\log k=0$일 때

$\log k=1$에서 $k=10$

이때 주어진 부등식은 $8 \geq 0$이므로 항상 성립한다.

(ii) $1-\log k \neq 0$일 때

x에 대한 이차부등식 $(1-\log k)x^2+4(1-\log k)x+8 \geq 0$이

모든 실수 x에 대하여 성립하려면

이차항의 계수가 $1-\log k>0$이고,

이차방정식 $(1-\log k)x^2+4(1-\log k)x+8=0$의 판별식을

D라 할 때, $D \leq 0$이어야 한다.

$1-\log k>0$에서 $\log k<1$이므로 $k<10$ ...... ㉠

이때 진수 조건에서 $k>0$ ...... ㉡

$\dfrac{D}{4}=4(1-\log k)^2-8(1-\log k)$

$\quad =4(1-\log k)\{(1-\log k)-2\}$

$\quad =4(\log k-1)(\log k+1) \leq 0$

에서 $-1 \leq \log k \leq 1$이므로 $\dfrac{1}{10} \leq k \leq 10$ ...... ㉢

㉠, ㉡, ㉢에 의하여 $\dfrac{1}{10} \leq k < 10$

(i), (ii)에 의하여 $\dfrac{1}{10} \leq k \leq 10$

따라서 정수 k는 $1, 2, 3, \cdots, 10$으로 10개이다.

250 ·············· 답 (1) $a>\dfrac{1}{16}$ (2) $k<-8$ 또는 $k>8$

(1) $(\log_3 x)^2+\log_9 x+a>0$에서

$(\log_3 x)^2+\dfrac{1}{2}\log_3 x+a>0$

$2(\log_3 x)^2+\log_3 x+2a>0$

$\log_3 x=t$라 하면 모든 실수 t에 대하여

부등식 $2t^2+t+2a>0$이 성립하면 된다.

이차방정식 $2t^2+t+2a=0$의 판별식을 D라 하면

$D=1-16a<0$이므로 $a>\dfrac{1}{16}$

(2) $k^2 x^{\log_2 x+4}>4$의 양변에 밑이 2인 로그를 취하면

$\log_2 k^2+\log_2 x^{\log_2 x+4}>\log_2 4$

$2\log_2 |k|+(\log_2 x+4)\log_2 x-2>0$

$(\log_2 x)^2+4\log_2 x+2\log_2 |k|-2>0$

$\log_2 x=t$라 하면 모든 실수 t에 대하여

부등식 $t^2+4t+2\log_2|k|-2>0$이 성립하면 된다.

이차방정식 $t^2+4t+2\log_2|k|-2=0$의 판별식을 D라 하면

$\dfrac{D}{4}=4-2\log_2|k|+2<0$이므로

$\log_2 |k|>3$, $|k|>2^3=8$

$\therefore k<-8$ 또는 $k>8$

251 ·· 답 ②

징수 필터로 정수 작업을 한 번 할 때마다 불순물의 양을 $x\,\%$ 제거할 수 있으므로 4개의 정수 필터를 통과한 후의 불순물의 양은 처음의 $\left(1-\dfrac{x}{100}\right)^4$이다.

이 불순물의 양이 처음의 $10\,\%$ 이하이려면

$\left(1-\dfrac{x}{100}\right)^4 \leq \dfrac{1}{10}$

양변에 상용로그를 취하면

$\log \left(1-\dfrac{x}{100}\right)^4 \leq \log \dfrac{1}{10}$

$4 \log \left(1-\dfrac{x}{100}\right) \leq -1$

$\log \left(1-\dfrac{x}{100}\right) \leq -0.25$

이때 $-0.25=-1+0.75=-1+\log 5.62=\log 0.562$

이므로

$1-\dfrac{x}{100} \leq 0.562$

$\dfrac{x}{100} \geq 1-0.562=0.438$

$\therefore x \geq 43.8$

따라서 구하는 자연수 x의 최솟값은 44이다.

252 ·· 답 ④

직선 $y=x$ 위의 점의 x좌표와 y좌표가 서로 같음을 이용하여 주어진 그래프에서 y좌표의 값을 나타내면 다음과 같다.

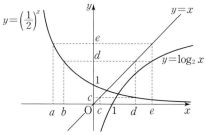

ㄱ. 함수 $y=\left(\dfrac{1}{2}\right)^x$의 그래프에서 $\left(\dfrac{1}{2}\right)^b=d$, $\left(\dfrac{1}{2}\right)^d=c$이므로

$\left(\dfrac{1}{2}\right)^{b+d}=\left(\dfrac{1}{2}\right)^b \times \left(\dfrac{1}{2}\right)^d=cd$이다. (거짓)

ㄴ. 함수 $y=\left(\dfrac{1}{2}\right)^x$의 그래프에서 $\left(\dfrac{1}{2}\right)^a=e$이므로

$a=\log_{\frac{1}{2}} e=-\log_2 e$이다.

함수 $y=\log_2 x$의 그래프에서 $\log_2 e=d$이다.

$\therefore a+d=-\log_2 e+\log_2 e=0$ (참)

ㄷ. 함수 $y=\left(\dfrac{1}{2}\right)^x$의 그래프에서 $\left(\dfrac{1}{2}\right)^d=c$이다.

함수 $y=\log_2 x$의 그래프에서 $\log_2 e=d$이므로 $2^d=e$이다.

$$\therefore ce = \left(\frac{1}{2}\right)^d \times 2^d = 1 \ (\text{참})$$

따라서 옳은 것은 ㄴ, ㄷ이다.

253   답 $\dfrac{1}{2}$

$\log_2 \dfrac{1}{y} = (\log_4 x)^2$에서 $-\log_2 y = \left(\dfrac{1}{2}\log_2 x\right)^2$이므로

$$\log_2 y = -\frac{1}{4}(\log_2 x)^2 \qquad \cdots\cdots \ \text{㉠}$$

한편, $\log_2 \dfrac{y}{4x}$가 최대일 때 $\dfrac{y}{4x}$가 최대이다.

$$\begin{aligned}
\log_2 \frac{y}{4x} &= \log_2 y - \log_2 4x\\
&= \log_2 y - \log_2 x - 2\\
&= -\frac{1}{4}(\log_2 x)^2 - \log_2 x - 2 \ (\because \text{㉠})\\
&= -\frac{1}{4}(\log_2 x + 2)^2 - 1
\end{aligned}$$

이므로 $\log_2 x = -2$, 즉 $x = \dfrac{1}{4}$일 때 최댓값 -1을 갖는다.

따라서 $\log_2 \dfrac{y}{4x} = -1$일 때 $\dfrac{y}{4x} = \dfrac{1}{2}$이므로

$\dfrac{y}{4x}$의 최댓값은 $\dfrac{1}{2}$이다.

254   답 ③

$4(x^2-11x+29)^{x-8} - 3 = 1$에서

$(x^2-11x+29)^{x-8} = 1$

(i) 지수가 0이면 항상 등식이 성립한다.

   $x - 8 = 0$에서 $x = 8$

(ii) 밑이 1이면 항상 등식이 성립한다.

   $x^2-11x+29 = 1$에서

   $x^2-11x+28 = (x-4)(x-7) = 0$

   $\therefore x = 4$ 또는 $x = 7$

(iii) $x^2-11x+29 = -1$이면 지수가 $2m$ (m은 정수)일 때 등식이

   성립한다.

   $x^2-11x+29 = -1$에서

   $x^2-11x+30 = (x-5)(x-6) = 0$

   $\therefore x = 5$ 또는 $x = 6$

   $x = 5$일 때 지수는 $x - 8 = -3$

   $x = 6$일 때 지수는 $x - 8 = -2$

   이므로 등식이 성립하는 경우는 $x = 6$일 때이다.

(i)~(iii)에서 모든 실근의 합은

$8 + 4 + 7 + 6 = 25$이다.

255   답 ④

점 A는 함수 $y = 2^x$의 그래프 위의 점이고 x좌표가 a이므로 점 A의 좌표는 $(a, 2^a)$이다.

이때 두 점 A, B의 y좌표가 서로 같으므로

$2^a = 15 \times 2^{-x}$에서 $2^a = \dfrac{15}{2^x}$, $2^x = \dfrac{15}{2^a}$

$$\begin{aligned}
\therefore x &= \log_2 \frac{15}{2^a}\\
&= \log_2 15 - \log_2 2^a\\
&= \log_2 15 - a
\end{aligned}$$

$\therefore \mathrm{B}(\log_2 15 - a, \ 2^a)$

$$\begin{aligned}
\overline{\mathrm{AB}} &= a - (\log_2 15 - a)\\
&= 2a - \log_2 15
\end{aligned}$$

이때 $1 < \overline{\mathrm{AB}} < 100$이므로

$1 < 2a - \log_2 15 < 100$

$1 + \log_2 15 < 2a < 100 + \log_2 15$

한편, $3 < \log_2 15 < 4$이므로

$1 + 3.\times\times\times < 2a < 100 + 3.\times\times\times$

$4.\times\times\times < 2a < 103.\times\times\times$

$\therefore 2.\times\times\times < a < 51.\times\times\times$

따라서 구하는 자연수 a는 3, 4, 5, ···, 51로 49개이다.

다른 풀이

점 B의 x좌표를 b라 하면

$15 \times 2^{-b} = 2^a$, $2^b = 15 \times 2^{-a}$

$\log_2 2^b = \log_2 (15 \times 2^{-a})$

즉, $b = \log_2 (15 \times 2^{-a})$이므로

$\mathrm{B}(\log_2 (15 \times 2^{-a}), \ 2^a)$

$$\begin{aligned}
\therefore \overline{\mathrm{AB}} &= a - \log_2 (15 \times 2^{-a})\\
&= \log_2 2^a - \log_2 (15 \times 2^{-a})\\
&= \log_2 \frac{2^a}{15 \times 2^{-a}} = \log_2 \frac{2^{2a}}{15} = \log_2 \frac{4^a}{15}
\end{aligned}$$

이때 $1 < \overline{\mathrm{AB}} < 100$이므로 $1 < \log_2 \dfrac{4^a}{15} < 100$에서

$$\log_2 2 < \log_2 \frac{4^a}{15} < \log_2 2^{100} = \log_2 4^{50}$$

밑이 1보다 크므로

$2 < \dfrac{4^a}{15} < 4^{50}$

$\therefore 30 < 4^a < 4^{50} \times 15$

이때 a는 자연수이고 $4^2 < 30 < 4^3$, $4^{51} < 4^{50} \times 15 < 4^{52}$이므로

$3 \le a \le 51$

따라서 구하는 자연수 a는 3, 4, 5, ···, 51로 49개이다.

256   답 $a \ge 4$

$4^x + 4^{-x} + 18 = a(2^{1+x} + 2^{1-x})$에서

$2^{2x} + 2^{-2x} - 2a(2^x + 2^{-x}) + 18 = 0$

이때 $2^{2x} + 2^{-2x} = (2^x + 2^{-x})^2 - 2$이므로

$$(2^x + 2^{-x})^2 - 2a(2^x + 2^{-x}) + 16 = 0 \qquad \cdots\cdots \ \text{㉠}$$

$t = 2^x + 2^{-x}$이라 하면 $t^2 - 2at + 16 = 0$

$2^x > 0$, $2^{-x} > 0$이므로 산술평균과 기하평균의 관계에 의하여

$t = 2^x + 2^{-x} \ge 2\sqrt{2^x \times 2^{-x}} = 2$

               (단, 등호는 $2^x = 2^{-x}$, 즉 $x = 0$일 때 성립한다.)

따라서 ㉠이 적어도 하나의 실근을 가지려면

방정식 $t^2-2at+16=0$이 2 이상의 실근을 적어도 하나 가져야 한다.
즉, $f(t)=t^2-2at+16$이라 하면 이차함수 $y=f(t)$의 그래프가
$t\geq2$인 범위에서 t축과 만나야 한다.
이차함수 $y=f(t)$의 그래프의 축이 직선 $t=a$이므로 a의 값의
범위에 따라 구하면 다음과 같다.

(i) $a\leq2$일 때

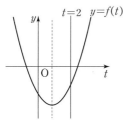

$t\geq2$에서 함수 $y=f(t)$의 그래프가 t축과 만나려면
$f(2)\leq0$을 만족시켜야 한다.
$f(2)=4-4a+16\leq0$에서 $a\geq5$
따라서 $a\leq2$이고 $a\geq5$인 실수 a의 값이 존재하지 않는다.

(ii) $a>2$일 때

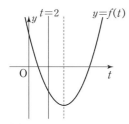

$t\geq2$에서 함수 $y=f(t)$의 그래프가 t축과 만나려면
이차방정식 $t^2-2at+16=0$의 판별식을 D라 할 때
$\dfrac{D}{4}=a^2-16\geq0$
$(a+4)(a-4)\geq0$
$a\leq-4$ 또는 $a\geq4$
$\therefore a\geq4\,(\because a>2)$
(i), (ii)에서 구하는 실수 a의 값의 범위는 $a\geq4$이다.

257 답 ③

선분 PQ가 원 C의 지름이므로 선분 PQ의 중점은 원 C의 중심
$\left(\dfrac{5}{4},\ 0\right)$과 일치한다.

따라서 곡선 $y=\log_a x$ 위의 점 P의 좌표를 $(t,\ \log_a t)\left(t>\dfrac{5}{4}\right)$라

하면 점 Q의 좌표는 $\left(\dfrac{5}{2}-t,\ -\log_a t\right)$이다.

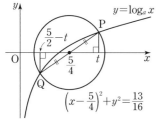

이때 점 Q도 곡선 $y=\log_a x$ 위의 점이므로
$-\log_a t=\log_a\left(\dfrac{5}{2}-t\right)$에서

$\log_a t^{-1}=\log_a\left(\dfrac{5}{2}-t\right)$

$\dfrac{1}{t}=\dfrac{5}{2}-t$

양변에 $2t$를 곱하여 정리하면
$2t^2-5t+2=0,\ (2t-1)(t-2)=0$
$\therefore t=2\left(\because t>\dfrac{5}{4}\right)$

또한, 점 $P(2,\ \log_a 2)$와 원 C의 중심 $\left(\dfrac{5}{4},\ 0\right)$ 사이의 거리는
원 C의 반지름의 길이와 같으므로

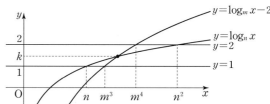

$\dfrac{9}{16}+(\log_a 2)^2=\dfrac{13}{16}$

$(\log_a 2)^2=\dfrac{1}{4}$

이때 $a>1$이므로 $\log_a 2>0$이다.
따라서 $\log_a 2=\dfrac{1}{2}$, $a^{\frac{1}{2}}=2$이므로

$a=2^2=4$

258 답 20

두 함수 $y=\log_m x-2$, $y=\log_n x$의 그래프가 만나는 점의 y좌표 k
가 $1\leq k\leq2$를 만족시켜야 하므로 두 그래프의 교점은 직선 $y=1$,
$y=2$ 위에 있거나 두 직선 사이에 놓여야 한다. ......㉠

함수 $y=\log_m x-2$의 그래프와 두 직선 $y=1$, $y=2$의 교점의
x좌표를 각각 구하면
$\log_m x-2=1$에서 $x=m^3$
$\log_m x-2=2$에서 $x=m^4$
함수 $y=\log_n x$의 그래프와 두 직선 $y=1$, $y=2$의 교점의
x좌표를 각각 구하면
$\log_n x=1$에서 $x=n$
$\log_n x=2$에서 $x=n^2$
따라서 ㉠을 만족시키려면 $n\leq m^3$과 $m^4\leq n^2$을 동시에 만족시켜야
한다.
이때 $m^4\leq n^2$에서 m, n이 양수이므로 $m^2\leq n$이다.
$\therefore m^2\leq n\leq m^3$
이를 만족시키는 $1<m<n<20$인 자연수 m, n을 찾으면
$m=2$일 때 $4\leq n\leq8$이므로 n의 개수는 5이다.
$m=3$일 때 $9\leq n<20$이므로 n의 개수는 11이다.
$m=4$일 때 $16\leq n<20$이므로 n의 개수는 4이다.
따라서 조건을 만족시키는 순서쌍 $(m,\ n)$의 개수는
$5+11+4=20$이다.

259 답 ①

ㄱ. (반례) $a=\dfrac{1}{3}$, $b=3$이면

$(\log_a 3)\times(\log_b 3)=-1<0$이다. (거짓) …… **TIP 1**

ㄴ. 함수 $y=\log_2(x+2)$의 그래프는 함수 $y=\log_2 x$의 그래프를 x축의 방향으로 -2만큼 평행이동한 것이고,

함수 $y=\log_3(x+3)$의 그래프는 함수 $y=\log_3 x$의 그래프를 x축의 방향으로 -3만큼 평행이동한 것이므로 다음과 같다.

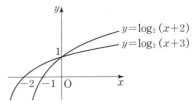

$x>0$일 때 $\log_2(x+2)>\log_3(x+3)$이므로

모든 양수 a에 대하여 $\log_2(a+2)>\log_3(a+3)$이다. (참)

ㄷ. (반례) $\log_2(a+1)=\log_3(b+3)=2$일 때,

$a+1=4$에서 $a=3$

$b+3=9$에서 $b=6$이므로

$a<b$이다. (거짓) …… **TIP 2**

따라서 옳은 것은 ㄴ이다.

TIP 1

두 양수 a, b의 범위에 따라 $(\log_a 3)\times(\log_b 3)$의 부호가 다음과 같다.

❶ $1<a<b$일 때 ❷ $0<a<1<b$일 때 ❸ $0<a<b<1$일 때

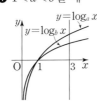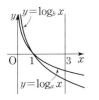

$(\log_a 3)\times(\log_b 3)>0$ $(\log_a 3)\times(\log_b 3)<0$ $(\log_a 3)\times(\log_b 3)>0$

TIP 2

다음과 같이 두 함수의 그래프가 만나는 점을 (p, q)라 하면 $p>0$이다.

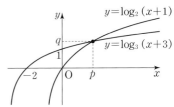

두 함수가 $x=p$의 양쪽에서 대소가 바뀌므로

$\log_2(a+1)=\log_3(b+3)<q$이면 $b<a$이고,

$\log_2(a+1)=\log_3(b+3)>q$이면 $a<b$이다.

260 답 ③

$\dfrac{1}{4}<a<1$인 실수 a에 대하여 $1<4a<4$이므로

두 함수 $y=\log_a x$, $y=\log_{4a} x$의 그래프는 다음과 같다.

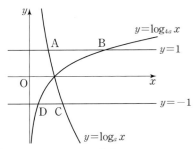

$\log_a x=1$에서 $x=a$, $\log_{4a} x=1$에서 $x=4a$

$\log_a x=-1$에서 $x=\dfrac{1}{a}$, $\log_{4a} x=-1$에서 $x=\dfrac{1}{4a}$

이므로

$A(a, 1)$, $B(4a, 1)$, $C\left(\dfrac{1}{a}, -1\right)$, $D\left(\dfrac{1}{4a}, -1\right)$이다.

ㄱ. $A(a, 1)$, $B(4a, 1)$에 대하여 선분 AB를 $1:4$로 외분하는 점의 좌표는

$\left(\dfrac{1\times 4a-4\times a}{1-4}, \dfrac{1\times 1-4\times 1}{1-4}\right)$

즉, $(0, 1)$ (참)

ㄴ. 사각형 ABCD가 직사각형이면

직선 AD와 직선 BC가 각각 x축과 수직이어야 한다.

즉, 두 점 A, D의 x좌표가 같아야 하므로

$a=\dfrac{1}{4a}$에서 $a^2=\dfrac{1}{4}$ $\therefore a=\dfrac{1}{2}\left(\because \dfrac{1}{4}<a<1\right)$ (참)

ㄷ. $\overline{AB}=4a-a=3a$, $\overline{CD}=\dfrac{1}{a}-\dfrac{1}{4a}=\dfrac{3}{4a}$이므로

$\overline{AB}<\overline{CD}$에서

$3a<\dfrac{3}{4a}$, $a^2<\dfrac{1}{4}$

$\therefore \dfrac{1}{4}<a<\dfrac{1}{2}\left(\because \dfrac{1}{4}<a<1\right)$ (거짓)

따라서 옳은 것은 ㄱ, ㄴ이다.

261 답 ③

ㄱ. 곡선 $y=\log_2 x$와 직선 $y=-x+5$의 교점을 A'이라 하면

두 함수 $y=2^x$, $y=\log_2 x$는 서로 역함수 관계이므로

$A'(a_2, a_1)$이다.

$\therefore a_1>b_2$ (참)

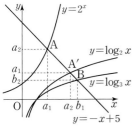

ㄴ. 두 점 $A(a_1, a_2)$, $B(b_1, b_2)$가 직선 $y=-x+5$ 위의 점이므로

$a_2=-a_1+5$, $b_2=-b_1+5$

$\dfrac{b_1+b_2}{a_1+a_2}=\dfrac{5}{5}=1$, $\dfrac{b_1-a_1}{a_2-b_2}=\dfrac{b_1-a_1}{-a_1+b_1}=1$이므로

$\dfrac{b_1+b_2}{a_1+a_2}=\dfrac{b_1-a_1}{a_2-b_2}$이다. (참)

ㄷ. $a_1b_1<a_2b_2$이면 $\dfrac{a_1}{a_2}<\dfrac{b_2}{b_1}$이어야 한다.

이때 $\dfrac{a_1}{a_2}$은 직선 $\mathrm{OA'}$의 기울기이고, $\dfrac{b_2}{b_1}$는 직선 OB의

기울기이므로 $\dfrac{a_1}{a_2}>\dfrac{b_2}{b_1}$이다. (거짓)

따라서 옳은 것은 ㄱ, ㄴ이다.

262 .... 🄰 ④

ㄱ. 직선 $y=-x+2$와 곡선 $y=|\log_2 x|$를 나타내면 다음과 같다.

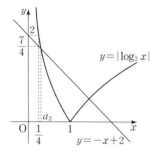

a_2와 $\dfrac{1}{4}$의 대소 관계는 $x=\dfrac{1}{4}$일 때

두 함수 $y=|\log_2 x|$, $y=-x+2$의 함숫값을 비교하여 구할 수

있다.

$\left|\log_2 \dfrac{1}{4}\right|=|-2|=2>-\dfrac{1}{4}+2$이고

$0<x<a_2$에서 곡선 $y=|\log_2 x|$가 직선 $y=-x+2$보다

위쪽에 그려진다.

$\therefore a_2>\dfrac{1}{4}$ (거짓)

ㄴ. 다음 그림과 같이 모든 자연수 n에 대하여

$0<a_{n+1}<a_n$이므로 $0<\dfrac{a_{n+1}}{a_n}<1$이다. (참)

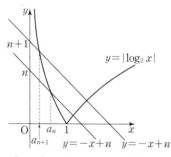

ㄷ. 직선 $y=-x+n$과 곡선 $y=|\log_2 x|$를 나타내면 다음과 같다.

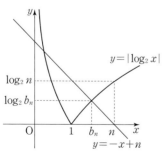

$1<b_n<n$이므로 $\log_2 b_n<\log_2 n$이다. ...... ㉠

점 $(b_n, \log_2 b_n)$은 직선 $y=-x+n$ 위의 점이므로

$\log_2 b_n=-b_n+n$에서

$-b_n+n<\log_2 n$ $(\because ㉠)$

이항하여 정리하면

$n-\log_2 n<b_n$이고 $b_n<n$ $(\because ㉠)$이므로

$n-\log_2 n<b_n<n$

각 변을 n으로 나누면

$1-\dfrac{\log_2 n}{n}<\dfrac{b_n}{n}<1$ (참)

따라서 옳은 것은 ㄴ, ㄷ이다.

263 .... 🄰 ④

두 함수 $y=3^x$, $y=\left(\dfrac{1}{2}\right)^x$의 그래프와 직선 $y=-x+2$를 나타내면

다음과 같다.

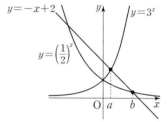

ㄱ. 함수 $y=3^x$의 그래프는 아래로 볼록하므로

$3^{\frac{a+b}{2}}<\dfrac{3^a+3^b}{2}$이 성립한다. ...... **TIP**

$\therefore 2\times 3^{\frac{a+b}{2}}<3^a+3^b$ (참)

ㄴ. 두 점 $(a, 3^a)$, $\left(b, \left(\dfrac{1}{2}\right)^b\right)$이 모두 직선 $y=-x+2$ 위에

있으므로 두 점을 지나는 직선의 기울기가 -1이다.

즉, $\dfrac{\left(\dfrac{1}{2}\right)^b-3^a}{b-a}=-1$

$\therefore 2^{-b}-3^a=a-b$ (거짓)

ㄷ. 그림과 같이 $x=1$일 때 $y=-1+2=1$이고,

$y=\left(\dfrac{1}{2}\right)^1=\dfrac{1}{2}$이므로 $1<b<2$이다.

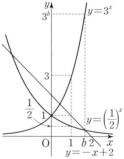

이때 $b\times 3^b$은 곡선 $y=3^x$ 위의 점 $(b, 3^b)$에 대하여 가로의

길이가 b, 세로의 길이가 3^b인 직사각형의 넓이와 같고, 1×3은

곡선 $y=3^x$ 위의 점 $(1, 3)$에 대하여 가로의 길이가 1, 세로의

길이가 3인 직사각형의 넓이와 같다.

$\therefore b\times 3^b>3$ (참)

따라서 옳은 것은 ㄱ, ㄷ이다.

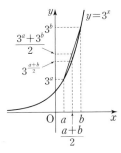

TIP

그림과 같이 $a<b$인 두 실수 a, b에 대하여

곡선 $y=3^x$ 위의 두 점 $(a, 3^a)$, $(b, 3^b)$을 잇는 선분의 중점의

y좌표가 $\dfrac{3^a+3^b}{2}$이고,

$x=\dfrac{a+b}{2}$에서의 함수 $y=3^x$의 함숫값은 $3^{\frac{a+b}{2}}$이다.

곡선 $y=3^x$이 아래로 볼록이므로 $3^{\frac{a+b}{2}}<\dfrac{3^a+3^b}{2}$이다.

---

264 ··· 답 ①

(i) $\log_2 10-\log_2 x\geq 0$, 즉 $x\leq 10$일 때

$\log_2 10-\log_2 x+\log_2 y\leq 2$

$\log_2 \dfrac{10y}{x}\leq 2$, $\dfrac{10y}{x}\leq 4$, $x\geq \dfrac{5}{2}y$

$y=1$일 때 $\dfrac{5}{2}\leq x\leq 10$에서 자연수 x는 8개이다.

$y=2$일 때 $5\leq x\leq 10$에서 자연수 x는 6개이다.

$y=3$일 때 $\dfrac{15}{2}\leq x\leq 10$에서 자연수 x는 3개이다.

$y=4$일 때 $x=10$으로 자연수 x는 1개이다.

$y\geq 5$일 때 $\dfrac{5}{2}y\leq x\leq 10$을 만족시키는 자연수 x가

존재하지 않는다.

따라서 순서쌍 (x, y)의 개수는 $8+6+3+1=18$이다.

(ii) $\log_2 10-\log_2 x<0$, 즉 $x>10$일 때

$-\log_2 10+\log_2 x+\log_2 y\leq 2$

$\log_2 \dfrac{xy}{10}\leq 2$, $\dfrac{xy}{10}\leq 4$, $x\leq \dfrac{40}{y}$

$y=1$일 때 $10<x\leq 40$에서 자연수 x는 30개이다.

$y=2$일 때 $10<x\leq 20$에서 자연수 x는 10개이다.

$y=3$일 때 $10<x\leq \dfrac{40}{3}$에서 자연수 x는 3개이다.

$y\geq 4$일 때 $10<x\leq \dfrac{40}{y}$을 만족시키는 자연수 x가

존재하지 않는다.

따라서 순서쌍 (x, y)의 개수는 $30+10+3=43$이다.

(i), (ii)에서 구하는 순서쌍의 개수는

$18+43=61$이다.

---

265 ··· 답 ③

$g(x)=2^x \ (x<3)$, $h(x)=\left(\dfrac{1}{4}\right)^{x+a}-\left(\dfrac{1}{4}\right)^{3+a}+8 \ (x\geq 3)$이라 하면

함수 $y=g(x)$의 그래프의 점근선은 x축이고,

함수 $y=h(x)$의 그래프는 함수 $y=\left(\dfrac{1}{4}\right)^x$의 그래프를 x축의 방향으

로 $-a$만큼, y축의 방향으로 $-\left(\dfrac{1}{4}\right)^{3+a}+8$만큼 평행이동한 것이므

로 점근선은 직선 $y=-\left(\dfrac{1}{4}\right)^{3+a}+8$이다.

즉, 함수 $y=f(x)$의 그래프의 개형은 다음 그림과 같고 곡선

$y=f(x)$ 위의 점 중에서 y좌표가 정수인 점의 개수가 23이므로

$y\leq 0$에서 y좌표가 정수인 점의 개수는

$23-(1+2\times 7)=23-15=8$

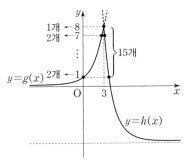

함수 $y=h(x)$의 그래프의 점근선이 직선 $y=-\left(\dfrac{1}{4}\right)^{3+a}+8$이므로

$-8\leq -\left(\dfrac{1}{4}\right)^{3+a}+8<-7$, $15<\left(\dfrac{1}{4}\right)^{3+a}\leq 16$

$4<15<4^{-3-a}\leq 4^2$, $1<-3-a\leq 2$

$4<-a\leq 5$ ∴ $-5\leq a<-4$

따라서 구하는 정수 a의 값은 -5이다.

---

266 ··· 답 16

두 함수 $y=3^x-n$과 $y=\log_3 (x+n)$은 서로 역함수 관계이므로

두 함수의 그래프는 직선 $y=x$에 대하여 대칭이다.

따라서 점 (a, b)가 위의 두 곡선으로 둘러싸인 영역의 내부 또는 경

계에 포함되면 점 (b, a)도 포함된다.

이때 영역의 내부 또는 경계에 포함되는 x좌표와 y좌표가 모두 자연

수인 점의 개수가 4일 때의 네 점의 좌표는

$(1, 1)$, $(1, 2)$, $(2, 1)$, $(2, 2)$

이므로 다음 그림과 같다.

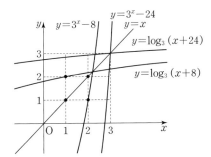

$f(x)=3^x-n$이라 하자.

구한 네 점만 주어진 영역에 포함되려면

$f(2)\leq 1$, $f(3)>3$이어야 한다.

즉, $f(2)\leq 1$에서 $3^2-n\leq 1$

∴ $n\geq 8$ ·············· ㉠

$f(3) > 3$에서 $3^3 - n > 3$

$\therefore n < 24$ ...... ㉡

㉠, ㉡을 모두 만족시키는 n의 값의 범위는

$8 \leq n < 24$

따라서 구하는 자연수 n은 8, 9, ···, 23으로 16개이다.

267 <small>답 10</small>

$(\log_3 x)^2 + (\log_3 y)^2 = \log_9 x^2 + \log_9 y^2 = \log_3 x + \log_3 y$에서

$\log_3 x = a$, $\log_3 y = b$라 하면

$a^2 + b^2 = a + b$ $\therefore \left(a - \dfrac{1}{2}\right)^2 + \left(b - \dfrac{1}{2}\right)^2 = \dfrac{1}{2}$

이때 xy가 최대일 때 $\log_3 xy$도 최대이므로

$\log_3 xy = \log_3 x + \log_3 y = a + b$에서 $a + b = k$라 하자.

k의 값이 최대일 때 xy의 값도 최대이고, k의 값이 최소일 때 xy의 값도 최소이다.

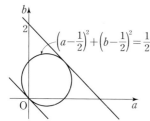

원 $\left(a - \dfrac{1}{2}\right)^2 + \left(b - \dfrac{1}{2}\right)^2 = \dfrac{1}{2}$은 중심의 좌표가 $\left(\dfrac{1}{2}, \dfrac{1}{2}\right)$이고,

반지름의 길이가 $\dfrac{\sqrt{2}}{2}$이다.

따라서 직선 $a + b - k = 0$과 점 $\left(\dfrac{1}{2}, \dfrac{1}{2}\right)$ 사이의 거리가 $\dfrac{\sqrt{2}}{2}$일 때

k는 최댓값과 최솟값을 갖는다.

$\dfrac{\left|\dfrac{1}{2} + \dfrac{1}{2} - k\right|}{\sqrt{1^2 + 1^2}} = \dfrac{\sqrt{2}}{2}$, $|1 - k| = 1$

$\therefore k = 0$ 또는 $k = 2$

즉, $\log_3 xy = 0$ 또는 $\log_3 xy = 2$에서 $xy = 1$ 또는 $xy = 9$

따라서 $M = 9$, $m = 1$이므로

$M + m = 10$

268 <small>답 ⑤</small>

점 P의 좌표를 (t, a^t) $(t < 0)$이라 하면 점 P를 직선 $y = x$에 대하여 대칭이동시킨 점 Q의 좌표는 (a^t, t)이다.

$\angle PQR = 45°$이고 직선 PQ의 기울기가 -1이므로

두 점 Q, R의 x좌표는 같다. ...... <small>TIP</small>

즉, 점 R의 좌표는 $(a^t, -t)$이다.

이때 직선 PR의 기울기가 $\dfrac{1}{7}$이므로

$\dfrac{a^t - (-t)}{t - a^t} = \dfrac{1}{7}$, $t - a^t = 7a^t + 7t$

$8a^t = -6t$ $\therefore a^t = -\dfrac{3}{4}t$ ...... ㉠

또한, $\overline{PR} = \dfrac{5\sqrt{2}}{2}$이므로

$\sqrt{(t - a^t)^2 + \{a^t - (-t)\}^2} = \dfrac{5\sqrt{2}}{2}$

$t^2 - 2ta^t + a^{2t} + a^{2t} + 2ta^t + t^2 = \dfrac{25}{2}$

$\therefore a^{2t} + t^2 = \dfrac{25}{4}$ ...... ㉡

㉠을 ㉡에 대입하면

$\left(-\dfrac{3}{4}t\right)^2 + t^2 = \dfrac{25}{4}$, $\dfrac{25}{16}t^2 = \dfrac{25}{4}$

$t^2 = 4$ $\therefore t = -2$ $(\because t < 0)$

이를 ㉠에 대입하면

$a^{-2} = \dfrac{3}{2}$, $a^2 = \dfrac{2}{3}$ $\therefore a = \dfrac{\sqrt{6}}{3}$ $(\because 0 < a < 1)$

<small>TIP</small>

두 점 P, Q가 직선 $y = x$에 대하여 서로 대칭이므로 직선 PQ의 기울기는 -1이다.

또한, 기울기가 -1인 직선이 x축과 이루는 각의 크기가 $45°$이므로 직선 QR는 x축에 수직인 직선임을 알 수 있다.

269 <small>답 ③</small>

조건 (가)에 의하여 $x_2 = \dfrac{1}{x_1}$이다.

이때 $B(x_1, \log_a x_1)$, $C(x_2, \log_a x_2)$에서

$\log_a x_2 = \log_a \dfrac{1}{x_1} = -\log_a x_1$이므로 $C\left(\dfrac{1}{x_1}, -\log_a x_1\right)$이다.

조건 (나)에 의하여 두 직선 OB, OC가 수직이므로 두 직선의 기울기의 곱은 -1이다.

즉, $\dfrac{y_1}{x_1} \times \dfrac{y_2}{x_2} = -1$에서 $-(\log_a x_1)^2 = -1$

따라서 $\log_a x_1 = -1$ $(\because \log_a x_1 < 0)$이고, $x_1 = \dfrac{1}{a}$이다.

$\therefore B\left(\dfrac{1}{a}, -1\right)$, $C(a, 1)$

직선 AB의 기울기는 $\dfrac{1}{1 - \dfrac{1}{a}} = \dfrac{a}{a - 1}$이고,

직선 AC의 기울기는 $\dfrac{1}{a - 1}$이므로

조건 (다)에 의하여 $\dfrac{a}{a - 1} : \dfrac{1}{a - 1} = a : 1 = 5 : 1$

$\therefore a = 5$

따라서 두 점 $B\left(\dfrac{1}{5}, -1\right)$, $C(5, 1)$에 대하여

직선 BC는 기울기가 $\dfrac{1 - (-1)}{5 - \dfrac{1}{5}} = \dfrac{2}{\dfrac{24}{5}} = \dfrac{5}{12}$이므로

직선 BC의 방정식은 $y = \dfrac{5}{12}(x - 5) + 1$이다.

직선 BC가 x축과 만나는 점을 D라 하면 $D\left(\dfrac{13}{5}, 0\right)$이므로

$\overline{AD} = \dfrac{13}{5} - 1 = \dfrac{8}{5}$이다.

$\therefore$ (삼각형 ABC의 넓이)

$= $(삼각형 ABD의 넓이)$+$(삼각형 ACD의 넓이)

$= \dfrac{1}{2} \times \dfrac{8}{5} \times 1 + \dfrac{1}{2} \times \dfrac{8}{5} \times 1 = \dfrac{8}{5}$

270 　　　　　　　　　　　　　　　 📘 12

A$(1, 0)$이고, 조건 ㈎에 의하여 삼각형 ADB의 넓이를 S라 하면
삼각형 BDC의 넓이는 $3S$이다.

$\overline{AB} : \overline{BC} = 1 : 3$에서 $\overline{BC} = 3\overline{AB}$이고

점 B에서 x축에 내린 수선의 발을 B′이라 하면

$\overline{B'E} = 3\overline{AB'}$이다.

즉, $\overline{AB'} = a \ (a > 0)$라 하면 $\overline{B'E} = 3a$이므로

B$(a+1, \log_{3k}(a+1))$,

C$(4a+1, \log_k(4a+1))$,

D$(4a+1, \log_{3k}(4a+1))$이다.

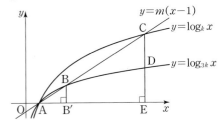

조건 ㈏에 의하여 삼각형 AED의 넓이는 삼각형 BDC의 넓이의 $\dfrac{4}{3}$

배이므로 $4S$이고,

삼각형 AEC의 넓이는 $S + 3S + 4S = 8S$이므로

점 D는 선분 CE의 중점이다.

$\log_k(4a+1) = 2\log_{3k}(4a+1)$에서

$\log_k(4a+1) = \dfrac{2\log_k(4a+1)}{\log_k 3k}$

$\log_k 3k = 2$

$k^2 = 3k$

$\therefore k = 3 \ (\because k > 1)$

한편, 세 점 A, B, C가 직선 $y = m(x-1)$ 위에 있으므로

$m = \dfrac{\log_9(a+1) - 0}{(a+1) - 1} = \dfrac{\log_3(4a+1) - 0}{(4a+1) - 1}$에서

$\dfrac{\log_9(a+1)}{a} = \dfrac{\log_3(4a+1)}{4a}$

$2\log_3(a+1) = \log_3(4a+1)$

$(a+1)^2 = 4a+1$

$a^2 - 2a = 0$

$a(a-2) = 0 \quad \therefore a = 2 \ (\because a > 0)$

$\therefore m = \dfrac{\log_9 3}{2} = \dfrac{1}{4}$

$\therefore \dfrac{k}{m} = 12$

271 　　　　　　　　　　　　　　　 📘 28

곡선 $y = \log_3(x-n)$은 곡선 $y = \log_3 x$를 x축의 방향으로 n만큼
평행이동한 것이므로 $\overline{PQ} = n$이다.

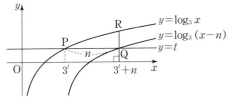

직선 $y = t$가 곡선 $y = \log_3(x-n)$과 만나는 점 Q의 x좌표를 구해
보면 $\log_3(x-n) = t$에서 $x = 3^t + n$이므로

점 R의 y좌표는 $y = \log_3(3^t + n)$이다.

따라서 $\overline{QR} = \log_3(3^t + n) - t = \log_3\left(1 + \dfrac{n}{3^t}\right)$이므로

$\overline{PQ} + \overline{QR} = n + \log_3\left(1 + \dfrac{n}{3^t}\right)$이다.

이때 음이 아닌 실수 t에 대하여 $t \geq 0$이므로 $3^t \geq 1$이고,

함수 $y = \log_3 x$는 x의 값이 커질 때 y의 값도 커지는 함수이므로

$\log_3\left(1 + \dfrac{n}{3^t}\right) \leq \log_3\left(1 + \dfrac{n}{1}\right) = \log_3(n+1)$이다.

즉, 음이 아닌 실수 t에 대하여 $\overline{PQ} + \overline{QR} \leq n + \log_3(n+1)$이다.

한편, 조건 ㈏에서 $\overline{PQ} + \overline{QR} \geq 25$를 만족시키는 음이 아닌 실수 t가
존재하려면

$n + \log_3(n+1) \geq 25$이어야 한다.

이때 n과 $\log_3(n+1)$은 모두 n의 값이 커질수록 값이 커지므로

$n + \log_3(n+1)$의 값도 n의 값이 커질수록 커진다.

$n + \log_3(n+1) \geq 25$를 만족시키는 자연수 n의 최솟값을 찾아보자.

$n = 22$일 때 $24 < 22 + \log_3 23 < 25$,

$n = 23$일 때 $25 < 23 + \log_3 24 < 26$

이므로 n의 최솟값은 23이다.

따라서 조건 ㈎, ㈏를 모두 만족시키려면 $23 \leq n \leq 50$이어야 하므로
자연수 n의 개수는 $50 - 23 + 1 = 28$이다.

272 　　　　　　　　　　　　　　　 📘 75

직선 $y = k$가 y축과 만나는 점이 C이므로

C$(0, k)$

$\overline{OC} = \overline{CA} = \overline{AB} = k$이고 $\overline{CB} = 2k$이므로

A(k, k), B$(2k, k)$

점 A는 곡선 $y = -\log_a x$ 위의 점이므로

$k = -\log_a k$ 　　　　　　　　　 …… ㉠

점 B는 곡선 $y = \log_a x$ 위의 점이므로

$k = \log_a 2k$ 　　　　　　　　　 …… ㉡

㉠, ㉡에서 $-\log_a k = \log_a 2k$

$\log_a 2k + \log_a k = 0$

$\log_a 2k^2 = 0, \ 2k^2 = 1$

$\therefore k = \dfrac{\sqrt{2}}{2} \ (\because k > 0)$

곡선 $y = |\log_a x| = \begin{cases} -\log_a x & (0 < x < 1) \\ \log_a x & (x \geq 1) \end{cases}$ 와 직선 $y = 2\sqrt{2}$가

만나는 두 점의 x좌표를 각각 $\alpha, \ \beta \ (\alpha < \beta)$라 하면

$-\log_a \alpha = 2\sqrt{2}$에서 $\alpha = a^{-2\sqrt{2}}$

$\log_a \beta = 2\sqrt{2}$에서 $\beta = a^{2\sqrt{2}}$

㉡에서 $a^k = 2k$, 즉 $a = (2k)^{\frac{1}{k}}$이므로 이 식에 $k = \dfrac{\sqrt{2}}{2}$를 대입하면

$a=2^{\frac{\sqrt{2}}{2}}$

이때 $d=\beta-a$이므로

$d=a^{2\sqrt{2}}-a^{-2\sqrt{2}}=(2^{\frac{\sqrt{2}}{2}})^{2\sqrt{2}}-(2^{\frac{\sqrt{2}}{2}})^{-2\sqrt{2}}$

$\quad =2^2-2^{-2}=\dfrac{15}{4}$

$\therefore 20d=20\times\dfrac{15}{4}=75$

273 답 192

두 함수 $y=a^x$과 $y=\log_a x$는 역함수 관계이므로

그 그래프는 직선 $y=x$에 대하여 대칭이다.

이때 곡선 $y=a^{x-1}$은 곡선 $y=a^x$을 x축의 방향으로 1만큼 평행이동

한 것이고, 곡선 $y=\log_a(x-1)$은 곡선 $y=\log_a x$를 x축의 방향으

로 1만큼 평행이동한 것이므로

두 곡선 $y=a^{x-1}$, $y=\log_a(x-1)$은 직선 $y=x-1$에 대하여 대칭

이다.

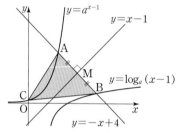

두 직선 $y=-x+4$, $y=x-1$의 교점을 M이라 하면

$-x+4=x-1$에서 $x=\dfrac{5}{2}$

즉, 점 M의 좌표는 $\mathrm{M}\left(\dfrac{5}{2},\ \dfrac{3}{2}\right)$이고,

점 M은 선분 AB의 중점이므로 $\overline{\mathrm{AM}}=\sqrt{2}$이다.

따라서 점 A의 좌표를 $\mathrm{A}(a,\ -a+4)$라 하면

$\left(a-\dfrac{5}{2}\right)^2+\left(-a+\dfrac{5}{2}\right)^2=(\sqrt{2})^2$에서

$2\left(a-\dfrac{5}{2}\right)^2=2,\ \left(a-\dfrac{5}{2}\right)^2=1$

$a=\dfrac{3}{2}$ ($\because$ 점 A의 x좌표는 점 M의 x좌표보다 작으므로)

즉, $\mathrm{A}\left(\dfrac{3}{2},\ \dfrac{5}{2}\right)$이고 점 A는 곡선 $y=a^{x-1}$ 위의 점이므로

$\dfrac{5}{2}=a^{\frac{1}{2}}$

$\therefore a=\dfrac{25}{4}$

이때 $\mathrm{C}\left(0,\ \dfrac{4}{25}\right)$이고, 점 C에서 직선 $x+y-4=0$ 사이의 거리를 d

라 하면

$d=\dfrac{\left|\dfrac{4}{25}-4\right|}{\sqrt{1^2+1^2}}=\dfrac{48}{25}\sqrt{2}$

$\therefore S=\dfrac{1}{2}\times\overline{\mathrm{AB}}\times d$

$\quad =\dfrac{1}{2}\times2\sqrt{2}\times\dfrac{48}{25}\sqrt{2}=\dfrac{96}{25}$

$\therefore 50S=192$

다른 풀이

점 A와 점 B의 x좌표를 다음과 같이 구할 수도 있다.

두 점 A, B의 x좌표를 각각 a, β $(a<\beta)$라 하면

$\mathrm{A}(a,\ -a+4)$, $\mathrm{B}(\beta,\ -\beta+4)$로 놓을 수 있다.

이때 $\overline{\mathrm{AB}}=2\sqrt{2}$이므로

$\overline{\mathrm{AB}}=\sqrt{(\beta-a)^2+(-\beta+a)^2}$

$\quad =\sqrt{2}(\beta-a)=2\sqrt{2}\ (\because\ a<\beta)$

$\therefore \beta-a=2$ ...... ㉠

한편, $y=a^{x-1}$에서 양변에 밑을 a로 하는 로그를 취하면

$\log_a y=x-1$, $x=\log_a y+1$

즉, 함수 $y=a^{x-1}$의 역함수는 $y=\log_a x+1$이다.

두 곡선 $y=a^{x-1}$, $y=\log_a x+1$은 직선 $y=x$에 대하여 대칭이므로

점 A를 직선 $y=x$에 대하여 대칭이동하면 곡선 $y=\log_a x+1$과 직

선 $y=-x+4$의 교점인 점 $\mathrm{A}'(-a+4,\ a)$로 옮겨진다.

또한, 곡선 $y=\log_a(x-1)$은 곡선 $y=\log_a x+1$을 x축의 방향으로

1만큼, y축의 방향으로 -1만큼 평행이동한 것이므로

점 $\mathrm{A}'(-a+4,\ a)$가 평행이동한 점 $\mathrm{A}''(-a+5,\ a-1)$은 점 B와

일치한다.

$\therefore -a+5=\beta$ ...... ㉡

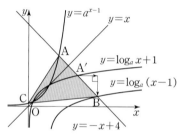

㉠, ㉡을 연립하여 풀면

$a=\dfrac{3}{2}$, $\beta=\dfrac{7}{2}$

274 답 ⑤

ㄱ. $f(1)=2^0+a-1=a$, $h(1)=a+\log_2 1=a$에서

$f(1)=h(1)$이므로 두 함수 $y=f(x)$, $y=h(x)$의 그래프는

점 $(1,\ a)$에서 만난다.

$\therefore \mathrm{B}(1,\ a)$ (참)

ㄴ. ㄱ에서 $\mathrm{B}(1,\ a)$이고, $\mathrm{D}(1,\ 0)$이다.

따라서 직선 BD와 직선 AC는 모두 x축에 수직이므로 서로 평

행하고, $\overline{\mathrm{BD}}=\overline{\mathrm{AC}}=a$이므로 사각형 ACBD는 평행사변형이다.

한편, 점 A는 두 함수 $y=f(x)$, $y=g(x)$의 그래프의 교점이므

로 점 A의 x좌표가 4일 때, $f(4)=g(4)$이다.

즉, $2^{-3}+a-1=\log_2 4$에서 $a-\dfrac{7}{8}=2$이므로 $a=\dfrac{23}{8}$이다.

따라서 평행사변형 ACBD의 밑변을 선분 AC라 하면 $\overline{\mathrm{AC}}=\dfrac{23}{8}$

이고, 높이는 $4-1=3$이므로 사각형 ACBD의 넓이는

$\dfrac{23}{8}\times3=\dfrac{69}{8}$이다. (참)

ㄷ. 점 A의 x좌표를 k라 하면 $\overline{AH}=\log_2 k$이고, $\overline{CA}=a$이므로
$\overline{CA}:\overline{AH}=3:2$일 때, $2\overline{CA}=3\overline{AH}$에서
$2a=3\log_2 k$이다.   …… ㉠
또한, 점 A가 두 곡선 $y=f(x)$, $y=g(x)$의 교점이므로
$f(k)=g(k)$에서
$2^{1-k}+a-1=\log_2 k$이다.   …… ㉡
㉠, ㉡에서 $2a=3(2^{1-k}+a-1)$이므로
$2^{1-k}=1-\dfrac{a}{3}$이다.   …… ㉢

이때 두 함수 $y=f(x)$, $y=g(x)$의 그래프는
각각 점 $B(1, a)(a>0)$, 점 $D(1, 0)$을 지나므로
두 그래프의 교점 A의 x좌표는 $k>1$을 만족시킨다.
$k>1$일 때, 2^{1-k}의 값의 범위는 $0<2^{1-k}<1$이므로
㉢에서 $0<1-\dfrac{a}{3}<1$, $-1<-\dfrac{a}{3}<0$
$\therefore 0<a<3$ (참)
따라서 옳은 것은 ㄱ, ㄴ, ㄷ이다.

275   🔲 (1) 3   (2) r^2 (3) 14

$\log_2|kx|=\begin{cases}\log_2(-kx) & (x<0)\\ \log_2(kx) & (x>0)\end{cases}$
두 곡선 $y=\log_2|kx|$와 $y=\log_2(x+4)$가 만나는 두 점 A, B의
x좌표가 각각 x_1, x_2 $(x_1<x_2)$이므로
$\log_2(-kx_1)=\log_2(x_1+4)$에서
$-kx_1=x_1+4$
$\therefore x_1=\dfrac{-4}{k+1}$
$\log_2(kx_2)=\log_2(x_2+4)$에서
$kx_2=x_2+4$
$\therefore x_2=\dfrac{4}{k-1}$
두 곡선 $y=\log_2|kx|$와 $y=\log_2(-x+m)$이 만나는 두 점 B, C
의 x좌표가 각각 x_2, x_3 $(x_3<x_2)$이므로
$\log_2(kx_2)=\log_2(-x_2+m)$에서
$kx_2=-x_2+m$
$\therefore x_2=\dfrac{m}{k+1}$
$\log_2(-kx_3)=\log_2(-x_3+m)$에서
$-kx_3=-x_3+m$
$\therefore x_3=\dfrac{-m}{k-1}$

(1) $x_2=-2x_1$이면 $\dfrac{4}{k-1}=\dfrac{8}{k+1}$이므로
$k+1=2k-2$
$\therefore k=3$

(2) $x_2=\dfrac{4}{k-1}=\dfrac{m}{k+1}$에서 $m=\dfrac{4(k+1)}{k-1}$이므로   …… ㉠
$x_3=\dfrac{-m}{k-1}=\dfrac{-4(k+1)}{(k-1)^2}$이다.
$\dfrac{x_2}{x_1}=\dfrac{4}{k-1}\times\dfrac{k+1}{-4}=\dfrac{k+1}{1-k}$이고,   …… ㉡

$\dfrac{x_3}{x_1}=\dfrac{-4(k+1)}{(k-1)^2}\times\dfrac{k+1}{-4}=\dfrac{(k+1)^2}{(k-1)^2}$
따라서 $\dfrac{x_3}{x_1}=\left(\dfrac{x_2}{x_1}\right)^2$이므로 $\dfrac{x_2}{x_1}=r$일 때, $\dfrac{x_3}{x_1}=r^2$이다.

(3) 두 직선 AB, AC의 기울기의 합이 0이므로
$\dfrac{y_2-y_1}{x_2-x_1}+\dfrac{y_3-y_1}{x_3-x_1}=0$
$\dfrac{\log_2|kx_2|-\log_2|kx_1|}{x_2-x_1}+\dfrac{\log_2|kx_3|-\log_2|kx_1|}{x_3-x_1}=0$
$\dfrac{\log_2\left|\dfrac{x_2}{x_1}\right|}{x_2-x_1}+\dfrac{\log_2\left|\dfrac{x_3}{x_1}\right|}{x_3-x_1}=0$
(2)에 의하여 $\dfrac{x_2}{x_1}=r$라 하면 $\dfrac{x_3}{x_1}=r^2$이므로
$\dfrac{\log_2|r|}{rx_1-x_1}+\dfrac{\log_2|r^2|}{r^2x_1-x_1}=0$
$\dfrac{\log_2|r|}{x_1(r-1)}+\dfrac{2\log_2|r|}{x_1(r^2-1)}=0$
이때 $x_1\neq0$, $r\neq1$이므로
$1+\dfrac{2}{r+1}=0$
$(r+1)+2=0$ $\therefore r=-3$
㉡에 의하여 $\dfrac{k+1}{1-k}=-3$이므로
$k+1=3k-3$, $k=2$
㉠에 의하여 $m=12$
$\therefore k+m=14$

II 삼각함수

01 삼각함수의 뜻과 그래프

276 ─────────────────────────────── 답 ⑤

$360°+(-125°)=235°$이므로
크기가 $-125°$, $235°$인 각의 동경의 위치는 서로 일치한다.

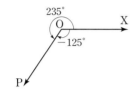

따라서 구하는 일반각은 $360°×n+235°$ (n은 정수)이다.

277 ─────────────────────────────── 답 ㄴ, ㄹ, ㅁ, ㅂ

1라디안$=\dfrac{180°}{\pi}$, $1°=\dfrac{\pi}{180}$라디안이므로

ㄱ. $\dfrac{\pi}{3}=\dfrac{\pi}{3}×1(라디안)=\dfrac{\pi}{3}×\dfrac{180°}{\pi}=60°$ (거짓)

ㄴ. $-45°=(-45)×1°=(-45)×\dfrac{\pi}{180}=-\dfrac{\pi}{4}$ (참)

ㄷ. $120°=120×1°=120×\dfrac{\pi}{180}=\dfrac{2}{3}\pi$ (거짓)

ㄹ. $-270°=(-270)×1°=(-270)×\dfrac{\pi}{180}=-\dfrac{3}{2}\pi$ (참)

ㅁ. $\dfrac{7}{4}\pi=\dfrac{7}{4}\pi×1(라디안)=\dfrac{7}{4}\pi×\dfrac{180°}{\pi}=315°$ (참)

ㅂ. $\dfrac{5}{6}\pi=\dfrac{5}{6}\pi×1(라디안)=\dfrac{5}{6}\pi×\dfrac{180°}{\pi}=150°$ (참)

따라서 옳은 것은 ㄴ, ㄹ, ㅁ, ㅂ이다.

> **TIP**
> 다음은 많이 사용되는 각이므로 기억하여 사용하자.

육십분법	30°	45°	60°	90°	120°	135°	150°	180°	270°	360°
호도법	$\dfrac{\pi}{6}$	$\dfrac{\pi}{4}$	$\dfrac{\pi}{3}$	$\dfrac{\pi}{2}$	$\dfrac{2}{3}\pi$	$\dfrac{3}{4}\pi$	$\dfrac{5}{6}\pi$	π	$\dfrac{3}{2}\pi$	2π

278 ─────────────────────────────── 답 ⑤

① $60°=\dfrac{\pi}{3}$

② $\dfrac{7}{3}\pi=2\pi+\dfrac{\pi}{3}$

③ $1140°=360°×3+60°$

④ $-\dfrac{5}{3}\pi=2\pi×(-1)+\dfrac{\pi}{3}$

⑤ $-330°=360°×(-1)+30°$

따라서 선지 중 같은 위치의 동경을 나타내는 것이 아닌 것은 ⑤이다.

279 ─────────────────────────────── 답 ④

① $\dfrac{\pi}{2}<\dfrac{4}{5}\pi<\pi$이므로 $\dfrac{4}{5}\pi$는 제2사분면의 각이다.

② $-210°=360°×(-1)+150°$에서 $90°<150°<180°$이므로
$-210°$는 제2사분면의 각이다.

③ $\dfrac{11}{4}\pi=2\pi+\dfrac{3}{4}\pi$에서 $\dfrac{\pi}{2}<\dfrac{3}{4}\pi<\pi$이므로
$\dfrac{11}{4}\pi$는 제2사분면의 각이다.

④ $-\dfrac{20}{3}\pi=2\pi×(-4)+\dfrac{4}{3}\pi$에서 $\pi<\dfrac{4}{3}\pi<\dfrac{3}{2}\pi$이므로
$-\dfrac{20}{3}\pi$는 제3사분면의 각이다.

⑤ $830°=360°×2+110°$에서 $90°<110°<180°$이므로
$830°$는 제2사분면의 각이다.

따라서 선지 중 각을 나타내는 동경이 위치하는 사분면이 다른 하나는 ④이다.

280 ─────────────────────────────── 답 ⑤

ㄱ. $270°$를 나타내는 동경은 y축 위에 존재하므로 어느 사분면의 각도 아니다. (거짓)

ㄴ. $\dfrac{\pi}{6}+\dfrac{11}{6}\pi=2\pi$이므로
$\dfrac{\pi}{6}$를 나타내는 동경과 $\dfrac{11}{6}\pi$를 나타내는 동경은 x축에 대하여 대칭이다. (참)

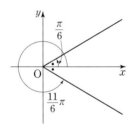

ㄷ. $\dfrac{\pi}{3}+\dfrac{2}{3}\pi=\pi$이므로
$\dfrac{\pi}{3}$를 나타내는 동경과 $\dfrac{2}{3}\pi$를 나타내는 동경은 y축에 대하여 대칭이다. (참)

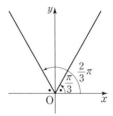

따라서 옳은 것은 ㄴ, ㄷ이다.

281 ─────────────────────────────── 답 풀이 참조

1라디안은 반지름의 길이가 r인 원에서 호의 길이가 r인 부채꼴의 중심각의 크기이다.

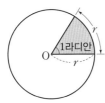

반지름의 길이가 r인 원에서 호의 길이가 r인 부채꼴의 중심각의 크기를 $a°$라 하면

부채꼴의 호의 길이는 중심각의 크기에 정비례하므로

$r : 2\pi r = a° : 360°$

$a° = \dfrac{180°}{\pi}$

따라서 1라디안 $= \dfrac{180°}{\pi}$ 이다.

채점 요소	배점
1라디안의 정의 쓰기	40 %
1라디안 $= \dfrac{180°}{\pi}$ 임을 증명하기	60 %

282 　　　　　　　　　　　　　　　 답 ④

반지름의 길이가 $10\,\mathrm{cm}$이고, 중심각의 크기가 $\dfrac{3}{5}\pi$인 부채꼴의

호의 길이는 $10 \times \dfrac{3}{5}\pi = 6\pi\,(\mathrm{cm})$이고,

넓이는 $\dfrac{1}{2} \times 10^2 \times \dfrac{3}{5}\pi = 30\pi\,(\mathrm{cm}^2)$이다.

따라서 선지 중 바르게 짝 지은 것은 ④이다.

283 　　　　　　　　　　　　　　　 답 20

반지름의 길이가 $r=4$이고, 호의 길이가 $l=10$이므로
부채꼴의 넓이를 S라 하면

$S = \dfrac{1}{2}rl = \dfrac{1}{2} \times 4 \times 10 = 20$

284 　　　　　　　　　　　　　　　 답 ⑤

호의 길이가 $l=6\pi$이고 넓이가 $S=15\pi$이므로
부채꼴의 반지름의 길이를 r, 중심각의 크기를 θ라 하면

$S = \dfrac{1}{2}rl$에서 $15\pi = \dfrac{1}{2} \times r \times 6\pi$, $r=5$

$l = r\theta$에서 $6\pi = 5 \times \theta$

$\therefore \theta = \dfrac{6}{5}\pi$

285 　　　　　　　　　　　　　　　 답 ⑤

$\angle \mathrm{ABC} = \dfrac{2}{3}\pi$이므로

중심각과 원주각 사이의 관계에 의하여

색칠한 부채꼴의 중심각의 크기는 $\dfrac{2}{3}\pi \times 2 = \dfrac{4}{3}\pi$이다.

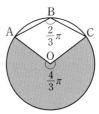

이때 색칠한 부채꼴의 넓이가 24π이므로
원의 반지름의 길이를 r라 하면

$24\pi = \dfrac{1}{2} \times r^2 \times \dfrac{4}{3}\pi$, $r=6$ $(\because r>0)$

따라서 구하는 부채꼴의 호의 길이는 $6 \times \dfrac{4}{3}\pi = 8\pi$이다.

참고

〈중심각과 원주각 사이의 관계〉

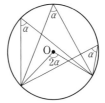 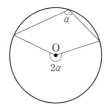

❶ 한 호에 대한 원주각의 크기는 모두 같다.

❷ 한 호에 대한 원주각의 크기는 중심각의 크기의 $\dfrac{1}{2}$이다.

286 　　　　　　　　　　　　　　　 답 풀이 참조

(1) 부채꼴의 호의 길이는 중심각의 크기에 정비례하므로
　　$l : 2\pi r = \theta : 2\pi$에서 $l = r\theta$

(2) 부채꼴의 넓이는 중심각의 크기에 정비례하므로
　　$S : \pi r^2 = \theta : 2\pi$에서

　　$S = \dfrac{1}{2}r^2\theta = \dfrac{1}{2}r \times r\theta$

　　　$= \dfrac{1}{2}rl$ $(\because$ (1)에서 $r\theta = l)$

채점 요소	배점
$l = r\theta$임을 보이는 과정 서술하기	40 %
$S = \dfrac{1}{2}rl$임을 보이는 과정 서술하기	60 %

287 　　　　　　 답 (1) $-\dfrac{4}{5}$　(2) $\dfrac{3}{5}$　(3) $-\dfrac{4}{3}$

점 $\mathrm{P}(3, -4)$에서 $\overline{\mathrm{OP}} = \sqrt{3^2 + (-4)^2} = 5$이므로
점 P는 중심이 원점이고 반지름의 길이가 $r=5$인 원 위의 점이다.

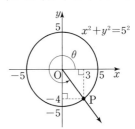

따라서 $r=5$, $x=3$, $y=-4$이므로 삼각함수의 정의에 의하여

(1) $\sin\theta=\dfrac{y}{r}=-\dfrac{4}{5}$

(2) $\cos\theta=\dfrac{x}{r}=\dfrac{3}{5}$

(3) $\tan\theta=\dfrac{y}{x}=-\dfrac{4}{3}$

288
답 (1) $a=-2$, $\overline{OP}=\sqrt{5}$

(2) $\sin\theta=-\dfrac{\sqrt{5}}{5}$, $\cos\theta=-\dfrac{2\sqrt{5}}{5}$

(1) 점 $P(a, -1)$에서 삼각함수의 정의에 의하여

$\tan\theta=\dfrac{-1}{a}=\dfrac{1}{2}$이므로 $a=-2$

$P(-2, -1)$이므로 $\overline{OP}=\sqrt{(-2)^2+(-1)^2}=\sqrt{5}$

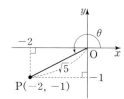

(2) 점 P는 중심이 원점이고 반지름의 길이가 $r=\sqrt{5}$인 원 위의 점이다.

따라서 $r=\sqrt{5}$, $x=-2$, $y=-1$이므로
삼각함수의 정의에 의하여

$\sin\theta=-\dfrac{\sqrt{5}}{5}$, $\cos\theta=-\dfrac{2\sqrt{5}}{5}$

289
답 ①

점 $P(1, 0)$을 x축의 방향으로 -6만큼, y축의 방향으로 12만큼 평행이동한 점이 Q이므로 $Q(-5, 12)$이다.

점 Q를 원점에 대하여 대칭이동한 점이 R이므로 $R(5, -12)$이고, 직선 $y=x$에 대하여 대칭이동한 점이 S이므로 $S(12, -5)$이다.

$\overline{OQ}=\sqrt{(-5)^2+12^2}=13$이므로 세 점 Q, R, S는 모두 중심이 원점이고 반지름의 길이가 13인 원 위의 점이다.

따라서 삼각함수의 정의에 의하여

$\sin\alpha=-\dfrac{12}{13}$, $\sin\beta=-\dfrac{5}{13}$이다.

$\therefore \sin\alpha+\sin\beta=-\dfrac{17}{13}$

290
답 ③

(i) $\sin\theta\cos\theta<0$에서 $\sin\theta$와 $\cos\theta$는 부호가 다르므로
θ는 제2사분면 또는 제4사분면의 각이다.

(ii) $\dfrac{\sin\theta}{\tan\theta}>0$에서 $\sin\theta$와 $\tan\theta$는 부호가 같으므로
θ는 제1사분면 또는 제4사분면의 각이다.

(i), (ii)에 의하여 $\sin\theta\cos\theta<0$, $\dfrac{\sin\theta}{\tan\theta}>0$을 모두 만족시키는
각 θ는 제4사분면의 각이다.

291
답 ④

① $100°$는 제2사분면의 각이므로 $\sin100°>0$이다.

② $-\dfrac{\pi}{5}$는 제4사분면의 각이므로 $\cos\left(-\dfrac{\pi}{5}\right)>0$이다.

③ $\dfrac{\pi}{7}$는 제1사분면의 각이므로 $\tan\dfrac{\pi}{7}>0$이다.

④ $\dfrac{7}{5}\pi$는 제3사분면의 각이므로 $\sin\dfrac{7}{5}\pi<0$이다.

⑤ $-130°$는 제3사분면의 각이므로 $\tan(-130°)>0$이다.

따라서 선지 중 부호가 다른 것은 ④이다.

292
답 (1) $\dfrac{2}{\cos\theta}$　(2) $-2\tan\theta$

(1) $\dfrac{\cos\theta}{1+\sin\theta}+\dfrac{1+\sin\theta}{\cos\theta}$

$=\dfrac{\cos^2\theta+(1+\sin\theta)^2}{(1+\sin\theta)\cos\theta}$

$=\dfrac{\cos^2\theta+\sin^2\theta+2\sin\theta+1}{(1+\sin\theta)\cos\theta}$

$=\dfrac{2(1+\sin\theta)}{(1+\sin\theta)\cos\theta}$ $(\because \sin^2\theta+\cos^2\theta=1)$

$=\dfrac{2}{\cos\theta}$

(2) $\dfrac{\cos\theta}{1+\sin\theta}-\dfrac{\cos\theta}{1-\sin\theta}$

$=\dfrac{\cos\theta(1-\sin\theta)-\cos\theta(1+\sin\theta)}{(1+\sin\theta)(1-\sin\theta)}$

$=\dfrac{\cos\theta-\cos\theta\sin\theta-\cos\theta-\cos\theta\sin\theta}{1-\sin^2\theta}$

$=\dfrac{-2\cos\theta\sin\theta}{\cos^2\theta}$ $(\because \sin^2\theta+\cos^2\theta=1)$

$=-2\times\dfrac{\sin\theta}{\cos\theta}=-2\tan\theta$

293
답 ⑤

$1-\cos^2\theta=\sin^2\theta$,

$1+\tan^2\theta=1+\dfrac{\sin^2\theta}{\cos^2\theta}=\dfrac{\cos^2\theta+\sin^2\theta}{\cos^2\theta}=\dfrac{1}{\cos^2\theta}$이므로

$(1-\cos^2\theta)(1+\tan^2\theta)=\sin^2\theta\times\dfrac{1}{\cos^2\theta}=\tan^2\theta$

294
답 ④

θ는 제2사분면의 각이므로 $\cos\theta<0$이다.

따라서 $\sin^2\theta+\cos^2\theta=1$에서

$\cos\theta=-\sqrt{1-\sin^2\theta}=-\sqrt{1-\left(\dfrac{3}{5}\right)^2}=-\dfrac{4}{5}$

$\tan\theta=\dfrac{\sin\theta}{\cos\theta}=\dfrac{\dfrac{3}{5}}{-\dfrac{4}{5}}=-\dfrac{3}{4}$

$\therefore \dfrac{10\cos\theta-1}{12\tan\theta}=\dfrac{10\times\left(-\dfrac{4}{5}\right)-1}{12\times\left(-\dfrac{3}{4}\right)}=1$

$\dfrac{\pi}{2}<\theta<\pi$이고 $\sin\theta=\dfrac{3}{5}$인 각 θ를 나타내는 동경과

중심이 원점이고 반지름의 길이가 $r=5$인 원의 교점을 P라 하자.

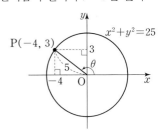

$x^2+y^2=25$에 $x=-4$를 대입하면 $y^2=9$에서 $y=\pm3$이고,

점 P가 제2사분면 위의 점이므로 $y=3$이다.

즉, $P(-4,\ 3)$에서 $r=5$, $x=-4$, $y=3$이므로

삼각함수의 정의에 의하여 $\cos\theta=-\dfrac{4}{5}$, $\tan\theta=-\dfrac{3}{4}$

$\therefore\ \dfrac{10\cos\theta-1}{12\tan\theta}=\dfrac{10\times\left(-\dfrac{4}{5}\right)-1}{12\times\left(-\dfrac{3}{4}\right)}=1$

295 .... 답 ②

$\cos\theta=-\dfrac{1}{3}<0$이고, $\sin\theta\cos\theta<0$이므로 $\sin\theta>0$이다.

따라서 $\sin^2\theta+\cos^2\theta=1$에서

$\sin\theta=\sqrt{1-\cos^2\theta}=\sqrt{1-\left(-\dfrac{1}{3}\right)^2}=\dfrac{2\sqrt{2}}{3}$

$\tan\theta=\dfrac{\sin\theta}{\cos\theta}=\dfrac{\dfrac{2\sqrt{2}}{3}}{-\dfrac{1}{3}}=-2\sqrt{2}$

$\therefore\ \sin\theta+\tan\theta=-\dfrac{4\sqrt{2}}{3}$

296 .... 답 (1) $-\dfrac{4}{9}$ (2) $\dfrac{13}{27}$

(1) $\sin\theta+\cos\theta=\dfrac{1}{3}$의 양변을 제곱하면

$\sin^2\theta+2\sin\theta\cos\theta+\cos^2\theta=\dfrac{1}{9}$

$1+2\sin\theta\cos\theta=\dfrac{1}{9}\ (\because\ \sin^2\theta+\cos^2\theta=1)$

$\therefore\ \sin\theta\cos\theta=-\dfrac{4}{9}$

(2) $\sin^3\theta+\cos^3\theta=(\sin\theta+\cos\theta)^3-3\sin\theta\cos\theta(\sin\theta+\cos\theta)$

$=\left(\dfrac{1}{3}\right)^3-3\times\left(-\dfrac{4}{9}\right)\times\dfrac{1}{3}\ (\because\ (1))$

$=\dfrac{13}{27}$

297 .... 답 ①

이차방정식의 근과 계수의 관계에 의하여

$\sin\theta+\cos\theta=\dfrac{1}{2}$, $\sin\theta\cos\theta=\dfrac{k}{2}$ ...... ㉠

$\sin\theta+\cos\theta=\dfrac{1}{2}$의 양변을 제곱하면

$\sin^2\theta+2\sin\theta\cos\theta+\cos^2\theta=\dfrac{1}{4}$

$1+2\sin\theta\cos\theta=\dfrac{1}{4}$, $\sin\theta\cos\theta=-\dfrac{3}{8}$ ...... ㉡

㉠, ㉡에 의하여 $\dfrac{k}{2}=-\dfrac{3}{8}$

$\therefore\ k=-\dfrac{3}{4}$

298 .... 답 ④

$(\sin\theta-\cos\theta)^2=\sin^2\theta-2\sin\theta\cos\theta+\cos^2\theta$

$=1-2\sin\theta\cos\theta\ (\because\ \sin^2\theta+\cos^2\theta=1)$

$=1-2\times\left(-\dfrac{2}{5}\right)=\dfrac{9}{5}$

$\dfrac{\pi}{2}<\theta<\pi$에서 θ는 제2사분면의 각이므로

$\sin\theta>0$, $\cos\theta<0$이고, $\sin\theta-\cos\theta>0$이다.

$\therefore\ \sin\theta-\cos\theta=\sqrt{\dfrac{9}{5}}=\dfrac{3\sqrt{5}}{5}$

299 .... 답 ⑤

① 정의역은 실수 전체의 집합이다. (참)

② 치역은 $\{y\,|-1\leq y\leq1\}$이다. (참)

③ 주기가 2π인 주기함수이다. (참)

④ 그래프는 원점에 대하여 대칭이다. (참)

⑤

그래프를 x축의 방향으로 $\dfrac{\pi}{2}$만큼 평행이동하면 위의 그림과

같이 함수 $y=-\cos x$의 그래프와 일치한다. (거짓)

따라서 선지 중 옳지 않은 것은 ⑤이다.

참고

⑤를 다음과 같이 판단할 수 있다.

함수 $y=\sin x$의 그래프를 x축의 방향으로 $\dfrac{\pi}{2}$만큼 평행이동한

그래프를 나타내는 함수의 식은

$y=\sin\left(x-\dfrac{\pi}{2}\right)=-\cos x$

한편, 함수 $y=\sin x$의 그래프를 x축의 방향으로 $-\dfrac{\pi}{2}$만큼

평행이동해야 함수 $y=\cos x$의 그래프와 일치한다.

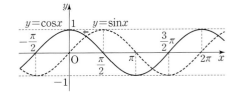

300

답 ④

① 두 함수 $y=\sin x$와 $y=\cos x$의 주기는
  2π로 서로 같다. (참)

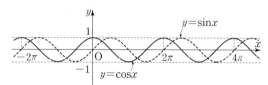

② 함수 $y=\cos x$의 그래프는 y축에 대하여 대칭이다. (참)

③ 함수 $y=\tan x$의 치역은 실수 전체의 집합이다. (참)

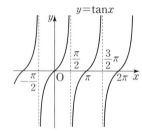

④ 함수 $y=\tan x$의 그래프는 원점에 대하여 대칭이다. (거짓)

⑤ 함수 $y=\tan x$의 그래프의 점근선의 방정식은

  $x=n\pi+\dfrac{\pi}{2}$ (n은 정수)이다. (참)

따라서 선지 중 옳지 않은 것은 ④이다.

301

답 ⑤

① 주기는 π이다. (거짓) ⋯⋯ **TIP**

② $\tan\left(-\dfrac{\pi}{3}\right)=-\sqrt{3}$이므로

  그래프는 점 $(0,\ -\sqrt{3})$을 지난다. (거짓)

③ 치역은 실수 전체의 집합이지만

  정의역은 $x-\dfrac{\pi}{3}\neq n\pi+\dfrac{\pi}{2}$에서 $x\neq n\pi+\dfrac{5}{6}\pi$ (n은 정수)인 실수
  전체의 집합이다. (거짓)

④ 그래프는 함수 $y=\tan x$의 그래프를 x축의 방향으로 $\dfrac{\pi}{3}$만큼

  평행이동한 것이다. (거짓)

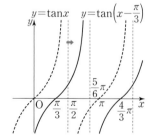

⑤ 그래프의 점근선의 방정식은

  $x=n\pi+\dfrac{5}{6}\pi$ (n은 정수)이다. (참)

따라서 선지 중 옳은 것은 ⑤이다.

TIP

함수 $f(x)$의 주기가 p일 때, 함수 $y=f(x)$의 그래프를
평행이동하여도 주기는 p로 변하지 않는다.
그 이유는 다음과 같다.
함수 $f(x)$의 주기가 p이면 정의역의 모든 x에 대하여
$f(x)=f(x+p)$가 성립한다. 이때 함수 $f(x)$를 x축의
방향으로 a만큼 평행이동한 것을 $g(x)$라 하면
$g(x)=f(x-a)=f(x-a+p)=g(x+p)$
즉, 정의역의 모든 원소 x에 대하여 $g(x)=g(x+p)$이므로
함수 $g(x)$의 주기도 p이다.

302

답 (1) 5 (2) −3 (3) π

(1) $-1\leq\cos 2x\leq 1$에서
  $-4\leq-4\cos 2x\leq 4$
  $-3\leq 1-4\cos 2x\leq 5$ ⋯⋯ ㉠
  따라서 함수 $f(x)$의 최댓값은 5이다.

(2) ㉠에서 함수 $f(x)$의 최솟값은 -3이다.

(3) $f(x)=1-4\cos 2x$
  $\qquad =1-4\cos(2x+2\pi)$
  $\qquad =1-4\cos 2(x+\pi)=f(x+\pi)$
  즉, 정의역의 모든 x에 대하여 $f(x)=f(x+\pi)$이므로
  함수 $f(x)$의 주기는 π이다.
  $\therefore p=\pi$

TIP

함수 $f(x)=1-4\cos 2x$의 최댓값은 $|-4|+1=5$,
최솟값은 $-|-4|+1=-3$으로 빠르게 구할 수 있다.
한편, $g(x)=\cos ax$ $(a\neq 0)$라 할 때,
$\cos ax=\cos(ax+2\pi)=\cos a\left(x+\dfrac{2\pi}{a}\right)$이므로
정의역의 모든 원소 x에 대하여 $g(x)=g\left(x+\dfrac{2\pi}{a}\right)$가
성립한다.
이때 주기는 양수이므로 함수 $g(x)$의 주기는 $\dfrac{2\pi}{|a|}$임을 알 수
있다. 따라서 위의 문제에서 함수 $f(x)$의 주기를 $\dfrac{2\pi}{|2|}=\pi$로
빠르게 구할 수 있다.

303

답 ②

주어진 함수의 최댓값이 6, 최솟값이 0이고 $a>0$이므로
$a+c=6$, $-a+c=0$
$\therefore a=3,\ c=3$
또한, 주기가 4π이고 $b>0$이므로
$\dfrac{2\pi}{b}=4\pi$, $b=\dfrac{1}{2}$
$\therefore a+2b+3c=13$

304

답 ③

$a<0$이므로 함수 $f(x)=a\cos\dfrac{x}{2}+b$의 최댓값은 $-a+b$이다.

$\therefore -a+b=8$ ...... ㉠

$f\left(\dfrac{8}{3}\pi\right)=a\cos\left(\dfrac{4}{3}\pi\right)+b=-\dfrac{1}{2}a+b=5$이므로

$-a+2b=10$ ...... ㉡

㉠, ㉡을 연립하여 풀면 $a=-6$, $b=2$

$\therefore ab=-12$

305

답 ④

함수 $f(x)$는 정의역의 모든 원소 x에 대하여 $f(x+\pi)=f(x)$를 만족시키므로 주기가 $\dfrac{\pi}{n}$ (n은 자연수) 꼴인 함수이다. ...... **TIP**

ㄱ. 함수 $f(x)=\sin\dfrac{x}{2}$의 주기는 $\dfrac{2\pi}{\frac{1}{2}}=4\pi$이다.

ㄴ. 함수 $f(x)=1-\tan x$의 주기는 $\dfrac{\pi}{1}=\pi$이다.

ㄷ. 함수 $f(x)=2\cos\pi x$의 주기는 $\dfrac{2\pi}{\pi}=2$이다.

ㄹ. 함수 $f(x)=\dfrac{1}{2}\tan 2x$의 주기는 $\dfrac{\pi}{2}$이다.

ㅁ. 함수 $f(x)=\cos 2(\pi-x)$의 주기는 $\dfrac{2\pi}{|-2|}=\pi$이다.

따라서 모든 실수 x에 대하여 $f(x+\pi)=f(x)$를 만족시키는 것은 ㄴ, ㄹ, ㅁ이다.

TIP

주기가 π인 함수 $f(x)$는 정의역의 모든 x에 대하여 $f(x+\pi)=f(x)$를 만족시키지만 그 역은 성립하지 않는다.

예를 들어, $f(x)=\sin 4x$에 대하여

$f(x+\pi)=\sin 4(x+\pi)$
$=\sin(4x+4\pi)$
$=\sin 4x=f(x)$

이지만 함수 $f(x)$의 주기는 $\dfrac{2\pi}{4}=\dfrac{\pi}{2}$이다.

따라서 상수함수가 아닌 함수 $f(x)$가 정의역의 모든 x에 대하여 $f(x+p)=f(x)$ (p는 양의 상수)를 만족시키면 함수 $f(x)$의 주기는 p, $\dfrac{p}{2}$, $\dfrac{p}{3}$, $\cdots$ 중 하나이다.

306

답 풀이 참조

주어진 함수의 그래프는 각각 다음과 같다.

ㄱ. 함수 $y=|\sin x|$의 주기는 π이다.

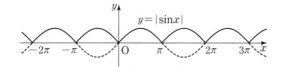

ㄴ. 함수 $y=|\cos x|$의 주기는 π이다.

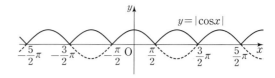

ㄷ. 함수 $y=|\tan x|$의 주기는 π이다.

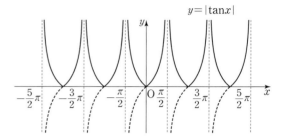

ㄹ. 함수 $y=\sin|x|$는 주기함수가 아니다.

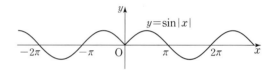

ㅁ. 함수 $y=\cos|x|$의 주기는 2π이다.

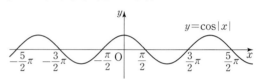

ㅂ. 함수 $y=\tan|x|$는 주기함수가 아니다.

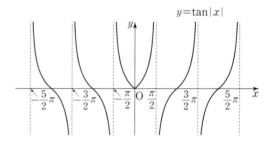

따라서 주기함수는 ㄱ, ㄴ, ㄷ, ㅁ이고
ㄱ, ㄴ, ㄷ의 주기는 π, ㅁ의 주기는 2π이다.

TIP

절댓값 기호를 포함하는 함수의 그래프는 다음과 같이 얻을 수 있다.

❶ 함수 $y=|f(x)|$의 그래프

$$y=\begin{cases} f(x) & (f(x)\ge 0) \\ -f(x) & (f(x)<0) \end{cases}$$

함수 $y=f(x)$의 그래프에서 $f(x)<0$인 부분을 x축에 대하여 대칭이동시킨다.

❷ 함수 $y=f(|x|)$의 그래프

$$y=\begin{cases} f(x) & (x\ge 0) \\ f(-x) & (x<0) \end{cases}$$

함수 $y=f(x)$의 그래프에서 $x<0$인 부분은 지우고, $x\ge 0$인 부분을 y축에 대하여 대칭이동시킨다.

307 　　　　　　　　　　　　　　　　　　　　　　🖹 ④

① $\sin\left(\dfrac{\pi}{2}+\theta\right)=\cos\theta$, $\cos(\pi+\theta)=-\cos\theta$이므로

　　$\sin\left(\dfrac{\pi}{2}+\theta\right)\neq\cos(\pi+\theta)$ (거짓)

② $\sin(\pi-\theta)=\sin\theta$, $\sin(-\theta)=-\sin\theta$이므로

　　$\sin(\pi-\theta)\neq\sin(-\theta)$ (거짓)

③ $\cos(-\theta)=\cos\theta$, $\sin\left(\dfrac{3}{2}\pi+\theta\right)=-\cos\theta$이므로

　　$\cos(-\theta)\neq\sin\left(\dfrac{3}{2}\pi+\theta\right)$ (거짓)

④ $\cos\left(\dfrac{\pi}{2}+\theta\right)=-\sin\theta$, $\sin(\pi+\theta)=-\sin\theta$이므로

　　$\cos\left(\dfrac{\pi}{2}+\theta\right)=\sin(\pi+\theta)$ (참)

⑤ $\tan\left(\dfrac{\pi}{2}-\theta\right)=\dfrac{1}{\tan\theta}$, $\dfrac{1}{\tan(-\theta)}=\dfrac{1}{-\tan\theta}$이므로

　　$\tan\left(\dfrac{\pi}{2}-\theta\right)\neq\dfrac{1}{\tan(-\theta)}$ (거짓)

따라서 선지 중 옳은 것은 ④이다.

308 　　　　　　　　　　　　　　　　　　　　　　🖹 ②

θ가 제3사분면의 각이므로 $\cos\theta<0$, $\tan\theta>0$이다.

$\sin\theta=-\dfrac{2}{3}$이므로 $\sin^2\theta+\cos^2\theta=1$에서

$\cos\theta=-\sqrt{1-\sin^2\theta}=-\sqrt{1-\left(-\dfrac{2}{3}\right)^2}=-\dfrac{\sqrt5}{3}$

$\tan\theta=\dfrac{\sin\theta}{\cos\theta}=\dfrac{-\dfrac{2}{3}}{-\dfrac{\sqrt5}{3}}=\dfrac{2}{\sqrt5}=\dfrac{2\sqrt5}{5}$

$\therefore \tan(3\pi-\theta)+\sin\left(\dfrac{3}{2}\pi+\theta\right)=-\tan\theta-\cos\theta$

　　　　　　　　　　　　　　$=-\dfrac{2\sqrt5}{5}+\dfrac{\sqrt5}{3}=-\dfrac{\sqrt5}{15}$

309 　　　　　　　　　　　　　　　　　　　　　　🖹 ①

$\cos(5\pi-\theta)-\cos\left(\dfrac{5}{2}\pi+\theta\right)+\sin(2\pi-\theta)-\sin\left(\dfrac{\pi}{2}-\theta\right)$

$=-\cos\theta-(-\sin\theta)+(-\sin\theta)-\cos\theta$

$=-2\cos\theta$

310 　　　　　　　　　　　　　　　　　　　　　　🖹 ②

$\dfrac{\sin\left(\dfrac{3}{2}\pi-\theta\right)}{\sin\left(\dfrac{\pi}{2}-\theta\right)\cos^2(\pi-\theta)}+\dfrac{\sin(\pi-\theta)\tan^2(\pi+\theta)}{\cos\left(\dfrac{3}{2}\pi+\theta\right)}$

$=\dfrac{-\cos\theta}{\cos\theta\times(-\cos\theta)^2}+\dfrac{\sin\theta\tan^2\theta}{\sin\theta}$

$=\dfrac{-1}{\cos^2\theta}+\tan^2\theta$

$=\dfrac{-1+\sin^2\theta}{\cos^2\theta}=\dfrac{-\cos^2\theta}{\cos^2\theta}=-1$

311 　　　　　　　　　　　　　　　　　　　　　　🖹 ③

$\sin\dfrac{7}{6}\pi=\sin\left(\pi+\dfrac{\pi}{6}\right)=-\sin\dfrac{\pi}{6}=-\dfrac{1}{2}$

$\cos\left(-\dfrac{2}{3}\pi\right)=\cos\dfrac{2}{3}\pi=\cos\left(\pi-\dfrac{\pi}{3}\right)=-\cos\dfrac{\pi}{3}=-\dfrac{1}{2}$

$\cos\dfrac{23}{6}\pi=\cos\left(2\pi\times2-\dfrac{\pi}{6}\right)=\cos\dfrac{\pi}{6}=\dfrac{\sqrt3}{2}$

$\tan\dfrac{7}{4}\pi=\tan\left(2\pi-\dfrac{\pi}{4}\right)=-\tan\dfrac{\pi}{4}=-1$

$\therefore \sin\dfrac{7}{6}\pi+\cos\left(-\dfrac{2}{3}\pi\right)+\cos\dfrac{23}{6}\pi-\tan\dfrac{7}{4}\pi$

　　$=\left(-\dfrac{1}{2}\right)+\left(-\dfrac{1}{2}\right)+\dfrac{\sqrt3}{2}-(-1)=\dfrac{\sqrt3}{2}$

312 　　　　　　　　　　　　　　　　　　　　　　🖹 ②

$a=\cos120°=\cos(90°+30°)=-\sin30°$

$b=\sin130°=\sin(180°-50°)=\sin50°$

$c=\sin200°=\sin(180°+20°)=-\sin20°$

즉, $a<0$, $b>0$, $c<0$이고

$\sin20°<\sin30°$에서 $-\sin30°<-\sin20°$이므로 $a<c$

$\therefore a<c<b$

313 　　　　　　　　　　　　　　　　　　　🖹 -0.2419

$\cos824°=\cos(2\times360°+104°)$

　　　　$=\cos104°=\cos(90°+14°)$

　　　　$=-\sin14°=-0.2419$

314 　　　　　　　　　　　　　　　　　　　　　　🖹 ⑤

$-1\le\sin x\le1$이므로 $-1\le2\sin x+1\le3$에서

$0\le|2\sin x+1|\le3$　　$\therefore -1\le|2\sin x+1|-1\le2$

따라서 $M=2$, $m=-1$이므로

$M+m=1$

다른 풀이

$y=|2\sin x+1|-1$에서 $\sin x=t$라 하면

$-1\le t\le1$이고 $y=|2t+1|-1$

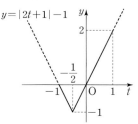

그림에서 $t=1$일 때 최댓값 $M=2$를 갖고,

$t=-\dfrac{1}{2}$일 때 최솟값 $m=-1$을 갖는다.

$\therefore M+m=1$

315

답 (1) $x=\dfrac{7}{6}\pi$ 또는 $x=\dfrac{11}{6}\pi$

(2) $x=\dfrac{\pi}{6}$ 또는 $x=\dfrac{11}{6}\pi$

(3) $x=\dfrac{\pi}{4}$ 또는 $x=\dfrac{5}{4}\pi$

(1) $0\le x<2\pi$에서 방정식 $\sin x=-\dfrac{1}{2}$의 해는

함수 $y=\sin x\ (0\le x<2\pi)$의 그래프와 직선 $y=-\dfrac{1}{2}$의 교점의 x좌표와 같다.

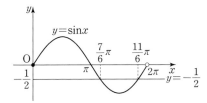

$\therefore x=\dfrac{7}{6}\pi$ 또는 $x=\dfrac{11}{6}\pi$

(2) $0\le x<2\pi$에서 방정식 $2\cos x-\sqrt{3}=0$, 즉 $\cos x=\dfrac{\sqrt{3}}{2}$의 해는

함수 $y=\cos x\ (0\le x<2\pi)$의 그래프와 직선 $y=\dfrac{\sqrt{3}}{2}$의 교점의 x좌표와 같다.

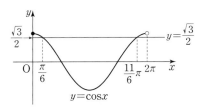

$\therefore x=\dfrac{\pi}{6}$ 또는 $x=\dfrac{11}{6}\pi$

(3) $0\le x<2\pi$에서 방정식 $\tan x=1$의 해는
함수 $y=\tan x\ (0\le x<2\pi)$의 그래프와 직선 $y=1$의 교점의 x좌표와 같다.

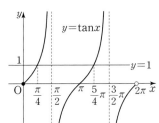

$\therefore x=\dfrac{\pi}{4}$ 또는 $x=\dfrac{5}{4}\pi$

316

답 ②

$\sin x+\cos x=0$에서 $\sin x=-\cos x$ ……… ㉠

이때 ㉠에서 $\cos x=0$이면 $\sin x=0$이어야 하는데
$\cos x=\sin x=0$을 만족시키는 실수 x가 존재하지 않으므로
$\cos x\ne 0$이다.

㉠에서 양변을 $\cos x$로 나누면 $\tan x=-1$
이 방정식의 근은 함수 $y=\tan x\ (0\le x<2\pi)$의 그래프와
직선 $y=-1$의 교점의 x좌표와 같다.

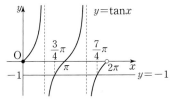

그림에서 주어진 방정식의 근은

$x=\dfrac{3}{4}\pi$ 또는 $x=\dfrac{7}{4}\pi$

따라서 그 합은 $\dfrac{3}{4}\pi+\dfrac{7}{4}\pi=\dfrac{5}{2}\pi$이다.

317

답 (1) $\dfrac{\pi}{3}\le x\le\dfrac{2}{3}\pi$ (2) $\dfrac{2}{3}\pi<x<\dfrac{4}{3}\pi$

(1) 부등식 $\sin x\ge\dfrac{\sqrt{3}}{2}$의 해는

함수 $y=\sin x\ (0\le x\le 2\pi)$의 그래프가 직선 $y=\dfrac{\sqrt{3}}{2}$보다 위쪽에 있거나 만나는 x의 값의 범위이다.

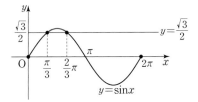

그림에서 구하는 부등식의 해는 $\dfrac{\pi}{3}\le x\le\dfrac{2}{3}\pi$이다.

(2) 부등식 $2\cos x+1<0$, 즉 $\cos x<-\dfrac{1}{2}$의 해는

함수 $y=\cos x\ (0\le x\le 2\pi)$의 그래프가 직선 $y=-\dfrac{1}{2}$보다 아래쪽에 있는 x의 값의 범위이다.

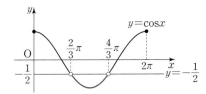

그림에서 구하는 부등식의 해는 $\dfrac{2}{3}\pi<x<\dfrac{4}{3}\pi$이다.

318

답 $-\pi\le x\le-\dfrac{5}{6}\pi$ 또는 $-\dfrac{\pi}{4}<x\le\dfrac{\pi}{6}$ 또는 $\dfrac{3}{4}\pi<x\le\pi$

부등식 $-1<\tan x\le\dfrac{\sqrt{3}}{3}$의 해는

함수 $y=\tan x\ (-\pi\le x\le\pi)$의 그래프가 직선 $y=-1$보다 위쪽에 있고 직선 $y=\dfrac{\sqrt{3}}{3}$보다 아래쪽에 있거나 만나는 x의 값의 범위이다.

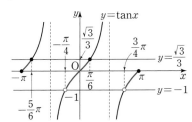

그림에서 구하는 부등식의 해는
$$-\pi \leq x \leq -\frac{5}{6}\pi \ \text{또는} \ -\frac{\pi}{4} < x \leq \frac{\pi}{6} \ \text{또는} \ \frac{3}{4}\pi < x \leq \pi$$

319 답 ⑤

부등식 $\sin x \geq \cos x$의 해는
함수 $y=\sin x$의 그래프가 함수 $y=\cos x$의 그래프보다 위쪽에 있거나 만나는 x의 값의 범위이다.

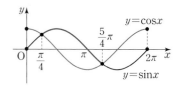

$0 \leq x \leq 2\pi$이므로 위의 그림에서 주어진 부등식의 해는
$$\frac{\pi}{4} \leq x \leq \frac{5}{4}\pi$$

따라서 $\alpha = \frac{\pi}{4}$, $\beta = \frac{5}{4}\pi$이므로
$$\frac{\beta}{\alpha} = 5$$

320 답 ④

부등식 $2\cos\left(x-\frac{\pi}{3}\right)+1 \geq 0$에서 $x-\frac{\pi}{3}=t$라 하면

$0 \leq x \leq 2\pi$에서 $-\frac{\pi}{3} \leq t \leq \frac{5}{3}\pi$이고

$2\cos t + 1 \geq 0$에서 $\cos t \geq -\frac{1}{2}$이다.

부등식 $\cos t \geq -\frac{1}{2}$의 해는 함수 $y=\cos t \left(-\frac{\pi}{3} \leq t \leq \frac{5}{3}\pi\right)$의

그래프가 직선 $y=-\frac{1}{2}$보다 위쪽에 있거나 만나는 t의 값의 범위이다.

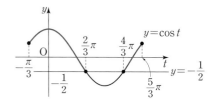

그림에서 부등식 $\cos t \geq -\frac{1}{2}$의 해는
$$-\frac{\pi}{3} \leq t \leq \frac{2}{3}\pi \ \text{또는} \ \frac{4}{3}\pi \leq t \leq \frac{5}{3}\pi$$

즉, 주어진 부등식의 해는
$$0 \leq x \leq \pi \ \text{또는} \ \frac{5}{3}\pi \leq x \leq 2\pi$$

따라서 선지 중 해에 속하는 값이 아닌 것은 ④이다.

321 답 $0 < x < \frac{\pi}{3}$ 또는 $\frac{2}{3}\pi < x < \frac{4}{3}\pi$ 또는 $\frac{5}{3}\pi < x < 2\pi$

$|2\cos x| > 1$, $|\cos x| > \frac{1}{2}$에서

$\cos x < -\frac{1}{2}$ 또는 $\cos x > \frac{1}{2}$이므로 부등식 $|\cos x| > \frac{1}{2}$의 해는

함수 $y=\cos x$ $(0 < x < 2\pi)$의 그래프가 직선 $y=-\frac{1}{2}$보다 아래쪽에 있거나 직선 $y=\frac{1}{2}$보다 위쪽에 있는 x의 값의 범위이다.

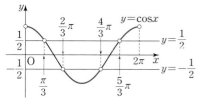

그림에서 구하는 부등식의 해는
$$0 < x < \frac{\pi}{3} \ \text{또는} \ \frac{2}{3}\pi < x < \frac{4}{3}\pi \ \text{또는} \ \frac{5}{3}\pi < x < 2\pi$$

322 답 ④

부채꼴의 호의 길이가 원의 반지름의 길이의 4배이므로
이 부채꼴의 중심각의 크기는 4라디안이다.
따라서 각의 크기 4라디안을 육십분법으로 계산하면
$$4 \times \frac{180°}{\pi} = \frac{720°}{\pi}$$이다.

323 답 ②

주어진 원의 넓이가 16π이므로 원의 반지름의 길이는 4이다.
호 AB의 길이가 반지름의 길이의 2배이므로
부채꼴 OAB의 중심각의 크기는 $\theta = 2$(라디안)이다.
원의 중심 O에서 선분 AB에 내린 수선의 발을 H라 하면
직선 OH는 각 AOB의 이등분선이므로
$$\angle AOH = \frac{\theta}{2} = 1(\text{라디안})$$이고,
직선 OH는 선분 AB를 수직이등분하므로
$$\overline{AB} = 2\overline{AH} = 2 \times \overline{AO} \times \sin(\angle AOH)$$
$$= 2 \times 4\sin 1 = 8\sin 1$$

324 답 ④

θ가 제3사분면의 각이면
$$2n\pi + \pi < \theta < 2n\pi + \frac{3}{2}\pi \ (n\text{은 정수})$$이므로
$$n\pi + \frac{\pi}{2} < \frac{\theta}{2} < n\pi + \frac{3}{4}\pi$$이다.
이때 정수 k에 대하여 n을 다음과 같은 경우로 나누어 생각해 보자.
(i) $n=2k$일 때
$$2k\pi + \frac{\pi}{2} < \frac{\theta}{2} < 2k\pi + \frac{3}{4}\pi$$이므로 $\frac{\theta}{2}$는 제2사분면의 각이다.
(ii) $n=2k+1$일 때
$$(2k+1)\pi + \frac{\pi}{2} < \frac{\theta}{2} < (2k+1)\pi + \frac{3}{4}\pi$$
$$2k\pi + \frac{3}{2}\pi < \frac{\theta}{2} < 2k\pi + \frac{7}{4}\pi$$이므로 $\frac{\theta}{2}$는 제4사분면의 각이다.
(i), (ii)에 의하여 구하는 사분면은 제2사분면, 제4사분면이다.

325 　　　　　　　　　　　　　　　　　　　　답 제1사분면

θ가 제4사분면의 각이면

$2n\pi+\dfrac{3}{2}\pi<\theta<2n\pi+2\pi$ (n은 정수)이므로

$\dfrac{2n\pi}{3}+\dfrac{\pi}{2}<\dfrac{\theta}{3}<\dfrac{2n\pi}{3}+\dfrac{2}{3}\pi$이다.

이때 정수 k에 대하여 n을 다음과 같은 경우로 나누어 생각해 보자.

(ⅰ) $n=3k$일 때

　$2k\pi+\dfrac{\pi}{2}<\dfrac{\theta}{3}<2k\pi+\dfrac{2}{3}\pi$이므로 $\dfrac{\theta}{3}$는 제2사분면의 각이다.

(ⅱ) $n=3k+1$일 때

　$\dfrac{2(3k+1)\pi}{3}+\dfrac{\pi}{2}<\dfrac{\theta}{3}<\dfrac{2(3k+1)\pi}{3}+\dfrac{2}{3}\pi$에서

　$2k\pi+\dfrac{7}{6}\pi<\dfrac{\theta}{3}<2k\pi+\dfrac{4}{3}\pi$이므로 $\dfrac{\theta}{3}$는 제3사분면의 각이다.

(ⅲ) $n=3k+2$일 때

　$\dfrac{2(3k+2)\pi}{3}+\dfrac{\pi}{2}<\dfrac{\theta}{3}<\dfrac{2(3k+2)\pi}{3}+\dfrac{2}{3}\pi$에서

　$2k\pi+\dfrac{11}{6}\pi<\dfrac{\theta}{3}<2k\pi+2\pi$이므로 $\dfrac{\theta}{3}$는 제4사분면의 각이다.

(ⅰ)~(ⅲ)에 의하여 $\dfrac{\theta}{3}$는 제2사분면 또는 제3사분면 또는 제4사분면

의 각이므로 각 $\dfrac{\theta}{3}$를 나타내는 동경이 존재하지 않는 사분면은

제1사분면이다.

326 　　　　　　　　　　　　　　　　　　　　답 ②

각 θ와 각 4θ를 나타내는 동경이 서로 일치하므로

$4\theta-\theta=2n\pi$ (단, n은 정수)

$3\theta=2n\pi$, $\theta=\dfrac{2n}{3}\pi$

이때 $\dfrac{\pi}{2}<\theta<\pi$이므로

$\dfrac{\pi}{2}<\dfrac{2n}{3}\pi<\pi$, $\dfrac{3}{4}<n<\dfrac{3}{2}$

이를 만족시키는 정수 n은 1이다.

$\therefore\ \theta=\dfrac{2}{3}\pi$

> **참고**
>
> 〈두 동경의 위치 관계〉
> 두 각 θ_1, θ_2를 나타내는 동경의 위치 관계에 따라
> 정수 n에 대하여 θ_1, θ_2는 다음 식을 만족시킨다.
> ❶ 일치한다. $\Longleftrightarrow \theta_1-\theta_2=2n\pi$
> ❷ x축에 대하여 대칭이다. $\Longleftrightarrow \theta_1+\theta_2=2n\pi$
> ❸ y축에 대하여 대칭이다. $\Longleftrightarrow \theta_1+\theta_2=(2n+1)\pi$
> ❹ 원점에 대하여 대칭이다. $\Longleftrightarrow \theta_1-\theta_2=(2n+1)\pi$
> ❺ 직선 $y=x$에 대하여 대칭이다. $\Longleftrightarrow \theta_1+\theta_2=2n\pi+\dfrac{\pi}{2}$
> ❻ 직선 $y=-x$에 대하여 대칭이다. $\Longleftrightarrow \theta_1+\theta_2=2n\pi+\dfrac{3}{2}\pi$

327 　　　　　　　　　　　　　　　　　　　　답 ⑤

두 각 2θ와 4θ를 나타내는 동경이 y축에 대하여 대칭이므로

$2\theta+4\theta=(2n+1)\pi$ (단, n은 정수)

$6\theta=(2n+1)\pi$, $\theta=\dfrac{2n+1}{6}\pi$

이때 $\pi<\theta<2\pi$이므로

$\pi<\dfrac{2n+1}{6}\pi<2\pi$, $\dfrac{5}{2}<n<\dfrac{11}{2}$

이를 만족시키는 정수 n은 3, 4, 5이므로

$\theta=\dfrac{7}{6}\pi$ 또는 $\theta=\dfrac{9}{6}\pi$ 또는 $\theta=\dfrac{11}{6}\pi$

따라서 구하는 모든 각 θ의 크기의 합은

$\dfrac{7}{6}\pi+\dfrac{9}{6}\pi+\dfrac{11}{6}\pi=\dfrac{9}{2}\pi$

328 　　　　　　　　　　　　　　　　　　　　답 ④

원뿔의 밑면의 반지름의 길이가 6이고, 높이가 8이므로
모선의 길이는 $\sqrt{6^2+8^2}=10$이다.

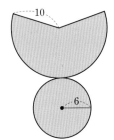

이 원뿔의 전개도에서 옆면인 부채꼴의 호의 길이는 밑면의 둘레의
길이와 같으므로 12π이다.

$\therefore$ (원뿔의 겉넓이)

　$=$ (원뿔의 옆면의 넓이) $+$ (원뿔의 밑면의 넓이)

　$=\left(\dfrac{1}{2}\times10\times12\pi\right)+(\pi\times6^2)$

　$=60\pi+36\pi=96\pi$

329 　　　　　　　　　　　　　　　　　　　　답 ④

$-\dfrac{8}{3}\pi=-4\pi+\dfrac{4}{3}\pi$이므로 각 $-\dfrac{8}{3}\pi$를 나타내는 동경은 각 $\dfrac{4}{3}\pi$를
나타내는 동경과 같다.

따라서 중심이 O인 원 위의 점 A에 대하여 반직선 OA가 시초선이
므로 이를 좌표평면에서 x축의 양의 방향으로 잡을 때,

두 각 $\dfrac{5}{6}\pi$, $-\dfrac{8}{3}\pi$를 나타내는 동경 OP, OQ를 그리면 다음과 같다.

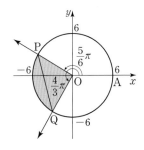

선분 PQ를 포함하는 부채꼴 OPQ의 중심각의 크기는

$\frac{4}{3}\pi - \frac{5}{6}\pi = \frac{\pi}{2}$이다.

따라서 구하는 부채꼴 OPQ의 넓이는

$\frac{1}{2} \times 6^2 \times \frac{\pi}{2} = 9\pi$이다.

330 ──────────────────── 답 ④

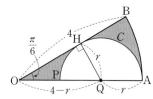

위의 그림과 같이 반원 C의 중심을 Q, 반지름의 길이를 r라 하면 $\overline{OA}=4$이므로 $\overline{OQ}=4-r$

선분 OB와 반원 C의 접점을 H라 하면 $\overline{QH}=r$

부채꼴 OAB의 중심각의 크기가 $\frac{\pi}{6}$이므로

직각삼각형 OQH에서

$\sin\frac{\pi}{6} = \frac{r}{4-r}$

이때 $\sin\frac{\pi}{6} = \frac{1}{2}$이므로 $\frac{1}{2} = \frac{r}{4-r}$에서

$2r=4-r$, $3r=4$ $\therefore r = \frac{4}{3}$

따라서 $S_1 = \frac{1}{2} \times 4^2 \times \frac{\pi}{6} = \frac{4}{3}\pi$,

$S_2 = \frac{1}{2} \times \pi \times \left(\frac{4}{3}\right)^2 = \frac{8}{9}\pi$이므로

$S_1 - S_2 = \frac{4}{3}\pi - \frac{8}{9}\pi = \frac{4}{9}\pi$이다.

331 ──────────────────── 답 81, 2

부채꼴의 반지름의 길이를 r, 호의 길이를 l, 넓이를 S라 하자.

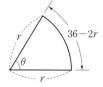

$l = 36-2r$이므로

$S = \frac{1}{2}rl = \frac{1}{2}r(36-2r)$

$= -(r-9)^2 + 81$

즉, S는 $r=9$일 때, 최댓값 81을 갖는다.

이때 부채꼴의 중심각의 크기를 θ라 하면

$81 = \frac{1}{2} \times 9^2 \times \theta$ $\therefore \theta = 2$

따라서 구하는 부채꼴의 넓이의 최댓값은 81이고,

이때의 중심각의 크기는 2이다.

┈┈┈ TIP

TIP

둘레의 길이가 a로 일정한 부채꼴의 넓이가 최대일 때, 중심각의 크기는 항상 2이다.

부채꼴의 반지름의 길이를 r, 호의 길이를 l, 넓이를 S라 하자.

$l = a-2r$이므로

$S = \frac{1}{2}rl = \frac{1}{2}r(a-2r) = -\left(r-\frac{a}{4}\right)^2 + \frac{a^2}{16}$

따라서 S는 $r = \frac{a}{4}$일 때, 최댓값 $\frac{a^2}{16}$을 갖는다.

이때 부채꼴의 중심각의 크기를 θ라 하면

$\frac{a^2}{16} = \frac{1}{2} \times \left(\frac{a}{4}\right)^2 \times \theta$에서 $\theta=2$임을 알 수 있다.

332 ──────────────────── 답 26

두 부채꼴 AOB, COD의 반지름의 길이를 각각 r_1, r_2라 하고 중심각의 크기는 서로 같으므로 θ라 하자.

호 AB의 길이가 12이므로 $r_1\theta = 12$

호 CD의 길이가 8이므로 $r_2\theta = 8$

따라서 $\frac{r_1\theta}{r_2\theta} = \frac{12}{8}$에서 $r_2 = \frac{2}{3}r_1$ ┈┈┈ ㉠

부채꼴 AOB의 넓이는 $\frac{1}{2} \times r_1 \times 12 = 6r_1$

부채꼴 COD의 넓이는 $\frac{1}{2} \times r_2 \times 8 = 4r_2$

이때 색칠한 부분의 넓이가 30이므로

$6r_1 - 4r_2 = 30$, $3r_1 - 2r_2 = 15$

㉠을 대입하면 $3r_1 - 2 \times \frac{2}{3}r_1 = 15$에서 $r_1 = 9$, $r_2 = 6$이다.

따라서 $\overline{AC} = r_1 - r_2 = 3$이므로 색칠한 부분의 둘레의 길이는

$12 + 8 + 3 \times 2 = 26$

333 ──────────────────── 답 ②

와이퍼 전체의 길이가 a cm이므로

와이퍼 전체에서 고무판을 제외한 부분의 길이를 r cm라 하면

$a-r = 60$이다. ┈┈┈ ㉠

고무판이 회전하면서 닦는 부분의 넓이는

$\frac{1}{2} \times a^2 \times \frac{2}{3}\pi - \frac{1}{2} \times r^2 \times \frac{2}{3}\pi = \frac{\pi}{3}(a^2-r^2)$

$= \frac{\pi}{3}(a+r)(a-r)$

$= \frac{\pi}{3} \times (a+r) \times 60 = 1800\pi \ (\because ㉠)$

이므로 $a+r = 90$이다. ┈┈┈ ㉡

㉠, ㉡을 연립하여 풀면

$a=75$, $r=15$

고무판이 회전하면서 닦는 부분의 둘레의 길이는

$b = a \times \frac{2}{3}\pi + r \times \frac{2}{3}\pi + 2 \times 60$

$\quad = \frac{2}{3}\pi(a+r) + 120$

$\quad = 60\pi + 120 \ (\because \ ⓛ)$

$\therefore a + b = 75 + (60\pi + 120) = 60\pi + 195$

334 ·· 답 ④

마름모 AOBO′에서 대각의 크기는 서로 같으므로

$\angle AO'B = \angle AOB = \frac{5}{6}\pi$

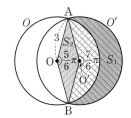

이때 $2\pi - \frac{5}{6}\pi = \frac{7}{6}\pi$이므로 위의 그림과 같이 원 O'에서 중심각의

크기가 $\frac{7}{6}\pi$인 부채꼴 AO′B의 넓이 T_1을 빨간색 빗금 친 부분으로

나타내고, 원 O에서 중심각의 크기가 $\frac{5}{6}\pi$인 부채꼴 AOB의 넓이

T_2를 파란색 빗금 친 부분으로 나타내면

$S_1 = T_1 + S_2 - T_2$

$\quad = \left(\frac{1}{2} \times 3^2 \times \frac{7}{6}\pi\right) + S_2 - \left(\frac{1}{2} \times 3^2 \times \frac{5}{6}\pi\right)$

$\quad = \frac{3}{2}\pi + S_2$

$\therefore S_1 - S_2 = \frac{3}{2}\pi$

335 ·· 답 ⑤

직선 $y=2$가 원 $x^2 + y^2 = 5$와 제2사분면에서 만나는 점 A의 좌표는
$(-1, 2)$이고, $\overline{OA} = \sqrt{5}$이므로

$\sin\alpha = \frac{2}{\sqrt{5}}$

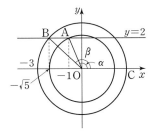

직선 $y=2$가 원 $x^2 + y^2 = 9$와 제2사분면에서 만나는 점 B의 좌표는
$(-\sqrt{5}, 2)$이고, $\overline{OB} = 3$이므로

$\cos\beta = -\frac{\sqrt{5}}{3}$

$\therefore \sin\alpha\cos\beta = \frac{2}{\sqrt{5}} \times \left(-\frac{\sqrt{5}}{3}\right) = -\frac{2}{3}$

336 ·· 답 ①

두 점 P, Q를 좌표평면 위에 나타내면 다음과 같다.

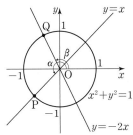

$\tan\alpha$는 직선 $y=x$의 기울기와 같으므로 $\tan\alpha = 1$이고,
$\tan\beta$는 직선 $y=-2x$의 기울기와 같으므로 $\tan\beta = -2$이다.
점 P는 제3사분면의 점이므로 $\cos\alpha < 0$이다.

따라서 $\tan\alpha = 1$일 때, $\cos\alpha = -\frac{1}{\sqrt{2}} = -\frac{\sqrt{2}}{2}$이다.

점 Q는 제2사분면의 점이므로 $\sin\beta > 0$이다.

따라서 $\tan\beta = -2$일 때, $\sin\beta = \frac{2}{\sqrt{5}} = \frac{2\sqrt{5}}{5}$이다.

$\therefore \cos\alpha\sin\beta = -\frac{\sqrt{2}}{2} \times \frac{2\sqrt{5}}{5} = -\frac{\sqrt{10}}{5}$

337 ·· 답 ②

원점을 중심으로 하고 반지름의 길이가 3인 원이 세 동경 OP, OQ, OR와 만나는 점을 각각 A, B, C라 하자.
세 점과 세 동경을 좌표평면 위에 나타내면 다음과 같다.

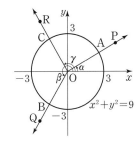

점 P가 제1사분면 위에 있고, $\sin\alpha = \frac{1}{3}$이므로 A$(2\sqrt{2}, 1)$

점 Q가 점 P와 직선 $y=-x$에 대하여 대칭이므로 동경 OQ와 동경
OP도 직선 $y=-x$에 대하여 대칭이다.

$\therefore$ B$(-1, -2\sqrt{2})$

점 R가 점 Q와 x축에 대하여 대칭이므로 동경 OR와 동경 OQ도
x축에 대하여 대칭이다.

$\therefore$ C$(-1, 2\sqrt{2})$

따라서 $\cos\beta = -\frac{1}{3}$, $\cos\gamma = -\frac{1}{3}$이므로

$\cos\beta + \cos\gamma = -\frac{2}{3}$이다.

다른 풀이

유형 06의 내용을 이용하여 다음과 같이 풀이할 수 있다.

제1사분면 위의 점 P를 직선 $y=-x$에 대하여 대칭이동한 점 Q와
점 Q를 x축에 대하여 대칭이동한 점 R를 나타내면 다음과 같다.

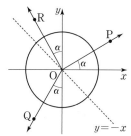

동경 OQ가 y축과 이루는 각의 크기가 동경 OP가 x축과 이루는
각의 크기와 같으므로

$\beta = \dfrac{3}{2}\pi - \alpha$이고,

동경 OQ, 동경 OR가 y축과 이루는 각의 크기가 서로 같으므로

$\gamma = \dfrac{\pi}{2} + \alpha$이다.

따라서 $\cos\beta = \cos\left(\dfrac{3}{2}\pi - \alpha\right) = -\sin\alpha = -\dfrac{1}{3}$,

$\cos\gamma = \cos\left(\dfrac{\pi}{2} + \alpha\right) = -\sin\alpha = -\dfrac{1}{3}$이다.

$\therefore \cos\beta + \cos\gamma = -\dfrac{2}{3}$

338 ·· 답 ②

부채꼴 AOP의 중심각의 크기를 α라 하면

호 AP의 길이는 $6\alpha = \pi$이므로 $\alpha = \dfrac{\pi}{6}$이다.

따라서 가능한 점 P는 다음과 같은 두 가지이다.

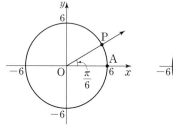 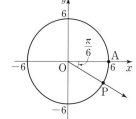

이 중 동경 OP가 나타내는 각 θ에 대하여 $\sin\theta < 0$이려면
점 P의 y좌표는 음수이어야 하므로 점 P는 제4사분면 위의 점이다.

따라서 $\sin\theta = -\sin\dfrac{\pi}{6} = -\dfrac{1}{2}$, $\cos\theta = \cos\dfrac{\pi}{6} = \dfrac{\sqrt{3}}{2}$이므로

$\sin\theta - \sqrt{3}\cos\theta = -2$

339 ·· 답 ①

θ가 제2사분면의 각이므로 $\sin\theta > 0$, $\cos\theta < 0$, $\tan\theta < 0$이다.

$|\sin\theta| + |\tan\theta| + \sqrt{(\sin\theta - \cos\theta)^2} - \sqrt{(\cos\theta + \tan\theta)^2}$

$= \sin\theta + (-\tan\theta) + (\sin\theta - \cos\theta) - \{-(\cos\theta + \tan\theta)\}$

$= 2\sin\theta$

340 ·· 답 ⑤

ㄱ. $(\sin\theta + \cos\theta)^2 + (\sin\theta - \cos\theta)^2$

$= (\sin^2\theta + \cos^2\theta + 2\sin\theta\cos\theta)$

$\qquad\qquad + (\sin^2\theta + \cos^2\theta - 2\sin\theta\cos\theta)$

$= (1 + 2\sin\theta\cos\theta) + (1 - 2\sin\theta\cos\theta) = 2$ (거짓)

ㄴ. $\cos^4\theta - \sin^4\theta = (\cos^2\theta + \sin^2\theta)(\cos^2\theta - \sin^2\theta)$

$\qquad\qquad = 1 \times (\cos^2\theta - \sin^2\theta)$

$\qquad\qquad = \cos^2\theta - \sin^2\theta$ (참)

ㄷ. $\dfrac{\sin\theta}{1 - \dfrac{1}{\tan\theta}} + \dfrac{\cos\theta}{1 - \tan\theta} = \dfrac{\sin\theta}{1 - \dfrac{\cos\theta}{\sin\theta}} + \dfrac{\cos\theta}{1 - \dfrac{\sin\theta}{\cos\theta}}$

$\qquad\qquad = \dfrac{\sin^2\theta}{\sin\theta - \cos\theta} + \dfrac{\cos^2\theta}{\cos\theta - \sin\theta}$

$\qquad\qquad = \dfrac{\sin^2\theta - \cos^2\theta}{\sin\theta - \cos\theta}$

$\qquad\qquad = \dfrac{(\sin\theta + \cos\theta)(\sin\theta - \cos\theta)}{\sin\theta - \cos\theta}$

$\qquad\qquad = \sin\theta + \cos\theta$ (거짓)

ㄹ. $\tan^2\theta - \sin^2\theta = \dfrac{\sin^2\theta}{\cos^2\theta} - \dfrac{\sin^2\theta\cos^2\theta}{\cos^2\theta}$

$\qquad\qquad = \dfrac{\sin^2\theta(1 - \cos^2\theta)}{\cos^2\theta}$

$\qquad\qquad = \dfrac{\sin^2\theta\sin^2\theta}{\cos^2\theta}$

$\qquad\qquad = \tan^2\theta\sin^2\theta$ (참)

ㅁ. $\sin^4\theta + \cos^4\theta = (\sin^2\theta + \cos^2\theta)^2 - 2\sin^2\theta\cos^2\theta$

$\qquad\qquad = 1 - 2\sin^2\theta\cos^2\theta$

$\sin^6\theta + \cos^6\theta = (\sin^2\theta + \cos^2\theta)^3 - 3\sin^2\theta\cos^2\theta(\sin^2\theta + \cos^2\theta)$

$\qquad\qquad = 1 - 3\sin^2\theta\cos^2\theta$

이므로

$3(\sin^4\theta + \cos^4\theta) - 2(\sin^6\theta + \cos^6\theta)$

$= 3(1 - 2\sin^2\theta\cos^2\theta) - 2(1 - 3\sin^2\theta\cos^2\theta) = 1$ (참)

따라서 옳은 것은 ㄴ, ㄹ, ㅁ이다.

341 ························· 답 (1) $-\dfrac{\sqrt{14}}{3}$ (2) $-\dfrac{\sqrt{14}}{2}$

(1) $\sin\theta + \cos\theta = \dfrac{2}{3}$의 양변을 제곱하면

$\sin^2\theta + \cos^2\theta + 2\sin\theta\cos\theta = \dfrac{4}{9}$

$1 + 2\sin\theta\cos\theta = \dfrac{4}{9}$, $\sin\theta\cos\theta = -\dfrac{5}{18}$

$(\sin\theta - \cos\theta)^2 = (\sin\theta + \cos\theta)^2 - 4\sin\theta\cos\theta$

$\qquad\qquad = \left(\dfrac{2}{3}\right)^2 - 4 \times \left(-\dfrac{5}{18}\right) = \dfrac{14}{9}$

이때 $\dfrac{3}{2}\pi < \theta < 2\pi$에서 $\sin\theta < 0$, $\cos\theta > 0$이므로

$\sin\theta - \cos\theta < 0$이다.

$\therefore \sin\theta - \cos\theta = -\dfrac{\sqrt{14}}{3}$

(2) $\dfrac{\tan\theta - 1}{\tan\theta + 1} = \dfrac{\dfrac{\sin\theta}{\cos\theta} - 1}{\dfrac{\sin\theta}{\cos\theta} + 1}$

$\qquad = \dfrac{\sin\theta - \cos\theta}{\sin\theta + \cos\theta} = \dfrac{-\dfrac{\sqrt{14}}{3}}{\dfrac{2}{3}}$ ($\because$ (1))

$\qquad = -\dfrac{\sqrt{14}}{2}$

342

답 ③

$\tan\theta+\dfrac{1}{\tan\theta}=\dfrac{\sin\theta}{\cos\theta}+\dfrac{\cos\theta}{\sin\theta}=\dfrac{\sin^2\theta+\cos^2\theta}{\cos\theta\sin\theta}$

$\qquad\qquad\quad=\dfrac{1}{\cos\theta\sin\theta}=-4$

$\sin\theta\cos\theta=-\dfrac{1}{4}$ $\qquad\qquad\qquad\qquad$ ······ ㉠

$(\sin\theta-\cos\theta)^2=\sin^2\theta+\cos^2\theta-2\sin\theta\cos\theta$

$\qquad\qquad\qquad\quad=1-2\times\left(-\dfrac{1}{4}\right)=\dfrac{3}{2}$

이때 θ가 제2사분면의 각이므로 $\sin\theta>0$, $\cos\theta<0$에서

$\sin\theta-\cos\theta>0$이다.

따라서 $\sin\theta-\cos\theta=\dfrac{\sqrt6}{2}$이므로 $\qquad\qquad$ ······ ㉡

$\sin^3\theta-\cos^3\theta=(\sin\theta-\cos\theta)^3+3\sin\theta\cos\theta(\sin\theta-\cos\theta)$

$\qquad\qquad\quad=\left(\dfrac{\sqrt6}{2}\right)^3+3\times\left(-\dfrac{1}{4}\right)\times\dfrac{\sqrt6}{2}$ $(\because$ ㉠, ㉡$)$

$\qquad\qquad\quad=\dfrac{3\sqrt6}{8}$

343

답 ④

$(\tan^2\theta-1)(\sin\theta-1)(\sin\theta+1)$

$=(\tan^2\theta-1)(\sin^2\theta-1)$

$=\left(\dfrac{\sin^2\theta}{\cos^2\theta}-1\right)(-\cos^2\theta)$

$=-\sin^2\theta+\cos^2\theta$

$=(\cos\theta+\sin\theta)(\cos\theta-\sin\theta)$ $\qquad\qquad$ ······ ㉠

$(\sin\theta+\cos\theta)^2=\sin^2\theta+2\sin\theta\cos\theta+\cos^2\theta$이므로

$\left(\dfrac{2}{3}\right)^2=1+2\sin\theta\cos\theta$ $(\because$ $\sin^2\theta+\cos^2\theta=1)$

$\therefore\ \sin\theta\cos\theta=-\dfrac{5}{18}$ $\qquad\qquad\qquad$ ······ ㉡

$(\cos\theta-\sin\theta)^2=\sin^2\theta-2\sin\theta\cos\theta+\cos^2\theta$

$\qquad\qquad\qquad=1-2\sin\theta\cos\theta$

$\qquad\qquad\qquad=1-2\times\left(-\dfrac{5}{18}\right)$ $(\because$ ㉡$)$

$\qquad\qquad\qquad=\dfrac{14}{9}$

이때 $\dfrac{3}{2}\pi<\theta<2\pi$에서 $\sin\theta<\cos\theta$이므로 $\cos\theta-\sin\theta>0$이다.

$\therefore\ \cos\theta-\sin\theta=\dfrac{\sqrt{14}}{3}$

따라서 ㉠에서 구하는 값은 $\dfrac{2}{3}\times\dfrac{\sqrt{14}}{3}=\dfrac{2\sqrt{14}}{9}$이다.

344

답 ②

$\tan\theta-\dfrac{2}{\tan\theta}=1$의 양변에 $\tan\theta$를 각각 곱하여 정리하면

$\tan^2\theta-\tan\theta-2=0$

$(\tan\theta+1)(\tan\theta-2)=0$

θ가 제3사분면의 각이므로 $\tan\theta=2$이고, $\sin\theta<0$, $\cos\theta<0$이다.

$\sin\theta=-\dfrac{2\sqrt5}{5}$, $\cos\theta=-\dfrac{\sqrt5}{5}$

$\therefore\ \sin\theta-\cos\theta=-\dfrac{\sqrt5}{5}$

345

답 11

$\sin\theta+\cos\theta=\sin\theta\cos\theta$의 양변을 제곱하면

$\sin^2\theta+\cos^2\theta+2\sin\theta\cos\theta=(\sin\theta\cos\theta)^2$

$(\sin\theta\cos\theta)^2-2\sin\theta\cos\theta-1=0$

$\sin\theta\cos\theta=x\ (-1\le x\le1)$라 하면

$x^2-2x-1=0$이고, 근의 공식에 의하여

$x=1-\sqrt2\ (\because -1\le x\le1)$

따라서 $\sin\theta\cos\theta=1-\sqrt2$이므로 $a=1$, $b=-1$

$\therefore\ 10a-b=11$

346

답 ③

$\sin\theta+\sqrt2\cos\theta=1$에서

$\sqrt2\cos\theta=1-\sin\theta$

양변을 제곱하면

$2\cos^2\theta=1-2\sin\theta+\sin^2\theta$

$2(1-\sin^2\theta)=1-2\sin\theta+\sin^2\theta$ $(\because\ \sin^2\theta+\cos^2\theta=1)$

$3\sin^2\theta-2\sin\theta-1=0$

$(3\sin\theta+1)(\sin\theta-1)=0$

$\therefore\ \sin\theta=-\dfrac{1}{3}$ 또는 $\sin\theta=1$

$\dfrac{3}{2}\pi<\theta<2\pi$에서 $\sin\theta<0$, $\tan\theta<0$이므로

$\sin\theta=-\dfrac{1}{3}$, $\tan\theta=-\dfrac{1}{2\sqrt2}$이다.

$\therefore\ \sin\theta\tan\theta=\dfrac{\sqrt2}{12}$

347

답 ②

방정식 $x^2-3x+1=0$의 한 근이 $x=\dfrac{\sin\theta}{1+\cos\theta}$이므로

$\left(\dfrac{\sin\theta}{1+\cos\theta}\right)^2-3\times\dfrac{\sin\theta}{1+\cos\theta}+1=0$

$\dfrac{\sin^2\theta-3\sin\theta(1+\cos\theta)+(1+\cos\theta)^2}{(1+\cos\theta)^2}=0$

$\dfrac{\sin^2\theta-3\sin\theta(1+\cos\theta)+(\cos^2\theta+2\cos\theta+1)}{(1+\cos\theta)^2}=0$

$\dfrac{-3\sin\theta(1+\cos\theta)+(2+2\cos\theta)}{(1+\cos\theta)^2}=0$ $(\because\ \sin^2\theta+\cos^2\theta=1)$

$\dfrac{(1+\cos\theta)(2-3\sin\theta)}{(1+\cos\theta)^2}=0$

이때 $1+\cos\theta\ne0$이므로 $2-3\sin\theta=0$

$$\therefore \sin\theta = \frac{2}{3}$$

$$\therefore \tan\theta\cos\theta = \frac{\sin\theta}{\cos\theta} \times \cos\theta = \sin\theta = \frac{2}{3}$$

348 ·· 답 $-\frac{3}{4}$

x에 대한 이차방정식 $x^2+(1-4a)x+8a^2-1=0$에서
이차방정식의 근과 계수의 관계에 의하여
두 근의 합은 $\sin\theta+\cos\theta=4a-1$, ······ ㉠
두 근의 곱은 $\sin\theta\cos\theta=8a^2-1$이다. ······ ㉡
$(\sin\theta+\cos\theta)^2=\sin^2\theta+2\sin\theta\cos\theta+\cos^2\theta$
$\qquad\qquad\qquad\quad =1+2\sin\theta\cos\theta\ (\because \sin^2\theta+\cos^2\theta=1)$
이므로 ㉠, ㉡을 대입하면
$(4a-1)^2=1+2(8a^2-1)$에서
$16a^2-8a+1=16a^2-1$, $8a=2$
$$\therefore a=\frac{1}{4}$$

따라서 주어진 이차방정식은 $x^2-\frac{1}{2}=0$이고,

$x=\frac{1}{\sqrt{2}}$ 또는 $x=-\frac{1}{\sqrt{2}}$이므로

$\sin\theta=\frac{1}{\sqrt{2}}$, $\cos\theta=-\frac{1}{\sqrt{2}}$ 또는 $\sin\theta=-\frac{1}{\sqrt{2}}$, $\cos\theta=\frac{1}{\sqrt{2}}$이다.

이때 두 경우 모두 $\tan\theta=\frac{\sin\theta}{\cos\theta}=-1$이다.

$$\therefore a+\tan\theta = \frac{1}{4}+(-1)=-\frac{3}{4}$$

채점 요소	배점
이차방정식의 근과 계수의 관계를 이용하여 $\sin\theta+\cos\theta$, $\sin\theta\cos\theta$를 a에 대한 식으로 나타내기	10 %
$\sin\theta+\cos\theta$, $\sin\theta\cos\theta$의 관계를 이용하여 a의 값 구하기	40 %
$\sin\theta$, $\cos\theta$의 값을 구하여 $\tan\theta$의 값 구하기	40 %
$a+\tan\theta$의 값 구하기	10 %

349 ·· 답 ①

$\sqrt{1-2\sin\theta\cos\theta}+\sqrt{1+2\sin\theta\cos\theta}$
$=\sqrt{\sin^2\theta+\cos^2\theta-2\sin\theta\cos\theta}+\sqrt{\sin^2\theta+\cos^2\theta+2\sin\theta\cos\theta}$
$=\sqrt{(\sin\theta-\cos\theta)^2}+\sqrt{(\sin\theta+\cos\theta)^2}$
이때 $\frac{\pi}{4}<\theta<\frac{\pi}{2}$에서 $\sin\theta>\cos\theta>0$이므로 주어진 식은
$\sqrt{(\sin\theta-\cos\theta)^2}+\sqrt{(\sin\theta+\cos\theta)^2}$
$=(\sin\theta-\cos\theta)+(\sin\theta+\cos\theta)$
$=2\sin\theta$

350 ·· 답 ②

$x=2\cos\theta-1$에서 $\cos\theta=\frac{x+1}{2}$,

$y=2\sin\theta+3$에서 $\sin\theta=\frac{y-3}{2}$이므로

$\cos^2\theta+\sin^2\theta=1$에 대입하면
$\left(\frac{x+1}{2}\right)^2+\left(\frac{y-3}{2}\right)^2=1$
$(x+1)^2+(y-3)^2=4$
따라서 점 (x, y)가 나타내는 도형은 중심이 점 $(-1, 3)$이고
반지름의 길이가 2인 원이므로 그 둘레의 길이는
$2\pi\times 2=4\pi$

351 ·· 답 ④

$x=\cos\theta$, $y=\sin\theta$이므로

$\dfrac{y}{x}+\dfrac{x}{y}=\dfrac{\sin\theta}{\cos\theta}+\dfrac{\cos\theta}{\sin\theta}=\dfrac{\sin^2\theta+\cos^2\theta}{\cos\theta\sin\theta}$

$\qquad\qquad =\dfrac{1}{\cos\theta\sin\theta}=-\dfrac{5}{2}$

$\cos\theta\sin\theta=-\dfrac{2}{5}$

$(\sin\theta-\cos\theta)^2=\sin^2\theta+\cos^2\theta-2\sin\theta\cos\theta$

$\qquad\qquad\qquad =1-2\times\left(-\dfrac{2}{5}\right)=\dfrac{9}{5}$

이때 $x<0$, $y>0$이므로
$\sin\theta>0$, $\cos\theta<0$, 즉 $\sin\theta-\cos\theta>0$이다.

$$\therefore \sin\theta-\cos\theta=\frac{3\sqrt{5}}{5}$$

352 ·· 답 ②

$\overline{\text{OH}}=\cos\theta$, $\overline{\text{BH}}=\sin\theta$, $\overline{\text{AT}}=\tan\theta$이므로

$\dfrac{\overline{\text{OH}}}{\overline{\text{BH}}}=\dfrac{3}{2}\overline{\text{AT}}$에서 $\dfrac{\cos\theta}{\sin\theta}=\dfrac{3}{2}\tan\theta$

$\dfrac{\cos\theta}{\sin\theta}=\dfrac{3}{2}\times\dfrac{\sin\theta}{\cos\theta}$, $\cos^2\theta=\dfrac{3}{2}\sin^2\theta$

이때 $\sin^2\theta+\cos^2\theta=1$이므로

$\sin^2\theta+\dfrac{3}{2}\sin^2\theta=1$, $\sin^2\theta=\dfrac{2}{5}$

$\therefore \sin\theta\cos\theta\tan\theta=\sin\theta\times\cos\theta\times\dfrac{\sin\theta}{\cos\theta}$

$\qquad\qquad\qquad\qquad =\sin^2\theta=\dfrac{2}{5}$

> **참고**
>
> $0<\theta<\dfrac{\pi}{2}$라 하면 $\sin\theta>0$이므로
>
> $\sin^2\theta=\dfrac{2}{5}$에서 $\sin\theta=\dfrac{\sqrt{2}}{\sqrt{5}}$이고
>
> 이때 $\cos\theta=\dfrac{\sqrt{3}}{\sqrt{5}}$, $\tan\theta=\dfrac{\sqrt{2}}{\sqrt{3}}$임을 알 수 있다.

353 ·· 답 ①

ㄱ. 함수 $f(x)=\tan\left(2x-\dfrac{\pi}{2}\right)+1$의 주기는 $\dfrac{\pi}{2}$이므로

　정의역의 모든 x에 대하여 $f(x)=f\left(x+\dfrac{\pi}{2}\right)$이다. (참)

ㄴ. $f(x) = \tan\left(2x - \dfrac{\pi}{2}\right) + 1$

$\qquad = \tan\left\{2\left(x - \dfrac{\pi}{4}\right)\right\} + 1$

이므로 함수 $y = \tan 2x$의 그래프를 x축의 방향으로 $\dfrac{\pi}{4}$만큼,

y축의 방향으로 1만큼 평행이동한 것이다. (참)

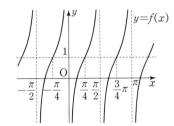

ㄷ. 그래프는 점 $\left(\dfrac{\pi}{4}, 1\right)$에 대하여 대칭이다. (참)

ㄹ. 그래프의 점근선의 방정식은

$\qquad 2x - \dfrac{\pi}{2} = n\pi + \dfrac{\pi}{2}$에서 $x = \dfrac{(n+1)}{2}\pi$

즉, $x = \dfrac{n}{2}\pi$ (n은 정수)이다. (거짓)

따라서 옳은 것은 ㄱ, ㄴ, ㄷ이다.

354   답 ③

세 함수 $y = \sin x$, $y = \cos x$, $y = \tan x$의 그래프는 다음과 같다.

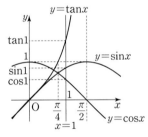

$\dfrac{\pi}{4} < 1 < \dfrac{\pi}{2}$이므로 $\cos 1 < \sin 1 < \tan 1$이다.

355   답 ③

함수 $f(x)$의 최댓값은 5, 최솟값은 -1이고 $a > 0$이므로
$a + c = 5$, $-a + c = -1$에서 $a = 3$, $c = 2$

주기는 $\dfrac{7}{6}\pi - \dfrac{\pi}{6} = \pi$이고, $b > 0$이므로

$\dfrac{2\pi}{b} = \pi$에서 $b = 2$

$\therefore f(x) = 3\cos 2\left(x - \dfrac{\pi}{6}\right) + 2$

$\therefore f(0) = 3\cos\left(-\dfrac{\pi}{3}\right) + 2 = 3 \times \dfrac{1}{2} + 2 = \dfrac{7}{2}$

356   답 $1 - \sqrt{2}$

최댓값은 3, 최솟값은 -1이고 $a > 0$이므로
$a + d = 3$, $-a + d = -1$에서 $a = 2$, $d = 1$

주기는 $\pi - \dfrac{\pi}{3} = \dfrac{2}{3}\pi$이고 $b > 0$이므로

$\dfrac{2\pi}{b} = \dfrac{2}{3}\pi$에서 $b = 3$

$\therefore f(x) = 2\sin 3\left(x - \dfrac{c}{3}\right) + 1$

$0 < c < 2\pi$에서 $0 < \dfrac{c}{3} < \dfrac{2}{3}\pi$이므로

$\dfrac{c}{3} = \dfrac{\pi}{3}$에서 $c = \pi$

따라서 $f(x) = 2\sin(3x - \pi) + 1$이므로

$f\left(\dfrac{\pi}{4}\right) = 2\sin\left(-\dfrac{\pi}{4}\right) + 1 = 2 \times \left(-\dfrac{\sqrt{2}}{2}\right) + 1 = 1 - \sqrt{2}$

357   답 ④

조건 ㈎에 의하여 함수 $y = f(x)$의 그래프는 y축에 대하여 대칭이고,

조건 ㈏에 의하여 함수 $f(x)$의 주기는 $\dfrac{4}{n}$ (n은 자연수)이다.

① $f(x) = \sin\left(\dfrac{\pi}{2}x\right)$이면

$\qquad f(-x) = \sin\left(-\dfrac{\pi}{2}x\right) = -\sin\left(\dfrac{\pi}{2}x\right) = -f(x)$이고

$\qquad$주기는 $\dfrac{2\pi}{\frac{\pi}{2}} = 4$이다.

② $f(x) = \cos\left(\dfrac{\pi}{8}x\right)$이면

$\qquad f(-x) = \cos\left(-\dfrac{\pi}{8}x\right) = \cos\left(\dfrac{\pi}{8}x\right) = f(x)$이고

$\qquad$주기는 $\dfrac{2\pi}{\frac{\pi}{8}} = 16$이다.

③ $f(x) = \cos\left(\dfrac{\pi}{4}x\right)$이면

$\qquad f(-x) = \cos\left(-\dfrac{\pi}{4}x\right) = \cos\left(\dfrac{\pi}{4}x\right) = f(x)$이고

$\qquad$주기는 $\dfrac{2\pi}{\frac{\pi}{4}} = 8$이다.

④ $f(x) = \cos\left(\dfrac{\pi}{2}x\right)$이면

$\qquad f(-x) = \cos\left(-\dfrac{\pi}{2}x\right) = \cos\left(\dfrac{\pi}{2}x\right) = f(x)$이고

$\qquad$주기는 $\dfrac{2\pi}{\frac{\pi}{2}} = 4$이다.

⑤ $f(x) = \tan\left(\dfrac{\pi}{4}x\right)$이면

$\qquad f(-x) = \tan\left(-\dfrac{\pi}{4}x\right) = -\tan\left(\dfrac{\pi}{4}x\right) = -f(x)$이고

$\qquad$주기는 $\dfrac{\pi}{\frac{\pi}{4}} = 4$이다.

따라서 선지 중 조건을 모두 만족시키는 것은 ④이다.

358   답 22

함수 $f(x)$의 최댓값이 3이고, $a > 0$이므로 $a + c = 3$ …… ㉠

함수 $f(x)$의 주기는 함수 $y=a\cos bx+c$의 주기의 $\dfrac{1}{2}$이므로

$\dfrac{1}{2}\times\dfrac{2\pi}{b}=\dfrac{\pi}{3}$에서 $b=3$

따라서 $f(x)=a|\cos 3x|+c$이므로

$f\left(\dfrac{2}{9}\pi\right)=a\left|\cos\dfrac{2}{3}\pi\right|+c$

$\qquad\quad=a\left|-\dfrac{1}{2}\right|+c$

$\qquad\quad=\dfrac{1}{2}a+c=-\dfrac{5}{2}$ ...... ㉡

㉠, ㉡을 연립하여 풀면 $a=11$, $c=-8$

$\therefore a+b-c=22$

359
답 14

함수 $y=a\sin 3x+b$의 주기는 $\dfrac{2}{3}\pi$이고,

두 양수 a, b에 대하여 최댓값은 $a+b$, 최솟값은 $-a+b$이므로

$0\le x\le 2\pi$에서 이 함수의 그래프는 다음과 같다.

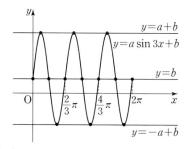

$0\le x\le 2\pi$에서 함수 $y=a\sin 3x+b$의 그래프가 직선 $y=k$와

만나는 점의 개수가 3이려면 $k=a+b$ 또는 $k=-a+b$이어야 하고,

만나는 점의 개수가 7이려면 $k=b$이어야 한다.

즉, 주어진 조건에 의하여 $b=2$이고 $a+b=9$ 또는 $-a+b=9$이다.

(i) $b=2$, $a+b=9$일 때

$\quad a=7$

(ii) $b=2$, $-a+b=9$일 때

$\quad a=-7$

그런데 a, b는 양수이므로 이 경우는 조건을 만족시키지 않는다.

(i), (ii)에서 $a=7$, $b=2$이므로

$ab=7\times 2=14$

360
답 9

두 함수 $y=\sin x$와 $y=\sin 3x$의 주기

는 각각 2π, $\dfrac{2}{3}\pi$이므로 $0\le x\le\pi$에서

두 곡선 $y=\sin x$와 $y=\sin 3x$는 오른

쪽 그림과 같다.

따라서 두 곡선 $y=\sin x$와 $y=\sin 3x$

의 교점의 개수는 4이므로

$a_3=4$

두 함수 $y=\sin x$와 $y=\sin 5x$의 주기는 각각 2π, $\dfrac{2}{5}\pi$이므로

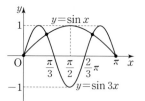

$0\le x\le\pi$에서 두 곡선 $y=\sin x$와

$y=\sin 5x$는 오른쪽 그림과 같다.

따라서 두 곡선 $y=\sin x$와

$y=\sin 5x$의 교점의 개수는 5이므로

$a_5=5$

$\therefore a_3+a_5=4+5=9$

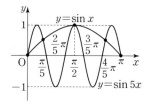

361
답 ③

곡선 $y=a\sin b\pi x\left(0\le x\le\dfrac{3}{b}\right)$가 직선 $y=a$와 만나는 두 점 A, B

의 x좌표는

$a=a\sin b\pi x$, 즉 $\sin b\pi x=1$을 만족시키는 x의 값이므로

$b\pi x=\dfrac{\pi}{2}$, $\dfrac{5}{2}\pi$ ($\because 0\le b\pi x\le 3\pi$)

$\therefore x=\dfrac{1}{2b}$, $\dfrac{5}{2b}$

$\therefore \mathrm{A}\left(\dfrac{1}{2b}, a\right)$, $\mathrm{B}\left(\dfrac{5}{2b}, a\right)$

이때 삼각형 OAB의 넓이가 5이므로

$\dfrac{1}{2}\times\left(\dfrac{5}{2b}-\dfrac{1}{2b}\right)\times a=\dfrac{a}{b}=5$에서

$a=5b$ ...... ㉠

또한, 직선 OA의 기울기와 직선 OB의 기울기의 곱이 $\dfrac{5}{4}$이므로

$\dfrac{a}{\frac{1}{2b}}\times\dfrac{a}{\frac{5}{2b}}=\dfrac{4a^2b^2}{5}=\dfrac{5}{4}$에서

$a^2b^2=\dfrac{5^2}{4^2}$

$\therefore ab=\dfrac{5}{4}$ ($\because a$, b는 양수) ...... ㉡

㉠을 ㉡에 대입하면

$5b^2=\dfrac{5}{4}$, $b^2=\dfrac{1}{4}$

$\therefore b=\dfrac{1}{2}$, $a=5\times\dfrac{1}{2}=\dfrac{5}{2}$ ($\because$ ㉠)

$\therefore a+b=\dfrac{5}{2}+\dfrac{1}{2}=3$

362
답 ③

함수 $y=\tan 2x$의 주기는 $\dfrac{\pi}{2}$이므로 $-\dfrac{\pi}{4}<x<\dfrac{3}{4}\pi$에서

함수 $y=\tan 2x$의 그래프는 다음과 같다.

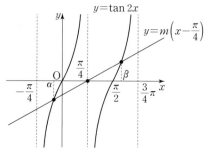

이때 직선 $y=m\left(x-\dfrac{\pi}{4}\right)$는 점 $\left(\dfrac{\pi}{4}, 0\right)$을 지나는 직선이고,

함수 $y=\tan 2x$의 그래프와 직선 $y=m\left(x-\dfrac{\pi}{4}\right)$는 모두 점 $\left(\dfrac{\pi}{4},\ 0\right)$

에 대하여 대칭이므로 두 그래프의 교점도 점 $\left(\dfrac{\pi}{4},\ 0\right)$에 대하여 대칭

이다.

즉, $\dfrac{\alpha+\beta}{2}=\dfrac{\pi}{4}$에서 $\alpha+\beta=\dfrac{\pi}{2}$이고,   ····· ㉠

조건에서 $\beta-\alpha=\dfrac{2}{3}\pi$이므로   ····· ㉡

㉠, ㉡을 연립하여 풀면 $\alpha=-\dfrac{\pi}{12}$, $\beta=\dfrac{7}{12}\pi$이다.

$\tan 2\alpha=\tan\left(-\dfrac{\pi}{6}\right)=-\dfrac{\sqrt{3}}{3}$, $\tan 2\beta=\tan\dfrac{7}{6}\pi=\dfrac{\sqrt{3}}{3}$이므로

두 그래프의 교점의 좌표는 $\left(-\dfrac{\pi}{12},\ -\dfrac{\sqrt{3}}{3}\right)$, $\left(\dfrac{7}{12}\pi,\ \dfrac{\sqrt{3}}{3}\right)$이고,

두 점을 지나는 직선의 기울기가 m이므로

$$m=\dfrac{\dfrac{\sqrt{3}}{3}-\left(-\dfrac{\sqrt{3}}{3}\right)}{\dfrac{7}{12}\pi-\left(-\dfrac{\pi}{12}\right)}=\dfrac{\dfrac{2\sqrt{3}}{3}}{\dfrac{2}{3}\pi}=\dfrac{\sqrt{3}}{\pi}$$

363   답 ②

함수 $f(x)=a\cos bx$라 하면

주어진 그래프에서 함수 $f(x)=a\cos bx$의 그래프는

직선 $x=\dfrac{1+5}{2}=3$에 대하여 대칭이므로 주기는 $2\times3=6$이다.

$b>0$이므로 $\dfrac{2\pi}{b}=6$에서 $b=\dfrac{\pi}{3}$

$\therefore f(x)=a\cos\dfrac{\pi}{3}x$

이때 색칠한 직사각형의 넓이가 12이므로

$(5-1)\times f(1)=12$에서 $f(1)=3$이어야 한다.

$f(1)=a\cos\dfrac{\pi}{3}=a\times\dfrac{1}{2}=3$ $\therefore a=6$

$\therefore ab=6\times\dfrac{\pi}{3}=2\pi$

364   답 ③

그림과 같이 함수 $y=4\sin\dfrac{\pi}{12}x$의 그래프는 직선 $x=6$에 대하여

대칭이므로 점 C의 x좌표는

$6-\dfrac{1}{2}\overline{\text{CD}}=6-\dfrac{1}{2}\times6=3$

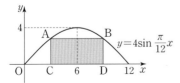

이때 선분 AC의 길이는 점 A의 y좌표와 같으므로

$\overline{\text{AC}}=4\times\sin\left(\dfrac{\pi}{12}\times3\right)=4\times\sin\dfrac{\pi}{4}=4\times\dfrac{\sqrt{2}}{2}=2\sqrt{2}$

따라서 직사각형 ACDB의 넓이는

$6\times2\sqrt{2}=12\sqrt{2}$

365   답 12

함수 $y=3\cos\dfrac{\pi}{2}x$의 그래프는 점 $(1,\ 0)$에 대하여 대칭이고

y축에 대하여 대칭이므로 다음 그림에서 ★부분의 넓이는 같다.

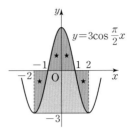

따라서 구하는 넓이는 가로의 길이가 4, 세로의 길이가 3인

직사각형의 넓이와 같으므로 $4\times3=12$이다.

366   답 ③

함수 $y=\sin 2x$의 주기는 $\dfrac{2\pi}{2}=\pi$이다.

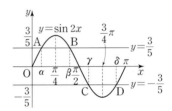

두 점 A, B는 직선 $x=\dfrac{\pi}{4}$에 대하여 대칭이므로

$\dfrac{\alpha+\beta}{2}=\dfrac{\pi}{4}$ $\therefore \alpha+\beta=\dfrac{\pi}{2}$ ····· ㉠

두 점 C, D는 직선 $x=\dfrac{3}{4}\pi$에 대하여 대칭이므로

$\dfrac{\gamma+\delta}{2}=\dfrac{3}{4}\pi$ $\therefore \gamma+\delta=\dfrac{3}{2}\pi$ ····· ㉡

두 점 B, C는 점 $\left(\dfrac{\pi}{2},\ 0\right)$에 대하여 대칭이므로

$\dfrac{\beta+\gamma}{2}=\dfrac{\pi}{2}$ $\therefore \beta+\gamma=\pi$ ····· ㉢

따라서 ㉠, ㉡, ㉢에 의하여

$\alpha+2\beta+2\gamma+\delta=(\alpha+\beta)+(\beta+\gamma)+(\gamma+\delta)$

                    $=\dfrac{\pi}{2}+\pi+\dfrac{3}{2}\pi=3\pi$

다른 풀이

두 점 A, D는 점 $\left(\dfrac{\pi}{2},\ 0\right)$에 대하여 대칭이므로

$\dfrac{\alpha+\delta}{2}=\dfrac{\pi}{2}$ $\therefore \alpha+\delta=\pi$ ····· ㉣

두 점 B, C는 점 $\left(\dfrac{\pi}{2},\ 0\right)$에 대하여 대칭이므로

$\dfrac{\beta+\gamma}{2}=\dfrac{\pi}{2}$ $\therefore \beta+\gamma=\pi$ ····· ㉤

따라서 ㉣, ㉤에 의하여

$\alpha+2\beta+2\gamma+\delta=(\alpha+\delta)+2(\beta+\gamma)$

                    $=\pi+2\pi=3\pi$

참고

$\beta=\dfrac{\pi}{2}-\alpha$, $\gamma=\dfrac{\pi}{2}+\alpha$, $\delta=\pi-\alpha$이다.

367   답 ③

함수 $f(x)=\sin kx$의 주기는 $k>0$이므로 $\dfrac{2\pi}{k}$이다.

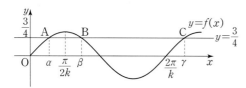

함수 $f(x)=\sin kx$의 그래프와 직선 $y=\dfrac{3}{4}$이 만나는 점을

각각 A, B, C라 하면

두 점 A, B는 직선 $x=\dfrac{\pi}{2k}$에 대하여 대칭이므로

$\dfrac{\alpha+\beta}{2}=\dfrac{\pi}{2k}$ $\therefore \alpha+\beta=\dfrac{\pi}{k}$

또한, $\gamma=\dfrac{2\pi}{k}+\alpha$이므로

$\alpha+\beta+\gamma=\dfrac{3\pi}{k}+\alpha$

$\therefore f(\alpha+\beta+\gamma)=f\left(\dfrac{3\pi}{k}+\alpha\right)=f\left(\dfrac{\pi}{k}+\alpha\right)=-f(\alpha)=-\dfrac{3}{4}$

368   답 ②

함수 $y=\cos\dfrac{\pi}{2}x$의 주기는 $\dfrac{2\pi}{\frac{\pi}{2}}=4$이므로

함수 $y=\left|\cos\dfrac{\pi}{2}x\right|$의 주기는 $\dfrac{4}{2}=2$이다.

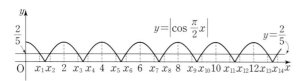

따라서 $x_4=4-x_1$, $x_{11}=10+x_1$이므로

$x_4+x_{11}=14$

369   답 ⑤

$\sin x=-\sin x+a$에서 $2\sin x=a$이므로

$N(a)$는 $0\le x\le 2\pi$에서 함수 $y=2\sin x$의 그래프와 직선 $y=a$의

교점의 개수와 같다.

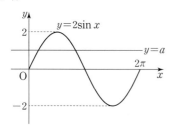

ㄱ. 함수 $y=2\sin x$의 그래프와 직선 $y=0$, 즉 x축과의 교점의

개수는 3이므로 $N(0)=3$ (참)

ㄴ. $|a|>2$이면 함수 $y=2\sin x$의 그래프와 직선 $y=a$와의 교점은

존재하지 않으므로 $N(a)=0$이다. (참)

ㄷ. $N(a)=2$이면 함수 $y=2\sin x$의 그래프와 직선 $y=a$와의

교점의 개수가 2이어야 하므로

$0<a<2$ 또는 $-2<a<0$이다.

이때 $-2<-a<0$ 또는 $0<-a<2$이므로

$N(-a)=2$이다. (참)

따라서 옳은 것은 ㄱ, ㄴ, ㄷ이다.

370   답 ⑤

조건 ㈏, ㈐에 의하여 $0\le x\le \pi$일 때, 함수 $y=f(x)$의 그래프는

다음과 같다.

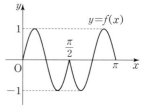

또한, 조건 ㈎에 의하여 함수 $f(x)$는 주기가 π이어야 한다.

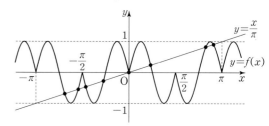

이때 직선 $y=\dfrac{x}{\pi}$는 두 점 $(-\pi,\ -1)$, $(\pi,\ 1)$을 지나므로

함수 $y=f(x)$의 그래프와 직선 $y=\dfrac{x}{\pi}$가 만나는 점의 개수는 8이다.

371   답 ②

직선 $12x+5y-3=0$의 기울기는 $-\dfrac{12}{5}$이다.

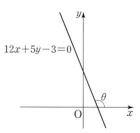

따라서 $\tan\theta=-\dfrac{12}{5}\ \left(\dfrac{\pi}{2}<\theta<\pi\right)$이므로

이 각 θ를 나타내는 동경과 중심이 원점이고 반지름의 길이가

$r=\sqrt{(-5)^2+12^2}=13$인 원의 교점을 P라 하자.

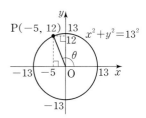

점 $P(-5, 12)$에서 $r=13$, $x=-5$, $y=12$이므로
삼각함수의 정의에 의하여

$\sin\theta=\dfrac{12}{13}$, $\cos\theta=-\dfrac{5}{13}$

$\therefore \cos\left(\dfrac{\pi}{2}+\theta\right)-\sin\left(\dfrac{\pi}{2}+\theta\right)=-\sin\theta-\cos\theta=-\dfrac{7}{13}$

372 답 $\dfrac{6\sqrt{23}}{7}$

$\sin x+\cos x=\dfrac{3}{4}$의 양변을 제곱하면

$\sin^2 x+\cos^2 x+2\sin x\cos x=\dfrac{9}{16}$

$\sin x\cos x=-\dfrac{7}{32}$ ...... ㉠

$(\sin x-\cos x)^2=(\sin x+\cos x)^2-4\sin x\cos x$

$\qquad =\left(\dfrac{3}{4}\right)^2-4\times\left(-\dfrac{7}{32}\right)=\dfrac{23}{16}$

이때 $\dfrac{3}{2}\pi<x<2\pi$에서 $\sin x<0$, $\cos x>0$이므로

$\sin x-\cos x<0$

즉, $\sin x-\cos x=-\dfrac{\sqrt{23}}{4}$ ...... ㉡

$\therefore \tan(\pi+x)+\tan\left(\dfrac{\pi}{2}+x\right)$

$\quad =\tan x+\left(-\dfrac{1}{\tan x}\right)=\dfrac{\sin x}{\cos x}-\dfrac{\cos x}{\sin x}$

$\quad =\dfrac{\sin^2 x-\cos^2 x}{\cos x\sin x}=\dfrac{(\sin x+\cos x)(\sin x-\cos x)}{\sin x\cos x}$

$\quad =\dfrac{\dfrac{3}{4}\times\left(-\dfrac{\sqrt{23}}{4}\right)}{-\dfrac{7}{32}}$ $(\because ㉠, ㉡)$

$\quad =\dfrac{6\sqrt{23}}{7}$

373 답 ④

두 각 θ와 9θ를 나타내는 동경이 일직선 위에 있고 방향이 반대, 즉
원점에 대하여 대칭이므로

$9\theta-\theta=(2n+1)\pi$ (단, n은 정수)

$8\theta=(2n+1)\pi$, $\theta=\dfrac{2n+1}{8}\pi$

이때 $\dfrac{\pi}{2}<\theta<\pi$이므로 $\dfrac{\pi}{2}<\dfrac{2n+1}{8}\pi<\pi$

$\dfrac{3}{2}<n<\dfrac{7}{2}$을 만족시키는 정수 n은 2, 3이다.

(i) $n=2$일 때,

$\quad \theta=\dfrac{5}{8}\pi$이므로

$\cos\left(\theta+\dfrac{\pi}{8}\right)=\cos\left(\dfrac{5}{8}\pi+\dfrac{\pi}{8}\right)=\cos\dfrac{3}{4}\pi$

$\qquad =\cos\left(\pi-\dfrac{\pi}{4}\right)=-\cos\dfrac{\pi}{4}=-\dfrac{\sqrt{2}}{2}$

(ii) $n=3$일 때,

$\quad \theta=\dfrac{7}{8}\pi$이므로

$\quad \cos\left(\theta+\dfrac{\pi}{8}\right)=\cos\left(\dfrac{7}{8}\pi+\dfrac{\pi}{8}\right)=\cos\pi=-1$

(i), (ii)에 의하여 구하는 $\cos\left(\theta+\dfrac{\pi}{8}\right)$의 모든 값의 곱은

$\left(-\dfrac{\sqrt{2}}{2}\right)\times(-1)=\dfrac{\sqrt{2}}{2}$

374 답 ③

원 $x^2+y^2=1$의 반지름의 길이는 1이고
x축의 양의 방향과 선분 OA가 이루는 각의 크기가 θ이므로
점 A의 좌표는 $(\cos\theta, \sin\theta)$이다.
$\cos(\pi-\theta)=-\cos\theta$이므로 점 A의 x좌표와 부호가 반대인 값은
점 A와 원점에 대하여 대칭인 점 C의 x좌표이다.

TIP

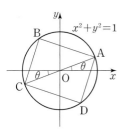

x축의 양의 방향과 선분 OC가 이루는 각은 $\pi+\theta$이므로
점 C의 x좌표와 y좌표는 각각
$\cos(\pi+\theta)=-\cos\theta$, $\sin(\pi+\theta)=-\sin\theta$
$\therefore$ C$(-\cos\theta, -\sin\theta)$

375 답 $\dfrac{4}{5}$

$\angle AOC=\dfrac{\pi}{2}$이므로 x축의 양의 방향과 선분 OA가 이루는 각의

크기를 α라 하면 $\theta=\dfrac{\pi}{2}+\alpha$이다.

점 A$(8, 6)$이고, $\overline{OA}=\sqrt{8^2+6^2}=10$이므로

$\sin\theta=\sin\left(\dfrac{\pi}{2}+\alpha\right)=\cos\alpha=\dfrac{8}{10}=\dfrac{4}{5}$

다른 풀이

두 점 A, C에서 x축에 내린 수선의 발을 각각 A′, C′이라 하면
두 삼각형 AA′O, OC′C는 서로 합동이다.

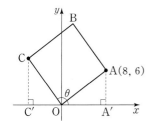

점 $C(-6, 8)$이고, $\overline{OC}=\sqrt{(-6)^2+8^2}=10$이므로

$$\sin\theta=\frac{8}{10}=\frac{4}{5}$$

376

답 ⑤

$\beta=\pi-\alpha$이므로

$$\frac{\sin\beta}{\cos\alpha}=\frac{\sin(\pi-\alpha)}{\cos\alpha}=\frac{\sin\alpha}{\cos\alpha}=\tan\alpha \quad\cdots\cdots \text{㉠}$$

이때 직선 $y=\dfrac{3}{4}x$와 x축의 양의 방향이 이루는 각의 크기가

$\dfrac{\pi}{2}-\alpha$이고, 기울기가 $\dfrac{3}{4}$이므로

$$\tan\left(\frac{\pi}{2}-\alpha\right)=\frac{1}{\tan\alpha}=\frac{3}{4},\ \tan\alpha=\frac{4}{3}$$

㉠에 대입하면

$$\frac{\sin\beta}{\cos\alpha}=\tan\alpha=\frac{4}{3}$$

다른 풀이

$y=\dfrac{3}{4}x$를 $x^2+y^2=4$에 대입하면

$$x^2+\left(\frac{3}{4}x\right)^2=4,\ 16x^2+9x^2=64,\ x^2=\frac{64}{25} \quad\therefore x=\pm\frac{8}{5}$$

$$\therefore P\left(\frac{8}{5},\ \frac{6}{5}\right),\ Q\left(-\frac{8}{5},\ -\frac{6}{5}\right)$$

삼각함수의 정의에 의하여

$$\cos\left(\frac{\pi}{2}+\beta\right)=\frac{-\dfrac{8}{5}}{2}$$에서 $-\sin\beta=-\frac{4}{5}$, $\sin\beta=\frac{4}{5}$

$$\sin\left(\frac{\pi}{2}-\alpha\right)=\frac{\dfrac{6}{5}}{2}$$에서 $\cos\alpha=\frac{3}{5}$

$$\therefore \frac{\sin\beta}{\cos\alpha}=\frac{\dfrac{4}{5}}{\dfrac{3}{5}}=\frac{4}{3}$$

377

답 ④

$\angle POQ=\angle OBA=\alpha$라 하면 $\alpha=\pi-\theta$이므로

$\sin\alpha=\sin\theta$, $\cos\alpha=-\cos\theta$, $\tan\alpha=-\tan\theta$이다.

① $\overline{PQ}=\overline{OP}\sin\alpha=\sin\theta$

② $\overline{OQ}=\overline{OP}\cos\alpha=-\cos\theta$

③ $\overline{QR}=\overline{OQ}\sin\alpha=-\sin\theta\cos\theta$

④ $\overline{AB}=\dfrac{\overline{OA}}{\tan\alpha}=-\dfrac{1}{\tan\theta}$

⑤ $\overline{OB}=\dfrac{\overline{OA}}{\sin\alpha}=\dfrac{1}{\sin\theta}$

따라서 선지 중 옳지 않은 것은 ④이다.

378

답 ①

중심각과 원주각 사이의 관계에 의하여

$\angle COA=2\angle CBA=2\beta$이므로

$\alpha+2\beta=\angle CAO+\angle COA=\pi-\angle ACO$

$\qquad\qquad =\pi-\alpha\ (\because \angle ACO=\angle CAO)$

따라서 $\cos(\alpha+2\beta)=\cos(\pi-\alpha)=-\cos\alpha$이다.

이때 $\angle ACB=\dfrac{\pi}{2}$이므로 직각삼각형 ACB에서

$$\cos\alpha=\frac{\overline{AC}}{\overline{AB}}=\frac{3}{\sqrt{13}}=\frac{3\sqrt{13}}{13}$$이다.

$$\therefore \cos(\alpha+2\beta)=-\cos\alpha=-\frac{3\sqrt{13}}{13}$$

379

답 ⑤

두 직선이 이루는 각을 이등분하는 직선 위의 점에서 두 직선까지의 거리는 서로 같다.

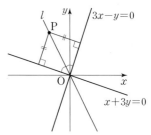

따라서 점 P의 좌표를 (a, b)라 하면 점 P에서 두 직선 $3x-y=0$, $x+3y=0$까지의 거리가 서로 같으므로

$$\frac{|3a-b|}{\sqrt{10}}=\frac{|a+3b|}{\sqrt{10}}$$이다.

$|3a-b|=|a+3b|$에서 $3a-b=\pm(a+3b)$이므로

$2a=4b$ 또는 $4a=-2b$

$$\therefore b=\frac{1}{2}a \text{ 또는 } b=-2a$$

즉, 두 직선 $3x-y=0$, $x+3y=0$이 이루는 각을 이등분하는 직선의 방정식은 $y=\dfrac{1}{2}x$ 또는 $y=-2x$이다.

이때 직선 l은 제4사분면을 지나므로 $l:y=-2x$이고, 제2사분면에서 직선 l 위의 점 P에 대하여 동경 OP가 나타내는 각의 크기 θ는 $\tan\theta=-2$를 만족시킨다.

$\dfrac{\pi}{2}<\theta<\pi$이므로 $\sin\theta>0$, $\cos\theta<0$에서

$$\sin\theta=\frac{2}{\sqrt{5}},\ \cos\theta=-\frac{1}{\sqrt{5}}$$이다.

$$\therefore \cos(\pi+\theta)+\sin(\pi-\theta)=-\cos\theta+\sin\theta=\frac{3}{\sqrt{5}}=\frac{3\sqrt{5}}{5}$$

380

답 ②

$$f(1)=\sin\frac{\pi}{3}=\frac{\sqrt{3}}{2}$$

$$f(2)=\sin\frac{2\pi}{3}=\sin\left(\pi-\frac{\pi}{3}\right)=\sin\frac{\pi}{3}=\frac{\sqrt{3}}{2}$$

$$f(3)=\sin\pi=0$$

$$f(4)=\sin\frac{4\pi}{3}=\sin\left(\pi+\frac{\pi}{3}\right)=-\sin\frac{\pi}{3}=-\frac{\sqrt{3}}{2}$$

$$f(5)=\sin\frac{5\pi}{3}=\sin\left(2\pi-\frac{\pi}{3}\right)=-\sin\frac{\pi}{3}=-\frac{\sqrt{3}}{2}$$

$$f(6)=\sin 2\pi=0$$

이때 $\sin(2k\pi+\theta)=\sin\theta$ (k는 정수)이므로 $f(n)$은
$f(1)$, $f(2)$, $f(3)$, $f(4)$, $f(5)$, $f(6)$의 값이 차례로 반복된다.
$100=6\times16+4$이므로
$f(1)+f(2)+f(3)+\cdots+f(100)$
$=\left\{\dfrac{\sqrt{3}}{2}+\dfrac{\sqrt{3}}{2}+0+\left(-\dfrac{\sqrt{3}}{2}\right)+\left(-\dfrac{\sqrt{3}}{2}\right)+0\right\}\times16$
$\qquad\qquad\qquad\qquad+\dfrac{\sqrt{3}}{2}+\dfrac{\sqrt{3}}{2}+0+\left(-\dfrac{\sqrt{3}}{2}\right)$
$=\dfrac{\sqrt{3}}{2}$

381 　　　　　　　　　　　　　　　　　　 답 (1) 5　(2) 1

(1) $\cos0°=1$, $\cos90°=0$이고
$\cos80°=\cos(90°-10°)=\sin10°$,
$\cos70°=\cos(90°-20°)=\sin20°$,
$\cos60°=\cos(90°-30°)=\sin30°$,
$\cos50°=\cos(90°-40°)=\sin40°$이므로
$\cos^2 0°+\cos^2 10°+\cos^2 20°+\cdots+\cos^2 90°$
$\quad=1^2+(\cos^2 10°+\sin^2 10°)+(\cos^2 20°+\sin^2 20°)$
$\qquad\qquad+(\cos^2 30°+\sin^2 30°)+(\cos^2 40°+\sin^2 40°)+0^2$
$\quad=1+1+1+1+1+0=5$

(2) $\tan89°=\tan(90°-1°)=\dfrac{1}{\tan1°}$,
$\tan88°=\tan(90°-2°)=\dfrac{1}{\tan2°}$,
$\qquad\qquad\qquad\vdots$
$\tan46°=\tan(90°-44°)=\dfrac{1}{\tan44°}$이고
$\tan45°=1$이므로
$\tan1°\times\tan2°\times\tan3°\times\cdots\times\tan89°$
$\quad=\left(\tan1°\times\dfrac{1}{\tan1°}\right)\times\left(\tan2°\times\dfrac{1}{\tan2°}\right)\times\cdots$
$\qquad\qquad\qquad\times\left(\tan44°\times\dfrac{1}{\tan44°}\right)\times\tan45°$
$\quad=1\times1\times\cdots\times1\times1=1$

참고

❶ $\sin\left(\dfrac{\pi}{2}-\theta\right)=\cos\theta$이므로 $\sin^2\theta+\sin^2\left(\dfrac{\pi}{2}-\theta\right)=1$

❷ $\cos\left(\dfrac{\pi}{2}-\theta\right)=\sin\theta$이므로 $\cos^2\theta+\cos^2\left(\dfrac{\pi}{2}-\theta\right)=1$

❸ $\theta\neq\dfrac{\pi}{2}$일 때, $\tan\left(\dfrac{\pi}{2}-\theta\right)=\dfrac{1}{\tan\theta}$이므로
$\tan\theta\times\tan\left(\dfrac{\pi}{2}-\theta\right)=1$

382 　　　　　　　　　　　　　　　　　　　　　　 답 ③

$\sin^2\dfrac{9\pi}{20}=\sin^2\left(\dfrac{\pi}{2}-\dfrac{\pi}{20}\right)=\cos^2\dfrac{\pi}{20}$
$\sin^2\dfrac{7\pi}{20}=\sin^2\left(\dfrac{\pi}{2}-\dfrac{3\pi}{20}\right)=\cos^2\dfrac{3\pi}{20}$

$\sin^2\dfrac{5\pi}{20}=\sin^2\dfrac{\pi}{4}=\left(\dfrac{1}{\sqrt{2}}\right)^2=\dfrac{1}{2}$
이므로
$\sin^2\dfrac{\pi}{20}+\sin^2\dfrac{3\pi}{20}+\sin^2\dfrac{5\pi}{20}+\sin^2\dfrac{7\pi}{20}+\sin^2\dfrac{9\pi}{20}$
$=\sin^2\dfrac{\pi}{20}+\sin^2\dfrac{3\pi}{20}+\dfrac{1}{2}+\cos^2\dfrac{3\pi}{20}+\cos^2\dfrac{\pi}{20}$
$=\left(\sin^2\dfrac{\pi}{20}+\cos^2\dfrac{\pi}{20}\right)+\left(\sin^2\dfrac{3\pi}{20}+\cos^2\dfrac{3\pi}{20}\right)+\dfrac{1}{2}$
$=1+1+\dfrac{1}{2}=\dfrac{5}{2}$

383 　　　　　　　　　　　　　　　　　　　　　　 답 ⑤

$\sin\theta\cos3\theta+\sin2\theta\cos2\theta+\sin3\theta\cos\theta$
$=\sin\dfrac{\pi}{8}\cos\dfrac{3\pi}{8}+\sin\dfrac{\pi}{4}\cos\dfrac{\pi}{4}+\sin\dfrac{3\pi}{8}\cos\dfrac{\pi}{8}$
$=\sin\dfrac{\pi}{8}\cos\left(\dfrac{\pi}{2}-\dfrac{\pi}{8}\right)+\dfrac{\sqrt{2}}{2}\times\dfrac{\sqrt{2}}{2}+\sin\left(\dfrac{\pi}{2}-\dfrac{\pi}{8}\right)\cos\dfrac{\pi}{8}$
$=\sin\dfrac{\pi}{8}\sin\dfrac{\pi}{8}+\dfrac{1}{2}+\cos\dfrac{\pi}{8}\cos\dfrac{\pi}{8}$
$=\dfrac{1}{2}+\sin^2\dfrac{\pi}{8}+\cos^2\dfrac{\pi}{8}$
$=\dfrac{1}{2}+1=\dfrac{3}{2}$

384 　　　　　　　　　　　　　　　　　　　　　　 답 ②

$10\theta=2\pi$이므로
$5\theta=\pi$, $6\theta=\pi+\theta$, $7\theta=\pi+2\theta$, $8\theta=\pi+3\theta$, $9\theta=\pi+4\theta$
이때
$\sin\theta+\sin2\theta+\sin3\theta+\cdots+\sin9\theta$
$=\sin\theta+\sin2\theta+\sin3\theta+\sin4\theta+\sin5\theta$
$\qquad\quad+\sin(\pi+\theta)+\sin(\pi+2\theta)+\sin(\pi+3\theta)+\sin(\pi+4\theta)$
$=\sin\theta+\sin2\theta+\sin3\theta+\sin4\theta+\sin5\theta$
$\qquad\qquad\qquad\qquad-\sin\theta-\sin2\theta-\sin3\theta-\sin4\theta$
$=\sin5\theta=\sin\pi=0$
또한,
$\cos\theta+\cos2\theta+\cos3\theta+\cdots+\cos9\theta$
$=\cos\theta+\cos2\theta+\cos3\theta+\cos4\theta+\cos5\theta$
$\qquad\quad+\cos(\pi+\theta)+\cos(\pi+2\theta)+\cos(\pi+3\theta)+\cos(\pi+4\theta)$
$=\cos\theta+\cos2\theta+\cos3\theta+\cos4\theta+\cos5\theta$
$\qquad\qquad\qquad\qquad-\cos\theta-\cos2\theta-\cos3\theta-\cos4\theta$
$=\cos5\theta=\cos\pi=-1$
$\therefore$ (주어진 식)$=0+(-1)=-1$

다른 풀이

주어진 그림에서
점 P_2와 점 P_{10}, 점 P_3과 점 P_9, 점 P_4와 점 P_8, 점 P_5와 점 P_7은
각각 x축에 대하여 대칭이므로 이 점들의 y좌표는 각각 절댓값이
같고 부호가 서로 반대이다.
이때 삼각함수의 정의에 의하여
점 P_2의 y좌표는 $\sin\theta$, 점 P_{10}의 y좌표는 $\sin9\theta$이므로

$\sin\theta+\sin9\theta=0$이다.

마찬가지 방법으로 $\sin2\theta+\sin8\theta=0$,

$\sin3\theta+\sin7\theta=0$, $\sin4\theta+\sin6\theta=0$이다.

한편, $\angle P_1OP_6=5\theta=\pi$이므로 $\sin5\theta=\sin\pi=0$

$\therefore \sin\theta+\sin2\theta+\sin3\theta+\cdots+\sin9\theta=0$

또한

점 P_2와 점 P_5, 점 P_3과 점 P_4, 점 P_7과 점 P_{10}, 점 P_8과 점 P_9는

각각 y축에 대하여 대칭이므로

이 점들의 x좌표는 각각 절댓값이 같고 부호가 서로 반대이다.

이때 삼각함수의 정의에 의하여

점 P_2의 x좌표는 $\cos\theta$, 점 P_5의 x좌표는 $\cos4\theta$이므로

$\cos\theta+\cos4\theta=0$이다.

마찬가지 방법으로 $\cos2\theta+\cos3\theta=0$,

$\cos6\theta+\cos9\theta=0$, $\cos7\theta+\cos8\theta=0$이다.

한편, $\angle P_1OP_6=5\theta=\pi$이므로 $\cos5\theta=\cos\pi=-1$

$\therefore \cos\theta+\cos2\theta+\cos3\theta+\cdots+\cos9\theta=-1$

$\therefore$ (주어진 식)$=0+(-1)=-1$

385 ························· 답 ③

$A=P_0$, $B=P_{100}$이라 할 때, $\angle P_{n-1}OP_n=\theta$ $(n=1, 2, \cdots, 100)$라 하면

$\dfrac{\pi}{2}=100\theta$이고 $\overline{P_nQ_n}=\sin n\theta$이다.

$\therefore \overline{P_1Q_1}^2+\overline{P_2Q_2}^2+\cdots+\overline{P_{99}Q_{99}}^2$

$=\sin^2\theta+\sin^2 2\theta+\cdots+\sin^2 99\theta$

$=\sin^2\theta+\sin^2 2\theta+\cdots+\sin^2 48\theta+\sin^2 49\theta+\sin^2 50\theta$

$\qquad +\sin^2\left(\dfrac{\pi}{2}-49\theta\right)+\sin^2\left(\dfrac{\pi}{2}-48\theta\right)+\cdots$

$\qquad\qquad\qquad\qquad +\sin^2\left(\dfrac{\pi}{2}-2\theta\right)+\sin^2\left(\dfrac{\pi}{2}-\theta\right)$

$=\sin^2\theta+\sin^2 2\theta+\cdots+\sin^2 48\theta+\sin^2 49\theta+\sin^2 50\theta$

$\qquad\qquad +\cos^2 49\theta+\cos^2 48\theta+\cdots+\cos^2 2\theta+\cos^2\theta$

$=(\sin^2\theta+\cos^2\theta)+(\sin^2 2\theta+\cos^2 2\theta)+\cdots$

$\qquad\qquad\qquad +(\sin^2 49\theta+\cos^2 49\theta)+\sin^2 50\theta$

$=1\times49+\sin^2\dfrac{\pi}{4}\ \left(\because 50\theta=\dfrac{\pi}{4}\right)$

$=49+\left(\dfrac{\sqrt{2}}{2}\right)^2=\dfrac{99}{2}$

386 ························· 답 6

$a>1$이고 $-1\le\cos x\le1$이므로

$-a-1\le a\cos x-1\le a-1$ ······ ㉠

이때 $-a-1<0$, $a-1>0$이므로

$|-a-1|=-(-a-1)=a+1$, $|a-1|=a-1$

$a+1>a-1$이므로 ㉠에서

$0\le|a\cos x-1|\le a+1$

$\therefore 2\le|a\cos x-1|+2\le a+3$

따라서 최댓값은 $a+3$, 최솟값은 2이고 그 합이 11이므로

$(a+3)+2=11$

$\therefore a=6$

다른 풀이

$y=|a\cos x-1|+2$에서

$\cos x=t$라 하면 $-1\le t\le1$이고

$y=|at-1|+2=a\left|t-\dfrac{1}{a}\right|+2$

이때 $a>1$이므로 $0<\dfrac{1}{a}<1$이다.

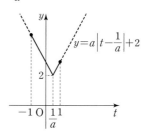

따라서 위의 그림에서

$t=-1$일 때 최댓값 $|-a-1|+2=-(-a-1)+2=a+3$을

갖고,

$t=\dfrac{1}{a}$일 때 최솟값 $|1-1|+2=2$를 갖는다.

최댓값과 최솟값의 합이 11이므로

$(a+3)+2=11$

$\therefore a=6$

387 ························· 답 ⑤

$y=\sin^2 x-\cos x$

$\quad=(1-\cos^2 x)-\cos x$

$\quad=-\cos^2 x-\cos x+1$

$\cos x=t$라 하면 $-1\le t\le1$이고

$y=-t^2-t+1=-\left(t+\dfrac{1}{2}\right)^2+\dfrac{5}{4}$

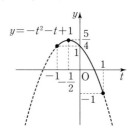

따라서 위의 그림에서

$t=-\dfrac{1}{2}$일 때 최댓값 $M=\dfrac{5}{4}$를 갖고,

$t=1$일 때 최솟값 $m=-1$을 갖는다.

$\therefore M-m=\dfrac{9}{4}$

388 ························· 답 22

$y=\cos^2\left(x+\dfrac{\pi}{2}\right)-2\cos^2 x+12\sin(x+\pi)$

$\quad=(-\sin x)^2-2(1-\sin^2 x)-12\sin x$

$\quad=3\sin^2 x-12\sin x-2$

$\sin x = t$라 하면 $0 \le x \le \dfrac{\pi}{2}$에서 $0 \le t \le 1$이고

$y = 3t^2 - 12t - 2 = 3(t-2)^2 - 14$

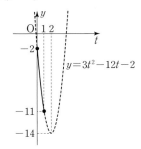

따라서 위의 그림에서
$t = 0$일 때 최댓값 $M = -2$를 갖고,
$t = 1$일 때 최솟값 $m = -11$을 갖는다.
$\therefore Mm = 22$

389
답 ③

$f(x) = \cos^2\left(x - \dfrac{3}{4}\pi\right) - \cos\left(x - \dfrac{\pi}{4}\right) + k$

$\quad = \cos^2\left(x - \dfrac{3}{4}\pi\right) - \cos\left(x - \dfrac{3}{4}\pi + \dfrac{\pi}{2}\right) + k$

$\quad = \left\{1 - \sin^2\left(x - \dfrac{3}{4}\pi\right)\right\} + \sin\left(x - \dfrac{3}{4}\pi\right) + k$

$\quad = -\sin^2\left(x - \dfrac{3}{4}\pi\right) + \sin\left(x - \dfrac{3}{4}\pi\right) + k + 1$

$\sin\left(x - \dfrac{3}{4}\pi\right) = t$라 하면 $-1 \le t \le 1$이고

$g(t) = -t^2 + t + k + 1 = -\left(t - \dfrac{1}{2}\right)^2 + k + \dfrac{5}{4}$라 하면
함수 $g(t)$는
$t = \dfrac{1}{2}$일 때 최댓값 $g\left(\dfrac{1}{2}\right) = k + \dfrac{5}{4} = 3$을 갖고,
$t = -1$일 때 최솟값 $g(-1) = k - 1 = m$을 갖는다.

$\therefore k = \dfrac{7}{4}, \ m = \dfrac{7}{4} - 1 = \dfrac{3}{4}$

$\therefore k + m = \dfrac{5}{2}$

390
답 -6

$y = \dfrac{3\sin x + 1}{\sin x - 2}$에서 $\sin x = t$라 하면 $-1 \le t \le 1$이고

$y = \dfrac{3t+1}{t-2} = \dfrac{3(t-2)+7}{t-2} = \dfrac{7}{t-2} + 3$

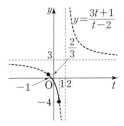

따라서 위의 그림에서
$t = -1$일 때 최댓값 $M = \dfrac{2}{3}$를 갖고,
$t = 1$일 때 최솟값 $m = -4$를 갖는다.
$\therefore \dfrac{m}{M} = -6$

391
답 ④

방정식 $2\cos^2 x + \sin x = 1$에서
$2(1 - \sin^2 x) + \sin x = 1$, $2\sin^2 x - \sin x - 1 = 0$
$(2\sin x + 1)(\sin x - 1) = 0$
$\therefore \sin x = -\dfrac{1}{2}$ 또는 $\sin x = 1$

(i) $\sin x = -\dfrac{1}{2}$일 때

$\quad 0 \le x < 2\pi$에서 방정식 $\sin x = -\dfrac{1}{2}$의 근은 $x = \dfrac{7}{6}\pi$ 또는 $x = \dfrac{11}{6}\pi$

(ii) $\sin x = 1$일 때

$\quad 0 \le x < 2\pi$에서 방정식 $\sin x = 1$의 근은 $x = \dfrac{\pi}{2}$

(i), (ii)에서 주어진 방정식의 근은

$x = \dfrac{\pi}{2}$ 또는 $x = \dfrac{7}{6}\pi$ 또는 $x = \dfrac{11}{6}\pi$

따라서 그 합은 $\dfrac{\pi}{2} + \dfrac{7}{6}\pi + \dfrac{11}{6}\pi = \dfrac{7}{2}\pi$이다.

392
답 ③

방정식 $4\sin^2\left(\dfrac{3}{2}\pi + x\right) - 4\sin(\pi + x) = 5$에서

$\sin\left(\dfrac{3}{2}\pi + x\right) = -\cos x$, $\sin(\pi + x) = -\sin x$이므로

$4\cos^2 x + 4\sin x - 5 = 0$, $4(1 - \sin^2 x) + 4\sin x - 5 = 0$
$4\sin^2 x - 4\sin x + 1 = 0$, $(2\sin x - 1)^2 = 0$

$\therefore \sin x = \dfrac{1}{2}$

$0 \le x < 4\pi$에서 방정식 $\sin x = \dfrac{1}{2}$의 근은

$x = \dfrac{\pi}{6}$ 또는 $x = \dfrac{5}{6}\pi$ 또는 $x = \dfrac{13}{6}\pi$ 또는 $x = \dfrac{17}{6}\pi$

따라서 모든 근의 합은 6π이다.

393
답 $\dfrac{6}{13}$

방정식 $6\sin^2 x - \sin x \cos x - 2\cos^2 x = 0$에서
$(3\sin x - 2\cos x)(2\sin x + \cos x) = 0$

$3\sin x = 2\cos x$ 또는 $2\sin x = -\cos x$

이 방정식의 해 $x = \alpha$에 대하여 $\sin \alpha \cos \alpha > 0$이므로

$\sin \alpha$, $\cos \alpha$의 부호가 서로 같아야 한다.

$\therefore 3\sin \alpha = 2\cos \alpha$

이때 $\dfrac{\sin \alpha}{\cos \alpha} = \dfrac{2}{3}$이므로 $\tan \alpha = \dfrac{2}{3}$이다.

$\sin \alpha > 0$, $\cos \alpha > 0$이면 $\sin \alpha = \dfrac{2}{\sqrt{13}}$, $\cos \alpha = \dfrac{3}{\sqrt{13}}$

$\sin \alpha < 0$, $\cos \alpha < 0$이면 $\sin \alpha = -\dfrac{2}{\sqrt{13}}$, $\cos \alpha = -\dfrac{3}{\sqrt{13}}$

$\therefore \sin \alpha \cos \alpha = \dfrac{6}{13}$

394
답 $\dfrac{\pi}{3}$

$\log_2 \sin \theta - \log_2 \tan \theta = -1$ ····· ㉠

이때 진수는 양수이어야 하므로

$\sin \theta > 0$, $\tan \theta > 0$에서 $0 < \theta < \dfrac{\pi}{2}$ ····· ㉡

로그의 성질에 의하여

$\log_2 \sin \theta - \log_2 \tan \theta = \log_2 \dfrac{\sin \theta}{\tan \theta}$

$= \log_2 \dfrac{\sin \theta}{\dfrac{\sin \theta}{\cos \theta}} = \log_2 \cos \theta$

이므로 ㉠에서 $\log_2 \cos \theta = -1$, $\cos \theta = \dfrac{1}{2}$

따라서 ㉡을 만족시키는 $\theta = \dfrac{\pi}{3}$이다.

395
답 ⑤

$\pi \sin x = t$라 하면 $-\pi \leq t \leq \pi$이고

$\cos t = 0$이므로 $t = -\dfrac{\pi}{2}$ 또는 $t = \dfrac{\pi}{2}$

(i) $t = -\dfrac{\pi}{2}$일 때

$\pi \sin x = -\dfrac{\pi}{2}$에서 $\sin x = -\dfrac{1}{2}$이므로

$0 \leq x < 2\pi$에서 $x = \dfrac{7}{6}\pi$ 또는 $x = \dfrac{11}{6}\pi$

(ii) $t = \dfrac{\pi}{2}$일 때

$\pi \sin x = \dfrac{\pi}{2}$에서 $\sin x = \dfrac{1}{2}$이므로

$0 \leq x < 2\pi$에서 $x = \dfrac{\pi}{6}$ 또는 $x = \dfrac{5}{6}\pi$

(i), (ii)에서 주어진 방정식의 근은

$x = \dfrac{\pi}{6}$ 또는 $x = \dfrac{5}{6}\pi$ 또는 $x = \dfrac{7}{6}\pi$ 또는 $x = \dfrac{11}{6}\pi$

따라서 그 합은 $\dfrac{\pi}{6} + \dfrac{5}{6}\pi + \dfrac{7}{6}\pi + \dfrac{11}{6}\pi = 4\pi$

396
답 ④

이차방정식 $x^2 - 2\sqrt{2}x\sin\theta + 3\cos\theta = 0$이 중근을 가지므로

판별식을 D라 하면 $\dfrac{D}{4} = 2\sin^2\theta - 3\cos\theta = 0$이어야 한다.

$2(1 - \cos^2\theta) - 3\cos\theta = 0$

$2\cos^2\theta + 3\cos\theta - 2 = 0$

$(2\cos\theta - 1)(\cos\theta + 2) = 0$에서

$\cos\theta = \dfrac{1}{2}$ ($\because -1 \leq \cos\theta \leq 1$)

따라서 방정식 $\cos\theta = \dfrac{1}{2}$의 해는

$\theta = \dfrac{\pi}{3}$ 또는 $\theta = \dfrac{5}{3}\pi$ ($\because 0 \leq \theta \leq 2\pi$)

이므로 구하는 모든 θ의 값의 합은 $\dfrac{\pi}{3} + \dfrac{5}{3}\pi = 2\pi$이다.

397
답 $\dfrac{2}{3}\pi$

$A + B + C = \pi$이므로 $B + C = \pi - A$이다.

$\sin^2\left(\dfrac{B+C}{2}\right) - \cos\dfrac{A}{2} = -\dfrac{1}{4}$에서

$\sin^2\left(\dfrac{\pi}{2} - \dfrac{A}{2}\right) - \cos\dfrac{A}{2} + \dfrac{1}{4} = 0$

$\cos^2\dfrac{A}{2} - \cos\dfrac{A}{2} + \dfrac{1}{4} = 0$, $\left(\cos\dfrac{A}{2} - \dfrac{1}{2}\right)^2 = 0$

즉, $\cos\dfrac{A}{2} = \dfrac{1}{2}$이므로 $\dfrac{A}{2} = \dfrac{\pi}{3}$ ($\because 0 < \dfrac{A}{2} < \dfrac{\pi}{2}$)

$\therefore A = \dfrac{2}{3}\pi$

398
답 10

방정식 $\dfrac{2}{\sqrt{3}}\sin\left(x + \dfrac{\pi}{3}\right) - \dfrac{7}{8} = 0$ $(0 \leq x \leq 2\pi)$에서

$\sin\left(x + \dfrac{\pi}{3}\right) = \dfrac{7\sqrt{3}}{16}$ ····· ㉠

이때 $x + \dfrac{\pi}{3} = t$라 하면 $\dfrac{7\sqrt{3}}{16} < \dfrac{\sqrt{3}}{2}$이므로

방정식 $\sin t = \dfrac{7\sqrt{3}}{16}$ $\left(\dfrac{\pi}{3} \leq t \leq \dfrac{7}{3}\pi\right)$은 다음 그림과 같이 두 실근

t_1, t_2 $(t_1 < t_2)$를 갖는다.

즉, ㉠의 두 실근 x_1, x_2 $(x_1 < x_2)$에 대하여

$t_1 = x_1 + \dfrac{\pi}{3}$, $t_2 = x_2 + \dfrac{\pi}{3}$이다.

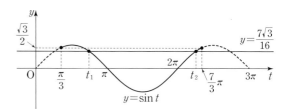

함수 $y = \sin t$의 그래프가 직선 $t = \dfrac{3}{2}\pi$에 대하여 대칭이므로

$\dfrac{t_1 + t_2}{2} = \dfrac{3}{2}\pi$에서 $t_1 + t_2 = \left(x_1 + \dfrac{\pi}{3}\right) + \left(x_2 + \dfrac{\pi}{3}\right) = 3\pi$

$x_1 + x_2 = 3\pi - \dfrac{2}{3}\pi = \dfrac{7}{3}\pi$

따라서 $p = 3$, $q = 7$이므로

$p + q = 3 + 7 = 10$

399

방정식 $\left|\cos x+\dfrac{1}{4}\right|=k\ (0\le x<2\pi)$의 서로 다른 실근의 개수는

$0\le x<2\pi$에서 함수 $y=\left|\cos x+\dfrac{1}{4}\right|$의 그래프와 직선 $y=k$의 서로

다른 교점의 개수와 같다.

함수 $y=\left|\cos x+\dfrac{1}{4}\right|$의 그래프는 함수 $y=\cos x$의 그래프를 y축의

방향으로 $\dfrac{1}{4}$만큼 평행이동시킨 함수 $y=\cos x+\dfrac{1}{4}$의 그래프에서

x축의 아래쪽에 그려진 부분을 x축을 기준으로 위쪽으로 접어

올린 것과 같다.

이때 함수 $y=\cos x+\dfrac{1}{4}$의 최댓값은 $1+\dfrac{1}{4}=\dfrac{5}{4}$, 최솟값은

$-1+\dfrac{1}{4}=-\dfrac{3}{4}$이므로 다음 그림과 같이 $0\le x<2\pi$에서 함수

$y=\left|\cos x+\dfrac{1}{4}\right|$의 그래프는 직선 $y=\dfrac{3}{4}$과 서로 다른 3개의 점에서

만난다.

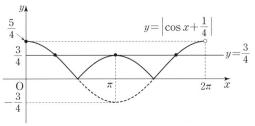

따라서 $\alpha=\dfrac{3}{4}$이므로 $40\alpha=30$

400

방정식 $\cos x+|\cos x|=1$에서

(i) $\cos x\le 0$일 때

　$\cos x-\cos x=1$이므로

　이를 만족시키는 x의 값은 존재하지 않는다.

(ii) $\cos x>0$일 때

　$\cos x+\cos x=1$이므로 $\cos x=\dfrac{1}{2}$

　이때 $\cos x>0$을 만족시키므로

　$0\le x<2\pi$에서 방정식 $\cos x=\dfrac{1}{2}$의 근을 구하면

　$x=\dfrac{\pi}{3}$ 또는 $x=\dfrac{5}{3}\pi$

(i), (ii)에 의하여 $\alpha=\dfrac{5}{3}\pi$, $\beta=\dfrac{\pi}{3}$이다.

$\therefore \sin(\alpha-3\beta)=\sin\dfrac{2}{3}\pi=\dfrac{\sqrt{3}}{2}$

401

방정식 $|2\cos^2 x-1|+\sin x=0$에서

$|2(1-\sin^2 x)-1|+\sin x=0$

$|1-2\sin^2 x|+\sin x=0$

(i) $1-2\sin^2 x\ge 0$, 즉 $\sin^2 x\le\dfrac{1}{2}$일 때

　$1-2\sin^2 x+\sin x=0$

　$2\sin^2 x-\sin x-1=0$

　$(2\sin x+1)(\sin x-1)=0$

　$\sin x=-\dfrac{1}{2}$ 또는 $\sin x=1$

　$\sin^2 x\le\dfrac{1}{2}$이어야 하므로 $\sin x=-\dfrac{1}{2}$

　$\therefore x=\dfrac{7}{6}\pi$ 또는 $x=\dfrac{11}{6}\pi\ (\because 0\le x<2\pi)$

(ii) $1-2\sin^2 x<0$, 즉 $\sin^2 x>\dfrac{1}{2}$일 때

　$2\sin^2 x+\sin x-1=0$

　$(2\sin x-1)(\sin x+1)=0$

　$\sin x=\dfrac{1}{2}$ 또는 $\sin x=-1$

　$\sin^2 x>\dfrac{1}{2}$이어야 하므로 $\sin x=-1$

　$\therefore x=\dfrac{3}{2}\pi\ (\because 0\le x<2\pi)$

(i), (ii)에 의하여 구하는 모든 실근의 합은

$\dfrac{7}{6}\pi+\dfrac{11}{6}\pi+\dfrac{3}{2}\pi=\dfrac{9}{2}\pi$

402

(i) 방정식 $\sin x=\dfrac{1}{4\pi}x$의 서로 다른 실근의 개수는 함수 $y=\sin x$의

　그래프와 직선 $y=\dfrac{1}{4\pi}x$의 서로 다른 교점의 개수와 같다.

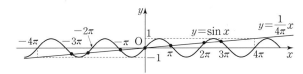

　직선 $y=\dfrac{1}{4\pi}x$가 두 점 $(-4\pi,\ -1)$, $(4\pi,\ 1)$을 지나므로

　함수 $y=\sin x$의 그래프와 직선 $y=\dfrac{1}{4\pi}x$의 서로 다른 교점의

　개수는 7이다.

　$\therefore m=7$

(ii) 방정식 $\cos 2x=\dfrac{1}{3}$의 실근은 함수 $y=\cos 2x$의 그래프와 직선

　$y=\dfrac{1}{3}$의 교점의 x좌표와 같다.

　함수 $y=\cos 2x$의 주기는 $\dfrac{2\pi}{2}=\pi$이고,

　$0\le x<\pi$에서 함수 $y=\cos 2x$의 그래프와 직선 $y=\dfrac{1}{3}$의 교점의

　개수가 2이므로

　$0\le x<4\pi$에서 함수 $y=\cos 2x$의 그래프와 직선 $y=\dfrac{1}{3}$의 교점의

　개수는 $2\times 4=8$이다.

　8개의 각 교점을 x좌표가 작은 것부터 차례대로 A, B, C, D, E,

　F, G, H라 하고 그 x좌표를 각각 a, b, c, d, e, f, g, h라 하면

점 A와 점 H, 점 B와 점 G, 점 C와 점 F, 점 D와 점 E가 각각 직선 $x=2\pi$에 대하여 대칭이므로

$$\frac{a+h}{2}=\frac{b+g}{2}=\frac{c+f}{2}=\frac{d+e}{2}=2\pi$$

$\therefore a+h=b+g=c+f=d+e=4\pi$

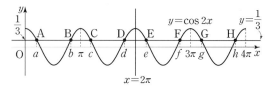

따라서 방정식의 모든 실근의 합은 $4\pi \times 4=16\pi$이다.

$\therefore n=16$

(i), (ii)에 의하여 $m+n=7+16=23$

403 ········· 답 ③

방정식 $4\sin x=3$, 즉 $\sin x=\frac{3}{4}$의 실근은

함수 $y=\sin x$의 그래프와 직선 $y=\frac{3}{4}$의 교점의 x좌표와 같다.

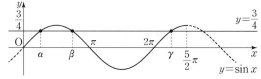

위의 그림에서 $\beta=\pi-\alpha$, $\gamma=2\pi+\alpha$이므로

$$\cos\left(\alpha+\frac{\beta+\gamma}{2}\right)=\cos\left(\alpha+\frac{3}{2}\pi\right)=\sin\alpha=\frac{3}{4}$$

404 ········· 답 ①

$0 \le x \le 2\pi$에서 함수 $y=\tan x$의 그래프와
직선 $y=3$의 두 교점의 x좌표가 각각 α, β이므로
$\alpha<\beta$라 하면 $\beta=\pi+\alpha$
직선 $y=\frac{1}{3}$의 두 교점의 x좌표가 각각 γ, δ이므로
$\gamma<\delta$라 하면 $\delta=\pi+\gamma$

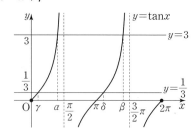

이때 $\tan\alpha=3$, $\tan\gamma=\frac{1}{3}$이므로

$\tan\alpha=\frac{1}{\tan\gamma}=\tan\left(\frac{\pi}{2}-\gamma\right)$에서 $\alpha=\frac{\pi}{2}-\gamma$

$\therefore \alpha+\gamma=\frac{\pi}{2}$ ······ ㉠

$\therefore \beta+\delta=(\pi+\alpha)+(\pi+\gamma)=2\pi+(\alpha+\gamma)=\frac{5}{2}\pi$ ······ ㉡

㉠, ㉡에서 $\alpha+\beta+\gamma+\delta=3\pi$이므로
$\cos(\alpha+\beta+\gamma+\delta)=\cos 3\pi=-1$

405 ········· 답 ②

조건 ㈎에서 $0 \le x \le \frac{2}{3}\pi$일 때 $f(x)=\cos\left(3x-\frac{\pi}{2}\right)=\sin 3x$이다.

조건 ㈏에서 모든 실수 x에 대하여 $f(-x)=f(x)$이므로

$-\frac{2}{3}\pi \le x \le 0$일 때의 함수 $y=f(x)$의 그래프는 $0 \le x \le \frac{2}{3}\pi$일 때의 함수 $y=f(x)$의 그래프를 y축에 대하여 대칭이동한 것과 같다.

또한, 조건 ㈏에서 $f\left(x+\frac{4}{3}\pi\right)=f(x)$이므로

함수 $y=f(x)$의 그래프는 $-\frac{2}{3}\pi \le x \le \frac{2}{3}\pi$에서의 함수 $y=f(x)$의 그래프가 계속 반복된다.

따라서 함수 $y=f(x)$의 그래프는 다음과 같다.

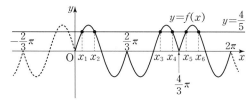

위의 그림과 같이 $0 \le x \le 2\pi$에서 함수 $y=f(x)$의 그래프와 직선 $y=\frac{4}{5}$의 교점은 6개이고, 이 교점의 x좌표를 작은 것부터 차례대로 x_1, x_2, x_3, x_4, x_5, x_6이라 하자.

x_1과 x_2는 직선 $x=\frac{\pi}{6}$에 대하여 대칭이므로

$$\frac{x_1+x_2}{2}=\frac{\pi}{6} \qquad \therefore x_1+x_2=\frac{\pi}{3}$$

x_3과 x_6, x_4와 x_5는 직선 $x=\frac{4}{3}\pi$에 대하여 각각 대칭이므로

$$\frac{x_3+x_6}{2}=\frac{x_4+x_5}{2}=\frac{4}{3}\pi$$

$\therefore x_3+x_4+x_5+x_6=\frac{8}{3}\pi \times 2=\frac{16}{3}\pi$

따라서 $0 \le x \le 2\pi$에서 방정식 $f(x)=\frac{4}{5}$를 만족시키는 서로 다른 모든 실수 x의 값의 합은 $\frac{\pi}{3}+\frac{16}{3}\pi=\frac{17}{3}\pi$이다.

406 ········· 답 ③

부등식 $2\sin\left(3x-\frac{\pi}{6}\right) \le 1$에서 $\sin\left(3x-\frac{\pi}{6}\right) \le \frac{1}{2}$

$3x-\frac{\pi}{6}=t$라 하면 $0 \le x < \frac{\pi}{2}$일 때 $-\frac{\pi}{6} \le t < \frac{4}{3}\pi$이고,

부등식 $\sin t \le \frac{1}{2}$의 해는 함수 $y=\sin t$ $\left(-\frac{\pi}{6} \le t < \frac{4}{3}\pi\right)$의 그래프가 직선 $y=\frac{1}{2}$보다 아래쪽에 있는 t의 값의 범위이다.

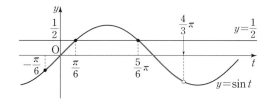

앞의 그림에서 부등식 $\sin t \leq \frac{1}{2}$ $\left(-\frac{\pi}{6} \leq t < \frac{4}{3}\pi\right)$의 해는

$-\frac{\pi}{6} \leq t \leq \frac{\pi}{6}$ 또는 $\frac{5}{6}\pi \leq t < \frac{4}{3}\pi$

따라서 주어진 부등식의 해는

$-\frac{\pi}{6} \leq 3x - \frac{\pi}{6} \leq \frac{\pi}{6}$ 또는 $\frac{5}{6}\pi \leq 3x - \frac{\pi}{6} < \frac{4}{3}\pi$

$\therefore 0 \leq x \leq \frac{\pi}{9}$ 또는 $\frac{\pi}{3} \leq x < \frac{\pi}{2}$

즉, $\alpha = \frac{\pi}{9}$, $\beta = \frac{\pi}{3}$이므로 $\alpha + \beta = \frac{4}{9}\pi$

407   답 풀이 참조

부등식 $2\sin^2 x + \cos x - 1 \leq 0$에서
$2(1 - \cos^2 x) + \cos x - 1 \leq 0$
$2\cos^2 x - \cos x - 1 \geq 0$, $(2\cos x + 1)(\cos x - 1) \geq 0$
이때 $0 < x < 2\pi$에서 $\cos x - 1 < 0$이므로

$\cos x \leq -\frac{1}{2}$이어야 한다.

따라서 부등식 $\cos x \leq -\frac{1}{2}$의 해는

$0 < x < 2\pi$에서 함수 $y = \cos x$의 그래프가 직선 $y = -\frac{1}{2}$보다 아래

쪽에 있거나 만나는 x의 값의 범위이다.

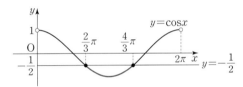

$0 < x < 2\pi$이므로 위의 그림에서 주어진 부등식의 해는

$\frac{2}{3}\pi \leq x \leq \frac{4}{3}\pi$

채점 요소	배점
$\sin^2 x = 1 - \cos^2 x$임을 이용하여 주어진 식 고치기	20 %
주어진 부등식의 해는 $0 < x < 2\pi$에서 부등식 $\cos x \leq -\frac{1}{2}$의 해임을 설명하기	30 %
그래프를 이용하여 부등식의 해 구하기	50 %

408   답 ④

부등식 $4\sin^2 \theta - 1 \geq 0$에서 $(2\sin \theta + 1)(2\sin \theta - 1) \geq 0$
$\sin \theta \leq -\frac{1}{2}$ 또는 $\sin \theta \geq \frac{1}{2}$

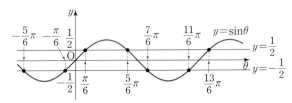

위의 그림에서 주어진 부등식을 만족시키는 θ의 값의 범위는

$2n\pi + \frac{\pi}{6} \leq \theta \leq 2n\pi + \frac{5}{6}\pi$ 또는

$2n\pi + \frac{7}{6}\pi \leq \theta \leq 2n\pi + \frac{11}{6}\pi$ (단, n은 정수)

이때 점 P가 나타내는 곡선은 반지름의 길이가 2이고 중심각의

크기가 $\frac{2}{3}\pi$인 부채꼴의 호의 길이의 2배와 같다.

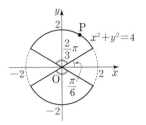

따라서 구하는 곡선의 길이는 $2 \times \left(2 \times \frac{2}{3}\pi\right) = \frac{8}{3}\pi$

409   답 $0 \leq \theta < \frac{\pi}{3}$ 또는 $\frac{2}{3}\pi < \theta \leq \pi$

모든 실수 x에 대하여 이차부등식 $x^2 - 2x\tan \theta + 3 > 0$이 항상 성립

하려면 이차방정식 $x^2 - 2x\tan \theta + 3 = 0$의 판별식을 D라 할 때,

$\frac{D}{4} = \tan^2 \theta - 3 < 0$이어야 한다.

$(\tan \theta + \sqrt{3})(\tan \theta - \sqrt{3}) < 0$, $-\sqrt{3} < \tan \theta < \sqrt{3}$

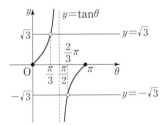

$0 \leq \theta \leq \pi$이므로 위의 그림에서 구하는 θ의 값의 범위는

$0 \leq \theta < \frac{\pi}{3}$ 또는 $\frac{2}{3}\pi < \theta \leq \pi$

410   답 2π

x에 대한 이차방정식 $x^2 - (2\cos \theta)x + \sin^2 \theta + 5\cos \theta + 2 = 0$이

실근을 가지려면 이 이차방정식의 판별식을 D라 할 때,

$D \geq 0$이어야 한다.

$\frac{D}{4} = (\cos \theta)^2 - (\sin^2 \theta + 5\cos \theta + 2)$

$\quad = \cos^2 \theta - (1 - \cos^2 \theta) - 5\cos \theta - 2$

$\quad = 2\cos^2 \theta - 5\cos \theta - 3 = (2\cos \theta + 1)(\cos \theta - 3) \geq 0$

이때 $0 \leq \theta < 2\pi$에서 $\cos \theta - 3 < 0$이므로 $\cos \theta \leq -\frac{1}{2}$이어야 한다.

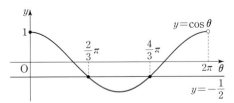

$0 \leq \theta < 2\pi$이므로 위의 그림에서 구하는 θ의 값의 범위는

$\frac{2}{3}\pi \leq \theta \leq \frac{4}{3}\pi$ $\therefore \alpha = \frac{2}{3}\pi$, $\beta = \frac{4}{3}\pi$

$\therefore 2\beta - \alpha = 2\pi$

411

답 ④

모든 실수 x에 대하여 직선 $y=2x+2$와 포물선

$y=x^2+(2\cos\theta)x+3\sin^2\theta$가 만나지 않으려면

$2x+2=x^2+(2\cos\theta)x+3\sin^2\theta$에서

x에 대한 이차방정식 $x^2-2(1-\cos\theta)x-2+3\sin^2\theta=0$의 실근이

존재하지 않아야 한다.

이 이차방정식의 판별식을 D라 하면

$\dfrac{D}{4}=(1-\cos\theta)^2-(-2+3\sin^2\theta)$

$\quad=1-2\cos\theta+\cos^2\theta+2-3(1-\cos^2\theta)$

$\quad=4\cos^2\theta-2\cos\theta<0$

즉, $\cos\theta(2\cos\theta-1)<0$이므로 $0<\cos\theta<\dfrac{1}{2}$

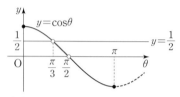

$0\leq\theta\leq\pi$이므로 위의 그림에서 구하는 θ의 값의 범위는

$\dfrac{\pi}{3}<\theta<\dfrac{\pi}{2}$

412

답 ⑤

$\cos^2 x+3\sin x+a-6\leq0$에서

$(1-\sin^2 x)+3\sin x+a-6\leq0$

$\sin^2 x-3\sin x-a+5\geq0$

이때 $\sin x=t$라 하면 $-1\leq t\leq1$이고

주어진 부등식은 $t^2-3t-a+5\geq0$이다.

$f(t)=t^2-3t-a+5$라 하면

$f(t)=t^2-3t-a+5=\left(t-\dfrac{3}{2}\right)^2-a+\dfrac{11}{4}$

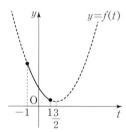

$-1\leq t\leq1$에서 함수 $f(t)$는

$t=1$일 때 최솟값을 가지므로

$f(1)=1-3-a+5\geq0$이어야 한다.

$\therefore a\leq3$

413

답 ③

$\sqrt{2}\sin^2\left(\theta-\dfrac{\pi}{3}\right)+(1+\sqrt{2})\cos\left(\theta+\dfrac{\pi}{6}\right)+1\leq0$에서

$\theta-\dfrac{\pi}{3}=x$라 하면 $-\dfrac{\pi}{3}\leq x\leq\dfrac{5}{3}\pi$이고

$\sqrt{2}\sin^2 x+(1+\sqrt{2})\cos\left(x+\dfrac{\pi}{2}\right)+1\leq0$

$\sqrt{2}\sin^2 x-(1+\sqrt{2})\sin x+1\leq0$, $(\sin x-1)(\sqrt{2}\sin x-1)\leq0$

이때 $\sin x-1\leq0$이므로 $\sin x\geq\dfrac{\sqrt{2}}{2}$

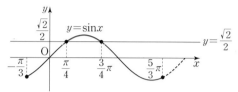

$-\dfrac{\pi}{3}\leq x\leq\dfrac{5}{3}\pi$에서 부등식 $\sin x\geq\dfrac{\sqrt{2}}{2}$의 해는

$\dfrac{\pi}{4}\leq x\leq\dfrac{3}{4}\pi$

따라서 주어진 부등식의 해는 $\dfrac{7}{12}\pi\leq\theta\leq\dfrac{13}{12}\pi$이므로

$\alpha=\dfrac{7}{12}\pi$, $\beta=\dfrac{13}{12}\pi$

$\therefore \alpha+\beta=\dfrac{5}{3}\pi$

> **참고**
>
> $\sin\left(\theta-\dfrac{\pi}{3}\right)=\sin\left(\theta+\dfrac{\pi}{6}-\dfrac{\pi}{2}\right)=-\cos\left(\theta+\dfrac{\pi}{6}\right)$
>
> 로 정리하여 풀이할 수도 있다.

414

답 8시간

$270\cos\left\{\dfrac{\pi}{3}(t-4)\right\}+325\geq460$이어야 하므로

$\cos\left\{\dfrac{\pi}{3}(t-4)\right\}\geq\dfrac{1}{2}$ ...... ㉠

이때 $\dfrac{\pi}{3}(t-4)=x$라 하면

$0<t<24$에서 $-\dfrac{4}{3}\pi<x<\dfrac{20}{3}\pi$이고 $\cos x\geq\dfrac{1}{2}$이다.

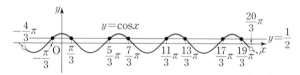

위의 그림에서 부등식 $\cos x\geq\dfrac{1}{2}$의 해는

$-\dfrac{\pi}{3}\leq x\leq\dfrac{\pi}{3}$ 또는 $\dfrac{5}{3}\pi\leq x\leq\dfrac{7}{3}\pi$ 또는 $\dfrac{11}{3}\pi\leq x\leq\dfrac{13}{3}\pi$ 또는

$\dfrac{17}{3}\pi\leq x\leq\dfrac{19}{3}\pi$이므로 조건을 만족시키는 t의 값의 범위는

$3\leq t\leq5$ 또는 $9\leq t\leq11$ 또는 $15\leq t\leq17$ 또는 $21\leq t\leq23$이다.

따라서 구하는 시간은 $2\times4=8$(시간)이다.

415

답 ①

$\dfrac{-\cos^2\theta+\sin\theta+3}{1+\sin\theta}=\dfrac{(\sin^2\theta-1)+\sin\theta+3}{1+\sin\theta}$

$\qquad\qquad\qquad\qquad=\dfrac{\sin^2\theta+\sin\theta+2}{1+\sin\theta}$

$$=\frac{\sin\theta(\sin\theta+1)+2}{1+\sin\theta}=\sin\theta+\frac{2}{1+\sin\theta}$$
$$=(1+\sin\theta)+\frac{2}{1+\sin\theta}-1$$

$1+\sin\theta=t$라 하면 $0<\theta<\pi$일 때 $1<t\le2$이므로
산술평균과 기하평균의 관계에 의하여
$$t+\frac{2}{t}-1\ge2\sqrt{t\times\frac{2}{t}}-1=2\sqrt{2}-1$$

이때 등호는 $t=\frac{2}{t}$, $t^2=2$, 즉 $t=\sqrt{2}$ $(\because 1<t\le2)$일 때 성립한다.
따라서 주어진 식은 $\sin\theta=\sqrt{2}-1$일 때 최솟값 $2\sqrt{2}-1$을 갖는다.

416 ·· 답 ②

각 θ가 제1사분면의 각이고, 두 각 θ와 2θ가 나타내는 동경이
직선 $y=x$에 대하여 대칭이므로
$$\theta+2\theta=2k\pi+\frac{\pi}{2}\ (단, k는\ 정수)$$
$$3\theta=2k\pi+\frac{\pi}{2},\ \theta=\frac{4k+1}{6}\pi\qquad\cdots\cdots\ ㉠$$
이때 θ가 제1사분면의 각이므로
$$2n\pi<\theta<2n\pi+\frac{\pi}{2}\ (단, n은\ 정수)$$
㉠을 대입하면 $2n\pi<\dfrac{4k+1}{6}\pi<2n\pi+\dfrac{\pi}{2}$
$3n-\dfrac{1}{4}<k<3n+\dfrac{1}{2}$이므로 $k=3n$ $(\because k는\ 정수)$
이를 ㉠에 대입하면 $\theta=\dfrac{4\times3n+1}{6}\pi=2n\pi+\dfrac{\pi}{6}$

ㄱ. $\theta=2n\pi+\dfrac{\pi}{6}$에 $n=-1$을 대입하면

　$\theta=-\dfrac{11}{6}\pi=-330°$이므로 $-330°$는 θ가 될 수 있다. (참)

ㄴ. θ의 일반각은 $2n\pi+\dfrac{\pi}{6}$ (n은 정수)이다. (참)

ㄷ. $\theta=2n\pi+\dfrac{\pi}{6}$에서 $\dfrac{\theta}{3}=\dfrac{2n}{3}\pi+\dfrac{\pi}{18}$이므로

　정수 p에 대하여 n을 다음과 같은 경우로 나누어 생각해 보자.

　(i) $n=3p$일 때,

　　$\dfrac{\theta}{3}=\dfrac{2(3p)}{3}\pi+\dfrac{\pi}{18}=2p\pi+\dfrac{\pi}{18}$

　　이므로 $\dfrac{\theta}{3}$를 나타내는 동경은 제1사분면에 위치한다.

　(ii) $n=3p+1$일 때,

　　$\dfrac{\theta}{3}=\dfrac{2(3p+1)}{3}\pi+\dfrac{\pi}{18}=2p\pi+\dfrac{13}{18}\pi$

　　이므로 $\dfrac{\theta}{3}$를 나타내는 동경은 제2사분면에 위치한다.

　(iii) $n=3p+2$일 때,

　　$\dfrac{\theta}{3}=\dfrac{2(3p+2)}{3}\pi+\dfrac{\pi}{18}=2p\pi+\dfrac{25}{18}\pi$

　　이므로 $\dfrac{\theta}{3}$를 나타내는 동경은 제3사분면에 위치한다.

　(i)~(iii)에서 $\dfrac{\theta}{3}$를 나타내는 동경은 제1사분면, 제2사분면,

제3사분면에 위치한다. (거짓)
따라서 옳은 것은 ㄱ, ㄴ이다.

다른 풀이

ㄱ. $\theta=-360°+30°$이므로 $2\theta=-360°\times2+60°$이다.
　이때 $\theta+2\theta=-360°\times3+90°$이므로 θ와 2θ의 동경은
　직선 $y=x$에 대하여 서로 대칭이다. (참)

417 ·· 답 $-16\sqrt{3}$

$f(1)=2\sin\left(\dfrac{\pi}{2}-\dfrac{\pi}{6}\right)=2\cos\dfrac{\pi}{6}=\sqrt{3}$

$f(2)=2\sin\left(\pi+\dfrac{\pi}{6}\right)=-2\sin\dfrac{\pi}{6}=-1$

$f(3)=2\sin\left(\dfrac{3\pi}{2}-\dfrac{\pi}{6}\right)=-2\cos\dfrac{\pi}{6}=-\sqrt{3}$

$f(4)=2\sin\left(2\pi+\dfrac{\pi}{6}\right)=2\sin\dfrac{\pi}{6}=1$

이고, 함수 $y=\sin x$는 주기가 2π이므로
$f(n)$의 값은 $\sqrt{3}$, -1, $-\sqrt{3}$, 1이 반복된다.

$g(1)=\tan\left(\dfrac{\pi}{2}-\dfrac{\pi}{6}\right)=\dfrac{1}{\tan\dfrac{\pi}{6}}=\sqrt{3}$

$g(2)=\tan\left(\pi+\dfrac{\pi}{6}\right)=\tan\dfrac{\pi}{6}=\dfrac{1}{\sqrt{3}}=\dfrac{\sqrt{3}}{3}$

이고, 함수 $y=\tan x$는 주기가 π이므로
$g(n)$의 값은 $\sqrt{3}$, $\dfrac{\sqrt{3}}{3}$이 반복된다.

$h(1)=f(1)-2g(1)$
$h(2)=f(2)-2g(2)$
$h(3)=f(3)-2g(3)$
$h(4)=f(4)-2g(4)$

이므로 $h(n)$의 값도 $h(1)$, $h(2)$, $h(3)$, $h(4)$가 반복된다.
$f(1)+f(2)+f(3)+f(4)=0$이므로
$h(1)+h(2)+h(3)+h(4)=-2\{g(1)+g(2)+g(3)+g(4)\}$
$$=-2\left(2\sqrt{3}+\dfrac{2\sqrt{3}}{3}\right)=-\dfrac{16\sqrt{3}}{3}$$

$\therefore h(1)+h(2)+h(3)+\cdots+h(12)$
$\quad=3\times\{h(1)+h(2)+h(3)+h(4)\}$
$\quad=-16\sqrt{3}$

418 ·· 답 $\dfrac{48}{5}$

$\angle CAB=\angle ABD=\theta$라 하자.
$\overline{AB}=8$, $\overline{BC}=6$에서 $\overline{AC}=\sqrt{8^2+6^2}=10$이므로
$\cos\theta=\dfrac{\overline{AB}}{\overline{AC}}=\dfrac{4}{5}$, $\sin\theta=\dfrac{\overline{BC}}{\overline{AC}}=\dfrac{3}{5}$이다.

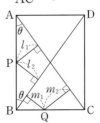

한편, 점 P에서 대각선 AC까지의 거리를 l_1, 대각선 BD까지의 거리를 l_2라 하면
$l_1=\overline{\text{AP}}\sin\theta$, $l_2=\overline{\text{BP}}\sin\theta$이므로
$l=l_1+l_2=(\overline{\text{AP}}+\overline{\text{BP}})\sin\theta=\overline{\text{AB}}\sin\theta=8\times\dfrac{3}{5}=\dfrac{24}{5}$
마찬가지로 점 Q에서 대각선 BD까지의 거리를 m_1, 대각선 AC까지의 거리를 m_2라 하면
$m_1=\overline{\text{BQ}}\sin\left(\dfrac{\pi}{2}-\theta\right)=\overline{\text{BQ}}\cos\theta$,
$m_2=\overline{\text{CQ}}\sin\left(\dfrac{\pi}{2}-\theta\right)=\overline{\text{CQ}}\cos\theta$이므로
$m=m_1+m_2=(\overline{\text{BQ}}+\overline{\text{CQ}})\cos\theta=\overline{\text{BC}}\cos\theta=6\times\dfrac{4}{5}=\dfrac{24}{5}$
$\therefore l+m=\dfrac{48}{5}$

419   답 $\dfrac{14}{9}$

$\sin x=A$ $(-1\le A\le1)$, $\cos y=B$ $(-1\le B\le1)$라 하면
$\cos^2 x=1-A^2$, $\sin^2 y=1-B^2$이다.
$\sin x+\cos y=\cos x\sin y=\dfrac{\sqrt{2}}{3}$의 각 변을 제곱하면
$(\sin x+\cos y)^2=\cos^2 x\sin^2 y=\dfrac{2}{9}$이므로
$(A+B)^2=\dfrac{2}{9}$, $(1-A^2)(1-B^2)=\dfrac{2}{9}$이다. 즉,
$A^2+2AB+B^2-\dfrac{2}{9}=0$ ...... ㉠
$A^2B^2-A^2-B^2+\dfrac{7}{9}=0$ ...... ㉡
㉠+㉡을 하면 $A^2B^2+2AB+\dfrac{5}{9}=0$이므로
$9(AB)^2+18AB+5=0$에서
$(3AB+1)(3AB+5)=0$
$\therefore AB=-\dfrac{1}{3}$ $(\because -1\le AB\le1)$
$\therefore (\sin x-\cos y)^2=(A-B)^2$
$=(A+B)^2-4AB$
$=\dfrac{2}{9}-4\times\left(-\dfrac{1}{3}\right)=\dfrac{14}{9}$

420   답 ⑤

처음으로 $\angle\text{OPQ}=\dfrac{\pi}{2}$가 되는 순간은 다음 그림과 같다.

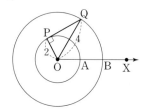

직각삼각형 OPQ에서 $\cos(\angle\text{POQ})=\dfrac{1}{2}$이므로
$\angle\text{POQ}=\dfrac{\pi}{3}$이다.

한편, 두 점 P, Q는 같은 속력으로 이동하였으므로
두 호 AP, BQ의 길이는 서로 같다.
$\angle\text{XOQ}=\theta$라 하면 $2\left(\theta+\dfrac{\pi}{3}\right)=4\theta$, $\theta=\dfrac{\pi}{3}$
$\therefore \tan(\angle\text{XOQ})=\tan\dfrac{\pi}{3}=\sqrt{3}$

참고

이때 $\angle\text{POX}=2\angle\text{XOQ}$에서 $\angle\text{POQ}=\angle\text{XOQ}$이므로
$\tan(\angle\text{XOQ})=\tan\dfrac{\pi}{3}=\sqrt{3}$임을 알 수도 있다.

421   답 $2\le r<\dfrac{9}{4}$

점 $(r, 0)$에서 출발한 점 Q가 회전한 각의 크기를 θ_2라 하고,
같은 순간에 점 $(1, 0)$에서 출발한 점 P가 회전한 각의 크기를
θ_1이라 하면 두 점 P, Q가 같은 속력으로 이동하므로
이동한 거리가 서로 같다.
즉, $r\theta_2=\theta_1$이다.
한편, 세 점 O, P, Q가 일직선 위에 있으려면
두 동경 OP, OQ가 이루는 각의 크기를 θ $(0\le\theta\le\pi)$라 할 때,
$\theta=0$ 또는 $\theta=\pi$이어야 한다.   ...... ㉠
이때 두 동경 OP, OQ가 이루는 각의 크기는
$\theta_1-\theta_2=r\theta_2-\theta_2=(r-1)\theta_2$
이므로 ㉠을 만족시키려면
$(r-1)\theta_2=n\pi$ (n은 자연수)이다.
점 Q가 원 C_2의 둘레를 2바퀴 돌 때 $0<\theta_2\le4\pi$이므로
$0<\dfrac{n\pi}{r-1}\le4\pi$에서 $0<n\le4(r-1)$이고, ... ㉡
세 점 O, P, Q가 일직선 위에 있게 되는 횟수가 4이려면
㉡을 만족시키는 자연수 n이 4개 존재해야 하므로
$4\le4(r-1)<5$
$1\le r-1<\dfrac{5}{4}$
$\therefore 2\le r<\dfrac{9}{4}$

422   답 ④

$\angle\text{COD}=\pi-\theta$이고 $\overline{\text{OB}}=1$이므로 직각삼각형 OBC에서
$\overline{\text{BC}}=\tan(\pi-\theta)=-\tan\theta$
삼각형 OAD는 $\angle\text{OAD}=90°$인 직각삼각형이고, $\overline{\text{OA}}=1$이므로
$\overline{\text{OD}}=\dfrac{1}{\cos(\pi-\theta)}=-\dfrac{1}{\cos\theta}$
따라서 색칠한 부분의 넓이는
(삼각형 OCD의 넓이) − (부채꼴 OAB의 넓이)
$=\dfrac{1}{2}\times\overline{\text{BC}}\times\overline{\text{OD}}-\dfrac{1}{2}\times1^2\times(\pi-\theta)$
$=\dfrac{1}{2}\times(-\tan\theta)\times\left(-\dfrac{1}{\cos\theta}\right)-\dfrac{1}{2}\times1^2\times(\pi-\theta)$
$=\dfrac{1}{2}\left(\dfrac{\sin\theta}{\cos^2\theta}-\pi+\theta\right)$

423 답 ③

함수 $f(x)=\tan\dfrac{\pi x}{a}$ 의 주기는 $\dfrac{\pi}{\frac{\pi}{a}}=a$ 이므로

정삼각형 ABC의 한 변의 길이는 $\overline{AC}=a$ 이다.

한편, 함수 $y=f(x)$ 의 그래프가 원점 O에 대하여 대칭이므로
두 점 A, B도 원점 O에 대하여 대칭이다.

$\therefore \overline{OA}=\overline{OB}=\dfrac{a}{2}$

또한, 정삼각형 ABC에서 선분 AC가 x 축과 평행하므로
직선 OB가 x 축의 양의 방향과 이루는 각의 크기는 $60°$이다.

따라서 점 B의 좌표를 $\left(\dfrac{a}{2}\cos 60°,\ \dfrac{a}{2}\sin 60°\right)$,

즉 $\left(\dfrac{a}{4},\ \dfrac{\sqrt{3}}{4}a\right)$ 라 하면

점 B는 함수 $y=f(x)$ 의 그래프 위의 점이므로

$\dfrac{\sqrt{3}}{4}a=\tan\dfrac{\pi}{4}=1$

$\therefore a=\dfrac{4}{\sqrt{3}}=\dfrac{4\sqrt{3}}{3}$

따라서 삼각형 ABC의 넓이는

$\dfrac{\sqrt{3}}{4}a^2=\dfrac{\sqrt{3}}{4}\times\left(\dfrac{4\sqrt{3}}{3}\right)^2=\dfrac{4\sqrt{3}}{3}$

424 답 24

곡선 $y=4\sin\dfrac{1}{4}(x-\pi)\ (0\le x\le 10\pi)$ 는

곡선 $y=4\sin\dfrac{x}{4}\ (-\pi\le x\le 9\pi)$ 를 x 축의 방향으로 π 만큼
평행이동한 것이다.

이때 x 축의 방향으로 평행이동하여도 곡선 위의 y 좌표가 같은
점들 사이의 거리 또는 함수의 최댓값, 최솟값은 달라지지 않으므로
세 점 A, B, P를 곡선 $y=4\sin\dfrac{x}{4}\ (-\pi\le x\le 9\pi)$ 와 직선 $y=2$ 가
만나는 상황에서 정의되는 것으로 풀어도 답에는 영향이 없다.

즉, $4\sin\dfrac{x}{4}=2$ 에서 $\sin\dfrac{x}{4}=\dfrac{1}{2}$

이때 $\dfrac{x}{4}=t$ 라 하면 $-\pi\le x\le 9\pi$ 에서 $-\dfrac{\pi}{4}\le t\le\dfrac{9}{4}\pi$ 이고

$\sin t=\dfrac{1}{2}$

$\therefore t=\dfrac{\pi}{6}$ 또는 $t=\dfrac{5}{6}\pi$ 또는 $t=\dfrac{13}{6}\pi$

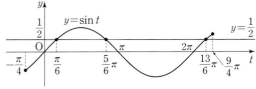

즉, $\dfrac{x}{4}=\dfrac{\pi}{6}$ 또는 $\dfrac{x}{4}=\dfrac{5}{6}\pi$ 또는 $\dfrac{x}{4}=\dfrac{13}{6}\pi$ 이므로

$x=\dfrac{2}{3}\pi$ 또는 $x=\dfrac{10}{3}\pi$ 또는 $x=\dfrac{26}{3}\pi$

따라서 곡선 $y=4\sin\dfrac{x}{4}\ (-\pi\le x\le 9\pi)$ 와 직선 $y=2$ 가 만나는
점들의 좌표는 $\left(\dfrac{2}{3}\pi,\ 2\right),\ \left(\dfrac{10}{3}\pi,\ 2\right),\ \left(\dfrac{26}{3}\pi,\ 2\right)$ 이다.

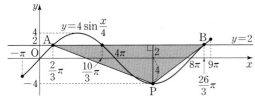

위의 그림과 같이 삼각형 PAB의 밑변을 선분 AB라 하면

$A\left(\dfrac{2}{3}\pi,\ 2\right)$, $B\left(\dfrac{26}{3}\pi,\ 2\right)$ 일 때 선분 AB의 길이가

$\dfrac{26}{3}\pi-\dfrac{2}{3}\pi=8\pi$ 로 최대이고,

함수 $y=4\sin\dfrac{x}{4}$ 의 최솟값이 -4 이므로

삼각형 PAB의 높이의 최댓값은
$2-(-4)=6$ 이다.

따라서 구하는 삼각형 PAB의 넓이의 최댓값은

$\dfrac{1}{2}\times 8\pi\times 6=24\pi$ $\therefore k=24$

425 답 (1) 2   (2) $\dfrac{\sqrt{5}-1}{2}$, $\dfrac{\sqrt{2}}{2}$

(1) $\log_{\sin\theta}(\cos\theta+1)>2$ 에서 밑과 진수 조건에 의하여

  $\sin\theta>0$, $\sin\theta\ne 1$ 이므로 $0<\sin\theta<1$ $\cdots\cdots$ ㉠

  $\cos\theta+1>0$ 이므로 $\cos\theta>-1$ $\cdots\cdots$ ㉡

  $\log_{\sin\theta}(\cos\theta+1)>2$ 에서

  ㉠에 의하여 $\cos\theta+1<\sin^2\theta$

  $\cos\theta+1<1-\cos^2\theta$

  $\cos^2\theta+\cos\theta<0$

  $\cos\theta(\cos\theta+1)<0$

  $-1<\cos\theta<0$ $\cdots\cdots$ ㉢

  ㉠, ㉡, ㉢에 의하여 $0<\sin\theta<1$, $-1<\cos\theta<0$ 이다.

  $0\le\theta<2\pi$ 에서

  $0<\sin\theta<1$ 일 때 $0<\theta<\dfrac{\pi}{2}$ 또는 $\dfrac{\pi}{2}<\theta<\pi$

  $-1<\cos\theta<0$ 일 때 $\dfrac{\pi}{2}<\theta<\pi$ 또는 $\pi<\theta<\dfrac{3}{2}\pi$

  따라서 구하는 θ 의 값의 범위는 $\dfrac{\pi}{2}<\theta<\pi$ 이다.

  $\therefore \alpha=\dfrac{\pi}{2}$, $\beta=\pi$

  $\therefore \dfrac{\beta}{\alpha}=2$

(2) $0<x<\dfrac{\pi}{2}$ 에서 $0<\sin x<1$, $0<\cos x<1$, $\tan x>0$ 이므로
로그의 밑과 진수 조건을 모두 만족시킨다.

$\log_{\cos x}\sin x+\log_{\sin x}\dfrac{1}{\sqrt{\tan x}}=1$ 에서

$\log_{\cos x}\sin x-\dfrac{1}{2}\log_{\sin x}\tan x=1$

$\log_{\cos x}\sin x-\dfrac{1}{2}\log_{\sin x}\dfrac{\sin x}{\cos x}=1$

$2\log_{\cos x}\sin x-(1-\log_{\sin x}\cos x)=2$

$2\log_{\cos x}\sin x+\log_{\sin x}\cos x-3=0$

양변에 $\log_{\cos x}\sin x$를 곱하면

$2(\log_{\cos x}\sin x)^2-3\log_{\cos x}\sin x+1=0$

$(2\log_{\cos x}\sin x-1)(\log_{\cos x}\sin x-1)=0$

$\log_{\cos x}\sin x=\dfrac{1}{2}$ 또는 $\log_{\cos x}\sin x=1$

$\sin x=(\cos x)^{\frac{1}{2}}$ 또는 $\sin x=\cos x$

(i) $\sin x=(\cos x)^{\frac{1}{2}}$에서

$\sin^2 x=\cos x,\ 1-\cos^2 x=\cos x,\ \cos^2 x+\cos x-1=0$

$\cos x=\dfrac{-1\pm\sqrt5}{2}$

$0<\cos x<1$이므로 $\cos x=\dfrac{\sqrt5-1}{2}$

(ii) $\sin x=\cos x$에서

$x=\dfrac{\pi}{4}$이므로 $\cos x=\cos\dfrac{\pi}{4}=\dfrac{\sqrt2}{2}$

(i), (ii)에 의하여 $\cos x$의 값은 $\dfrac{\sqrt5-1}{2},\ \dfrac{\sqrt2}{2}$이다.

426   답 ②

방정식 $\sin\pi x=\dfrac{x}{3n}$의 실근의 개수가 20 이상 40 이하이므로

함수 $y=\sin\pi x$의 그래프와 직선 $y=\dfrac{x}{3n}$의 교점의 개수가
20 이상 40 이하이어야 한다.

함수 $y=\sin\pi x$의 주기는 $\dfrac{2\pi}{\pi}=2$이고

직선 $y=\dfrac{x}{3n}$는 점 $(3n,\ 1)$을 지나므로 그래프는 다음과 같다.

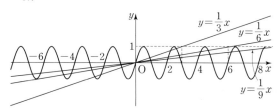

n의 값에 따라 함수 $y=\sin\pi x$의 그래프와 직선 $y=\dfrac{x}{3n}$의 교점의
개수는 다음과 같다.

$n=1$일 때 $3\times2+1=7$ ····· TIP

$n=2$일 때 $5\times2+1=11$

$n=3$일 때 $9\times2+1=19$

$n=4$일 때 $11\times2+1=23$

즉, $n=1,\ 2,\ 3,\ 4,\ \cdots$일 때 함수 $y=\sin\pi x$의 그래프와 직선
$y=\dfrac{x}{3n}$의 교점의 개수가 $4,\ 8,\ 4,\ 8,\ \cdots$씩 반복하여 커지므로

$n=5$일 때 함수 $y=\sin\pi x$의 그래프와 직선 $y=\dfrac{x}{3n}$의 교점의
개수는 $23+8=31$,

$n=6$일 때 함수 $y=\sin\pi x$의 그래프와 직선 $y=\dfrac{x}{3n}$의 교점의
개수는 $31+4=35$,

$n=7$일 때 함수 $y=\sin\pi x$의 그래프와 직선 $y=\dfrac{x}{3n}$의 교점의
개수는 $35+8=43$이다.

따라서 교점의 개수가 20 이상 40 이하가 되도록 하는 자연수 n의
최댓값은 6이고, 최솟값은 4이므로 구하는 값은 10이다.

> **TIP**
>
> 함수 $y=\sin\pi x$의 그래프와 직선 $y=\dfrac{x}{3n}$가 모두 원점을
> 지나며 그래프가 각각 원점에 대하여 대칭이므로 $x>0$일 때의
> 교점의 개수와 $x<0$일 때의 교점의 개수가 같다.
> 따라서 두 함수의 그래프의 $x>0$일 때의 교점의 개수에서 2배를
> 하고 1을 더하면 전체 교점의 개수와 같다.

427   답 ②

두 점 P, Q의 시각 t에서의 y좌표를 각각 $f(t)$, $g(t)$라 하면

두 점 P, Q는 매초 $\dfrac{2}{3}\pi,\ \dfrac{4}{3}\pi$의 속력으로 각각 움직이므로

$f(t)=\sin\dfrac{2}{3}\pi t,\ g(t)=\sin\dfrac{4}{3}\pi t$ ····· TIP

이때 함수 $y=f(t)$의 주기는 $\dfrac{2\pi}{\frac{2}{3}\pi}=3$,

함수 $y=g(t)$의 주기는 $\dfrac{2\pi}{\frac{4}{3}\pi}=\dfrac{3}{2}$이므로

출발 후 3초가 될 때까지 $f(t)$와 $g(t)$의 값은 4회 같아진다.

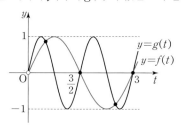

따라서 99초가 될 때까지 $4\times33=132$ (회) 같아지고, 99초에서
100초 사이 $f(t)$와 $g(t)$의 값은 1회 같아지므로 출발 후 100초가
될 때까지 두 점 P, Q의 y좌표가 같아지는 횟수는 133이다.

> **TIP**
>
> 원 $x^2+y^2=1$의 반지름의 길이가 1이므로 동경 OP가 x축의
> 양의 방향과 이루는 각의 크기 $\theta\ (\theta>0)$와 점 P가 원의 둘레를
> 움직인 거리 l은 서로 같다. 즉, 두 점 P, Q가 각각 원의 둘레를
> 매초 $\dfrac{2}{3}\pi,\ \dfrac{4}{3}\pi$만큼 움직이므로 $\angle$AOP, $\angle$AOQ의 크기는 각각
> 매초 $\dfrac{2}{3}\pi,\ \dfrac{4}{3}\pi$만큼 커진다.

428   답 180

굴렁쇠가 이동한 거리는 처음 굴렁쇠에 표시한 점의 이동 거리와 같다.

따라서 처음 굴렁쇠에 표시한 점의 이동거리가 40 m,
즉 4000 cm이다.

이때 굴렁쇠를 이동하지 말고 출발점의 위치에서 회전만 했을 때,
처음 굴렁쇠에 표시한 점의 이동거리가 4000 cm가 되었다고 하자.
출발점에서 굴렁쇠의 중심을 O, 출발할 때 표시한 점의 위치를 A라
할 때, 선분 OA가 회전한 각의 크기를 θ라 하면

$\dfrac{120}{\pi} \times \theta = 4000$에서 $\theta = \dfrac{100}{3}\pi = 2\pi \times 16 + \dfrac{4}{3}\pi$이다.

정지했을 때 표시한 점의 위치를 B, 점 B에서 지면에 내린 수선의
발을 C, 점 O를 지나고 직선 OA에 수직인 직선이 선분 BC와 만나는
점을 D라 하면 다음 그림과 같다.

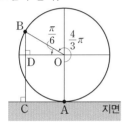

$\angle \text{BOD} = \dfrac{\pi}{6}$이므로 정지했을 때 지면으로부터 굴렁쇠에 표시한

점까지의 높이는

$h = \overline{\text{BC}} = \overline{\text{BD}} + \overline{\text{CD}}$

$= \overline{\text{OB}} \times \sin \dfrac{\pi}{6} + \overline{\text{OA}}$

$= \dfrac{120}{\pi} \times \dfrac{1}{2} + \dfrac{120}{\pi} = \dfrac{180}{\pi}$ (cm)

$\therefore \pi h = 180$

429 ···················· 답 $k = \dfrac{11}{3}$ 또는 $4 < k < 5$

$3\sin^2 x + 2\cos x + k - 7 = 0$에서

$3(1 - \cos^2 x) + 2\cos x + k - 7 = 0$

$3\cos^2 x - 2\cos x - k + 4 = 0$ ·········· ㉠

$\cos x = t$라 하면 $-\dfrac{\pi}{2} \le x \le \dfrac{\pi}{2}$에서 $0 \le t \le 1$이고,

$t = 1$일 때 방정식 $\cos x = t$는 오직 하나의 실근 $x = 0$을 갖고,

$0 \le t < 1$일 때 방정식 $\cos x = t$는 서로 다른 두 실근을 갖는다.

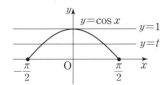

㉠에서 $3t^2 - 2t - k + 4 = 0$이므로

함수 $f(t) = 3t^2 - 2t$라 하면 조건을 만족시키기 위하여

$0 \le t \le 1$에서 함수 $y = f(t)$의 그래프와 직선 $y = k - 4$의 교점의
개수는 1이어야 하고,

$f(1) \ne k - 4$이어야 한다. ·········· TIP

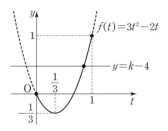

즉, $k - 4 = f\left(\dfrac{1}{3}\right)$ 또는 $f(0) < k - 4 < f(1)$이어야 한다.

$f\left(\dfrac{1}{3}\right) = -\dfrac{1}{3}$, $f(0) = 0$, $f(1) = 1$이므로

$k - 4 = -\dfrac{1}{3}$ 또는 $0 < k - 4 < 1$

$\therefore k = \dfrac{11}{3}$ 또는 $4 < k < 5$

TIP

함수 $y = f(t)$의 그래프와 직선 $y = k - 4$의 교점이 2개인 경우
그 교점의 t좌표를 각각 a, b $(0 \le a < b < 1)$라 하면 그림과 같이
방정식 $\cos x = a$에서 서로 다른 2개의 실근 x_1, x_2를 갖고,
방정식 $\cos x = b$에서 서로 다른 2개의 실근 x_3, x_4를 가지므로
방정식 ㉠은 서로 다른 4개의 실근 x_1, x_2, x_3, x_4를 갖는다.

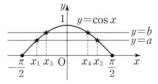

한편, $f(1) = k - 4$이면 함수 $y = f(t)$의 그래프와 직선
$y = k - 4$의 교점의 t좌표가 1이므로 방정식 $\cos x = 1$에서 오직
하나의 실근 $x = 0$을 가지기 때문에 주어진 조건을 만족시키지
않는다.

430 ···················· 답 ③

$\angle \text{APB} = \dfrac{\pi}{2}$이므로 $\angle \text{PBA} = \dfrac{\pi}{2} - \theta$이고,

$\overline{\text{BP}} = 2\sin\theta$이므로 $\overline{\text{BQ}} = 3 - 2\sin\theta$이다.

점 Q에서 x축에 내린 수선의 발을 H라 하면

$\angle \text{PBA} = \angle \text{HBQ}$ (∵ 맞꼭지각)

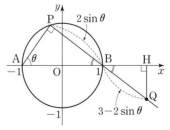

따라서 점 Q의 x좌표는

$\overline{\text{OB}} + \overline{\text{BH}} = 1 + \overline{\text{BQ}} \times \cos\left(\dfrac{\pi}{2} - \theta\right)$

$= 1 + (3 - 2\sin\theta)\sin\theta$

$= 1 + 3\sin\theta - 2\sin^2\theta$

$= -2\left(\sin\theta - \dfrac{3}{4}\right)^2 + \dfrac{17}{8}$

이므로 $\sin\theta=\frac{3}{4}$일 때 최대이다.

$\therefore \sin^2\theta=\left(\frac{3}{4}\right)^2=\frac{9}{16}$

431 …… 답 ⑤

$y=\frac{\sin x+1}{\cos x-3}$에서 $\cos x=X$, $\sin x=Y$라 하면

$-1\le X\le 1$, $0\le Y\le 1$ ($\because 0\le x\le\pi$)이고

$\cos^2 x+\sin^2 x=1$이므로 $X^2+Y^2=1$

$y=\frac{\sin x+1}{\cos x-3}$에서 $y=\frac{Y+1}{X-3}$이므로 $Y=y(X-3)-1$

이때 $-1\le X\le 1$, $0\le Y\le 1$에서

$X^2+Y^2=1$, $Y=y(X-3)-1$을 모두 만족시키는 X, Y가 존재해야 하므로 곡선 $X^2+Y^2=1$과 직선 $Y=y(X-3)-1$의 교점이 존재해야 한다.

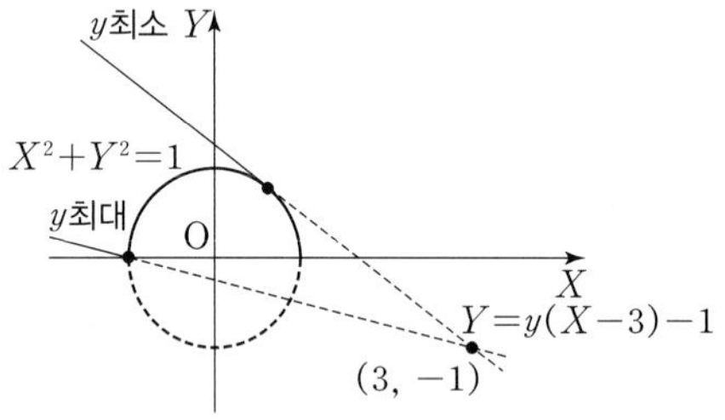

즉, 직선 $Y=y(X-3)-1$의 기울기 y는

이 직선이 점 $(-1, 0)$을 지날 때 최댓값을 갖고,

제1사분면에서 원 $X^2+Y^2=1$에 접할 때 최솟값을 갖는다.

(i) 직선 $Y=y(X-3)-1$이 점 $(-1, 0)$을 지날 때

$0=-4y-1$에서 $y=-\frac{1}{4}$

(ii) 직선 $Y=y(X-3)-1$이 원 $X^2+Y^2=1$에 접할 때

점 $(0, 0)$과 직선 $Y=y(X-3)-1$, 즉 $yX-Y-3y-1=0$ 사이의 거리가 1이므로

$\frac{|-3y-1|}{\sqrt{y^2+(-1)^2}}=1$, $|3y+1|^2=y^2+1$, $4y^2+3y=0$

$y(4y+3)=0$에서 $y=-\frac{3}{4}$ ($\because y<0$)

(i), (ii)에서 구하는 y의 값의 범위는 $-\frac{3}{4}\le y\le -\frac{1}{4}$

따라서 $M=-\frac{1}{4}$, $m=-\frac{3}{4}$이므로

$$\frac{m}{M}=\frac{-\frac{3}{4}}{-\frac{1}{4}}=3$$

432 …… 답 ⑤

ㄱ. $0<\theta<\frac{\pi}{4}$에서 두 함수 $y=\sin\theta$, $y=\cos\theta$의 그래프는 다음 그림과 같다.

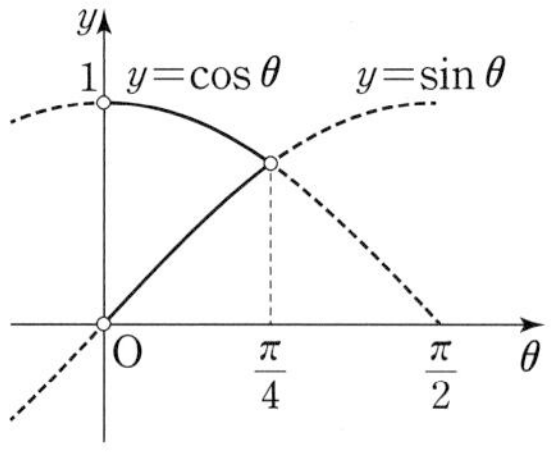

즉, $0<\sin\theta<\cos\theta<1$이다. (참)

ㄴ. $0<\sin\theta<1$이므로 함수 $f(x)=\log_{\sin\theta}x$에서 x의 값이 증가하면 $f(x)$의 값은 감소한다.

ㄱ에 의하여 $0<\theta<\frac{\pi}{4}$에서 $\sin\theta<\cos\theta<1$이므로

$\log_{\sin\theta}1<\log_{\sin\theta}\cos\theta<\log_{\sin\theta}\sin\theta$

즉, $0<\log_{\sin\theta}\cos\theta<1$이다. (참)

ㄷ. ㄱ에 의하여 $0<\theta<\frac{\pi}{4}$에서 $0<\sin\theta<\cos\theta$이므로

$(\sin\theta)^{\cos\theta}<(\cos\theta)^{\cos\theta}$ …… ㉠

한편, $0<\cos\theta<1$이므로 함수 $f(x)=(\cos\theta)^x$에서 x의 값이 증가하면 $f(x)$의 값은 감소한다.

이때 $0<\theta<\frac{\pi}{4}$에서 $\sin\theta<\cos\theta$이므로

$(\cos\theta)^{\cos\theta}<(\cos\theta)^{\sin\theta}$ …… ㉡

㉠, ㉡에서 $(\sin\theta)^{\cos\theta}<(\cos\theta)^{\cos\theta}<(\cos\theta)^{\sin\theta}$ (참)

따라서 옳은 것은 ㄱ, ㄴ, ㄷ이다.

다른 풀이

ㄷ. ㄱ에 의하여 $0<\theta<\frac{\pi}{4}$에서 $\sin\theta<\cos\theta$이고

ㄴ에 의하여 $\log_{\sin\theta}\cos\theta>0$이므로

$\sin\theta\times\log_{\sin\theta}\cos\theta<\cos\theta\times\log_{\sin\theta}\cos\theta$

$\log_{\sin\theta}(\cos\theta)^{\sin\theta}<\log_{\sin\theta}(\cos\theta)^{\cos\theta}$

이때 $0<\sin\theta<1$이므로 $(\cos\theta)^{\cos\theta}<(\cos\theta)^{\sin\theta}$ …… ㉠

또한 ㄴ에 의하여 $\log_{\sin\theta}\cos\theta<1$이므로

$\log_{\sin\theta}\cos\theta<\log_{\sin\theta}\sin\theta$

이때 $0<\theta<\frac{\pi}{4}$에서 $\cos\theta>0$이므로

$\cos\theta\times\log_{\sin\theta}\cos\theta<\cos\theta\times\log_{\sin\theta}\sin\theta$

$\log_{\sin\theta}(\cos\theta)^{\cos\theta}<\log_{\sin\theta}(\sin\theta)^{\cos\theta}$

$\therefore (\sin\theta)^{\cos\theta}<(\cos\theta)^{\cos\theta}$ ($\because 0<\sin\theta<1$) …… ㉡

㉠, ㉡에서 $(\sin\theta)^{\cos\theta}<(\cos\theta)^{\cos\theta}<(\cos\theta)^{\sin\theta}$ (참)

433 …… 답 13

원 O_1의 중심을 O_1, 원 O_2의 중심을 O_2, 직선 O_1O_2가 선분 AB와 만나는 점을 M이라 하고 직선 O_1O_2가 원 O_1과 만나는 두 점 중에서 점 M에 가까운 점을 N이라 하자.

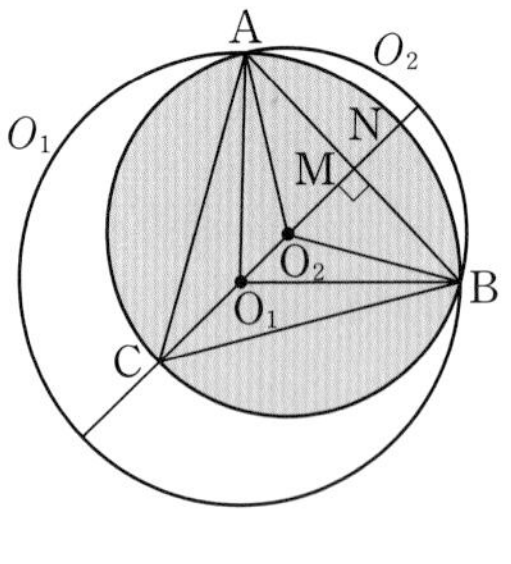

$\overline{O_1A}=6$, $\overline{AM}=\dfrac{1}{2}\overline{AB}=3\sqrt{2}$

$\overline{O_1A}:\overline{AM}=\sqrt{2}:1$이므로 $\angle MO_1A=\dfrac{\pi}{4}$

원 O_1에서 점 B를 포함하지 않는 부채꼴 O_1NA의 넓이는

$\dfrac{1}{2}\times 6^2\times\dfrac{\pi}{4}=\dfrac{9}{2}\pi$ ...... ㉠

또한, 정삼각형 ACB에서 $\angle MO_2A=\dfrac{\pi}{3}$이므로

$\overline{O_2A}=\dfrac{\overline{AM}}{\sin\dfrac{\pi}{3}}=\dfrac{3\sqrt{2}}{\dfrac{\sqrt{3}}{2}}=2\sqrt{6}$

원 O_2에서 점 B를 포함하지 않는 부채꼴 O_2AC의 넓이는

$\dfrac{1}{2}\times(2\sqrt{6})^2\times\dfrac{2}{3}\pi=8\pi$ ...... ㉡

한편, $\overline{O_1M}=\overline{O_1A}\cos\dfrac{\pi}{4}$, $\overline{O_2M}=\overline{O_2A}\cos\dfrac{\pi}{3}$에서

$\overline{O_1O_2}=\overline{O_1M}-\overline{O_2M}=3\sqrt{2}-\sqrt{6}$이므로

삼각형 AO_1O_2의 넓이는

$\dfrac{1}{2}\times(3\sqrt{2}-\sqrt{6})\times3\sqrt{2}=9-3\sqrt{3}$ ...... ㉢

㉠, ㉡, ㉢에 의하여 원 O_1과 원 O_2의 공통부분의 넓이는

$2\times\left\{\dfrac{9}{2}\pi+8\pi-(9-3\sqrt{3})\right\}=-18+6\sqrt{3}+25\pi$

따라서 $p=-18$, $q=6$, $r=25$이므로

$p+q+r=13$

434

답 ②

$\sin^2 4x-1=0$에서 $(\sin 4x-1)(\sin 4x+1)=0$

$\therefore \sin 4x=1$ 또는 $\sin 4x=-1$

$0<x<\dfrac{n}{12}\pi$일 때, 방정식 $\sin^2 4x-1=0$의 실근의 개수가

33이려면 $0<x<\dfrac{n}{12}\pi$에서 함수 $y=\sin 4x$의 그래프와

직선 $y=1$ 또는 $y=-1$의 교점의 개수가 33이어야 한다.

함수 $y=\sin 4x$의 주기는 $\dfrac{2\pi}{4}=\dfrac{\pi}{2}$이므로

$0<x\leq\dfrac{\pi}{4}$에서 함수 $y=\sin 4x$의 그래프와 직선 $y=1$이 만나는

점의 개수는 1이고, $\dfrac{\pi}{4}<x\leq\dfrac{\pi}{2}$에서 함수 $y=\sin 4x$의 그래프와

직선 $y=-1$이 만나는 점의 개수는 1이다.

즉, $0<x\leq\dfrac{\pi}{2}$에서 함수 $y=\sin 4x$의 그래프와

직선 $y=1$ 또는 $y=-1$이 만나는 점의 개수는 2이므로

$0<x\leq\dfrac{\pi}{2}\times 16$일 때, 함수 $y=\sin 4x$의 그래프와

직선 $y=1$ 또는 $y=-1$이 만나는 점의 개수는 $2\times 16=32$이다.

따라서 $0<x<\dfrac{n}{12}\pi$에서 방정식 $\sin^2 4x-1=0$의 실근의 개수가

33이려면 $8\pi<x<\dfrac{n}{12}\pi$에서 함수 $y=\sin 4x$의 그래프와

두 직선 $y=1$, $y=-1$이 만나는 점의 개수가 각각 1, 0이어야 하므로

$8\pi+\dfrac{\pi}{8}<\dfrac{n}{12}\pi\leq 8\pi+\dfrac{3}{8}\pi$, $\dfrac{65}{8}<\dfrac{n}{12}\leq\dfrac{67}{8}$

$\therefore 97.5<n\leq 100.5$

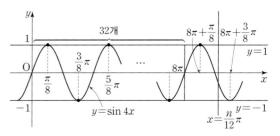

따라서 구하는 모든 자연수 n은 98, 99, 100이므로 그 합은

$98+99+100=297$

435

답 (1) $A_3=\left\{-\dfrac{\sqrt{3}}{2},\ 0,\ \dfrac{\sqrt{3}}{2}\right\}$ (2) 22

(1) $A_3=\left\{\sin\dfrac{2(m-1)}{3}\pi\,\middle|\,m은\ 자연수\right\}$이다.

$\sin\dfrac{2(m-1)}{3}\pi$에 $m=1$, 2, 3, 4, $\cdots$를 차례로 대입해 보면

$\sin 0=0$, $\sin\dfrac{2}{3}\pi=\dfrac{\sqrt{3}}{2}$, $\sin\dfrac{4}{3}\pi=-\dfrac{\sqrt{3}}{2}$,

$\sin 2\pi=\sin 0$, $\sin\dfrac{8}{3}\pi=\sin\dfrac{2}{3}\pi$, $\sin\dfrac{10}{3}\pi=\sin\dfrac{4}{3}\pi$, $\cdots$

$\therefore A_3=\left\{-\dfrac{\sqrt{3}}{2},\ 0,\ \dfrac{\sqrt{3}}{2}\right\}$

(2) -1이 집합 A_k의 원소가 되려면 $\sin\dfrac{2(m-1)}{k}\pi=-1$인 자연수

m이 존재해야 한다.

$\sin\dfrac{2(m-1)}{k}\pi=-1$이려면 $\dfrac{2(m-1)}{k}\pi$의 값이

$\dfrac{3}{2}\pi$, $\dfrac{7}{2}\pi$, $\dfrac{11}{2}\pi$, $\cdots$와 같아야 한다.

즉, m의 값이 $\dfrac{3}{4}k+1$, $\dfrac{7}{4}k+1$, $\dfrac{11}{4}k+1$, $\cdots$일 때,

$\sin\dfrac{2(m-1)}{k}\pi=-1$이다.

이때 m이 자연수이므로 k는 4의 배수이어야 한다.

따라서 두 자리 자연수 k는 12, 16, 20, $\cdots$, 96으로

그 개수는 22이다.

436

답 5

함수 $y=k\sin\left(2x+\dfrac{\pi}{3}\right)+k^2-6$의 그래프에 대하여

(i) $k=0$일 때

$y=-6$이므로 함수의 그래프는 제1사분면을 지나지 않는다.

(ii) $k>0$일 때

함수 $y=k\sin\left(2x+\dfrac{\pi}{3}\right)+k^2-6$의 최댓값은 $k+(k^2-6)$이고,

함수의 그래프가 제1사분면을 지나지 않으려면 최댓값이 0보다

작거나 같아야 하므로

$k+(k^2-6)\leq 0$

$k^2+k-6\leq 0$, $(k+3)(k-2)\leq 0$

$\therefore -3\leq k\leq 2$

이때 $k>0$이므로 $0<k\leq 2$

(iii) $k<0$일 때

함수 $y=k\sin\left(2x+\dfrac{\pi}{3}\right)+k^2-6$의 최댓값은 $-k+(k^2-6)$이고,

함수의 그래프가 제1사분면을 지나지 않으려면 최댓값이 0보다 작거나 같아야 하므로

$-k+(k^2-6)\le 0$

$k^2-k-6\le 0,\ (k+2)(k-3)\le 0$

$\therefore\ -2\le k\le 3$

이때 $k<0$이므로 $-2\le k<0$

(i), (ii), (iii)에서 주어진 함수의 그래프가 제1사분면을 지나지 않도록 하는 k의 값의 범위는

$-2\le k\le 2$

이므로 모든 정수 k는 $-2,\ -1,\ 0,\ 1,\ 2$로 5개이다.

참고

함수 $y=k\sin\left(2x+\dfrac{\pi}{3}\right)+k^2-6$의 그래프는

함수 $y=k\sin\left(2x+\dfrac{\pi}{3}\right)$의 그래프를 y축의 방향으로 k^2-6만큼 평행이동한 것이다.

또한, 함수 $y=k\sin\left(2x+\dfrac{\pi}{3}\right)$의 그래프는

함수 $y=\sin\left(2x+\dfrac{\pi}{3}\right)$의 그래프에서 y의 값들을 k배한 그래프이다.

$y=\sin\left(2x+\dfrac{\pi}{3}\right)=\sin\left\{2\left(x+\dfrac{\pi}{6}\right)\right\}$이므로

이 함수의 그래프는 주기가 π인 함수 $y=\sin 2x$의 그래프를 x축의 방향으로 $-\dfrac{\pi}{6}$만큼 평행이동한 그래프이다.

437 ⋯⋯⋯⋯⋯⋯⋯⋯⋯⋯⋯⋯⋯⋯⋯ 답 40

함수 $f(x)=2\sin ax+b$의 그래프가

두 점 $A\left(-\dfrac{\pi}{2},\ 0\right)$, $B\left(\dfrac{7}{2}\pi,\ 0\right)$을 지나므로

$f\left(-\dfrac{\pi}{2}\right)=2\sin\left(-\dfrac{a}{2}\pi\right)+b$

$\qquad\qquad=-2\sin\dfrac{a}{2}\pi+b=0$ ⋯⋯ ㉠

$f\left(\dfrac{7}{2}\pi\right)=2\sin\dfrac{7a}{2}\pi+b=0$ ⋯⋯ ㉡

㉠$-$㉡을 하면 $\sin\dfrac{7a}{2}\pi=-\sin\dfrac{a}{2}\pi$

이때 실수 a에 대하여 $0<a<\dfrac{4}{7}$이므로

$0<\dfrac{a}{2}\pi<\dfrac{2}{7}\pi,\ 0<\dfrac{7a}{2}\pi<2\pi$

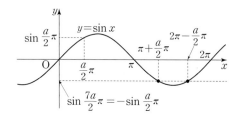

앞의 그림에서 $\dfrac{7a}{2}\pi=\pi+\dfrac{a}{2}\pi$ 또는 $\dfrac{7a}{2}\pi=2\pi-\dfrac{a}{2}\pi$이므로

$a=\dfrac{1}{3}$ 또는 $a=\dfrac{1}{2}$

(i) $a=\dfrac{1}{3}$일 때

$f(x)=2\sin\dfrac{1}{3}x+b$에서

$f\left(-\dfrac{\pi}{2}\right)=2\sin\left(-\dfrac{\pi}{6}\right)+b$

$\qquad\qquad=-2\sin\dfrac{\pi}{6}+b$

$\qquad\qquad=-1+b=0$

$\therefore\ b=1$

이때

$f\left(\dfrac{7}{2}\pi\right)=2\sin\dfrac{7}{6}\pi+1$

$\qquad\qquad=2\sin\left(\pi+\dfrac{\pi}{6}\right)+1$

$\qquad\qquad=-2\sin\dfrac{\pi}{6}+1$

$\qquad\qquad=-2\times\dfrac{1}{2}+1=0$

이므로 조건을 만족시킨다.

(ii) $a=\dfrac{1}{2}$일 때

$f(x)=2\sin\dfrac{1}{2}x+b$에서

$f\left(-\dfrac{\pi}{2}\right)=2\sin\left(-\dfrac{\pi}{4}\right)+b$

$\qquad\qquad=-2\sin\dfrac{\pi}{4}+b$

$\qquad\qquad=-\sqrt{2}+b=0$

$\therefore\ b=\sqrt{2}$

그런데 b가 유리수라는 조건을 만족시키지 않는다.

(i), (ii)에서 $a=\dfrac{1}{3}$, $b=1$이므로

$30(a+b)=30\times\left(\dfrac{1}{3}+1\right)=40$

438 ⋯⋯⋯⋯⋯⋯⋯⋯⋯⋯⋯⋯⋯⋯⋯ 답 ②

x에 대한 방정식 $\left(\sin\dfrac{\pi x}{2}-t\right)\left(\cos\dfrac{\pi x}{2}-t\right)=0$에서

$\sin\dfrac{\pi x}{2}=t$ 또는 $\cos\dfrac{\pi x}{2}=t$

즉, 이 방정식의 실근은 두 곡선 $y=\sin\dfrac{\pi x}{2}$, $y=\cos\dfrac{\pi x}{2}$와 직선 $y=t$가 만나는 점의 x좌표이다.

ㄱ. 두 함수 $y=\sin\dfrac{\pi x}{2}$, $y=\cos\dfrac{\pi x}{2}$는 모두 주기가 4인 함수이고,

곡선 $y=\sin\dfrac{\pi x}{2}$는 곡선 $y=\cos\dfrac{\pi x}{2}$를 x축의 방향으로 1만큼 평행이동한 것이므로

그림과 같이 $-1\le t<0$일 때 $\alpha(t)$와 $\beta(t)$는 직선 $x=\dfrac{5}{2}$에 대하여 대칭이다.

따라서 $-1 \le t < 0$인 모든 실수 t에 대하여
$\alpha(t) + \beta(t) = 5$이다. (참)

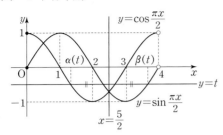

ㄴ. $0 \le t \le \dfrac{\sqrt{2}}{2}$일 때

$\alpha(t)$는 곡선 $y = \sin\dfrac{\pi x}{2}$와 직선 $y = t$가 만나는 두 교점의 x좌표 중 작은 값과 같고,

$\beta(t)$는 곡선 $y = \cos\dfrac{\pi x}{2}$와 직선 $y = t$가 만나는 두 교점의 x좌표 중 큰 값과 같다.

이때 $\beta(0) - \alpha(0) = 3 - 0 = 3$이고,

곡선 $y = \sin\dfrac{\pi x}{2}$를 x축의 방향으로 3만큼 평행이동시키면

곡선 $y = \cos\dfrac{\pi x}{2}$와 일치한다.

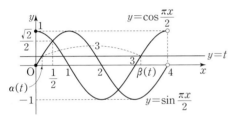

$\therefore \{t \,|\, \beta(t) - \alpha(t) = \beta(0) - \alpha(0)\} = \left\{ t \,\middle|\, 0 \le t \le \dfrac{\sqrt{2}}{2} \right\}$ (참)

ㄷ. $\alpha(t_1) = \alpha(t_2)$이고 $t_2 - t_1 = \dfrac{1}{2}$을 만족시키는 t_1, t_2의 위치는 다음 그림과 같다.

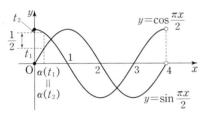

즉, $\alpha(t_1) = \alpha(t_2) = k \left(0 < k < \dfrac{1}{2} \right)$라 하면

$t_2 = \cos\dfrac{\pi k}{2}$, $t_1 = \sin\dfrac{\pi k}{2}$이므로

$\cos\dfrac{\pi k}{2} - \sin\dfrac{\pi k}{2} = \dfrac{1}{2}$이다.

이때 양변을 제곱하면

$\cos^2\dfrac{\pi k}{2} + \sin^2\dfrac{\pi k}{2} - 2\cos\dfrac{\pi k}{2}\sin\dfrac{\pi k}{2} = \dfrac{1}{4}$

$1 - 2t_1 t_2 = \dfrac{1}{4}$

$\therefore t_1 t_2 = \dfrac{3}{8}$ (거짓)

따라서 옳은 것은 ㄱ, ㄴ이다.

$\pi < a < 2\pi$라 하면 함수 $y = \sin x - \dfrac{1}{2}$의 그래프에서

$\pi < x < a$일 때 $\sin x - \dfrac{1}{2} < -\dfrac{1}{2}$이므로

$\left| \sin x - \dfrac{1}{2} \right| > \dfrac{1}{2}$이다.

따라서 조건 ㈎를 만족시키지 않으므로
$0 < a \le \pi$이다. $\cdots\cdots$ ㉠

(i) $k > 0$인 경우

$a < x < 2\pi$에서 함수 $y = k\sin x - \dfrac{1}{2}$은 $x = \dfrac{3}{2}\pi$일 때

최솟값 $k\sin\dfrac{3}{2}\pi - \dfrac{1}{2} = -k - \dfrac{1}{2}$을 갖는다.

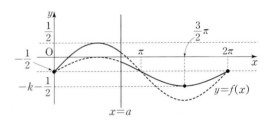

따라서 함수 $|f(x)|$의 최댓값은 $k + \dfrac{1}{2}$이고,

$k + \dfrac{1}{2} > \dfrac{1}{2}$이므로 조건 ㈎를 만족시키지 않는다.

(ii) $k = 0$인 경우

함수 $f(x) = \begin{cases} \sin x - \dfrac{1}{2} & (0 \le x < a) \\ -\dfrac{1}{2} & (a \le x \le 2\pi) \end{cases}$이고,

방정식 $f(x) = 0$의 실근의 개수는 2 이하이므로 조건 ㈏를 만족시키지 않는다.

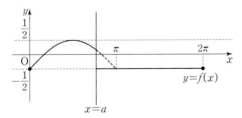

(iii) $k < 0$인 경우

$0 < a < \pi$이면 $\sin a > 0$이므로

$f(x) = k\sin a - \dfrac{1}{2} < -\dfrac{1}{2}$이다.

따라서 $|f(a)| > \dfrac{1}{2}$이고 조건 ㈎를 만족시키지 않으므로

㉠에 의하여 $a = \pi$이다.

조건 ㈏에서 방정식 $f(x) = 0$의 서로 다른 실근의 개수가 3이므로

$f\left(\dfrac{3}{2}\pi\right)=0$이다.

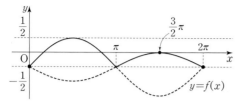

즉, $k\times(-1)-\dfrac{1}{2}=0$이므로 $k=-\dfrac{1}{2}$이다.

(i), (ii), (iii)에 의하여 구하는 함수 $f(x)$는

$$f(x)=\begin{cases}\sin x-\dfrac{1}{2} & (0\le x<\pi)\\[2mm]-\dfrac{1}{2}\sin x-\dfrac{1}{2} & (\pi\le x\le 2\pi)\end{cases}$$

함수 $y=|f(x)|$의 그래프와 직선 $y=\dfrac{1}{4}$이 만나는 점의 x좌표를 작은 수부터 크기순으로 α_1, α_2, α_3, α_4, α_5, α_6이라 하자.

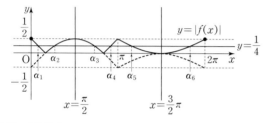

이때 위의 그림에서

$\dfrac{\alpha_1+\alpha_4}{2}=\dfrac{\pi}{2}$, $\dfrac{\alpha_2+\alpha_3}{2}=\dfrac{\pi}{2}$, $\dfrac{\alpha_5+\alpha_6}{2}=\dfrac{3}{2}\pi$이므로

$S=\alpha_1+\alpha_2+\alpha_3+\alpha_4+\alpha_5+\alpha_6$

$\quad=\pi+\pi+3\pi=5\pi$

$\therefore 20\left(\dfrac{a+S}{\pi}+k\right)=20\left(\dfrac{\pi+5\pi}{\pi}-\dfrac{1}{2}\right)$

$\qquad\qquad\qquad\qquad =20\times\dfrac{11}{2}=110$

---

440   답 ②

함수 $f(x)=\sin kx+2$의 그래프는 주기가 $\dfrac{2\pi}{k}$인 함수 $y=\sin kx$의 그래프를 y축의 방향으로 2만큼 평행이동한 것이고,

함수 $g(x)=3\cos 12x$는 주기가 $\dfrac{2\pi}{12}=\dfrac{\pi}{6}$이므로

다음 그림과 같이 곡선 $y=f(x)$, $y=g(x)$는 각각

직선 $x=\dfrac{(2m-1)\pi}{2k}$와 직선 $x=\dfrac{n\pi}{12}$에 대하여 대칭이다.

(단, m과 n은 모든 정수)

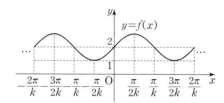

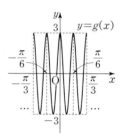

이때 두 곡선 $y=f(x)$, $y=g(x)$의 교점의 y좌표 a에 대하여
$\{x\,|\,f(x)=a\}\subset\{x\,|\,g(x)=a\}$를 만족시키려면
곡선 $y=f(x)$와 직선 $y=a$의 모든 교점은 곡선 $y=g(x)$ 위의 점이어야 한다.

즉, 함수 $y=f(x)$의 그래프의 모든 대칭축이 함수 $y=g(x)$의 그래프의 대칭축이어야 하므로

$\left\{\left.\dfrac{(2m-1)\pi}{2k}\,\right|\,m\text{은 모든 정수}\right\}\subset\left\{\left.\dfrac{n\pi}{12}\,\right|\,n\text{은 모든 정수}\right\}$이다.

따라서 주어진 조건을 만족시키는 자연수 k는

6의 약수 1, 2, 3, 6으로 4개이다.

02 삼각함수의 활용

441 ▶ 답 ④

삼각형 ABC의 외접원의 반지름의 길이를 R라 하면

사인법칙에 의하여 $\dfrac{12}{\sin 60°}=2R$

$\therefore R=4\sqrt{3}$

442 ▶ 답 $c=2\sqrt{6}, R=2\sqrt{2}$

$A+B+C=180°$이므로

$A=75°$, $B=45°$에서 $C=60°$이다.

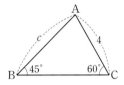

삼각형 ABC에서 사인법칙에 의하여

$\dfrac{4}{\sin 45°}=\dfrac{c}{\sin 60°}=2R$

$\therefore c=2\sqrt{6},\ R=2\sqrt{2}$

다른 풀이

c의 값은 다음과 같이 삼각비를 이용하여 구할 수 있다.

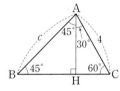

점 A에서 선분 BC에 내린 수선의 발을 H라 하면

직각삼각형 AHC에서 $\overline{\rm AH}=4\cos 30°=2\sqrt{3}$

직각삼각형 AHB에서 $c=\dfrac{\overline{\rm AH}}{\cos 45°}=2\sqrt{6}$

443 ▶ 답 $B=60°, C=90°$ 또는 $B=120°, C=30°$

삼각형 ABC에서 사인법칙에 의하여

$\dfrac{2}{\sin 30°}=\dfrac{2\sqrt{3}}{\sin B}$ 이므로 $\sin B=\dfrac{\sqrt{3}}{2}$

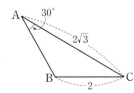

이때 $0°<B<180°$이므로

$B=60°$ 또는 $B=120°$이다.

$A+B+C=180°$이므로

$B=60°$일 때, $C=90°$이고

$B=120°$일 때, $C=30°$이다.

444 ▶ 답 20

삼각형 ABC의 외접원의 반지름의 길이가 2이므로

사인법칙에 의하여

$\dfrac{a}{\sin 60°}=2\times 2$, $a=2\sqrt{3}$

$\dfrac{b}{\sin 45°}=2\times 2$, $b=2\sqrt{2}$

$\therefore a^2+b^2=20$

445 ▶ 답 ③

삼각형 ABC의 세 내각의 크기의 합은 π이므로

$\sin(B+C)=\sin(\pi-A)=\sin A$이다.

따라서 조건 ㈎에 의하여 $9\sin^2 A=4$이므로

$\sin A=\dfrac{2}{3}$ ($\because 0<A<\pi$에서 $\sin A>0$)

삼각형 ABC에서 사인법칙에 의하여

$\dfrac{\overline{\rm BC}}{\sin A}=12$ ($\because$ 조건 ㈏)

$\therefore \overline{\rm BC}=12\sin A=12\times\dfrac{2}{3}=8$

446 ▶ 답 2

삼각형 ABC의 외접원의 반지름의 길이를 R라 하면

$R=3$, $a+b+c=12$이고, 사인법칙에 의하여

$\dfrac{a}{\sin A}=\dfrac{b}{\sin B}=\dfrac{c}{\sin C}=2R$이므로

$\sin A+\sin B+\sin C=\dfrac{a}{2R}+\dfrac{b}{2R}+\dfrac{c}{2R}$

$=\dfrac{a+b+c}{2\times 3}=\dfrac{12}{6}=2$

447 ▶ 답 ⑤

삼각형 ABC의 외접원의 반지름의 길이를 R라 하면

사인법칙에 의하여

$\sin A=\dfrac{a}{2R}$, $\sin C=\dfrac{c}{2R}$이므로

$a\sin A=c\sin C$에 대입하면

$a\times\dfrac{a}{2R}=c\times\dfrac{c}{2R}$

$a^2=c^2$에서 $a=c$ ($\because a>0,\ c>0$)

따라서 삼각형 ABC는 $a=c$인 이등변삼각형이다.

448 ▶ 답 ⑤

삼각형 ABC에서 코사인법칙에 의하여

$b^2=c^2+a^2-2ca\cos B$

$=2^2+3^2-2\times 2\times 3\times\cos 60°=7$

$\therefore b=\sqrt{7}$ ($\because b>0$)

449

答 ③

삼각형 ABC에서 코사인법칙에 의하여

$$\cos A = \frac{b^2+c^2-a^2}{2bc}$$

$$= \frac{3^2+8^2-7^2}{2\times 3\times 8} = \frac{1}{2}$$

$\therefore A = 60° \ (\because 0° < A < 180°)$

450

答 ⑤

$\overline{BC} = x$라 하면

삼각형 ABC에서 코사인법칙에 의하여

$(\sqrt{21})^2 = x^2 + 4^2 - 2\times x\times 4\times \cos 60°$

$x^2 - 4x - 5 = 0, \ (x+1)(x-5) = 0$

$x > 0$이므로 $x = 5$

$\therefore \overline{BC} = 5$

451

答 ①

$\overline{AB} = 3, \overline{AD} = 4, \overline{BF} = 6$이므로

$\overline{BD} = \sqrt{3^2+4^2} = 5$

$\overline{BG} = \sqrt{4^2+6^2} = 2\sqrt{13}$

$\overline{GD} = \sqrt{3^2+6^2} = 3\sqrt{5}$

따라서 삼각형 BDG에서 코사인법칙에 의하여

$$\cos\theta = \frac{\overline{BD}^2 + \overline{GD}^2 - \overline{BG}^2}{2\times\overline{BD}\times\overline{GD}}$$

$$= \frac{5^2 + (3\sqrt{5})^2 - (2\sqrt{13})^2}{2\times 5\times 3\sqrt{5}}$$

$$= \frac{3\sqrt{5}}{25}$$

452

答 ①

삼각형 ABC에서 사인법칙에 의하여

$\sin A : \sin B : \sin C = a : b : c$이므로

$a = 7k, b = 6k, c = 5k \ (k>0)$로 놓을 수 있다.

삼각형 ABC에서 코사인법칙에 의하여

$$\cos A = \frac{b^2+c^2-a^2}{2bc}$$

$$= \frac{36k^2+25k^2-49k^2}{2\times 6k\times 5k} = \frac{1}{5}$$

453

答 $3\sqrt{2}+3\sqrt{6}$

$A+B+C = 180°$이므로 $B = 30°$이다.

이때 삼각형 ABC에서 사인법칙에 의하여

$$\frac{c}{\sin 45°} = \frac{6}{\sin 30°} \qquad \therefore c = 6\sqrt{2} \qquad \cdots\cdots \text{TIP}$$

코사인법칙에 의하여

$(6\sqrt{2})^2 = a^2 + 6^2 - 2\times a\times 6\times \cos 45°$

$a^2 - 6\sqrt{2}a - 36 = 0$

$\therefore a = 3\sqrt{2}+3\sqrt{6} \ (\because a>0)$

> **TIP**
>
> $A = 105°$, $C = 45°$이므로 $B = 30°$이고, $b = 6$이므로 사인법칙에 의하여
>
> $$\frac{6}{\sin 30°} = \frac{a}{\sin 105°}$$
>
> 이때 $a = 12\sin 105°$이지만 $\sin 105°$의 값을 구하지 못하므로 본 풀이와 같이 c의 값을 구한 후 a의 값을 구한다.

다른 풀이

a의 값은 다음과 같이 삼각비를 이용하여 구할 수도 있다.

점 A에서 선분 BC에 내린 수선의 발을 H라 하면

직각삼각형 AHC에서

$\overline{AH} = 6\cos 45° = 3\sqrt{2}$,

$\overline{CH} = 6\sin 45° = 3\sqrt{2}$

따라서 직각삼각형 AHB에서

$\overline{BH} = \overline{AH}\tan 60° = 3\sqrt{6}$

$\therefore a = \overline{BH} + \overline{CH} = 3\sqrt{2}+3\sqrt{6}$

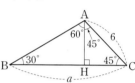

454

答 ⑤

$\overline{BC} = a$라 하면 삼각형 ABC에서 코사인법칙에 의하여

$a^2 = 5^2 + 7^2 - 2\times 5\times 7\times \frac{4}{5} = 18$이므로

$a = 3\sqrt{2} \ (\because a>0) \qquad \cdots\cdots \ \bigcirc$

$0° < A < 180°$이므로 $\cos A = \frac{4}{5}$에서

$\sin A = \sqrt{1-\cos^2 A} = \frac{3}{5} \qquad \cdots\cdots \ \bigcirc$

이때 삼각형 ABC에서 사인법칙에 의하여

$\frac{a}{\sin A} = 2R$이므로 $\bigcirc$, $\bigcirc$을 대입하면

$$\frac{3\sqrt{2}}{\frac{3}{5}} = 2R$$

$\therefore R = \frac{5\sqrt{2}}{2}$

455

答 $\frac{21\sqrt{5}}{10}$

삼각형 ABC에서 코사인법칙에 의하여

$$\cos A = \frac{7^2+4^2-9^2}{2\times 7\times 4} = -\frac{2}{7}$$

$0° < A < 180°$이므로

$$\sin A = \sqrt{1-\cos^2 A} = \frac{3\sqrt{5}}{7}$$

삼각형 ABC의 외접원의 반지름의 길이를 R라 하면

사인법칙에 의하여

$\dfrac{\overline{BC}}{\sin A}=2R$, $\dfrac{9}{\dfrac{3\sqrt{5}}{7}}=2R$

$\therefore R=\dfrac{21\sqrt{5}}{10}$

456 ━━━━━━━━━━━━━━━━━ 답 ④

삼각형 ABC에서 코사인법칙에 의하여

$\overline{AC}^2=(2\sqrt{3})^2+5^2-2\times2\sqrt{3}\times5\times\cos30°=7$

$\therefore \overline{AC}=\sqrt{7}\ (\because \overline{AC}>0)$

이 연못의 반지름의 길이를 $R(\text{m})$라 하면
사인법칙에 의하여

$\dfrac{\overline{AC}}{\sin30°}=2R$, $R=\dfrac{\sqrt{7}}{2\times\dfrac{1}{2}}=\sqrt{7}$

따라서 구하는 연못의 넓이는 $\pi R^2=7\pi\,(\text{m}^2)$

457 ━━━━━━━━━━━━━━━━━ 답 ②

삼각형 ABC의 외접원의 반지름의 길이를 R라 하면

사인법칙에 의하여 $\sin A=\dfrac{a}{2R}$, $\sin C=\dfrac{c}{2R}$

코사인법칙에 의하여 $\cos B=\dfrac{c^2+a^2-b^2}{2ca}$이므로

$\sin A=2\cos B\sin C$에 대입하면

$\dfrac{a}{2R}=2\times\dfrac{c^2+a^2-b^2}{2ca}\times\dfrac{c}{2R}$

$b^2-c^2=0$, $(b+c)(b-c)=0$

$b>0$, $c>0$이므로 $b=c$

따라서 삼각형 ABC는 $b=c$인 이등변삼각형이다.

458 ━━━━━━━━━━━━━━━━━ 답 ①

삼각형 ABC에서 코사인법칙에 의하여

$\cos A=\dfrac{b^2+c^2-a^2}{2bc}$, $\cos C=\dfrac{a^2+b^2-c^2}{2ab}$이므로

$a\cos C-c\cos A=b$에 대입하면

$a\times\dfrac{a^2+b^2-c^2}{2ab}-c\times\dfrac{b^2+c^2-a^2}{2bc}=b$

$a^2+b^2-c^2-(b^2+c^2-a^2)=2b^2$

$2a^2-2c^2=2b^2$, $a^2=b^2+c^2$

따라서 삼각형 ABC는 $A=90°$인 직각삼각형이다.

459 ━━━━━━━━━━━━━━━━━ 답 ③

구하는 삼각형 ABC의 넓이는

$\dfrac{1}{2}\times10\times8\times\sin60°=20\sqrt{3}$

460 ━━━━━━━━━━━━━━━━━ 답 ②

삼각형 ABC의 세 내각의 크기의 합은 π이므로

$\cos(A+C)=\cos(\pi-B)=-\cos B=\dfrac{2}{5}$

$\cos B=-\dfrac{2}{5}$

$\therefore \sin B=\sqrt{1-\cos^2 B}=\sqrt{1-\left(-\dfrac{2}{5}\right)^2}=\dfrac{\sqrt{21}}{5}$

따라서 삼각형 ABC의 넓이는

$\dfrac{1}{2}\times\overline{AB}\times\overline{BC}\times\sin B=\dfrac{1}{2}\times4\times5\times\dfrac{\sqrt{21}}{5}=2\sqrt{21}$

461 ━━━━━━━━━━━━━━━━━ 답 ④

삼각형 ABC의 넓이가 $9\sqrt{2}$이므로

$\dfrac{1}{2}\times3\sqrt{2}\times12\times\sin A=9\sqrt{2}$

$\sin A=\dfrac{1}{2}$ ┈┈┈┈ **TIP**

$\therefore A=\dfrac{5}{6}\pi\ \left(\because \dfrac{\pi}{2}<A<\pi\right)$

TIP

넓이가 $9\sqrt{2}\ \text{cm}^2$이고 $\overline{AB}=3\sqrt{2}\ \text{cm}$, $\overline{AC}=12\ \text{cm}$인
삼각형 ABC는 다음과 같이 두 가지가 있다.

❶ $0<A<\dfrac{\pi}{2}$인 경우

$\sin A=\dfrac{1}{2}$에서 $A=\dfrac{\pi}{6}$

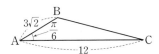

❷ $\dfrac{\pi}{2}<A<\pi$인 경우

$\sin A=\dfrac{1}{2}$에서 $A=\dfrac{5}{6}\pi$

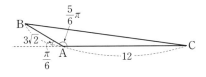

462 ━━━━━━━━━━━━━━━━━ 답 ②

부채꼴 AOB의 반지름의 길이는 12이고, 중심각의 크기는

$30°=\dfrac{\pi}{6}$이므로 부채꼴 AOB의 넓이는

$\dfrac{1}{2}\times12^2\times\dfrac{\pi}{6}=12\pi$

삼각형 BOC의 넓이는

$\dfrac{1}{2}\times\overline{OB}\times\overline{OC}\times\sin\dfrac{\pi}{6}=\dfrac{1}{2}\times12\times4\times\dfrac{1}{2}=12$

$\therefore$ (색칠한 부분의 넓이)
  $=$(부채꼴 AOB의 넓이)$-$(삼각형 BOC의 넓이)
  $=12\pi-12$

463
··········· 〈답〉 풀이 참조

(1) 삼각형 ABC에서 코사인법칙에 의하여
$$\cos A = \frac{5^2 + 4^2 - 6^2}{2 \times 5 \times 4} = \frac{1}{8}$$

(2) $0° < A < 180°$이고, $\cos A = \frac{1}{8}$이므로
$$\sin A = \sqrt{1 - \cos^2 A} = \sqrt{1 - \left(\frac{1}{8}\right)^2} = \frac{3\sqrt{7}}{8}$$

(3) $\overline{AB} = 5$, $\overline{CA} = 4$, $\sin A = \frac{3\sqrt{7}}{8}$이므로 삼각형 ABC의 넓이는
$$\frac{1}{2} \times \overline{AB} \times \overline{AC} \times \sin A = \frac{1}{2} \times 5 \times 4 \times \frac{3\sqrt{7}}{8} = \frac{15\sqrt{7}}{4}$$

채점 요소	배점
$\cos A$의 값 구하기	40%
$\sin A$의 값 구하기	30%
삼각형 ABC의 넓이 구하기	30%

참고

세 변의 길이가 a, b, c인 삼각형의 넓이 S는 다음과 같다.
$$S = \sqrt{s(s-a)(s-b)(s-c)} \left(단, \ s = \frac{a+b+c}{2}\right)$$
이 공식을 이용하여 문제에서 삼각형 ABC의 넓이를
다음과 같이 구할 수 있다.
삼각형 ABC의 세 변의 길이는 4, 5, 6이므로
$$s = \frac{4+5+6}{2} = \frac{15}{2}이다.$$
$$\therefore S = \sqrt{\frac{15}{2}\left(\frac{15}{2}-4\right)\left(\frac{15}{2}-5\right)\left(\frac{15}{2}-6\right)} = \frac{15\sqrt{7}}{4}$$
하지만 학교 시험에서 본풀이와 같이 코사인법칙을 이용하여
삼각형의 넓이를 구하는 서술형 문항이 종종 출제되므로
위의 공식(헤론의 공식)을 이용하는 것보다 코사인법칙을
이용하여 풀이하는 연습을 하자.

464
··········· 〈답〉 $30\sqrt{3}$

$B = 180° - A = 180° - 120° = 60°$이다.

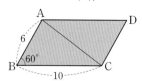

두 삼각형 ABC와 CDA는 서로 합동이므로
$$(평행사변형 \ ABCD의 \ 넓이) = 2 \times (삼각형 \ ABC의 \ 넓이)$$
$$= 2 \times \left(\frac{1}{2} \times \overline{AB} \times \overline{BC} \times \sin 60°\right)$$
$$= 2 \times \left(\frac{1}{2} \times 6 \times 10 \times \frac{\sqrt{3}}{2}\right)$$
$$= 30\sqrt{3}$$

다른 풀이

$\overline{AD} = \overline{BC} = 10$이다.

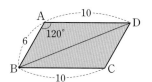

두 삼각형 ABD와 CDB가 서로 합동이므로
$$(평행사변형 \ ABCD의 \ 넓이) = 2 \times (삼각형 \ ABD의 \ 넓이)$$
$$= 2 \times \left(\frac{1}{2} \times \overline{AB} \times \overline{AD} \times \sin 120°\right)$$
$$= 2 \times \left(\frac{1}{2} \times 6 \times 10 \times \frac{\sqrt{3}}{2}\right) = 30\sqrt{3}$$

465
··········· 〈답〉 ②

$0° < \theta < 180°$이므로
$$\sin\theta = \sqrt{1 - \cos^2\theta} = \sqrt{1 - \left(\frac{4}{5}\right)^2} = \frac{3}{5}$$
사각형 ABCD의 넓이는
$$\frac{1}{2} \times \overline{AC} \times \overline{BD} \times \sin\theta = \frac{1}{2} \times 5 \times 6 \times \frac{3}{5} = 9$$

466
··········· 〈답〉 ②

두 원 C_1, C_2의 반지름의 길이를 각각 R_1, R_2라 하자.
원 C_1에 내접하는 삼각형에서 사인법칙에 의하여
$$\frac{6}{\sin 60°} = 2R_1, \ R_1 = 2\sqrt{3}$$
원 C_2에 내접하는 삼각형에서 사인법칙에 의하여
$$\frac{6}{\sin 45°} = 2R_2, \ R_2 = 3\sqrt{2}$$
따라서 두 원의 넓이의 합은
$$\pi(R_1)^2 + \pi(R_2)^2 = (2\sqrt{3})^2\pi + (3\sqrt{2})^2\pi = 30\pi$$

467
··········· 〈답〉 ④

$\overline{AD} = \overline{BD} = \overline{CD}$이므로 세 점 A, B, C는 점 D를 중심으로 하는
한 원 위의 점이다.
따라서 삼각형 ABC의 외접원의 반지름이 $\overline{BD}$이고,
$\angle ABC = 180° - (20° + 40°) = 120°$이므로
삼각형 ABC에서 사인법칙에 의하여
$$\frac{\overline{AC}}{\sin(\angle ABC)} = 2\overline{BD}$$
$$\therefore \overline{BD} = \frac{8}{2\sin 120°} = \frac{8}{2 \times \frac{\sqrt{3}}{2}} = \frac{8\sqrt{3}}{3}$$

468
··········· 〈답〉 ②

$A + B + C = \pi$이므로
$\sin^2(A+B) = \sin^2(B+C) + \sin^2(A+C)$에서
$\sin^2(\pi - C) = \sin^2(\pi - A) + \sin^2(\pi - B)$
$\sin^2 C = \sin^2 A + \sin^2 B$ ······ ㉠

이때 삼각형 ABC의 외접원의 반지름의 길이를 R라 하면
사인법칙에 의하여

$\sin A = \dfrac{a}{2R}$, $\sin B = \dfrac{b}{2R}$, $\sin C = \dfrac{c}{2R}$ 이므로

㉠에 대입하면

$\left(\dfrac{c}{2R}\right)^2 = \left(\dfrac{a}{2R}\right)^2 + \left(\dfrac{b}{2R}\right)^2$

$\therefore c^2 = a^2 + b^2$

따라서 삼각형 ABC는 $C = \dfrac{\pi}{2}$ 인 직각삼각형이다.

469 　　　　　　　　　　　　　　　　　　　 답 ④

조건 ㈎에서

$(1 - \sin^2 A) - (1 - \sin^2 B) + (1 - \sin^2 C) = 1$

$\sin^2 B = \sin^2 A + \sin^2 C$ 　　　　 …… ㉠

삼각형 ABC의 외접원의 반지름의 길이를 R라 하면
사인법칙에 의하여

$\sin A = \dfrac{a}{2R}$, $\sin B = \dfrac{b}{2R}$, $\sin C = \dfrac{c}{2R}$ 이므로

㉠에 대입하면

$\left(\dfrac{b}{2R}\right)^2 = \left(\dfrac{a}{2R}\right)^2 + \left(\dfrac{c}{2R}\right)^2$

$\therefore b^2 = a^2 + c^2$ 　　　　 …… ㉡

따라서 삼각형 ABC는 $B = \dfrac{\pi}{2}$ 인 직각삼각형이다.

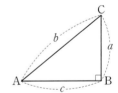

조건 ㈏에서

$\tan(\pi - A) = -\tan A = -\dfrac{a}{c}$

$\tan\left(\dfrac{\pi}{4} - B\right) = \tan\left(\dfrac{\pi}{4} - \dfrac{\pi}{2}\right) = -\tan\dfrac{\pi}{4} = -1$

$\tan(\pi + C) = \tan C = \dfrac{c}{a}$

이므로

$-\dfrac{3a}{c} + 1 + \dfrac{c}{a} = 3$

양변에 ac를 곱하여 정리하면

$3a^2 + 2ac - c^2 = 0$

$(a + c)(3a - c) = 0$

$\therefore c = 3a$ $(\because a > 0, \ c > 0)$ 　　 …… ㉢

이때 삼각형 ABC의 넓이가

$\dfrac{1}{2}ac = \dfrac{3}{2}a^2 = 30$ 이므로 $a^2 = 20$

$\therefore a = 2\sqrt{5}$, $c = 6\sqrt{5}$, $b = 10\sqrt{2}$ $(\because ㉡, ㉢)$

직각삼각형 ABC에서 선분 AC가 외접원의 지름이므로

외접원의 반지름의 길이는 $\dfrac{b}{2} = 5\sqrt{2}$ 이고,

넓이는 $(5\sqrt{2})^2 \pi = 50\pi$ 이다.

470 　　　　　　　　　　　　　　　　　　　 답 ③

삼각형 ABC에서 사인법칙에 의하여

$\dfrac{6}{\sin 30°} = \dfrac{\overline{AC}}{\sin B}$, $\overline{AC} = 12\sin B$

이때 $0° < B < 150°$ 이므로 $0 < \sin B \leq 1$

따라서 $0 < \overline{AC} \leq 12$ 이므로

$\sin B = 1$, 즉 $B = 90°$ 일 때 선분 AC의 길이의 최댓값은 12이다.

> **참고**
>
> 삼각형 ABC의 외접원의 반지름의 길이를 R라 하면
>
> 사인법칙에 의하여 $\dfrac{6}{\sin 30°} = 2R$, $R = 6$
>
> 따라서 선분 AC가 삼각형 ABC의 외접원의 지름일 때
> 최댓값 12를 갖는다.
>
>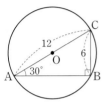

471 　　　　　　　　　　　　　　　　　　　 답 ⑤

$\angle AQP = \angle ARP = 90°$ 이므로

네 점 A, Q, P, R는 한 원 위의 점이다.

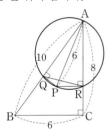

선분 AP는 삼각형 AQR의 외접원의 지름이므로
삼각형 AQR에서 사인법칙에 의하여

$\dfrac{\overline{QR}}{\sin A} = \overline{AP} = 6$, $\overline{QR} = 6\sin A$ 　　 …… ㉠

이때 삼각형 ABC는 $C = 90°$ 인 직각삼각형이므로

$\sin A = \dfrac{6}{10} = \dfrac{3}{5}$

이를 ㉠에 대입하면

$\overline{QR} = 6 \times \dfrac{3}{5} = \dfrac{18}{5}$

472 　　　　　　　　　　　　　　　　　　　 답 ②

삼각형 PAB에서 $\angle PAB = 75°$, $\angle PBA = 45°$ 이므로
$\angle APB = 60°$ 이다.

이때 $\overline{AB} = 30$ 이므로

삼각형 PAB에서 사인법칙에 의하여

$\dfrac{\overline{AP}}{\sin 45°} = \dfrac{30}{\sin 60°}$, $\overline{AP} = 10\sqrt{6}$

직각삼각형 APQ에서 $\angle PAQ = 30°$이므로
$\overline{PQ} = 10\sqrt{6} \times \tan 30° = 10\sqrt{2}$ (m)

473　　　　　　　　　　　　　　　　　　　답 ⑤

$\angle ACB = 52° - 22° = 30°$이므로
삼각형 ABC에서 사인법칙에 의하여
$\dfrac{\overline{BC}}{\sin 22°} = \dfrac{200}{\sin 30°}$, $\overline{BC} = 400 \sin 22°$

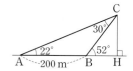

점 C에서 직선 AB에 내린 수선의 발을 H라 하면
구하는 강폭의 길이는
$\overline{CH} = \overline{BC} \times \sin 52° = 400 \sin 22° \sin 52°$
$= 400 \times 0.37 \times 0.78 = 115.44$ (m)

474　　　　　　　　　답 (1) $3\sqrt{2}$ km　(2) $3\sqrt{6}$ km

삼각형 BCD에서 $\angle BCD = 105°$, $\angle DBC = 30°$이므로
$\angle BDC = 45°$이다.
이때 $\angle BAC = 45°$이므로 네 점 A, B, C, D는 한 원 위에 있다.

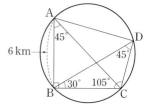

$\angle ABC = 90°$이므로 선분 AC는 이 원의 지름이고
$\angle BCA = \angle BAC = 45°$, $\overline{AB} = 6$이므로 $\overline{AC} = 6\sqrt{2}$이다.
즉, 원의 반지름의 길이를 R라 하면 $R = 3\sqrt{2}$이다.
(1) 삼각형 BCD에서 $\angle DBC = 30°$이므로 사인법칙에 의하여
$\dfrac{\overline{CD}}{\sin 30°} = 2 \times 3\sqrt{2}$
$\therefore \overline{CD} = 3\sqrt{2}$ (km)
(2) $\angle DAC = \angle DBC = 30°$이고,
삼각형 ADC는 $\angle ADC = 90°$인 직각삼각형이므로
$\overline{AD} = \overline{AC} \cos 30° = 6\sqrt{2} \times \dfrac{\sqrt{3}}{2} = 3\sqrt{6}$ (km)

475　　　　　　　　　　　　　　　　　　　답 ③

$\dfrac{\sin A}{3} = \dfrac{\sin B}{7} = \dfrac{\sin C}{5}$에서
$\sin A : \sin B : \sin C = 3 : 7 : 5$이다.
이때 사인법칙에 의하여
$\sin A : \sin B : \sin C = a : b : c$이므로
$a = 3k$, $b = 7k$, $c = 5k$ $(k > 0)$로 놓을 수 있다.
가장 큰 각은 B이므로 ......**TIP**
코사인법칙에 의하여

$\cos B = \dfrac{a^2 + c^2 - b^2}{2ac} = \dfrac{9k^2 + 25k^2 - 49k^2}{2 \times 3k \times 5k} = -\dfrac{1}{2}$

$\therefore B = \dfrac{2}{3}\pi \ (\because 0 < B < \pi)$

TIP

삼각형의 세 내각에 대하여 마주보는 변의
길이가 클수록 각의 크기가 크다.

476　　　　　　　　　　　　　　　　　　　답 ⑤

세 꼭짓점 A, B, C에서 각각 마주보는 변 또는 그 연장선에 내린 수
선의 길이를 $2k$, $3k$, $4k$ $(k > 0)$라 하면 삼각형 ABC의 넓이는
$\dfrac{1}{2} \times a \times 2k = \dfrac{1}{2} \times b \times 3k = \dfrac{1}{2} \times c \times 4k$에서

$2a = 3b = 4c$, $\dfrac{a}{6} = \dfrac{b}{4} = \dfrac{c}{3}$이므로 $a : b : c = 6 : 4 : 3$이다.

따라서 $a = 6m$, $b = 4m$, $c = 3m$ $(m > 0)$이라 하면
삼각형 ABC에서 코사인법칙에 의하여
$\cos \theta = \cos(\angle BAC) = \dfrac{b^2 + c^2 - a^2}{2bc}$

$= \dfrac{(4m)^2 + (3m)^2 - (6m)^2}{2 \times 4m \times 3m} = -\dfrac{11}{24}$

477　　　　　　　　　　　　　　　　　　　답 ④

$A + B + C = \pi$이므로 조건 ㈎에서
$\sin A + \sin B = 2\sin(\pi - A)$
$\sin A + \sin B = 2\sin A$, $\sin A = \sin B$
이때 삼각형 ABC의 외접원의 반지름의 길이를 R라 하면
사인법칙에 의하여 $\sin A = \dfrac{a}{2R}$, $\sin B = \dfrac{b}{2R}$이므로

$\dfrac{a}{2R} = \dfrac{b}{2R}$　　$\therefore a = b$　　　　　……㉠

또한, 삼각형 ABC에서 코사인법칙에 의하여
$\cos B = \dfrac{a^2 + c^2 - b^2}{2ac}$이므로 조건 ㈏에서

$\dfrac{\dfrac{a}{2R}}{\dfrac{c}{2R}} = \dfrac{a^2 + c^2 - b^2}{2ac}$　　$\therefore a^2 + b^2 = c^2$　……㉡

㉠, ㉡에 의하여 삼각형 ABC는 $C = 90°$인 직각이등변삼각형이다.

478　　　　　　　　　　　　　　　　　　　답 ⑤

삼각형 ABC에서 코사인법칙에 의하여
$c^2 = a^2 + b^2 - 2ab \cos C$이므로
이를 $3c^2 = 3a^2 + 2ab + 3b^2$에 대입하면
$3(a^2 + b^2 - 2ab \cos C) = 3a^2 + 2ab + 3b^2$
$3a^2 + 3b^2 - 6ab \cos C = 3a^2 + 2ab + 3b^2$
$\therefore \cos C = -\dfrac{1}{3}$

이때 $\dfrac{\pi}{2} < C < \pi$이므로

$\tan C = -2\sqrt{2}$

$\therefore \tan(A+B) = \tan(\pi - C) = -\tan C = 2\sqrt{2}$

479 ──────────────── 답 ①

$A+B+C = \pi$이므로

$\sin^2 A \cos(A+C) = \cos(B+C)\sin^2 B$에서

$\sin^2 A \cos(\pi - B) = \cos(\pi - A)\sin^2 B$

$\sin^2 A(-\cos B) = (-\cos A)\sin^2 B$

$\sin^2 A \cos B = \cos A \sin^2 B$ ⋯⋯ ㉠

이때 삼각형 ABC의 외접원의 반지름의 길이를 R라 하면

사인법칙에 의하여 $\sin A = \dfrac{a}{2R}$, $\sin B = \dfrac{b}{2R}$

또한, 삼각형 ABC에서 코사인법칙에 의하여

$\cos A = \dfrac{b^2+c^2-a^2}{2bc}$, $\cos B = \dfrac{c^2+a^2-b^2}{2ca}$이므로

이를 각각 ㉠에 대입하면

$\left(\dfrac{a}{2R}\right)^2 \times \dfrac{c^2+a^2-b^2}{2ca} = \dfrac{b^2+c^2-a^2}{2bc} \times \left(\dfrac{b}{2R}\right)^2$

$a(c^2+a^2-b^2) = (b^2+c^2-a^2)b$

$a^3 - b^3 + a^2 b - ab^2 + ac^2 - bc^2 = 0$

$(a-b)(a^2+ab+b^2) + (a-b)ab + (a-b)c^2 = 0$

$(a-b)(a^2+2ab+b^2+c^2) = 0$

$(a-b)\{(a+b)^2+c^2\} = 0$

이때 $(a+b)^2 > 0$, $c^2 > 0$이므로 $a = b$

따라서 삼각형 ABC는 $a=b$인 이등변삼각형이다.

480 ──────────────── 답 풀이 참조

삼각형 ABC에서 코사인법칙에 의하여

$\cos A = \dfrac{b^2+c^2-a^2}{2bc}$, $\cos B = \dfrac{c^2+a^2-b^2}{2ca}$이므로

$a\cos A = b\cos B$에 대입하면

$a \times \dfrac{b^2+c^2-a^2}{2bc} = b \times \dfrac{c^2+a^2-b^2}{2ca}$

$a^2(b^2+c^2-a^2) = b^2(c^2+a^2-b^2)$

$a^2 b^2 + a^2 c^2 - a^4 = b^2 c^2 + a^2 b^2 - b^4$

$a^4 - b^4 - a^2 c^2 + b^2 c^2 = 0$

$(a^2-b^2)(a^2+b^2) - (a^2-b^2)c^2 = 0$

$(a^2-b^2)(a^2+b^2-c^2) = 0$

$(a-b)(a+b)(a^2+b^2-c^2) = 0$

$a > 0$, $b > 0$이므로 $a = b$ 또는 $c^2 = a^2+b^2$이다.

따라서 삼각형 ABC는

$a=b$인 이등변삼각형 또는 $C = 90°$인 직각삼각형이다.

채점 요소	배점
주어진 식에 $\cos A = \dfrac{b^2+c^2-a^2}{2bc}$, $\cos B = \dfrac{c^2+a^2-b^2}{2ca}$ 대입하기	40 %
삼각형 ABC가 어떤 삼각형인지 말하기	60 %

481 ──────────────── 답 ①

선분 AB가 지름이므로

삼각형 APB는 $\angle APB = 90°$인 직각삼각형이다.

따라서 피타고라스 정리에 의하여 $\overline{PB} = 2\sqrt{3}$

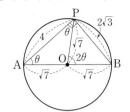

$\overline{OB} = \overline{OP} = \sqrt{7}$이고,

$\angle PAB = \angle APO = \theta$에서 $\angle POB = 2\theta$이므로

삼각형 OPB에서 코사인법칙에 의하여

$\cos 2\theta = \dfrac{\overline{OP}^2 + \overline{OB}^2 - \overline{PB}^2}{2 \times \overline{OP} \times \overline{OB}}$

$= \dfrac{(\sqrt{7})^2 + (\sqrt{7})^2 - (2\sqrt{3})^2}{2 \times \sqrt{7} \times \sqrt{7}} = \dfrac{1}{7}$

482 ──────────────── 답 ④

정육각형의 한 내각의 크기는 120°이므로 ⋯⋯ TIP

$\angle MCD = 120°$, $\overline{MC} = 2$, $\overline{CD} = 4$이다.

삼각형 CMD에서 코사인법칙에 의하여

$\overline{MD}^2 = 2^2 + 4^2 - 2 \times 2 \times 4 \times \cos 120°$

$= 4 + 16 - 16 \times \left(-\dfrac{1}{2}\right) = 28$

$\therefore \overline{MD} = 2\sqrt{7} \ (\because \overline{MD} > 0)$

따라서 삼각형 CMD에서 코사인법칙에 의하여

$\cos\theta = \dfrac{2^2 + (2\sqrt{7})^2 - 4^2}{2 \times 2 \times 2\sqrt{7}} = \dfrac{2}{\sqrt{7}} = \dfrac{2\sqrt{7}}{7}$

TIP

정육각형 ABCDEF가 세 대각선 AD, BE, CF에 의하여 나누어진 6개의 삼각형이 모두 정삼각형이므로 정육각형의 한 내각의 크기는 120°임을 알 수 있다.

483 ──────────────── 답 $\dfrac{8\sqrt{6}}{3}$

삼각형 ABC에서 코사인법칙에 의하여

$\cos A = \dfrac{6^2 + 6^2 - 4^2}{2 \times 6 \times 6} = \dfrac{7}{9}$ ⋯⋯ ㉠

삼각형 ABD에서 코사인법칙에 의하여

$\overline{BD}^2 = 10^2 + 6^2 - 2 \times 10 \times 6 \times \cos A = \dfrac{128}{3} \ (\because ㉠)$

$\therefore \overline{BD} = \dfrac{8\sqrt{6}}{3} \ (\because \overline{BD} > 0)$

다른 풀이

이등변삼각형 ABC에서 선분 BC의 중점을 M이라 하면

$\overline{CM} = 2$이므로

$\cos(\angle ACB) = \dfrac{2}{6} = \dfrac{1}{3}$

$$\cos(\angle DCB)=\cos(\pi-\angle ACB)$$
$$=-\cos(\angle ACB)$$
$$=-\frac{1}{3}$$

삼각형 BDC에서 코사인법칙에 의하여
$$\overline{BD}^2=4^2+4^2-2\times4\times4\times\left(-\frac{1}{3}\right)=\frac{128}{3}$$
$$\therefore \overline{BD}=\frac{8\sqrt{6}}{3} \ (\because \overline{BD}>0)$$

484
〔답〕 ⑤

$\overline{BC}=\overline{BD}+\overline{CD}=6+3=9$이므로
삼각형 ABC에서 코사인법칙에 의하여
$$\cos B=\frac{4^2+9^2-7^2}{2\times4\times9}=\frac{2}{3} \qquad\cdots\cdots \ ㉠$$

삼각형 ABD에서 코사인법칙에 의하여
$$\overline{AD}^2=4^2+6^2-2\times4\times6\times\cos B=20 \ (\because ㉠)$$
$$\therefore \overline{AD}=2\sqrt{5} \ (\because \overline{AD}>0)$$

485
〔답〕 ①

$\angle BAD=\angle CAD$이므로
$$\overline{AB}:\overline{AC}=\overline{BD}:\overline{CD}$$
즉, $3:2=\overline{BD}:\overline{CD}$이고 $\overline{BD}+\overline{CD}=10$이므로
$$\overline{BD}=6, \ \overline{CD}=4$$
삼각형 ABC에서 코사인법칙에 의하여
$$\cos B=\frac{12^2+10^2-8^2}{2\times12\times10}=\frac{3}{4} \qquad\cdots\cdots \ ㉠$$
삼각형 ABD에서 코사인법칙에 의하여
$$\overline{AD}^2=12^2+6^2-2\times12\times6\times\cos B=72 \ (\because ㉠)$$
$$\therefore \overline{AD}=6\sqrt{2} \ (\because \overline{AD}>0)$$

486
〔답〕 ⑤

삼각형 ABC에서 코사인법칙에 의하여
$$\cos B=\frac{(\sqrt{14})^2+5^2-3^2}{2\times\sqrt{14}\times5}=\frac{3\sqrt{14}}{14}$$이므로
$$\sin B=\sqrt{1-\cos^2 B}=\frac{\sqrt{70}}{14}$$
따라서 삼각형 ABD에서 사인법칙에 의하여
$$\frac{\overline{AD}}{\sin B}=\frac{\sqrt{14}}{\sin 30°}$$
$$\therefore \overline{AD}=2\sqrt{5}$$

참고

선분 BC의 연장선 위의 점 D가 다음과 같을 때에도 선분 AD의 길이는 같다.

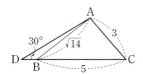

487
〔답〕 ①

$\angle DCG=\theta \ (0<\theta<\pi)$이므로 $\angle BCE=\pi-\theta$
삼각형 CGD에서 코사인법칙에 의하여
$$\overline{DG}^2=3^2+4^2-2\times3\times4\times\cos\theta$$
$$=25-24\cos\theta$$
삼각형 CBE에서 코사인법칙에 의하여
$$\overline{BE}^2=3^2+4^2-2\times3\times4\times\cos(\pi-\theta)$$
$$=25-24\cos(\pi-\theta)$$
$$=25+24\cos\theta$$
이때 $\sin\theta=\frac{\sqrt{11}}{6}$이므로 $\cos^2\theta=1-\sin^2\theta=\frac{25}{36}$
$$\therefore \overline{DG}\times\overline{BE}=\sqrt{(25-24\cos\theta)(25+24\cos\theta)}$$
$$=\sqrt{25^2-24^2\times\cos^2\theta}$$
$$=\sqrt{25^2-24^2\times\frac{25}{36}}$$
$$=\sqrt{225}=15$$

488
〔답〕 21

$\overline{AB}:\overline{AC}=3:1$이고 $\overline{AC}=k \ (k>0)$이므로
$\overline{AB}=3k$이다.
삼각형 ABC에서 코사인법칙에 의하여
$$\overline{BC}^2=k^2+(3k)^2-2\times k\times 3k\times\cos\frac{\pi}{3}$$
$$=k^2+9k^2-2\times k\times 3k\times\frac{1}{2}=7k^2$$
$$\therefore \overline{BC}=\sqrt{7}k \ (\because \overline{BC}>0)$$
삼각형 ABC의 외접원의 반지름의 길이가 7이므로
사인법칙에 의하여
$$\frac{\overline{BC}}{\sin A}=2\times7, \ \frac{\sqrt{7}k}{\sin\frac{\pi}{3}}=14$$
$$k=14\times\sin\frac{\pi}{3}\times\frac{1}{\sqrt{7}}=14\times\frac{\sqrt{3}}{2}\times\frac{1}{\sqrt{7}}=\sqrt{21}$$
$$\therefore k^2=(\sqrt{21})^2=21$$

489
〔답〕 ②

사각형 ABDC가 원에 내접하므로
$$\angle D=\pi-\angle A=\frac{2}{3}\pi$$
이때 삼각형 BCD도 반지름의 길이가 $2\sqrt{7}$인 원에 내접하는 삼각형이다.
삼각형 BCD에서 사인법칙에 의하여
$$\frac{\overline{BC}}{\sin\frac{2}{3}\pi}=\frac{\overline{BD}}{\sin(\angle BCD)}=2\times2\sqrt{7}$$
$$\therefore \overline{BC}=2\times2\sqrt{7}\times\sin\frac{2}{3}\pi=4\sqrt{7}\times\frac{\sqrt{3}}{2}=2\sqrt{21}$$
$$\overline{BD}=2\times2\sqrt{7}\times\sin(\angle BCD)=4\sqrt{7}\times\frac{2\sqrt{7}}{7}=8$$

한편, $\overline{\text{CD}}=x$라 하면 삼각형 BCD에서 코사인법칙에 의하여

$$\overline{\text{BC}}^2=\overline{\text{BD}}^2+\overline{\text{CD}}^2-2\times\overline{\text{BD}}\times\overline{\text{CD}}\times\cos\frac{2}{3}\pi$$

$$(2\sqrt{21})^2=8^2+x^2-2\times8\times x\times\left(-\frac{1}{2}\right)$$

$$x^2+8x-20=0,\ (x+10)(x-2)=0$$

$$\therefore x=2\ (\because x>0)$$

$$\therefore \overline{\text{BD}}+\overline{\text{CD}}=8+2=10$$

490   🔘 ④

$\angle\text{BAC}=\theta$라 하면 삼각형 ABC에서 코사인법칙에 의하여

$$\cos\theta=\frac{7^2+8^2-9^2}{2\times7\times8}=\frac{2}{7}$$

$$\therefore \sin\theta=\sqrt{1-\left(\frac{2}{7}\right)^2}=\frac{3\sqrt{5}}{7}$$

$\angle\text{AQP}=\angle\text{ARP}=\dfrac{\pi}{2}$이므로 네 점 A, Q, P, R는 선분 AP가

지름인 원 위의 점이다.

따라서 삼각형 AQR에서 사인법칙에 의하여

$$\overline{\text{AP}}=\frac{\overline{\text{QR}}}{\sin\theta}=\frac{3}{\dfrac{3\sqrt{5}}{7}}=\frac{7\sqrt{5}}{5}$$

491   🔘 ⑤

ㄱ. $a=5$이면 삼각형 ABC는 $A=90°$인 직각삼각형이므로
선분 BC는 원의 지름이다.

즉, $R=\dfrac{5}{2}$이다. (참)

ㄴ. $R=4$이면 삼각형 ABC에서 사인법칙에 의하여

$\dfrac{a}{\sin A}=2\times4$이므로 $a=8\sin A$이다. (참)

ㄷ. 삼각형 ABC에서 코사인법칙에 의하여

$$\cos A=\frac{3^2+4^2-a^2}{2\times3\times4}=\frac{25-a^2}{24}$$

$1<a\le\sqrt{13}$일 때 $\dfrac{1}{2}\le\dfrac{25-a^2}{24}<1$이므로

$$\frac{1}{2}\le\cos A<1$$

$$\therefore 0°<A\le60°\ (\because 0°<A<180°)$$

즉, $\angle$A의 최댓값은 $60°$이다. (참)

따라서 옳은 것은 ㄱ, ㄴ, ㄷ이다.

492   🔘 ④

① 사각형 ABCD가 원에 내접하므로 $A+C=\pi$이다.

$\therefore \sin(A+C)=\sin\pi=0$ (참)

② 사각형의 네 내각의 크기의 합은 2π이므로

$A+B+C+D=2\pi$에서 $A+B=2\pi-(C+D)$이다.

$\therefore \cos(A+B)=\cos\{2\pi-(C+D)\}=\cos(C+D)$ (참)

③ $\cos C=\cos(\pi-A)=-\cos A=-\dfrac{1}{3}$이므로

삼각형 BCD에서 코사인법칙에 의하여

$$\overline{\text{BD}}^2=10^2+6^2-2\times10\times6\times\left(-\frac{1}{3}\right)=176$$

$$\therefore \overline{\text{BD}}=4\sqrt{11}\ (\because \overline{\text{BD}}>0)\ (참)$$

④ 외접원의 반지름의 길이를 R라 하면
사인법칙에 의하여

삼각형 ABC에서 $\sin(\angle\text{BAC})=\dfrac{\overline{\text{BC}}}{2R}=\dfrac{5}{R}$

삼각형 ACD에서 $\sin(\angle\text{DAC})=\dfrac{\overline{\text{CD}}}{2R}=\dfrac{3}{R}$

$$\therefore \frac{\sin(\angle\text{BAC})}{\sin(\angle\text{DAC})}=\frac{\dfrac{5}{R}}{\dfrac{3}{R}}=\frac{5}{3}\ (거짓)$$

⑤ ③에서 $\overline{\text{BD}}=4\sqrt{11}$이고,

$\cos A=\dfrac{1}{3}$에서 $\sin A=\dfrac{2\sqrt{2}}{3}$이므로

삼각형 ABD에서 사인법칙에 의하여

$$\frac{\overline{\text{BD}}}{\sin A}=2R,\ \frac{4\sqrt{11}}{\dfrac{2\sqrt{2}}{3}}=2R,\ R=\frac{3\sqrt{22}}{2}$$

즉, 외접원의 넓이는 $\pi R^2=\dfrac{99}{2}\pi$이다. (참)

따라서 선지 중 옳지 않은 것은 ④이다.

493   🔘 17

사각형 ABPC가 원에 내접하므로

$A+P=180°$에서 $P=60°$이다.

삼각형 BPC에서 코사인법칙에 의하여

$$\overline{\text{BC}}^2=x^2+y^2-2\times x\times y\times\cos60°$$
$$=x^2+y^2-xy \qquad\cdots\cdots ㉠$$

삼각형 ABC에서 코사인법칙에 의하여

$$\overline{\text{BC}}^2=5^2+3^2-2\times5\times3\times\cos120°=49 \qquad\cdots\cdots ㉡$$

㉠, ㉡에서 $x^2+y^2-xy=49$이고 $x+y=10$이므로

$$(x+y)^2-3xy=49,\ 10^2-3xy=49$$

$$\therefore xy=17$$

494   🔘 ④

$\angle\text{CAB}=\theta$라 하면 삼각형 ACB에서 코사인법칙에 의하여

$$\cos\theta=\frac{9^2+9^2-6^2}{2\times9\times9}=\frac{7}{9}$$

이때 변 AB와 변 CD는 평행하므로

$\angle\text{DCA}=\angle\text{CAB}=\theta$이고

삼각형 ACD는 이등변삼각형이므로

$\angle\text{CDA}=\theta$이다.

$$\therefore \angle\text{DAB}=\angle\text{DAC}+\angle\text{CAB}$$
$$=(\pi-2\theta)+\theta=\pi-\theta$$

따라서 삼각형 DAB에서 코사인법칙에 의하여

$$\overline{BD}^2=9^2+9^2-2\times9\times9\times\cos(\pi-\theta)$$
$$=2\times9^2+2\times9^2\times\cos\theta$$
$$=2\times9^2+2\times9^2\times\frac{7}{9}$$
$$=2\times9\times16$$
$$\therefore \overline{BD}=12\sqrt{2}\ (\because \overline{BD}>0)$$

495
답 27

선분 AB는 삼각형 ABC의 외접원의 지름이므로

삼각형 ABC는 $\angle BCA=\dfrac{\pi}{2}$인 직각삼각형이다.

$\angle CAB=\alpha$라 하면 $\cos\alpha=\dfrac{1}{3}$이고 $\sin^2\alpha=1-\cos^2\alpha$이므로

$$\sin^2\alpha=1-\left(\frac{1}{3}\right)^2=\frac{8}{9}$$

$$\therefore \sin\alpha=\frac{2\sqrt{2}}{3}\ (\because 0<\alpha<\pi)$$

따라서 직각삼각형 ABC에서

$\overline{BC}=\overline{AB}\sin\alpha$이므로

$$\overline{AB}=\frac{\overline{BC}}{\sin\alpha}=\frac{12\sqrt{2}}{\frac{2\sqrt{2}}{3}}=18$$

$$\overline{AC}=\overline{AB}\cos\alpha=18\times\frac{1}{3}=6$$

한편, 점 D는 선분 AB를 5 : 4로 내분하는 점이므로

$$\overline{AD}=18\times\frac{5}{9}=10$$

삼각형 CAD에서 코사인법칙에 의하여

$$\overline{DC}^2=6^2+10^2-2\times6\times10\times\cos\alpha$$
$$=36+100-2\times6\times10\times\frac{1}{3}=96$$

$$\therefore \overline{DC}=4\sqrt{6}\ (\because \overline{DC}>0)$$

삼각형 CAD의 외접원의 반지름의 길이를 R라 하면
사인법칙에 의하여

$$\frac{\overline{DC}}{\sin\alpha}=2R$$

$$\therefore R=\frac{\overline{DC}}{2\sin\alpha}=\frac{4\sqrt{6}}{2\times\frac{2\sqrt{2}}{3}}=3\sqrt{3}$$

따라서 삼각형 CAD의 외접원의 넓이 S는
$$S=\pi\times(3\sqrt{3})^2=27\pi$$

$$\therefore \frac{S}{\pi}=\frac{27\pi}{\pi}=27$$

496
답 ①

호 BC에 대한 원주각의 크기는 같으므로

$$\angle BDC=\angle BAC=\frac{\pi}{3}$$

삼각형 BCD의 외접원의 반지름의 길이가 r이므로
사인법칙에 의하여

$$\frac{\overline{CD}}{\sin(\angle DBC)}=\frac{\overline{BC}}{\sin(\angle BDC)}=2r$$

$$\frac{\overline{CD}}{\sin\theta}=\frac{\overline{BC}}{\sin\frac{\pi}{3}}=2r$$

$$\therefore \overline{CD}=2r\sin\theta=\frac{2\sqrt{3}}{3}r,\ \overline{BC}=2r\sin\frac{\pi}{3}=\sqrt{3}r$$

삼각형 BCD에서 코사인법칙에 의하여
$$\overline{BC}^2=\overline{BD}^2+\overline{CD}^2-2\times\overline{BD}\times\overline{CD}\times\cos(\angle BDC)$$
$$(\sqrt{3}r)^2=(\sqrt{2})^2+\left(\frac{2\sqrt{3}}{3}r\right)^2-2\times\sqrt{2}\times\frac{2\sqrt{3}}{3}r\times\frac{1}{2}$$
$$3r^2=2+\frac{4}{3}r^2-\frac{2\sqrt{6}}{3}r,\ 5r^2+2\sqrt{6}r-6=0$$

$$\therefore r=\frac{-\sqrt{6}\pm6}{5}$$

$r>0$이므로 $r=\dfrac{6-\sqrt{6}}{5}$

497
답 ⑤

정사면체의 전개도는 다음과 같고, 전개도에서 점 M을 출발하여
점 A에 이르는 최단 거리는 $\overline{MA'}$과 같다.

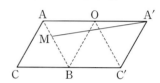

이때 점 M은 선분 AB를 1 : 2로 내분하는 점이므로 $\overline{AM}=1$이고,
$\overline{AA'}=6$, $\angle MAA'=60°$이므로
삼각형 AMA′에서 코사인법칙에 의하여
$$\overline{MA'}^2=1^2+6^2-2\times1\times6\times\cos60°=31$$
$$\therefore \overline{MA'}=\sqrt{31}\ (\because \overline{MA'}>0)$$

498
답 ⑤

원뿔의 전개도는 다음과 같다.

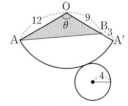

옆면인 부채꼴의 중심각의 크기를 θ라 하면
밑면인 원의 반지름의 길이가 4이므로

부채꼴의 호의 길이는 $12\theta=8\pi$, $\theta=\dfrac{2}{3}\pi$

등산로의 최단 거리는 $\overline{AB}$이므로
삼각형 AOB에서 코사인법칙에 의하여
$$\overline{AB}^2=12^2+9^2-2\times12\times9\times\cos\frac{2}{3}\pi=333$$
$$\therefore \overline{AB}=3\sqrt{37}\ \text{km}\ (\because \overline{AB}>0)$$

499
답 ②

점 D에서 선분 AC에 내린 수선의 발을 H라 하자.

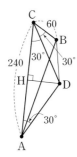

$\overline{CH}=120$, $\angle DCH=30°$이므로

$\overline{CD}=\dfrac{120}{\cos 30°}=80\sqrt{3}$

이때 $\angle BCD=30°$이므로

삼각형 BCD에서 코사인법칙에 의하여

$\overline{BD}^2=60^2+(80\sqrt{3})^2-2\times 60\times 80\sqrt{3}\times\cos 30°$

$\therefore \overline{BD}=20\sqrt{21}\text{ m }(\because \overline{BD}>0)$

500 · 답 $\dfrac{3}{2}$

삼각형 ABC에서 코사인법칙에 의하여

$(\sqrt{17})^2=(\sqrt{2})^2+b^2-2\times\sqrt{2}\times b\times\cos 135°$

$b^2+2b-15=0$, $(b+5)(b-3)=0$

$\therefore b=3\ (\because b>0)$

즉, $\overline{AC}=3$이므로

(삼각형 ABC의 넓이)$=\dfrac{1}{2}\times\overline{AB}\times\overline{AC}\times\sin 135°$

$=\dfrac{1}{2}\times\sqrt{2}\times 3\times\dfrac{\sqrt{2}}{2}=\dfrac{3}{2}$

다른 풀이

점 B에서 직선 AC에 내린 수선의 발을 H라 하자.

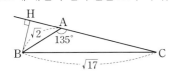

$\angle BAH=45°$이므로 $\overline{AH}=\overline{BH}=1$이다.

따라서 직각삼각형 BHC에서 피타고라스 정리에 의하여

$\overline{CH}=\sqrt{(\sqrt{17})^2-1^2}=4$, $\overline{AC}=3$

$\therefore$ (삼각형 ABC의 넓이)$=\dfrac{1}{2}\times\overline{AC}\times\overline{BH}$

$=\dfrac{1}{2}\times 3\times 1=\dfrac{3}{2}$

501 · 답 ②

삼각형 ABC에서 $a=7$, $b=5$, $c=4$라 하면

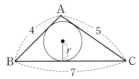

코사인법칙에 의하여 $\cos A=\dfrac{5^2+4^2-7^2}{2\times 5\times 4}=-\dfrac{1}{5}$

$0°<A<180°$이므로

$\sin A=\sqrt{1-\cos^2 A}=\sqrt{1-\left(-\dfrac{1}{5}\right)^2}=\dfrac{2\sqrt{6}}{5}$

내접원의 반지름의 길이를 r라 하면

삼각형 ABC의 넓이는

$\dfrac{1}{2}r(a+b+c)=\dfrac{1}{2}bc\sin A$에서

$\dfrac{1}{2}\times r\times(7+5+4)=\dfrac{1}{2}\times 5\times 4\times\dfrac{2\sqrt{6}}{5}$

$\therefore r=\dfrac{\sqrt{6}}{2}$

502 · 답 ③

삼각형 ABC에서 코사인법칙에 의하여

$5^2=b^2+c^2-2bc\cos 120°$

$\quad =b^2+c^2+bc$

$\quad =(b+c)^2-bc$

$\quad =(\sqrt{33})^2-bc$

$\therefore bc=8$

따라서 구하는 삼각형 ABC의 넓이는

$\dfrac{1}{2}bc\sin 120°=\dfrac{1}{2}\times 8\times\dfrac{\sqrt{3}}{2}=2\sqrt{3}$

503 · 답 풀이 참조

삼각형 ABC에서 사인법칙에 의하여

$\dfrac{a}{\sin A}=\dfrac{b}{\sin B}=\dfrac{c}{\sin C}=2R$이다.

이때 삼각형 ABC의 넓이는 $S=\dfrac{1}{2}ab\sin C$이고

$\sin C=\dfrac{c}{2R}$이므로

$S=\dfrac{1}{2}ab\times\dfrac{c}{2R}=\dfrac{abc}{4R}$

채점 요소	배점
사인법칙 유도하기	60%
삼각형의 넓이를 사인을 이용하여 표기하기	40%

504 · 답 4

삼각형 ABC의 외접원의 반지름의 길이가 6이므로

사인법칙에 의하여

$\dfrac{a}{\sin A}=\dfrac{b}{\sin B}=\dfrac{c}{\sin C}=12$이다.

즉, $\sin A=\dfrac{a}{12}$, $\sin B=\dfrac{b}{12}$, $\sin C=\dfrac{c}{12}$ · · · · · · ㉠

한편, 삼각형 ABC의 넓이를 S라 하면

$S=\dfrac{1}{2}ab\sin C=\dfrac{1}{2}ab\times\dfrac{c}{12}=\dfrac{abc}{24}\ (\because ㉠)$

또한, 삼각형 ABC의 내접원의 반지름의 길이가 3이므로

$S=\dfrac{1}{2}\times 3\times(a+b+c)=\dfrac{3}{2}(a+b+c)$

따라서 $S=\dfrac{abc}{24}=\dfrac{3}{2}(a+b+c)$이므로

$$\dfrac{a+b+c}{abc}=\dfrac{1}{36} \qquad \cdots\cdots ⓛ$$

$$\begin{aligned}
\therefore \dfrac{\sin A+\sin B+\sin C}{\sin A\sin B\sin C} &=\dfrac{\dfrac{a+b+c}{12}}{\dfrac{abc}{12^3}} \quad (\because ⓐ)\\
&=\dfrac{12^2(a+b+c)}{abc}\\
&=\dfrac{12^2}{36} \quad (\because ⓛ)\\
&=4
\end{aligned}$$

505 　　　　　　　　　　　　　　　　　答 ③

삼각형 ABC에서 코사인법칙에 의하여

$\cos(\angle\mathrm{ABC})=\dfrac{5^2+6^2-4^2}{2\times5\times6}=\dfrac{3}{4}$이고

$\angle\mathrm{ABE}=\angle\mathrm{ABC}+90^\circ$이므로

$$\begin{aligned}
\sin(\angle\mathrm{ABE}) &=\sin(\angle\mathrm{ABC}+90^\circ)\\
&=\cos(\angle\mathrm{ABC})=\dfrac{3}{4}
\end{aligned}$$

따라서 삼각형 ABE의 넓이는

$\dfrac{1}{2}\times\overline{\mathrm{AB}}\times\overline{\mathrm{BE}}\times\sin(\angle\mathrm{ABE})=\dfrac{1}{2}\times5\times6\times\dfrac{3}{4}=\dfrac{45}{4}$

506 　　　　　　　　　　　　　　　　　答 ③

직각삼각형 ABC에서 $\overline{\mathrm{BC}}=4$이므로

$\angle\mathrm{BAC}=\theta$라 하면 $\sin\theta=\dfrac{4}{5}$ $\qquad \cdots\cdots ⓐ$

이때 $\overline{\mathrm{AD}}=3$, $\overline{\mathrm{AE}}=5$, $\angle\mathrm{DAE}=\pi-\theta$이므로

$$\begin{aligned}
(\text{삼각형 ADE의 넓이}) &=\dfrac{1}{2}\times\overline{\mathrm{AD}}\times\overline{\mathrm{AE}}\times\sin(\pi-\theta)\\
&=\dfrac{1}{2}\times3\times5\times\sin\theta=6 \quad (\because ⓐ)
\end{aligned}$$

507 　　　　　　　　　　　　　　　　　答 ④

삼각형 ABC의 넓이는 두 삼각형 ABD와 ACD의 넓이의 합과 같다. $\overline{\mathrm{AD}}=x$라 하면

$$\begin{aligned}
(\text{삼각형 ABC의 넓이}) &=\dfrac{1}{2}\times\overline{\mathrm{AB}}\times\overline{\mathrm{AC}}\times\sin120^\circ\\
&=\dfrac{1}{2}\times10\times6\times\dfrac{\sqrt{3}}{2}=15\sqrt{3}
\end{aligned}$$

$$\begin{aligned}
(\text{삼각형 ABD의 넓이}) &=\dfrac{1}{2}\times\overline{\mathrm{AB}}\times\overline{\mathrm{AD}}\times\sin60^\circ\\
&=\dfrac{1}{2}\times10\times x\times\dfrac{\sqrt{3}}{2}=\dfrac{5\sqrt{3}}{2}x
\end{aligned}$$

$$\begin{aligned}
(\text{삼각형 ACD의 넓이}) &=\dfrac{1}{2}\times\overline{\mathrm{AD}}\times\overline{\mathrm{AC}}\times\sin60^\circ\\
&=\dfrac{1}{2}\times x\times6\times\dfrac{\sqrt{3}}{2}=\dfrac{3\sqrt{3}}{2}x
\end{aligned}$$

$15\sqrt{3}=\dfrac{5\sqrt{3}}{2}x+\dfrac{3\sqrt{3}}{2}x$이므로 $x=\dfrac{15}{4}$

따라서 선분 AD의 길이는 $\dfrac{15}{4}$이다.

508 　　　　　　　　　　　　　　　　　答 ③

삼각형 ABC에서 선분 BC의 중점이 M이므로
두 삼각형 BAM, CAM의 넓이는 서로 같다.

$\dfrac{1}{2}\times8\times\overline{\mathrm{AM}}\times\sin\alpha=\dfrac{1}{2}\times10\times\overline{\mathrm{AM}}\times\sin\beta$

$\therefore \dfrac{\sin\alpha}{\sin\beta}=\dfrac{5}{4}$

509 　　　　　　　　　　　　　　　　　答 풀이 참조

한 원에서 호의 길이는 그 호에 대한 중심각의 크기에 비례한다.
주어진 원의 중심을 O라 하면

$\stackrel{\frown}{\mathrm{AB}}:\stackrel{\frown}{\mathrm{BC}}:\stackrel{\frown}{\mathrm{CA}}=3:4:5=\angle\mathrm{AOB}:\angle\mathrm{BOC}:\angle\mathrm{COA}$

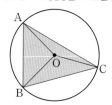

이때 $\angle\mathrm{AOB}+\angle\mathrm{BOC}+\angle\mathrm{COA}=360^\circ$이므로

$\angle\mathrm{AOB}=360^\circ\times\dfrac{3}{3+4+5}=90^\circ$

$\angle\mathrm{BOC}=360^\circ\times\dfrac{4}{3+4+5}=120^\circ$

$\angle\mathrm{COA}=360^\circ\times\dfrac{5}{3+4+5}=150^\circ$

$$\begin{aligned}
\therefore\ &(\text{삼각형 ABC의 넓이})\\
&=(\text{삼각형 AOB의 넓이})+(\text{삼각형 BOC의 넓이})\\
&\qquad\qquad\qquad\qquad\qquad +(\text{삼각형 COA의 넓이})\\
&=\dfrac{1}{2}\times6\times6\times\sin90^\circ+\dfrac{1}{2}\times6\times6\times\sin120^\circ\\
&\qquad\qquad\qquad\qquad\qquad +\dfrac{1}{2}\times6\times6\times\sin150^\circ\\
&=\dfrac{1}{2}\times6\times6\times1+\dfrac{1}{2}\times6\times6\times\dfrac{\sqrt{3}}{2}+\dfrac{1}{2}\times6\times6\times\dfrac{1}{2}\\
&=27+9\sqrt{3}
\end{aligned}$$

채점 요소	배점
$\angle\mathrm{AOB}$, $\angle\mathrm{BOC}$, $\angle\mathrm{COA}$의 크기 구하기	30%
세 삼각형 AOB, BOC, COA의 넓이 구하기	50%
삼각형 ABC의 넓이 구하기	20%

510 　　　　　　　　　　　　答 $l=\dfrac{15}{2}$, $S=\dfrac{16}{7}\pi$

삼각형 ABC의 외접원의 반지름의 길이를 R라 하면
삼각형 ABC에서 사인법칙에 의하여

$\sin A=\dfrac{a}{2R}$, $\sin B=\dfrac{b}{2R}$, $\sin C=\dfrac{c}{2R}$이므로

$a:b:c=\sin A:\sin B:\sin C=4:5:6$이다.

$a=4k$, $b=5k$, $c=6k$ $(k>0)$라 하면 ...... ㉠

삼각형 ABC에서 코사인법칙에 의하여

$$\cos C=\frac{a^2+b^2-c^2}{2ab}=\frac{(4k)^2+(5k)^2-(6k)^2}{2\times 4k\times 5k}=\frac{1}{8}$$

이므로 $\sin C=\sqrt{1-\left(\frac{1}{8}\right)^2}=\frac{3\sqrt{7}}{8}$이다.

따라서 삼각형 ABC의 넓이는

$$\frac{1}{2}ab\sin C=\frac{1}{2}\times 4k\times 5k\times\frac{3\sqrt{7}}{8}=\frac{15\sqrt{7}}{4}k^2=\frac{15\sqrt{7}}{16}$$

이므로 $k^2=\frac{1}{4}$, $k=\frac{1}{2}$

$\therefore a=2$, $b=\frac{5}{2}$, $c=3$ $(\because ㉠)$

$\sin C=\frac{c}{2R}$에서 $R=\frac{c}{2\sin C}=\frac{3}{2\times\frac{3\sqrt{7}}{8}}=\frac{4}{\sqrt{7}}$

따라서 $l=a+b+c=\frac{15}{2}$, $S=\pi R^2=\frac{16}{7}\pi$이다.

511
답 ⑤

그림과 같이 접히기 전의 정삼각형을 ABC라 하고 색칠한 부분의 삼각형을 DEF라 하자.

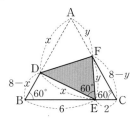

점 E가 선분 BC를 3 : 1로 내분하고 $\overline{BC}=8$이므로

$\overline{BE}=8\times\frac{3}{4}=6$, $\overline{EC}=8\times\frac{1}{4}=2$이다.

이때 $\overline{AD}=x$라 하면

$\overline{DE}=x$, $\overline{DB}=8-x$, $\angle DBE=60°$이므로

삼각형 DBE에서 코사인법칙에 의하여

$x^2=6^2+(8-x)^2-2\times 6\times(8-x)\times\cos 60°$, $x=\frac{26}{5}$

마찬가지로 $\overline{AF}=y$라 하면

$\overline{FE}=y$, $\overline{FC}=8-y$, $\angle FCE=60°$이므로

삼각형 FCE에서 코사인법칙에 의하여

$y^2=2^2+(8-y)^2-2\times 2\times(8-y)\times\cos 60°$, $y=\frac{26}{7}$

$\therefore$ (삼각형 DEF의 넓이)

$=\frac{1}{2}xy\sin 60°$

$=\frac{1}{2}\times\frac{26}{5}\times\frac{26}{7}\times\frac{\sqrt{3}}{2}=\frac{169\sqrt{3}}{35}$

512
답 ②

삼각형 ABC의 세 변 AB, BC, CA를 1 : 2로 내분하는 점이 각각 D, E, F이므로

$\overline{AD}=\frac{c}{3}$, $\overline{DB}=\frac{2}{3}c$, $\overline{BE}=\frac{a}{3}$, $\overline{EC}=\frac{2}{3}a$, $\overline{CF}=\frac{b}{3}$, $\overline{FA}=\frac{2}{3}b$

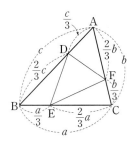

이때 삼각형 DEF의 넓이는 삼각형 ABC의 넓이에서 세 삼각형 ADF, BED, CEF의 넓이를 뺀 것과 같다.

삼각형 ABC의 넓이를 S라 하면

$S=\frac{1}{2}bc\sin A=\frac{1}{2}ca\sin B=\frac{1}{2}ab\sin C$이므로

(삼각형 ADF의 넓이)$=\frac{1}{2}\times\frac{c}{3}\times\frac{2}{3}b\times\sin A$

$=\frac{1}{9}bc\sin A=\frac{2}{9}S$

(삼각형 BED의 넓이)$=\frac{1}{2}\times\frac{a}{3}\times\frac{2}{3}c\times\sin B$

$=\frac{1}{9}ca\sin B=\frac{2}{9}S$

(삼각형 CEF의 넓이)$=\frac{1}{2}\times\frac{b}{3}\times\frac{2}{3}a\times\sin C$

$=\frac{1}{9}ab\sin C=\frac{2}{9}S$

(삼각형 DEF의 넓이)$=S-\frac{2}{9}S-\frac{2}{9}S-\frac{2}{9}S=\frac{S}{3}$

$\therefore$ (삼각형 ABC의 넓이) : (삼각형 DEF의 넓이)

$=S:\frac{S}{3}=3:1$

513
답 ②

$\overline{PD}=x$, $\overline{PE}=y$, $\overline{PF}=z$라 하면

한 변의 길이가 $4\sqrt{2}$인 정삼각형 ABC의 넓이는

$$\frac{\sqrt{3}}{4}\times(4\sqrt{2})^2=\frac{1}{2}\times 4\sqrt{2}\times(x+y+z)$$

에서 $x+y+z=2\sqrt{6}$ ...... ㉠

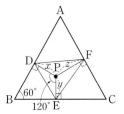

한편, $\angle DPE=\angle DPF=\angle EPF=120°$이므로

(삼각형 DEF의 넓이)

$=\frac{1}{2}xy\sin 120°+\frac{1}{2}yz\sin 120°+\frac{1}{2}zx\sin 120°$

$=\frac{1}{2}(xy+yz+zx)\sin 120°=\sqrt{3}$

에서 $xy+yz+zx=4$ ...... ㉡

㉠, ㉡에 의하여

$$x^2+y^2+z^2=(x+y+z)^2-2(xy+yz+zx)$$
$$=(2\sqrt{6})^2-2\times4=16$$
$$\therefore \overline{PD}^2+\overline{PE}^2+\overline{PF}^2=16$$

514
달 9

$$(\text{사각형 ABCD의 넓이})=\frac{1}{2}xy\sin30°$$
$$=\frac{1}{4}xy$$
$$=\frac{1}{4}x(12-x)$$
$$=-\frac{1}{4}(x-6)^2+9$$

따라서 사각형 ABCD의 넓이는 $x=y=6$일 때 최댓값 9를 갖는다.

다른 풀이

$$(\text{사각형 ABCD의 넓이})=\frac{1}{2}xy\sin30°=\frac{1}{4}xy \quad\cdots\cdots\ \text{㉠}$$

이때 $x>0$, $y>0$이므로

산술평균과 기하평균의 관계에 의하여

$$x+y\geq2\sqrt{xy}$$

$12\geq2\sqrt{xy}$ (단, 등호는 $x=y=6$일 때 성립한다.)

$xy\leq36$이므로 ㉠에서 $\frac{1}{4}xy\leq9$이다.

따라서 사각형 ABCD의 넓이는 $x=y=6$일 때 최댓값 9를 갖는다.

515
달 ④

평행사변형의 두 대각선은 서로 다른 것을 이등분하므로

두 대각선의 교점을 M이라 하면

$\overline{AM}=6$, $\overline{BM}=9$이다.

$\angle AMB=\theta$라 하면 삼각형 AMB에서 코사인법칙에 의하여

$$\cos\theta=\frac{6^2+9^2-(3\sqrt{5})^2}{2\times6\times9}=\frac{2}{3}$$

$$\sin\theta=\sqrt{1-\left(\frac{2}{3}\right)^2}=\frac{\sqrt{5}}{3}$$

따라서 평행사변형 ABCD의 넓이는

$$\frac{1}{2}\times12\times18\times\frac{\sqrt{5}}{3}=36\sqrt{5}$$

516
달 ④

사각형 ABCD의 넓이는 두 삼각형 ABD와 BCD의 넓이의 합과 같다.

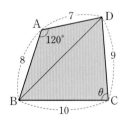

삼각형 ABD에서 코사인법칙에 의하여

$$\overline{BD}^2=8^2+7^2-2\times8\times7\times\cos120°=169$$

$\overline{BD}=13$ $(\because \overline{BD}>0)$

$\angle BCD=\theta$라 하면 삼각형 BCD에서 코사인법칙에 의하여

$$\cos\theta=\frac{9^2+10^2-13^2}{2\times9\times10}=\frac{1}{15}$$

$$\sin\theta=\sqrt{1-\cos^2\theta}=\sqrt{1-\left(\frac{1}{15}\right)^2}=\frac{4\sqrt{14}}{15}$$

$$\therefore (\text{사각형 ABCD의 넓이})$$
$$=(\text{삼각형 ABD의 넓이})+(\text{삼각형 BCD의 넓이})$$
$$=\frac{1}{2}\times8\times7\times\sin120°+\frac{1}{2}\times9\times10\times\frac{4\sqrt{14}}{15}$$
$$=14\sqrt{3}+12\sqrt{14}$$

참고

헤론의 공식을 이용하여 삼각형 BCD의 넓이를 다음과 같이 구할 수 있다.

삼각형 BCD의 세 변의 길이는 9, 10, 13이므로

$$s=\frac{9+10+13}{2}=16$$

$$\therefore S=\sqrt{16(16-9)(16-10)(16-13)}=12\sqrt{14}$$

517
달 ③

사각형 ABCD의 넓이는 두 삼각형 ABC와 ADC의 넓이의 합과 같다.

$\overline{AC}=x$, $\overline{CD}=y$라 하자.

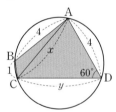

사각형 ABCD는 원에 내접하고 $\angle ADC=60°$이므로

$\angle ABC=180°-60°=120°$

삼각형 ABC에서 코사인법칙에 의하여

$x^2=4^2+1^2-2\times4\times1\times\cos120°$, $x^2=21$, $x=\sqrt{21}$ $(\because x>0)$

삼각형 ADC에서 코사인법칙에 의하여

$(\sqrt{21})^2=4^2+y^2-2\times4\times y\times\cos60°$에서

$y^2-4y-5=(y+1)(y-5)=0$, $y=5$ $(\because y>0)$

$$\therefore (\text{사각형 ABCD의 넓이})$$
$$=(\text{삼각형 ABC의 넓이})+(\text{삼각형 ADC의 넓이})$$
$$=\frac{1}{2}\times4\times1\times\sin120°+\frac{1}{2}\times4\times5\times\sin60°$$
$$=\frac{1}{2}\times4\times1\times\frac{\sqrt{3}}{2}+\frac{1}{2}\times4\times5\times\frac{\sqrt{3}}{2}$$
$$=\sqrt{3}+5\sqrt{3}=6\sqrt{3}$$

518
달 풀이 참조

(1) 사각형 ABCD는 원에 내접하므로 $D=\pi-B$이다.

삼각형 ABC에서 코사인법칙에 의하여

$$\overline{AC}^2 = 3^2 + 2^2 - 2 \times 3 \times 2 \times \cos B$$
$$= 13 - 12\cos B \qquad \cdots\cdots \ㄱ$$

삼각형 ADC에서 코사인법칙에 의하여
$$\overline{AC}^2 = 4^2 + 1^2 - 2 \times 4 \times 1 \times \cos(\pi - B)$$
$$= 17 + 8\cos B \qquad \cdots\cdots \ㄴ$$

ㄱ, ㄴ에서 $13 - 12\cos B = 17 + 8\cos B$
$$\therefore \cos B = -\frac{1}{5}$$

(2) (1)에서 $\cos B = -\frac{1}{5}$ 이고 $0° < B < 180°$ 이므로
$$\sin B = \sqrt{1 - \cos^2 B} = \sqrt{1 - \left(-\frac{1}{5}\right)^2} = \frac{2\sqrt{6}}{5}$$

$\therefore$ (사각형 ABCD의 넓이)
$$= (삼각형 \ ABC의 \ 넓이) + (삼각형 \ ADC의 \ 넓이)$$
$$= \frac{1}{2} \times \overline{AB} \times \overline{BC} \times \sin B + \frac{1}{2} \times \overline{AD} \times \overline{DC} \times \sin(\pi - B)$$
$$= \frac{1}{2} \times 3 \times 2 \times \frac{2\sqrt{6}}{5} + \frac{1}{2} \times 4 \times 1 \times \frac{2\sqrt{6}}{5}$$
$$= 2\sqrt{6}$$

채점 요소	배점
두 삼각형 ABC, ADC에서 $\overline{AC}^2$의 값 구하기	40%
$\cos B$의 값 구하기	20%
$\sin B$의 값 구하기	10%
두 삼각형 ABC, ADC의 넓이 구하기	20%
사각형 ABCD의 넓이 구하기	10%

519 ·· 답 ②

삼각형 ABD의 넓이가
$$\frac{1}{2} \times \overline{AB} \times \overline{AD} \times \sin(\angle BAD)$$
$$= \frac{1}{2} \times 3 \times 2\sqrt{2} \times \sin(\angle BAD) = \frac{3\sqrt{7}}{2}$$

이므로 $\sin(\angle BAD) = \frac{\sqrt{14}}{4}$
$$\cos(\angle BAD) = \sqrt{1 - \left(\frac{\sqrt{14}}{4}\right)^2} = \frac{\sqrt{2}}{4} \ (\because \angle BAD는 \ 예각)$$

이때 사각형 ABCD가 원에 내접하므로
$$\angle BAD + \angle BCD = \pi$$
$$\cos(\angle BCD) = \cos(\pi - \angle BAD)$$
$$= -\cos(\angle BAD) = -\frac{\sqrt{2}}{4}$$

따라서 $\overline{CD} = x$ 라 하면
두 삼각형 ABD, BCD에서 코사인법칙에 의하여
$$\overline{BD}^2 = 3^2 + (2\sqrt{2})^2 - 2 \times 3 \times 2\sqrt{2} \times \cos(\angle BAD) = 11$$
$$\overline{BD}^2 = 1^2 + x^2 - 2 \times 1 \times x \times \cos(\angle BCD) = x^2 + \frac{\sqrt{2}}{2}x + 1$$

즉, $11 = x^2 + \frac{\sqrt{2}}{2}x + 1$ 에서
$$2x^2 + \sqrt{2}x - 20 = 0$$
$$(\sqrt{2}x + 5)(\sqrt{2}x - 4) = 0$$
$$\therefore x = 2\sqrt{2} \ (\because x > 0)$$

520 ·· 답 ②

원의 중심을 O라 하면
$$\overline{OA} = \overline{OB} = \overline{OC} = 3, \ \angle AOB = \angle BOC = \frac{\pi}{3}$$

이므로 두 삼각형 OAB, OBC는 정삼각형이다.
즉, $\overline{AB} = \overline{BC} = 3$ 이고,
$$\angle ABC = \angle ABO + \angle OBC = \frac{\pi}{3} + \frac{\pi}{3} = \frac{2}{3}\pi$$

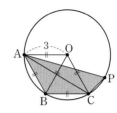

삼각형 ABC에서 코사인법칙에 의하여
$$\overline{AC}^2 = 3^2 + 3^2 - 2 \times 3 \times 3 \times \cos\frac{2}{3}\pi$$
$$= 9 + 9 - 18 \times \left(-\frac{1}{2}\right) = 27$$
$$\therefore \overline{AC} = 3\sqrt{3} \ (\because \overline{AC} > 0)$$

한편, 사각형 ABCP가 원에 내접하므로
$$\angle ABC + \angle APC = \pi$$
$$\therefore \angle APC = \pi - \frac{2}{3}\pi = \frac{\pi}{3}$$

$\overline{AP} = x, \ \overline{CP} = y$ 라 하면 삼각형 ACP에서 코사인법칙에 의하여
$$(3\sqrt{3})^2 = x^2 + y^2 - 2xy\cos\frac{\pi}{3}$$
$$27 = x^2 + y^2 - 2xy \times \frac{1}{2} = (x+y)^2 - 3xy$$

이때 $x + y = 8$ 이므로
$$27 = 64 - 3xy, \ 3xy = 37 \qquad \therefore xy = \frac{37}{3}$$

따라서 사각형 ABCP의 넓이는
$$\triangle ABC + \triangle ACP = \frac{1}{2} \times 3 \times 3 \times \sin\frac{2}{3}\pi + \frac{1}{2} \times \frac{37}{3} \times \sin\frac{\pi}{3}$$
$$= \frac{9\sqrt{3}}{4} + \frac{37\sqrt{3}}{12}$$
$$= \frac{64\sqrt{3}}{12} = \frac{16\sqrt{3}}{3}$$

521 ·· 답 ④

$\overline{AP} = x, \ \overline{AQ} = y \ (0 < x < 6, \ 0 < y < 4)$ 라 하자.

삼각형 APQ의 넓이는 삼각형 ABC의 넓이의 $\frac{1}{2}$ 이므로
$$\frac{1}{2}xy\sin 60° = \frac{1}{2} \times \left(\frac{1}{2} \times 6 \times 4 \times \sin 60°\right)$$
$$\therefore xy = 12 \qquad \cdots\cdots \ㄱ$$

삼각형 APQ에서 코사인법칙에 의하여
$$\overline{PQ}^2 = x^2 + y^2 - 2xy\cos 60°$$
$$= x^2 + y^2 - 2 \times 12 \times \frac{1}{2}$$
$$= x^2 + y^2 - 12 \qquad \cdots\cdots \ㄴ$$

이때 $x^2>0$, $y^2>0$이므로 산술평균과 기하평균의 관계에 의하여
$$x^2+y^2-12 \geq 2\sqrt{x^2y^2}-12$$
$$=2xy-12 \ (\because x>0, \ y>0)$$
$$=12 \ (\because \text{㉠}) \ (단, \text{등호는 } x=y \text{일 때 성립한다.})$$
따라서 $x=y=2\sqrt{3}$일 때 구하는 선분 PQ의 길이의 최솟값은
$2\sqrt{3}$이다.

522
답 풀이 참조

동시에 출발한 지 t초 후에는
$\overline{OP}=t$, $\overline{BQ}=2t$에서 $\overline{OQ}=40-2t$이다.

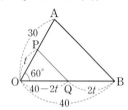

직선 PQ와 직선 AB가 서로 평행할 때,
$\overline{OP}:\overline{OQ}=\overline{OA}:\overline{OB}$이므로
$t:(40-2t)=30:40$, $t=12$
$\overline{OP}=12$, $\overline{OQ}=16$이므로
삼각형 POQ에서 코사인법칙에 의하여
$$\overline{PQ}^2=12^2+16^2-2\times12\times16\times\cos60°=208$$
$$\therefore \overline{PQ}=4\sqrt{13} \ (\because \overline{PQ}>0)$$

채점 요소	배점
t초 후의 $\overline{OP}$, $\overline{OQ}$의 길이 나타내기	20%
$\overline{OP}:\overline{OQ}=\overline{OA}:\overline{OB}$임을 이용하여 t의 값 구하기	30%
코사인법칙을 이용하여 선분 PQ의 길이 구하기	50%

523
답 ⑤

$\overline{AB}=\overline{AD}=4$이므로 $\overline{BD}=4\sqrt{2}$이다.

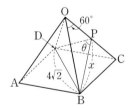

삼각형 BPD는 $\overline{BP}=\overline{DP}$인 이등변삼각형이다.
$\overline{BP}=\overline{DP}=x$라 하면
삼각형 BPD에서 코사인법칙에 의하여
$$\cos\theta=\frac{x^2+x^2-(4\sqrt{2})^2}{2\times x\times x}=\frac{2x^2-32}{2x^2}=1-\frac{16}{x^2} \quad \cdots\cdots \text{㉠}$$
이때 삼각형 BCO는 한 변의 길이가 4인 정삼각형이다.

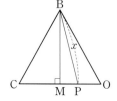

점 B에서 선분 CO에 내린 수선의 발을 M이라 하면 x의 값은
점 P가 점 C 또는 점 O에 위치할 때 최댓값 4를 갖고,
점 M에 위치할 때 최솟값 $4\times\dfrac{\sqrt{3}}{2}=2\sqrt{3}$을 갖는다.
즉, $2\sqrt{3}\leq x\leq4$이므로 ㉠에서
$$-\frac{1}{3}\leq\cos\theta\leq0$$
따라서 $M=0$, $m=-\dfrac{1}{3}$이므로
$$M-m=\frac{1}{3}$$

524
답 $x=6$, $\cos C=\dfrac{3}{5}$

$0<C<\pi$이므로
각 C의 크기가 커질수록 $\cos C$의 값은 작아진다.

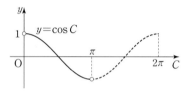

즉, 각 C의 크기가 최대일 때 $\cos C$는 최솟값을 갖는다.

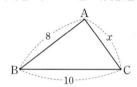

삼각형 ABC에서 코사인법칙에 의하여
$$\cos C=\frac{x^2+10^2-8^2}{2\times x\times10}$$
$$=\frac{x^2+36}{20x}=\frac{x}{20}+\frac{9}{5x}$$
이때 $x>0$이므로 산술평균과 기하평균의 관계에 의하여
$$\frac{x}{20}+\frac{9}{5x}\geq2\sqrt{\frac{x}{20}\times\frac{9}{5x}}$$
$$=\frac{3}{5}\left(단, \text{등호는 } \frac{x}{20}=\frac{9}{5x} \text{일 때 성립한다.}\right)$$
따라서 $\cos C$의 최솟값은 $\dfrac{3}{5}$이고,
$\dfrac{x}{20}=\dfrac{9}{5x}$에서
$x^2=36$, $x=6$이므로
각 C의 크기가 최대일 때 $x=6$이고 $\cos C=\dfrac{3}{5}$이다.

다른 풀이

선분 BC의 위치를 고정하면 점 A는 점 B를 중심으로 하고 반지름의 길이가 8인 원 위에 있다.
이때 ∠BCA가 최대일 때는 점 C에서 원에 그은 접선의 접점이 A일 때이다.

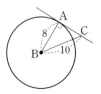

∠CAB=90°이므로 직각삼각형 CAB에서
$x=\overline{CA}=6$,
$\cos C=\dfrac{6}{10}=\dfrac{3}{5}$이다.

525

답 ③

세 점 A, P, O를 지나는 원의 반지름의 길이를 R라 하면
삼각형 APO에서 사인법칙에 의하여

$\dfrac{\overline{OA}}{\sin(\angle OPA)}=2R$이므로 $\sin(\angle OPA)=\dfrac{1}{2R}$

따라서 R가 최솟값을 가질 때, $\sin(\angle OPA)$가 최댓값을 갖는다.
R의 값이 최소이기 위해선
삼각형 APO에서 가장 긴 변의 길이가 $\overline{OP}=3$이어야 하고
이때 선분 OP가 삼각형 APO의 외접원의 지름이어야 한다.

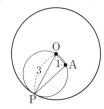

따라서 삼각형 APO는 $\angle OAP=90°$인 직각삼각형이므로
선분 AP의 길이는 $\sqrt{3^2-1^2}=2\sqrt{2}$

다른 풀이

$0<\angle OPA<\dfrac{\pi}{2}$이므로

$\sin(\angle OPA)$가 최대일 때 $\cos(\angle OPA)$가 최소이다.

$\overline{AP}=x\ (0<x<4)$라 하면 삼각형 OPA에서 코사인법칙에 의하여

$\cos(\angle OPA)=\dfrac{3^2+x^2-1^2}{2\times3\times x}=\dfrac{x^2+8}{6x}=\dfrac{x}{6}+\dfrac{4}{3x}$

이때 $x>0$이므로 산술평균과 기하평균의 관계에 의하여

$\dfrac{x}{6}+\dfrac{4}{3x}\geq2\sqrt{\dfrac{x}{6}\times\dfrac{4}{3x}}$

$=\dfrac{2\sqrt{2}}{3}$ (단, 등호는 $\dfrac{x}{6}=\dfrac{4}{3x}$일 때 성립한다.)

$\dfrac{x}{6}=\dfrac{4}{3x}$에서 $x^2=8$, $x=2\sqrt{2}$이므로

$x=2\sqrt{2}$일 때 $\cos(\angle OPA)$가 최솟값 $\dfrac{2\sqrt{2}}{3}$를 갖는다.

즉, $\sin(\angle OPA)$가 최댓값을 가질 때 선분 AP의 길이는 $2\sqrt{2}$이다.

526

답 ③

점 B에서 선분 AD에 내린 수선의 발을 F라 하면
$\cos(\angle BAC)=\dfrac{1}{8}$이고
삼각형 ABD가 $\overline{AB}=\overline{BD}=4$인 이등변삼각형이므로
$\overline{AD}=2\overline{AF}=2\overline{AB}\cos(\angle BAC)=2\times4\times\dfrac{1}{8}=1$
즉, $\overline{CD}=\overline{AC}-\overline{AD}=5-1=4$

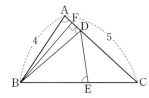

이때 $\angle BDC=\pi-\angle BDA=\pi-\angle BAC$에서

$\cos(\angle BDC)=\cos(\pi-\angle BAC)=-\cos(\angle BAC)=-\dfrac{1}{8}$이므로

삼각형 BCD에서 코사인법칙에 의하여

$\overline{BC}^2=4^2+4^2-2\times4\times4\times\left(-\dfrac{1}{8}\right)=36$

$\therefore \overline{BC}=6\ (\because \overline{BC}>0)$

점 D에서 선분 BC에 내린 수선의 발을 H라 하면
삼각형 DBC가 이등변삼각형이므로 $\overline{BH}=3$
직각삼각형 DBH에서 $\overline{DH}=\sqrt{4^2-3^2}=\sqrt{7}$

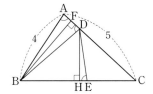

이때 $\cos(\angle BAC)=\dfrac{1}{8}$이므로

$\sin(\angle BAC)=\sqrt{1-\left(\dfrac{1}{8}\right)^2}=\dfrac{3\sqrt{7}}{8}$

즉, $\sin(\angle BED)=\dfrac{3\sqrt{7}}{8}$이므로 삼각형 DHE에서

$\overline{DE}=\dfrac{\overline{DH}}{\sin(\angle BED)}=\dfrac{\sqrt{7}}{\dfrac{3\sqrt{7}}{8}}=\dfrac{8}{3}$

527

답 $\dfrac{35}{32}$

삼각형 ABC에서 코사인법칙에 의하여

$\overline{BC}^2=5^2+4^2-2\times5\times4\times\dfrac{1}{8}=36$

$\therefore \overline{BC}=6\ (\because \overline{BC}>0)$

$\cos(\angle BAC)=\dfrac{1}{8}$에서 $\sin(\angle BAC)=\sqrt{1-\left(\dfrac{1}{8}\right)^2}=\dfrac{3\sqrt{7}}{8}$이고,

삼각형 ABC의 넓이는

$\dfrac{1}{2}\times\overline{AH}\times\overline{BC}=\dfrac{1}{2}\times\overline{AB}\times\overline{AC}\times\sin(\angle BAC)$이므로

$\dfrac{1}{2}\times\overline{AH}\times6=\dfrac{1}{2}\times5\times4\times\dfrac{3\sqrt{7}}{8}$ $\therefore \overline{AH}=\dfrac{5\sqrt{7}}{4}$

선분 AH를 2:3으로 내분하는 점이 M이므로

$\overline{AM}=\dfrac{2}{5}\times\overline{AH}=\dfrac{\sqrt{7}}{2}$

원 위의 점 P에 대하여 $\angle APM=90°$이므로
두 삼각형 APM, AHC는 닮음이다.
$\overline{AP}:\overline{AH}=\overline{AM}:\overline{AC}$이므로

$\overline{AP}:\dfrac{5\sqrt{7}}{4}=\dfrac{\sqrt{7}}{2}:4$, $4\overline{AP}=\dfrac{35}{8}$

$\therefore \overline{AP}=\dfrac{35}{32}$

528

답 ③

원이 두 선분 AB, AC와 만나는 점을 각각 E, F라 하자.
원이 삼각형 ABC에 내접하므로 $\overline{BE}=\overline{BD}=6$, $\overline{CF}=\overline{CD}=2$이고
$\overline{AE}=\overline{AF}=x$라 하면

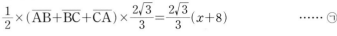

$\overline{AB}=x+6$, $\overline{BC}=8$, $\overline{CA}=x+2$이다.

따라서 삼각형 ABC의 넓이는

$$\frac{1}{2}\times(\overline{AB}+\overline{BC}+\overline{CA})\times\frac{2\sqrt{3}}{3}=\frac{2\sqrt{3}}{3}(x+8) \quad\cdots\cdots ㉠$$

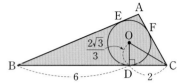

한편, 원의 중심을 O라 할 때, 직각삼각형 CDO에서

$\overline{OD}:\overline{CD}=1:\sqrt{3}$이므로

$\angle OCD=30°$이고, $\angle ACB=60°$이다.

따라서 삼각형 ABC의 넓이는

$$\frac{1}{2}\times\overline{AC}\times\overline{BC}\times\sin 60°=2\sqrt{3}(x+2) \quad\cdots\cdots ㉡$$

㉠, ㉡에서 $\frac{2\sqrt{3}}{3}(x+8)=2\sqrt{3}(x+2)$이므로

$x+8=3(x+2)$ $\quad\therefore x=1$

따라서 삼각형 ABC의 넓이는 $6\sqrt{3}$이다.

다른 풀이

원이 두 선분 AB, AC와 만나는 점을 각각 E, F라 하자.

원이 삼각형 ABC에 내접하므로 $\overline{BE}=\overline{BD}=6$, $\overline{CF}=\overline{CD}=2$이고

$\overline{AE}=\overline{AF}=x$라 하면

$\overline{AB}=x+6$, $\overline{BC}=8$, $\overline{CA}=x+2$이다.

한편, 원의 중심을 O라 할 때, 직각삼각형 CDO에서

$\overline{OD}:\overline{CD}=1:\sqrt{3}$이므로

$\angle OCD=30°$이고, $\angle ACB=60°$이다.

이때 삼각형 ABC에서 코사인법칙에 의하여

$(x+6)^2=(x+2)^2+8^2-2\times(x+2)\times 8\times\cos 60°$

$x^2+12x+36=(x^2+4x+4)+64-(8x+16)$

$16x=16$, $x=1$

따라서 삼각형 ABC의 넓이는

$$\frac{1}{2}\times\overline{AC}\times\overline{BC}\times\sin 60°=\frac{1}{2}\times 3\times 8\times\frac{\sqrt{3}}{2}=6\sqrt{3}$$

529 ··· 답 ①

삼각형 ABC에 내접하는 원이 세 선분 CA, AB, BC와 만나는 점을 각각 P, Q, R라 하자.

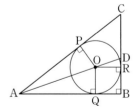

$\overline{OQ}=\overline{OR}=3$이므로

$\overline{DR}=\overline{DB}-\overline{RB}=4-3=1$

삼각형 DOR와 삼각형 OAQ는 닮음비가 $1:3$이므로

$\overline{AQ}=3\overline{OR}=9$

점 O가 삼각형 ABC의 내심이므로

$\overline{AP}=\overline{AQ}=9$, $\overline{BQ}=\overline{BR}=3$, $\overline{CP}=\overline{CR}$

따라서 $\overline{CP}=\overline{CR}=a$라 하면

직각삼각형 ABC에서 피타고라스 정리에 의하여

$(a+9)^2=12^2+(a+3)^2$

$a^2+18a+81=144+a^2+6a+9$

$12a=72$ $\quad\therefore a=6$

즉, $\overline{CP}=\overline{CR}=6$이므로

$$\sin C=\frac{\overline{AB}}{\overline{AC}}=\frac{\overline{AQ}+\overline{BQ}}{\overline{AP}+\overline{CP}}=\frac{9+3}{9+6}=\frac{4}{5}$$

한편, 직각삼각형 ABD에서 피타고라스 정리에 의하여

$\overline{AD}=\sqrt{12^2+4^2}=4\sqrt{10}$

삼각형 ADC의 외접원의 반지름의 길이를 R라 하면

사인법칙에 의하여

$$2R=\frac{\overline{AD}}{\sin C}=\frac{4\sqrt{10}}{\frac{4}{5}}=5\sqrt{10} \quad\therefore R=\frac{5\sqrt{10}}{2}$$

따라서 삼각형 ADC의 외접원의 넓이는

$$\pi\times\left(\frac{5\sqrt{10}}{2}\right)^2=\frac{125}{2}\pi$$

다른 풀이

삼각형 ABC에 내접하는 원이 세 선분 CA, AB, BC와 만나는 점을 각각 P, Q, R라 하자.

$\overline{OQ}=\overline{OR}=3$이므로

$\overline{DR}=\overline{DB}-\overline{RB}=4-3=1$

직각삼각형 DOR에서 피타고라스 정리에 의하여

$\overline{DO}=\sqrt{3^2+1^2}=\sqrt{10}$이므로

$$\sin(\angle DOR)=\frac{1}{\sqrt{10}}=\frac{\sqrt{10}}{10}$$

한편, 삼각형 DOR와 삼각형 OAQ는 닮음비가 $1:3$이므로

$\overline{AQ}=3\overline{OR}=9$

점 O가 삼각형 ABC의 내심이므로

$\overline{AP}=\overline{AQ}=9$, $\overline{BQ}=\overline{BR}=3$, $\overline{CP}=\overline{CR}$, $\angle CAD=\angle DAB$

따라서 내각의 이등분선의 성질에 의하여

$\overline{AB}:\overline{AC}=\overline{BD}:\overline{CD}$이므로

$(9+3):(9+\overline{CP})=4:(\overline{CR}-1)$

$9+\overline{CP}=3(\overline{CR}-1)$

$9+\overline{CR}=3(\overline{CR}-1)$ $(\because \overline{CP}=\overline{CR})$

$2\overline{CR}=12$

즉, $\overline{CR}=6$이므로

$\overline{CD}=\overline{CR}-1=5$

이때 직선 OR와 직선 AB가 평행하므로

$\angle DAB=\angle DOR$, 즉 $\angle CAD=\angle DOR$

따라서 삼각형 ADC의 외접원의 반지름의 길이를 R라 하면

사인법칙에 의하여

$$2R=\frac{\overline{CD}}{\sin(\angle CAD)}=\frac{\overline{CD}}{\sin(\angle DOR)}=\frac{5}{\frac{\sqrt{10}}{10}}=5\sqrt{10}$$

$$\therefore R=\frac{5\sqrt{10}}{2}$$

따라서 삼각형 ADC의 외접원의 넓이는

$$\pi\times\left(\frac{5\sqrt{10}}{2}\right)^2=\frac{125}{2}\pi$$

530

📖 103

삼각형 ABC에서 코사인법칙에 의하여

$$\cos A = \frac{6^2+5^2-4^2}{2\times 6\times 5} = \frac{3}{4}$$

$0° < A < 180°$이므로 $\sin A = \sqrt{1-\cos^2 A} = \sqrt{1-\left(\frac{3}{4}\right)^2} = \frac{\sqrt{7}}{4}$

(삼각형 ABC의 넓이)

= (삼각형 PAB의 넓이) + (삼각형 PBC의 넓이)

$\qquad\qquad\qquad$ + (삼각형 PAC의 넓이)

이므로 $\overline{PF} = x$라 하면

$$\frac{1}{2}\times 6\times 5\times\frac{\sqrt{7}}{4} = \frac{1}{2}\times 6\times x + \frac{1}{2}\times 4\times\sqrt{7} + \frac{1}{2}\times 5\times\frac{\sqrt{7}}{2}$$

$$\therefore x = \frac{\sqrt{7}}{6}$$

사각형 AFPE에서 $\angle EPF = \pi - A$이므로

$$(\text{삼각형 EFP의 넓이}) = \frac{1}{2}\times\frac{\sqrt{7}}{6}\times\frac{\sqrt{7}}{2}\times\sin(\pi-A)$$

$$= \frac{1}{2}\times\frac{\sqrt{7}}{6}\times\frac{\sqrt{7}}{2}\times\sin A$$

$$= \frac{7\sqrt{7}}{96}$$

따라서 $p=96$, $q=7$이므로

$p+q = 103$

531

📖 $2\sqrt{3}$

$\angle BAD = x$라 하면 $\angle ADB = 90°-x$이므로

$\angle CDE = 90° - \angle ADB = x$이다.

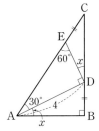

한편, 삼각형 ABD에서 $\overline{BD} = 4\sin x$이므로 $\overline{CE} = 4\sin x$

$\angle AED = 60°$이므로 $\angle CED = 120°$이다.

따라서 삼각형 CDE에서 사인법칙에 의하여

$$\frac{\overline{CD}}{\sin 120°} = \frac{\overline{CE}}{\sin x}, \ \frac{\overline{CD}}{\frac{\sqrt{3}}{2}} = \frac{4\sin x}{\sin x}$$

$$\therefore \overline{CD} = 2\sqrt{3}$$

532

📖 풀이 참조

삼각형 ABC에서 코사인법칙에 의하여

$$\cos A = \frac{7^2+8^2-13^2}{2\times 7\times 8} = -\frac{1}{2}$$이고 $0<A<\pi$이므로

$$\sin A = \sqrt{1-\cos^2 A} = \sqrt{1-\left(-\frac{1}{2}\right)^2} = \frac{\sqrt{3}}{2}$$

이때 삼각형 ABC의 외접원의 반지름의 길이를 R라 하면
사인법칙에 의하여

$$\frac{\overline{BC}}{\sin A} = 2R, \ \frac{13}{\frac{\sqrt{3}}{2}} = 2R, \ R = \frac{13\sqrt{3}}{3}$$

삼각형 ABC의 내접원의 반지름의 길이를 r라 하면
삼각형의 넓이는

$$\frac{1}{2}r(a+b+c) = \frac{1}{2}bc\sin A$$에서

$$\frac{1}{2}\times r\times(13+8+7) = \frac{1}{2}\times 8\times 7\times\frac{\sqrt{3}}{2}$$

$$14r = 14\sqrt{3}, \ r = \sqrt{3}$$

$\therefore$ (색칠한 부분의 넓이)

= (큰 원의 넓이) − (삼각형 ABC의 넓이) + (작은 원의 넓이)

$$= \pi\left(\frac{13\sqrt{3}}{3}\right)^2 - 14\sqrt{3} + \pi(\sqrt{3})^2$$

$$= \frac{178}{3}\pi - 14\sqrt{3}$$

채점 요소	배점
$\sin A$의 값 구하기	20%
외접원의 반지름의 길이 구하기	30%
내접원의 반지름의 길이 구하기	40%
색칠한 부분의 넓이 구하기	10%

533

📖 $\frac{15\sqrt{15}}{7}$

선분 AC가 원 O와 만나는 점을 D라 하고
점 D에서 선분 BC에 내린 수선의 발을 H라 하자.

$\angle OAB = \theta$라 하면

원의 접선과 원주각의 관계에 의하여 $\angle DBC = \theta$이다.

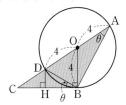

직각삼각형 ABD에서

$\overline{BD} = \overline{AD}\sin\theta = 8\times\frac{1}{4} = 2$이므로

$\overline{AB} = \sqrt{8^2-2^2} = 2\sqrt{15}$

직각삼각형 BHD에서 $\overline{DH} = \overline{BD}\sin\theta = 2\times\frac{1}{4} = \frac{1}{2}$

이때 두 직각삼각형 CHD와 CBO는 닮음비가 $\frac{1}{2}:4$, 즉 $1:8$인

닮은 도형이므로

$\overline{CD} = x$라 하면 $x:(x+4) = 1:8$에서 $x = \frac{4}{7}$

따라서 $\overline{AC} = \overline{AD} + \overline{CD} = 8 + \frac{4}{7} = \frac{60}{7}$이므로

$$(\text{삼각형 ABC의 넓이}) = \frac{1}{2}\times\overline{AC}\times\overline{AB}\times\sin\theta$$

$$= \frac{1}{2}\times\frac{60}{7}\times 2\sqrt{15}\times\frac{1}{4}$$

$$= \frac{15\sqrt{15}}{7}$$

534

冒 100

두 해안 도로가 나타내는 직선을 각각 l, m이라 하고,
두 직선 l, m의 교점을 O라 하자.
배의 위치를 A라 하고 수영코스에서 직선 l, m과 만나는 점을 각각
B, C라 하자.
이때 점 A를 직선 l에 대하여 대칭이동한 점을 A′, 직선 m에
대하여 대칭이동한 점을 A″이라 하면 그림과 같다.

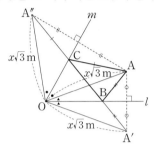

$\overline{OA}=\overline{OA'}=\overline{OA''}=x\sqrt{3}$ m이고
$\angle BOC=60°$에서 $\angle A'OA''=120°$이다.
이때 수영코스의 최단 길이가 300 m이므로 $\overline{A'A''}=300$ m
삼각형 A′OA″에서 코사인법칙에 의하여
$$300^2=(x\sqrt{3})^2+(x\sqrt{3})^2-2\times x\sqrt{3}\times x\sqrt{3}\times\cos 120°$$
$$=3x^2+3x^2+3x^2=9x^2$$
$$\therefore x=100\ (\because x>0)$$

535

冒 ①

원 O의 반지름의 길이를 R라 하면 원 O의 넓이가 $\dfrac{49}{3}\pi$이므로
$$\pi R^2=\dfrac{49}{3}\pi,\ R^2=\dfrac{49}{3}$$
$$\therefore R=\dfrac{7}{\sqrt{3}}=\dfrac{7\sqrt{3}}{3}$$

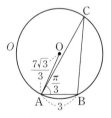

삼각형 ABC에서 사인법칙에 의하여
$$\dfrac{\overline{BC}}{\sin\dfrac{\pi}{3}}=2\times\dfrac{7\sqrt{3}}{3}$$
$$\therefore \overline{BC}=2\times\dfrac{7\sqrt{3}}{3}\times\sin\dfrac{\pi}{3}=2\times\dfrac{7\sqrt{3}}{3}\times\dfrac{\sqrt{3}}{2}=7$$
한편, $\overline{AC}=k\ (k>0)$라 하면 삼각형 ABC에서 코사인법칙에 의하여
$$7^2=k^2+3^2-2\times k\times 3\times\cos\dfrac{\pi}{3}$$
$$49=k^2+9-3k,\ k^2-3k-40=0$$
$$(k+5)(k-8)=0$$
$$\therefore k=8\ (\because k>0)$$
즉, $\overline{AC}=8$이므로 삼각형 ABC에서 코사인법칙에 의하여
$$\cos(\angle ABC)=\dfrac{3^2+7^2-8^2}{2\times 3\times 7}=-\dfrac{1}{7}$$

따라서 $\dfrac{\pi}{2}<\angle ABC<\pi$이므로 삼각형 ABC는 둔각삼각형이다.
이때 삼각형 PAC의 넓이가 최대가 되도록 하는 점 P를
점 Q라 하면 점 Q는 선분 AC의 수직이등분선과 원 O의 두 교점 중
직선 AC와 더 멀리 떨어져 있는 점이다.

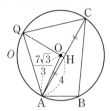

선분 AC와 선분 AC의 수직이등분선의 교점을 H라 하면 원 O의 중
심 O는 선분 QH 위에 있다.
직각삼각형 OAH에서
$$\overline{OH}=\sqrt{\overline{OA}^2-\overline{AH}^2}=\sqrt{\left(\dfrac{7\sqrt{3}}{3}\right)^2-4^2}=\dfrac{\sqrt{3}}{3}$$
$$\therefore \overline{QH}=\overline{OQ}+\overline{OH}=\dfrac{7\sqrt{3}}{3}+\dfrac{\sqrt{3}}{3}=\dfrac{8\sqrt{3}}{3}$$
따라서 삼각형 PAC의 넓이의 최댓값은
$$\dfrac{1}{2}\times\overline{AC}\times\overline{QH}=\dfrac{1}{2}\times 8\times\dfrac{8\sqrt{3}}{3}=\dfrac{32\sqrt{3}}{3}$$

536

冒 81

$\angle A_nOA_{n+1}=\theta_n\ (n=1, 2, \cdots, 7)$, $\angle A_8OA_1=\theta_8$이라 하면
한 원에서 호의 길이는 그 호에 대한 중심각의 크기에 비례하므로
$$\theta_1:\theta_2:\theta_3:\cdots:\theta_7:\theta_8=1:2:3:\cdots:7:8$$
이때 $\theta_1+\theta_2+\theta_3+\cdots+\theta_7+\theta_8=360°$이므로
$$\theta_n=\dfrac{n}{1+2+3+\cdots+8}\times 360°=n\times 10°\ (n=1, 2, \cdots, 8)$$
따라서 $S_n=\dfrac{1}{2}\times 3\times 3\times\sin\theta_n=\dfrac{9}{2}\sin\theta_n$이므로
$$(S_1)^2+(S_2)^2+(S_3)^2+\cdots+(S_7)^2+(S_8)^2$$
$$=\left(\dfrac{9}{2}\sin 10°\right)^2+\left(\dfrac{9}{2}\sin 20°\right)^2+\left(\dfrac{9}{2}\sin 30°\right)^2+\cdots$$
$$+\left(\dfrac{9}{2}\sin 70°\right)^2+\left(\dfrac{9}{2}\sin 80°\right)^2$$
$$=\left(\dfrac{9}{2}\right)^2(\sin^2 10°+\sin^2 20°+\sin^2 30°+\sin^2 40°$$
$$+\sin^2 50°+\sin^2 60°+\sin^2 70°+\sin^2 80°)$$
$$=\left(\dfrac{9}{2}\right)^2(\sin^2 10°+\sin^2 20°+\sin^2 30°+\sin^2 40°$$
$$+\cos^2 40°+\cos^2 30°+\cos^2 20°+\cos^2 10°)$$
$$=\left(\dfrac{9}{2}\right)^2\times 4=81$$

537

冒 ③

$\overline{OB}=\overline{OC}=\sqrt{10}$, $\overline{BC}=2\sqrt{5}$이므로 삼각형 OBC는 $\angle BOC=\dfrac{\pi}{2}$인
직각이등변삼각형이다.
$\angle AOB=\alpha$, $\angle AOC=\beta$라 하면
삼각형 OAB의 넓이 S_1은

$S_1 = \dfrac{1}{2} \times (\sqrt{10})^2 \times \sin \alpha = 5 \sin \alpha$

삼각형 OCA의 넓이 S_2는

$S_2 = \dfrac{1}{2} \times (\sqrt{10})^2 \times \sin \beta = 5 \sin \beta$

이때 $3S_1 = 4S_2$이므로 $\sin \alpha = \dfrac{4}{3} \sin \beta$ ...... ㉠

또한, $\angle AOB + \angle BOC + \angle COA = 2\pi$이므로

$\alpha + \beta + \dfrac{\pi}{2} = 2\pi$ $\therefore \beta = \dfrac{3}{2}\pi - \alpha$

$\beta = \dfrac{3}{2}\pi - \alpha$를 ㉠에 대입하면

$\sin \alpha = \dfrac{4}{3}\sin\left(\dfrac{3}{2}\pi - \alpha\right) = -\dfrac{4}{3}\cos \alpha$ ...... ㉡

㉡을 $\sin^2 \alpha + \cos^2 \alpha = 1$에 대입하면

$\left(-\dfrac{4}{3}\cos \alpha\right)^2 + \cos^2 \alpha = 1,\ \dfrac{25}{9}\cos^2 \alpha = 1$

$\cos^2 \alpha = \dfrac{9}{25}$

$\sin \alpha > 0$이므로 ㉡에서 $\cos \alpha < 0$

$\therefore \cos \alpha = -\dfrac{3}{5}$

따라서 삼각형 OAB에서 코사인법칙에 의하여

$\overline{AB}^2 = (\sqrt{10})^2 + (\sqrt{10})^2 - 2 \times \sqrt{10} \times \sqrt{10} \times \left(-\dfrac{3}{5}\right) = 32$

$\therefore \overline{AB} = 4\sqrt{2}\ (\because \overline{AB} > 0)$

538 ·· 답 2

$\angle BGF = \theta$이므로 $\angle BFG = 180° - (120° + \theta) = 60° - \theta$

$\angle BFE = \angle BFG + \angle GFE = (60° - \theta) + 30° = 90° - \theta$

이등변삼각형 EFG에서

$\overline{FG} = 2 \times \overline{EF}\cos 30° = 2\sqrt{3}$이고

삼각형 BGF에서 사인법칙에 의하여

$\dfrac{\overline{FG}}{\sin 120°} = \dfrac{\overline{BF}}{\sin \theta}$이므로

$\overline{BF} = \dfrac{\overline{FG}}{\sin 120°} \times \sin \theta$

$= \dfrac{2\sqrt{3}}{\dfrac{\sqrt{3}}{2}} \times \sin \theta = 4\sin \theta$

삼각형 EFB에서 코사인법칙에 의하여

$\overline{BE}^2 = \overline{BF}^2 + \overline{EF}^2 - 2 \times \overline{BF} \times \overline{EF} \times \cos(90° - \theta)$

$= (4\sin \theta)^2 + 2^2 - 2 \times 4\sin \theta \times 2 \times \sin \theta$

$= 4$

$\therefore \overline{BE} = 2\ (\because \overline{BE} > 0)$

539 ·· 답 63

$\angle BAD = \angle BCD = \theta$라 하면

삼각형 ABD의 넓이 S_1은

$S_1 = \dfrac{1}{2} \times 6 \times \overline{AD} \times \sin \theta = 3\overline{AD}\sin \theta$

삼각형 CBD의 넓이 S_2는

$S_2 = \dfrac{1}{2} \times \overline{BC} \times 4 \times \sin \theta = 2\overline{BC}\sin \theta$

이때 $S_1 : S_2 = 9 : 5$이므로

$3\overline{AD}\sin \theta : 2\overline{BC}\sin \theta = 9 : 5$

$3\overline{AD} : 2\overline{BC} = 9 : 5$

$15\overline{AD} = 18\overline{BC}$

$5\overline{AD} = 6\overline{BC}$

$\therefore \overline{AD} : \overline{BC} = 6 : 5$

이때 $\overline{AD} = 6k,\ \overline{BC} = 5k\ (k > 0)$라 하면

삼각형 ABC에서 코사인법칙에 의하여

$\overline{AC}^2 = 6^2 + (5k)^2 - 2 \times 6 \times 5k \times \dfrac{3}{4}$

$= 25k^2 - 45k + 36$

$\angle ADC = \angle ABC = \alpha$이므로

삼각형 ADC에서 코사인법칙에 의하여

$\overline{AC}^2 = (6k)^2 + 4^2 - 2 \times 6k \times 4 \times \dfrac{3}{4}$

$= 36k^2 - 36k + 16$

즉, $25k^2 - 45k + 36 = 36k^2 - 36k + 16$이므로

$11k^2 + 9k - 20 = 0,\ (11k + 20)(k - 1) = 0$

$\therefore k = 1\ (\because k > 0)$

$\therefore \overline{AD} = 6k = 6 \times 1 = 6$

한편, 삼각형 ABC가 예각삼각형이므로

$\sin \alpha = \sqrt{1 - \cos^2 \alpha} = \sqrt{1 - \left(\dfrac{3}{4}\right)^2} = \dfrac{\sqrt{7}}{4}$

따라서 삼각형 ADC의 넓이 S는

$S = \dfrac{1}{2} \times 6 \times 4 \times \sin \alpha$

$= \dfrac{1}{2} \times 6 \times 4 \times \dfrac{\sqrt{7}}{4} = 3\sqrt{7}$

$\therefore S^2 = (3\sqrt{7})^2 = 63$

540 ·· 답 13

$\overline{AB} = a\ (a > 0)$라 하면 $\overline{DA} = 2a$이다.

삼각형 DAB에서 코사인법칙에 의하여

$\overline{BD}^2 = a^2 + (2a)^2 - 2 \times a \times 2a \times \cos \dfrac{2}{3}\pi = 7a^2$

$\therefore \overline{BD} = \sqrt{7}a\ (\because a > 0)$

한편, $\overline{BE} : \overline{ED} = 3 : 4$이므로

$\triangle ABC : \triangle ADC = 3 : 4$

$\angle ABC = \theta$라 할 때,

$\triangle ABC = \dfrac{1}{2} \times \overline{BA} \times \overline{BC} \times \sin \theta$,

$\triangle ADC = \dfrac{1}{2} \times \overline{DA} \times \overline{DC} \times \sin(\pi - \theta)$

이고

$\triangle ABC : \triangle ADC = (\overline{BA} \times \overline{BC}) : (\overline{DA} \times \overline{DC})$

$= (\overline{BA} \times \overline{BC}) : (2\overline{BA} \times \overline{DC}) = 3 : 4$

이므로

$4\overline{BC} = 6\overline{DC}$ $\therefore \overline{BC} = \dfrac{3}{2}\overline{DC}$

$\overline{DC}=k\ (k>0)$라 하면

$\overline{BC}=\dfrac{3}{2}k$이고 $\overline{BD}=\sqrt{7}a$, $\angle BCD=\dfrac{\pi}{3}$이므로

삼각형 BCD에서 코사인법칙에 의하여

$(\sqrt{7}a)^2=\left(\dfrac{3}{2}k\right)^2+k^2-2\times\dfrac{3}{2}k\times k\times\cos\dfrac{\pi}{3}$

$7a^2=\dfrac{13}{4}k^2-\dfrac{3}{2}k^2=\dfrac{7}{4}k^2$

$k^2=4a^2$ $\therefore k=2a\ (\because k>0,\ a>0)$

즉, $\overline{BC}=\dfrac{3}{2}k=\dfrac{3}{2}\times2a=3a$, $\overline{DC}=k=2a$

삼각형 ABD의 외접원의 반지름의 길이가 1이므로
사인법칙에 의하여

$\dfrac{\sqrt{7}a}{\sin\dfrac{2}{3}\pi}=2\times1$

$\therefore a=2\times1\times\dfrac{\sin\dfrac{2}{3}\pi}{\sqrt{7}}=2\times\dfrac{\dfrac{\sqrt{3}}{2}}{\sqrt{7}}=\dfrac{\sqrt{21}}{7}$

따라서

$\triangle ABD=\dfrac{1}{2}\times\dfrac{\sqrt{21}}{7}\times\dfrac{2\sqrt{21}}{7}\times\sin\dfrac{2}{3}\pi=\dfrac{3\sqrt{3}}{14}$,

$\triangle BCD=\dfrac{1}{2}\times\dfrac{3\sqrt{21}}{7}\times\dfrac{2\sqrt{21}}{7}\times\sin\dfrac{\pi}{3}=\dfrac{9\sqrt{3}}{14}$

이므로 사각형 ABCD의 넓이는

$\triangle ABD+\triangle BCD=\dfrac{3\sqrt{3}}{14}+\dfrac{9\sqrt{3}}{14}=\dfrac{6\sqrt{3}}{7}$

즉, $p=7$, $q=6$이므로

$p+q=7+6=13$

541 ························· 📖 26

두 삼각형 ABC, ACD의 외접원의 반지름의 길이를 각각
$R\ (R>0)$, $R'\ (R'>0)$이라 하자.
삼각형 ABC에서 사인법칙에 의하여

$\dfrac{\overline{AC}}{\sin\alpha}=2R$, 즉 $\sin\alpha=\dfrac{\overline{AC}}{2R}$ ······ ㉠

삼각형 ACD에서 사인법칙에 의하여

$\dfrac{\overline{AC}}{\sin\beta}=2R'$, 즉 $\sin\beta=\dfrac{\overline{AC}}{2R'}$ ······ ㉡

이때 ㉠, ㉡을 $\dfrac{\sin\beta}{\sin\alpha}=\dfrac{3}{2}$에 대입하면

$\dfrac{\dfrac{\overline{AC}}{2R'}}{\dfrac{\overline{AC}}{2R}}=\dfrac{3}{2}$, $\dfrac{R}{R'}=\dfrac{3}{2}$

즉, $R=3k$, $R'=2k\ (k>0)$라 하자.
한편, 호 AC에 대한 중심각의 크기는 원주각의 크기의 2배이므로

$\angle AOC=2\angle ABC=2\alpha$

또한, 점 O에서 선분 AC에 내린 수선의 발 H는 선분 AC를
이등분하므로

$\angle AOH=\angle COH=\alpha$

마찬가지 방법으로 생각해 보면 $\angle AO'H=\beta$

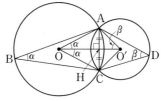

삼각형 AOO′에서

$\overline{OO'}=1$, $\overline{AO}=3k$, $\overline{AO'}=2k$이고 $\cos(\alpha+\beta)=\dfrac{1}{3}$이므로

$\cos(\angle OAO')=\cos\{\pi-(\alpha+\beta)\}=-\cos(\alpha+\beta)=-\dfrac{1}{3}$

삼각형 AOO′에서 코사인법칙에 의하여

$1^2=(3k)^2+(2k)^2-2\times3k\times2k\times\left(-\dfrac{1}{3}\right)$

$1=17k^2$

$\therefore k^2=\dfrac{1}{17}$

따라서 삼각형 ABC의 외접원의 넓이는

$\pi\times(3k)^2=\dfrac{9}{17}\pi$이므로

$p=17$, $q=9$

$\therefore p+q=17+9=26$

III 수열

01 등차수열과 등비수열

542 ·· 답 ②

$a_n = n^2 - 2$이므로

$a_3 = 3^2 - 2 = 7$, $a_5 = 5^2 - 2 = 23$이다.

$\therefore a_3 + a_5 = 30$

543 ·· 답 ④

① 2^n에 $n = 3$을 대입하면 $2^3 = 8$이고 주어진 수열의 제3항은 6이므로 제n항은 2^n이 아니다.

② $(-1)^{n+1}$에 $n = 1$을 대입하면 $(-1)^2 = 1$이고 주어진 수열의 제1항은 -1이므로 제n항은 $(-1)^{n+1}$이 아니다.

③ $2n+1$에 $n = 1$을 대입하면 $2 \times 1 + 1 = 3$이고 주어진 수열의 제1항은 1이므로 제n항은 $2n+1$이 아니다.

④ $1 = 1^2$, $4 = 2^2$, $9 = 3^2$, $16 = 4^2$, $\cdots$이므로 자연수 n에 대하여 주어진 수열의 제n항은 n^2이다.

⑤ $\dfrac{1}{n^3 + n}$에 $n = 2$를 대입하면 $\dfrac{1}{2^3 + 2}$이고 주어진 수열의 제2항은 $\dfrac{1}{2^2 + 2}$이므로 제n항은 $\dfrac{1}{n^3 + n}$이 아니다.

따라서 선지 중 일반항을 바르게 구한 것은 ④이다.

544 ·· 답 ②

주어진 수열을 $\{a_n\}$이라 하면

첫째항이 3이고 공차가 -2이므로 제15항은

$a_{15} = a_1 + 14 \times (-2) = 3 + 14 \times (-2) = -25$

545 ························· 답 (1) 26 (2) 6

(1) 주어진 수열을 $\{a_n\}$이라 하면
첫째항이 -1이고 공차가 $2 - (-1) = 3$이므로 제10항은
$a_{10} = a_1 + 9 \times 3 = -1 + 9 \times 3 = 26$

(2) 주어진 수열을 $\{a_n\}$이라 하면
첫째항이 42이고 공차가 $38 - 42 = -4$이므로 제10항은
$a_{10} = a_1 + 9 \times (-4) = 42 + 9 \times (-4) = 6$

546 ·· 답 ④

등차수열 $\{a_n\}$의 공차를 d라 하면

$a_{12} - a_4 = 8d = -24$이므로 $d = -3$

$\therefore a_{17} = a_{12} + 5d = -17 + 5 \times (-3) = -32$

다른 풀이

등차수열 $\{a_n\}$의 공차를 d라 하면

$a_4 = a_1 + 3d = 7$

$a_{12} = a_1 + 11d = -17$

위의 두 식을 연립하여 풀면

$a_1 = 16$, $d = -3$이므로

$a_n = 16 - 3(n-1) = -3n + 19$

$\therefore a_{17} = (-3) \times 17 + 19 = -32$

547 ·· 답 ④

4로 나눈 나머지가 1인 자연수를 작은 순서대로 나열하면

1, 5, 9, 13, $\cdots$이다.

즉, 수열 $\{a_n\}$이 첫째항이 1이고 공차가 4인 등차수열이므로 일반항은

$a_n = 1 + 4(n-1) = 4n - 3$

$\therefore a_{20} = 4 \times 20 - 3 = 77$

548 ·· 답 ④

등차수열 $\{a_n\}$의 공차를 d라 하면

$(a_4 + a_8) - (a_3 + a_5) = (a_4 - a_3) + (a_8 - a_5)$
$= d + 3d = 4d$

$4d = 25 - 27 = -2$에서 $d = -\dfrac{1}{2}$이다.

이때 $a_3 + a_5 = (a_1 + 2d) + (a_1 + 4d) = 2a_1 - 3$ $\left(\because d = -\dfrac{1}{2} \right)$

이므로

$2a_1 - 3 = 27$, $a_1 = 15$

수열 $\{a_n\}$의 일반항은

$a_n = 15 - \dfrac{1}{2}(n-1) = -\dfrac{n}{2} + \dfrac{31}{2}$이고

$-\dfrac{n}{2} + \dfrac{31}{2} < 0$, $\dfrac{n}{2} > \dfrac{31}{2}$에서 $n > 31$이므로

수열 $\{a_n\}$이 처음으로 음수가 되는 항은 제32항이다.

549

답 ②

세 양수 $a-3$, $2a-1$, a^2-3에서 등차중항에 의하여

$2a-1=\dfrac{(a-3)+(a^2-3)}{2}$

$4a-2=a^2+a-6$

$a^2-3a-4=(a+1)(a-4)=0$

$\therefore a=-1$ 또는 $a=4$

이때 $a-3$, $2a-1$, a^2-3이 모두 양수가 되기 위해서는

$a=4$이다.

따라서 세 양수는 1, 7, 13이므로 세 수의 합은 21이다.

550

답 ④

두 등차수열 $\{a_n\}$, $\{b_n\}$의 공차가 각각 3, -2이므로

$a_{n+1}-a_n=3$, $b_{n+1}-b_n=-2$이다.

따라서 등차수열 $\{3a_n-4b_n-5\}$의 공차는

$(3a_{n+1}-4b_{n+1}-5)-(3a_n-4b_n-5)$

$=3(a_{n+1}-a_n)-4(b_{n+1}-b_n)$

$=3\times3-4\times(-2)=17$

551

답 ③

주어진 등차수열을 $\{a_n\}$이라 하고, 이 수열의 공차를 d라 하자.

$a_1=2$, $a_5=14$에서 $a_5-a_1=4d=12$이므로 $d=3$이다.

따라서 수열 $\{a_n\}$의 첫째항부터 제10항까지의 합은

$\dfrac{10(2\times2+9\times3)}{2}=155$

552

답 ④

$a_{10}=11$이므로

$S_{10}=\dfrac{10(a_1+a_{10})}{2}=5(a_1+11)$이다.

$5(a_1+11)=20$에서 $a_1=-7$이다.

이때 등차수열 $\{a_n\}$의 공차를 d라 하면 $a_{10}-a_1=9d$이므로

$9d=11-(-7)=18$에서 $d=2$이다.

$\therefore a_{20}=a_1+19d=-7+38=31$

> **참고**
>
> 등차수열 $\{a_n\}$의 첫째항부터 제n항까지의 합 S_n은
>
> ❶ 첫째항이 a, 제n항이 l일 때,
>
> $$S_n=\dfrac{n(a+l)}{2}$$
>
> ❷ 첫째항이 a, 공차가 d일 때,
>
> $$S_n=\dfrac{n\{2a+(n-1)d\}}{2}$$
>
> 의 두 가지로 나타낼 수 있다. 문제에서 주어진 조건에 따라 편리한 공식을 사용하도록 하자.

553

답 ①

등차수열 $\{a_n\}$의 공차를 d라 하고, 첫째항부터 제n항까지의 합을 S_n이라 하자.

$S_6=\dfrac{6(2a_1+5d)}{2}=21$에서

$2a_1+5d=7$ ······ ㉠

$S_{12}=\dfrac{12(2a_1+11d)}{2}=150$에서

$2a_1+11d=25$ ······ ㉡

㉠, ㉡을 연립하여 풀면

$d=3$, $a_1=-4$이다.

$\therefore a_{12}=a_1+11d=-4+33=29$

554

답 44

연속하는 20개의 짝수를 큰 순서대로 나열하면 공차가 -2인 등차수열을 이룬다.

이때 가장 큰 수, 즉 첫째항을 k라 하면 가장 작은 수인 제20항은 $k-38$이므로 등차수열의 합에 의하여

$\dfrac{20(k+k-38)}{2}=500$

$2k-38=50$

$\therefore k=44$

555

답 ①

공연장의 n번째 줄의 관람석의 수를 a_n이라 하면 수열 $\{a_n\}$은 첫째항이 12이고 공차가 3인 등차수열을 이룬다.

따라서 구하는 총 관람석의 수는 등차수열 $\{a_n\}$의 첫째항부터 제20항까지의 합과 같으므로

$\dfrac{20(2\times12+19\times3)}{2}=810$이다.

556

답 4

$a_1=S_1=3-2=1$이고

$n\geq2$일 때 수열의 합과 일반항 사이의 관계에 의하여

$a_7=S_7-S_6$

$\quad=3\times7-2-(3\times6-2)=3$

$\therefore a_1+a_7=1+3=4$

557

답 ④

$n\geq2$일 때 수열의 합과 일반항 사이의 관계에 의하여

$a_8=S_8-S_7$

$\quad=(64+24)-(49+21)=18$

558
답 (1) $a_n=4n-3\ (n\geq 1)$　(2) $a_1=4,\ a_n=2n\ (n\geq 2)$

(1) $n\geq 2$일 때 수열의 합과 일반항 사이의 관계에 의하여
$$
\begin{aligned}
a_n&=S_n-S_{n-1}\\
&=(2n^2-n)-\{2(n-1)^2-(n-1)\}\\
&=(2n^2-n)-(2n^2-4n+2-n+1)\\
&=4n-3
\end{aligned}
$$
$a_1=S_1=1$이므로 $a_n=4n-3\ (n\geq 1)$이다.

(2) $n\geq 2$일 때 수열의 합과 일반항 사이의 관계에 의하여
$$
\begin{aligned}
a_n&=S_n-S_{n-1}\\
&=(n^2+n+2)-\{(n-1)^2+(n-1)+2\}\\
&=(n^2+n+2)-(n^2-2n+1+n-1+2)\\
&=2n
\end{aligned}
$$
$S_1=4$이므로 $a_1=4,\ a_n=2n\ (n\geq 2)$이다.

다른 풀이

(1) S_n이 n에 대한 이차식이고 상수항이 0이므로
수열 $\{a_n\}$은 등차수열이다.
$a_1=S_1=1$이고 (이차항의 계수)$\times 2=$(공차)이므로
공차는 $2\times 2=4$이다.
따라서 일반항은 $a_n=1+4(n-1)=4n-3$이다.

참고

수열 $\{a_n\}$의 첫째항부터 제n항까지의 합 S_n이 n에 대한
이차식이고 상수항이 0이 아닌 경우 수열 $\{a_n\}$은 제2항부터
등차수열을 이룬다. 이때 첫째항이 규칙에서 제외되므로 수열
$\{a_n\}$은 등차수열이 아니다.

559
답 ②

주어진 등비수열을 $\{a_n\}$이라 하고, 공비를 r라 하자.
$$\frac{a_8}{a_5}=\frac{a_1\times r^7}{a_1\times r^4}=r^3=\frac{96}{-12}=-8\text{이므로 }r=-2$$
$\therefore a_6=a_5\times r=(-12)\times(-2)=24$
따라서 제6항은 24이다.

560
답 ①

수열 $\{a_n\}$은 첫째항이 48이고 공비가 $\frac{1}{2}$인 등비수열이므로

일반항은 $a_n=48\times\left(\frac{1}{2}\right)^{n-1}$이다.　　　……㉠

수열 $\{b_n\}$은 첫째항이 $\frac{1}{27}$이고 공비가 3인 등비수열이므로

일반항은 $b_n=\frac{1}{27}\times 3^{n-1}$이다.　　　……㉡

㉠, ㉡에서
$$a_nb_n=48\times\left(\frac{1}{2}\right)^{n-1}\times\frac{1}{27}\times 3^{n-1}=\frac{16}{9}\times\left(\frac{3}{2}\right)^{n-1}$$

이므로 수열 $\{a_nb_n\}$의 공비는 $\frac{3}{2}$이다.　　　……**TIP**

TIP

두 수열 $\{a_n\}$, $\{b_n\}$이 모두 등비수열이면 수열 $\{a_nb_n\}$도
등비수열이고, 이때 공비는 두 수열 $\{a_n\}$, $\{b_n\}$의 공비를 곱한
것과 같다.
[증명]
수열 $\{a_n\}$, $\{b_n\}$의 공비를 각각 r, s라 하면
수열 $\{a_n\}$의 일반항은 $a_n=a_1\times r^{n-1}$이고
수열 $\{b_n\}$의 일반항은 $b_n=b_1\times s^{n-1}$이다.
따라서 수열 $\{a_nb_n\}$의 일반항은
$$
\begin{aligned}
a_nb_n&=(a_1\times r^{n-1})\times(b_1\times s^{n-1})\\
&=a_1b_1\times(rs)^{n-1}
\end{aligned}
$$
이므로 수열 $\{a_nb_n\}$은 첫째항이 a_1b_1이고 공비가 rs인
등비수열이다.

561
답 ②

등비수열 $\{a_n\}$의 공비를 r라 하면 $\frac{a_4}{a_3}=3$에서 $r=3$이므로

일반항은 $a_n=\frac{1}{6}\times 3^{n-1}$이다.

이때 $a_k=\frac{81}{2}$이라 하면

$a_k=\frac{1}{6}\times 3^{k-1}=\frac{81}{2}$, $3^{k-1}=243=3^5$에서 $k-1=5$, $k=6$

따라서 $\frac{81}{2}$은 제6항이다.

562
답 ③

등비수열 $\{a_n\}$의 공비를 $r\ (r>0)$라 하면
$$\frac{a_3+a_4}{a_5+a_6}=\frac{a_3+a_4}{a_3r^2+a_4r^2}=\frac{a_3+a_4}{(a_3+a_4)r^2}=\frac{1}{r^2}=9$$
이므로 $r^2=\frac{1}{9}$, $r=\frac{1}{3}\ (\because r>0)$

$\therefore a_2=a_1r=12\times\frac{1}{3}=4$

563
답 ①

등비수열 $\{a_n\}$의 공비를 $r\ (r>0)$라 하면

$a_3=9a_1$에서 $\frac{a_3}{a_1}=\frac{a_1\times r^2}{a_1}=r^2=9$이므로 $r=3\ (\because r>0)$

이때 $a_6=(a_5)^2$에서 $\frac{a_6}{a_5}=a_5$, $r=a_1r^4$, $a_1=\frac{1}{r^3}$이므로

$a_1=\frac{1}{3^3}=\frac{1}{27}$

564
답 320

등비수열 $\{a_n\}$의 공비를 r라 하면
$a_2\times r^3=a_5$, $a_3\times r^3=a_6$, $a_4\times r^3=a_7$이므로

$a_5+a_6+a_7=r^3(a_2+a_3+a_4)=40$

$r^3=8(\because a_2+a_3+a_4=5)$

$\therefore a_8+a_9+a_{10}=r^3(a_5+a_6+a_7)=8\times40=320$

565 답 ②

등비수열 $\{a_n\}$의 일반항은

$a_n=\dfrac{1}{16}\times2^{n-1}=2^{-4}\times2^{n-1}=2^{n-5}$이다.

$a_{15}=2^{10}=1024<2000$이고

$a_{16}=2^{11}=2048>2000$이므로

$a_n>2000$을 만족시키는 자연수 n의 최솟값은 16이다.

566 답 ②

주어진 수열이 등비수열이므로 등비중항에 의하여

$x^2=162\times18=3^2\times18^2=54^2$

에서 $x=54(\because x>0)$

$y^2=18\times2=6^2$

에서 $y=6(\because y>0)$

$\therefore x+y=54+6=60$

다른 풀이

주어진 등비수열을 $\{a_n\}$이라 하고, 공비를 $r(r>0)$라 하자.

$a_1=162$, $a_3=18$에서 $\dfrac{a_3}{a_1}=\dfrac{a_1\times r^2}{a_1}=r^2=\dfrac{18}{162}=\dfrac{1}{9}$

이므로 $r=\dfrac{1}{3}(\because r>0)$이다.

즉, 수열 $\{a_n\}$은 첫째항이 162이고 공비가 $\dfrac{1}{3}$인 등비수열이므로

$x=a_2=a_1\times r=162\times\dfrac{1}{3}=54$

$y=a_4=a_3\times r=18\times\dfrac{1}{3}=6$

$\therefore x+y=54+6=60$

567 답 ⑤

등비수열 5, x, y, z, 80의 공비를 r라 하자.

$80=5r^4$에서 $r^4=16$이므로 $r=2(\because r>0)$이다.

따라서 $x=5\times2=10$, $y=2x=20$, $z=2y=40$이므로

$x+y+z=10+20+40=70$

568 답 24

세 수 x, 5, $y-1$에서 등차중항에 의하여

$10=x+y-1$, $y=11-x$ ...... ㉠

세 수 $x+1$, y, 2에서 등비중항에 의하여

$y^2=(x+1)\times2$, $y^2=2x+2$ ...... ㉡

㉠을 ㉡에 대입하면

$(11-x)^2=2x+2$, $x^2-22x+121=2x+2$

$x^2-24x+119=(x-7)(x-17)=0$

$\therefore x=7$ 또는 $x=17$

따라서 모든 x의 값의 합은 $17+7=24$이다.

569 답 16

등비수열 $\{a_n\}$의 공비를 $r(r>0)$라 하면

$a_3+a_5=\dfrac{1}{a_3}+\dfrac{1}{a_5}$에서

$a_3+a_5=\dfrac{a_3+a_5}{a_3a_5}$

즉, $a_3a_5=1$이므로

$\dfrac{1}{4}r^2\times\dfrac{1}{4}r^4=1\left(\because a_1=\dfrac{1}{4}\right)$

$r^6=16$, $r^3=4(\because r>0)$

$\therefore a_{10}=\dfrac{1}{4}r^9=\dfrac{1}{4}(r^3)^3=\dfrac{1}{4}\times4^3=16$

570 답 ③

주어진 수열은 첫째항이 2^3이고 공비가 2^2인 등비수열이다.

이 수열을 $\{a_n\}$이라 할 때, 일반항은 $a_n=2^3\times(2^2)^{n-1}=2^{2n+1}$이다.

이때 $a_k=2^{25}$이라 하면

$2^{2k+1}=2^{25}$에서 $k=12$이다.

따라서 구하는 합은 등비수열 $\{a_n\}$의 첫째항부터 제12항까지의 합과 같으므로

$\dfrac{2^3\{(2^2)^{12}-1\}}{4-1}=\dfrac{2^3(2^{24}-1)}{3}=\dfrac{2^{27}-8}{3}$

571 답 ③

첫째항이 3이고 공비가 -2인 등비수열 $\{a_n\}$의 첫째항부터 제10항까지의 합은

$\dfrac{3\{1-(-2)^{10}\}}{1-(-2)}=1-(-2)^{10}=1-1024=-1023$

572 답 풀이 참조

주어진 등비수열을 $\{a_n\}$이라 하고, 공비를 r라 하자.

첫째항부터 제5항까지의 합이 4, 첫째항부터 제10항까지의 합이 -20이므로

$\dfrac{a_1(r^5-1)}{r-1}=4$ ...... ㉠

$\dfrac{a_1(r^{10}-1)}{r-1}=\dfrac{a_1(r^5-1)(r^5+1)}{r-1}=-20$ ...... ㉡

㉠을 ㉡에 대입하면

$\dfrac{a_1(r^5-1)(r^5+1)}{r-1}=4(r^5+1)=-20$

에서 $r^5+1=-5$이므로 $r^5=-6$이다. ...... ㉢

따라서 첫째항부터 제15항까지의 합은

$\dfrac{a_1(r^{15}-1)}{r-1}=\dfrac{a_1(r^5-1)(r^{10}+r^5+1)}{r-1}$

$\qquad=4\times\{(-6)^2+(-6)+1\}(\because ㉠, ㉢)$

$\qquad=124$

채점 요소	배점
첫째항부터 제5항까지의 합을 첫째항과 공비를 이용하여 식 세우기	30 %
첫째항부터 제10항까지의 합을 첫째항과 공비를 이용하여 식 세우기	30 %
첫째항부터 제15항까지의 합 구하기	40 %

573   📋 $\dfrac{1}{5}$

등비수열 $\{a_n\}$의 공비를 r라 하면

$$a_1+a_2+a_3+\cdots+a_{20}=\frac{a_1(r^{20}-1)}{r-1}=18 \qquad \cdots\cdots \text{㉠}$$

이때 a_1, a_3, a_5, $\cdots$, a_{19}는 첫째항이 a_1이고 공비가 r^2인 등비수열을 이루므로

$$a_1+a_3+a_5+\cdots+a_{19}=\frac{a_1\{(r^2)^{10}-1\}}{r^2-1}$$
$$=\frac{a_1(r^{20}-1)}{(r-1)(r+1)}=15 \qquad \cdots\cdots \text{㉡}$$

㉠을 ㉡에 대입하면

$\dfrac{18}{r+1}=15$에서 $r+1=\dfrac{6}{5}$이므로 $r=\dfrac{1}{5}$이다.

따라서 수열 $\{a_n\}$의 공비는 $\dfrac{1}{5}$이다.

574   📋 ③

$n\geq2$일 때 수열의 합과 일반항 사이의 관계에 의하여

$$S_n-S_{n-1}=(3^{n+2}+k)-(3^{n+1}+k)$$
$$=(3-1)3^{n+1}$$
$$=2\times3^{n+1}$$

$n\geq2$일 때 $a_n=2\times3^{n+1}$이므로 수열 $\{a_n\}$이 등비수열이 되려면 $S_1=a_1$을 만족시켜야 한다.

$S_1=3^3+k$, $a_1=2\times3^2$이므로

$$27+k=18$$
$$\therefore k=-9$$

> **TIP**
>
> 수열 $\{a_n\}$이 등비수열이면 첫째항부터 제n항까지의 합을 S_n이라 할 때, $S_n=p\times r^n-p$ (p는 상수) 꼴로 나타낼 수 있어야 한다.
> 수열 $\{a_n\}$이 등비수열이고, 이 수열의 공비를 r라 하면
> 수열 $\{a_n\}$의 첫째항부터 제n항까지의 합 S_n은
>
> $$S_n=\frac{a_1(r^n-1)}{r-1}=\frac{a_1}{r-1}\times r^n-\frac{a_1}{r-1}$$이고
>
> $\dfrac{a_1}{r-1}=p$ (p는 상수)라 하면 $S_n=p\times r^n-p$이다.
> 문제에 주어진 식 $S_n=3^{n+2}+k$에서 $S_n=9\times3^n+k$이므로
> $k=-9$임을 알 수 있다.

575   📋 5

첫째항이 5이고 공비가 2인 등비수열 $\{a_n\}$의 첫째항부터 제n항까지의 합 S_n은

$$S_n=\frac{5(2^n-1)}{2-1}=5\times2^n-5$$

이므로 $S_n+p=5\times2^n-5+p$가 등비수열의 일반항이 되려면

$$-5+p=0$$
$$\therefore p=5$$

576   📋 ②

1개월째 초에 적립한 10만 원은 36개월 동안 예금되므로 36개월째 말의 원리합계는 $10(1+0.005)^{36}$만 원이다.

2개월째 초에 적립한 10만 원은 35개월 동안 예금되므로 36개월째 말의 원리합계는 $10(1+0.005)^{35}$만 원이다.

이와 같은 방법으로 매월 초에 적립한 10만 원의 36개월째 말의 원리합계는 다음과 같다.

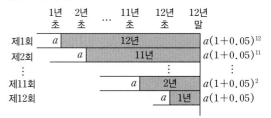

구하는 적립금의 원리합계는 첫째항이 $10(1+0.005)$이고 공비가 $1+0.005$인 등비수열의 첫째항부터 제36항까지의 합과 같으므로

$$10(1+0.005)+10(1+0.005)^2+10(1+0.005)^3+\cdots$$
$$+10(1+0.005)^{36}$$

$$=\frac{10(1+0.005)\times\{(1+0.005)^{36}-1\}}{(1+0.005)-1}$$

$$=\frac{10\times1.005\times0.2}{0.005} \; (\because 1.005^{36}=1.2)$$

$$=402(\text{만 원})$$

따라서 구하는 적립금의 원리합계는 402만 원이다.

577   📋 ③

첫 해 연초에 적립한 a원은 12년 동안 예금되므로 12년 후의 연말의 원리합계는 $a(1+0.05)^{12}$원이다.

2년째 연초에 적립한 a원은 11년 동안 예금되므로 12년 후의 연말의 원리합계는 $a(1+0.05)^{11}$원이다.

이와 같은 방법으로 매년 초에 적립한 a원의 12년 후의 연말의 원리합계는 다음과 같다.

	1년 초	2년 초	$\cdots$	11년 초	12년 초	12년 말	
제1회	a		12년				$a(1+0.05)^{12}$
제2회		a	11년				$a(1+0.05)^{11}$
⋮							⋮
제11회				a	2년		$a(1+0.05)^2$
제12회					a	1년	$a(1+0.05)$

적립금의 원리합계는 첫째항이 $a(1+0.05)$이고 공비가 $1+0.05$인 등비수열의 첫째항부터 제12항까지의 합과 같으므로

$$a(1+0.05)+a(1+0.05)^2+a(1+0.05)^3+\cdots+a(1+0.05)^{12}$$
$$=\frac{a(1+0.05)\times\{(1+0.05)^{12}-1\}}{(1+0.05)-1}$$
$$=\frac{1.05a(1.05^{12}-1)}{1.05-1}$$
$$=\frac{1.05a\times0.8}{0.05}\ (\because\ 1.05^{12}=1.8)$$
$$=21a\times0.8=8400000$$
$$\therefore\ a=500000$$

578

답 (1) n^3 (2) $\dfrac{n}{2n-1}$

(1) 주어진 수열 1, 8, 27, 64, 125, $\cdots$는
1^3, 2^3, 3^3, 4^3, 5^3, $\cdots$이므로 n번째 수가 n^3이다.
따라서 주어진 수열의 일반항은 n^3이다.

(2) 주어진 수열 $\dfrac{1}{1}$, $\dfrac{2}{3}$, $\dfrac{3}{5}$, $\dfrac{4}{7}$, $\dfrac{5}{9}$, $\cdots$에서
분자는 1, 2, 3, 4, 5, $\cdots$로 n번째 수가 n이고,
분모는 1, 3, 5, 7, 9, $\cdots$로 n번째 수가 $2n-1$이다.
따라서 주어진 수열의 일반항은 $\dfrac{n}{2n-1}$이다.

579

답 ④

등차수열 -6, a_1, a_2, a_3, a_4, a_5, a_6, 15의 공차를 d라 하면
-6에 d를 7번 더하면 15가 된다.
즉, $-6+7d=15$에서
$7d=21$, $d=3$
따라서 $a_6=15-3=12$, $a_5=12-3=9$이므로
$a_5+a_6=21$

580

답 ④

삼차방정식 $x^3-3x^2+kx+8=0$의 세 실근이 등차수열을 이루므로
세 실근을 $a-d$, a, $a+d$라 하면
$(a-d)+a+(a+d)=3$이므로 ······ TIP
$3a=3$, $a=1$
또한, $(a-d)\times a\times(a+d)=-8$이므로 ······ TIP
$a(a^2-d^2)=-8$, $1-d^2=-8$, $d^2=9$
$d=3$ 또는 $d=-3$
한편, 주어진 삼차방정식의 한 근이 $x=1$이므로
$k+6=0$, $k=-6$
$\therefore\ k+|d|=-3$

TIP
삼차방정식 $x^3+ax^2+bx+c=0$의 세 실근을 α, β, γ라 하면
$x^3+ax^2+bx+c=(x-\alpha)(x-\beta)(x-\gamma)$
$\qquad=x^3-(\alpha+\beta+\gamma)x^2+(\alpha\beta+\beta\gamma+\gamma\alpha)x-\alpha\beta\gamma$
이므로
$\alpha+\beta+\gamma=-a$, $\alpha\beta+\beta\gamma+\gamma\alpha=b$, $\alpha\beta\gamma=-c$가 성립한다.

581

답 24

등차수열 $\{a_n\}$의 공차를 d라 하면
$a_{11}-a_6=5d=15$에서 $d=3$이므로
일반항은 $a_n=a_1+3(n-1)$이다. ······ ㉠
$n=8$을 ㉠에 대입하면
$a_8=a_1+3\times7=-44$에서 $a_1=-65$이므로
㉠에서 $a_n=-65+3(n-1)=3n-68$이다.
이때 $a_{22}=-2$, $a_{23}=1$이므로
$|a_n|$은 $k=23$일 때 $|a_{23}|=1$로 최솟값을 갖는다. ······ TIP
$\therefore\ k+a_k=23+1=24$

TIP
$|a_n|$의 값은 항상 0보다 크거나 같으므로 a_n이 0과 가장 가까운 값을 가질 때 $|a_n|$은 최솟값을 갖는다.

582

답 -30

조건 ㈏에서 a_5, a_{10}이 절댓값은 같고 부호가 서로 다르므로
등차수열 $\{a_n\}$의 공차를 d라 하면
$a_5+a_{10}=a_2+3d+a_2+8d=0$
조건 ㈎에서 $a_2=22$이므로 $11d=-44$, $d=-4$
$\therefore\ a_{15}=a_2+13d=22+(-52)=-30$

583

답 24

등차수열 $\{a_n\}$의 공차를 $d\ (d>0)$라 하면
조건 ㈎에서 $a_6+a_{10}=a_1+5d+a_1+9d=0$이므로
$2a_1+14d=0$이다.
$\therefore\ a_1=-7d$ ······ ㉠
조건 ㈏에서 $|a_7|+4=|a_{11}|$이므로
$|a_1+6d|+4=|a_1+10d|$
$|-d|+4=|3d|\ (\because\ ㉠)$
$d+4=3d\ (\because\ d>0)$
$\therefore\ d=2$, $a_1=-14\ (\because\ ㉠)$
$\therefore\ a_{20}=a_1+19d=-14+38=24$

584

답 ④

집합 B의 원소를 작은 수부터 차례대로 나열하면
7, 12, 17, 22, 27, 32, 37, 42, $\cdots$
이므로 집합 B는 숫자 2를 제외하고 일의 자리의 수가 7 또는 2인
모든 자연수의 집합임을 알 수 있다.
집합 A의 원소를 작은 수부터 차례대로 나열하면
4, 7, 10, 13, 16, 19, 22, 25, 28, 31, 34, 37, $\cdots$
이므로 $A\cap B$의 원소를 작은 수부터 차례대로 나열하면
7, 22, 37, 52, 67, $\cdots$이다.
즉, 수열 $\{a_n\}$은 첫째항이 7이고 공차가 15인 등차수열이다.
$\therefore\ a_n=7+(n-1)\times15=15n-8$

따라서 $a_n=15n-8>400$에서 $n>\dfrac{408}{15}=27.2$이므로

수열 $\{a_n\}$에서 처음으로 400보다 커지는 항은 제28항이다.

585 ⟶ 🔲 54

직각삼각형의 세 변의 길이를 각각 $a-3$, a, $a+3$ $(a>3)$이라 하자.

······ **TIP**

이때 빗변의 길이가 $a+3$이므로 피타고라스 정리에 의하여
$(a-3)^2+a^2=(a+3)^2$
$a^2-6a+9+a^2=a^2+6a+9$
$a^2-12a=a(a-12)=0$에서 $a=12\,(\because a>3)$
따라서 직각삼각형의 세 변의 길이가 9, 12, 15이므로

구하는 삼각형의 넓이는 $\dfrac{1}{2}\times9\times12=54$

TIP

> 등차수열을 이루는 세 수를 $a-d$, a, $a+d$와 같이 나타내면
> 세 수의 합이 $(a-d)+a+(a+d)=3a$이므로 미지수 d가
> 제거되면서 풀이 과정에서 계산이 편리하다.
> 같은 아이디어로 등차수열을 이루는 네 수의 경우
> $a-3d$, $a-d$, $a+d$, $a+3d$와 같이 표현할 수 있고, 이때
> 공차는 $2d$이다.

586 ⟶ 🔲 60

5개의 부채꼴의 넓이를 작은 것부터 차례대로
$a-2d$, $a-d$, a, $a+d$, $a+2d$ $(d>0)$라 하면
5개의 부채꼴의 넓이의 합은 원의 넓이이므로
$5a=\pi\times15^2$ $\therefore a=45\pi$ ······ ㉠
또한, 가장 큰 부채꼴의 넓이가 가장 작은 부채꼴의 넓이의
2배이므로
$a+2d=2(a-2d)$에서
$d=\dfrac{a}{6}=\dfrac{15}{2}\pi$
따라서 가장 큰 부채꼴의 넓이는
$a+2d=45\pi+2\times\dfrac{15}{2}\pi=60\pi$

$\therefore k=60$

587 ⟶ 🔲 ④

등차수열 2, a_1, a_2, a_3, $\cdots$, a_{n+2}, 102에서
첫째항은 2이고 항의 개수는 $n+4$이므로 등차수열의 합에 의하여
$\dfrac{(n+4)(2+102)}{2}=52(n+4)$
이때 $52(n+4)=1092$, $n+4=21$에서 $n=17$이다.
이 수열의 공차를 d라 하면
$102-2=d(n+3)$에서 $100=20d\,(\because n=17)$이므로 $d=5$이다.
$a_{11}=2+5\times11=57$이고 등차중항에 의하여

$a_{11}=\dfrac{a_{10}+a_{12}}{2}$, $a_{10}+a_{12}=2a_{11}$이다.

$\therefore a_{10}+a_{11}+a_{12}=3a_{11}=3\times57=171$

588 ⟶ 🔲 3010

5로 나눈 나머지가 3인 자연수를 작은 것부터 차례로 나열하면
3, 8, 13, 18, $\cdots$이다.
즉, 이 수열을 $\{a_n\}$이라 하면 첫째항이 3이고 공차가 5인
등차수열이므로 일반항은 $a_n=3+5(n-1)=5n-2$이다.
이때 $100\le a_n\le200$이려면
$100\le5n-2\le200$에서 $\dfrac{102}{5}\le n\le\dfrac{202}{5}$
이를 만족시키는 자연수 n은 21 이상 40 이하이다.
따라서 구하는 값은 등차수열 $\{a_n\}$의 제21항부터 제40항까지의
합과 같으므로
$\dfrac{20(a_{21}+a_{40})}{2}=\dfrac{20(103+198)}{2}=3010$

589 ⟶ 🔲 13

조건 (가)에서 $a_1+a_2+a_3+a_4=26$이고
조건 (나)에서 $a_{n-3}+a_{n-2}+a_{n-1}+a_n=134$이므로
$a_1+a_2+a_3+a_4+a_{n-3}+a_{n-2}+a_{n-1}+a_n=160$
이때 $a_1+a_n=a_2+a_{n-1}=a_3+a_{n-2}=a_4+a_{n-3}$이므로
$a_1+a_n=\dfrac{160}{4}=40$이다.

조건 (다)에서 $a_1+a_2+a_3+\cdots+a_n=\dfrac{n(a_1+a_n)}{2}=260$이므로
$20n=260$
$\therefore n=13$

590 ⟶ 🔲 ④

수열 $\{a_n\}$의 일반항은 $a_n=44-3(n-1)=-3n+47$이다.
수열 $\{a_n\}$의 첫째항이 양수이고 공차가 음수이므로 S_n의 최댓값은
양수인 모든 항을 더한 값과 같다.
$a_n=-3n+47>0$, $n<\dfrac{47}{3}$에서 제16항부터 음수인 항이 나오므로
S_n은 $n=15$일 때 최댓값 S_{15}를 갖는다.
$\therefore S_{15}=\dfrac{15\{2\times44+14\times(-3)\}}{2}=345$
따라서 구하는 값은 $345+15=360$

591 ⟶ 🔲 ②

등차수열 $\{a_n\}$의 공차를 d라 하면
$S_4=\dfrac{4(2\times9+3d)}{2}$, $S_6=\dfrac{6(2\times9+5d)}{2}$이고,
$S_4=S_6$이므로 $2(18+3d)=3(18+5d)$
$9d=-18$
$\therefore d=-2$

$$\therefore S_n = \frac{n\{2 \times 9 - 2(n-1)\}}{2} = n(10-n)$$

이때 $S_n < 0$이려면 $n(10-n) < 0$에서 $n > 10$이므로 자연수 n의 최솟값은 11이다.

592 ———————————————————— 目 ⑤

수열 $\{a_n\}$은 첫째항이 32이고 $a_{n+1} - a_n = -2$에서 공차가 -2인 등차수열이므로 일반항은 $a_n = 32 - 2(n-1) = -2n + 34$이다.

이때 $a_n = -2n + 34 = 0$에서 $n = 17$이므로

$n \le 17$일 때 $a_n \ge 0$이고, $n > 17$일 때 $a_n < 0$이다.

수열 $\{a_n\}$의 첫째항부터 제17항까지의 합은

$$\frac{17\{2 \times 32 + 16 \times (-2)\}}{2} = 272$$이고

$a_{18} = -2 \times 18 + 34 = -2$이므로 제18항부터 제30항까지의 합은

$$\frac{13\{2 \times (-2) + 12 \times (-2)\}}{2} = -182$$이다.

$$\therefore |a_1| + |a_2| + |a_3| + \cdots + |a_{30}|$$
$$= (a_1 + a_2 + a_3 + \cdots + a_{17}) - (a_{18} + a_{19} + a_{20} + \cdots + a_{30})$$
$$= 272 - (-182) = 454$$

593 ———————————————————— 目 ②

두 등차수열 $\{a_n\}$, $\{b_n\}$에 대하여 $c_n = a_n + b_n$이라 하면 수열 $\{c_n\}$도 등차수열이다.

이때 주어진 조건에 의하여

$c_2 = 8$이고 $c_2 + c_4 + c_6 + \cdots + c_{20} = 800$이다.

수열 $\{c_n\}$의 공차를 d라 하면 수열 $\{c_{2n}\}$의 공차는 $2d$이므로

$$c_2 + c_4 + c_6 + \cdots + c_{20} = \frac{10(2c_2 + 9 \times 2d)}{2}$$
$$= 10(8 + 9d) = 800$$

$\therefore d = 8$

$\therefore a_{30} + b_{30} = c_{30} = c_2 + 14 \times 2d = 8 + 28 \times 8 = 232$

594 ———————————————————— 目 ③

ㄱ. 수열 $\{a_n\}$은 등차수열이므로

$a_1 + a_{20} = a_1 + a_1 + 19d = 2a_1 + 19d$이고

$a_6 + a_{15} = a_1 + 5d + a_1 + 14d = 2a_1 + 19d$이므로

$a_1 + a_{20} = a_6 + a_{15}$ (참) ⸺⸺ TIP

ㄴ. 수열 $\{a_n\}$이 공차가 d인 등차수열이므로 수열 $\{a_{3n-2}\}$는

$a_1, a_4, a_7, \cdots$에서 공차가 $3d$인 등차수열이다.

따라서 자연수 n에 대하여

$2a_{3n+2} - 2a_{3n-1} = 2(a_{3n+2} - a_{3n-1}) = 6d$이다. (참)

ㄷ. $S_{2m} = \frac{2m(a_1 + a_{2m})}{2} = m(a_1 + a_{2m})$이고

$a_1 + a_{2m} = a_5 + a_{2m-5+1} = a_5 + a_{2m-4}$
$= a_6 + a_{2m-6+1} = a_6 + a_{2m-5}$

이므로 $S_{2m} = m(a_5 + a_{2m-4}) = m(a_6 + a_{2m-5})$ (거짓)

따라서 옳은 것은 ㄱ, ㄴ이다.

595 ———————————————————— 目 ④

ㄱ. $T_4 = (a_1 - a_2) + (a_3 - a_4) = -2d$ (참)

ㄴ. $T_{2n+1} = a_1 + (-a_2 + a_3) + \cdots + (-a_{2n} + a_{2n+1})$
$= a_1 + nd = a_{n+1}$ (거짓)

ㄷ. $T_{2n} = (a_1 - a_2) + (a_3 - a_4) + (a_5 - a_6) + \cdots + (a_{2n-1} - a_{2n})$
$= -dn = 2n (\because d = -2)$

에서 $T_2 + T_4 + T_6 + \cdots + T_{20}$은 첫째항이 2이고 공차가 2인 등차수열의 첫째항부터 제10항까지의 합과 같으므로

$$\frac{10(2 \times 2 + 9 \times 2)}{2} = 110 (참)$$

따라서 옳은 것은 ㄱ, ㄷ이다.

596 ———————————————————— 目 ⑤

$n \ge 2$일 때 수열의 합과 일반항 사이의 관계에 의하여

$a_n = S_n - S_{n-1}$
$= (-2n^2 + 16n + 5) - \{-2(n-1)^2 + 16(n-1) + 5\}$
$= -4n + 18$

이므로 $a_n = -4n + 18 (n \ge 2)$이다. ⸺⸺ ㉠

ㄱ. $S_1 = a_1 = 19$이고 ㉠에서 $a_2 = 10$이므로

$a_2 - a_1 = 10 - 19 = -9 \ne -4$이다. (거짓)

ㄴ. ㉠에서 $a_n = -4n + 18 < 0$, $n > \frac{9}{2}$이므로

수열 $\{a_n\}$에서 처음으로 음수가 되는 항은 제5항이다. (참)

ㄷ. ㄴ에서 처음으로 음수가 되는 항이 제5항이므로

S_n은 $n = 4$일 때 최댓값 $S_4 = -2 \times 4^2 + 16 \times 4 + 5 = 37$을 갖는다. (참) ⸺⸺ TIP

따라서 옳은 것은 ㄴ, ㄷ이다.

597

$n \geq 2$일 때 수열의 합과 일반항 사이의 관계에 의하여

$a_n = S_n - S_{n-1}$

$\quad = 6 + 4n - n^2 - \{6 + 4(n-1) - (n-1)^2\}$

$\quad = -2n + 5$

이므로 $a_n = -2n + 5 \, (n \geq 2)$이다. $\qquad \cdots\cdots$ ㉠

ㄱ. $n \geq 2$일 때 $S_n - S_{n-1} = -2n + 5$이므로

$\quad n \geq 1$일 때 $S_{n+1} - S_n = -2n + 3$이다.

$\quad$ 즉, 수열 $\{S_{n+1} - S_n\}$은 첫째항이 1이고 공차가 -2인

$\quad$ 등차수열이지만

$\quad$ 수열 $\{a_n\}$에서 $S_1 = a_1 = 9$이므로 등차수열이 아니다. (거짓)

ㄴ. ㉠에서 수열 $\{a_{3n+1}\}$은

$\quad a_{3n+1} = -2(3n+1) + 5 = -6n + 3 \, (n \geq 1)$이므로

$\quad$ 공차가 -6인 등차수열이다. (참)

ㄷ. $a_1 > 0$이고, $a_n = -2n + 5 < 0$에서 $n > \dfrac{5}{2}$이므로

$\quad n \geq 3$일 때 $a_n < 0$이다.

$\quad S_n = 6 + 4n - n^2 = -(n-2)^2 + 10 > 0$에서

$\quad 1 \leq n \leq 5$일 때 $S_n > 0$이다.

$\quad$ 즉, $a_n < 0$, $S_n > 0$을 모두 만족시키는 자연수 n은

$\quad$ 3, 4, 5로 3개이다. (참)

따라서 옳은 것은 ㄴ, ㄷ이다.

598

$S_{2n+1} - S_{2n} = a_{2n+1}$이므로 $a_{2n+1} = 4n + 1$이다.

$n = 4$일 때, $a_9 = 17$이다. $\qquad \cdots\cdots$ ㉠

한편, 등차수열 $\{a_n\}$의 공차를 d라 할 때, 수열 $\{a_{2n+1}\}$은 공차가

$2d$인 등차수열이므로

$2d = 4$에서 $d = 2$이다. $\qquad \cdots\cdots$ ㉡

㉠, ㉡에 의하여 $a_9 = a_1 + 8 \times 2 = 17$이므로 $a_1 = 1$

따라서 수열 $\{a_n\}$의 일반항은

$a_n = 1 + 2(n-1) = 2n - 1$이므로 $a_4 = 7$

$\therefore a_4 + a_9 = 7 + 17 = 24$

다른 풀이

$S_{2n+1} - S_{2n} = a_{2n+1}$이므로 $a_{2n+1} = 4n + 1$이다.

등차수열 $\{a_n\}$의 공차를 d라 하면 $a_n = a_1 + (n-1)d$이므로

이 식에 n 대신 $2n+1$을 대입하면

$a_{2n+1} = a_1 + 2nd$이다.

즉, $a_1 + 2nd = 4n + 1$이고 모든 자연수 n에 대하여 성립하므로

$a_1 = 1$이고, $2d = 4$에서 $d = 2$이다.

$\therefore a_n = 2n - 1$

$\therefore a_4 + a_9 = 7 + 17 = 24$

599

ㄱ. $a_n = n$이면 첫째항과 공차가 모두 1이므로

$\quad S_n = \dfrac{n\{2 \times 1 + (n-1) \times 1\}}{2} = \dfrac{n(n+1)}{2}$ $\qquad \cdots\cdots$ **TIP**

$S_n T_n = n^2(n^2 - 1)$에서

$T_n = n^2(n^2 - 1) \times \dfrac{1}{S_n}$

$\quad = n^2(n+1)(n-1) \times \dfrac{2}{n(n+1)}$

$\quad = 2n(n-1)$

따라서 등차수열 $\{b_n\}$은

첫째항이 $b_1 = T_1 = 0$이고 $\qquad \cdots\cdots$ ㉠

$n \geq 2$일 때

$b_n = T_n - T_{n-1}$

$\quad = 2n(n-1) - 2(n-1)(n-2)$

$\quad = 4n - 4$

즉, 이 식에 $n = 1$을 대입하여 얻은 값이 ㉠과 같으므로

모든 자연수 n에 대하여 $b_n = 4n - 4$이다. (참)

ㄴ. $S_n = \dfrac{n\{2a_1 + (n-1)d_1\}}{2}$,

$\quad T_n = \dfrac{n\{2b_1 + (n-1)d_2\}}{2}$이므로 $\qquad \cdots\cdots$ ㉡

$\quad S_n T_n = n^2(n^2 - 1)$에서

$\quad \dfrac{n^2\{2a_1 + (n-1)d_1\}\{2b_1 + (n-1)d_2\}}{4} = n^2(n^2 - 1)$

$\quad \{2a_1 + (n-1)d_1\}\{2b_1 + (n-1)d_2\} = 4(n^2 - 1)$ $\quad \cdots\cdots$ ㉢

$\quad$ 위의 식은 모든 자연수 n에 대하여 성립하므로

$\quad$ 좌변의 n^2의 계수인 $d_1 d_2$는 우변의 n^2의 계수인 4와 같다.

$\quad \therefore d_1 d_2 = 4$ (참)

ㄷ. ㉢에서

$\quad \{2a_1 + (n-1)d_1\}\{2b_1 + (n-1)d_2\} = 4(n+1)(n-1)$

$\quad$ 이므로

$\quad a_1 \neq 0$이면 $2a_1 + (n-1)d_1$은 $n-1$을 인수로 갖지 않는다.

$\quad$ 따라서 $2b_1 + (n-1)d_2$가 $n-1$을 인수로 가져야 하므로

$\quad b_1 = 0$이고 이를 ㉡에 대입하면

$\quad T_n = \dfrac{n(n-1)d_2}{2}$이다.

$\quad$ 즉, $S_n T_n = n^2(n^2 - 1)$에서

$\quad S_n = n^2(n^2 - 1) \times \dfrac{1}{T_n}$

$\quad\quad = n^2(n+1)(n-1) \times \dfrac{2}{n(n-1)d_2}$

$\quad\quad = \dfrac{2n(n+1)}{d_2} = \dfrac{2n(n+1)}{\dfrac{4}{d_1}} \, (\because \text{ㄴ})$

$\quad\quad = \dfrac{d_1 n(n+1)}{2}$

$\quad$ 이때 $d_1 \neq 1$이면 $S_n \neq \dfrac{n(n+1)}{2}$이므로

$\quad a_n = n$은 항상 성립하지는 않는다. (거짓)

따라서 옳은 것은 ㄱ, ㄴ이다.

TIP

$a_n = n$이면 $S_n = \dfrac{n(n+1)}{2}$임을 자연수의 거듭제곱의 합으로

바로 알 수도 있다. 즉, $\displaystyle\sum_{k=1}^{n} k = \dfrac{n(n+1)}{2}$을 기억해 두면

편리하다.

600   답 ③

첫째항이 2^{10}이고 공비가 $\dfrac{1}{\sqrt[3]{2}}$인 등비수열 $\{a_n\}$의 일반항은

$a_n = 2^{10} \times \left(\dfrac{1}{\sqrt[3]{2}}\right)^{n-1} = 2^{10} \times 2^{-\frac{n-1}{3}} = 2^{\frac{31-n}{3}}$

이 값이 정수이려면 $\dfrac{31-n}{3}$이 음이 아닌 정수이어야 한다.

즉, $\dfrac{31-n}{3} \geq 0$에서 $n \leq 31$이므로

$n = 1, 4, 7, \cdots, 31$이다.

이때 $1 + 3(k-1) = 31$에서 $k = 11$

따라서 모든 자연수 n의 값의 합은

$\dfrac{11(1+31)}{2} = 176$

601   답 ④

등비수열 $\{a_n\}$의 공비를 r라 하면

$\begin{aligned} S_{n+3} - S_n &= a_{n+1} + a_{n+2} + a_{n+3} \\ &= a_1 r^n + a_1 r^{n+1} + a_1 r^{n+2} \\ &= a_1 r^n (1 + r + r^2) \end{aligned}$

이므로 $a_1 r^n (1 + r + r^2) = 13 \times 3^{n-1} = \dfrac{13}{3} \times 3^n$에서

$r = 3$, $a_1(1 + r + r^2) = \dfrac{13}{3}$이다.

즉, $a_1(1 + 3 + 9) = \dfrac{13}{3}$에서 $13a_1 = \dfrac{13}{3}$, $a_1 = \dfrac{1}{3}$

$\therefore a_n = \dfrac{1}{3} \times 3^{n-1} = 3^{n-2}$

$\therefore a_6 = 3^4 = 81$

602   답 35

$a_2 = 1$에서 $a_1 r = 1$, $a_1 = \dfrac{1}{r}$

따라서 등비수열 $\{a_n\}$의 일반항은

$a_n = \dfrac{1}{r} \times r^{n-1} = r^{n-2}$이다.

$\begin{aligned} \therefore \log_r w &= \log_r(a_1 \times a_2 \times a_3 \times \cdots \times a_{10}) \\ &= \log_r a_1 + \log_r a_2 + \log_r a_3 + \cdots + \log_r a_{10} \\ &= \log_r r^{-1} + \log_r r^0 + \log_r r^1 + \cdots + \log_r r^8 \\ &= (-1) + 0 + 1 + \cdots + 8 \\ &= \dfrac{10 \times \{(-1) + 8\}}{2} = 35 \end{aligned}$

603   답 ①

등비수열 $\{a_n\}$의 일반항은

$a_n = a_1 r^{n-1}$ ($a_1 \neq 0$, $r > 1$)이다.

$\{b_n\}$: $a_1 a_2$, $a_2 a_4$, $a_3 a_6$, $\cdots$에서

$a_1 a_2 = (a_1)^2 r$, $a_2 a_4 = (a_1)^2 r^4$, $a_3 a_6 = (a_1)^2 r^7$, $\cdots$이므로

등비수열 $\{b_n\}$의 공비는 $r_b = r^3$이다.

$\{c_n\}$: $a_1 a_2 a_3$, $a_2 a_3 a_4$, $a_3 a_4 a_5$, $\cdots$에서

$a_1 a_2 a_3 = (a_1)^3 r^3$, $a_2 a_3 a_4 = (a_1)^3 r^6$, $a_3 a_4 a_5 = (a_1)^3 r^9$, $\cdots$이므로

등비수열 $\{c_n\}$의 공비는 $r_c = r^3$이다.

$\therefore r_b = r_c$

604   답 ⑤

b는 a와 c의 등비중항이므로 $b^2 = ac$이고

조건 (나)에서 $abc = b^3 = 1$이므로 $b = 1$이다.

주어진 등비수열의 공비를 r라 하면 조건 (가)에서

$a + b + c = \dfrac{b}{r} + b + br = \dfrac{7}{2}$, $\dfrac{1}{r} + 1 + r = \dfrac{7}{2}$ ($\because b = 1$)

$r^2 - \dfrac{5}{2} r + 1 = 0$, $2r^2 - 5r + 2 = (2r - 1)(r - 2) = 0$

$\therefore r = \dfrac{1}{2}$ 또는 $r = 2$

따라서 세 양수 a, b, c는 각각

$2, 1, \dfrac{1}{2}$ 또는 $\dfrac{1}{2}, 1, 2$이므로

$a^2 + b^2 + c^2 = 2^2 + 1^2 + \left(\dfrac{1}{2}\right)^2 = \dfrac{21}{4}$

다른 풀이

조건 (나)에서 $abc = b^3 = 1$이므로

$b = 1$이고 $ac = 1$

조건 (가)에서 $a + c + 1 = \dfrac{7}{2}$이다.

$\begin{aligned} \therefore a^2 + b^2 + c^2 &= (a + c + b)^2 - 2(ab + bc + ca) \\ &= \left(\dfrac{7}{2}\right)^2 - 2(a + c + 1) \ (\because b = 1,\ ca = 1) \\ &= \dfrac{49}{4} - 2 \times \dfrac{7}{2} = \dfrac{21}{4} \end{aligned}$

605   답 -4

두 곡선이 서로 다른 세 점에서 만나므로

방정식 $x^3 + 4x^2 - 3x - 12 = x^2 + 3x + k$가 서로 다른 세 실근을

갖고, 세 실근이 등비수열을 이룬다.

방정식 $x^3 + 3x^2 - 6x - 12 - k = 0$의 서로 다른 세 실근을

a, ar, ar^2이라 하자.

삼차방정식의 근과 계수의 관계에 의하여

$a + ar + ar^2 = -3$ ······ ㉠

$a \times ar + ar \times ar^2 + ar^2 \times a = -6$에서

$ar(a + ar + ar^2) = -6$ ······ ㉡

$a \times ar \times ar^2 = (ar)^3 = 12 + k$ ······ ㉢

㉠을 ㉡에 대입하면

$ar \times (-3) = -6$이므로 $ar = 2$이다.

이를 ㉢에 대입하면 $2^3 = 12 + k$

$\therefore k = -4$

$k=-4$일 때 삼차방정식 $x^3+3x^2-6x-8=0$의 근이
$x=-4$ 또는 $x=-1$ 또는 $x=2$이므로 주어진 두 곡선이 만나는
서로 다른 세 점의 x좌표는 -4, -1, 2이다.
즉, -4, 2, -1 또는 -1, 2, -4는 순서대로 각각 공비가 $-\dfrac{1}{2}$
또는 -2인 등비수열을 이룬다.

---

606 ——————————————————— 답 15

등차수열 $\{a_n\}$의 첫째항을 a, 공차를 d $(d\neq0)$라 하면
$a_2=a+d$, $a_4=a+3d$, $a_9=a+8d$
세 항 a_2, a_4, a_9가 이 순서대로 등비수열을 이루므로
$a_4{}^2=a_2a_9$
$(a+3d)^2=(a+d)(a+8d)$
$a^2+6ad+9d^2=a^2+9ad+8d^2$
$3ad=d^2$
$\therefore 3a=d$ $(\because d\neq0)$
$3a=d$를 $a_2=a+d$, $a_4=a+3d$에 각각 대입하면
$a_2=4a$, $a_4=10a$
$r=\dfrac{a_4}{a_2}=\dfrac{10a}{4a}=\dfrac{5}{2}$
$\therefore 6r=6\times\dfrac{5}{2}=15$

---

607 ——————————————————— 답 12

조건 (나)에 의하여 $\dfrac{2}{b}=\dfrac{1}{a}+\dfrac{1}{c}$이므로
조건 (가)에 의하여 $c=ar$, $b=ar^2$ $(r\neq1)$이라 하면
$\dfrac{2}{ar^2}=\dfrac{1}{a}+\dfrac{1}{ar}$
$2=r^2+r$
$r^2+r-2=0$
$(r+2)(r-1)=0$
$\therefore r=-2$ $(\because r\neq1)$
이때 $f(x)=a(x^2+4x-2)=a(x+2)^2-6a$이므로
함수 $f(x)$는 $x=-2$일 때 최솟값 $-6a$를 갖는다.
따라서 조건 (다)에 의하여 $-6a=-24$이므로 $a=4$
$\therefore f(1)=3a=12$

---

608 ——————————————————— 답 ④

두 자리 자연수 중에서 서로 다른 네 수를 작은 것부터 차례대로
a_1, a_2, a_3, a_4라 하면
$10\leq a_1<a_2<a_3<a_4<100$이고,
이 순서대로 공비가 r인 등비수열이 된다고 하면

$a_2=a_1r$, $a_3=a_1r^2$, $a_4=a_1r^3$이다. (단, r는 자연수)
$10\leq a_1$이므로 $10r^3\leq a_1r^3=a_4<100$
$10r^3<100$에서 $r^3<10$이다.
따라서 자연수 r는 $r=2$이다. …… TIP
$r=2$일 때 $a_4=8a_1<100$이므로
두 자리 자연수 a_1의 최댓값은 12이다.
따라서 $a_1+a_2+a_3+a_4$의 최댓값은
$12+24+48+96=180$

TIP
a_1, a_2, a_3, a_4는 서로 다른 수이므로 $r=1$이 될 수 없다.

---

609 ——————————————————— 답 ③

ㄱ. (반례) 수열 $\{a_n\}$이 0, 1, 0, 2, 0, 3, 0, 4, …와 같으면
　짝수 번째 항은 1, 2, 3, 4, …이므로 수열 $\{a_{2n}\}$은
　등차수열이지만 수열 $\{a_n\}$은 등차수열이 아니다. (거짓)
ㄴ. 수열 $\{a_n\}$이 등비수열이면 공비를 r라 할 때
　일반항은 $a_n=a_1\times r^{n-1}$이다.
　$2a_{n+1}-3a_n=2a_1\times r^n-3a_1\times r^{n-1}=a_1\times r^{n-1}(2r-3)$이므로
　수열 $\{2a_{n+1}-3a_n\}$은 첫째항이 $a_1(2r-3)$이고 공비가 r인
　등비수열이다. (참)
ㄷ. 수열 $\{\log_2 a_n\}$이 등차수열이면 공차를 d $(d>0)$라 할 때
　$\log_2 a_{n+1}-\log_2 a_n=d$이다.
　$\log_2\dfrac{a_{n+1}}{a_n}=d$, $\dfrac{a_{n+1}}{a_n}=2^d$이므로
　수열 $\{a_n\}$은 공비가 2^d인 등비수열이다. (참)
ㄹ. (반례) 수열 $\{a_n\}$이 1, 2, 2, 4, 4, 8, 8, 16, …인 경우
　수열 $\{a_na_{n+1}\}$의 일반항이 $a_na_{n+1}=2^n$으로 등비수열이지만
　수열 $\{a_n\}$은 등비수열이 아니다. (거짓) …… TIP
따라서 옳은 것은 ㄴ, ㄷ으로 2개이다.

TIP
ㄹ. 수열 $\{a_na_{n+1}\}$의 공비를 r라 하면 $\dfrac{a_{n+1}a_{n+2}}{a_{n+1}a_n}=\dfrac{a_{n+2}}{a_n}=r$
　이므로 수열 $\{a_{2n}\}$과 수열 $\{a_{2n-1}\}$은 각각 등비수열이지만
　수열 $\{a_n\}$이 등비수열인지는 알 수 없다.

---

610 ——————————————————— 답 ①

$a_1=S_1=1$이므로 두 수열 $\{a_{2n-1}\}$, $\{S_{2n-1}\}$의 첫째항은 모두 1이다.
조건 (가)에 의하여 $a_{2n-1}=1+4(n-1)=4n-3$
조건 (나)에 의하여 $S_{2n-1}=2^{n-1}$
이때 $S_{11}-S_9=a_{10}+a_{11}$이고
$S_{11}=S_{2\times6-1}=2^{6-1}=2^5=32$,
$S_9=S_{2\times5-1}=2^{5-1}=2^4=16$,
$a_{11}=a_{2\times6-1}=4\times6-3=21$이므로
$a_{10}=S_{11}-S_9-a_{11}=32-16-21=-5$

611

답 ⑤

등차수열 $\{a_n\}$의 공차를 d, 등비수열 $\{b_n\}$의 공비를 r라 하면
$a_7=a_6+d$, $b_7=b_6\times r$ (단, d, r는 모두 자연수)

조건 (가)에서 $a_7=b_7$이고 $a_6=b_6=9$이므로

$9+d=9r$ $\qquad \therefore r=1+\dfrac{d}{9}$ $\qquad\qquad$ ......㉠

$a_{11}=a_6+5d=9+5d$이므로 조건 (나)에서

$94<9+5d<109$, $85<5d<100$

$\therefore 17<d<20$

이때 d는 9의 배수이므로 $d=18$

$d=18$을 ㉠에 대입하면

$r=1+\dfrac{18}{9}=3$

$\therefore a_7+b_8=(a_6+d)+(b_6\times r^2)$
$\qquad\qquad =(9+18)+(9\times3^2)$
$\qquad\qquad =108$

612

답 ⑤

등비수열 $\{a_n\}$의 공비를 r $(r>0)$라 하면

$S_3=\dfrac{a_1(r^3-1)}{r-1}$, $S_9=\dfrac{a_1(r^9-1)}{r-1}=\dfrac{a_1(r^3-1)}{r-1}\times(r^6+r^3+1)$

이때 $\dfrac{S_9}{S_3}=r^6+r^3+1=21$이므로

$r^6+r^3-20=(r^3+5)(r^3-4)=0$에서 $r^3=4(\because r>0)$

$\therefore \sqrt{\dfrac{a_{11}+a_{15}}{a_2+a_6}}=\sqrt{\dfrac{r^9(a_2+a_6)}{a_2+a_6}}=\sqrt{(r^3)^3}$
$\qquad\qquad\qquad =\sqrt{4^3}=\sqrt{2^6}=8$

613

답 ②

등비수열 $\{a_n\}$의 공비를 r라 하면 등비수열의 모든 항이 양수이므로
$a_1>0$, $r>0$이다.

$a_1a_2=a_4$에서 $(a_1)^2r=a_1r^3$이므로 $a_1=r^2$이다. $\qquad$ ......㉠

$a_1+a_3=a_1+a_1r^2=a_1+(a_1)^2 (\because$ ㉠)에서

$(a_1)^2+a_1=12$이므로

$(a_1+4)(a_1-3)=0$

$\therefore a_1=3 (\because a_1>0)$, $r^2=3 (\because$ ㉠)

한편, $a_1-a_3+a_5-a_7+a_9$는 첫째항이 $a_1=3$이고 공비가
$-r^2=-3$인 등비수열의 첫째항부터 제5항까지의 합이다.

$\therefore a_1-a_3+a_5-a_7+a_9=\dfrac{3\{(-3)^5-1\}}{-3-1}=183$

614

답 ②

등비수열 $\{a_n\}$의 공비를 r라 하면

$a_3=a_1r^2$, $a_5=a_3r^2$, $a_7=a_5r^2$, $\cdots$, $a_{2k+1}=a_{2k-1}r^2$이므로

$\dfrac{a_3+a_5+a_7+\cdots+a_{2k+1}}{a_1+a_3+a_5+\cdots+a_{2k-1}}=\dfrac{r^2(a_1+a_3+a_5+\cdots+a_{2k-1})}{a_1+a_3+a_5+\cdots+a_{2k-1}}=r^2$

즉, $r^2=\dfrac{2^{32}-4}{2^{30}-1}=\dfrac{4(2^{30}-1)}{2^{30}-1}=4$이므로

수열 $\{a_{2n-1}\}$은 첫째항이 $a_1=3$이고 공비가 $r^2=4$인 등비수열이다.

이때 $a_1+a_3+a_5+\cdots+a_{2k-1}=\dfrac{3(4^k-1)}{4-1}=4^k-1$이므로

$4^k-1=2^{30}-1$에서 $4^k=2^{30}$, $4^k=4^{15}$

$\therefore k=15$

615

답 ⑤

수열 $\{a_n\}$의 첫째항부터 제n항까지의 합이 S_n이므로

$S_1=a_1=\dfrac{1}{27}$이다.

즉, 수열 $\{S_n\}$은 첫째항이 $\dfrac{1}{27}$이고 공비가 3인 등비수열이므로

일반항은 $S_n=\dfrac{1}{27}\times3^{n-1}=3^{-3}\times3^{n-1}=3^{n-4}$이다.

$n\geq2$일 때 수열의 합과 일반항 사이의 관계에 의하여
$a_n=S_n-S_{n-1}=3^{n-4}-3^{n-5}=3^{n-5}(3-1)=2\times3^{n-5}$이므로

수열 $\{a_n\}$의 일반항은 $a_1=\dfrac{1}{27}$, $a_n=2\times3^{n-5} (n\geq2)$이다.

이때 $\log_9\dfrac{a_k}{2}=11$에서 $\dfrac{a_k}{2}=9^{11}$, $a_k=2\times3^{22}$이므로

$2\times3^{k-5}=2\times3^{22}$, $3^{k-5}=3^{22}$에서 $k-5=22$

$\therefore k=27$

616

답 ④

$6^{10}=2^{10}\times3^{10}$이므로 6^{10}의 양의 약수가 2^3으로는 나누어떨어지고
2^5으로는 나누어떨어지지 않으려면
2^3 또는 2^4을 인수로 가지고 있고, 2^5은 인수로 가지고 있지 않아야
한다.

6^{10}의 양의 약수 중에서 2^3을 인수로 가지고 있는 수, 즉
2^33^k 꼴의 수의 합은

$2^3(3^0+3^1+3^2+\cdots+3^{10})=\dfrac{2^3(3^{11}-1)}{3-1}$
$\qquad\qquad\qquad\qquad\qquad =2^2(3^{11}-1)$

이고 2^4을 인수로 가지고 있는 수, 즉 2^43^k 꼴의 수의 합은

$2^4(3^0+3^1+3^2+\cdots+3^{10})=\dfrac{2^4(3^{11}-1)}{3-1}$
$\qquad\qquad\qquad\qquad\qquad =2^3(3^{11}-1)$

이므로 구하는 값은

$2^2(3^{11}-1)+2^3(3^{11}-1)=(2^2+2^3)(3^{11}-1)=12(3^{11}-1)$

617

답 ②

등비수열 $\{a_n\}$의 공비를 r라 하면 첫째항부터 제5항까지의 합은

$\dfrac{a_1(r^5-1)}{r-1}=\dfrac{31}{2}$ $\qquad\qquad$ ......㉠

이고, 첫째항부터 제5항까지의 곱은

$a_1 \times a_2 \times a_3 \times a_4 \times a_5 = a_1 \times a_1 r \times a_1 r^2 \times a_1 r^3 \times a_1 r^4 = (a_1 r^2)^5 = 32$

에서 $a_1 r^2 = 2$이다. $\qquad$ ……ⓛ

$\dfrac{1}{a_1} + \dfrac{1}{a_2} + \dfrac{1}{a_3} + \dfrac{1}{a_4} + \dfrac{1}{a_5}$ 은 첫째항이 $\dfrac{1}{a_1}$ 이고 공비가 $\dfrac{1}{r}$ 인

등비수열의 첫째항부터 제5항까지의 합이므로

$$\dfrac{\dfrac{1}{a_1}\left\{1 - \left(\dfrac{1}{r}\right)^5\right\}}{1 - \dfrac{1}{r}} = \dfrac{r}{a_1} \times \dfrac{1}{r^5} \times \dfrac{r^5 - 1}{r - 1} = \dfrac{1}{(a_1 r^2)^2} \times \dfrac{a_1(r^5 - 1)}{r - 1}$$

$$= \dfrac{1}{(a_1 r^2)^2} \times \dfrac{31}{2} \ (\because ㉠)$$

$$= \dfrac{1}{4} \times \dfrac{31}{2} \ (\because ㉡)$$

$$= \dfrac{31}{8}$$

다른 풀이

등비수열 $\{a_n\}$의 공비를 r라 하면 등비수열 $\{a_n\}$의

첫째항부터 제5항까지의 합은

$$a_1 + a_2 + a_3 + a_4 + a_5 = \dfrac{a_3}{r^2} + \dfrac{a_3}{r} + a_3 + a_3 r + a_3 r^2$$

$$= a_3\left(\dfrac{1}{r^2} + \dfrac{1}{r} + 1 + r + r^2\right) = \dfrac{31}{2} \qquad ……ⓒ$$

첫째항부터 제5항까지의 곱은

$a_1 \times a_2 \times a_3 \times a_4 \times a_5 = \dfrac{a_3}{r^2} \times \dfrac{a_3}{r} \times a_3 \times a_3 r \times a_1 r^2 = (a_3)^5 = 32$

에서 $a_3 = 2$이다. $\qquad$ ……ⓔ

ⓔ을 ⓒ에 대입하면

$2\left(\dfrac{1}{r^2} + \dfrac{1}{r} + 1 + r + r^2\right) = \dfrac{31}{2}$ 에서

$\dfrac{1}{r^2} + \dfrac{1}{r} + 1 + r + r^2 = \dfrac{31}{4}$ $\qquad$ ……ⓜ

$$\therefore \dfrac{1}{a_1} + \dfrac{1}{a_2} + \dfrac{1}{a_3} + \dfrac{1}{a_4} + \dfrac{1}{a_5} = \dfrac{r^2}{a_3} + \dfrac{r}{a_3} + \dfrac{1}{a_3} + \dfrac{1}{a_3 r} + \dfrac{1}{a_3 r^2}$$

$$= \dfrac{1}{2}\left(r^2 + r + 1 + \dfrac{1}{r} + \dfrac{1}{r^2}\right)(\because ⓔ)$$

$$= \dfrac{1}{2} \times \dfrac{31}{4}(\because ⓜ)$$

$$= \dfrac{31}{8}$$

618 $\qquad$ 답 ③

수열 $\{a_n\}$이 $a_1 = 2$, $a_2 = 2 + 20$, $a_3 = 2 + 20 + 200$,

$a_4 = 2 + 20 + 200 + 2000$, …

이므로 제n항은 첫째항이 2이고 공비가 10인 등비수열의

첫째항부터 제n항까지의 합과 같다.

$$\therefore a_n = \dfrac{2(10^n - 1)}{10 - 1} = \dfrac{2}{9}(10^n - 1) \qquad ……㉠$$

수열 $\{b_n\}$이 $b_1 = 1$, $b_2 = 1 + 100$, $b_3 = 1 + 100 + 10000$,

$b_4 = 1 + 100 + 10000 + 1000000$, …

이므로 제n항은 첫째항이 1이고 공비가 100인 등비수열의

첫째항부터 제n항까지의 합과 같다.

$$\therefore b_n = \dfrac{100^n - 1}{100 - 1} = \dfrac{1}{99}(10^{2n} - 1) \qquad ……㉡$$

㉠, ㉡에서 구하는 값은

$$\dfrac{a_{10}}{b_{10}} = \dfrac{\dfrac{2}{9}(10^{10} - 1)}{\dfrac{1}{99}(10^{20} - 1)} = \dfrac{22(10^{10} - 1)}{(10^{10} + 1)(10^{10} - 1)} = \dfrac{22}{10^{10} + 1}$$

619 $\qquad$ 답 ③

원점과 점 B_n을 지나는 직선의 기울기가 a_n이므로

$$a_n = \dfrac{\overline{A_n B_n}}{\overline{OA_n}} \qquad ……㉠$$

$\overline{A_1 B_1} = \overline{OA_1} = 1$이고, $\overline{A_n B_n} = \overline{A_{n-1} A_n} = \left(\dfrac{1}{2}\right)^{n-1}(n \geq 2)$이므로

$$\overline{A_n B_n} = \left(\dfrac{1}{2}\right)^{n-1}(n \geq 1)$$

이때 $\overline{OA_n}$은 첫째항이 1이고 공비가 $\dfrac{1}{2}$인 등비수열의 첫째항부터

제n항까지의 합이므로

$$\overline{OA_n} = \dfrac{1 - \left(\dfrac{1}{2}\right)^n}{1 - \dfrac{1}{2}} = 2 - \left(\dfrac{1}{2}\right)^{n-1}$$

㉠에서 $a_n = \dfrac{\left(\dfrac{1}{2}\right)^{n-1}}{2 - \left(\dfrac{1}{2}\right)^{n-1}} = \dfrac{1}{2^n - 1}$

$$\therefore a_{30} = \dfrac{1}{2^{30} - 1}$$

620 $\qquad$ 답 ⑤

그림 R_n에서 새로 생긴 정사각형의 한 변의 길이를 a_n이라 하자.

다음 그림과 같이 그림 R_1에서

$\overline{AC} = 3a_1 = \sqrt{2}$이므로 $a_1 = \dfrac{\sqrt{2}}{3}$

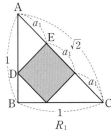

R_1

직각이등변삼각형 ABC와 직각이등변삼각형 AED의 닮음비가

$\overline{AB} : \overline{AE} = 1 : \dfrac{\sqrt{2}}{3}$이므로 그림 R_n에서 새로 생긴 정사각형과

그림 R_{n+1}에서 새로 생긴 정사각형의 닮음비도 $1 : \dfrac{\sqrt{2}}{3}$이다.

즉, $a_{n+1} = \dfrac{\sqrt{2}}{3} a_n$이므로 $a_n = \left(\dfrac{\sqrt{2}}{3}\right)^n$이다.

또한, 그림 R_n에서 새로 생긴 한 변의 길이가 $\left(\dfrac{\sqrt{2}}{3}\right)^n$인 정사각형은

2^{n-1}개이므로 그림 R_n에서 새로 생긴 정사각형들의 넓이의 합은

$(a_n)^2 \times 2^{n-1} = \left(\dfrac{\sqrt{2}}{3}\right)^{2n} \times 2^{n-1} = \dfrac{2}{9} \times \left(\dfrac{4}{9}\right)^{n-1}$이다.

따라서 그림 R_n에서 색칠되어 있는 모든 정사각형들의 넓이의 합 S_n은 등비수열 $\left\{\dfrac{2}{9}\times\left(\dfrac{4}{9}\right)^{n-1}\right\}$의 첫째항부터 제$n$항까지의 합과 같다.

$$\therefore S_8=\frac{\dfrac{2}{9}\left\{1-\left(\dfrac{4}{9}\right)^8\right\}}{1-\dfrac{4}{9}}=\frac{2}{5}\left\{1-\left(\dfrac{2}{3}\right)^{16}\right\}$$

621 .... 답 ④

A예금 상품의 만기에 찾은 금액은 첫째항이 13×1.01(만 원)이고 공비가 1.01인 등비수열의 첫째항부터 제36항까지의 합과 같으므로
$$\frac{13\times1.01(1.01^{36}-1)}{1.01-1}=13\times101\times0.42\,(\text{만 원})\,(\because 1.01^{36}=1.42)$$
B예금 상품의 만기에 찾은 금액은 첫째항이 $a\times1.01$(만 원)이고 공비가 1.01인 등비수열의 첫째항부터 제24항까지의 합과 같으므로
$$\frac{a\times1.01(1.01^{24}-1)}{1.01-1}=101a\times0.26\,(\text{만 원})\,(\because 1.01^{24}=1.26)$$
이때 A, B예금의 만기 적립금이 같으므로
$$13\times101\times0.42=101a\times0.26$$
$$\therefore a=21\,(\text{만 원})$$

622 .... 답 ⑤

2018년 초에 100(만 원)을 적립하면 2027년 말에
100×1.1^{10}(만 원),
2019년 초에 100×1.21(만 원)을 적립하면 2027년 말에
$100\times1.21\times1.1^9=100\times1.1^{11}$(만 원),
2020년 초에 100×1.21^2(만 원)을 적립하면 2027년 말에
$100\times1.21^2\times1.1^8=100\times1.1^{12}$(만 원)
$$\vdots$$
2027년 초에 100×1.21^9(만 원)을 적립하면 2027년 말에
$100\times1.21^9\times1.1=100\times1.1^{19}$(만 원)
이 된다.
따라서 구하는 적립금의 원리합계는 첫째항이 100×1.1^{10}이고 공비가 1.1인 등비수열의 첫째항부터 제10항까지의 합과 같으므로
$$\frac{100\times1.1^{10}(1.1^{10}-1)}{1.1-1}=\frac{260\times1.6}{0.1}=4160\,(\text{만 원})$$

623 .... 답 135

등비수열 $3,\ a_1,\ a_2,\ a_3,\ \cdots,\ a_{23},\ 45$의 공비를 r라 하면
$45=3\times r^{24}$에서
$$r^{24}=15 \qquad\qquad \cdots\cdots \text{㉠}$$
등비수열 $3,\ a_1,\ a_2,\ a_3,\ \cdots,\ a_{23},\ 45$의 합은
$$\frac{3(r^{25}-1)}{r-1} \qquad\qquad \cdots\cdots \text{㉡}$$
이고, 수열 $3,\ a_1,\ a_2,\ a_3,\ \cdots,\ a_{23},\ 45$가 등비수열이면
수열 $\dfrac{1}{3},\ \dfrac{1}{a_1},\ \dfrac{1}{a_2},\ \dfrac{1}{a_3},\ \cdots,\ \dfrac{1}{a_{23}},\ \dfrac{1}{45}$도 등비수열이므로

등비수열 $\dfrac{1}{3},\ \dfrac{1}{a_1},\ \dfrac{1}{a_2},\ \dfrac{1}{a_3},\ \cdots,\ \dfrac{1}{a_{23}},\ \dfrac{1}{45}$의 합은
$$\frac{\dfrac{1}{3}\left\{1-\left(\dfrac{1}{r}\right)^{25}\right\}}{1-\dfrac{1}{r}}=\frac{r}{r-1}\times\frac{1}{3}\times\frac{r^{25}-1}{r^{25}}$$
$$\qquad\qquad =\frac{1}{r^{24}}\times\frac{1}{3}\times\frac{r^{25}-1}{r-1} \qquad\qquad \cdots\cdots \text{㉢}$$
따라서 ㉡, ㉢에서 주어진 등식은
$$\frac{3(r^{25}-1)}{r-1}=m\times\left(\frac{1}{r^{24}}\times\frac{1}{3}\times\frac{r^{25}-1}{r-1}\right)\text{이므로}$$
$$m=9\times r^{24}=135\,(\because \text{㉠})$$

624 .... 답 150

10개의 선분 $l_1,\ l_2,\ l_3,\ \cdots,\ l_{10}$을 각각 포함하는 직선이 x축과 만나는 점의 x좌표를 각각 $x_1,\ x_2,\ x_3,\ \cdots,\ x_{10}$이라 하자.
선분 $l_1,\ l_2,\ l_3,\ \cdots,\ l_{10}$은 일정한 간격으로 그은 것이므로
$$x_2-x_1=x_3-x_2=x_4-x_3=\cdots=x_{10}-x_9\text{이다.}$$
즉, $x_1,\ x_2,\ x_3,\ \cdots,\ x_{10}$은 이 순서대로 등차수열을 이룬다. $\qquad \cdots\cdots \text{㉠}$
한편, $l_i=\{(x_i)^2+ax_i+b\}-(x_i)^2$
$$\qquad =ax_i+b\ (i=1,\ 2,\ 3,\ \cdots,\ 10)$$
이므로 ㉠에 의하여
$l_1=ax_1+b,\ l_2=ax_2+b,\ l_3=ax_3+b,\ \cdots,\ l_{10}=ax_{10}+b$도
이 순서대로 등차수열을 이룬다.
$$\therefore l_1+l_2+l_3+\cdots+l_{10}=\frac{10(l_1+l_{10})}{2}$$
$$\qquad\qquad\qquad =\frac{10(l_2+l_9)}{2}$$
$$\qquad\qquad\qquad =\frac{10(4+26)}{2}=150$$

625 .... 답 $\dfrac{3}{2}n$

직선 $P_1Q_1,\ P_2Q_2,\ P_3Q_3,\ \cdots,\ P_nQ_n,\ BC$가 서로 평행하므로
삼각형 $AQ_1P_1,\ AQ_2P_2,\ AQ_3P_3,\ \cdots,\ AQ_nP_n,\ ABC$는 모두 서로 닮음이다.
n개의 점 $P_1,\ P_2,\ P_3,\ \cdots,\ P_n$이 변 AC를 $(n+1)$등분하므로
$\overline{AQ_1}=\dfrac{7}{n+1},\ \overline{P_1Q_1}=\dfrac{3}{n+1}$이고,
$\overline{P_1Q_1},\ \overline{P_2Q_2},\ \overline{P_3Q_3},\ \cdots,\ \overline{P_nQ_n},\ \overline{BC}$가 이 순서대로 등차수열을 이룬다.
이 등차수열의 첫째항은 $\overline{P_1Q_1}=\dfrac{3}{n+1}$이고

제n항은 $\overline{P_nQ_n}=3-\dfrac{3}{n+1}$이므로 $\qquad \cdots\cdots$ TIP

$\overline{P_1Q_1}+\overline{P_2Q_2}+\overline{P_3Q_3}+\cdots+\overline{P_nQ_n}$
$$=\frac{n\left\{\dfrac{3}{n+1}+\left(3-\dfrac{3}{n+1}\right)\right\}}{2}$$
$$=\frac{3}{2}n$$

TIP

다음 그림과 같이 점 P_1, P_2, P_3, $\cdots$, P_n에서
선분 P_2Q_2, P_3Q_3, P_4Q_4, $\cdots$, P_nQ_n, BC에 내린 수선의 발을 각각
D_1, D_2, D_3, $\cdots$, D_n이라 하자.

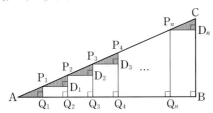

색칠된 삼각형은 모두 밑변의 길이가 $\dfrac{7}{n+1}$이고 높이가 $\dfrac{3}{n+1}$인
합동인 직각삼각형이다.

이때 $\overline{P_1Q_1}$, $\overline{P_2Q_2}$, $\overline{P_3Q_3}$, $\cdots$, $\overline{P_nQ_n}$, $\overline{BC}$는 $\dfrac{3}{n+1}$만큼씩

커지므로 공차가 $\dfrac{3}{n+1}$인 등차수열을 이룬다.

따라서 $\overline{P_nQ_n} = \overline{BC} - \overline{CD_n} = 3 - \dfrac{3}{n+1}$이다.

626   답 6

$-\log_2 b_{2n-1} = a_1 + a_3 + a_5 + \cdots + a_{2n-1}$ …… ㉠
$\log_2 b_{2n} = a_2 + a_4 + a_6 + \cdots + a_{2n}$ …… ㉡

등차수열 $\{a_n\}$의 공차를 d라 할 때, ㉡에서 ㉠을 빼면

$\log_2 b_{2n} + \log_2 b_{2n-1} = (a_2 + a_4 + a_6 + \cdots + a_{2n})$
$\qquad\qquad\qquad\qquad - (a_1 + a_3 + a_5 + \cdots + a_{2n-1})$
$\log_2(b_{2n} \times b_{2n-1}) = (a_2 - a_1) + (a_4 - a_3) + (a_6 - a_5) + \cdots$
$\qquad\qquad\qquad\qquad + (a_{2n} - a_{2n-1})$
$\qquad\qquad\qquad\quad = d \times n$
$\therefore b_{2n} \times b_{2n-1} = 2^{dn}$ …… ㉢

$b_1 \times b_2 \times b_3 \times \cdots \times b_{10} = (b_1 b_2) \times (b_3 b_4) \times (b_5 b_6) \times (b_7 b_8) \times (b_9 b_{10})$
$\qquad\qquad\qquad\qquad = 2^d \times 2^{2d} \times 2^{3d} \times 2^{4d} \times 2^{5d} (\because ㉢)$
$\qquad\qquad\qquad\qquad = 2^{15d} = 1024 = 2^{10}$

에서 $15d = 10$ $\therefore d = \dfrac{2}{3}$

$\therefore k = a_{n+9} - a_n = 9d = 9 \times \dfrac{2}{3} = 6$

627   답 ②

$S_k = -16$, $S_{k+2} = -12$이므로
$S_{k+2} - S_k = a_{k+1} + a_{k+2} = 4$
등차수열 $\{a_n\}$의 공차가 2이므로
$(a_1 + 2k) + \{a_1 + 2(k+1)\} = 4$
$2a_1 + 4k + 2 = 4$
$a_1 + 2k = 1$
$\therefore a_1 = 1 - 2k$ …… ㉠
$S_k = -16$이므로 $\dfrac{k\{2a_1 + 2(k-1)\}}{2} = -16$
$k(a_1 + k - 1) = -16$

위 식에 ㉠을 대입하면
$k\{(1-2k) + k - 1\} = -16$, $k^2 = 16$
$\therefore k = 4$ ($\because k$는 자연수)
$k = 4$를 ㉠에 대입하면
$a_1 = 1 - 2 \times 4 = -7$
$\therefore a_{2k} = a_8 = -7 + 7 \times 2 = 7$

628   답 ③

a_{k-3}, a_{k-2}, a_{k-1}은 이 순서대로 등차수열을 이루므로 a_{k-2}는 a_{k-3}과
a_{k-1}의 등차중항이다.
즉, 조건 ㈎에서
$a_{k-2} = \dfrac{a_{k-3} + a_{k-1}}{2} = \dfrac{-24}{2} = -12$
수열 $\{a_n\}$의 첫째항부터 제k항까지의 합 S_k는
$S_k = \dfrac{k(a_1 + a_k)}{2}$ …… ㉠
등차수열 $\{a_n\}$의 공차를 d라 하면
$a_1 + a_k = a_1 + \{a_1 + (k-1)d\} = 2a_1 + (k-1)d$,
$a_2 + a_{k-1} = (a_1 + d) + \{a_1 + (k-2)d\} = 2a_1 + (k-1)d$,
$a_3 + a_{k-2} = (a_1 + 2d) + \{a_1 + (k-3)d\} = 2a_1 + (k-1)d$
이므로
$a_1 + a_k = a_3 + a_{k-2}$ …… ㉡
㉠에 ㉡을 대입하면
$S_k = \dfrac{k(a_3 + a_{k-2})}{2}$
$\qquad = \dfrac{k\{42 + (-12)\}}{2}$
$\qquad = 15k$
이때 조건 ㈏에서 $15k = k^2$
따라서 $k \neq 0$이므로 $k = 15$

629   답 ③

등차수열 $\{a_n\}$의 공차를 d, 등비수열 $\{b_n\}$의 공비를 r라 하자.
조건 ㈎에 의하여
$a_1 + d = a_1 r$에서 $a_1(r-1) = d$ …… ㉠
$a_1 + 3d = a_1 r^3$에서 $a_1(r^3 - 1) = a_1(r-1)(r^2 + r + 1) = 3d$ …… ㉡
㉠을 ㉡에 대입하면
$d(r^2 + r + 1) = 3d$, $d(r^2 + r - 2) = d(r+2)(r-1) = 0$
이므로 $d = 0$ 또는 $r = -2$ 또는 $r = 1$이다.

(i) $d = 0$인 경우
   등차수열 $\{a_n\}$의 모든 항이 a_1이고
   $b_2 = a_2 = a_1 = b_1$에서 $r = 1$이므로
   등비수열 $\{b_n\}$의 모든 항도 a_1이다.
   이때 $a_3 \neq b_3$을 만족시키지 못한다.

(ii) $r = -2$인 경우
   조건 ㈏에서 $b_3 = a_1 r^2 = 4a_1 = 12$이므로 $a_1 = 3$이고,
   ㉠에서 $d = 3 \times (-2-1) = -9$이다.
   이때 $a_3 = a_1 + 2d = -15 \neq b_3$이므로 조건을 만족시킨다.

(iii) $r = 1$인 경우

등비수열 $\{b_n\}$의 모든 항이 b_1이고
$a_2=b_2=b_1=a_1$에서 $d=0$이므로
등차수열 $\{a_n\}$의 모든 항도 b_1이다.
이때 $a_3\neq b_3$을 만족시키지 못한다.
(i)~(iii)에서 구하는 값은
$a_{10}=a_1+9d=3+9\times(-9)=-78$

630
圉 18

수열 $\{a_n\}$은 등차수열이므로 공차를 d라 하면
$$a_1+a_8=a_1+(a_1+7d)$$
$$=(a_1+3d)+(a_1+4d)$$
$$=a_4+a_5=8 \qquad\qquad \cdots\cdots \text{㉠}$$
수열 $\{b_n\}$은 등비수열이므로 공비를 r $(r<1)$라 하면
$$b_2b_7=b_1r\times b_1r^6$$
$$=b_1r^3\times b_1r^4$$
$$=b_4b_5=12$$
이때 $a_4=b_4$, $a_5=b_5$이므로
$$a_4a_5=b_4b_5=12 \qquad\qquad \cdots\cdots \text{㉡}$$
㉠, ㉡에서 a_4, a_5가 이차방정식의 두 근이라 하면
이차방정식의 근과 계수의 관계에 의하여
$x^2-(a_4+a_5)x+a_4a_5=0$이므로
$x^2-8x+12=0$, $(x-2)(x-6)=0$
$\therefore x=2$ 또는 $x=6$
한편, $b_4>b_5$ $(\because r<1)$이므로 $a_4>a_5$
$\therefore a_4=6$, $a_5=2$
$a_5-a_4=d=2-6=-4$
즉, $a_4=a_1+3d$에서 $d=-4$이므로
$6=a_1+3\times(-4)$
$\therefore a_1=18$

다른 풀이

수열 $\{a_n\}$은 등차수열이므로 등차중항의 성질에 의하여
$$a_1+a_8=a_4+a_5=8 \qquad\qquad \cdots\cdots \text{㉢}$$
수열 $\{b_n\}$은 등비수열이므로 등비중항의 성질에 의하여
$$b_2b_7=b_4b_5=12 \qquad\qquad \cdots\cdots \text{㉣}$$
이때 $a_4=b_4$, $a_5=b_5$이므로
㉢에서 $b_4+b_5=a_4+a_5=8$
$$\therefore b_5=8-b_4 \qquad\qquad \cdots\cdots \text{㉤}$$
㉣의 $b_4b_5=12$에 ㉤을 대입하면 $b_4(8-b_4)=12$
$b_4^2-8b_4+12=0$, $(b_4-2)(b_4-6)=0$
$\therefore b_4=2$ 또는 $b_4=6$
이를 ㉤에 대입하면
$b_4=2$일 때 $b_5=6$
$b_4=6$일 때 $b_5=2$
그런데 수열 $\{b_n\}$은 공비가 1보다 작은 등비수열이므로
$a_4=b_4=6$, $a_5=b_5=2$
$a_5-a_4=d=2-6=-4$
즉, $a_4=a_1+3d$에서 $d=-4$이므로
$6=a_1+3\times(-4)$
$\therefore a_1=18$

631
圉 ④

2028년 초의 이 아파트의 한 세대 매입가는
31200×1.04^{10}(만 원)이고 $\qquad\qquad \cdots\cdots \text{㉠}$
2018년 초에 a(만 원)을 적립하면 2028년 초에
$a\times1.04^{10}$(만 원),
2019년 초에 $a\times0.95$(만 원)을 적립하면 2028년 초에
$a\times0.95\times1.04^9$(만 원),
2020년 초에 $a\times0.95^2$(만 원)을 적립하면 2028년 초에
$a\times0.95^2\times1.04^8$(만 원),
$\vdots$
2027년 초에 $a\times0.95^9$(만 원)을 적립하면 2028년 초에
$a\times0.95^9\times1.04$(만 원)이 된다.
즉, 적립금의 원리합계는 첫째항이 $a\times1.04^{10}$이고 공비가 $\dfrac{0.95}{1.04}$인
등비수열의 첫째항부터 제10항까지의 합과 같으므로
$$\frac{a\times1.04^{10}\left\{1-\left(\dfrac{0.95}{1.04}\right)^{10}\right\}}{1-\dfrac{0.95}{1.04}}=a\times1.04^{10}\times0.6\times\frac{104}{9} \qquad\qquad \cdots\cdots \text{㉡}$$
㉠, ㉡에서
$$31200\times1.04^{10}=a\times1.04^{10}\times0.6\times\frac{104}{9}$$
$\therefore a=4500$

632
圉 ④

n번째 시행에서 새로 색칠한 모든 정사각형의 둘레의 길이의 합을 a_n이라 하자.
첫 번째 시행에서 색칠한 정사각형의 한 변의 길이는 1이므로
$a_1=4\times1=4$
두 번째 시행에서 새로 색칠한 하나의 정사각형의 한 변의 길이는 $\dfrac{1}{3}$이고, 이 정사각형을 8개 색칠하였으므로
$$a_2=\left(4\times\frac{1}{3}\right)\times8$$
세 번째 시행에서 새로 색칠한 하나의 정사각형의 한 변이 길이는 $\left(\dfrac{1}{3}\right)^2$이고, 이 정사각형을 8^2개 색칠하였으므로
$$a_3=\left\{4\times\left(\frac{1}{3}\right)^2\right\}\times8^2$$
$\vdots$
즉, 수열 $\{a_n\}$은 첫째항이 $a_1=4$이고 공비가 $\dfrac{8}{3}$인 등비수열이다.
따라서 시행을 8회 반복할 때, 색칠한 모든 정사각형의 둘레의 길이의 합은
$$a_1+a_2+a_3+\cdots+a_8=\frac{4\left\{\left(\dfrac{8}{3}\right)^8-1\right\}}{\dfrac{8}{3}-1}$$
$$=\frac{12}{5}\left\{\left(\frac{8}{3}\right)^8-1\right\}$$

633
답 ③

그림 R_n에서 새로 색칠한 부분의 넓이를 a_n이라 하자.
한 변의 길이가 1인 정사각형의 넓이가 1이므로
그림 R_1에서 새로 색칠한 부분의 넓이는 $a_1 = 1 \times \dfrac{1}{4} = \dfrac{1}{4}$이다.

그림 R_2에서 새로 색칠한 하나의 정사각형의 넓이는 $a_1 \times \dfrac{1}{4}$이고,
같은 넓이의 정사각형을 3개 색칠하였으므로
$a_2 = a_1 \times \dfrac{1}{4} \times 3 = \dfrac{3}{4}a_1$이다.

그림 R_3에서 새로 색칠한 하나의 정사각형의 넓이는 $a_1 \times \dfrac{1}{4} \times \dfrac{1}{4}$
이고, 같은 넓이의 정사각형을 3×3개 색칠하였으므로
$a_3 = a_1 \times \left(\dfrac{1}{4}\right)^2 \times 3^2 = \left(\dfrac{3}{4}\right)^2 a_1$이다.
$\vdots$

즉, 수열 $\{a_n\}$은 첫째항이 $\dfrac{1}{4}$이고 공비가 $\dfrac{3}{4}$인 등비수열이다.

$\therefore S_{10} = a_1 + a_2 + \cdots + a_{10} = \dfrac{\dfrac{1}{4}\left\{1 - \left(\dfrac{3}{4}\right)^{10}\right\}}{1 - \dfrac{3}{4}} = 1 - \left(\dfrac{3}{4}\right)^{10}$

634
답 33

$a_1 > 0$이고 조건 (가)에서
$|a_1 + a_2 + a_3 + \cdots + a_{16}| < |a_1 + a_2 + a_3 + \cdots + a_{17}|$
이므로 $a_{17} > 0$이다.

TIP

수열 $\{a_n\}$의 공차를 d라 하면
$a_{17} = 50 + 16d > 0$에서 $d > -\dfrac{50}{16}$ ...... ㉠

또한, 조건 (나)에서
$|a_1 + a_2 + a_3 + \cdots + a_{17}| > |a_1 + a_2 + a_3 + \cdots + a_{18}|$
이므로 $a_{18} < 0$이다.

$a_{18} = 50 + 17d < 0$에서 $d < -\dfrac{50}{17}$ ...... ㉡

㉠, ㉡에서 $-\dfrac{50}{16} < d < -\dfrac{50}{17}$이므로 $d = -3$ ($\because d$는 정수)

따라서 수열 $\{a_n\}$의 첫째항부터 제n항까지의 합은
$\dfrac{n\{100 - 3(n-1)\}}{2} = \dfrac{n(-3n + 103)}{2}$이고
$T_n = \left| \dfrac{n(-3n + 103)}{2} \right|$이다.

이때 함수 $f(x) = \left| \dfrac{x(-3x + 103)}{2} \right|$ $(x > 0)$이라 하면
함수 $y = f(x)$의 그래프는 다음과 같다.

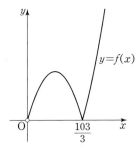

즉, n의 값이 $\dfrac{103}{3}$의 부근인 곳에서 T_n의 값을 구해 보면
$T_{32} = 112$, $T_{33} = 66$, $T_{34} = 17$, $T_{35} = 35$이므로
$T_n > T_{n+1}$을 만족시키는 n의 최댓값은 33이다.

> **TIP**
>
> 등차수열 $\{a_n\}$의 첫째항이 양수이므로 경우를 나누면 다음과 같다.
> ❶ 공차가 양수이면 항의 값이 계속 커지므로 모든 자연수 n에 대하여 $T_n < T_{n+1}$이다.
> ❷ 공차가 0이면 모든 항의 값이 50이므로 $T_n = |50n|$이다.
> 즉, 모든 자연수 n에 대하여 $T_n < T_{n+1}$이다.
> 따라서 공차가 양수이거나 0이면 $T_n > T_{n+1}$을 만족시킬 수 없으므로 수열 $\{a_n\}$의 공차는 음수이다.

635
답 ①

종이 ABCD를 접는 선은 한 변의 길이가 $\sqrt{2}$인 정사각형이므로 S_1을 펼친 그림에서 접힌 모든 선들의 길이의 합은 $4\sqrt{2}$이다.

S_1을 접는 선은 한 변의 길이가 1인 정사각형이고 종이가 2겹이므로 S_2를 펼친 그림에서 새로 접힌 모든 선들의 길이의 합은
$2 \times 4 \times 1 = 8$

S_2를 접는 선은 한 변의 길이가 $\dfrac{1}{\sqrt{2}}$인 정사각형이고 종이가 4겹이므로 S_3을 펼친 그림에서 새로 접힌 모든 선들의 길이의 합은
$4 \times 4 \times \dfrac{1}{\sqrt{2}} = 8\sqrt{2}$

새로 접힌 모든 선들의 길이의 합은 첫째항이 $4\sqrt{2}$이고 공비가 $\sqrt{2}$인 등비수열이므로 S_n을 펼친 그림에서 접힌 모든 선들의 길이의 합 l_n은 첫째항이 $4\sqrt{2}$이고 공비가 $\sqrt{2}$인 등비수열의 첫째항부터 제n항까지의 합이다.

$\therefore l_5 = \dfrac{4\sqrt{2} \times \{(\sqrt{2})^5 - 1\}}{\sqrt{2} - 1}$
$= \dfrac{4\sqrt{2}(4\sqrt{2} - 1)(\sqrt{2} + 1)}{(\sqrt{2} - 1)(\sqrt{2} + 1)}$
$= 4\sqrt{2}(7 + 3\sqrt{2})$
$= 24 + 28\sqrt{2}$

636
답 ④

이 수열의 공차를 d라 할 때,
첫째항이 2이고 공차가 d인 수열을 차례대로 나열하면
$2, 2+d, 2+2d, 2+3d, 2+4d, 2+5d, \cdots$
첫 번째 시행을 한 다음 얻은 수열은
$2, 2+2d, 2+4d, 2+6d, 2+8d, 2+10d, \cdots$
두 번째 시행을 한 다음 얻은 수열은
$2, 2+4d, 2+8d, 2+12d, 2+16d, 2+20d, \cdots$
세 번째 시행을 한 다음 얻은 수열은
$2, 2+8d, 2+16d, 2+24d, 2+32d, 2+40d, \cdots$

즉, 이와 같이 주어진 시행을 n번 반복한 다음 얻은 수열은 첫째항이 2이고 공차가 $2^n d$인 등차수열이므로

시행을 8번 반복한 다음 얻은 수열은 첫째항이 2이고 공차가 $2^8 d$인 등차수열이다.

따라서 제12항이 46이므로

$2+2^8(12-1)d=46$, $11 \times 2^8 d=44$에서 $d=\dfrac{1}{64}$

637 ────────────────────────────── 답 26

주어진 조건을 만족시키는 집합 A_k를 구하여 차례대로 나열하면

$A_1=\{3,\ 5,\ 7,\ 9,\ 11\}$

$A_2=\{9,\ 11,\ 13,\ \cdots,\ 21\}$

$A_3=\{15,\ 17,\ 19,\ \cdots,\ 31\}$

$A_4=\{21,\ 23,\ 25,\ \cdots,\ 41\}$

$\vdots$

$A_k=\{6k-3,\ 6k-1,\ 6k+1,\ \cdots,\ 10k+1\}$

즉, $A_{15}=\{87,\ 89,\ 91,\ \cdots,\ 151\}$이다.

$p>15$에서 $A_{15} \cap A_p=\varnothing$을 만족시키려면

집합 A_p의 가장 작은 원소 $6p-3$이 집합 A_{15}의 가장 큰 원소보다 커야 하므로 $6p-3>151$이어야 한다.

따라서 $p>\dfrac{154}{6}=25.6\cdots$이므로 자연수 p의 최솟값은 26이다.

638 ────────────────────────────── 답 $\dfrac{27}{2}$

조건에서 홀수 번째 항들의 합이 짝수 번째 항들의 합보다 크고 공차가 양수이므로 k는 홀수이다.

즉, 홀수 번째 항의 개수는 $\dfrac{k+1}{2}$이고, 홀수 번째 항들의 합이 24이므로

$\dfrac{k+1}{2} \times \dfrac{a_1+a_k}{2}=24$ ⋯⋯ ㉠

이때 짝수 번째 항들의 합이 21이므로 첫째항부터 제k항까지의 합은 $21+24=45$이다.

$\dfrac{k(a_1+a_k)}{2}=45$ ⋯⋯ ㉡

㉠÷㉡을 하면

$\dfrac{k+1}{2k}=\dfrac{24}{45}=\dfrac{8}{15}$, $16k=15(k+1)$, $k=15$

$k=15$를 ㉡에 대입하면

$\dfrac{15(a_1+a_{15})}{2}=45$, $a_1+a_{15}=6$

등차중항에 의하여 $\dfrac{a_1+a_{15}}{2}=a_8$이므로 $a_8=\dfrac{6}{2}=3$이고

$a_6\leq 0$이므로 수열 $\{a_n\}$의 공차를 d라 하면

$a_6=a_8-2d=3-2d\leq 0$, $d\geq \dfrac{3}{2}$

따라서 구하는 a_k의 최솟값은 d가 최솟값 $\dfrac{3}{2}$을 가질 때이므로

$a_k=a_{15}=a_8+7d=3+7 \times \dfrac{3}{2}=\dfrac{27}{2}$이다.

02 여러 가지 수열의 합

639 ────────────────────────────── 답 ⑤

$\displaystyle\sum_{k=1}^{5} a_k=10$, $\displaystyle\sum_{k=1}^{5} b_k=4$이므로 $\sum$의 성질에 의하여

$\displaystyle\sum_{k=1}^{5}(3a_k-b_k+4)=3\sum_{k=1}^{5}a_k-\sum_{k=1}^{5}b_k+\sum_{k=1}^{5}4$

$\qquad\qquad\qquad =3 \times 10-4+4 \times 5=46$

640 ────────────────────────────── 답 18

$\displaystyle\sum_{k=1}^{10} a_k=-2$, $\displaystyle\sum_{k=1}^{10} (a_k)^2=4$이므로 $\sum$의 성질에 의하여

$\displaystyle\sum_{k=1}^{10}(2a_k+1)^2=\sum_{k=1}^{10}\{4(a_k)^2+4a_k+1\}$

$\qquad\qquad\qquad =4\sum_{k=1}^{10}(a_k)^2+4\sum_{k=1}^{10}a_k+\sum_{k=1}^{10}1$

$\qquad\qquad\qquad =4 \times 4+4 \times (-2)+1 \times 10=18$

641 ────────────────────────────── 답 ④

$\displaystyle\sum_{k=1}^{10}(a_{2k-1}+a_{2k})$

$=(a_1+a_2)+(a_3+a_4)+(a_5+a_6)+\cdots+(a_{19}+a_{20})$

$=\displaystyle\sum_{k=1}^{20}a_k$

이므로 $\displaystyle\sum_{k=1}^{20}a_k=40$이다.

$\therefore \displaystyle\sum_{k=1}^{20}(2a_k+5)=2\sum_{k=1}^{20}a_k+5 \times 20$

$\qquad\qquad\qquad =2 \times 40+5 \times 20=180$

642 ────────────────────────────── 답 ②

$\displaystyle\sum_{k=2}^{24}f(k+3)-\sum_{i=10}^{32}f(i-4)$

$=\{f(5)+f(6)+f(7)+\cdots+f(27)\}$

$\qquad\qquad\qquad -\{f(6)+f(7)+f(8)+\cdots+f(28)\}$

$=f(5)-f(28)$

$=7-22(\because f(5)=7,\ f(28)=22)$

$=-15$

643 ────────────────────────────── 답 ③

① $\displaystyle\sum_{k=1}^{n}ka_k=a_1+2a_2+3a_3+\cdots+na_n$이고,

$k\displaystyle\sum_{k=1}^{n}a_k=k(a_1+a_2+a_3+\cdots+a_n)$이므로

$\displaystyle\sum_{k=1}^{n}ka_k\neq k\sum_{k=1}^{n}a_k$이다. (거짓)

② $\sum\limits_{k=1}^{n} a_{2k} = a_2 + a_4 + a_6 + \cdots + a_{2n}$이고,

$\sum\limits_{k=1}^{2n} a_k = a_1 + a_2 + a_3 + \cdots + a_{2n}$이므로

$\sum\limits_{k=1}^{n} a_{2k} \neq \sum\limits_{k=1}^{2n} a_k$이다. (거짓)

③ $\sum\limits_{k=2}^{n} c = c + c + c + \cdots + c = c(n-1)$ (참)

④ $\sum\limits_{k=1}^{n} a_k b_k = a_1 b_1 + a_2 b_2 + a_3 b_3 + \cdots + a_n b_n$이고,

$\left(\sum\limits_{k=1}^{n} a_k\right) \times \left(\sum\limits_{k=1}^{n} b_k\right)$

$= (a_1 + a_2 + a_3 + \cdots + a_n)(b_1 + b_2 + b_3 + \cdots + b_n)$

이므로

$\sum\limits_{k=1}^{n} a_k b_k \neq \left(\sum\limits_{k=1}^{n} a_k\right) \times \left(\sum\limits_{k=1}^{n} b_k\right)$이다. (거짓)

⑤ $\sum\limits_{k=1}^{n} a_k + \sum\limits_{k=1}^{2n} b_k$

$= (a_1 + a_2 + a_3 + \cdots + a_n) + (b_1 + b_2 + b_3 + \cdots + b_{2n})$

이고,

$\sum\limits_{k=1}^{n}(a_k + b_k) + b_{2n}$

$= \sum\limits_{k=1}^{n} a_k + \sum\limits_{k=1}^{n} b_k + b_{2n}$

$= (a_1 + a_2 + a_3 + \cdots + a_n) + (b_1 + b_2 + b_3 + \cdots + b_n) + b_{2n}$

이므로

$\sum\limits_{k=1}^{n} a_k + \sum\limits_{k=1}^{2n} b_k \neq \sum\limits_{k=1}^{n}(a_k + b_k) + b_{2n}$이다. (거짓)

따라서 선지 중 옳은 것은 ③이다.

644

답 ③

ㄱ. $2+2+2+2+2 = \sum\limits_{k=1}^{5} 2$ (참)

ㄴ. $\sum\limits_{k=1}^{12}(4k+1) = 5 + 9 + 13 + \cdots + 49$ (거짓) ······ **TIP**

ㄷ. $\sum\limits_{k=1}^{10} 2k = 2 + 4 + 6 + \cdots + 20 = 20 + 18 + 16 + \cdots + 2$ (참)

ㄹ. $\sum\limits_{k=1}^{13}(3k-1)^2 = 2^2 + 5^2 + 8^2 + \cdots + 38^2$ (거짓)

따라서 옳은 것은 ㄱ, ㄷ으로 2개이다.

TIP

합의 꼴로 나타난 부분을 일반항을 구하여 시그마로 표현하려고 하기보다는 시그마의 정의에 따라 합의 꼴로 풀어서 나타내고 양변이 등호가 성립하는지 비교하는 것이 좀 더 간단하다.

645

답 ③

① $\sum\limits_{k=1}^{2n+3}(2k-1) = 1 + 3 + 5 + \cdots + (4n+5)$

② $\sum\limits_{k=1}^{n+1}(4k-3) = 1 + 5 + 9 + \cdots + (4n+1)$

③ $\sum\limits_{k=1}^{n+2}(4k-3) = 1 + 5 + 9 + \cdots + (4n+5)$

④ $\sum\limits_{k=2}^{n+1}(4k-7) = 1 + 5 + 9 + \cdots + (4n-3)$

⑤ $\sum\limits_{k=2}^{n+2}(4k-7) = 1 + 5 + 9 + \cdots + (4n+1)$

따라서 선지 중 $\sum$를 사용하여 바르게 나타낸 것은 ③이다.

다른 풀이

1, 5, 9, $\cdots$는 첫째항이 1이고 공차가 4인 등차수열이므로 이 수열을 $\{a_k\}$라 하면 일반항은 $a_k = 1 + 4(k-1) = 4k-3$이다.

이때 $4n+5 = 4k-3$에서 $k = n+2$이므로 $4n+5$는 제$(n+2)$항이다.

따라서 주어진 합은 수열 $\{a_k\}$의 첫째항부터 제$(n+2)$항까지의 합이므로

$1 + 5 + 9 + \cdots + (4n+5) = \sum\limits_{k=1}^{n+2}(4k-3)$이다.

646

답 ③

$\sum\limits_{k=1}^{9} a_{k+2} - \sum\limits_{k=3}^{11} a_{k-1}$

$= (a_3 + a_4 + a_5 + \cdots + a_{11}) - (a_2 + a_3 + a_4 + \cdots + a_{10})$

$= (a_3 - a_2) + (a_4 - a_3) + (a_5 - a_4) + \cdots + (a_{11} - a_{10})$

이때 수열 $\{a_n\}$이 공차가 4인 등차수열이므로

$a_3 - a_2 = a_4 - a_3 = a_5 - a_4 = \cdots = a_{11} - a_{10} = 4$

따라서 구하는 값은 $4 \times 9 = 36$이다.

647

답 ③

$a_1 = 2^2 - 3 = 1$이고,

$n \geq 2$일 때

$a_n = \sum\limits_{k=1}^{n} a_k - \sum\limits_{k=1}^{n-1} a_k$

$= 2^{n+1} - 3 - (2^n - 3) = 2^n$

이므로 $a_{10} = 2^{10}$이다.

$\therefore a_1 + a_{10} = 2^{10} + 1$

648

답 ④

$\sum\limits_{k=1}^{20} \dfrac{2^{k+3} + 5^k}{4^{k-1}} = \sum\limits_{k=1}^{20}\left\{32 \times \left(\dfrac{1}{2}\right)^k\right\} + \sum\limits_{k=1}^{20}\left\{4 \times \left(\dfrac{5}{4}\right)^k\right\}$에서

두 수열 $\left\{32 \times \left(\dfrac{1}{2}\right)^k\right\}$, $\left\{4 \times \left(\dfrac{5}{4}\right)^k\right\}$이 모두 등비수열이므로

$\sum\limits_{k=1}^{20} \dfrac{2^{k+3} + 5^k}{4^{k-1}} = \dfrac{16\left\{1 - \left(\dfrac{1}{2}\right)^{20}\right\}}{1 - \dfrac{1}{2}} + \dfrac{5\left\{\left(\dfrac{5}{4}\right)^{20} - 1\right\}}{\dfrac{5}{4} - 1}$

$= 32\left\{1 - \left(\dfrac{1}{2}\right)^{20}\right\} + 20\left\{\left(\dfrac{5}{4}\right)^{20} - 1\right\}$

$= (-32) \times \left(\dfrac{1}{2}\right)^{20} + 20 \times \left(\dfrac{5}{4}\right)^{20} + 12$

에서 $a = -32$, $b = 20$, $c = 12$이다.

$\therefore a + 2b + 3c = (-32) + 40 + 36 = 44$

649

답 ⑤

$a_1=7$, $a_2=9$, $a_3=3$, $a_4=1$, $a_5=7$, $\cdots$ 이므로
수열 $\{a_n\}$은 7, 9, 3, 1이 이 순서대로 반복된다.

$$\therefore \sum_{k=1}^{30} a_k = 7 \times (7+9+3+1)+7+9$$
$$=140+16=156$$

650

답 ⑤

$\sum_{k=1}^{10} a_k=10$, $\sum_{k=1}^{10} b_k=15$이므로

$$\sum_{k=1}^{10} (a_k-2b_k+k)=\sum_{k=1}^{10} a_k-2\sum_{k=1}^{10} b_k+\sum_{k=1}^{10} k$$
$$=10-2\times15+\frac{10\times11}{2}=35$$

651

답 (1) 160 (2) 184

(1) $\displaystyle\sum_{k=1}^{5} (k^3-k-10)=\sum_{k=1}^{5} k^3-\sum_{k=1}^{5} k-\sum_{k=1}^{5} 10$
$$=\left(\frac{5\times6}{2}\right)^2-\frac{5\times6}{2}-5\times10$$
$$=225-15-50=160$$

(2) $\displaystyle\sum_{k=1}^{8} (k+2)^2-\sum_{k=1}^{8} (k+1)(k-1)$
$$=\sum_{k=1}^{8} (k^2+4k+4)-\sum_{k=1}^{8} (k^2-1)$$
$$=\sum_{k=1}^{8} (4k+5)$$
$$=4\times\frac{8\times9}{2}+5\times8$$
$$=144+40=184$$

652

답 ⑤

$\displaystyle\sum_{k=1}^{8} \frac{k^3}{k+1}+\sum_{k=1}^{8} \frac{1}{k+1}=\sum_{k=1}^{8} \frac{k^3+1}{k+1}$
$$=\sum_{k=1}^{8} \frac{(k+1)(k^2-k+1)}{k+1}$$
$$=\sum_{k=1}^{8} (k^2-k+1)$$
$$=\frac{8\times9\times17}{6}-\frac{8\times9}{2}+1\times8$$
$$=204-36+8=176$$

653

답 ④

$5^2+6^2+7^2+\cdots+12^2=\displaystyle\sum_{k=1}^{12} k^2-\sum_{k=1}^{4} k^2$
$$=\frac{12\times13\times25}{6}-\frac{4\times5\times9}{6}$$
$$=650-30=620$$

다른 풀이

$5^2+6^2+7^2+\cdots+12^2=\displaystyle\sum_{k=1}^{8} (k+4)^2$
$$=\sum_{k=1}^{8} (k^2+8k+16)$$
$$=\frac{8\times9\times17}{6}+8\times\frac{8\times9}{2}+16\times8$$
$$=204+288+128=620$$

654

답 ④

$1\times4+2\times6+3\times8+\cdots+10\times22$
$$=\sum_{k=1}^{10} k(2k+2) \qquad \cdots\cdots \text{TIP}$$
$$=\sum_{k=1}^{10} (2k^2+2k)$$
$$=2\times\frac{10\times11\times21}{6}+2\times\frac{10\times11}{2}$$
$$=770+110=880$$

TIP

1, 2, 3, $\cdots$, 10은 첫째항이 1이고 공차가 1인 등차수열의
첫째항부터 제10항까지의 나열이고,
4, 6, 8, $\cdots$, 22는 첫째항이 4이고 공차가 2인 등차수열의
첫째항부터 제10항까지의 나열이다.

655

답 380

$\displaystyle\sum_{i=1}^{4} \left\{\sum_{k=1}^{10} \left(2k-\frac{3}{5}i\right)\right\}$에서
$$\sum_{k=1}^{10} \left(2k-\frac{3}{5}i\right)=2\times\frac{10\times11}{2}-\frac{3}{5}i\times10$$
$$=110-6i \qquad \cdots\cdots \text{TIP}$$
$$\therefore \sum_{i=1}^{4} \left\{\sum_{k=1}^{10} \left(2k-\frac{3}{5}i\right)\right\}=\sum_{i=1}^{4} (110-6i)$$
$$=110\times4-6\times\frac{4\times5}{2}$$
$$=440-60=380$$

TIP

$\displaystyle\sum_{k=1}^{10} \left(2k-\frac{3}{5}i\right)$에서 k를 제외한 문자, 즉 i는 상수 취급하여
계산한다.

656

답 ④

$\displaystyle\sum_{k=1}^{n} a_k=n^2+3n$에서 $n\geq2$일 때

$a_n=\displaystyle\sum_{k=1}^{n} a_k-\sum_{k=1}^{n-1} a_k$
$$=n^2+3n-\{(n-1)^2+3(n-1)\}$$
$$=n^2+3n-(n^2-2n+1+3n-3)$$
$$=2n+2$$

$a_1=S_1=4$이므로

$a_n=2n+2\,(n\geq1)$이다.

따라서 $a_{2k-1}=2(2k-1)+2=4k$이므로

$$\sum_{k=1}^{10}a_{2k-1}=\sum_{k=1}^{10}4k$$
$$=4\times\frac{10\times11}{2}=220$$

657 답 220

$1^3+2^3+3^3+\cdots+k^3=\sum\limits_{i=1}^{k}i^3=\left\{\dfrac{k(k+1)}{2}\right\}^2$이고

$1+2+3+\cdots+k=\sum\limits_{i=1}^{k}i=\dfrac{k(k+1)}{2}$이므로

$$\frac{1^3+2^3+3^3+\cdots+k^3}{1+2+3+\cdots+k}=\frac{k(k+1)}{2}$$

$$\therefore\sum_{k=1}^{10}\frac{1^3+2^3+3^3+\cdots+k^3}{1+2+3+\cdots+k}=\sum_{k=1}^{10}\frac{k(k+1)}{2}$$
$$=\frac{1}{2}\sum_{k=1}^{10}(k^2+k)$$
$$=\frac{1}{2}\left(\frac{10\times11\times21}{6}+\frac{10\times11}{2}\right)$$
$$=\frac{1}{2}(385+55)=220$$

참고

$\sum\limits_{k=1}^{10}k^2=385$, $\sum\limits_{k=1}^{10}k=55$는 계산 과정에서 종종 사용되므로 암기해 두면 편리하다.

658 답 ③

x에 대한 이차방정식 $x^2-(4n-1)x+n^2=0$에서 근과 계수의 관계에 의하여

$a_n+b_n=4n-1$, $a_nb_n=n^2$이므로

$$a_n^2+b_n^2=(a_n+b_n)^2-2a_nb_n$$
$$=(4n-1)^2-2n^2$$
$$=14n^2-8n+1$$

$$\therefore\sum_{n=1}^{5}(a_n^2+b_n^2)=\sum_{n=1}^{5}(14n^2-8n+1)$$
$$=14\times\frac{5\times6\times11}{6}-8\times\frac{5\times6}{2}+1\times5$$
$$=770-120+5=655$$

659 답 (1) 24 (2) 5

(1) $\displaystyle\sum_{k=1}^{n+1}k^2-\sum_{k=1}^{n}(k^2+2k)=\sum_{k=1}^{n}k^2+(n+1)^2-\sum_{k=1}^{n}(k^2+2k)$
$$=-2\sum_{k=1}^{n}k+(n+1)^2$$
$$=-n(n+1)+(n^2+2n+1)$$
$$=n+1$$

이므로 $n+1=25$에서 $n=24$이다.

(2) $\displaystyle\sum_{k=1}^{n}k^3-13\sum_{k=1}^{n}k=30$에서

$$\left\{\frac{n(n+1)}{2}\right\}^2-13\times\frac{n(n+1)}{2}-30=0$$이고,

$X=\dfrac{n(n+1)}{2}\,(X>0)$로 치환하면

$$X^2-13X-30=0,\ (X+2)(X-15)=0$$

이므로 $X=15\,(\because X>0)$이다.

따라서 $\dfrac{n(n+1)}{2}=15$이므로 $n(n+1)=30$에서 $n=5$이다.

660 답 ⑤

$$\sum_{k=1}^{25}\frac{1}{(2k+3)(2k+5)}$$
$$=\frac{1}{2}\sum_{k=1}^{25}\left(\frac{1}{2k+3}-\frac{1}{2k+5}\right)$$
$$=\frac{1}{2}\left\{\left(\frac{1}{5}-\frac{1}{7}\right)+\left(\frac{1}{7}-\frac{1}{9}\right)+\left(\frac{1}{9}-\frac{1}{11}\right)+\cdots+\left(\frac{1}{53}-\frac{1}{55}\right)\right\}$$
$$=\frac{1}{2}\left(\frac{1}{5}-\frac{1}{55}\right)$$
$$=\frac{1}{2}\times\frac{10}{55}=\frac{1}{11}$$

661 답 ④

주어진 식의 일반항을 정리하면

$$\frac{\sqrt{n+1}-\sqrt{n}}{(\sqrt{n+1}+\sqrt{n})(\sqrt{n+1}-\sqrt{n})}=\sqrt{n+1}-\sqrt{n}$$

$$\therefore\sum_{n=1}^{15}\frac{1}{\sqrt{n}+\sqrt{n+1}}$$
$$=\sum_{n=1}^{15}(\sqrt{n+1}-\sqrt{n})$$
$$=(\sqrt{2}-\sqrt{1})+(\sqrt{3}-\sqrt{2})+(\sqrt{4}-\sqrt{3})+\cdots+(\sqrt{16}-\sqrt{15})$$
$$=\sqrt{16}-\sqrt{1}=3$$

662 답 ①

$$\sum_{k=1}^{15}\frac{k^2+k-24}{2k^2+2k}$$
$$=\sum_{k=1}^{15}\frac{k^2+k-24}{2(k^2+k)}$$
$$=\sum_{k=1}^{15}\left(\frac{1}{2}-\frac{12}{k^2+k}\right)$$
$$=\sum_{k=1}^{15}\frac{1}{2}-12\sum_{k=1}^{15}\frac{1}{k(k+1)}$$
$$=15\times\frac{1}{2}-12\sum_{k=1}^{15}\left(\frac{1}{k}-\frac{1}{k+1}\right)$$
$$=\frac{15}{2}-12\left\{\left(1-\frac{1}{2}\right)+\left(\frac{1}{2}-\frac{1}{3}\right)+\left(\frac{1}{3}-\frac{1}{4}\right)+\cdots+\left(\frac{1}{15}-\frac{1}{16}\right)\right\}$$
$$=\frac{15}{2}-12\left(1-\frac{1}{16}\right)=-\frac{15}{4}$$

663

답 (1) $\dfrac{20}{11}$ (2) $\dfrac{\sqrt{21}-1}{2}$

(1) 주어진 수열에서 제n항의 분자는 1이고,

분모는 1부터 n까지의 자연수의 합이므로 제n항의 분모는

$\displaystyle\sum_{k=1}^{n}k=\dfrac{n(n+1)}{2}$이다.

따라서 이 수열의 첫째항부터 제10항까지의 합은

$\displaystyle\sum_{k=1}^{10}\dfrac{2}{k(k+1)}$

$=2\displaystyle\sum_{k=1}^{10}\left(\dfrac{1}{k}-\dfrac{1}{k+1}\right)$

$=2\left\{\left(\dfrac{1}{1}-\dfrac{1}{2}\right)+\left(\dfrac{1}{2}-\dfrac{1}{3}\right)+\left(\dfrac{1}{3}-\dfrac{1}{4}\right)+\cdots+\left(\dfrac{1}{10}-\dfrac{1}{11}\right)\right\}$

$=2\left(1-\dfrac{1}{11}\right)=\dfrac{20}{11}$

(2) 주어진 수열에서 제n항의 분자는 1이고,

분모는 $\sqrt{2n+1}+\sqrt{2n-1}$이므로 이 수열의 제n항은

$\dfrac{1}{\sqrt{2n+1}+\sqrt{2n-1}}=\dfrac{\sqrt{2n+1}-\sqrt{2n-1}}{2}$

따라서 이 수열의 첫째항부터 제10항까지의 합은

$\dfrac{1}{2}\displaystyle\sum_{k=1}^{10}\left(\sqrt{2k+1}-\sqrt{2k-1}\right)$

$=\dfrac{1}{2}\left\{(\sqrt{3}-1)+(\sqrt{5}-\sqrt{3})+(\sqrt{7}-\sqrt{5})+\cdots+(\sqrt{21}-\sqrt{19})\right\}$

$=\dfrac{\sqrt{21}-1}{2}$

664

답 (1) $\dfrac{72}{55}$ (2) $\dfrac{15}{31}$

(1) $\dfrac{2}{1\times3}+\dfrac{2}{2\times4}+\dfrac{2}{3\times5}+\cdots+\dfrac{2}{9\times11}$

$=\displaystyle\sum_{k=1}^{9}\dfrac{2}{k(k+2)}$

$=\displaystyle\sum_{k=1}^{9}\left(\dfrac{1}{k}-\dfrac{1}{k+2}\right)$

$=\left(\dfrac{1}{1}-\dfrac{1}{3}\right)+\left(\dfrac{1}{2}-\dfrac{1}{4}\right)+\left(\dfrac{1}{3}-\dfrac{1}{5}\right)+\cdots+\left(\dfrac{1}{9}-\dfrac{1}{11}\right)$

$=1+\dfrac{1}{2}-\dfrac{1}{10}-\dfrac{1}{11}$

$=\dfrac{110+55-11-10}{110}$

$=\dfrac{72}{55}$

(2) $\dfrac{1}{2^2-1}+\dfrac{1}{4^2-1}+\dfrac{1}{6^2-1}+\cdots+\dfrac{1}{30^2-1}$

$=\displaystyle\sum_{k=1}^{15}\dfrac{1}{(2k)^2-1}$

$=\displaystyle\sum_{k=1}^{15}\dfrac{1}{(2k-1)(2k+1)}$

$=\dfrac{1}{2}\displaystyle\sum_{k=1}^{15}\left(\dfrac{1}{2k-1}-\dfrac{1}{2k+1}\right)$

$=\dfrac{1}{2}\left\{\left(\dfrac{1}{1}-\dfrac{1}{3}\right)+\left(\dfrac{1}{3}-\dfrac{1}{5}\right)+\left(\dfrac{1}{5}-\dfrac{1}{7}\right)+\cdots+\left(\dfrac{1}{29}-\dfrac{1}{31}\right)\right\}$

$=\dfrac{1}{2}\left(1-\dfrac{1}{31}\right)=\dfrac{15}{31}$

665

답 ④

ㄱ. $\displaystyle\sum_{k=3}^{10}(4k-9)=3+7+11+\cdots+31$ (참)

ㄴ. $\displaystyle\sum_{k=2}^{9}(2k+5)^2=9^2+11^2+13^2+\cdots+23^2,$

$\displaystyle\sum_{k=2}^{4}(2k-1)^2=3^2+5^2+7^2$이므로

$\displaystyle\sum_{k=2}^{9}(2k+5)^2+\sum_{k=2}^{4}(2k-1)^2=3^2+5^2+7^2+\cdots+23^2$ (참)

ㄷ. $\displaystyle\sum_{k=1}^{13}\{2k(2k+1)\}=2\times3+4\times5+6\times7+\cdots+26\times27$ (참)

ㄹ. $\displaystyle\sum_{k=1}^{21}\dfrac{1}{k(k+2)}=\dfrac{1}{1\times3}+\dfrac{1}{2\times4}+\dfrac{1}{3\times5}+\cdots+\dfrac{1}{21\times23}$ (거짓)

따라서 옳은 것은 ㄱ, ㄴ, ㄷ으로 3개이다.

666

답 ③

ㄱ. $\displaystyle\sum_{k=1}^{8}a_k+\sum_{i=9}^{15}a_i$

$=(a_1+a_2+a_3+\cdots+a_8)+(a_9+a_{10}+a_{11}+\cdots+a_{15})$

이므로 $\displaystyle\sum_{k=1}^{8}a_k+\sum_{i=9}^{15}a_i=\sum_{n=1}^{15}a_n$이다. (참)

ㄴ. $\displaystyle\sum_{k=1}^{10}2^{k+3}=2^4+2^5+2^6+\cdots+2^{13}$이고

$\displaystyle\sum_{i=5}^{14}2^{i-1}=2^4+2^5+2^6+\cdots+2^{13}$이므로

$\displaystyle\sum_{k=1}^{10}2^{k+3}=\sum_{i=5}^{14}2^{i-1}$이다. (참)

ㄷ. $\displaystyle\sum_{k=1}^{10}(a_{k+1}-a_k)$

$=(a_2-a_1)+(a_3-a_2)+(a_4-a_3)+\cdots+(a_{11}-a_{10})$

$=a_{11}-a_1$ (거짓)

ㄹ. $\displaystyle\sum_{i=3}^{10}4i=\sum_{i=1}^{8}\{4(i+2)\}=\sum_{i=1}^{8}(4i+8)$이므로

$\displaystyle\sum_{k=1}^{8}(4k+8)=\sum_{i=3}^{10}4i$이다. (참)

ㅁ. $\displaystyle\sum_{k=1}^{4}(3k-15)^2=\sum_{k=1}^{4}9(k-5)^2$

$=\displaystyle\sum_{k=6}^{9}9(k-10)^2\neq\sum_{i=6}^{9}9i^2$ (거짓)

따라서 옳은 것은 ㄱ, ㄴ, ㄹ로 3개이다.

667

답 ③

$\displaystyle\sum_{k=1}^{30}k(a_k-a_{k+1})$

$=(a_1-a_2)+(2a_2-2a_3)+(3a_3-3a_4)+\cdots+(30a_{30}-30a_{31})$

$=a_1+a_2+a_3+\cdots+a_{30}-30a_{31}$

$=\displaystyle\sum_{k=1}^{30}a_k-30a_{31}$

$=50-30\times\dfrac{1}{3}$

$=40$

668

답 9

$\sum\limits_{k=1}^{10}(a_k+2b_k)=45$, $\sum\limits_{k=1}^{10}(a_k-b_k)=3$을 변끼리 빼면

$\sum\limits_{k=1}^{10}3b_k=42$에서 $\sum\limits_{k=1}^{10}b_k=14$

$\therefore \sum\limits_{k=1}^{10}\left(b_k-\dfrac{1}{2}\right)=\sum\limits_{k=1}^{10}b_k-\sum\limits_{k=1}^{10}\dfrac{1}{2}$

$\qquad\qquad\qquad =14-\dfrac{1}{2}\times 10=9$

669

답 12

$\sum\limits_{k=1}^{10}a_k-\sum\limits_{k=1}^{7}\dfrac{a_k}{2}=56$의 양변에 2를 곱하면

$2\times\left(\sum\limits_{k=1}^{10}a_k-\sum\limits_{k=1}^{7}\dfrac{a_k}{2}\right)=2\times 56$이므로

$\sum\limits_{k=1}^{10}2a_k-\sum\limits_{k=1}^{7}a_k=112$ $\qquad\cdots\cdots$ ㉠

이때 $\sum\limits_{k=1}^{10}2a_k-\sum\limits_{k=1}^{8}a_k=100$에서

$\sum\limits_{k=1}^{8}a_k=\sum\limits_{k=1}^{7}a_k+a_8$이므로

$\sum\limits_{k=1}^{10}2a_k-\sum\limits_{k=1}^{7}a_k-a_8=100$

위의 식에 ㉠을 대입하면 $112-a_8=100$이므로

$a_8=12$

670

답 (1) -4 (2) 3

(1) $\sum\limits_{n=1}^{80}\log_3\left(1-\dfrac{1}{n+1}\right)$

$=\sum\limits_{n=1}^{80}\log_3\dfrac{n}{n+1}$

$=\log_3\dfrac{1}{2}+\log_3\dfrac{2}{3}+\log_3\dfrac{3}{4}+\cdots+\log_3\dfrac{80}{81}$

$=\log_3\left(\dfrac{1}{2}\times\dfrac{2}{3}\times\dfrac{3}{4}\times\cdots\times\dfrac{80}{81}\right)$

$=\log_3\dfrac{1}{81}=-4$

(2) $\sum\limits_{k=1}^{254}\log_2\{\log_{k+1}(k+2)\}$

$=\log_2(\log_2 3)+\log_2(\log_3 4)+\log_2(\log_4 5)+$

$\qquad\qquad\qquad\qquad\qquad\cdots+\log_2(\log_{255} 256)$

$=\log_2(\log_2 3\times\log_3 4\times\log_4 5\times\cdots\times\log_{255} 256)$

$=\log_2(\log_2 256)$

$=\log_2(\log_2 2^8)$

$=\log_2 8=3$

671

답 ③

$\log_2\left(\sum\limits_{k=1}^{n}a_k+1\right)=n+1$에서 $\sum\limits_{k=1}^{n}a_k=2^{n+1}-1$

$n\geq 2$일 때

$a_n=\sum\limits_{k=1}^{n}a_k-\sum\limits_{k=1}^{n-1}a_k$

$\quad =(2^{n+1}-1)-(2^n-1)$

$\quad =2^{n+1}-2^n=2^n$

이고, $a_1=\sum\limits_{k=1}^{1}a_k=2^{1+1}-1=3$이다.

$\therefore a_n=\begin{cases}3 & (n=1) \\ 2^n & (n\geq 2)\end{cases}$

$\therefore \sum\limits_{k=1}^{5}a_{2k-1}=a_1+\sum\limits_{k=2}^{5}a_{2k-1}$

$\qquad\qquad =a_1+\sum\limits_{k=2}^{5}2^{2k-1}$

$\qquad\qquad =3+\sum\limits_{k=2}^{5}2\times 4^{k-1}$

$\qquad\qquad =3+\dfrac{8(4^4-1)}{4-1}$

$\qquad\qquad =3+680=683$

672

답 ①

$\sum\limits_{k=1}^{n}\{(2k^2+k)a_k-k+1\}=n$에서

$n\geq 2$일 때

$(2n^2+n)a_n-n+1$

$=\sum\limits_{k=1}^{n}\{(2k^2+k)a_k-k+1\}-\sum\limits_{k=1}^{n-1}\{(2k^2+k)a_k-k+1\}$

$=n-(n-1)=1$

이므로 $a_n=\dfrac{1}{2n+1}$ $(n\geq 2)$이다.

$\therefore 30\times a_7=30\times\dfrac{1}{15}=2$

673

답 ③

$\sum\limits_{k=n}^{2n+3}a_k=3n-5$에서

$n=1$일 때 $\sum\limits_{k=1}^{5}a_k=-2$, $n=6$일 때 $\sum\limits_{k=6}^{15}a_k=13$,

$n=16$일 때 $\sum\limits_{k=16}^{35}a_k=43$, $n=36$일 때 $\sum\limits_{k=36}^{75}a_k=103$이므로

$\sum\limits_{k=1}^{75}a_k=-2+13+43+103=157$

$\therefore a_{76}=\sum\limits_{k=1}^{76}a_k-\sum\limits_{k=1}^{75}a_k=175-157=18$

674

답 58

$\sum\limits_{k=1}^{n}\dfrac{4k-3}{a_k}=2n^2+7n$에서

$n=1$일 때 $\dfrac{1}{a_1}=9$이므로 $a_1=\dfrac{1}{9}$이다.

$n\geq 2$일 때

$\dfrac{4n-3}{a_n}=\sum\limits_{k=1}^{n}\dfrac{4k-3}{a_k}-\sum\limits_{k=1}^{n-1}\dfrac{4k-3}{a_k}$

$\qquad\quad =(2n^2+7n)-\{2(n-1)^2+7(n-1)\}$

$\qquad\quad =4n+5$

이므로 $a_n = \dfrac{4n-3}{4n+5}$

이때 $a_1 = \dfrac{4-3}{4+5} = \dfrac{1}{9}$이므로 모든 자연수 n에 대하여

$a_n = \dfrac{4n-3}{4n+5}$

$\therefore a_5 \times a_7 \times a_9 = \dfrac{17}{25} \times \dfrac{25}{33} \times \dfrac{33}{41} = \dfrac{17}{41}$

따라서 $p=41$, $q=17$이므로

$p+q = 41+17 = 58$

675

$\displaystyle\sum_{k=1}^{n}(a_k+b_k) = 2^n - 1$에서

$n \geq 2$일 때

$a_n + b_n = \displaystyle\sum_{k=1}^{n}(a_k+b_k) - \sum_{k=1}^{n-1}(a_k+b_k)$

$= (2^n-1) - (2^{n-1}-1) = 2^{n-1}$

이고 $a_1 + b_1 = 1$이므로

$a_n + b_n = 2^{n-1}$ $(n \geq 1)$이다. ……㉠

또한, $\displaystyle\sum_{k=1}^{n}(a_k-b_k) = 4n$에서

$n \geq 2$일 때

$a_n - b_n = \displaystyle\sum_{k=1}^{n}(a_k-b_k) - \sum_{k=1}^{n-1}(a_k-b_k)$

$= 4n - 4(n-1) = 4$

이고 $a_1 - b_1 = 4$이므로

$a_n - b_n = 4$ $(n \geq 1)$이다. ……㉡

㉠, ㉡의 두 식을 연립하면

$a_n = 2^{n-2}+2$, $b_n = 2^{n-2}-2$

$\therefore \displaystyle\sum_{k=1}^{6}(a_k{}^2 - b_k{}^2) = \sum_{k=1}^{6}\{(2^{k-2}+2)^2 - (2^{k-2}-2)^2\}$

$= \displaystyle\sum_{k=1}^{6}2^{k+1} = \dfrac{4(2^6-1)}{2-1} = 252$

채점 요소	배점
수열의 합과 일반항 사이의 관계를 이용하여 $a_n + b_n = 2^{n-1}$ $(n \geq 1)$ 구하기	30 %
수열의 합과 일반항 사이의 관계를 이용하여 $a_n - b_n = 4$ $(n \geq 1)$ 구하기	30 %
두 식을 연립하여 a_n, b_n 구하기	10 %
$\displaystyle\sum_{k=1}^{6}(a_k{}^2 - b_k{}^2)$의 값 구하기	30 %

676
답 $18 + \dfrac{1}{2^9}$

주어진 수열의 제n항은 첫째항이 1이고 공비가 $\dfrac{1}{2}$인 등비수열의 첫째항부터 제n항까지의 합이므로

$\displaystyle\sum_{k=1}^{n}\left(\dfrac{1}{2}\right)^{k-1} = \dfrac{1-\left(\dfrac{1}{2}\right)^n}{1-\dfrac{1}{2}} = 2 - \left(\dfrac{1}{2}\right)^{n-1}$

따라서 이 수열의 첫째항부터 제10항까지의 합은

$\displaystyle\sum_{k=1}^{10}\left\{2 - \left(\dfrac{1}{2}\right)^{k-1}\right\} = 20 - \dfrac{1-\left(\dfrac{1}{2}\right)^{10}}{1-\dfrac{1}{2}} = 18 + \dfrac{1}{2^9}$

677
답 ③

조건 ㈏에 의하여

$a_6 + a_7 + a_8 + a_9 + a_{10} = (a_1 + a_2 + a_3 + a_4 + a_5) + 5$

$a_{11} + a_{12} + a_{13} + a_{14} + a_{15} = (a_6 + a_7 + a_8 + a_9 + a_{10}) + 5$

$= (a_1 + a_2 + a_3 + a_4 + a_5) + 10$

마찬가지 방법에 의하여

$a_{16} + a_{17} + a_{18} + a_{19} + a_{20} = (a_1 + a_2 + a_3 + a_4 + a_5) + 15$

$\vdots$

$a_{31} + a_{32} + a_{33} + a_{34} + a_{35} = (a_1 + a_2 + a_3 + a_4 + a_5) + 30$

$\therefore \displaystyle\sum_{n=1}^{35}a_n = 7(a_1 + a_2 + a_3 + a_4 + a_5) + 5 + 10 + 15 + \cdots + 30$

$= 7 \times \dfrac{5\{2a_1 + 4 \times (-2)\}}{2} + \dfrac{6(5+30)}{2}$ ($\because$ 조건 ㈎)

$= 35(a_1 - 4) + 3 \times 35$

$= 35(a_1 - 1)$

이때 $\displaystyle\sum_{n=1}^{35}a_n = 280$이므로 $35(a_1 - 1) = 280$

$a_1 - 1 = 8$

$\therefore a_1 = 9$

678
답 ②

등차수열 $\{a_n\}$의 공차를 d $(d>0)$라 하면 $a_5 = 5$이므로

$a_3 = 5 - 2d$, $a_4 = 5 - d$, $a_6 = 5 + d$, $a_7 = 5 + 2d$

$\therefore \displaystyle\sum_{k=3}^{7}|2a_k - 10|$

$= |2(5-2d)-10| + |2(5-d)-10| + |2 \times 5 - 10|$

$+ |2(5+d)-10| + |2(5+2d)-10|$

$= |-4d| + |-2d| + |0| + |2d| + |4d|$

$= 4d + 2d + 2d + 4d$

$= 12d$

이때 $\displaystyle\sum_{k=3}^{7}|2a_k - 10| = 20$이므로

$12d = 20$ $\therefore d = \dfrac{20}{12} = \dfrac{5}{3}$

$\therefore a_6 = a_5 + d = 5 + \dfrac{5}{3} = \dfrac{20}{3}$

679
답 ⑤

주어진 조건에 의하여 $f(x)$의 값은 x가 정수일 때 1, x가 정수가 아닐 때 3이다.

즉, $1 \leq k \leq 20$에서 $f(\sqrt{k})$의 값은

$k = 1$, 4, 9, 16일 때 $f(\sqrt{k}) = 1$,

$k \neq 1$, 4, 9, 16일 때 $f(\sqrt{k}) = 3$

$$\therefore \sum_{k=1}^{20} \frac{k \times f(\sqrt{k})}{3} = \sum_{k=1}^{20} k - \frac{2}{3}(1+4+9+16) \quad \cdots\cdots \text{ TIP}$$

$$= \frac{20 \times 21}{2} - \frac{2}{3} \times 30$$

$$= 210 - 20 = 190$$

TIP

$f(\sqrt{k})$의 값이 $k=1$, 4, 9, 16을 제외하고는 3이므로

$$\sum_{k=1}^{20} \frac{k \times f(\sqrt{k})}{3}$$

$$= \frac{1}{3}(1 \times 1 + 2 \times 3 + 3 \times 3 + 4 \times 1 + \cdots + 19 \times 3 + 20 \times 3)$$

$$= \frac{1}{3}(1 \times 3 + 2 \times 3 + 3 \times 3 + 4 \times 3 + \cdots + 19 \times 3 + 20 \times 3)$$

$$\qquad\qquad - \frac{1}{3}(1 \times 2 + 4 \times 2 + 9 \times 2 + 16 \times 2)$$

$$= \frac{3}{3}(1+2+3+\cdots+20) - \frac{2}{3}(1+4+9+16)$$

$$= \sum_{k=1}^{20} k - \frac{2}{3}(1+4+9+16)$$

으로 생각하여 계산할 수 있다.

680   답 ⑤

등차수열 $\{a_n\}$의 공차를 d라 하면

조건 ㈎에 의하여 $a_7 = a_1 + 6d = 37$

조건 ㈏에 의하여 $a_{13} \ge 0$이고 $a_{14} \le 0$

즉, $a_1 + 12d \ge 0$이므로 $37 + 6d \ge 0$에서 $d \ge -\dfrac{37}{6}$

$a_1 + 13d \le 0$이므로 $37 + 7d \le 0$에서 $d \le -\dfrac{37}{7}$

따라서 $-\dfrac{37}{6} \le d \le -\dfrac{37}{7}$이고 d는 정수이므로

$d = -6$, $a_1 = 73$이다.

$$\therefore \sum_{k=1}^{21} |a_k| = |a_1| + |a_2| + \cdots + |a_{21}|$$

$$= a_1 + a_2 + \cdots + a_{13} + (-a_{14}) + (-a_{15}) + \cdots + (-a_{21})$$

$$= (a_1 + a_2 + \cdots + a_{13}) - (a_{14} + a_{15} + \cdots + a_{21})$$

$$= \sum_{k=1}^{13} a_k - \left(\sum_{k=1}^{21} a_k - \sum_{k=1}^{13} a_k \right)$$

$$= 2 \sum_{k=1}^{13} a_k - \sum_{k=1}^{21} a_k$$

$$= 2 \times \frac{13\{2 \times 73 + 12 \times (-6)\}}{2}$$

$$\qquad\qquad - \frac{21\{2 \times 73 + 20 \times (-6)\}}{2}$$

$$= 962 - 273 = 689$$

681   답 ③

선분 OA를 $2^n : 1$로 내분하는 점 P_n의 좌표는

$P_n\left(\dfrac{2^n \times 1 + 1 \times 0}{2^n + 1}, \dfrac{2^n \times 0 + 1 \times 0}{2^n + 1} \right)$, 즉 $P_n\left(\dfrac{2^n}{2^n + 1}, 0 \right)$이므로

$l_n = \dfrac{2^n}{2^n + 1}$이다.

$$\therefore \sum_{n=1}^{10} \frac{1}{l_n} = \sum_{n=1}^{10} \frac{2^n + 1}{2^n} = \sum_{n=1}^{10} \left\{ 1 + \left(\frac{1}{2} \right)^n \right\}$$

$$= \sum_{n=1}^{10} 1 + \sum_{n=1}^{10} \left(\frac{1}{2} \right)^n = 10 \times 1 + \frac{\dfrac{1}{2}\left\{ 1 - \left(\dfrac{1}{2} \right)^{10} \right\}}{1 - \dfrac{1}{2}}$$

$$= 10 + \left\{ 1 - \left(\frac{1}{2} \right)^{10} \right\} = 11 - \left(\frac{1}{2} \right)^{10}$$

682   답 ⑤

원 C_n은 원점을 지나지 않으므로 x축, y축과 만나는 서로 다른 점의 개수의 합이 a_n이다.

원 C_n의 중심 $P_n\left(n, \dfrac{1}{3}n^2 \right)$에서 y축까지의 거리는 n이고,

x축까지의 거리는 $\dfrac{1}{3}n^2$이다.

원의 중심에서 y축까지의 거리와 원의 반지름의 길이가 같으므로 원 C_n은 y축과 항상 한 점에서 접한다.

원의 중심에서 x축까지의 거리와 원의 반지름의 길이를 비교하면

$\dfrac{1}{3}n^2 < n$, 즉 $n^2 - 3n = n(n-3) < 0$에서

$0 < n < 3$일 때 원 C_n은 x축과 서로 다른 두 점에서 만나고

$\dfrac{1}{3}n^2 = n$, 즉 $n = 3$일 때 원 C_n은 x축과 한 점에서 접하고

$\dfrac{1}{3}n^2 > n$, 즉 $n > 3$일 때 원 C_n은 x축과 만나지 않는다.

따라서 $a_n = \begin{cases} 3 & (n=1, 2) \\ 2 & (n=3) \\ 1 & (n \ge 4) \end{cases}$ 이므로

$$\sum_{k=1}^{10} a_k = 3 \times 2 + 2 + 1 \times 7 = 15$$

683   답 ①

정삼각형 $A_1 B_1 C_1$의 넓이는 $S_1 = \dfrac{\sqrt{3}}{4} \times 4^2 = 4\sqrt{3}$이다.

$\overline{A_1 C_2} : \overline{C_1 C_2} = 3 : 1$이므로 두 삼각형 $A_1 B_1 C_2$, $C_2 B_1 C_1$의 넓이의 비는 $3 : 1$이고,

$\overline{A_1 A_2} : \overline{B_1 A_2} = 1 : 3$이므로 두 삼각형 $A_1 A_2 C_2$, $A_2 B_1 C_2$의 넓이의 비는 $1 : 3$이다.

따라서 삼각형 $A_1 A_2 C_2$의 넓이는

(삼각형 $A_1 B_1 C_2$의 넓이) $\times \dfrac{1}{4}$

$=$ (삼각형 $A_1 B_1 C_1$의 넓이) $\times \dfrac{3}{4} \times \dfrac{1}{4} = \dfrac{3}{16} S_1$

이므로 $S_2 = S_1 - 3 \times \dfrac{3}{16} S_1 = \dfrac{7}{16} S_1$

같은 과정을 반복하므로 $S_{n+1} = \dfrac{7}{16} S_n$이다.

따라서 수열 $\{S_n\}$은 첫째항이 $4\sqrt{3}$이고

공비가 $\dfrac{7}{16}$인 등비수열이므로

$$\sum_{n=1}^{5} S_n = \frac{4\sqrt{3}\left\{1-\left(\frac{7}{16}\right)^5\right\}}{1-\frac{7}{16}} = \frac{64\sqrt{3}}{9}\left\{1-\left(\frac{7}{16}\right)^5\right\}$$

다른 풀이

정삼각형 $A_1B_1C_1$의 넓이는 $S_1 = \frac{\sqrt{3}}{4} \times 4^2 = 4\sqrt{3}$이다.

$\overline{A_1A_2}=1$, $\overline{A_1C_2}=3$, $\angle A_2A_1C_2 = \frac{\pi}{3}$이므로

삼각형 $A_1A_2C_2$에서 코사인법칙에 의하여

$$\overline{A_2C_2}^2 = 1^2 + 3^2 - 2\times 1 \times 3 \times \cos\frac{\pi}{3} = 7, \quad \overline{A_2C_2} = \sqrt{7}$$

$\overline{A_2B_2} = \overline{B_2C_2} = \overline{C_2A_2} = \sqrt{7}$이므로

정삼각형 $A_1B_1C_1$과 정삼각형 $A_2B_2C_2$의 닮음비는 $4:\sqrt{7}$이다.

같은 과정을 반복하므로

삼각형 $A_nB_nC_n$과 $A_{n+1}B_{n+1}C_{n+1}$의 닮음비도 $4:\sqrt{7}$이고,

넓이의 비는 $4^2:(\sqrt{7})^2 = 16:7$이다.

즉, 수열 $\{S_n\}$은 공비가 $\frac{7}{16}$인 등비수열이다.

$$\therefore \sum_{n=1}^{5} S_n = \frac{4\sqrt{3}\left\{1-\left(\frac{7}{16}\right)^5\right\}}{1-\frac{7}{16}} = \frac{64\sqrt{3}}{9}\left\{1-\left(\frac{7}{16}\right)^5\right\}$$

684 ····· **답** (1) 224　(2) 990

(1)
$$\begin{aligned}
\sum_{j=1}^{6}\left\{\sum_{i=1}^{j}\left(\sum_{k=1}^{i}4\right)\right\} &= \sum_{j=1}^{6}\left(\sum_{i=1}^{j}4i\right) = \sum_{j=1}^{6}\left(4\sum_{i=1}^{j}i\right)\\
&= \sum_{j=1}^{6}\left\{4 \times \frac{j(j+1)}{2}\right\} = 2\sum_{j=1}^{6}(j^2+j)\\
&= 2\left(\frac{6\times 7\times 13}{6} + \frac{6\times 7}{2}\right)\\
&= 2(91+21) = 224
\end{aligned}$$

(2)
$$\begin{aligned}
\sum_{m=1}^{8}\left(\sum_{k=1}^{m+1}km\right) &= \sum_{m=1}^{8}\left(m\sum_{k=1}^{m+1}k\right) = \sum_{m=1}^{8}\left\{m \times \frac{(m+1)(m+2)}{2}\right\}\\
&= \frac{1}{2}\sum_{m=1}^{8}(m^3+3m^2+2m)\\
&= \frac{1}{2}\left\{\left(\frac{8\times 9}{2}\right)^2 + 3\times \frac{8\times 9\times 17}{6} + 2\times \frac{8\times 9}{2}\right\}\\
&= \frac{1}{2}(1296+612+72) = 990
\end{aligned}$$

685 ····· **답** ③

$\sum_{k=1}^{n} ka_k = n^3+n^2+1$에서

$a_1 = \sum_{k=1}^{1} ka_k = 1+1+1 = 3$이고

$n\geq 2$일 때

$$\begin{aligned}
na_n &= \sum_{k=1}^{n} ka_k - \sum_{k=1}^{n-1} ka_k\\
&= (n^3+n^2+1) - \{(n-1)^3+(n-1)^2+1\}\\
&= 3n^2-n
\end{aligned}$$

이므로 $a_n = 3n-1$ $(n\geq 2)$

$$\therefore \sum_{k=1}^{10} a_k = a_1 + \sum_{k=2}^{10} a_k$$
$$= 3 + \left\{\sum_{k=1}^{10}(3k-1) - 2\right\}$$
$$= 1 + \sum_{k=1}^{10}(3k-1)$$
$$= 1 + 3\times \frac{10\times 11}{2} - 10\times 1 = 156$$

686 ····· **답** ③

$$\begin{aligned}
\sum_{k=5}^{n+5}6(k-2) &= \sum_{k=1}^{n+1}6\{(k+4)-2\}\\
&= \sum_{k=1}^{n+1}6(k+2)\\
&= 6\times \frac{(n+1)(n+2)}{2} + 12(n+1)\\
&= 3(n^2+3n+2) + 12n+12\\
&= 3n^2+21n+18
\end{aligned}$$

이므로 $a=3$, $b=21$, $c=18$

$$\therefore 3a+2b+c = 9+42+18 = 69$$

687 ····· **답** ⑤

$$\begin{aligned}
\sum_{k=1}^{n}(a_{k+1}-a_k) &= (a_2-a_1)+(a_3-a_2)+(a_4-a_3)+\cdots+(a_{n+1}-a_n)\\
&= a_{n+1}-a_1 = a_{n+1}-1
\end{aligned}$$

이므로 $a_{n+1}-1 = 3n$에서

$a_{n+1} = 3n+1$

$$\begin{aligned}
\therefore \sum_{k=1}^{10} a_k &= a_1 + \sum_{k=2}^{10} a_k\\
&= a_1 + \sum_{k=1}^{9} a_{k+1}\\
&= 1 + \sum_{k=1}^{9}(3k+1)\\
&= 1 + 3\times \frac{9\times 10}{2} + 9\times 1 = 145
\end{aligned}$$

다른 풀이

$\sum_{k=1}^{n}(a_{k+1}-a_k) = \sum_{k=1}^{n}a_{k+1} - \sum_{k=1}^{n}a_k = a_{n+1}-a_1$로 변형하여 식을 정리할 수도 있다.

688 ····· **답** $a=11$, 최솟값 330

$$\begin{aligned}
\sum_{k=1}^{10}(2k-a)^2 &= \sum_{k=1}^{10}(4k^2-4ak+a^2)\\
&= 4\times \frac{10\times 11\times 21}{6} - 4a\times \frac{10\times 11}{2} + a^2\times 10\\
&= 10a^2 - 220a + 1540\\
&= 10(a^2-22a+11^2) + 1540 - 1210\\
&= 10(a-11)^2 + 330
\end{aligned}$$

이므로 $\sum_{k=1}^{10}(2k-a)^2$은 $a=11$일 때, 최솟값 330을 갖는다.

689
답 ③

이차방정식 $x^2+3x-2=0$의 두 근이 α, β이므로

이차방정식의 근과 계수의 관계에 의하여

$\alpha+\beta=-3$, $\alpha\beta=-2$ ...... ㉠

$\therefore (\alpha+1)(\beta+1)+(\alpha+2)(\beta+2)+(\alpha+3)(\beta+3)+\cdots$
$$\qquad\qquad\qquad\qquad\qquad +(\alpha+8)(\beta+8)$$

$$=\sum_{k=1}^{8}(\alpha+k)(\beta+k)=\sum_{k=1}^{8}(-2-3k+k^2)\ (\because ㉠)$$

$$=(-2)\times 8-3\times\frac{8\times 9}{2}+\frac{8\times 9\times 17}{6}$$

$$=-16-108+204=80$$

690
답 ④

자연수 m에 대하여

$[\sqrt{m}]=n$에서 $n\leq\sqrt{m}<n+1$이고

각 변을 제곱하면

$n^2\leq m<(n+1)^2$, $n^2\leq m<n^2+2n+1$이므로

$a_n=(n^2+2n+1)-n^2=2n+1$

$$\therefore \sum_{k=1}^{10}a_k=\sum_{k=1}^{10}(2k+1)=2\times\frac{10\times 11}{2}+10\times 1=120$$

691
답 풀이 참조

$$\sum_{k=1}^{10}k^2+\sum_{k=2}^{10}k^2+\sum_{k=3}^{10}k^2+\cdots+\sum_{k=10}^{10}k^2$$

$$=(1^2+2^2+3^2+\cdots+10^2)+(2^2+3^2+4^2+\cdots+10^2)$$
$$\qquad\qquad +(3^2+4^2+5^2+\cdots+10^2)+\cdots+(10^2)$$

이때 1^2은 1번, 2^2은 2번, 3^2은 3번, $\cdots$, 10^2은 10번 더해지므로

$$\sum_{k=1}^{10}k^2+\sum_{k=2}^{10}k^2+\sum_{k=3}^{10}k^2+\cdots+\sum_{k=10}^{10}k^2$$

$$=1\times 1^2+2\times 2^2+3\times 3^2+\cdots+10\times 10^2$$

$$=1^3+2^3+3^3+\cdots+10^3$$

$$=\sum_{k=1}^{10}k^3=\left(\frac{10\times 11}{2}\right)^2=55^2=3025$$

채점 요소	배점
주어진 식을 전개하여 $\sum_{k=1}^{10}k^3$으로 정리하기	70 %
자연수의 거듭제곱의 합을 이용하여 답 구하기	30 %

692
답 ①

원점 O에서 직선 $x-\sqrt{3}y+6n=0$에 내린 수선의 발을 H라 하자.

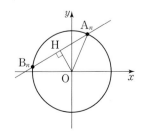

점과 직선 사이의 거리에 의하여

$\overline{OH}=\dfrac{|6n|}{\sqrt{1^2+(-\sqrt{3})^2}}=3n\,(\because\ n>0)$이고

원 $x^2+y^2=(5n)^2$에서 $\overline{OA_n}=5n$이다.

직각삼각형 OHA_n에서 피타고라스 정리에 의하여

$\overline{HA_n}=4n$이므로 $\overline{A_nB_n}=8n$이다.

$$\therefore \sum_{k=1}^{10}\overline{A_kB_k}=\sum_{k=1}^{10}8k$$

$$\qquad\qquad =8\times\frac{10\times 11}{2}=440$$

693
답 ③

직선 $y=x$와 원 $C_n:(x-n)^2+(y-2n)^2=n(n+1)$이 만나는

서로 다른 두 점이 A_n, B_n이므로

두 점 A_n, B_n의 x좌표를 각각 a_n, b_n이라 하면

x에 대한 이차방정식 $(x-n)^2+(x-2n)^2=n(n+1)$,

즉 $2x^2-6nx+4n^2-n=0$의 두 실근이 a_n, b_n이다.

이차방정식의 근과 계수의 관계에 의하여

$a_n+b_n=3n$, $a_nb_n=\dfrac{4n^2-n}{2}$이다.

또한, $\overline{OA_n}=\sqrt{2}a_n$, $\overline{OB_n}=\sqrt{2}b_n$이므로

$\overline{OA_n}\times\overline{OB_n}=2a_nb_n$이다.

$$\therefore \sum_{k=1}^{10}(\overline{OA_k}\times\overline{OB_k})=\sum_{k=1}^{10}(4k^2-k)$$

$$=4\times\frac{10\times 11\times 21}{6}-\frac{10\times 11}{2}$$

$$=1540-55=1485$$

694
답 $\dfrac{n(n+1)(2n+1)}{6}$

주어진 식에서

1, 3, 5, $\cdots$, $2n-1$ 부분의 k번째 항은 $2k-1$이고,

n, $n-1$, $n-2$, $\cdots$, 1 부분의 k번째 항은 $n-(k-1)$이다.

따라서 주어진 식의 합은

$$\sum_{k=1}^{n}(2k-1)(n+1-k)$$

$$=\sum_{k=1}^{n}\{-2k^2+(2n+3)k-(n+1)\}$$

$$=-2\times\frac{n(n+1)(2n+1)}{6}+(2n+3)\times\frac{n(n+1)}{2}-n(n+1)$$

$$=n(n+1)\left(-\frac{2n+1}{3}+\frac{2n+3}{2}-1\right)$$

$$=\frac{n(n+1)(2n+1)}{6}$$

695
답 ④

수열 2, 2+4, 2+4+6, 2+4+6+8, $\cdots$의 일반항을 a_n이라 하면

$$a_n=\sum_{k=1}^{n}2k=2\times\frac{n(n+1)}{2}=n(n+1)$$

$$\therefore a=\sum_{n=1}^{10}a_n=\sum_{n=1}^{10}(n^2+n)$$

$$=\frac{10\times 11\times 21}{6}+\frac{10\times 11}{2}=440$$

수열 $1, 1+2, 1+2+4, 1+2+4+8, \cdots$의 일반항을 b_n이라 하면

$$b_n=\sum_{k=1}^{n}2^{k-1}=\frac{2^n-1}{2-1}=2^n-1$$

$$\therefore b=\sum_{n=1}^{8}b_n=\sum_{n=1}^{8}(2^n-1)$$
$$=\frac{2(2^8-1)}{2-1}-8=502$$

$$\therefore a+b=942$$

696 .... 답 ③

제n행에 나열된 수열은 첫째항이 n이고 공차가 n, 항의 개수가 n인 등차수열을 이룬다.

따라서 제n행에 나열되는 수들의 합 a_n은

$$a_n=\frac{n\{2n+(n-1)\times n\}}{2}=\frac{n^3+n^2}{2}$$

$$\therefore \sum_{n=1}^{10}a_n=\frac{1}{2}\sum_{n=1}^{10}(n^3+n^2)$$
$$=\frac{1}{2}\left\{\left(\frac{10\times 11}{2}\right)^2+\frac{10\times 11\times 21}{6}\right\}$$
$$=\frac{1}{2}(3025+385)=1705$$

697 .... 답 ①

총 81칸에 채워 넣은 수 중

2의 개수는 1

4의 개수는 3

6의 개수는 5

$\vdots$

16의 개수는 15

18의 개수는 17

따라서 표에 채운 모든 수의 합은

$$2\times 1+4\times 3+6\times 5+\cdots+16\times 15+18\times 17$$
$$=\sum_{k=1}^{9}2k(2k-1)=\sum_{k=1}^{9}(4k^2-2k)$$
$$=4\times\frac{9\times 10\times 19}{6}-2\times\frac{9\times 10}{2}$$
$$=1140-90=1050$$

698 .... 답 ①

제1행부터 제8행까지 나열된 수를 다음과 같이 가장 가운데 배열된 수와 양쪽에 대칭으로 나열되어 있는 수로 분리하여 계산하자.

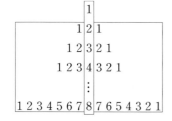

가장 가운데 배열된 수는 1부터 8까지의 자연수의 합이므로

$$\sum_{k=1}^{8}k=\frac{8\times 9}{2}=36 \qquad\qquad \cdots\cdots ㉠$$

가운데 수를 중심으로 양쪽에 나열된 수는

2 이상의 자연수 n에 대하여 제n행에 1부터 $n-1$까지의 자연수가 나열되므로 가운데를 중심으로 제n행의 왼쪽에 나열된 자연수의 합은 $\sum_{k=1}^{n-1}k=\frac{n(n-1)}{2}$이다.

따라서 제2행부터 제8행까지의 합은

$$2\sum_{k=2}^{8}\frac{k(k-1)}{2}=2\sum_{k=1}^{7}\frac{k(k+1)}{2}=\sum_{k=1}^{7}(k^2+k)$$
$$=\frac{7\times 8\times 15}{6}+\frac{7\times 8}{2}$$
$$=140+28=168 \qquad\qquad \cdots\cdots ㉡$$

이므로 ㉠, ㉡에서 구하는 값은 $36+168=204$

699 .... 답 ④

$\dfrac{1}{\sqrt{a_k}+\sqrt{a_{k+1}}}=\dfrac{\sqrt{a_{k+1}}-\sqrt{a_k}}{a_{k+1}-a_k}$이고 $a_{k+1}-a_k=7$이므로

$$\sum_{k=1}^{20}\frac{1}{\sqrt{a_k}+\sqrt{a_{k+1}}}=\frac{1}{7}\sum_{k=1}^{20}(\sqrt{a_{k+1}}-\sqrt{a_k})$$
$$=\frac{1}{7}\{(\sqrt{a_2}-\sqrt{a_1})+(\sqrt{a_3}-\sqrt{a_2})+(\sqrt{a_4}-\sqrt{a_3})+\cdots$$
$$+(\sqrt{a_{21}}-\sqrt{a_{20}})\}$$
$$=\frac{1}{7}(\sqrt{a_{21}}-\sqrt{a_1})$$

이때 $a_{21}=4+20\times 7=144$이므로 구하는 값은

$$\frac{1}{7}(\sqrt{a_{21}}-\sqrt{a_1})=\frac{1}{7}(12-2)=\frac{10}{7}$$

700 .... 답 $\dfrac{15}{8}$

$a_n=2^{\frac{2}{n(n+1)}}-n$에서 $a_n+n=2^{\frac{2}{n(n+1)}}$이므로 양변에 밑이 2인 로그를 취하면

$$\log_2(a_n+n)=\log_2 2^{\frac{2}{n(n+1)}}$$
$$=\frac{2}{n(n+1)}$$
$$=2\left(\frac{1}{n}-\frac{1}{n+1}\right) \qquad\qquad \cdots\cdots ㉠$$

$$\therefore \log_2\{(a_1+1)(a_2+2)(a_3+3)\times\cdots\times(a_{15}+15)\}$$
$$=\sum_{k=1}^{15}\log_2(a_k+k)=2\sum_{k=1}^{15}\left(\frac{1}{k}-\frac{1}{k+1}\right)\ (\because ㉠)$$
$$=2\left\{\left(\frac{1}{1}-\frac{1}{2}\right)+\left(\frac{1}{2}-\frac{1}{3}\right)+\left(\frac{1}{3}-\frac{1}{4}\right)+\cdots+\left(\frac{1}{15}-\frac{1}{16}\right)\right\}$$
$$=2\left(1-\frac{1}{16}\right)=\frac{15}{8}$$

701 .... 답 ③

$\sum_{k=1}^{n}a_k=n^2-2n-2$에서

$n\geq 2$일 때

$$a_n=\sum_{k=1}^{n}a_k-\sum_{k=1}^{n-1}a_k$$
$$=n^2-2n-2-\{(n-1)^2-2(n-1)-2\}$$
$$=2n-3$$

이고 $a_1=\sum\limits_{k=1}^{1}a_k=-3$이다.

$$\therefore \sum_{k=1}^{17}\frac{2}{a_k a_{k+1}}=\frac{2}{a_1 a_2}+\sum_{k=2}^{17}\frac{2}{a_k a_{k+1}}$$

$$=-\frac{2}{3}+\sum_{k=2}^{17}\left(\frac{1}{2k-3}-\frac{1}{2k-1}\right)$$

$$=-\frac{2}{3}+\left\{\left(\frac{1}{1}-\frac{1}{3}\right)+\left(\frac{1}{3}-\frac{1}{5}\right)+\left(\frac{1}{5}-\frac{1}{7}\right)+\cdots\right.$$
$$\left.+\left(\frac{1}{29}-\frac{1}{31}\right)+\left(\frac{1}{31}-\frac{1}{33}\right)\right\}$$

$$=-\frac{2}{3}+\frac{32}{33}=\frac{10}{33}$$

따라서 $p=33$, $q=10$이므로

$p+q=43$

702 .... 답 ④

$$\sum_{n=1}^{99}\frac{1}{(n+1)\sqrt{n}+n\sqrt{n+1}}$$

$$=\sum_{n=1}^{99}\frac{1}{\sqrt{n}\sqrt{n+1}(\sqrt{n+1}+\sqrt{n})}$$

$$=\sum_{n=1}^{99}\frac{1}{\sqrt{n}\sqrt{n+1}}\times\frac{1}{\sqrt{n+1}+\sqrt{n}}$$

$$=\sum_{n=1}^{99}\left\{\frac{1}{\sqrt{n+1}-\sqrt{n}}\left(\frac{1}{\sqrt{n}}-\frac{1}{\sqrt{n+1}}\right)\times\frac{1}{\sqrt{n+1}+\sqrt{n}}\right\}$$

$$=\sum_{n=1}^{99}\left(\frac{1}{\sqrt{n}}-\frac{1}{\sqrt{n+1}}\right)$$

$$=\left(\frac{1}{\sqrt{1}}-\frac{1}{\sqrt{2}}\right)+\left(\frac{1}{\sqrt{2}}-\frac{1}{\sqrt{3}}\right)+\left(\frac{1}{\sqrt{3}}-\frac{1}{\sqrt{4}}\right)+\cdots+\left(\frac{1}{\sqrt{99}}-\frac{1}{\sqrt{100}}\right)$$

$$=1-\frac{1}{10}=\frac{9}{10}$$

703 .... 답 9

x에 대한 이차방정식 $x^2-(2n-1)x+n(n-1)=0$에서

$(x-n)(x-n+1)=0$

$x=n$ 또는 $x=n-1$

즉, $\alpha_n=n$, $\beta_n=n-1$ 또는 $\alpha_n=n-1$, $\beta_n=n$

$$\therefore \sum_{n=1}^{81}\frac{1}{\sqrt{\alpha_n}+\sqrt{\beta_n}}$$

$$=\sum_{n=1}^{81}\frac{1}{\sqrt{n}+\sqrt{n-1}}$$

$$=\sum_{n=1}^{81}\frac{\sqrt{n}-\sqrt{n-1}}{(\sqrt{n}+\sqrt{n-1})(\sqrt{n}-\sqrt{n-1})}$$

$$=\sum_{n=1}^{81}(\sqrt{n}-\sqrt{n-1})$$

$$=(\sqrt{1}-0)+(\sqrt{2}-\sqrt{1})+(\sqrt{3}-\sqrt{2})+\cdots+(\sqrt{81}-\sqrt{80})$$

$$=\sqrt{81}=9$$

704 .... 답 ⑤

방정식 $x^2+6x-(2n-1)(2n+1)=0$의 두 근이 α_n, β_n이므로

이차방정식의 근과 계수의 관계에 의하여

$\alpha_n+\beta_n=-6$, $\alpha_n\beta_n=-(2n-1)(2n+1)$이다.

$$\therefore \sum_{k=1}^{10}\left(\frac{1}{\alpha_k}+\frac{1}{\beta_k}\right)=\sum_{k=1}^{10}\frac{\alpha_k+\beta_k}{\alpha_k\beta_k}=\sum_{k=1}^{10}\frac{6}{(2k-1)(2k+1)}$$

$$=3\sum_{k=1}^{10}\left(\frac{1}{2k-1}-\frac{1}{2k+1}\right)$$

$$=3\left\{\left(1-\frac{1}{3}\right)+\left(\frac{1}{3}-\frac{1}{5}\right)+\left(\frac{1}{5}-\frac{1}{7}\right)+\cdots\right.$$
$$\left.+\left(\frac{1}{19}-\frac{1}{21}\right)\right\}$$

$$=3\left(1-\frac{1}{21}\right)=\frac{20}{7}$$

705 .... 답 ②

$$\sum_{k=1}^{n}\frac{a_k}{2k+1}=n^2+4n-3$$에서

$n\geq 2$일 때

$$\frac{a_n}{2n+1}=\sum_{k=1}^{n}\frac{a_k}{2k+1}-\sum_{k=1}^{n-1}\frac{a_k}{2k+1}$$

$$=n^2+4n-3-\{(n-1)^2+4(n-1)-3\}$$

$$=2n+3$$

이고 $\frac{a_1}{3}=2$에서 $a_1=6$이다.

$$\therefore \sum_{k=1}^{11}\frac{1}{a_k}=\frac{1}{6}+\frac{1}{2}\sum_{k=2}^{11}\left(\frac{1}{2k+1}-\frac{1}{2k+3}\right)$$

$$=\frac{1}{6}+\frac{1}{2}\left\{\left(\frac{1}{5}-\frac{1}{7}\right)+\left(\frac{1}{7}-\frac{1}{9}\right)+\left(\frac{1}{9}-\frac{1}{11}\right)+\cdots\right.$$
$$\left.+\left(\frac{1}{23}-\frac{1}{25}\right)\right\}$$

$$=\frac{1}{6}+\frac{1}{2}\left(\frac{1}{5}-\frac{1}{25}\right)=\frac{37}{150}$$

706 .... 답 31

수열 $\{a_n\}$의 첫째항부터 제n항까지의 합 S_n은

$$S_n=a_1+\sum_{k=2}^{n}(8k-4)$$

$$=3+\sum_{k=1}^{n}(8k-4)-4$$

$$=-1+8\times\frac{n(n+1)}{2}-4n$$

$$=4n^2-1=(2n-1)(2n+1)$$

$$\therefore \sum_{k=1}^{10}\frac{1}{S_k}=\sum_{k=1}^{10}\frac{1}{(2k-1)(2k+1)}$$

$$=\frac{1}{2}\sum_{k=1}^{10}\left(\frac{1}{2k-1}-\frac{1}{2k+1}\right)$$

$$=\frac{1}{2}\left\{\left(\frac{1}{1}-\frac{1}{3}\right)+\left(\frac{1}{3}-\frac{1}{5}\right)+\left(\frac{1}{5}-\frac{1}{7}\right)+\cdots\right.$$
$$\left.+\left(\frac{1}{19}-\frac{1}{21}\right)\right\}$$

$$=\frac{1}{2}\left(1-\frac{1}{21}\right)=\frac{10}{21}$$

따라서 $p=21$, $q=10$이므로

$p+q=31$

707   답 ②

$\displaystyle\sum_{k=1}^{30}\dfrac{a_{k+1}}{S_kS_{k+1}}=\dfrac{1}{12}$에서

$\displaystyle\sum_{k=1}^{30}\dfrac{a_{k+1}}{S_kS_{k+1}}$

$=\displaystyle\sum_{k=1}^{30}\dfrac{S_{k+1}-S_k}{S_kS_{k+1}}$

$=\displaystyle\sum_{k=1}^{30}\left(\dfrac{1}{S_k}-\dfrac{1}{S_{k+1}}\right)$

$=\left(\dfrac{1}{S_1}-\dfrac{1}{S_2}\right)+\left(\dfrac{1}{S_2}-\dfrac{1}{S_3}\right)+\left(\dfrac{1}{S_3}-\dfrac{1}{S_4}\right)+\cdots+\left(\dfrac{1}{S_{30}}-\dfrac{1}{S_{31}}\right)$

$=\dfrac{1}{S_1}-\dfrac{1}{S_{31}}=\dfrac{1}{12}$

이때 $S_1=a_1=3$이므로

$\dfrac{1}{3}-\dfrac{1}{S_{31}}=\dfrac{1}{12},\ \dfrac{1}{S_{31}}=\dfrac{1}{4}$

$\therefore S_{31}=4$

708   답 ④

$a_1^2+a_2^2+a_3^2+\cdots+a_n^2=n^2$에서

$\displaystyle\sum_{k=1}^{n}a_k^2=n^2$이므로

$n\geq2$일 때

$a_n^2=\displaystyle\sum_{k=1}^{n}a_k^2-\sum_{k=1}^{n-1}a_k^2=n^2-(n-1)^2$

$\qquad=2n-1$

이고, $a_1^2=1$이다.

따라서 $a_n^2=2n-1\ (n\geq1)$이고, $a_n>0$이므로

$a_n=\sqrt{2n-1}\ (n\geq1)$

$\therefore \displaystyle\sum_{k=1}^{60}\dfrac{1}{a_k+a_{k+1}}$

$=\displaystyle\sum_{k=1}^{60}\dfrac{1}{\sqrt{2k-1}+\sqrt{2k+1}}$

$=\displaystyle\sum_{k=1}^{60}\dfrac{\sqrt{2k-1}-\sqrt{2k+1}}{(2k-1)-(2k+1)}$

$=-\dfrac{1}{2}\displaystyle\sum_{k=1}^{60}(\sqrt{2k-1}-\sqrt{2k+1})$

$=-\dfrac{1}{2}\{(\sqrt{1}-\sqrt{3})+(\sqrt{3}-\sqrt{5})+(\sqrt{5}-\sqrt{7})+\cdots$

$\qquad\qquad\qquad\qquad\qquad +(\sqrt{119}-\sqrt{121})\}$

$=-\dfrac{1}{2}(1-11)=5$

709   답 ②

자연수 n에 대하여

$a_1+2a_2+3a_3+\cdots+na_n=200n$ ······ ㉠

이고, $n\geq2$일 때

$a_1+2a_2+3a_3+\cdots+(n-1)a_{n-1}=200(n-1)$ ······ ㉡

이므로 ㉠에서 ㉡을 빼면

$na_n=200$

$a_1=200$이므로 $a_n=\dfrac{200}{n}\ (n\geq1)$

$\therefore \displaystyle\sum_{k=1}^{99}\dfrac{a_k}{k+1}$

$=\displaystyle\sum_{k=1}^{99}\dfrac{200}{k(k+1)}=200\sum_{k=1}^{99}\left(\dfrac{1}{k}-\dfrac{1}{k+1}\right)$

$=200\left\{\left(\dfrac{1}{1}-\dfrac{1}{2}\right)+\left(\dfrac{1}{2}-\dfrac{1}{3}\right)+\left(\dfrac{1}{3}-\dfrac{1}{4}\right)+\cdots+\left(\dfrac{1}{99}-\dfrac{1}{100}\right)\right\}$

$=200\left(1-\dfrac{1}{100}\right)=198$

710   답 ①

제1사분면 위의 점 P_n에서 x축까지의 거리와 점 P_n에서 y축까지의 거리가 서로 같으므로 점 P_n은 유리함수 $y=f(x)$의 그래프와 직선 $y=x$가 만나는 점 중 제1사분면 위의 점이다.

즉, $\dfrac{nx+8n^2}{x-n}=x$에서 $nx+8n^2=x(x-n)$

$x^2-2nx-8n^2=(x-4n)(x+2n)=0$이므로

$x_n=4n\ (\because x_n>0)$

$\therefore \displaystyle\sum_{k=1}^{24}\dfrac{100}{x_kx_{k+1}}$

$=\displaystyle\sum_{k=1}^{24}\dfrac{100}{4k(4k+4)}$

$=\dfrac{25}{4}\displaystyle\sum_{k=1}^{24}\left(\dfrac{1}{k}-\dfrac{1}{k+1}\right)$

$=\dfrac{25}{4}\left\{\left(\dfrac{1}{1}-\dfrac{1}{2}\right)+\left(\dfrac{1}{2}-\dfrac{1}{3}\right)+\left(\dfrac{1}{3}-\dfrac{1}{4}\right)+\cdots+\left(\dfrac{1}{24}-\dfrac{1}{25}\right)\right\}$

$=\dfrac{25}{4}\left(1-\dfrac{1}{25}\right)=6$

711   답 ②

두 점 $(0,\ n)$, $(1,\ -1)$을 지나는 직선의 방정식은 $y=-(n+1)x+n$이므로 이 직선의 x절편은

$(n+1)x=n$에서 $x=\dfrac{n}{n+1}$이다.

따라서 점 P_n의 좌표는 $\left(\dfrac{n}{n+1},\ 0\right)$이고

$\overline{P_nP_{n+1}}=\dfrac{n+1}{n+2}-\dfrac{n}{n+1}$이므로

$\displaystyle\sum_{k=1}^{20}\overline{P_kP_{k+1}}$

$=\displaystyle\sum_{k=1}^{20}\left(\dfrac{k+1}{k+2}-\dfrac{k}{k+1}\right)$

$=\left(\dfrac{2}{3}-\dfrac{1}{2}\right)+\left(\dfrac{3}{4}-\dfrac{2}{3}\right)+\left(\dfrac{4}{5}-\dfrac{3}{4}\right)+\cdots+\left(\dfrac{21}{22}-\dfrac{20}{21}\right)$

$=\dfrac{21}{22}-\dfrac{1}{2}=\dfrac{5}{11}$

712   답 ③

두 직선 $y=x$, $y=3x$와 직선 $x=1$이 만나는 점을 각각 A, B라 하고, 직선 $x=n$과 만나는 점을 각각 C, D라 하자.

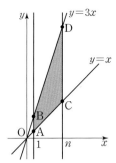

사각형 ABDC는 사다리꼴이고,

$\overline{AB}=3-1=2$, $\overline{CD}=3n-n=2n$이므로 넓이 S_n은

$$S_n=\frac{1}{2}\times(2+2n)\times(n-1)=(n-1)(n+1)$$

$$\therefore \sum_{k=2}^{10}\frac{10}{S_k}=5\sum_{k=2}^{10}\left(\frac{1}{k-1}-\frac{1}{k+1}\right)$$

$$=5\left\{\left(\frac{1}{1}-\frac{1}{3}\right)+\left(\frac{1}{2}-\frac{1}{4}\right)+\left(\frac{1}{3}-\frac{1}{5}\right)+\cdots\right.$$

$$\left.+\left(\frac{1}{8}-\frac{1}{10}\right)+\left(\frac{1}{9}-\frac{1}{11}\right)\right\}$$

$$=5\left(1+\frac{1}{2}-\frac{1}{10}-\frac{1}{11}\right)=\frac{72}{11}$$

따라서 $p=11$, $q=72$이므로 $p+q=83$이다.

713 ·· 답 ⑤

등비수열 $\{a_n\}$의 공비를 $r\,(r>0)$라 하자.

$\sum_{k=1}^{10}(a_k)^2$은 첫째항이 $(a_1)^2$이고 공비가 r^2인 등비수열의

첫째항부터 제10항까지의 합이므로

$$\sum_{k=1}^{10}(a_k)^2=\frac{(a_1)^2(r^{20}-1)}{r^2-1}=24 \qquad \cdots\cdots\, \text{㉠}$$

$\sum_{k=1}^{10}\left(\frac{1}{a_k}\right)^2$은 첫째항이 $\frac{1}{(a_1)^2}$이고, 공비가 $\frac{1}{r^2}$인 등비수열의

첫째항부터 제10항까지의 합이므로

$$\sum_{k=1}^{10}\left(\frac{1}{a_k}\right)^2=\frac{\frac{1}{(a_1)^2}\left(1-\frac{1}{r^{20}}\right)}{1-\frac{1}{r^2}}$$

$$=\frac{1}{(a_1)^2}\times\frac{1}{r^{18}}\times\frac{r^{20}-1}{r^2-1}$$

$$=\frac{1}{(a_1)^2}\times\frac{1}{r^{18}}\times\frac{24}{(a_1)^2}\,(\because\,\text{㉠})$$

$$=\frac{24}{(a_1)^4\times r^{18}}=6$$

$(a_1)^4\times r^{18}=4$에서 $(a_1)^2\times r^9=2 \qquad \cdots\cdots\, \text{㉡}$

$$\therefore a_1\times a_2\times a_3\times\cdots\times a_{10}=(a_1)^{10}\times r^{1+2+3+\cdots+9}$$

$$=(a_1)^{10}\times r^{45}$$

$$=\{(a_1)^2\times r^9\}^5=2^5\,(\because\,\text{㉡})$$

$$=32$$

714 ·· 답 ③

첫 번째 도형에서 남은 정삼각형은 한 변의 길이가 4인 정삼각형에서 변의 길이가 $\frac{1}{2}$배 작아졌으므로 넓이는 $\frac{1}{4}$배이다.

즉, 첫 번째 도형에서 정삼각형 1개의 넓이는

$\frac{\sqrt{3}}{4}\times4^2\times\frac{1}{4}=\sqrt{3}$이다.

두 번째, 세 번째로 갈수록 남은 정삼각형 1개의 넓이는 $\frac{1}{4}$배씩

작아지므로 n번째 도형에서 남은 정삼각형 1개의 넓이는

$\sqrt{3}\times\left(\frac{1}{4}\right)^{n-1}$이다.

이때 첫 번째 도형에서 정삼각형의 개수는 3이므로 $a_1=3\sqrt{3}$이고

두 번째, 세 번째로 갈수록 개수가 3배씩 늘어나므로

n번째 도형에서 남은 정삼각형의 개수는 $3\times3^{n-1}=3^n$이다.

따라서 $a_n=\sqrt{3}\times\left(\frac{1}{4}\right)^{n-1}\times3^n=3\sqrt{3}\times\left(\frac{3}{4}\right)^{n-1}$이므로

$$\sum_{k=1}^{10}a_k=\frac{3\sqrt{3}\left\{1-\left(\frac{3}{4}\right)^{10}\right\}}{1-\frac{3}{4}}=12\sqrt{3}\left\{1-\left(\frac{3}{4}\right)^{10}\right\}$$

715 ·· 답 ④

조건 ㈎에 의하여 $a_1=2$이고,

조건 ㈏에 의하여

첫 번째에 점 P_2에 도착한 점 A가 두 번째에는 3 cm만큼 이동하여

점 P_5에 도착하므로 $a_2=5$이다.

두 번째에 점 P_5에 도착한 점 A가 세 번째에는 6 cm만큼 이동하여

점 P_1에 도착하므로 $a_3=1$이다.

세 번째에 점 P_1에 도착한 점 A가 네 번째에는 2 cm만큼 이동하여

점 P_3에 도착하므로 $a_4=3$이다.

네 번째에 점 P_3에 도착한 점 A가 다섯 번째에는 4 cm만큼 이동하

여 점 P_2에 도착하므로 $a_5=2$이다.

다섯 번째에 점 P_2에 도착한 점 A가 여섯 번째에는 3 cm만큼 이동

하여 점 P_5에 도착하므로 $a_6=5$이다.

이와 같은 과정을 반복하면 수열 $\{a_n\}$은 2, 5, 1, 3이 이 순서대로

반복된다.

$$\therefore \sum_{n=1}^{20}a_n=5(2+5+1+3)=55$$

716 ·· 답 ⑤

$\frac{n(n+1)}{2}$에서

$n=1$일 때 $\frac{1\times2}{2}=1$,

$n=2$일 때 $\frac{2\times3}{2}=3$,

$n=3$일 때 $\frac{3\times4}{2}=6$,

$n=4$일 때 $\frac{4\times5}{2}=10$,

$n=5$일 때 $\frac{5\times6}{2}=15$,

$n=6$일 때 $\frac{6\times7}{2}=21$,

$\vdots$

이므로 수열 $\left\{\dfrac{n(n+1)}{2}\right\}$은 홀수, 홀수, 짝수, 짝수가 반복적으로

나타나므로 수열 $\{a_n\}$은 -1, -1, 1, 1이 반복적으로 나타난다.

$$\therefore \sum_{n=1}^{2018} na_n = -1-2+3+4-5-6+7+8-\cdots$$
$$-2013-2014+2015+2016-2017-2018$$
$$=(-1-2+3+4)+(-5-6+7+8)+\cdots$$
$$+(\ \ 2013-2014+2015+2016)-2017-2018$$
$$=4\times504-2017-2018=-2019$$

717   답 (1) $\dfrac{n(n+1)(n+2)}{6}$ (2) 165

(1) [n단계]에서 맨 위부터 k번째 층에 놓여 있는 공의 개수를 b_k라
 하자.

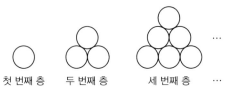

첫 번째 층   두 번째 층   세 번째 층   …

$b_1=1$

$b_2=1+2$

$b_3=1+2+3$

$\quad\quad\vdots$

$b_k=1+2+3+\cdots+k=\dfrac{k(k+1)}{2}$

[n단계]에서 공은 n개의 층으로 쌓여 있으므로

$$a_n=\sum_{k=1}^{n}b_k=\sum_{k=1}^{n}\dfrac{k(k+1)}{2}=\dfrac{1}{2}\left(\sum_{k=1}^{n}k^2+\sum_{k=1}^{n}k\right)$$
$$=\dfrac{1}{2}\left\{\dfrac{n(n+1)(2n+1)}{6}+\dfrac{n(n+1)}{2}\right\}$$
$$=\dfrac{n(n+1)(n+2)}{6}$$

(2) $a_9=\dfrac{9\times10\times11}{6}=165$

718   답 43

$\sum\limits_{k=1}^{n}a_{2k-1}=3^{n-1}+1$에서

$n\geq2$일 때

$$a_{2n-1}=\sum_{k=1}^{n}a_{2k-1}-\sum_{k=1}^{n-1}a_{2k-1}$$
$$=(3^{n-1}+1)-(3^{n-2}+1)$$
$$=3^{n-1}-3^{n-2}$$
$$=2\times3^{n-2} \quad\quad\quad\quad\quad \cdots\cdots \text{㉠}$$

$\sum\limits_{k=1}^{2n}a_k=n^2+2n$에서

$n\geq2$일 때

$$a_{2n}+a_{2n-1}=\sum_{k=1}^{2n}a_k-\sum_{k=1}^{2(n-1)}a_k$$
$$=(n^2+2n)-\{(n-1)^2+2(n-1)\}$$
$$=2n+1 \quad\quad\quad\quad\quad \cdots\cdots \text{㉡}$$

㉠, ㉡에서

$a_{2n}=2n+1-2\times3^{n-2}\ (n\geq2)$

위 식에 $n=5$를 대입하면

$a_{10}=2\times5+1-2\times3^3=-43$

$\therefore |a_{10}|=43$

719   답 ④

-2, 0, 1에 절댓값을 취하면 0, 1의 값은 달라지지 않고,

-2인 경우 $|-2|=2$가 되므로

수열 $\{|a_n|\}$의 모든 항은 2, 0, 1 중에 하나이다.

수열 $\{a_n\}$의 첫째항부터 n번째 항 중 -2인 항의 개수를 x라 하면

$\sum\limits_{k=1}^{n}|a_k|=\sum\limits_{k=1}^{n}a_k+4x$에서 $28=12+4x$이므로

$x=4 \quad\quad\quad\quad\quad\quad\quad\quad\quad\quad\quad \cdots\cdots \text{㉠}$

이때 -2, 0, 1을 각각 제곱하면 0, 1의 값은 달라지지 않고,

-2인 경우 $(-2)^2=4$가 되므로

수열 $\{(a_n)^2\}$의 모든 항은 4, 0, 1 중에 하나이다.

$\therefore \sum\limits_{k=1}^{n}(a_k)^2=\sum\limits_{k=1}^{n}a_k+6\times4=12+24=36\,(\because \text{㉠})$

720   답 3

a_3은 a_2와 a_4의 등차중항이므로

$a_2+a_4=2a_3=4$에서 $a_3=2$이다.

수열 $\{a_n\}$의 공차를 d라 하면 $d>2$이므로

$a_2=a_3-d<0$이다.

즉, $n\leq2$일 때 $a_n<0$이고, $n\geq3$일 때 $a_n>0$이다.

$a_1=2-2d$, $a_2=2-d$, $a_3=2$, $a_4=2+d$, $a_5=2+2d$이므로

$$\sum_{k=1}^{5}a_k^2=(2-2d)^2+(2-d)^2+2^2+(2+d)^2+(2+2d)^2$$
$$=10d^2+20$$
$$\sum_{k=1}^{5}|a_k|=-\sum_{k=1}^{2}a_k+\sum_{k=3}^{5}a_k$$
$$=-\{(2-2d)+(2-d)\}+2+(2+d)+(2+2d)$$
$$=6d+2$$
$$\therefore \sum_{k=1}^{5}(a_k^2-10|a_k|)=\sum_{k=1}^{5}a_k^2-10\sum_{k=1}^{5}|a_k|=10d^2-60d$$
$$=10(d-3)^2-90$$

따라서 $\sum\limits_{k=1}^{5}(a_k^2-10|a_k|)$의 값이 최소가 되도록 하는 d의 값은

3이다.

721   답 264

$\left|\left(n+\dfrac{3}{4}\right)^2-p\right|$의 값이 최소가 되도록 하는 자연수 p는

$\left(n+\dfrac{3}{4}\right)^2$의 값과의 차가 가장 작은 자연수 p이다.

$\left(n+\dfrac{3}{4}\right)^2=n^2+\dfrac{3}{2}n+\dfrac{9}{16}$에서

(i) n이 짝수일 때, 즉 $n=2k$ (k는 자연수)일 때

$\left(n+\dfrac{3}{4}\right)^2=4k^2+3k+\dfrac{9}{16}$이고,

$4k^2+3k<4k^2+3k+\dfrac{9}{16}<4k^2+3k+1$

이므로 $\left|\left(n+\dfrac{3}{4}\right)^2-p\right|$의 값이 최소가 되도록 하는 자연수 p의

값은 $4k^2+3k+1$이다.

$\therefore a_{2k}=4k^2+3k+1$

(ii) n이 홀수일 때, 즉 $n=2k-1$ (k는 자연수)일 때

$\left(n+\dfrac{3}{4}\right)^2=(2k-1)^2+\dfrac{3}{2}(2k-1)+\dfrac{9}{16}=4k^2-k+\dfrac{1}{16}$이고,

$4k^2-k<4k^2-k+\dfrac{1}{16}<4k^2-k+1$

이므로 $\left|\left(n+\dfrac{3}{4}\right)^2-p\right|$의 값이 최소가 되도록 하는 자연수 p의

값은 $4k^2-k$이다.

$\therefore a_{2k-1}=4k^2-k$

$\therefore \displaystyle\sum_{n=1}^{8}a_n=\sum_{k=1}^{4}(a_{2k-1}+a_{2k})=\sum_{k=1}^{4}(8k^2+2k+1)$

$\qquad\qquad =8\times\dfrac{4\times5\times9}{6}+2\times\dfrac{4\times5}{2}+4\times1=264$

722 <small>··· 답 31</small>

조건에 의하여 자연수 n이 3^k을 인수로 가지고 3^{k+1}을 인수로 갖지

않도록 하는 k의 값이 a_n이다.

$a_m=3$이므로 m은 3^3을 인수로 가지고 3^4을 인수로 갖지 않는다.

그러므로 $m=3^3\times a$ (a는 3의 배수가 아닌 자연수)라 하면 1, 2, 4,

5, 7, 8은 3의 배수가 아니므로 $2m$, $4m$, $5m$, $7m$, $8m$은 3^3을

인수로 가지고 3^4을 인수로 갖지 않는다.

$\therefore a_m=a_{2m}=a_{4m}=a_{5m}=a_{7m}=a_{8m}=3$

$m=3^3\times a$에서 $3m=3^4\times a$, $6m=3^4\times 2a$이므로 $3m$, $6m$은 3^4을

인수로 가지고 3^5을 인수로 갖지 않는다.

$\therefore a_{3m}=a_{6m}=4$

$m=3^3\times a$에서 $9m=3^5\times a$이므로 3^5을 인수로 가지고 3^6을 인수로

갖지 않는다.

$\therefore a_{9m}=5$

$\therefore a_m+a_{2m}+a_{3m}+\cdots+a_{9m}=3\times6+4\times2+5\times1=31$

723 <small>··· 답 ④</small>

주어진 규칙에서 선분의 길이를 구해 보면

$\overline{OA_1}=\sqrt{2}$, $\overline{A_1A_2}=\sqrt{2}$, $\overline{A_2A_3}=2\sqrt{2}$, $\overline{A_3A_4}=2\sqrt{2}$,

$\overline{A_4A_5}=3\sqrt{2}$, $\overline{A_5A_6}=3\sqrt{2}$, $\cdots$

와 같이 같은 값이 2번씩 반복되므로 자연수 k에 대하여

$\overline{OA_1}+\overline{A_1A_2}+\overline{A_2A_3}+\cdots+\overline{A_{2k-1}A_{2k}}$

$=2(\sqrt{2}+2\sqrt{2}+3\sqrt{2}+\cdots+k\sqrt{2})$

$=2\sqrt{2}(1+2+3+\cdots+k)$

$=2\sqrt{2}\times\dfrac{k(k+1)}{2}=\sqrt{2}k(k+1)$ ······ ㉠

㉠에서 $k=21$일 때

$\overline{OA_1}+\overline{A_1A_2}+\overline{A_2A_3}+\cdots+\overline{A_{41}A_{42}}=462\sqrt{2}$이고

$k=22$일 때

$\overline{OA_1}+\overline{A_1A_2}+\overline{A_2A_3}+\cdots+\overline{A_{43}A_{44}}=506\sqrt{2}$이다.

이때 $\overline{A_{42}A_{43}}=22\sqrt{2}$이므로

$\overline{OA_1}+\overline{A_1A_2}+\overline{A_2A_3}+\cdots+\overline{A_{42}A_{43}}=462\sqrt{2}+22\sqrt{2}=484\sqrt{2}$이다.

따라서 구하는 자연수 n의 값은 42이다.

724 <small>··· 답 300</small>

이차함수 $y=(x-n)^2+n^2$의 그래프의 꼭짓점의 좌표는

(n, n^2)이고, 이 점은 이차함수 $y=x^2$의 그래프 위에 있다.

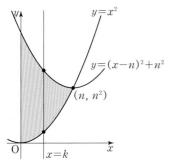

x좌표가 정수이면 두 이차함수 $y=x^2$, $y=(x-n)^2+n^2$의 y좌표도

정수이므로 $0\le k\le n$인 정수 k에 대하여 $x=k$일 때 주어진 영역

안의 x좌표와 y좌표가 모두 정수인 점의 개수는

$(k-n)^2+n^2-k^2+1=-2nk+2n^2+1$이다.

$a_n=\displaystyle\sum_{k=0}^{n}(-2nk+2n^2+1)$

$\quad =\displaystyle\sum_{k=1}^{n}(-2nk+2n^2+1)+2n^2+1$

$\quad =-2n\times\dfrac{n(n+1)}{2}+2n^3+n+2n^2+1$

$\quad =n^3+n^2+n+1$

$\therefore \displaystyle\sum_{k=1}^{5}a_k=\sum_{k=1}^{5}(k^3+k^2+k+1)$

$\qquad\qquad =\left(\dfrac{5\times6}{2}\right)^2+\dfrac{5\times6\times11}{6}+\dfrac{5\times6}{2}+5\times1$

$\qquad\qquad =300$

725 <small>··· 답 ⑤</small>

$\displaystyle\sum_{k=1}^{m}k=\dfrac{m(m+1)}{2}$이고 $\displaystyle\sum_{k=1}^{m+1}k=\dfrac{(m+1)(m+2)}{2}$이므로

$\dfrac{m(m+1)}{2}\le n<\dfrac{(m+1)(m+2)}{2}$ ······ ㉠

즉, $\dfrac{m(m+1)}{2}\le n<\dfrac{(m+1)(m+2)}{2}$일 때 $a_n=m$이다.

㉠을 만족시키는 자연수 n의 개수는

$\dfrac{(m+1)(m+2)}{2}-\dfrac{m(m+1)}{2}=\dfrac{m+1}{2}\{(m+2)-m\}=m+1$

즉, $a_n=m$인 항의 개수는 $m+1$이고, ······ TIP

$\displaystyle\sum_{m=1}^{8}(m+1)=\dfrac{8\times9}{2}+8=44$, $\displaystyle\sum_{m=1}^{9}(m+1)=\dfrac{9\times10}{2}+9=54$이므로

$$\sum_{k=1}^{50} a_k = \sum_{k=1}^{44} a_k + (a_{45}+a_{46}+a_{47}+\cdots+a_{50})$$
$$= \sum_{m=1}^{8} \{m \times (m+1)\} + 9 \times 6$$
$$= \sum_{m=1}^{8} (m^2+m) + 54$$
$$= \frac{8\times9\times17}{6} + \frac{8\times9}{2} + 54$$
$$= 204 + 36 + 54 = 294$$

TIP

$m=1$일 때 $1 \le n < 3$이므로

$a_1 = a_2 = 1 \Rightarrow$ 2개

$m=2$일 때 $3 \le n < 6$이므로

$a_3 = a_4 = a_5 = 2 \Rightarrow$ 3개

$\vdots$

$m=8$일 때 $36 \le n < 45$이므로

$a_{36} = a_{37} = \cdots = a_{44} = 8 \Rightarrow$ 9개

$m=9$일 때 $45 \le n < 54$이므로

$a_{45} = a_{46} = \cdots = a_{54} = 9 \Rightarrow$ 10개

726 ··· 답 ④

$$\sum_{k=1}^{m} a_k = \sum_{k=1}^{m} \log_2 \left(2 \times \frac{k+1}{k+2} \right)^{\frac{1}{2}}$$
$$= \frac{1}{2} \sum_{k=1}^{m} \left(1 + \log_2 \frac{k+1}{k+2} \right)$$
$$= \frac{1}{2} \sum_{k=1}^{m} 1 + \frac{1}{2} \sum_{k=1}^{m} \log_2 \frac{k+1}{k+2}$$
$$= \frac{m}{2} + \frac{1}{2} \left(\log_2 \frac{2}{3} + \log_2 \frac{3}{4} + \cdots + \log_2 \frac{m+1}{m+2} \right)$$
$$= \frac{m}{2} + \frac{1}{2} \log_2 \left(\frac{2}{3} \times \frac{3}{4} \times \cdots \times \frac{m+1}{m+2} \right)$$
$$= \frac{m}{2} + \frac{1}{2} \log_2 \frac{2}{m+2}$$
$$= \frac{m+1-\log_2 (m+2)}{2}$$

이때 $\log_2 (m+2)$가 자연수이려면 2 이상의 자연수 k에 대하여 $m+2 = 2^k$ 꼴이어야 한다.

$m+1 = 2^k-1$의 값은 항상 홀수이므로 $\sum_{k=1}^{m} a_k$의 값이 자연수이려면 $\log_2 (m+2) = k$도 홀수이어야 한다.

(i) $k=3$, 즉 $m=6$일 때
$$\sum_{k=1}^{m} a_k = \frac{(2^3-1)-3}{2} = 2$$

(ii) $k=5$, 즉 $m=30$일 때
$$\sum_{k=1}^{m} a_k = \frac{(2^5-1)-5}{2} = 13$$

(iii) $k=7$, 즉 $m=126$일 때
$$\sum_{k=1}^{m} a_k = \frac{(2^7-1)-7}{2} = 60$$

(iv) $k \ge 9$일 때
$$\sum_{k=1}^{m} a_k \ge \frac{(2^9-1)-9}{2} = 251$$

(i)~(iv)에 의하여 구하는 모든 자연수 m의 값의 합은
$$6 + 30 + 126 = 162$$

727 ··· 답 5

$m=1$이면 $a_1 + a_2 + a_3 + \cdots + a_{15} = \sum_{k=1}^{15} a_k = f(15) > 0$

이므로 $m \ge 2$이다. 즉,
$$a_m + a_{m+1} + \cdots + a_{15} = \sum_{k=1}^{15} a_k - \sum_{k=1}^{m-1} a_k$$
$$= f(15) - f(m-1) \ (m \ge 2)$$

이때 $a_m + a_{m+1} + \cdots + a_{15} < 0$이면

$f(15) - f(m-1) < 0$이므로

$f(15) < f(m-1)$

그런데 $f(3) = f(15)$이므로 $3 < m-1 < 15$

$\therefore 4 < m < 16$

따라서 구하는 m의 최솟값은 5이다.

728 ··· 답 ④

a_7은 a_6과 a_8의 등차중항이므로

$a_6 + a_8 = 2a_7$

이때 조건 (가)에서 $a_7 = a_6 + a_8$이므로

$a_7 = 2a_7$

$\therefore a_7 = 0$

등차수열 $\{a_n\}$의 공차를 d라 하자.

(i) $d > 0$일 때

$n \ge 7$인 자연수 n에 대하여

$S_n + T_n < S_{n+1} + T_{n+1}$

이므로 조건 (나)를 만족시키지 않는다.

(ii) $d = 0$일 때

모든 자연수 n에 대하여 $a_n = 0$

즉, $S_n + T_n = 0$이므로 조건 (나)를 만족시키지 않는다.

(i), (ii)에서 $d < 0$

한편, $a_7 = a_1 + 6d = 0$이므로

$a_1 = -6d > 0$

즉, $n \le 7$인 자연수 n에 대하여 $a_n \ge 0$이므로

$S_7 = T_7$

조건 (나)에 의하여 $S_7 = T_7 = 42$이므로

$$S_7 = \sum_{k=1}^{7} a_k = \frac{7(2a_1 + 6d)}{2}$$
$$= \frac{7(-12d + 6d)}{2} = -21d = 42$$

$\therefore d = -2, \ a_1 = 12$

$$\therefore S_{15} = \sum_{k=1}^{15} a_k = \frac{15(2a_1 + 14d)}{2}$$
$$= \frac{15(24-28)}{2} = -30$$

따라서 조건 (나)에서 $S_{15} + T_{15} = 84$이므로

$T_{15} = 84 - (-30) = 114$

729 ⟨답 ②⟩

정사각형 $A_nB_nC_nD_n$의 한 변의 길이가 n이므로
$\overline{B_nC_n}=n$이 될 때를 찾으면 된다.
직선 $x=k$ (k는 자연수)가 곡선 $y=\sqrt{x}$와 직선 $y=-x$에 의하여
잘리면서 생기는 선분의 길이를 l이라 하면
$k=1$일 때 $l=\sqrt{1}-(-1)=2$
$k=2$일 때 $l=\sqrt{2}-(-2)$이므로 $3<l<4$
$k=3$일 때 $l=\sqrt{3}-(-3)$이므로 $4<l<5$
$k=4$일 때 $l=\sqrt{4}-(-4)=6$
$\vdots$
$k=9$일 때 $l=\sqrt{9}-(-9)=12$
$\vdots$
따라서 정사각형 $A_nB_nC_nD_n$의 한 변의 길이가 $\overline{B_nC_n}=n$일 때
점 C_n의 x좌표를 x_n이라 하면
$n=1$일 때 $0<x_1<1$이므로 정사각형 $A_1B_1C_1D_1$의 둘레와 그 내부에 있는 점 중 x좌표와 y좌표가 모두 정수인 점은 $(1, 0)$뿐이다.
$\therefore a_1=1$
$n=2$일 때 $x_2=1$이므로 $B_2(1, 1)$, $C_2(1, -1)$, $D_2(3, -1)$, $A_2(3, 1)$이다.
즉, 정사각형 $A_2B_2C_2D_2$의 둘레와 그 내부에 있는 점 중 x좌표와 y좌표가 모두 정수인 점의 개수는 3^2이다.
$\therefore a_2=9$
$n=3$일 때 $1<x_3<2$이므로 정사각형 $A_3B_3C_3D_3$의 둘레와 그 내부에 있는 점 중 x좌표와 y좌표가 모두 정수인 점의 개수는 3^2이다.
$\therefore a_3=9$
같은 방법으로 하면 점 C_n의 x좌표가 정수이면 $a_n=(n+1)^2$이고, 점 C_n의 x좌표가 정수가 아니면 $a_n=n^2$임을 알 수 있다.
$1\le n\le15$일 때, 점 C_n의 x좌표가 정수인 경우는 $n=2, 6, 12$일 때이다.
$\therefore \sum_{k=1}^{15}a_k=\sum_{k=1}^{15}k^2-(2^2+6^2+12^2)+(3^2+7^2+13^2)$
$\qquad =\dfrac{15\times16\times31}{6}-184+227$
$\qquad =1283$

730 ⟨답 8⟩

점 A_0은 원점이고 점 A_n은 점 A_{n-1}에서 점 P가 경로를 따라
$\dfrac{2n-1}{25}$만큼 이동한 위치에 있는 점이므로 점 A_n은 점 A_0에서
출발한 점 P가 경로를 따라 $\sum_{k=1}^{n}\dfrac{2k-1}{25}$만큼 이동한 위치에 있는
점이다.

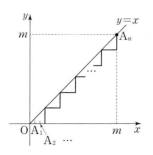

위의 그림과 같이 점 A_n의 x좌표와 y좌표의 합은
점 P가 점 A_0에서 점 A_n까지 경로를 따라 이동한 거리와 같다.
즉, 점 A_n이 직선 $y=x$ 위에 있으려면 자연수 m에 대하여
$A_n(m, m)$이라 할 때 ⟨TIP⟩

$m+m=\sum_{k=1}^{n}\dfrac{2k-1}{25}$

$\qquad =\dfrac{1}{25}\sum_{k=1}^{n}(2k-1)$

$\qquad =\dfrac{1}{25}\left\{2\times\dfrac{n(n+1)}{2}-n\right\}$

$\qquad =\dfrac{n^2}{25}$

즉, $2m=\dfrac{n^2}{25}$이므로 $n^2=50m$
$\therefore n=5\sqrt{2m}$
이때 n이 자연수이기 위한 m의 값은
$2\times1^2, 2\times2^2, 2\times3^2, \cdots$
따라서 구하는 두 번째 점의 x좌표는
$a=2\times2^2=8$

731 ⟨답 184⟩

조건 (가)에서 집합 A의 임의의 두 원소의 합이 31이 아니므로
집합 A에 속하지 않는 원소는
$31-a_i$ $(1\le i\le15)$이다.
이때 $\sum_{i=1}^{15}a_i^2$과 $\sum_{i=1}^{15}(31-a_i)^2$의 합은 집합 U의 모든 원소의 제곱의
합과 같으므로
$\sum_{i=1}^{15}a_i^2+\sum_{i=1}^{15}(31-a_i)^2=\sum_{i=1}^{30}i^2$
$\sum_{i=1}^{15}a_i^2+\sum_{i=1}^{15}31^2-62\sum_{i=1}^{15}a_i+\sum_{i=1}^{15}a_i^2=\dfrac{30\times31\times61}{6}$
조건 (나)에 의하여
$2\sum_{i=1}^{15}a_i^2+15\times31^2-62\times264=5\times31\times61$이므로
$\sum_{i=1}^{15}a_i^2=\dfrac{1}{2}(5\times31\times61-15\times31^2+62\times264)$

$\qquad =\dfrac{31}{2}(5\times61-15\times31+2\times264)$

$\qquad =\dfrac{31}{2}(-5\times32+2\times264)$

$\qquad =31\times184$

$\therefore \dfrac{1}{31}\sum_{i=1}^{15}a_i^2=184$

⟨참고⟩
두 원소의 합이 31이 되는 쌍은
$(1, 30), (2, 29), \cdots, (15, 16)$
이므로 집합 A는 각 순서쌍에서 원소를 하나씩 택하여 얻을 수 있다.
이와 같은 방법으로 찾은 집합 A의 여러 예 중 하나는 다음과 같다.
$A=\{5, 7, 9, 10, 11, 12, 14, 16, 18, 23, 25, 27, 28, 29, 30\}$

732

답 244

가장 중앙의 숫자인 1을 중심으로 대각선 방향의 오른쪽 위쪽의
숫자는 1, 3, 13, 31, ⋯이고 규칙은 다음과 같다.

1, 3=1+2, 13=3+(2+8×1), 31=13+(2+8×2)이므로
185의 근방이 되는 값을 계산하면
31+(2+8×3)=57, 57+(2+8×4)=91,
91+(2+8×5)=133, 133+(2+8×6)=183
즉, 185는 183에서 아래쪽으로 두 칸 아래에 적힌 숫자이다.
이때 대각선 방향의 183 다음 수는 183+(2+8×7)=241이고,
185 바로 오른쪽의 숫자는 241에서 아래쪽으로 세 칸 아래에 적힌
숫자이므로 다음과 같다.

				241
			183	242
		133	184	243
	91		⑱⑤	⑳④
∴			⋮	⋮

따라서 구하는 숫자는 244이다.

---

03 수학적 귀납법

733

답 (1) 14   (2) 60

(1) $a_{n+1}=a_n+n+2$에 $n=1$, 2, 3을 차례대로 대입하면
  $a_2=a_1+3=5$, $a_3=a_2+4=9$
  $\therefore a_4=a_3+5=14$

(2) $a_{n+1}=(n+2)a_n$에 $n=1$, 2, 3을 차례대로 대입하면
  $a_2=3a_1=3$, $a_3=4a_2=12$
  $\therefore a_4=5a_3=60$

734

답 ③

$a_{n+1}=\dfrac{a_n}{n+2}$에 $n=1$, 2, 3, 4를 차례대로 대입하면

$a_2=\dfrac{a_1}{3}=\dfrac{2}{3}$, $a_3=\dfrac{a_2}{4}=\dfrac{2}{3}\times\dfrac{1}{4}=\dfrac{1}{6}$

$a_4=\dfrac{a_3}{5}=\dfrac{1}{6}\times\dfrac{1}{5}=\dfrac{1}{30}$, $a_5=\dfrac{a_4}{6}=\dfrac{1}{30}\times\dfrac{1}{6}=\dfrac{1}{180}$

이므로 $p=180$, $q=1$이다.

$\therefore p+q=181$

735

답 ③

$a_{n+1}=3a_n+2$에 $n=1$, 2, 3, 4를 차례대로 대입하면
$a_2=3a_1+2=8$, $a_3=3a_2+2=26$, $a_4=3a_3+2=80$
$\therefore a_5=3a_4+2=242$

736

답 ③

$a_{n+1}=a_n+4$에서 수열 $\{a_n\}$은 공차가 4인 등차수열이므로 일반항은
$a_n=3+4(n-1)=4n-1$이다.
$\therefore a_{15}=4\times15-1=59$

737

답 ③

자연수 n에 대하여 $a_{n+1}-a_n=2$를 만족시키므로
수열 $\{a_n\}$은 공차가 2인 등차수열이다.
수열 $\{a_n\}$의 일반항은 $a_n=-3+2(n-1)=2n-5$이므로
$a_k=2k-5=27$
$\therefore k=16$

738

답 ⑤

$a_{n+2}-a_{n+1}=a_{n+1}-a_n$에서 수열 $\{a_n\}$은 등차수열이므로
$a_3-a_2=5$에서 공차가 5이다.
$\therefore a_8=a_3+5\times5=32$

739 ——————————————— 답 ②

수열 $\{a_n\}$은 첫째항이 2이고 $a_{n+1}=\frac{1}{3}a_n$에서 공비가 $\frac{1}{3}$인

등비수열이므로 일반항은 $a_n=2\times\left(\frac{1}{3}\right)^{n-1}$이다.

$\therefore a_6=2\times\left(\frac{1}{3}\right)^5=\frac{2}{243}$

740 ——————————————— 답 (1) 32 (2) 255

(1) $3^{a_{n+1}}=9^{a_n}$에서 $3^{a_{n+1}}=3^{2a_n}$이므로 $a_{n+1}=2a_n$이다.

수열 $\{a_n\}$은 첫째항이 1이고 공비가 2인 등비수열이므로

일반항은 $a_n=2^{n-1}$이다.

$\therefore a_6=2^{6-1}=32$

(2) 수열 $\{a_n\}$의 첫째항부터 제8항까지의 합은

$S_8=\frac{2^8-1}{2-1}=256-1=255$이다.

741 ——————————————— 답 ③

$a_{n+1}^{\ 2}=a_na_{n+2}$에서 수열 $\{a_n\}$은 등비수열이므로

$a_1=8$, $a_2=-4$에서 공비는 $\frac{a_2}{a_1}=-\frac{1}{2}$이다.

$\therefore \sum_{k=1}^{5}a_k=\dfrac{8\left\{1-\left(-\dfrac{1}{2}\right)^5\right\}}{1-\left(-\dfrac{1}{2}\right)}=\dfrac{8+\dfrac{1}{4}}{1+\dfrac{1}{2}}=\dfrac{11}{2}$

742 ——————————————— 답 57

$n=1$일 때 $a_2+2a_1=-2$이므로 $a_2=-4$

$n=2$일 때 $a_3+2a_2=3$이므로 $a_3=11$

$n=3$일 때 $a_4+2a_3=-4$이므로 $a_4=-26$

$n=4$일 때 $a_5+2a_4=5$이므로 $a_5=57$

743 ——————————————— 답 ②

$a_{n+2}=a_{n+1}+a_n$에 $n=1,\ 2,\ 3,\ \cdots,\ 7$을 차례대로 대입하면

$a_3=a_2+a_1=3$, $a_4=a_3+a_2=5$, $a_5=a_4+a_3=8$

$a_6=a_5+a_4=13$, $a_7=a_6+a_5=21$, $a_8=a_7+a_6=34$

$\therefore a_9=a_8+a_7=55$

744 ——————————————— 답 ④

n명이 모두 서로 한 번씩 악수를 하고 1명이 더 모임에 참석했을 때,

1명이 이미 참석해 있는 n명과 한 번씩 악수를 하면 $(n+1)$명이

모두 서로 한 번씩 악수를 한 것이 된다.

따라서 구하는 관계식은 $a_{n+1}=a_n+n\ (n\geq2)$이다.

다른 풀이

n명이 한 번씩 악수를 하면 총 횟수는

$a_n={}_nC_2=\dfrac{n(n-1)}{2}$이고,

$(n+1)$명이 한 번씩 악수를 하면 총 횟수는

$a_{n+1}={}_{n+1}C_2=\dfrac{n(n+1)}{2}$이다.

따라서 $a_{n+1}-a_n=\dfrac{n(n+1)}{2}-\dfrac{n(n-1)}{2}=n$에서 구하는 관계식은

$a_{n+1}=a_n+n\ (n\geq2)$이다.

745 ——————————————— 답 ①

n일 후 물탱크에 남아 있는 물의 양이 a_n이고, 10톤의 물을 더

채우고 다음 날 다시 물을 채울 때까지 물의 양이 반으로 줄어들게

되므로 a_n과 a_{n+1} 사이의 관계식은 $a_{n+1}=(a_n+10)\times\dfrac{1}{2}$에서

$a_{n+1}=\dfrac{1}{2}a_n+5\ (n\geq1)$이다.

> **TIP**
>
> a_n을 정의한 시점에 주의해야 한다.
>
> 물을 채우기 직전에 남아 있는 물의 양을 a_n이라 했으므로 물을
>
> 채우는 시행이 먼저이고 그 물이 반으로 줄어들어 a_{n+1}이 된다.

> **참고**
>
> 1일 후 물탱크에 물을 채우기 직전에 남아 있는 물의 양은
>
> 40톤의 물 중 50 %를 사용했으므로
>
> $a_1=40\times\dfrac{1}{2}=20$이다.

746 ——————————————— 답 (1) $a_{n+1}=2a_n-6\ (n\geq1)$ (2) 70

(1) n일이 지난 후 박테리아의 수 a_n에 대하여 이 중에서 3마리가

죽고 나머지가 각각 2마리로 분열하므로 a_n과 a_{n+1} 사이의

관계식은 $a_{n+1}=(a_n-3)\times2$, $a_{n+1}=2a_n-6\ (n\geq1)$이다.

(2) $a_1=(8-3)\times2=10$이고 $a_{n+1}=2a_n-6$에서

$a_2=2a_1-6=14$

$a_3=2a_2-6=22$

$a_4=2a_3-6=38$

$\therefore a_5=2a_4-6=70$

747 ——————————————— 답 ③

(ⅰ) $n=1$일 때

(좌변)$=1$, (우변)$=\dfrac{1\times2}{2}=1$이므로 등식 (*)이 성립한다.

(ⅱ) $n=k$일 때 등식 (*)이 성립한다고 가정하면

$1+2+3+\cdots+k=\dfrac{k(k+1)}{2}$

이고 양변에 각각 $k+1$을 더하면

$$1+2+3+\cdots+k+(k+1) = \boxed{\frac{k(k+1)}{2}} + k+1$$
$$= \frac{(k+1)(\boxed{k+2})}{2}$$

그러므로 $n=k+1$일 때도 등식 $(*)$이 성립한다.

(i), (ii)에서 모든 자연수 n에 대하여 등식

$$1+2+3+\cdots+n=\frac{n(n+1)}{2}$$이 성립한다.

따라서 $f(k)=\dfrac{k(k+1)}{2}$, $g(k)=k+2$이므로

$$f(5)+g(5)=\frac{5\times6}{2}+7=22$$

748 — 답 ④

(i) $n=1$일 때

(좌변)$=1$이고 (우변)$=1^2=1$이므로 등식이 성립한다.

(ii) $n=k$일 때 등식이 성립한다고 가정하면

$$1+3+5+\cdots+(2k-1)=k^2$$이고

$$1+3+5+\cdots+(2k-1)+(2k+1)=k^2+\boxed{2k+1}$$

$$1+3+5+\cdots+(2k-1)+(2k+1)=(\boxed{k+1})^2$$

이므로 $n=k+1$일 때도 등식이 성립한다.

(i), (ii)에서 모든 자연수 n에 대하여 등식

$1+3+5+\cdots+(2n-1)=n^2$이 성립한다.

㉮ : $2k+1$ ㉯ : $k+1$

따라서 선지 중 알맞은 것은 ④이다.

749 — 답 ③

(i) $n=1$일 때

(좌변)$=1^3=1$이고 (우변)$=1^2=1$이므로 등식이 성립한다.

(ii) $n=k$일 때 등식이 성립한다고 가정하면

$$\sum_{i=1}^{k}i^3=(1+2+3+\cdots+k)^2$$이고

$$\sum_{i=1}^{k+1}i^3=\left\{\frac{k(k+1)}{2}\right\}^2+\boxed{(k+1)^3}$$

$$=(k+1)^2\times\left(\frac{k^2}{4}+\boxed{k+1}\right)$$

$$=(k+1)^2\times\left(\frac{k^2+4k+4}{4}\right)$$

$$=(k+1)^2\times\left(\frac{k+2}{2}\right)^2$$

$$=\left\{\boxed{\frac{(k+1)(k+2)}{2}}\right\}^2$$

이므로 $n=k+1$일 때도 등식이 성립한다.

(i), (ii)에서 모든 자연수 n에 대하여 등식

$$\sum_{i=1}^{n}i^3=(1+2+3+\cdots+n)^2$$이 성립한다.

따라서 $f(k)=(k+1)^3$, $g(k)=k+1$, $h(k)=(k+1)(k+2)$

이므로

$$f(4)+g(5)-h(6)=125+6-56=75$$

750 — 답 ②

(i) $n=1$일 때

$2^6+1=65$이므로 5의 배수이다.

(ii) $n=k$일 때 $2^{4k+2}+1$이 5의 배수라 가정하면

$$2^{4k+2}+1=5m \ (m\text{은 자연수})$$에서

$$2^{4k+2}=5m-1$$

$$2^{4k+6}+1=2^4\times2^{4k+2}+1$$

$$=\boxed{16}\times(5m-1)+1$$

$$=5(\boxed{16m-3})$$

이므로 $n=k+1$일 때도 $2^{4k+6}+1$이 5의 배수이다.

(i), (ii)에서 모든 자연수 n에 대하여 자연수 $2^{4n+2}+1$이 5의 배수이다.

따라서 $p=16$, $f(m)=16m-3$이므로

$$f(p)=f(16)=16\times16-3=253$$

751 — 답 풀이 참조

(i) $n=1$일 때

(좌변)$=1$, (우변)$=\dfrac{3-1}{2}=1$

이므로 등식이 성립한다.

(ii) $n=k$일 때 등식이 성립한다고 가정하자.

$$1+3+3^2+3^3+\cdots+3^{k-1}=\frac{3^k-1}{2}$$

이고 양변에 각각 3^k을 더하면

$$1+3+3^2+3^3+\cdots+3^{k-1}+3^k=\frac{3^k-1}{2}+3^k$$

$$=\frac{3^k-1+2\times3^k}{2}$$

$$=\frac{3^{k+1}-1}{2}$$

따라서 $n=k+1$일 때도 등식이 성립한다.

(i), (ii)에서 모든 자연수 n에 대하여 등식

$$1+3+3^2+3^3+\cdots+3^{n-1}=\frac{3^n-1}{2}$$이 성립한다.

채점 요소	배점
$n=1$일 때 등식이 성립함을 보이기	30 %
$n=k$일 때 등식이 성립함을 가정하고 $n=k+1$일 때 등식이 성립함을 보이기	70 %

752 — 답 풀이 참조

(i) $n=1$일 때

(좌변)$=\dfrac{1}{1\times3}=\dfrac{1}{3}$, (우변)$=\dfrac{1}{3}$이므로 등식이 성립한다.

(ii) $n=k$일 때 등식이 성립한다고 가정하면

$$\frac{1}{1\times3}+\frac{1}{3\times5}+\frac{1}{5\times7}+\cdots+\frac{1}{(2k-1)(2k+1)}=\frac{k}{2k+1}$$

이 식의 양변에 각각 $\dfrac{1}{(2k+1)(2k+3)}$을 더하면

$$\dfrac{1}{1\times3}+\dfrac{1}{3\times5}+\dfrac{1}{5\times7}+\cdots$$
$$+\dfrac{1}{(2k-1)(2k+1)}+\dfrac{1}{(2k+1)(2k+3)}$$
$$=\dfrac{k}{2k+1}+\dfrac{1}{(2k+1)(2k+3)}$$
$$=\dfrac{k(2k+3)+1}{(2k+1)(2k+3)}$$
$$=\dfrac{(2k+1)(k+1)}{(2k+1)(2k+3)}=\dfrac{k+1}{2k+3}$$

이므로 $n=k+1$일 때도 등식이 성립한다.

(i), (ii)에서 모든 자연수 n에 대하여 등식

$$\dfrac{1}{1\times3}+\dfrac{1}{3\times5}+\dfrac{1}{5\times7}+\cdots+\dfrac{1}{(2n-1)(2n+1)}=\dfrac{n}{2n+1}$$

이 성립한다.

채점 요소	배점
$n=1$일 때 등식이 성립함을 보이기	30 %
$n=k$일 때 등식이 성립함을 가정하고, $n=k+1$일 때 등식이 성립함을 보이기	70 %

753   답 ②

수열 $\{a_n\}$은 첫째항이 2이고 공차가 2인 등차수열이므로
일반항은 $a_n=2+2(n-1)=2n$이다.

또, 수열 $\{b_n\}$은 첫째항이 $-\dfrac12$이고 공차가 $\dfrac12$인 등차수열이므로

일반항은 $b_n=-\dfrac12+\dfrac12(n-1)=\dfrac12n-1$이다.

$$a_nb_n=2n\left(\dfrac12n-1\right)=n^2-2n$$

$$\therefore \sum_{k=1}^{10}a_kb_k=\sum_{k=1}^{10}(k^2-2k)$$
$$=\dfrac{10\times11\times21}{6}-2\times\dfrac{10\times11}{2}$$
$$=385-110=275$$

754   답 -24

수열 $\{a_n\}$은 첫째항이 p이고 공차가 4인 등차수열이므로
첫째항부터 제k항까지의 합은 등차수열의 합에 의하여

$$\dfrac{k\{2p+4(k-1)\}}{2}=21$$

$$k(p+2k-2)=21 \qquad\qquad \cdots\cdots \text{㉠}$$

이때 p는 정수이고 k는 자연수이므로 k는 21의 양의 약수이어야
한다.

(i) $k=1$인 경우
  ㉠에서 $p+2k-2=21$이므로 대입하면 $p=21$

(ii) $k=3$인 경우
  ㉠에서 $p+2k-2=7$이므로 대입하면 $p=3$

(iii) $k=7$인 경우
  ㉠에서 $p+2k-2=3$이므로 대입하면 $p=-9$

(iv) $k=21$인 경우
  ㉠에서 $p+2k-2=1$이므로 대입하면 $p=-39$

(i)~(iv)에 의하여 모든 정수 p의 값의 합은
$21+3+(-9)+(-39)=-24$

755   답 풀이 참조

$a_{n+2}-2a_{n+1}+a_n=0$에서 $a_{n+1}=\dfrac{a_n+a_{n+2}}{2}$이므로

수열 $\{a_n\}$은 등차수열이고 공차를 d라 하면
$a_{n+8}-a_{n+5}=3d=-12$에서 $d=-4$이다.
이때 $S_8 \geq S_n$이므로 $n \leq 8$일 때 $a_n \geq 0$이고, $n>8$일 때 $a_n \leq 0$이다.
수열 $\{a_n\}$의 일반항이 $a_n=a_1-4(n-1)$이므로
$a_8=a_1-28 \geq 0$에서 $a_1 \geq 28$이고
$a_9=a_1-32 \leq 0$에서 $a_1 \leq 32$이므로
$28 \leq a_1 \leq 32$이다.
따라서 a_1의 최댓값과 최솟값은 각각 32, 28이므로 그 합은
$32+28=60$이다.

채점 요소	배점
주어진 조건에서 수열 $\{a_n\}$이 등차수열임을 보이고 공차 구하기	30 %
$S_8 \geq S_n$에서 $a_8 \geq 0$, $a_9 \leq 0$이므로 a_1의 값의 범위 구하기	50 %
a_1의 최댓값과 최솟값의 합 구하기	20 %

756   답 ②

수열 $\{a_n\}$이 모든 자연수 n에 대하여
$a_{n+1}=\sqrt{a_na_{n+2}}$이므로
양변을 각각 제곱하면 $(a_{n+1})^2=a_na_{n+2}$에서
수열 $\{a_n\}$은 등비수열이다.
수열 $\{a_n\}$의 공비를 r라 하면

$$\dfrac{a_{12}}{a_3}=r^9=\dfrac{27}{3\sqrt3}=3\sqrt3$$에서

$r=3^{\frac16}$이다. $\cdots\cdots$ ㉠

이때 $\dfrac{a_6}{a_3}\times\dfrac{a_{10}}{a_5}\times\dfrac{a_{14}}{a_7}\times\dfrac{a_{18}}{a_9}\times\cdots\times\dfrac{a_{42}}{a_{21}}$에서

$\dfrac{a_6}{a_3}=r^3$, $\dfrac{a_{10}}{a_5}=r^5$, $\dfrac{a_{14}}{a_7}=r^7$, $\dfrac{a_{18}}{a_9}=r^9$, $\cdots$, $\dfrac{a_{42}}{a_{21}}=r^{21}$이므로

$$\dfrac{a_6}{a_3}\times\dfrac{a_{10}}{a_5}\times\dfrac{a_{14}}{a_7}\times\dfrac{a_{18}}{a_9}\times\cdots\times\dfrac{a_{42}}{a_{21}}=r^3\times r^5\times r^7\times r^9\times\cdots\times r^{21}$$
$$=r^{3+5+7+\cdots+21}$$

한편, $3+5+7+\cdots+21$은 첫째항이 3이고 공차가 2인 등차수열의
첫째항부터 제10항까지의 합이다.

$$\therefore r^{3+5+7+\cdots+21}=r^{\frac{10(3+21)}{2}}$$
$$=r^{120}=(3^{\frac16})^{120}\;(\because\text{㉠})$$
$$=3^{20}$$

757   답 ①

이차방정식 $a_nx^2+2\sqrt3a_{n+1}x+3a_{n+2}=0$이 중근을 가지므로
이 이차방정식의 판별식을 D라 하면

$\dfrac{D}{4}=(\sqrt{3}a_{n+1})^2-3a_n a_{n+2}=0$에서 $(a_{n+1})^2=a_n a_{n+2}$

즉, 수열 $\{a_n\}$은 등비수열이고, $\dfrac{a_4}{a_3}=3$에서 공비가 3이다. ······ ㉠

이차방정식 $a_n x^2+2\sqrt{3}a_{n+1}x+3a_{n+2}=0$에서

양변을 각각 a_n으로 나누면

$x^2+2\sqrt{3}\times\dfrac{a_{n+1}}{a_n}x+3\times\dfrac{a_{n+2}}{a_n}=0$, $x^2+6\sqrt{3}x+27=0\,(\because$ ㉠$)$

이고 $(x+3\sqrt{3})^2=0$이므로

$b_n=-3\sqrt{3}$

$\therefore \displaystyle\sum_{k=1}^{10}\sqrt{3}b_k=\sum_{k=1}^{10}(-9)=-90$

758 ·· 답 ①

$\displaystyle\sum_{k=1}^{31}a_k=a_1+(a_2+a_3)+(a_4+a_5)+(a_6+a_7)+\cdots+(a_{30}+a_{31})$

$=1+4\times2+4\times4+4\times6+\cdots+4\times30$

$=1+4\times2\times(1+2+3+\cdots+15)$

$=1+8\times\dfrac{15\times16}{2}=961$

다른 풀이

$a_n+a_{n+1}=4n\,(n=1,\,2,\,3,\,\cdots)$에 n 대신 $2k$를 대입하면

$a_{2k}+a_{2k+1}=8k$이다.

$\therefore \displaystyle\sum_{k=1}^{31}a_k=a_1+\sum_{k=1}^{15}(a_{2k}+a_{2k+1})$

$=1+\displaystyle\sum_{k=1}^{15}8k$

$=1+8\times\dfrac{15\times16}{2}=961$

759 ·· 답 $\dfrac{1}{7}$

$a_{n+1}=\dfrac{2n-1}{2n+1}a_n$에서 $\dfrac{a_{n+1}}{a_n}=\dfrac{2n-1}{2n+1}$이므로

$n=1,\,2,\,3,\,\cdots,\,24$를 차례대로 대입하면 ······ **TIP**

$\dfrac{a_2}{a_1}=\dfrac{1}{3},\ \dfrac{a_3}{a_2}=\dfrac{3}{5},\ \dfrac{a_4}{a_3}=\dfrac{5}{7},\ \cdots,\ \dfrac{a_{25}}{a_{24}}=\dfrac{47}{49}$

이고 위의 식을 변끼리 곱하면

$\dfrac{a_2}{a_1}\times\dfrac{a_3}{a_2}\times\dfrac{a_4}{a_3}\times\cdots\times\dfrac{a_{25}}{a_{24}}=\dfrac{1}{3}\times\dfrac{3}{5}\times\dfrac{5}{7}\times\cdots\times\dfrac{47}{49}$

$\dfrac{a_{25}}{a_1}=\dfrac{1}{49}$

$\therefore a_{25}=\dfrac{1}{7}\,(\because a_1=7)$

TIP

수열 $\{a_n\}$이 $\dfrac{a_{n+1}}{a_n}=\dfrac{2n-1}{2n+1}\,(n=1,\,2,\,3,\,\cdots)$로 정의가 되므로
연속하여 곱해 나가면 제거되는 규칙을 가진다.
그러므로 알고 있는 값이 a_1이고, 구하는 값이 a_{25}이므로 $n=1$, $2,\,3,\,\cdots,\,24$를 차례대로 대입하고 곱하여 a_1과 a_{25}만 남고 다른 항이 제거되도록 풀이한다.

760 ·· 답 36

$a_{n+1}=\dfrac{2n}{n+1}a_n$에서 $\dfrac{a_{n+1}}{a_n}=2\times\dfrac{n}{n+1}$이므로

$n=1,\,2,\,3,\,\cdots,\,39$를 차례대로 대입하면

$\dfrac{a_2}{a_1}=2\times\dfrac{1}{2},\ \dfrac{a_3}{a_2}=2\times\dfrac{2}{3},\ \dfrac{a_4}{a_3}=2\times\dfrac{3}{4},\ \cdots,\ \dfrac{a_{40}}{a_{39}}=2\times\dfrac{39}{40}$

이고 위의 식을 변끼리 곱하면

$\dfrac{a_2}{a_1}\times\dfrac{a_3}{a_2}\times\dfrac{a_4}{a_3}\times\cdots\times\dfrac{a_{40}}{a_{39}}$

$=\left(2\times\dfrac{1}{2}\right)\times\left(2\times\dfrac{2}{3}\right)\times\left(2\times\dfrac{3}{4}\right)\times\cdots\times\left(2\times\dfrac{39}{40}\right)$

$a_{40}=2^{39}\times\left(\dfrac{1}{2}\times\dfrac{2}{3}\times\dfrac{3}{4}\times\cdots\times\dfrac{39}{40}\right)$

$=2^{39}\times\dfrac{1}{40}$

$=2^{39}\times\dfrac{1}{8\times5}=\dfrac{2^{36}}{5}$

$\therefore k=36$

761 ·· 답 ⑤

$a_{14}=a_{3\times5-1}=3a_5$

$a_{15}=a_{3\times5}=a_5+2$

$a_{16}=a_{3\times5+1}=-2a_5+1$

이고,

$a_5=a_{3\times2-1}=3a_2$

$=3a_{3\times1-1}=3\times3a_1$

$=18\,(\because a_1=2)$

$\therefore a_{14}+a_{15}+a_{16}=2a_5+3=39$

762 ·· 답 ⑤

$a_{12}=\dfrac{1}{2}$이고

n이 홀수인 경우 $a_{n+1}=\dfrac{1}{a_n}$,

n이 짝수인 경우 $a_{n+1}=8a_n$이므로

$n=11,\,10,\,9,\,8$을 차례대로 대입하면

$a_{12}=\dfrac{1}{a_{11}}$에서 $a_{11}=\dfrac{1}{\frac{1}{2}}=2$

$a_{11}=8a_{10}$에서 $a_{10}=2\times\dfrac{1}{8}=\dfrac{1}{4}$

$a_{10}=\dfrac{1}{a_9}$에서 $a_9=\dfrac{1}{\frac{1}{4}}=4$

$a_9=8a_8$에서 $a_8=4\times\dfrac{1}{8}=\dfrac{1}{2}$

이때 $a_8=a_{12}$이므로

$a_1=a_9=4,\ a_4=a_8=\dfrac{1}{2}$

$\therefore a_1+a_4=4+\dfrac{1}{2}=\dfrac{9}{2}$

763

답 64

$a_{n+1}=a_n+2^{n-1}$에서 $a_{n+1}-a_n=2^{n-1}$이므로

$n=1,\ 2,\ 3,\ \cdots,\ 6$을 차례대로 대입하면

$a_2-a_1=2^0$

$a_3-a_2=2^1$

$a_4-a_3=2^2$

$a_5-a_4=2^3$

$a_6-a_5=2^4$

$a_7-a_6=2^5$

이고 위의 식을 변끼리 더하면

$a_7-a_1=2^0+2^1+2^2+\cdots+2^5$

$=\dfrac{2^6-1}{2-1}=63$

$\therefore a_7=63+1=64\ (\because a_1=1)$

764

답 ④

$a_{n+1}=(2n+1)a_n$에서 $\dfrac{a_{n+1}}{a_n}=2n+1$이므로

$n=1,\ 2,\ 3,\ \cdots,\ n-1$을 차례대로 대입하여 변끼리 곱하면

$\dfrac{a_2}{a_1}\times\dfrac{a_3}{a_2}\times\dfrac{a_4}{a_3}\times\cdots\times\dfrac{a_n}{a_{n-1}}=3\times5\times7\times\cdots\times(2n-1)$

이고 $a_1=1$이므로

$a_n=3\times5\times7\times\cdots\times(2n-1)\ (n\geq2)$이다. $\qquad\cdots\cdots$ ㉠

이때 $45=5\times9$이므로 $n\geq5$일 때 a_n이 $3\times5\times7\times9$를 인수로

가지므로 5×9도 인수로 갖는다.

따라서 S_{30}에서 $a_5+a_6+a_7+\cdots+a_{30}$은 45로 나누어떨어진다.

$a_1+a_2+a_3+a_4=1+3+3\times5+3\times5\times7\ (\because$ ㉠$)$

$=1+3+15+105=124$

에서 $a_1+a_2+a_3+a_4$를 45로 나눈 나머지는 34이므로 S_{30}을 45로

나눈 나머지는 34이다.

765

답 ②

$a_{n+2}=\dfrac{a_{n+1}+1}{a_n}$에서

$n=1$일 때 $a_3=\dfrac{a_2+1}{a_1}=\dfrac{3}{5}$

$n=2$일 때 $a_4=\dfrac{a_3+1}{a_2}=\dfrac{8}{5}\times\dfrac{1}{2}=\dfrac{4}{5}$

$n=3$일 때 $a_5=\dfrac{a_4+1}{a_3}=\dfrac{9}{5}\times\dfrac{5}{3}=3$

$n=4$일 때 $a_6=\dfrac{a_5+1}{a_4}=4\times\dfrac{5}{4}=5$

$n=5$일 때 $a_7=\dfrac{a_6+1}{a_5}=\dfrac{6}{3}=2$

$\qquad\vdots$

이므로 수열 $\{a_n\}$은 $5,\ 2,\ \dfrac{3}{5},\ \dfrac{4}{5},\ 3$이 이 순서대로 반복된다.

따라서 자연수 k에 대하여

$a_{5k-4}=5,\ a_{5k-3}=2,\ a_{5k-2}=\dfrac{3}{5},\ a_{5k-1}=\dfrac{4}{5},\ a_{5k}=3$이다.

$200=5\times40$이므로 구하는 값은 $a_{200}=a_5=3$이다.

766

답 ⑤

$a_1=12$이고 $a_{n+1}=\begin{cases}\dfrac{1}{2}a_n & (a_n\text{이 짝수})\\[2mm]3a_n+1 & (a_n\text{이 홀수})\end{cases}$에서

$a_2=\dfrac{12}{2}=6,\ a_3=\dfrac{6}{2}=3,\ a_4=9+1=10,\ a_5=\dfrac{10}{2}=5,$

$a_6=15+1=16,\ a_7=\dfrac{16}{2}=8,\ a_8=\dfrac{8}{2}=4,\ a_9=\dfrac{4}{2}=2,$

$a_{10}=\dfrac{2}{2}=1,\ a_{11}=3+1=4,\ a_{12}=\dfrac{4}{2}=2,\ a_{13}=\dfrac{2}{2}=1,\ \cdots$

이므로 수열 $\{a_n\}$은 제8항부터 4, 2, 1이 이 순서대로 반복된다.

$\therefore \displaystyle\sum_{k=1}^{20}a_k=(12+6+3+10+5+16+8)+4\times(4+2+1)+4$

$=60+28+4=92$

767

답 ①

조건 (가)에서 $a_1=-2,\ a_2=2,\ a_3=6,\ a_4=10$이고,

조건 (나)에서 $a_{n+4}=\dfrac{a_n}{2}$이므로 항수가 4만큼 커지면 항의 값이

$\dfrac{1}{2}$배가 된다.

따라서 $a_1+a_2+a_3+a_4=(-2)+2+6+10=16$이고

$a_5+a_6+a_7+a_8=\dfrac{1}{2}(a_1+a_2+a_3+a_4)=8,$

$a_9+a_{10}+a_{11}+a_{12}=\dfrac{1}{2}(a_5+a_6+a_7+a_8)=4,$

$a_{13}+a_{14}+a_{15}+a_{16}=\dfrac{1}{2}(a_9+a_{10}+a_{11}+a_{12})=2,$

$a_{17}+a_{18}+a_{19}+a_{20}=\dfrac{1}{2}(a_{13}+a_{14}+a_{15}+a_{16})=1$

이므로 구하는 값은 $\displaystyle\sum_{k=1}^{20}a_k=16+8+4+2+1=31$이다.

> **참고**
>
> 수열 $\{a_{4n-3}+a_{4n-2}+a_{4n-1}+a_{4n}\}$은 첫째항이 16이고 공비가
> $\dfrac{1}{2}$인 등비수열이다.

768

답 51

조건 (가)에서 $a_{2n+2}=a_{2n}+1$이고 $a_2=1$이므로

수열 $\{a_{2n}\}$은 첫째항이 1이고 공차가 1인 등차수열을 이룬다.

수열 $\{a_{2n}\}$의 일반항은 $a_{2n}=1+(n-1)=n$이므로

$a_{100}=50$

조건 (나)에서 $a_{2n+1}=a_{2n-1}$이고 $a_1=1$이므로

수열 $\{a_{2n-1}\}$은 모든 항이 1이다.

$\therefore a_{100}+a_{101}=50+1=51$

a_{2n}, a_{2n+2}는 각각 수열 $\{a_{2n}\}$의 제n항, 제$(n+1)$항이고, 수열 $\{a_{2n}\}$은 수열 $\{a_n\}$의 짝수 번째 항만을 순서대로 나열한 수열이다.

a_{2n-1}, a_{2n+1}은 각각 수열 $\{a_{2n-1}\}$의 제n항, 제$(n+1)$항이고, 수열 $\{a_{2n-1}\}$은 수열 $\{a_n\}$의 홀수 번째 항만을 순서대로 나열한 수열이다.

769 — 답 ②

$a_2 = t$ (t는 상수)라 하고 조건 (가)의 n에 1, 2, 3, 4를 차례로 대입하면

$a_3 = a_1 - 4 = 3$ ($\because a_1 = 7$)

$a_4 = a_2 - 4 = t - 4$

$a_5 = a_3 - 4 = -1$

$a_6 = a_4 - 4 = t - 8$

조건 (나)에서 모든 자연수 n에 대하여 $a_{n+6} = a_n$이므로

수열 $\{a_n\}$은 $7, t, 3, t-4, -1, t-8$이 이 순서대로 반복된다.

이 여섯 개의 항의 합은

$\sum_{k=1}^{6} a_k = 7 + t + 3 + (t-4) + (-1) + (t-8) = 3t - 3$

이고, $\sum_{k=1}^{50} a_k = 258$이므로

$\sum_{k=1}^{50} a_k = \sum_{k=1}^{48} a_k + a_{49} + a_{50}$

$= 8 \sum_{k=1}^{6} a_k + 7 + t$

$= 8(3t-3) + 7 + t$

$= 25t - 17 = 258$

에서 $25t = 275$ $\therefore t = 11$

따라서 $a_2 = 11$이므로

$a_{10} = a_4 = 7$

770 — 답 ⑤

ㄱ. $a_1 = 1$, $a_2 = 2$, $a_3 = \dfrac{a_2 + 1}{a_1} = 3$, $a_4 = \dfrac{a_3 + 1}{a_2} = 2$,

$a_5 = \dfrac{a_4 + 1}{a_3} = 1$, $a_6 = \dfrac{a_5 + 1}{a_4} = 1$ (참)

ㄴ. ㄱ에 의하여 $a_7 = \dfrac{a_6 + 1}{a_5} = 2$이므로 수열 $\{a_n\}$은 $1, 2, 3, 2, 1$이

이 순서대로 반복된다.

따라서 임의의 두 자연수 m, n에 대하여 $a_{5m} = 1$, $a_{5n+1} = 1$이므로

$a_{5m} = a_{5n+1}$이다. (참)

ㄷ. 수열 $\{a_{2k}\}$는 a_2, a_4, a_6, a_8, a_{10}이 반복되므로 $2, 2, 1, 3, 1$이

이 순서대로 반복된다.

$\therefore \sum_{k=1}^{50} a_{2k} = 10(2+2+1+3+1) = 90$ (참)

따라서 옳은 것은 ㄱ, ㄴ, ㄷ이다.

771 — 답 ③

$n \geq 2$일 때 $3\sum_{k=1}^{n} a_k - 3\sum_{k=1}^{n-1} a_k = a_{n+1} - a_n = 3a_n$이므로

$a_{n+1} = 4a_n$ ($n \geq 2$)

$a_2 = 3a_1 = 6$이므로 수열 $\{a_n\}$은 제2항부터 공비가 4인 등비수열을 이룬다.

따라서 $a_1 = 2$, $a_n = 6 \times 4^{n-2}$ ($n \geq 2$)이므로

$a_{10} = 6 \times 4^8 = 3 \times 2^{17}$

772 — 답 ④

$2(a_1 + a_2 + a_3 + \cdots + a_n) = a_{n+1} - 7$ ...... ㉠

$n = 1$을 ㉠에 대입하면 $2a_1 = a_2 - 7$에서

$a_2 = 2a_1 + 7$이다. ...... ㉡

㉠에서 $n \geq 2$일 때 $2(a_1 + a_2 + a_3 + \cdots + a_{n-1}) = a_n - 7$이고

㉠에서 이 식을 변끼리 빼면

$2a_n = a_{n+1} - a_n$에서

$a_{n+1} = 3a_n$ ($n \geq 2$)

즉, 수열 $\{a_n\}$은 제2항부터 공비가 3인 등비수열을 이루므로

$a_n = a_2 \times 3^{n-2}$ ($n \geq 2$)이다.

이때 $a_{100} = 3^{101}$이므로 $a_{100} = a_2 \times 3^{98} = 3^{101}$에서 $a_2 = 3^3 = 27$이다.

$a_2 = 27$을 ㉡에 대입하면 $27 = 2a_1 + 7$에서 $a_1 = 10$이다.

$\therefore a_1 + a_2 + a_3 + a_4 = 10 + 27 + 81 + 243 = 361$

773 — 답 ①

$4S_n = a_n^2 + 2a_n - 8$ ...... ㉠

㉠에서 $n \geq 2$일 때 $4S_{n-1} = a_{n-1}^2 + 2a_{n-1} - 8$이고

㉠에서 이 식을 변끼리 빼면

$4S_n - 4S_{n-1} = (a_n^2 + 2a_n - 8) - (a_{n-1}^2 + 2a_{n-1} - 8)$

$4a_n = a_n^2 - a_{n-1}^2 + 2a_n - 2a_{n-1}$

$a_n^2 - a_{n-1}^2 - 2a_n - 2a_{n-1} = 0$

$(a_n - a_{n-1})(a_n + a_{n-1}) - 2(a_n + a_{n-1}) = 0$

$(a_n - a_{n-1} - 2)(a_n + a_{n-1}) = 0$

$a_n = a_{n-1} + 2$ 또는 $a_n = -a_{n-1}$

이때 수열 $\{a_n\}$의 모든 항이 양수이므로 $a_n \neq -a_{n-1}$이다.

$\therefore a_n - a_{n-1} = 2$ ($n \geq 2$) ...... ㉡

또한, $S_1 = a_1$이므로 ㉠에 $n = 1$을 대입하면

$4a_1 = a_1^2 + 2a_1 - 8$

$a_1^2 - 2a_1 - 8 = 0$

$(a_1 + 2)(a_1 - 4) = 0$

$a_1 > 0$이므로 $a_1 = 4$이고

㉡에 의하여 수열 $\{a_n\}$은 공차가 2인 등차수열이므로

$a_{11} = 4 + 10 \times 2 = 24$

774 — 답 33

a_1, a_2, a_3, $\cdots$, a_n의 평균이 $(2n-1)a_n$이므로

$$\frac{a_1+a_2+a_3+\cdots+a_n}{n}=(2n-1)a_n$$

$$a_1+a_2+a_3+\cdots+a_n=n(2n-1)a_n \qquad \cdots\cdots \ \ominus$$

이고, $n\geq2$일 때 $\ominus$에 n 대신 $n-1$을 대입하면

$$a_1+a_2+a_3+\cdots+a_{n-1}=(n-1)(2n-3)a_{n-1} \qquad \cdots\cdots \ \oslash$$

$\ominus$에서 $\oslash$을 변끼리 빼면

$$a_n=n(2n-1)a_n-(n-1)(2n-3)a_{n-1}$$
$$\{n(2n-1)-1\}a_n=(n-1)(2n-3)a_{n-1}$$
$$(2n+1)(n-1)a_n=(n-1)(2n-3)a_{n-1}$$
$$\therefore \frac{a_n}{a_{n-1}}=\frac{2n-3}{2n+1} \ (n\geq2) \qquad \cdots\cdots \ \otimes$$

$\otimes$에서 $\dfrac{a_2}{a_1}\times\dfrac{a_3}{a_2}\times\dfrac{a_4}{a_3}\times\dfrac{a_5}{a_4}=\dfrac{1}{5}\times\dfrac{3}{7}\times\dfrac{5}{9}\times\dfrac{7}{11}$이므로

$\dfrac{a_5}{a_1}=\dfrac{1}{33}$이고 $a_5=\dfrac{a_1}{33}$이다.

따라서 a_5가 자연수가 되기 위해서는 a_1이 33의 배수가 되어야
하므로 구하는 최솟값은 33이다.

775 ··· 답 ①

$(S_{n+1}-S_{n-1})^2=4a_na_{n+1}+4$에서

$(a_n+a_{n+1})^2=4a_na_{n+1}+4$이므로

$$a_{n+1}{}^2-2a_na_{n+1}+a_n{}^2=4$$
$$(a_{n+1}-a_n)^2=4$$

이때 $a_{n+1}>a_n$이므로

$$a_{n+1}-a_n=2 \ (n\geq2)$$

한편, $a_2-a_1=3-1=2$이므로

모든 자연수 n에 대하여 $a_{n+1}-a_n=2$이다.

따라서 수열 $\{a_n\}$은 첫째항이 1이고 공차가 2인 등차수열이므로

$$a_{20}=1+19\times2=39$$

776 ··· 답 ③

수열 $\{a_n\}$은 첫째항이 1, 공비가 3인 등비수열이므로 $a_n=3^{n-1}$이다.

$b_1=1$이고 $b_{n+1}=(n+1)b_n$에서

$$b_2=2b_1=2\times1$$
$$b_3=3b_2=3\times2\times1$$
$$b_4=4b_3=4\times3\times2\times1$$
$$\vdots$$

이므로 $b_n=n!$이다.

n	1	2	3	4	5	$\cdots$
a_n	1	3	9	27	81	$\cdots$
b_n	1	2	6	24	120	$\cdots$
c_n	1	2	6	24	81	$\cdots$

$1\leq n\leq4$일 때 $a_n\geq b_n$이므로 $c_n=b_n$

$n\geq5$일 때 $a_n<b_n$이므로 $c_n=a_n$

$$\therefore \sum_{n=1}^{50}2c_n=2\sum_{n=1}^{50}c_n=2\left(\sum_{n=1}^{4}b_n+\sum_{n=5}^{50}a_n\right)$$
$$=2\left\{1+2+6+24+\frac{3^4(3^{46}-1)}{3-1}\right\}$$
$$=3^{50}-15$$

777 ····································· 답 (1) $a_{n+1}=\dfrac{1}{4}a_n \ (n\geq1)$ (2) 7

(1) 삼각형 $A_nB_nC_n$의 각 변의 중점을 꼭짓점으로 하는 삼각형
$A_{n+1}B_{n+1}C_{n+1}$에 대하여
두 삼각형 $A_nB_nC_n$, $A_{n+1}B_{n+1}C_{n+1}$의 넓이의 비는 $4:1$이다.

$$\therefore a_{n+1}=\frac{1}{4}a_n \ (n\geq1)$$

(2) $a_1=8$이고, (1)에 의하여 수열 $\{a_n\}$은 공비가 $\dfrac{1}{4}$인 등비수열이므

로 $a_n=8\times\left(\dfrac{1}{4}\right)^{n-1}$이다.

이때 $a_n=8\times\left(\dfrac{1}{4}\right)^{n-1}<\dfrac{1}{200}$에서

$$\left(\frac{1}{4}\right)^{n-1}<\frac{1}{1600}, \ 4^{n-1}>1600$$

$4^5=1024$, $4^6=4096$이므로 위 부등식을 만족시키는 자연수 n의
최솟값은 7이다.

778 ····································· 답 (1) 0, 4, 12 (2) $a_{n+1}=a_n+4n \ (n\geq1)$

(1) 한 쌍의 부부가 참석할 때, 배우자 이외의 참석자가 없으므로
악수는 하지 않는다.

$\therefore a_1=0$

두 쌍의 부부가 참석할 때, A_1, A_2가 부부이고, B_1, B_2가 부부라
하면 악수를 하는 두 사람을 나타내면 A_1와 B_1, A_1와 B_2, A_2와
B_1, A_2와 B_2이다. $\qquad \cdots\cdots \ \ominus$

$\therefore a_2=4$

세 쌍의 부부가 참석할 때, A_1, A_2가 부부이고, B_1, B_2가
부부이고, C_1, C_2가 부부라 하면 악수를 하는 두 사람은 $\ominus$의 네
가지 경우 외에 C_1이 C_2를 제외한 네 사람과 악수하는 네 가지
경우와 C_2가 C_1을 제외한 네 사람과 악수하는 네 가지 경우가
있으므로 악수를 한 총 횟수는 $4+4+4=12$이다.

$\therefore a_3=12$

(2) n쌍의 부부가 참석하여 자신의 배우자를 제외한 나머지 모든
참석자와 악수를 한 총 횟수가 a_n이고, 여기에 1쌍의 부부가 더
추가로 참석하면 이 부부 중 한 사람이 배우자를 제외하고 나머지
$2n$명의 사람과 악수를 하는 경우가 $2n$가지, 부부 중 나머지 한
사람도 마찬가지로 $2n$명의 사람과 악수를 하므로 이 경우가
$2n$가지이다.

$\therefore a_{n+1}=a_n+4n \ (n\geq1)$

779 ··· 답 ④

(소금물의 양)=(전날 소금물의 양)$-40+50-10$
$\qquad\qquad\quad$=(전날 소금물의 양)

전체 소금물의 양 100 L는 변함이 없으므로
n일 후 소금물의 농도는 소금물에 들어 있는 소금의 양과 같다.

$(n+1)$일 후의 소금의 양은 a_n %의 소금물 100 L에서 40 L를
사용하고 6 % 소금물 50 L를 다시 채우고, 이후 10 L의 물이
증발해도 소금의 양은 변하지 않으므로

$$a_{n+1}=\frac{a_n}{100}\times100-\frac{a_n}{100}\times40+\frac{6}{100}\times50$$

$$\therefore a_{n+1}=\frac{3}{5}a_n+3\ (n\geq1)$$

780   탑 (1) $a_{n+1}=a_n+n+1\ (n\geq1)$ (2) 11

(1) a_1, a_2, a_3, $\cdots$의 값을 차례대로 구해 보면 다음과 같다.

$a_1=2$ $a_2=a_1+2=4$ $a_3=a_2+3=7$

 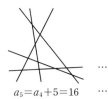

$a_4=a_3+4=11$ $a_5=a_4+5=16$

$$\therefore a_{n+1}=a_n+n+1\ (n\geq1)$$

(2) (1)에서 $a_{n+1}=a_n+n+1$이므로 $n=10$을 대입하면
$a_{11}=a_{10}+11$에서 $a_{11}-a_{10}=11$이다.

781   탑 ②

[1단계]에서 [2단계]로 넘어갈 때 필요한 성냥개비를 표시해 보면 다음과 같다.

왼쪽 위의 정사각형과 오른쪽 아래 정사각형 모양을 만드는 데
필요한 성냥개비의 개수가 각각 3이고,
오른쪽 위의 정사각형 1개를 만드는 데 필요한 성냥개비의 개수가
2이므로
$$a_2=a_1+3\times2+2\times1$$
또한, [2단계]에서 [3단계]로 넘어갈 때 필요한 성냥개비를 표시해
보면 다음과 같다.

맨 왼쪽 위의 정사각형과 맨 오른쪽 아래 정사각형 모양을 만드는 데
필요한 성냥개비의 개수가 각각 3이고,
오른쪽 위에 추가된 정사각형 3개를 만드는 데 필요한 성냥개비의
개수가 각각 2이므로
$$a_3=a_2+3\times2+2\times3$$
마찬가지 방법으로 $a_4=a_3+3\times2+2\times5$, $\cdots$이므로

$$a_{n+1}=a_n+3\times2+2\times(2n-1)$$이다.
$$\therefore f(n)=3\times2+2\times(2n-1)=4(n+1)$$
$$\therefore f(50)=204$$

782   탑 8

자연수 n의 값에 따라 x_n, y_n을 각각 구하면 다음과 같다.
조건 (가)에서 $(x_1, y_1)=(1, 1)$이므로
$$(x_2, y_2)=(x_1, (y_1-3)^2)=(1, 4)$$
$$(x_3, y_3)=((x_2-3)^2, y_2)=(4, 4)$$
$$(x_4, y_4)=(x_3, (y_3-3)^2)=(4, 1)$$
$$(x_5, y_5)=((x_4-3)^2, y_4)=(1, 1)$$
$$\vdots$$
이므로 순서쌍 (x_n, y_n)은 $(1, 1)$, $(1, 4)$, $(4, 4)$, $(4, 1)$이
이 순서대로 반복된다.
$2015=4\times503+3$에서 $(x_{2015}, y_{2015})=(4, 4)$이다.
$$\therefore x_{2015}+y_{2015}=8$$

783   탑 ④

점 $P_1(3, 3)$에서 시작하여 두 조건 (가), (나)의 이동을 한 번씩 하면
x축의 방향으로 1만큼, y축의 방향으로 -1만큼 이동하게 된다.
따라서 점 P_{2k-1}의 좌표는 $(k+2, -k+4)$이고,
이 점을 조건 (가)의 이동을 하면
점 P_{2k}의 좌표는 $(k+4, -k+5)$이다.
점 $P_{2k-1}(k+2, -k+4)$가 점 $(16, -7)$인 경우는
$k+2=16$, $-k+4=-7$을 모두 만족시키는 k의 값이 존재하지
않는다.
점 $P_{2k}(k+4, -k+5)$가 점 $(16, -7)$인 경우는
$k+4=16$, $-k+5=-7$에서 $k=12$이므로 구하는 점은 P_{24}이다.
$$\therefore m=24$$

784   탑 ④

명제 $p(1)$이 참이므로 명제 $p(2)$, $p(7)$도 참이다.
명제 $p(2)$, $p(7)$이 참이므로 명제 $p(2\times2)=p(2^2)$, $p(2\times7)$,
$p(7\times7)=p(7^2)$도 참이다.
명제 $p(2^2)$, $p(7^2)$이 참이므로 명제 $p(2\times2^2)=p(2^3)$, $p(2^2\times7)$,
$p(2\times7^2)$, $p(7\times7^2)=p(7^3)$도 참이다.
$$\vdots$$
따라서 명제 $p(2^a\times7^b)$ (a, b는 음이 아닌 정수)은 항상 참이므로
선지 중 항상 참인 명제는 $p(112)=p(2^4\times7)$이다.

785   탑 ④

(i) $n=1$일 때
$$a_3=2a_2+a_1=2\times2+1=5,$$
$$a_4=2a_3+a_2=2\times5+2=12$$에서
$$a_4=\boxed{12}$$이므로 성립한다.

(ii) $n=k$일 때, a_{4k}가 12의 배수라 가정하면
$$a_{4(k+1)}=2a_{4k+3}+a_{4k+2}$$
$$=2(2a_{4k+2}+a_{4k+1})+a_{4k+2}$$
$$=\boxed{5}a_{4k+2}+2a_{4k+1}$$
$$=5(2a_{4k+1}+a_{4k})+2a_{4k+1}$$
$$=\boxed{12}a_{4k+1}+\boxed{5}a_{4k}$$

따라서 $a_{4(k+1)}$은 12의 배수이다.

(i), (ii)에 의하여 모든 자연수 n에 대하여 a_{4n}은 12의 배수이다.

$a=12$, $b=5$, $c=12$, $d=5$이다.

$\therefore a+b+c+d=34$

786 풀이 참조

(i) $n=1$일 때
$1^3+3\times1^2+2\times1=6$이므로 3의 배수이다.

(ii) $n=k$일 때
n^3+3n^2+2n이 3의 배수라고 가정하면
$k^3+3k^2+2k=3m$ (m은 자연수)
$n=k+1$일 때
$(k+1)^3+3(k+1)^2+2(k+1)=(k^3+3k^2+2k)+3k^2+9k+6$
$$=3(m+k^2+3k+2)$$
이므로 $n=k+1$일 때도 n^3+3n^2+2n은 3의 배수이다.

(i), (ii)에서 모든 자연수 n에 대하여
n^3+3n^2+2n은 3의 배수이다.

채점 요소	배점
$n=1$일 때 n^3+3n^2+2n이 3의 배수임을 보이기	30 %
$n=k$일 때 n^3+3n^2+2n이 3의 배수임을 가정하고, $n=k+1$일 때 n^3+3n^2+2n이 3의 배수임을 보이기	70 %

787 ⑤

(1) $n=1$일 때, (좌변)$=\dfrac{4}{3}$, (우변)$=3-\dfrac{5}{3}=\dfrac{4}{3}$이므로
(*)이 성립한다.

(2) $n=k$일 때, (*)이 성립한다고 가정하면
$$\dfrac{4}{3}+\dfrac{8}{3^2}+\dfrac{12}{3^3}+\cdots+\dfrac{4k}{3^k}=3-\dfrac{2k+3}{3^k}$$
이다.

위 등식의 양변에 $\dfrac{4(k+1)}{3^{k+1}}$을 더하여 정리하면
$$\dfrac{4}{3}+\dfrac{8}{3^2}+\dfrac{12}{3^3}+\cdots+\dfrac{4k}{3^k}+\dfrac{4(k+1)}{3^{k+1}}$$
$$=3-\dfrac{2k+3}{3^k}+\dfrac{4(k+1)}{3^{k+1}}$$
$$=3-\dfrac{1}{3^k}\left\{(2k+3)-\left(\boxed{\dfrac{4k+4}{3}}\right)\right\}$$
$$=3-\dfrac{1}{3^k}\left(\dfrac{2}{3}k+\dfrac{5}{3}\right)$$
$$=3-\dfrac{\boxed{2(k+1)+3}}{3^{k+1}}$$

따라서 $n=k+1$일 때도 (*)이 성립한다.

(1), (2)에 의하여 모든 자연수 n에 대하여 (*)이 성립한다.

$f(k)=\dfrac{4k+4}{3}$, $g(k)=2(k+1)+3$

$\therefore f(3)\times g(2)=\dfrac{16}{3}\times9=48$

788 ②

(i) $n=1$일 때
(좌변)$=\sum\limits_{k=1}^{3}(1+k)=2+3+4=9$, (우변)$=1^3+(1+1)^3=9$
이므로 주어진 등식이 성립한다.

(ii) $n=m$일 때 주어진 등식이 성립한다고 가정하면
$$\sum_{k=1}^{2(m+1)+1}\{(m+1)^2+k\}$$
$$=\sum_{k=1}^{2m+1}\{(m+1)^2+k\}+\{(m+1)^2+(2m+2)\}$$
$$\qquad\qquad+\{(m+1)^2+(2m+3)\}$$
$$=\sum_{k=1}^{2m+1}\{(m+1)^2+k\}+\boxed{2m^2+8m+7}$$
$$=\sum_{k=1}^{2m+1}\{(m^2+k)+(2m+1)\}+2m^2+8m+7$$
$$=\sum_{k=1}^{2m+1}(m^2+k)+\sum_{k=1}^{2m+1}(\boxed{2m+1})+\boxed{2m^2+8m+7}$$
$$=\{m^3+(m+1)^3\}+(2m+1)^2+2m^2+8m+7$$
$$=(m+1)^3+m^3+6m^2+12m+8$$
$$=(m+1)^3+(m+2)^3$$
이므로 $n=m+1$일 때도 주어진 등식이 성립한다.

(i), (ii)에 의하여 모든 자연수 n에 대하여 등식
$\sum\limits_{k=1}^{2n+1}(n^2+k)=n^3+(n+1)^3$이 성립한다.

따라서 $f(m)=2m^2+8m+7$, $g(m)=2m+1$이므로
$f(5)+g(7)=97+15=112$

789 ⑤

(i) $n=1$일 때
(좌변)$=1\times2^0=1$, (우변)$=2^{1+1}-1-2=1$
이므로 주어진 등식이 성립한다.

(ii) $n=m$일 때 주어진 등식이 성립한다고 가정하면
$$\sum_{k=1}^{m}(m-k+1)2^{k-1}=2^{m+1}-m-2$$
이다. $n=m+1$일 때 성립함을 보이자.
$$\sum_{k=1}^{m+1}(\boxed{m+2-k})2^{k-1}=\sum_{k=1}^{m+1}(m-k+1+1)2^{k-1}$$
$$=\sum_{k=1}^{m+1}(m-k+1)2^{k-1}+\sum_{k=1}^{m+1}2^{k-1}$$
$$=\sum_{k=1}^{m}(m-k+1)2^{k-1}+\boxed{2^{m+1}-1}$$
$$=2^{m+1}-m-2+\boxed{2^{m+1}-1}$$
$$=2\times2^{m+1}-m-3$$
$$=2^{m+2}-m-3$$

이므로 $n=m+1$일 때도 성립한다.

(i), (ii)에서 모든 자연수 n에 대하여 주어진 등식은 성립한다.

(가) $m+2-k$ (나) $2^{m+1}-1$

따라서 선지 중 알맞은 것은 ⑤이다.

790 ·· 🔒 풀이 참조

$a_n=1+\dfrac{1}{2}+\dfrac{1}{3}+\cdots+\dfrac{1}{n}$에서 $a_1=1$, $a_2=1+\dfrac{1}{2}=\dfrac{3}{2}$이다.

$a_1+a_2+a_3+\cdots+a_{n-1}=n(a_n-1)$ ······ (*)

(i) $n=2$일 때

(좌변) $=a_1=1$, (우변) $=2(a_2-1)=2\left(\dfrac{3}{2}-1\right)=1$

이므로 (*)은 성립한다.

(ii) $n=k$ $(k\geq2)$일 때 (*)이 성립한다고 가정하면

$a_1+a_2+a_3+\cdots+a_{k-1}=k(a_k-1)$

양변에 a_k를 더하면

$a_1+a_2+a_3+\cdots+a_k=(k+1)a_k-k$

그런데 $a_k=a_{k+1}-\dfrac{1}{k+1}$이므로

$a_1+a_2+a_3+\cdots+a_k=(k+1)\left(a_{k+1}-\dfrac{1}{k+1}\right)-k$

$\qquad\qquad\qquad\qquad\quad=(k+1)(a_{k+1}-1)$

따라서 $n=k+1$일 때도 (*)이 성립한다.

(i), (ii)에서 2 이상의 모든 자연수 n에 대하여 등식

$a_1+a_2+a_3+\cdots+a_{n-1}=n(a_n-1)$이 성립한다.

채점 요소	배점
$n=2$일 때 등식이 성립함을 보이기	30 %
$n=k$일 때 등식이 성립함을 가정하고, $n=k+1$일 때 등식이 성립함을 보이기	70 %

791 ·· 🔒 풀이 참조

$a_n=2^n+\dfrac{1}{n}$ ······ (*)

(i) $n=1$일 때

(좌변) $=a_1=3$, (우변) $=2^1+\dfrac{1}{1}=3$

이므로 (*)이 성립한다.

(ii) $n=k$일 때 (*)이 성립한다고 가정하면

$a_k=2^k+\dfrac{1}{k}$이므로 ······ ㉠

$ka_{k+1}-2ka_k+\dfrac{k+2}{k+1}=0$에서

$ka_{k+1}=2ka_k-\dfrac{k+2}{k+1}$

$\qquad\quad=2k\left(2^k+\dfrac{1}{k}\right)-\dfrac{k+2}{k+1}$ $(\because$ ㉠$)$

$\qquad\quad=k2^{k+1}+2-\dfrac{k+2}{k+1}$

$\qquad\quad=k2^{k+1}+\dfrac{k}{k+1}$

따라서 $a_{k+1}=2^{k+1}+\dfrac{1}{k+1}$이므로

$n=k+1$일 때도 (*)이 성립한다.

(i), (ii)에 의하여 모든 자연수 n에 대하여

$a_n=2^n+\dfrac{1}{n}$이다.

채점 요소	배점
$n=1$일 때 성립함을 보이기	30 %
$n=k$일 때 성립함을 가정하고, $n=k+1$일 때 성립함을 보이기	70 %

792 ·· 🔒 ⑤

(i) $n=1$일 때 $4>2+1$,

$n=2$일 때 $8>6+1$이므로 부등식이 성립한다.

(ii) $n=k$ $(k\geq2)$일 때

$2^{k+1}>\boxed{k(k+1)}+1$ ······ ㉠

이 성립한다고 가정하자. ㉠의 양변에 2를 곱하면

$2^{k+2}>2(k^2+k+1)$

이때 $2(k^2+k+1)-\{\boxed{(k+1)(k+2)+1}\}=k^2-k-1$

$k\geq2$일 때 $k^2-k-1\boxed{>}0$이므로

$2^{k+2}>2(k^2+k+1)>\boxed{(k+1)(k+2)+1}$

$\therefore 2^{k+2}>\boxed{(k+1)(k+2)+1}$

따라서 $n=k+1$일 때도 부등식이 성립한다.

(i), (ii)에 의하여 모든 자연수 n에 대하여 부등식

$2^{n+1}>n(n+1)+1$이 성립한다.

(가) : $k(k+1)$ (나) : $(k+1)(k+2)+1$ (다) : $>$

따라서 선지 중 알맞은 것은 ⑤이다.

793 ·· 🔒 ③

(i) $n=2$일 때

$\dfrac{1}{\sqrt{1}}+\dfrac{1}{\sqrt{2}}=\dfrac{2+\sqrt{2}}{2}$에서

$\dfrac{1}{\sqrt{1}}+\dfrac{1}{\sqrt{2}}>\boxed{\sqrt{2}}$

(ii) $n=k$ $(k\geq2)$일 때 주어진 부등식이 성립함을 가정하면

$\dfrac{1}{\sqrt{1}}+\dfrac{1}{\sqrt{2}}+\dfrac{1}{\sqrt{3}}+\cdots+\dfrac{1}{\sqrt{k}}>\sqrt{k}$

이고

$\sqrt{k+1}-\left(\dfrac{1}{\sqrt{1}}+\dfrac{1}{\sqrt{2}}+\dfrac{1}{\sqrt{3}}+\cdots+\dfrac{1}{\sqrt{k}}+\dfrac{1}{\sqrt{k+1}}\right)$

$=\sqrt{k+1}-\left(\dfrac{1}{\sqrt{1}}+\dfrac{1}{\sqrt{2}}+\dfrac{1}{\sqrt{3}}+\cdots+\dfrac{1}{\sqrt{k}}\right)-\dfrac{1}{\sqrt{k+1}}$

$<\sqrt{k+1}-\boxed{\sqrt{k}}-\dfrac{1}{\sqrt{k+1}}$

$=\dfrac{(\sqrt{k+1})^2-\sqrt{k}\sqrt{k+1}-1}{\sqrt{k+1}}$

$=\dfrac{\boxed{k-\sqrt{k(k+1)}}}{\sqrt{k+1}}<0$

$$\therefore \frac{1}{\sqrt{1}}+\frac{1}{\sqrt{2}}+\frac{1}{\sqrt{3}}+\cdots+\frac{1}{\sqrt{k}}+\frac{1}{\sqrt{k+1}}>\sqrt{k+1}$$

따라서 $n=k+1$일 때도 주어진 부등식은 성립한다.

(i), (ii)에서 2 이상의 자연수 n에 대하여 주어진 부등식이 성립한다.

794   답 ④

(i) $n=2$일 때

$(좌변)=1+\dfrac{1}{2}=\boxed{\dfrac{3}{2}}$, $(우변)=\boxed{\dfrac{4}{3}}$

에서 $\boxed{\dfrac{3}{2}}-\boxed{\dfrac{4}{3}}>0$이므로 부등식이 성립한다.

(ii) $n=k\,(k\geq 2)$일 때 부등식이 성립한다고 가정하면

$1+\dfrac{1}{2}+\dfrac{1}{3}+\cdots+\dfrac{1}{k}>\dfrac{2k}{k+1}$이고

양변에 각각 $\dfrac{1}{k+1}$을 더하면

$1+\dfrac{1}{2}+\dfrac{1}{3}+\cdots+\dfrac{1}{k}+\dfrac{1}{k+1}>\dfrac{2k}{k+1}+\dfrac{1}{k+1}$

$1+\dfrac{1}{2}+\dfrac{1}{3}+\cdots+\dfrac{1}{k}+\dfrac{1}{k+1}>\boxed{\dfrac{2k+1}{k+1}}$

이고, $\boxed{\dfrac{2k+1}{k+1}}-\dfrac{2(k+1)}{k+2}=\boxed{\dfrac{k}{(k+1)(k+2)}}>0$이므로

$\boxed{\dfrac{2k+1}{k+1}}>\dfrac{2(k+1)}{k+2}$이다.

따라서 $n=k+1$일 때도 부등식이 성립한다.

(i), (ii)에서 2 이상의 자연수 n에 대하여 부등식

$1+\dfrac{1}{2}+\dfrac{1}{3}+\cdots+\dfrac{1}{n}>\dfrac{2n}{n+1}$이 성립한다.

따라서 $p=\dfrac{3}{2}$, $q=\dfrac{4}{3}$, $f(k)=\dfrac{2k+1}{k+1}$, $g(k)=\dfrac{k}{(k+1)(k+2)}$

이므로

$$f(2p)\times g(6q)=\frac{7}{4}\times\frac{4}{45}=\frac{7}{45}$$

795   답 풀이 참조

$(1+h)^{n+1}>1+h(n+1)$ $\cdots\cdots$ (*)

(i) $n=1$일 때

$(좌변)=(1+h)^2$, $(우변)=1+2h$

이때 $(1+h)^2-(1+2h)=h^2>0$이므로

부등식 (*)이 성립한다.

(ii) $n=k$일 때 (*)이 성립한다고 가정하면

$(1+h)^{k+1}>1+h(k+1)$

양변에 각각 $1+h$를 곱하면

$(1+h)^{k+2}>\{1+h(k+1)\}(1+h)$

이때

$\{1+h(k+1)\}(1+h)-\{1+h(k+2)\}=h^2(k+1)>0$

에서 $\{1+h(k+1)\}(1+h)>1+h(k+2)$이므로

$(1+h)^{k+2}>1+h(k+2)$가 성립한다.

따라서 $n=k+1$일 때도 부등식 (*)이 성립한다.

(i), (ii)에 의하여 h가 양의 실수일 때, 모든 자연수 n에 대하여

부등식 $(1+h)^{n+1}>1+h(n+1)$이 성립한다.

채점 요소	배점
$n=1$일 때 부등식이 성립함을 보이기	30 %
$n=k$일 때 부등식이 성립함을 가정하고, $n=k+1$일 때 부등식이 성립함을 보이기	70 %

796   답 풀이 참조

(i) $n=2$일 때

$(좌변)=\dfrac{5}{4}$, $(우변)=\dfrac{3}{2}$

에서 $\dfrac{5}{4}-\dfrac{3}{2}<0$이므로 부등식이 성립한다.

(ii) $n=k\,(k\geq 2)$일 때 부등식이 성립한다고 가정하면

$1+\dfrac{1}{2^2}+\dfrac{1}{3^2}+\cdots+\dfrac{1}{k^2}<2-\dfrac{1}{k}$

양변에 $\dfrac{1}{(k+1)^2}$을 더하면

$1+\dfrac{1}{2^2}+\dfrac{1}{3^2}+\cdots+\dfrac{1}{k^2}+\dfrac{1}{(k+1)^2}<2-\dfrac{1}{k}+\dfrac{1}{(k+1)^2}$

이때

$$\left(2-\frac{1}{k+1}\right)-\left\{2-\frac{1}{k}+\frac{1}{(k+1)^2}\right\}=\frac{1}{k}-\frac{1}{k+1}-\frac{1}{(k+1)^2}$$
$$=\frac{(k+1)^2-k(k+1)-k}{k(k+1)^2}$$
$$=\frac{1}{k(k+1)^2}>0$$

$2-\dfrac{1}{k}+\dfrac{1}{(k+1)^2}<2-\dfrac{1}{k+1}$

이므로 $n=k+1$일 때도 부등식이 성립한다.

(i), (ii)에 의하여 2 이상의 자연수 n에 대하여 부등식

$1+\dfrac{1}{2^2}+\dfrac{1}{3^2}+\cdots+\dfrac{1}{n^2}<2-\dfrac{1}{n}$이 성립한다.

채점 요소	배점
$n=2$일 때 부등식이 성립함을 보이기	30 %
$n=k$일 때 부등식이 성립함을 가정하고, $n=k+1$일 때 부등식이 성립함을 보이기	70 %

797   답 ④

점 $A_0(1, 2)$이고, 점 $B_0(1, k+1)$이다.

점 A_1의 y좌표는 $k+1$이므로

$A_1(k, k+1)$이고, 점 $B_1(k, k^2+1)$이다.

점 A_2의 y좌표는 k^2+1이므로

$A_2(k^2, k^2+1)$이고, 점 $B_2(k^2, k^3+1)$이다.

a_n은 점 A_n의 x좌표이므로 $a_n=k^n$

$a_4=k^4<500$을 만족시키는 2 이상의 자연수 k는 2, 3, 4이므로

그 합은 $2+3+4=9$이다.

798

답 ③

수열 $\{a_n\}$의 항이 10의 배수가 되는 경우는 일의 자리의 수가 0이 될 때이다.

$a_{n+1}=3a_n+2$에 $n=1, 2, 3, \cdots$을 차례대로 대입하면

$a_2=3a_1+2=8$

$a_3=3a_2+2=26$

$a_4=3a_3+2=80$

$a_5=3a_4+2=242$

$\vdots$

이므로 수열 $\{a_n\}$의 항의 일의 자리의 수는 2, 8, 6, 0이 이 순서대로 반복된다.

즉, $a_4, a_8, a_{12}, \cdots$이 10의 배수이므로

수열 $\{b_n\}$은 $a_4, a_8, a_{12}, \cdots$이다.

따라서 자연수 n에 대하여 $b_n=a_{4n}$이므로 $b_4=a_{16}$이다.

$\therefore m=16$

다른 풀이

$a_{n+1}=3a_n+2$에 $n=1, 2, 3, \cdots$을 차례대로 대입하면

$a_2=3a_1+2=8$, $a_3=3a_2+2=26$, $a_4=3a_3+2=80$, $\cdots$으로

수열 $\{a_n\}$에서 처음으로 10의 배수가 되는 항이 a_4이므로

$b_1=a_4$이다.

이때 $a_k(k$는 자연수)가 10의 배수라 하면

$a_{k+1}=3a_k+2$,

$a_{k+2}=3a_{k+1}+2=3(3a_k+2)+2=9a_k+8$,

$a_{k+3}=3a_{k+2}+2=3(9a_k+8)+2=27a_k+26$,

$a_{k+4}=3a_{k+3}+2=3(27a_k+26)+2=81a_k+80$

에서 $81a_k$와 80이 모두 10으로 나누어떨어진다.

즉, a_{k+4}는 10의 배수이므로

a_k가 10의 배수이면 a_{k+4}도 10의 배수이다.

따라서 자연수 n에 대하여 $b_n=a_{4n}$이므로 $b_4=a_{16}$이다.

$\therefore m=16$

799

답 ⑤

$a_{n+2}-a_{n+1}+a_n=0$에서 $a_{n+2}=a_{n+1}-a_n$이므로

$n=1, 2, 3, \cdots$을 차례대로 대입하면

$a_3=a_2-a_1$

$a_4=a_3-a_2=(a_2-a_1)-a_2=-a_1$

$a_5=a_4-a_3=-a_1-(a_2-a_1)=-a_2$

$a_6=a_5-a_4=-a_2+a_1=-a_3$

$a_7=a_6-a_5=-a_3+a_2=-(a_2-a_1)+a_2=a_1$

$\vdots$

이므로 수열 $\{a_n\}$은 $a_1, a_2, a_3, -a_1, -a_2, -a_3$이 이 순서대로 반복된다.

즉, 자연수 k에 대하여

$a_{6k-5}=a_1, a_{6k-4}=a_2, a_{6k-3}=a_3, a_{6k-2}=-a_1,$

$a_{6k-1}=-a_2, a_{6k}=-a_3$이므로

자연수 n에 대하여

$\sum_{k=1}^{6n} a_k=\sum_{k=1}^{n}(a_{6k-5}+a_{6k-4}+a_{6k-3}+a_{6k-2}+a_{6k-1}+a_{6k})=0$

이때 $a_{31}=a_1$이므로 $a_1=5$이고

$\sum_{k=1}^{100} a_k$에서 $100=6\times16+4$이므로

$\sum_{k=1}^{100} a_k=\sum_{k=1}^{96} a_k+(a_{97}+a_{98}+a_{99}+a_{100})$

$=a_1+a_2+a_3+a_4=a_2+a_3(\because a_4=-a_1)$

$=2a_2-a_1(\because a_3=a_2-a_1)$

따라서 $2a_2-a_1=-7$에서 $a_2=-1(\because a_1=5)$이므로

$a_1+a_2=4$

다른 풀이

$a_{n+2}-a_{n+1}+a_n=0$ ...... ㉠

㉠에 n 대신 $n+1$을 대입하면

$a_{n+3}-a_{n+2}+a_{n+1}=0$

㉠에 이 식을 변끼리 더하면

$a_{n+3}+a_n=0$에서 $a_{n+3}=-a_n$

$a_1=-a_4=a_7=-a_{10}=\cdots$

$a_2=-a_5=a_8=-a_{11}=\cdots$

$a_3=-a_6=a_9=-a_{12}=\cdots$

이므로 수열 $\{a_n\}$은 $a_1, a_2, a_3, -a_1, -a_2, -a_3$이 이 순서대로 반복된다.

즉, 자연수 k에 대하여

$a_{6k-5}=a_1, a_{6k-4}=a_2, a_{6k-3}=a_3, a_{6k-2}=-a_1,$

$a_{6k-1}=-a_2, a_{6k}=-a_3$이므로

자연수 n에 대하여

$\sum_{k=1}^{6n} a_k=\sum_{k=1}^{n}(a_{6k-5}+a_{6k-4}+a_{6k-3}+a_{6k-2}+a_{6k-1}+a_{6k})=0$

이때 $a_{31}=a_1$이므로 $a_1=5$이고

$\sum_{k=1}^{100} a_k$에서 $100=6\times16+4$이므로

$\sum_{k=1}^{100} a_k=\sum_{k=1}^{96} a_k+(a_{97}+a_{98}+a_{99}+a_{100})$

$=a_1+a_2+a_3+a_4$

$=a_2+a_3(\because a_4=-a_1)$

$\therefore a_2+a_3=-7$ ...... ㉡

㉠에 $n=1$을 대입하면 $a_3-a_2+a_1=0$에서

$a_3-a_2=-5(\because a_1=5)$ ...... ㉢

㉡, ㉢을 연립하여 풀면 $a_2=-1, a_3=-6$

$\therefore a_1+a_2=5+(-1)=4$

800

답 ⑤

가로의 길이가 $n+2$, 세로의 길이가 2인 직사각형 모양의 바닥을 덮는 방법의 수를 나열된 마지막 타일의 모양에 따라 나누어 살펴보자.

(i) 한 변의 길이가 2인 정사각형 모양의 타일인 경우

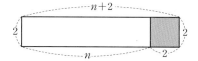

나머지 앞부분 타일을 나열하는 방법의 수는 a_n과 같다.

(ii) 가로의 길이가 1, 세로의 길이가 2인 직사각형 모양의 타일인 경우

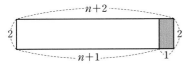

나머지 앞부분 타일을 나열하는 방법의 수는 a_{n+1}과 같다.

(iii) 가로의 길이가 2, 세로의 길이가 1인 직사각형 모양의 타일 2개인 경우

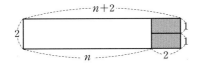

나머지 앞부분 타일을 나열하는 방법의 수는 a_n과 같다.

(i)~(iii)에 의하여 $a_{n+2}=2a_n+a_{n+1}$이다.

$a_3=2a_1+a_2=2\times1+3=5$

$a_4=2a_2+a_3=2\times3+5=11$

$a_5=2a_3+a_4=2\times5+11=21$

$a_6=2a_4+a_5=2\times11+21=43$

$\therefore p+q+a_6=2+1+43=46$

801 ·········· ⟮답⟯ (1) $a_{n+1}=2a_n+1$ ($n\geq1$) (2) 31

(1) $a_1=1$, $a_2=3$이고, 원판이 3개일 때는 위의 2개의 원판을 먼저 B기둥으로 옮기는 최소 이동 횟수가 $a_2=3$이고, 가장 큰 원판을 C기둥으로 옮기기 위한 최소 이동 횟수가 $a_1=1$, B기둥에 있는 2개의 원판을 가장 큰 원판이 있는 기둥으로 옮기기 위한 최소 이동 횟수가 $a_2=3$이므로 $a_3=3+1+3=7$이 된다.
이와 같은 방법으로 $n+1$개의 원판을 옮기려면 위에서부터 n개의 원판을 B기둥에 옮겨 놓고, 가장 큰 원판을 C기둥으로 옮긴 다음 그 위에 B기둥에 있는 n개의 원판을 옮기면 되므로 $a_{n+1}=a_n+1+a_n=2a_n+1$ ($n\geq1$)이다.

(2) (1)에서 $a_{n+1}=2a_n+1$이므로 $a_4=2a_3+1=2\times7+1=15$
$\therefore a_5=2a_4+1=2\times15+1=31$

802 ·········· ⟮답⟯ ⑤

$a_1=a$이고 주어진 식에 $n=1, 2, 3, \cdots$을 차례대로 대입하면

$a_2=a+(-1)^1\times2=a-2$

$a_3=(a-2)+(-1)^2\times2=a$

$a_4=a+1$

$a_5=(a+1)+(-1)^4\times2=a+3$

$a_6=(a+3)+(-1)^5\times2=a+1$

$a_7=(a+1)+1=a+2$

$a_8=(a+2)+(-1)^7\times2=a$

$a_9=a+(-1)^8\times2=a+2$

$\vdots$

이므로 모든 자연수 n에 대하여 $a_{n+6}=a_n+2$이다.

이때 $a_{15}=43$이므로

$a_{15}=a_9+2=(a_3+2)+2=a_3+4=a+4$에서

$a+4=43$ $\therefore a=39$

다른 풀이

$a_{n+1}=\begin{cases}a_n+(-1)^n\times2 & (n\text{이 3의 배수가 아닌 경우})\\ a_n+1 & (n\text{이 3의 배수인 경우})\end{cases}$

이므로 0 이상의 모든 정수 k에 대하여 다음이 성립한다.

$a_{3k+1}=a_{3k}+1$ ······ ㉠

$a_{3k+2}=a_{3k+1}+(-1)^{3k+1}\times2$ ······ ㉡

$a_{3k+3}=a_{3k+2}+(-1)^{3k+2}\times2$ ······ ㉢

㉠+㉡+㉢을 하면

$a_{3k+1}+a_{3k+2}+a_{3k+3}$
$=a_{3k}+a_{3k+1}+a_{3k+2}+1+(-1)^{3k+1}\times2+(-1)^{3k+2}\times2$
$=a_{3k}+a_{3k+1}+a_{3k+2}+1$ ($\because (-1)^{3k+1}+(-1)^{3k+2}=0$)

$\therefore a_{3k+3}=a_{3k}+1$ ······ ㉣

$a_1=a$이므로 ㉡, ㉢에 각각 $k=0$을 대입하면

$a_2=a_1+(-1)\times2=a-2$

$a_3=a_2+1\times2=(a-2)+2=a$

따라서 ㉣에 $k=1, 2, 3, 4$를 차례대로 대입하면

$a_6=a_3+1=a+1$

$a_9=a_6+1=a+2$

$a_{12}=a_9+1=a+3$

$a_{15}=a_{12}+1=a+4$

이때 $a_{15}=43$이므로

$a+4=43$

$\therefore a=39$

803 ·········· ⟮답⟯ 5

(i) $a_1=1$일 때

$a_1\geq0$이므로 $a_2=a_1-2=-1$

$a_2<0$이므로 $a_3=a_2+5=4$

$a_3\geq0$이므로 $a_4=a_3-2=2$

$a_4\geq0$이므로 $a_5=a_4-2=0$

$a_5\geq0$이므로 $a_6=a_5-2=-2$

$a_6<0$이므로 $a_7=a_6+5=3$

$a_7\geq0$이므로 $a_8=a_7-2=1=a_1$

$a_8\geq0$이므로 $a_9=a_8-2=-1=a_2$

$\vdots$

따라서 수열 $\{a_n\}$이 모든 자연수 n에 대하여 $a_{n+7}=a_n$을 만족시키므로 $a_{15}=a_8=a_1=1$

(ii) $a_1=2$일 때

(i)과 같은 방법으로 구하면 수열 $\{a_n\}$이 모든 자연수 n에 대하여 $a_{n+7}=a_n$을 만족시키므로 $a_{15}=a_8=a_1=2$

(iii) $a_1=3$일 때

(i)과 같은 방법으로 구하면 수열 $\{a_n\}$이 모든 자연수 n에 대하여 $a_{n+7}=a_n$을 만족시키므로 $a_{15}=a_8=a_1=3$

(iv) $a_1=4$일 때

(i)과 같은 방법으로 구하면 수열 $\{a_n\}$이 모든 자연수 n에 대하여 $a_{n+7}=a_n$을 만족시키므로 $a_{15}=a_8=a_1=4$

(v) $a_1=5$일 때

$a_1\geq0$이므로 $a_2=a_1-2=3$

$a_2 \geq 0$이므로 $a_3 = a_2 - 2 = 1$

$a_3 \geq 0$이므로 $a_4 = a_3 - 2 = -1$

$a_4 < 0$이므로 $a_5 = a_4 + 5 = 4$

$a_5 \geq 0$이므로 $a_6 = a_5 - 2 = 2$

$a_6 \geq 0$이므로 $a_7 = a_6 - 2 = 0$

$a_7 \geq 0$이므로 $a_8 = a_7 - 2 = -2$

$a_8 < 0$이므로 $a_9 = a_8 + 5 = 3 = a_2$

$a_9 \geq 0$이므로 $a_{10} = a_9 - 2 = 1 = a_3$

$\vdots$

따라서 수열 $\{a_n\}$이 2 이상의 모든 자연수 n에 대하여

$a_{n+7} = a_n$을 만족시키므로 $a_{15} = a_8 = -2 < 0$

(i)~(v)에서 $a_{15} < 0$이 되도록 하는 a_1의 최솟값은 5이다.

804　　　　　　　　　　　　　　　　　　　　　　　　답 ②

수열 $\{a_n\}$은 모든 자연수 n에 대하여

$$a_{n+2} = \begin{cases} 2a_n + a_{n+1} & (a_n \leq a_{n+1}) \\ a_n + a_{n+1} & (a_n > a_{n+1}) \end{cases} \quad \cdots\cdots \ \bigcirc$$

을 만족시킨다.

또한, $a_3 = 2$이므로 $\bigcirc$에 $n=3$을 대입하면

$$a_5 = \begin{cases} 4 + a_4 & (2 \leq a_4) \\ 2 + a_4 & (2 > a_4) \end{cases}$$에서

a_4의 값에 관계없이 항상 $a_4 < a_5$이다.

따라서 $\bigcirc$에 $n=4$를 대입하면

$$a_6 = \begin{cases} 4 + 3a_4 & (2 \leq a_4) \\ 2 + 3a_4 & (2 > a_4) \end{cases}$$이고, $a_6 = 19$이므로

$2 \leq a_4$인 경우

$4 + 3a_4 = 19$에서 $a_4 = 5$로 $2 \leq a_4$를 만족시킨다.

$2 > a_4$인 경우

$2 + 3a_4 = 19$에서 $a_4 = \dfrac{17}{3}$로 $2 > a_4$를 만족시키지 않는다.

즉, $a_4 = 5$이고,

이때 $\bigcirc$에 $n=2$를 대입하면

$$a_4 = \begin{cases} 2a_2 + 2 & (a_2 \leq 2) \\ a_2 + 2 & (a_2 > 2) \end{cases}$$이다.

(i) $a_2 \leq 2$인 경우

$2a_2 + 2 = 5$에서 $a_2 = \dfrac{3}{2}$으로 $a_2 \leq 2$를 만족시킨다.

이때 $\bigcirc$에 $n=1$을 대입하면

$$a_3 = \begin{cases} 2a_1 + \dfrac{3}{2} & \left(a_1 \leq \dfrac{3}{2}\right) \\ a_1 + \dfrac{3}{2} & \left(a_1 > \dfrac{3}{2}\right) \end{cases}$$이고, $a_3 = 2$이므로

$a_1 \leq \dfrac{3}{2}$인 경우

$2a_1 + \dfrac{3}{2} = 2$에서 $a_1 = \dfrac{1}{4}$로 $a_1 \leq \dfrac{3}{2}$을 만족시킨다.

$a_1 > \dfrac{3}{2}$인 경우

$a_1 + \dfrac{3}{2} = 2$에서 $a_1 = \dfrac{1}{2}$로 $a_1 > \dfrac{3}{2}$을 만족시키지 않는다.

따라서 가능한 a_1의 값은 $\dfrac{1}{4}$이다.

(ii) $a_2 > 2$인 경우

$a_2 + 2 = 5$에서 $a_2 = 3$으로 $a_2 > 2$를 만족시킨다.

이때 $\bigcirc$에 $n=1$을 대입하면

$$a_3 = \begin{cases} 2a_1 + 3 & (a_1 \leq 3) \\ a_1 + 3 & (a_1 > 3) \end{cases}$$이고, $a_3 = 2$이므로

$a_1 \leq 3$인 경우

$2a_1 + 3 = 2$에서 $a_1 = -\dfrac{1}{2}$로 $a_1 \leq 3$을 만족시킨다.

$a_1 > 3$인 경우

$a_1 + 3 = 2$에서 $a_1 = -1$로 $a_1 > 3$을 만족시키지 않는다.

따라서 가능한 a_1의 값은 $-\dfrac{1}{2}$이다.

(i), (ii)에 의하여 구하는 모든 a_1의 값의 합은

$$\dfrac{1}{4} + \left(-\dfrac{1}{2}\right) = -\dfrac{1}{4}$$

다른 풀이

수열 $\{a_n\}$은 모든 자연수 n에 대하여

$$a_{n+2} = \begin{cases} 2a_n + a_{n+1} & (a_n \leq a_{n+1}) \\ a_n + a_{n+1} & (a_n > a_{n+1}) \end{cases} \quad \cdots\cdots \ \bigcirc$$

을 만족시킨다.

이때 $a_n \geq 0$이면 $a_{n+1} \leq a_{n+2}$이므로

$a_{n+3} = 2a_{n+1} + a_{n+2}$이다.

또한, $a_3 = 2$이므로 $\bigcirc$에 $n=3$을 대입하면

$a_5 = 2 \times 2 + a_4 = 4 + a_4$이고 $\quad \cdots\cdots \ \bigcirc$

$a_4 \leq a_5$, $a_6 = 19$이므로

$\bigcirc$에 $n=4$와 $\bigcirc$을 대입하면

$19 = 2a_4 + (4 + a_4)$에서 $a_4 = 5$이다.

한편, $\bigcirc$을 a_n에 대하여 정리하면

$$a_n = \begin{cases} \dfrac{a_{n+2} - a_{n+1}}{2} & (a_n \leq a_{n+1}) \\ a_{n+2} - a_{n+1} & (a_n > a_{n+1}) \end{cases}$$

$$= \begin{cases} \dfrac{a_{n+2} - a_{n+1}}{2} & (a_{n+2} \leq 3a_{n+1}) \\ a_{n+2} - a_{n+1} & (a_{n+2} > 2a_{n+1}) \end{cases}$$

이다. $a_3 = 2$, $a_4 = 5$일 때

$a_4 \leq 3a_3$을 만족시키므로 $a_2 = \dfrac{5-2}{2} = \dfrac{3}{2}$,

$a_4 > 2a_3$을 만족시키므로 $a_2 = 5 - 2 = 3$이 가능하다.

(i) $a_2 = \dfrac{3}{2}$인 경우

$a_3 \leq 3a_2$를 만족시키므로 $a_1 = \dfrac{2 - \dfrac{3}{2}}{2} = \dfrac{1}{4}$이 가능하고,

$a_3 > 2a_2$는 만족시키지 않는다.

(ii) $a_2 = 3$인 경우

$a_3 \leq 3a_2$를 만족시키므로 $a_1 = \dfrac{2-3}{2} = -\dfrac{1}{2}$이 가능하고,

$a_3 > 2a_2$는 만족시키지 않는다.

(i), (ii)에 의하여 구하는 모든 a_1의 값의 합은

$$\dfrac{1}{4} + \left(-\dfrac{1}{2}\right) = -\dfrac{1}{4}$$

805 .... 답 ①

$a_1=a_2=1$이고 모든 자연수 n에 대하여 $a_{n+2}=a_{n+1}{}^2-a_n{}^2$이므로
$n=1,\ 2,\ 3,\ \cdots$을 차례대로 대입하면
$a_3=a_2{}^2-a_1{}^2=1^2-1^2=0$
$a_4=a_3{}^2-a_2{}^2=0^2-1^2=-1$
$a_5=a_4{}^2-a_3{}^2=(-1)^2-0^2=1$
$a_6=a_5{}^2-a_4{}^2=1^2-(-1)^2=0$
$a_7=a_6{}^2-a_5{}^2=0^2-1^2=-1$
$a_8=a_7{}^2-a_6{}^2=(-1)^2-0^2=1$
    $\vdots$

따라서 수열 $\{a_n\}$은 $a_1=1$이고 둘째항부터 $1,\ 0,\ -1$이 이 순서대로
반복되므로 2보다 큰 자연수 n에 대하여 $a_{n+3}=a_n$이다.
한편, $b_1=k$이고 $b_{n+1}=a_n-b_n+n$이므로 $n=1,\ 2,\ 3,\ \cdots,\ 19$를
차례대로 대입하면
$b_2=a_1-b_1+1=1-k+1=2-k$
$b_3=a_2-b_2+2=1-(2-k)+2=k+1$
$b_4=a_3-b_3+3=0-(k+1)+3=2-k$
$b_5=a_4-b_4+4=-1-(2-k)+4=k+1$
$b_6=a_5-b_5+5=1-(k+1)+5=5-k$
$b_7=a_6-b_6+6=0-(5-k)+6=k+1$
$b_8=a_7-b_7+7=-1-(k+1)+7=5-k$
$b_9=a_8-b_8+8=1-(5-k)+8=k+4$
$b_{10}=a_9-b_9+9=0-(k+4)+9=5-k$
$b_{11}=a_{10}-b_{10}+10=-1-(5-k)+10=k+4$
$b_{12}=a_{11}-b_{11}+11=1-(k+4)+11=8-k$
$b_{13}=a_{12}-b_{12}+12=0-(8-k)+12=k+4$
$b_{14}=a_{13}-b_{13}+13=-1-(k+4)+13=8-k$
$b_{15}=a_{14}-b_{14}+14=1-(8-k)+14=k+7$
$b_{16}=a_{15}-b_{15}+15=0-(k+7)+15=8-k$
$b_{17}=a_{16}-b_{16}+16=-1-(8-k)+16=k+7$
$b_{18}=a_{17}-b_{17}+17=1-(k+7)+17=11-k$
$b_{19}=a_{18}-b_{18}+18=0-(11-k)+18=k+7$
$b_{20}=a_{19}-b_{19}+19=-1-(k+7)+19=11-k$
이때 $b_{20}=14$이므로 $11-k=14$ $\therefore k=-3$

다른 풀이

$b_1=k$이고 $b_{n+1}=a_n-b_n+n$이므로
$b_{n+1}+b_n=a_n+n$ $\cdots\cdots$ ㉠
㉠에 n 대신 $n+1$을 대입하면
$b_{n+2}+b_{n+1}=a_{n+1}+(n+1)$ $\cdots\cdots$ ㉡
㉡$-$㉠을 하면
$b_{n+2}-b_n=a_{n+1}-a_n+1$ $\cdots\cdots$ ㉢
㉢의 n에 18, 16, 14, $\cdots$, 2를 차례대로 대입하면
$b_{20}-b_{18}=a_{19}-a_{18}+1$
$b_{18}-b_{16}=a_{17}-a_{16}+1$
$b_{16}-b_{14}=a_{15}-a_{14}+1$
    $\vdots$
$b_6-b_4=a_5-a_4+1$
$b_4-b_2=a_3-a_2+1$

위의 식을 변끼리 더하면
$b_{20}-b_2=(a_3+a_5+\cdots+a_{19})-(a_2+a_4+\cdots+a_{18})+9$
이때
$a_3+a_5+\cdots+a_{19}=0+1-1+0+1-1+0+1-1=0$
$a_2+a_4+\cdots+a_{18}=1-1+0+1-1+0+1-1+0=0$
$\therefore b_{20}-b_2=9$
$b_{20}=14$이므로 $b_2=5$
$b_{n+1}=a_n-b_n+n$에 $n=1$을 대입하면
$b_2=a_1-b_1+1=1-k+1=5$
$\therefore k=-3$

806 .... 답 ③

두 조건 ㈎와 ㈏로부터 $a_{2n}+a_{2n+1}=2b_n+1$
두 조건 ㈐와 ㈑로부터 $b_{2n}+b_{2n+1}=2a_n+1$
$$\sum_{n=1}^{31}b_n=b_1+\sum_{n=1}^{15}(b_{2n}+b_{2n+1})$$
$$=b_1+\sum_{n=1}^{15}(2a_n+1)$$
$$=b_1+2\sum_{n=1}^{15}a_n+15\times1$$
$$=b_1+2a_1+2\sum_{n=1}^{7}(a_{2n}+a_{2n+1})+15$$
$$=b_1+2a_1+2\sum_{n=1}^{7}(2b_n+1)+15$$
$$=b_1+2a_1+4\sum_{n=1}^{7}b_n+2\times7\times1+15$$
$$=b_1+2a_1+4b_1+4\sum_{n=1}^{3}(2a_n+1)+29$$
$$=b_1+2a_1+4b_1+8\sum_{n=1}^{3}a_n+4\times3\times1+29$$
$$=b_1+2a_1+4b_1+8a_1+8(2b_1+1)+41$$
$$=10a_1+21b_1+49=121$$
이므로 $10a_1+21b_1=72$ $\cdots\cdots$ ㉠
두 조건 ㈎와 ㈐에서
$a_{4n}=b_{2n}+2=(3a_n-2)+2=3a_n$
$b_{4n}=3a_{2n}-2=3(b_n+2)-2=3b_n+4$
이므로
$a_{12}=3a_3=3(b_1-1)=3$에서 $b_1=2$
㉠에 의하여 $a_1=3$
$\therefore b_{32}=3b_8+4=3(3b_2+4)+4$
$\quad\quad=9b_2+16=9(3a_1-2)+16$
$\quad\quad=9\times7+16=79$

807 .... 답 678

조건 ㈎, ㈏에 의하여 수열 $\{|a_n|\}$은 첫째항이 2이고 공비가 2인
등비수열이다.
$\therefore |a_n|=2^n$
이때 $|a_{10}|=1024$이고
$\sum_{n=1}^{9}|a_n|=\dfrac{2(2^9-1)}{2-1}=1022$이므로
조건 ㈐를 만족시키기 위해서는 반드시 $a_{10}<0$이어야 한다.

a_1	a_2	a_3	a_4	a_5
2	4	8	16	32
-2	-4	-8	-16	-32

a_6	a_7	a_8	a_9	a_{10}
64	128	256	512	-1024
-64	-128	-256	-512	

한편, a_1, a_2, $\cdots$, a_9의 값을 모두 양수라 가정하고, 그 때의
첫째항부터 제10항까지의 합을 A라 하면

$$A=\sum_{n=1}^{10} a_n=-2가 되므로 \quad\quad\quad \cdots\cdots ㉠$$

조건 ㈐의 $\sum_{n=1}^{10} a_n=-14$와의 차이는 -12이다.

따라서 a_1, a_2, $\cdots$, a_9의 값 중에는 반드시 음수가 있으므로
㉠에서 특정한 하나의 항 a_k $(n=1, 2, \cdots, 9)$의 값을
양수 α에서 음수 $-\alpha$로 바꾸었다고 하고, 그 때의 첫째항부터
제10항까지의 합을 B라 하면
$B=(A-\alpha)-\alpha=A-2\alpha$가 된다.
즉, B는 A보다 -2α가 작으므로 조건 ㈐를 만족시키려면 음수인

항들의 합은 $\dfrac{-12}{2}=-6$이 되어야 한다.

위의 표에서 이를 만족시키도록 항의 값을 정해보면

a_1	a_2	a_3	a_4	a_5
-2	-4	8	16	32

a_6	a_7	a_8	a_9	a_{10}
64	128	256	512	-1024

$$\therefore a_1+a_3+a_5+a_7+a_9=(-2)+8+32+128+512$$
$$=678$$

다른 풀이

$a_{10}<0$이므로 절댓값의 크기가 작은 항부터 음수로 바꿔 보면서
$\sum_{n=1}^{10} a_n$의 값을 구해보면

a_1, a_2, $\cdots$, $a_9>0$일 때 $\sum_{n=1}^{10} a_n=-2$

a_2, a_3, $\cdots$, $a_9>0$이고 $a_1<0$일 때 $\sum_{n=1}^{10} a_n=-6$

a_3, a_4, $\cdots$, $a_9>0$이고 a_1, $a_2<0$일 때 $\sum_{n=1}^{10} a_n=-14$

따라서 조건 ㈐를 만족시키려면
$n=1, 2, 10$일 때 $a_n<0$이고
$n=3, 4, \cdots, 9$일 때 $a_n>0$이어야 하므로
$$a_1+a_3+a_5+a_7+a_9=(-2)+8+32+128+512$$
$$=678$$

808 $\cdots\cdots$ 🔲 13

$b_1=a_1$이고 주어진 식에 $n=2, 3, 4, \cdots, 10$을 차례대로 대입하면
$b_2=b_1+a_2=a_1+a_2$
$b_3=b_2-a_3=a_1+a_2-a_3$
$b_4=b_3+a_4=a_1+a_2-a_3+a_4$

$b_5=b_4+a_5=a_1+a_2-a_3+a_4+a_5$
$b_6=b_5-a_6=a_1+a_2-a_3+a_4+a_5-a_6$
$b_7=b_6+a_7=a_1+a_2-a_3+a_4+a_5-a_6+a_7$
$b_8=b_7+a_8=a_1+a_2-a_3+a_4+a_5-a_6+a_7+a_8$
$b_9=b_8-a_9=a_1+a_2-a_3+a_4+a_5-a_6+a_7+a_8-a_9 \quad \cdots\cdots ㉠$
$b_{10}=b_9+a_{10}$
$\therefore b_9=0 \ (\because b_{10}=a_{10}) \quad\quad\quad \cdots\cdots ㉡$

이때 등차수열 $\{a_n\}$의 공차를 d $(d\neq 0)$라 하면
$b_9=a_1+(a_2-a_3)+a_4+(a_5-a_6)+a_7+(a_8-a_9)$
$\quad =a_1-d+a_4-d+a_7-d$
$\quad =(a_1+a_4+a_7)-3d$
$\quad =3a_4-3d$
$\quad =3(a_4-d)$
$\quad =3a_3$

㉡에서 $b_9=0$이므로
$a_3=0$
따라서 $a_n=a_3+(n-3)d=(n-3)d \ (n\geq 1)$이므로

$$\dfrac{b_8}{b_{10}}=\dfrac{b_9+a_9}{b_9+a_{10}} \ (\because ㉠)$$
$$=\dfrac{a_9}{a_{10}} \ (\because ㉡)$$
$$=\dfrac{6d}{7d}=\dfrac{6}{7}$$

따라서 $p=7$, $q=6$이므로
$p+q=7+6=13$

다른 풀이

모든 자연수 k에 대하여
$$b_{3k-1}=b_{3k-2}+a_{3k-1} \quad\quad\quad \cdots\cdots ㉠$$
$$b_{3k}=b_{3k-1}-a_{3k} \quad\quad\quad \cdots\cdots ㉡$$
$$b_{3k+1}=b_{3k}+a_{3k+1} \quad\quad\quad \cdots\cdots ㉢$$

㉠+㉡+㉢을 하면
$b_{3k-1}+b_{3k}+b_{3k+1}=b_{3k-2}+b_{3k-1}+b_{3k}+a_{3k-1}-a_{3k}+a_{3k+1}$
이때 등차수열 $\{a_n\}$의 공차를 d $(d\neq 0)$라 하면
$b_{3k+1}=b_{3k-2}+a_{3k-1}-a_{3k}+a_{3k+1}$
$\quad\quad =b_{3k-2}+a_{3k+1}-d \ (\because a_{3k}-a_{3k-1}=d)$
$\therefore b_{3k+1}=b_{3k-2}+a_{3k} \ (\because a_{3k+1}-a_{3k}=d) \quad \cdots\cdots ㉣$

㉣에서
$b_{10}=b_7+a_9$
$\quad =b_4+a_6+a_9$
$\quad =b_1+a_3+a_6+a_9$
$\quad =b_1+3a_6 \ (\because a_6은 a_3과 a_9의 등차중항)$

한편, $b_1=a_1$, $b_{10}=a_{10}$이므로
$a_{10}=a_1+3a_6$
$a_1+9d=a_1+3(a_1+5d)$
$3a_1=-6d \quad \therefore a_1=-2d$

또한, ㉡에서 $b_{10}=b_9+a_{10} \quad \therefore b_9=0 \ (\because b_{10}=a_{10})$
㉡에서 $b_9=b_8-a_9$, 즉 $b_8=b_9+a_9=a_9$이므로
$$\dfrac{b_8}{b_{10}}=\dfrac{a_9}{a_{10}}=\dfrac{-2d+8d}{-2d+9d}=\dfrac{6}{7}$$

따라서 $p=7$, $q=6$이므로
$p+q=7+6=13$

809

답 ③

조건 (가)에 $n=1$을 대입하면

$a_2=a_2\times a_1+1$에서

$a_1=\dfrac{a_2-1}{a_2}$ ...... ㉠

또한, $0<a_1<1$이므로

$a_2=\dfrac{1}{1-a_1}$에서 $a_2>1$ ...... ㉡

조건 (가), (나)에 의하여

$a_7=a_2\times a_3-2$

$\quad=a_2(a_2\times a_1-2)-2$

$\quad=a_1(a_2)^2-2a_2-2$

$\quad=\dfrac{a_2-1}{a_2}\times(a_2)^2-2a_2-2\ (\because ㉠)$

$\quad=(a_2)^2-3a_2-2$

이때 $(a_2)^2-3a_2-2=2$이므로

$(a_2)^2-3a_2-4=0,\ (a_2+1)(a_2-4)=0$

$\therefore a_2=4\ (\because ㉡)$

이를 ㉠에 대입하면

$a_1=\dfrac{4-1}{4}=\dfrac{3}{4}$

따라서 조건 (가), (나)에 의하여

$a_{25}=4\times a_{12}-2$

$\quad=4(4\times a_6+1)-2$

$\quad=4^2(4\times a_3+1)+2$

$\quad=4^3(4\times a_1-2)+18$

$\quad=64+18=82$

다른 풀이

조건 (가)에 $n=1$을 대입하면

$a_2=a_2\times a_1+1$에서 $a_2=\dfrac{1}{1-a_1}$이고

$0<a_1<1$이므로 $a_2>1$ ...... ㉠

조건 (나)의 식에 조건 (가)의 식을 대입하면

$a_{2n+1}=a_2\times\dfrac{a_{2n}-1}{a_2}-2$

$\qquad=a_{2n}-3$

이므로

$a_{2n}=a_{2n+1}+3$ ...... ㉡

$\therefore a_6=a_7+3=5\ (\because a_7=2)$ ...... ㉢

조건 (가), (나)에 의하여

$a_{25}=a_2\times a_{12}-2$

$\quad=a_2(a_2\times a_6+1)-2$

$\quad=a_2(5a_2+1)-2\ (\because ㉢)$

$a_6=a_2\times a_3+1$

$\quad=a_2(a_2-3)+1\ (\because ㉡)$

$\quad=(a_2)^2-3a_2+1$

이므로 $(a_2)^2-3a_2+1=5$에서

$(a_2)^2-3a_2-4=0,\ (a_2+1)(a_2-4)=0$

$\therefore a_2=4\ (\because ㉠)$

$\therefore a_{25}=4(5\times4+1)-2=82$

810

답 ④

(i) $n=1$일 때

(좌변)$=a_1=1$, (우변)$=1\times1=1$

이므로 주어진 식이 성립한다.

(ii) $n=k$일 때

$a_k=(1+2+3+\cdots+k)\left(1+\dfrac{1}{2}+\dfrac{1}{3}+\cdots+\dfrac{1}{k}\right)$

이 성립한다고 가정하면

a_{k+1}

$=(k+2)\left(\dfrac{a_k}{k}+\dfrac{1}{2}\right)$

$=\boxed{\dfrac{k+2}{k}}a_k+\dfrac{k+2}{\boxed{2}}$

$=\boxed{\dfrac{k+2}{k}}(1+2+3+\cdots+k)\left(1+\dfrac{1}{2}+\dfrac{1}{3}+\cdots+\dfrac{1}{k}\right)+\dfrac{k+2}{\boxed{2}}$

$=\dfrac{k+2}{k}\times\dfrac{k(k+1)}{2}\left(1+\dfrac{1}{2}+\dfrac{1}{3}+\cdots+\dfrac{1}{k}\right)+\dfrac{k+2}{2}$

$=\boxed{\dfrac{(k+1)(k+2)}{2}}\left(1+\dfrac{1}{2}+\dfrac{1}{3}+\cdots+\dfrac{1}{k}\right)+\dfrac{k+2}{\boxed{2}}$

$=\dfrac{(k+1)(k+2)}{2}\left(1+\dfrac{1}{2}+\dfrac{1}{3}+\cdots+\dfrac{1}{k}+\dfrac{1}{k+1}\right)$

$=\{1+2+3+\cdots+(k+1)\}\left(1+\dfrac{1}{2}+\dfrac{1}{3}+\cdots+\dfrac{1}{k+1}\right)$

따라서 $n=k+1$일 때도 주어진 식이 성립한다.

(i), (ii)에 의하여 모든 자연수 n에 대하여

$a_n=(1+2+3+\cdots+n)\left(1+\dfrac{1}{2}+\dfrac{1}{3}+\cdots+\dfrac{1}{n}\right)$이 성립한다.

따라서 $f(k)=\dfrac{k+2}{k}$, $g(k)=\dfrac{(k+1)(k+2)}{2}$, $p=2$이므로

$pf(4)+g(4)=2\times\dfrac{6}{4}+\dfrac{5\times6}{2}=18$

811

답 ③

(i) $n=1$일 때

(좌변)$=2$, (우변)$=2$

이므로 주어진 등식이 성립한다.

(ii) $n=m$일 때 주어진 등식이 성립한다고 가정하면

$\displaystyle\sum_{k=1}^{m}(5k-3)\left(\dfrac{1}{k}+\dfrac{1}{k+1}+\dfrac{1}{k+2}+\cdots+\dfrac{1}{m}\right)=\dfrac{m(5m+3)}{4}$

이다. $n=m+1$일 때 성립함을 보이자.

$\displaystyle\sum_{k=1}^{m+1}(5k-3)\left(\dfrac{1}{k}+\dfrac{1}{k+1}+\dfrac{1}{k+2}+\cdots+\dfrac{1}{m+1}\right)$

$=\displaystyle\sum_{k=1}^{m}(5k-3)\left(\dfrac{1}{k}+\dfrac{1}{k+1}+\dfrac{1}{k+2}+\cdots+\dfrac{1}{m+1}\right)$

$\qquad\qquad\qquad\qquad +\{5(m+1)-3\}\dfrac{1}{m+1}$

$=\displaystyle\sum_{k=1}^{m}(5k-3)\left(\dfrac{1}{k}+\dfrac{1}{k+1}+\dfrac{1}{k+2}+\cdots+\dfrac{1}{m+1}\right)+\dfrac{\boxed{5m+2}}{m+1}$

$=\displaystyle\sum_{k=1}^{m}(5k-3)\left(\dfrac{1}{k}+\dfrac{1}{k+1}+\dfrac{1}{k+2}+\cdots+\dfrac{1}{\boxed{m}}\right)$

$\qquad\qquad\qquad +\dfrac{1}{m+1}\displaystyle\sum_{k=1}^{m}(5k-3)+\dfrac{\boxed{5m+2}}{m+1}$

$$=\frac{m(5m+3)}{4}+\frac{1}{m+1}\sum_{k=1}^{m+1}(\boxed{5k-3})$$ ..... **TIP**

$$=\frac{(m+1)(5m+8)}{4}$$

그러므로 $n=m+1$일 때도 주어진 등식이 성립한다.
따라서 모든 자연수 n에 대하여 주어진 등식이 성립한다.

⑺ : $5m+2$ ⑷ : m ⒟ : $5k-3$

TIP

$$\frac{m(5m+3)}{4}+\frac{1}{m+1}\sum_{k=1}^{m+1}(5k-3)$$

$$=\frac{m(5m+3)}{4}+\frac{1}{m+1}\left\{5\sum_{k=1}^{m+1}k-(m+1)\times 3\right\}$$

$$=\frac{m(5m+3)}{4}+\frac{1}{m+1}\left\{5\times\frac{(m+1)(m+2)}{2}-3(m+1)\right\}$$

$$=\frac{m(5m+3)}{4}+\frac{5(m+2)}{2}-3$$

$$=\frac{m(5m+3)+10(m+2)-12}{4}$$

$$=\frac{5m^2+13m+8}{4}$$

$$=\frac{(m+1)(5m+8)}{4}$$

812 ⋯⋯⋯⋯⋯⋯⋯⋯⋯⋯⋯⋯⋯⋯⋯⋯⋯⋯⋯⋯ 답 ②

자연수 n에 대하여 $a_n=\dfrac{1!+2!+3!+\cdots+n!}{(n+1)!}$ 이라 할 때,

$a_n<\dfrac{2}{n+1}$ 임을 보이면 된다.

(i) $n=1$일 때

$a_1=\dfrac{1!}{2!}=\dfrac{1}{2}<1$ 이므로 주어진 부등식이 성립한다.

(ii) $n=k$일 때 $a_k<\dfrac{2}{k+1}$ 라 가정하면

$n=k+1$일 때

$$a_{k+1}=\frac{1!+2!+3!+\cdots+(k+1)!}{(k+2)!}$$

$$=\frac{1}{k+2}\left\{\frac{1!+2!+3!+\cdots+k!}{(k+1)!}+\frac{(k+1)!}{(k+1)!}\right\}$$

$$=\boxed{\frac{1}{k+2}}(1+a_k)$$

$$<\boxed{\frac{1}{k+2}}\left(1+\frac{2}{k+1}\right)=\frac{1}{k+2}+\boxed{\frac{2}{(k+1)(k+2)}}$$

이다. 자연수 k에 대하여 $\dfrac{2}{k+1}\leq 1$ 이므로

$\boxed{\dfrac{2}{(k+1)(k+2)}}\leq\dfrac{1}{k+2}$ 이고 $a_{k+1}<\dfrac{2}{k+2}$ 이다.

따라서 $n=k+1$일 때도 주어진 부등식이 성립한다.
그러므로 모든 자연수 n에 대하여 주어진 부등식이 성립한다.

⑺ : $\dfrac{1}{k+2}$ ⑷ : $\dfrac{2}{(k+1)(k+2)}$

813 ⋯⋯⋯⋯⋯⋯⋯⋯⋯⋯⋯⋯⋯⋯⋯⋯⋯⋯⋯⋯ 답 ③

(i) $n=1$일 때

$\dfrac{1}{2}\leq\dfrac{1}{\sqrt{4}}$ 이므로 (*)이 성립한다.

(ii) $n=k$일 때 (*)이 성립한다고 가정하면

$$\frac{1}{2}\times\frac{3}{4}\times\frac{5}{6}\times\cdots\times\frac{2k-1}{2k}\times\frac{2k+1}{2k+2}$$

$$\leq\frac{1}{\sqrt{3k+1}}\times\frac{2k+1}{2k+2}$$

$$=\frac{1}{\sqrt{3k+1}}\times\frac{1}{1+\boxed{\dfrac{1}{2k+1}}}$$

$$=\frac{1}{\sqrt{3k+1}}\times\frac{1}{\sqrt{\left(1+\boxed{\dfrac{1}{2k+1}}\right)^2}}$$

$$=\frac{1}{\sqrt{3k+1+2(3k+1)\times\boxed{\dfrac{1}{2k+1}}+(3k+1)\times\left(\boxed{\dfrac{1}{2k+1}}\right)^2}}$$

$$<\frac{1}{\sqrt{3k+1+2(3k+1)\times\boxed{\dfrac{1}{2k+1}}+(\boxed{2k+1})\times\left(\boxed{\dfrac{1}{2k+1}}\right)^2}}$$

..... **TIP**

$$=\frac{1}{\sqrt{3k+1+\dfrac{2(3k+1)+1}{2k+1}}}$$

$$=\frac{1}{\sqrt{3(k+1)+1}}$$

따라서 $n=k+1$일 때도 (*)이 성립한다.

그러므로 (i), (ii)에서 모든 자연수 n에 대하여 (*)이 성립한다.

$f(k)=\dfrac{1}{2k+1}$, $g(k)=2k+1$ 이다.

$\therefore f(4)\times g(13)=\dfrac{1}{9}\times 27=3$

TIP

⑷에 알맞은 식을 다음과 같이 찾을 수 있다.

앞 줄과 부등식이 성립하기 위해서는 $3k+1>\boxed{⑷}$ 이어야

하고, 이때 식이 간단해지기 위해서 ⑷ : $2k+1$ 임을 유추할 수

있고, 대입하여 $\dfrac{1}{\sqrt{3(k+1)+1}}$ 임을 확인한다.

또는 다음 줄에 나오는 식과 등식이 성립하기 위해서 ⑷에

들어갈 식이 무엇이어야 하는지 거꾸로 찾아준다.

즉, 등식이 성립하기 위해

$$2(3k+1)\times\boxed{\frac{1}{2k+1}}+\boxed{⑷}\times\left(\boxed{\frac{1}{2k+1}}\right)^2=3$$

이어야 하므로

$$\frac{2(3k+1)(2k+1)+\boxed{⑷}}{(2k+1)^2}=3$$

이어야 하므로

$$\therefore \boxed{⑷}=3(2k+1)^2-2(3k+1)(2k+1)$$

$$=2k+1$$

814 ...... 답 ②

(i) $n=1$일 때

$$a_1 = \sum_{t=1}^{1}\left(\frac{1+1}{1+1-t} \times \frac{1}{3^{t-1}}\right) = \frac{1+1}{1+1-1} \times 1 = \boxed{2} < 3$$ 이다.

(ii) $n=k$일 때 $a_k < 3$이라 가정하면

$n=k+1$일 때

$$a_{k+1} = \sum_{t=1}^{k+1}\left(\frac{k+2}{k+2-t} \times \frac{1}{3^{t-1}}\right)$$

$$= \frac{k+2}{k+1} \times \frac{1}{3^0} + \frac{k+2}{k} \times \frac{1}{3^1} + \frac{k+2}{k-1} \times \frac{1}{3^2} + \cdots + \frac{k+2}{1} \times \frac{1}{3^k}$$

$$= \frac{k+2}{k+1} + \frac{1}{3}\left(\frac{k+2}{k} + \frac{k+2}{k-1} \times \frac{1}{3} + \cdots + \frac{k+2}{1} \times \frac{1}{3^{k-1}}\right)$$

$$= \boxed{\frac{k+2}{k+1}} + \frac{1}{3}\left(\frac{k+1}{k} + \frac{k+1}{k-1} \times \frac{1}{3} + \cdots + \frac{k+1}{1} \times \frac{1}{3^{k-1}}\right)$$

$$\qquad\qquad + \frac{1}{3}\left(\frac{1}{k} + \frac{1}{k-1} \times \frac{1}{3} + \cdots + \frac{1}{1} \times \frac{1}{3^{k-1}}\right)$$

$$= \boxed{\frac{k+2}{k+1}} + \frac{1}{3}a_k + \boxed{\frac{1}{3(k+1)}} \times a_k$$

$$= \frac{(k+2)(a_k+3)}{3(k+1)} < 3$$

이므로 $a_{k+1} < 3$이다.

(i), (ii)에 의하여 모든 자연수 n에 대하여 $a_n < 3$이 성립한다.

따라서 $a=2$, $f(k)=\dfrac{k+2}{k+1}$, $g(k)=\dfrac{1}{3(k+1)}$이므로

$$f(a)+g(a)=f(2)+g(2)=\frac{4}{3}+\frac{1}{9}=\frac{13}{9}$$

815 ...... 답 풀이 참조

$$a_n = \frac{8}{(n-1)(n-2)} \qquad \cdots\cdots (*)$$

(i) $n=3$일 때

$$a_3 = 4 = \frac{8}{(3-1)(3-2)}$$이므로 $(*)$이 성립한다.

(ii) $n=k\ (k\geq3)$일 때 $(*)$이 성립한다고 가정하면

$$a_k = \frac{8}{(k-1)(k-2)}$$이므로 $\qquad\cdots\cdots \bigcirc$

$$k(k-2)a_{k+1} = \sum_{i=1}^{k}a_i$$

$$= a_k + \sum_{i=1}^{k-1}a_i$$

$$= a_k + (k-1)(k-3)a_k$$

$$= (k^2-4k+4)a_k$$

$$= (k-2)^2 \times \frac{8}{(k-1)(k-2)} \ (\because \bigcirc)$$

$$= \frac{8(k-2)}{k-1}$$

이다. 그러므로 $a_{k+1} = \dfrac{8}{k(k-1)}$이다.

따라서 $n=k+1$일 때도 $(*)$이 성립한다.

(i), (ii)에 의하여 $n \geq 3$인 모든 자연수 n에 대하여

$$a_n = \frac{8}{(n-1)(n-2)}$$이 성립한다.

채점 요소	배점
$n=3$일 때 성립함을 보이기	30 %
$n=k$일 때 성립함을 가정하고, $n=k+1$일 때 성립함을 보이기	70 %

MEMO

MEMO

MEMO